C 語言程式設計

劉紹漢　編著

全華圖書股份有限公司

如何使用本書

本書附有光碟片，內部儲存著書內所有的範例程式與每章後面的練習解答，每個程式都可以直接載入執行，而其使用步驟為將光碟片內目錄為“C 語言程式範例”全部拷貝到硬碟 D，將目錄打開後，螢幕的顯示狀況如下：

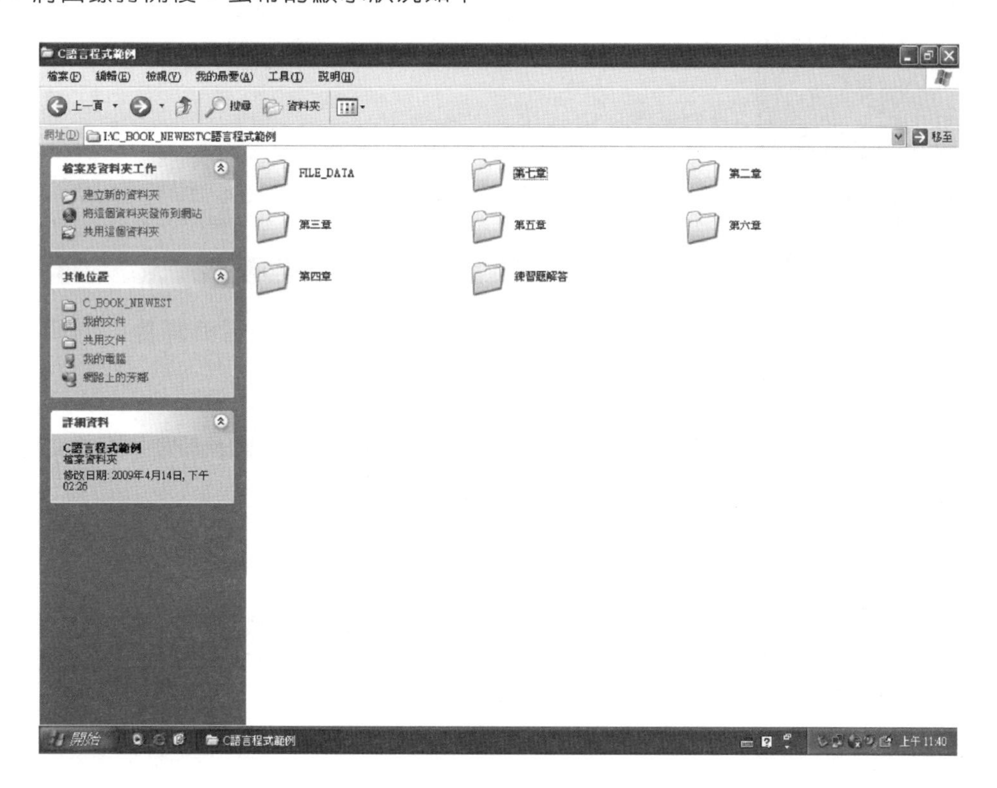

於上面的顯示中：

1. “第二章～第七章”的目錄內部，分別儲存書本中每章節內部的範例程式，當我們把第二章的目錄打開時，螢幕的顯示內容如下 (第二章的所有範例)：

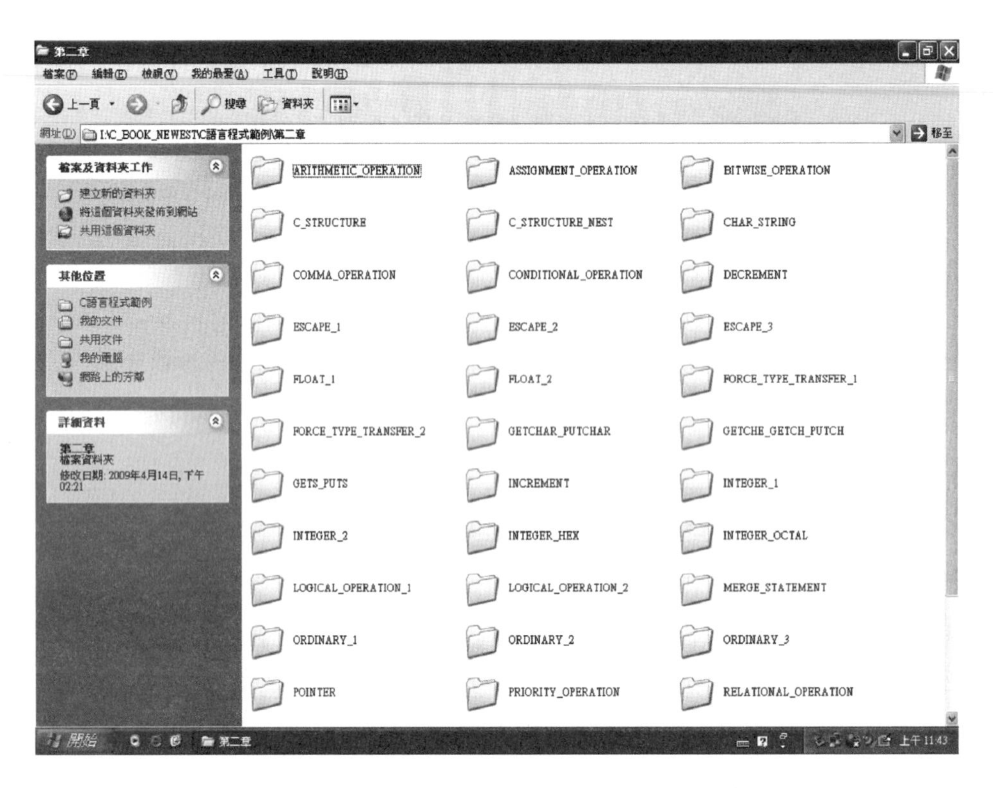

2. “練習題解答”的目錄內儲存每個章節後面“自我練習與評量”的解答，當我們打開此目錄時，螢幕的顯示內容如下：

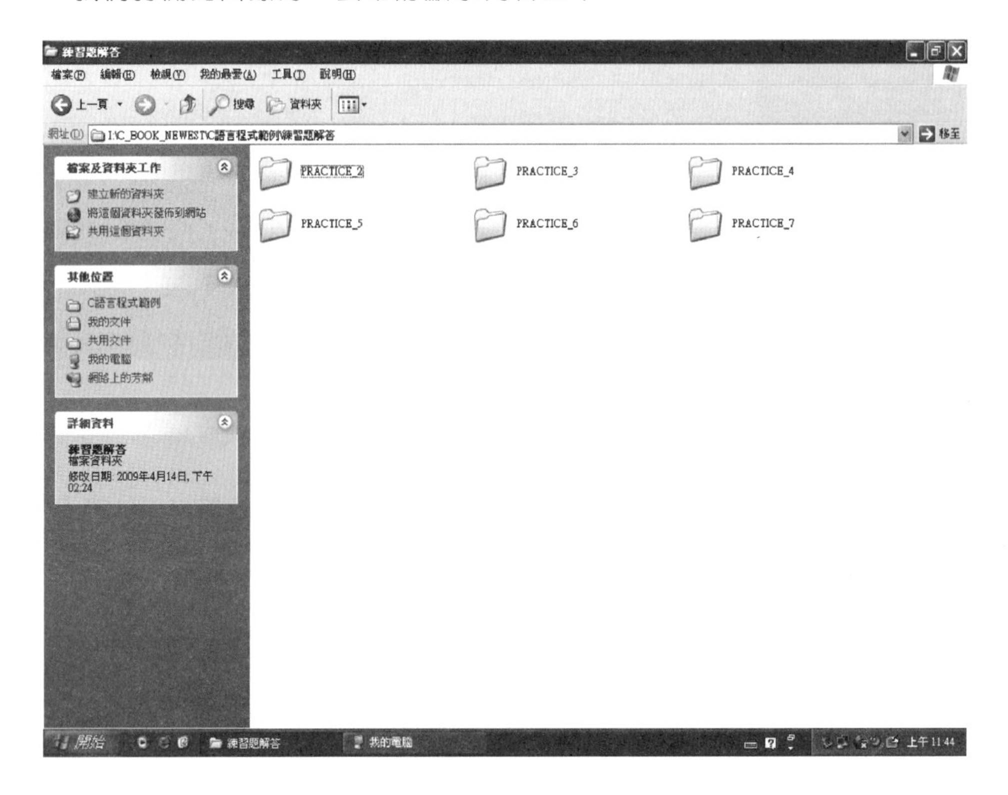

要觀察某一個章節的練習解答時，可以再繼續往內打開。

3. “DATA_FILE”目錄用來儲存範例所使用的標頭檔，以及將來在第七章檔案處理時所產生的檔案 (避免與您原來儲存在硬碟內部的檔案混在一起，造成不必要的困擾)，也正因為如此，因此光碟片內容必須拷貝到硬碟 D。另外當您在操作第七章的範例程式時，切記！檔案的存取一定先執行檔案建立的程式後，才可以執行檔案的讀取，否則會因找不到檔案而發生錯誤，只要依書本的編排順序一切就 ok。

本書所使用的系統為 Dev C++，它是一個免費 C/C++ 的整合性開發環境軟體，讀者可以到：

http://www.bloodshed.net/devcpp.html

免費下載，如果您不習慣此系統也無所謂，您可以在自己熟悉的 C 語言系統內以拷貝原始檔案內容或加入程式的方式建立檔案，再經過翻譯、連結後即可執行。

序文

作業系統是一套管理電腦硬體的軟體，C 語言的發展就是用來撰寫作業系統與系統軟體，因此它具有低階語言 (組合語言) 的特色，這就是“C 為一種中階語言”的由來。由於它是一種結構化、模組化的語言，因此具備容易發展、容易維護的特質，與普通高階語言相比，它會佔用較小的記憶空間且執行效率較佳。

隨著科技的進步，電子消費產品必須具備體積小、速度快、耗電低、功能多元化的特性，因此其內部硬體、軟體必須做嚴密的整合，由於不同的 CPU 就會有不同的組合語言，為了減輕工程師的負擔，這些產品內建的驅動程式，目前大都以 C 語言來取代組合語言，因此不管是工業控制或者一般的應用軟體，C 語言所充當的角色幾乎無法取代 (即使 Java、C#、PHP…等程式語言在語法上也都存在著 C 的影子)。

本書以介紹 ANSI_C 為主軸，內容從 C 語言的基本特性、各種資料型態的內部結構，系統所提供的指令、函數…一直到程式設計的觀念，全書共分下面七章：

第一章：主要在說明 C 語言的基本屬性、各種資料型態的儲存格式，了解基本屬性有助於熟悉 C 語言的系統結構；明白資料的儲存格式可以很清楚了解，當我們在程式中宣告一筆資料時，於電腦內部的二進制儲存狀況，如此可以減少錯誤的發生。

第二章：主要在介紹 C 語言的基本輸入 (有鍵盤緩衝器與沒有鍵盤緩衝器) 輸出函數、強大運算指令群的基本特性、資料型態轉換…等，並以範例方式逐一說明。

第三章：主要在介紹 C 語言三種程式結構的基本特性與用法，其內容包括順序性、選擇性與重覆性敘述，並以範例方式逐一說明，最後再以設計十個應用程式的過程去熟悉，並了解這些敘述與設計程式的觀念。

第四章：主要在介紹 C 語言的陣列、指標以及它們兩者中間的關係與代換，並以範例方式逐一說明，以便將來於程式中進行函數呼叫時，能夠提升執行速度。另外於程式的設計方面，我們介紹了各種資料的排序與搜尋，方便將來設計資料處理程式時使用。

第五章：主要在介紹前端處理器、巨集定義、條件編譯；函數呼叫時所要傳遞資料的方式；遞回呼叫；以及 C 語言儲存資料類別的記憶體配置位置與特性，並以範例方式逐一說明，藉以提升程式執行的速度。

第六章：主要在介紹結構、聯合、列舉、自行定義資料型別，以及動態記憶體配置的基本特性與使用方式，結合前面所討論陣列、指標的特性，以便提升程式的可讀性與記憶體的使用效率。在程式設計方面，我們介紹於資料結構內時常談到的堆疊與佇列等結構的程式，方便將來需要時使用。

第七章：主要在介紹 C 語言的各種檔案處理，內容包括存取方式的順序檔與隨機檔；儲存格式的文字檔與二進制檔；處理方式的有檔案緩衝區的高階與沒有檔案緩衝區的低階…等，並以範例方式逐一說明，以方便將來我們可以隨心所欲的存取儲存在磁碟內部的任何資料。

徹底了解上述七個章節的內容並加以整合後，相信於 C 語言程式設計的領域上，您已經又更上一層樓了，恭喜！！

劉紹漢　謹呈

編輯大意

「系統編輯」是我們的編輯方針，我們所提供給您的，絕不只是一本書，而是關於這門學問的所有知識，它們由淺入深，循序漸進。

全書共分七章：第一章說明 C 語言的基本屬性、各種資料型態的儲存格式，了解基本屬性有助於熟悉 C 語言的系統結構；第二章介紹 C 語言的基本輸入、輸出函數、強大運算指令群的基本特性、資料型態轉換等；第三章介紹 C 語言三種程式結構的基本特性與用法，其內容包括順序性、選擇性與重覆性敘述；第四章介紹 C 語言的陣列、指標以及它們兩者中間的關係與代換；第五章介紹前端處理器、巨集定義、條件編譯等；第六章：主要在介紹結構、聯合、列舉、自行定義資料型別，以及動態記憶體配置的基本特性與使用方式等；第七章介紹 C 語言的各種檔案處理等，循序漸進的方式以幫助您徹底了解 C 語言程式設計觀念！

同時，為了使您能有系統且循序漸進研習相關方面的叢書，我們以流程圖方式，列出各有關圖書的閱讀順序，以減少您研習此門學問的摸索時間，並能對這門學問有完整的知識。若您在這方面有任何問題，歡迎來函聯繫，我們將竭誠為您服務。

相關叢書介紹

書號：0526302
書名：數位邏輯設計(第三版)
編著：黃慶璋
20K/384 頁/360 元

書號：0528874
書名：數位邏輯設計(第五版)
(精裝本)
編著：林銘波
18K/664 頁/650 元

書號：05567047
書名：FPGA/CPLD 數位電路設計入門與實務應用－使用 Quartus II (第五版)(附系統.範例光碟)
編著：莊慧仁
16K/420 頁/450 元

書號：05579027
書名：Verilog 晶片設計(附範例程式光碟)(第三版)
編著：林灶生
16K/424 頁/480 元

書號：06226007
書名：數位邏輯設計與晶片實務(VHDL)(附範例程式光碟)
編著：劉紹漢
16K/560 頁/580 元

書號：05727047
書名：系統晶片設計－使用 quartus II (第五版)(附系統範例光碟)
編著：廖裕評.陸瑞強
16K/696 頁/720 元

書號：06170017
書名：Verilog 硬體描述語言實務(第二版)(附範例光碟)
編著：鄭光欽.周靜娟.黃孝祖.顏培仁.吳明瑞
16K/320 頁/320 元

◎上列書價若有變動，請以最新定價為準。

流程圖

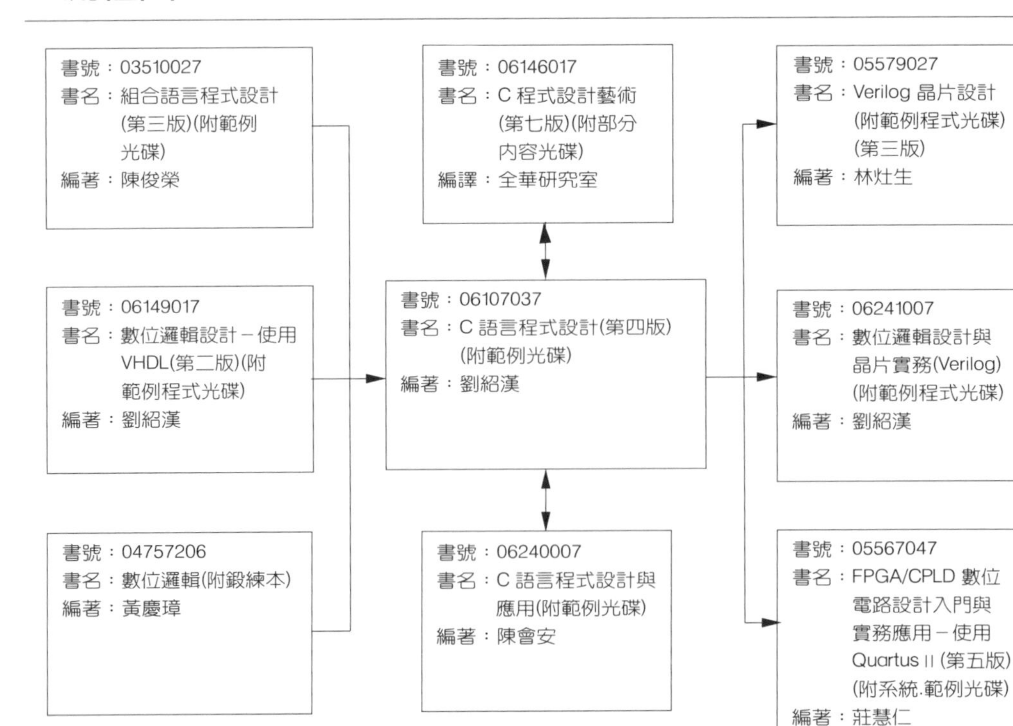

目　錄

附錄 附-1

Chapter 1

C 語言概述與各種資料型態

1-1 C 語言的沿革

西元 1967 年 Martin Richards 為了撰寫電腦的作業系統 (Operating System) 與語言編譯器 (Compiler) 創造了 BCPL (Basic Combined Programming Language) 語言，這就是我們所要介紹 C 語言的始祖；西元 1970 年於貝爾實驗室的 Ken Thompson 將 BCPL 語言加以修改後發展出 B 語言；西元 1972 年於貝爾實驗室的 Dennis Ritchie 又將 B 語言發展成 C 語言，而其成名的代表作品就是盛極一時的 UNIX 作業系統 (目前我們所使用的作業系統都是由 C 或 C++所撰寫完成)；西元 1978 年由 Brian.W.Kernighan 和 Dennis.M.Ritchie (合稱為 K&R) 所合著的 "The C Programming Language" 一書引起大家對 C 語言的注意，同時也奠定了 C 語言的基礎，由於 C 語言在各種電腦 (即硬體平台) 上快速蓬勃的發展，因此產生很多類型相似但卻不相容的版本，為了解決這種難題，於西元 1983 年由美國國家標準協會 (American National Standard Institute，簡稱為 ANSI)，組成了一個代號為 X3J11 的技術委員會來制定明確的標準，期望能夠達到相容的目標，經過多年的努力，終於在西元 1989 年通過審查實施，此即所謂的標準 C (ANSI C)，由於 C 語言擁有很多的特點 (後面會敘述)，因此很快就成為語言中的主流，正當 C 語言大行其道之際，物件導向技術 (Object-Oriented Programming，簡稱 OOP) 亦逐漸蔚為風潮，利用 C 語言的巨集 (Macro) 指令定義出具有 OOP 概念的關鍵字 (key word)，如此設計師就可以利用它們來表達如類別、物件、繼承…等 OOP 的概念，西元 1986 年於貝爾實驗室的

Bjarne Stroustrup 等先進又將 C 語言加入物件導向 OOP 程式設計的功能，發展出 C++ 語言，直到現在 C 與 C++ 語言已經成為產業界與學術界使用的主要語言。

 1-2 C 語言的特點

每一種程式語言的特點皆與其開發時的環境和背景有關，本書所描述的 C 語言也不例外，綜觀其特性我們將它整理如下：

1. **中階語言**

   由於 C 語言的發展，當初是為了撰寫 DEC 公司的 PDP-7 與 PDP-11 電腦之系統軟體，因此它除了具有一般高階語言的指令之外，它還具有低階組合語言的特質 (譬如移位、直接存取記憶體內容…等指令)，所以我們都稱它為中階語言，也正因為如此，由 C 語言所撰寫的程式，其執行速度比其它的高階語言 (如 FORTRAN、COBOL、BASIC…等) 快，效率也比較高。

2. **函數導向的結構化語言**

   一個完整的 C 語言程式，通常是由數量可觀的函數所組合而成 (包括主程式也是一個函數)，設計師藉由每個函數中間參數的傳遞來完成整個程式所要實現的目標，由於設計師可以將每個函數當成一個獨立的個體，於任何函數中所使用的變數內容都不會相互影響，因此於特性上它是一種結構化語言。

3. **函數庫 (Library) 導向語言**

   為了要節省系統所佔用的記憶空間、擴充系統所提供的函數、提高程式的可攜性 (Portable)…等，於 C 語言內部並沒有內儲式函數 (Build In Function)，它是將系統所提供功能完整的函數或使用者自己所建立的函數儲存在函數庫 (Library) 內，並將它們所使用到的定義以及函數原型 (Prototype)…等，依特性分門別類的儲存在各自的標頭檔 (header) 內，當設計師需要使用時，只要在程式的最前面將它們所屬的標頭檔引入 (#include) 後即可載入執行。

4. **可攜性 (Portable) 高的語言**

   於前面 C 語言的發展過程中，我們曾經提到相容性問題，為了能過讓同一個 C 語言程式可以在任何一種硬體平台 (即任何電腦) 上執行，美國國家標準協會 (ANSI) 花費了數年的功夫，訂定了一套標準 (即 ANSI C)，設計師只要遵循此標準即可撰寫出可以跨平台的 C 語言程式。

1-3 C 語言與嵌入式系統

由於科技的進步，一般消費性電子產品 (照相機、手機、汽車電子、數位家電…等) 力求體積小、功能強、耗電小、速度快…等特質，因此於其內部結構上已將軟、硬體發展緊密的結合在一起，有鑑於此，嵌入式系統 (Embeded System) 的發展已經成為當今 IT 產業的主流，由於嵌入式系統的硬體部分往往受到記憶體容量與執行速度的限制，其控制程式只能使用低階的組合語言 Assembly 與中階的 C 語言來撰寫 (程式完成後再將它翻譯成機器語言)，有經驗的工程師都知道，使用組合語言來撰寫程式，首先必須了解所要使用 CPU 的硬體結構，不同的 CPU 就會有不同的組合語言，為了減輕設計師的負擔，目前我們大都使用 C 語言來實現 (與 CPU 的內部結構無關)，一旦程式設計完成，我們再利用不同的編譯器將它翻譯成所要使用 CPU 的機器語言，其狀況即如下圖所示：

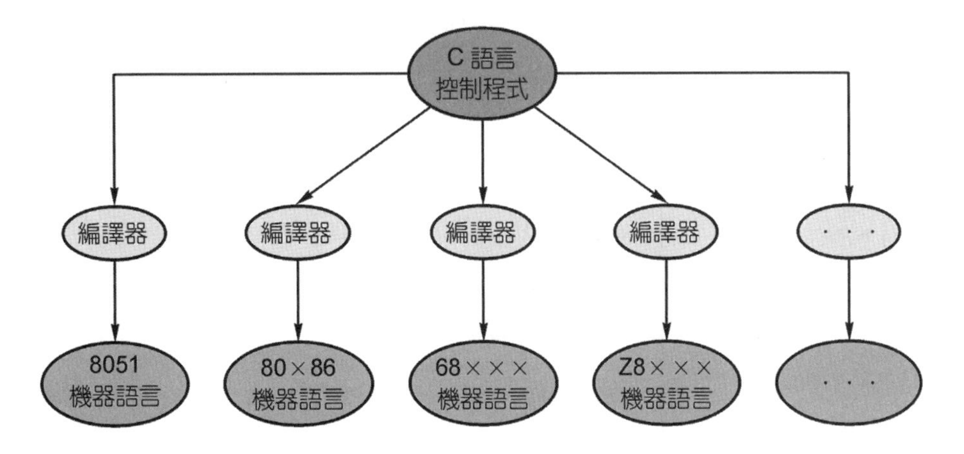

居於上述的理由，近幾年來業界對於 C 語言程式設計師的需求快速的增加，甚至有供不應求的趨勢，這也是作者撰寫本書的動機。

1-4 C 語言的資料型態

當電腦要執行程式時，首先我們會把它載入到記憶體內，此時儲存在記憶體的內容可以分成指揮 CPU 如何執行的指令 (Instruction) 與它所要處理的資料 (Data)，儲存指令皆有其固定的格式，但儲存資料的格式會隨著它所代表的意義而有所不同，因此當我們要將資料儲存在記憶體時，必須事先宣告它們的資料型態 (Data type)，如此系統才會知道：

1. 預留多少記憶空間。
2. 以那一種格式儲存。

一般來講，C 語言的資料型態 (Data type) 大致可以分成：

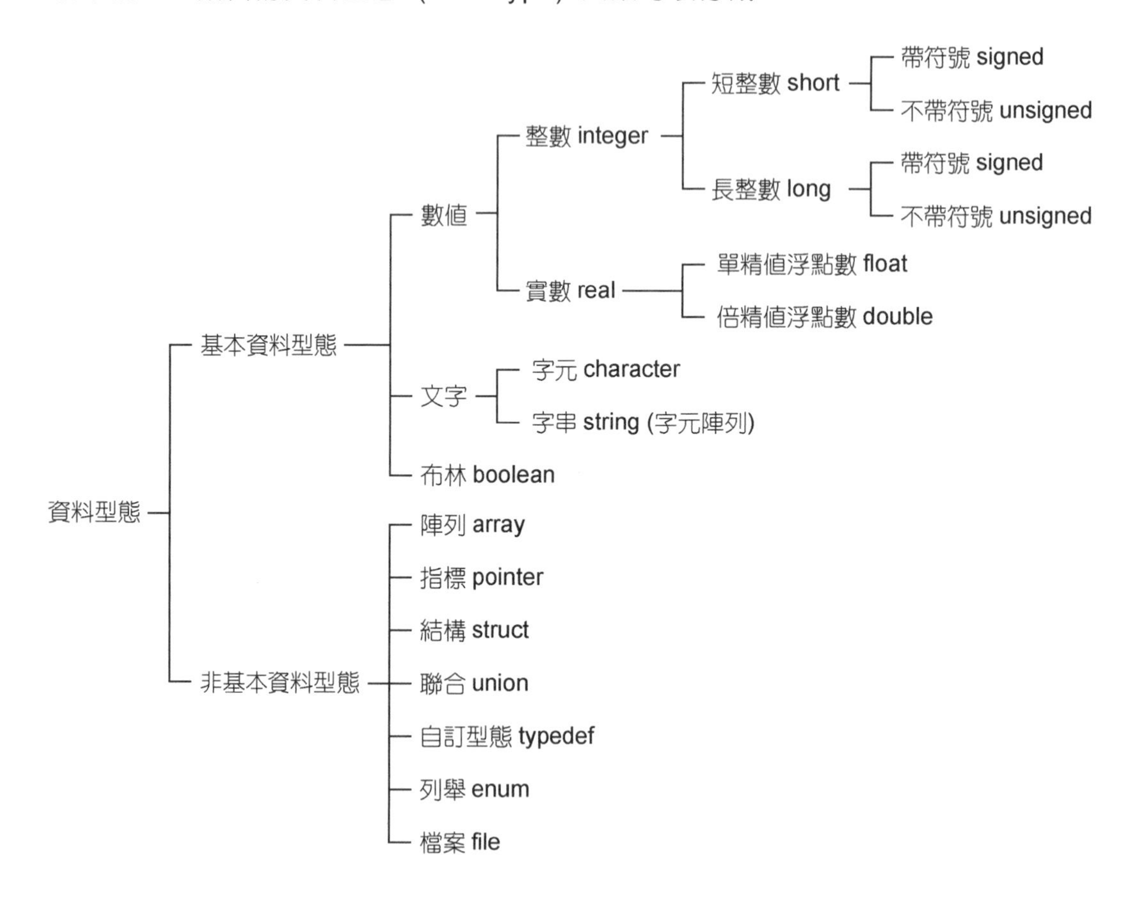

於上表中可以發現到，C 語言的資料型態可以區分為基本與非基本兩大類，在基本的資料型態部分又可以區分成可以做算術運算的數值、不能做算術運算的文字、可以做邏輯運算的布林；非基本資料型態部分又可以區分成用來儲存相同資料型態的陣列、用來儲存記憶體位址的指標、用來儲存不相同資料型態的結構與聯合…等，這些資料型態都十分重要，基於先後順序，於本章內我們先來討論基本資料型態的部分，至於非基本資料型態部分於後面的章節我們再來討論。

1-4-1 整數的格式與範圍

整數 (Integer)，顧名思義它是一筆不帶小數的資料，於實際運用上它又可以分成帶符號 signed 與不帶符號 unsigned 兩種，而其儲存格式以及它們所代表的意義分別如下。

不帶符號 unsigned 整數的格式與範圍

長度為 n bits 且不帶符號整數的儲存方式即如下面所示：

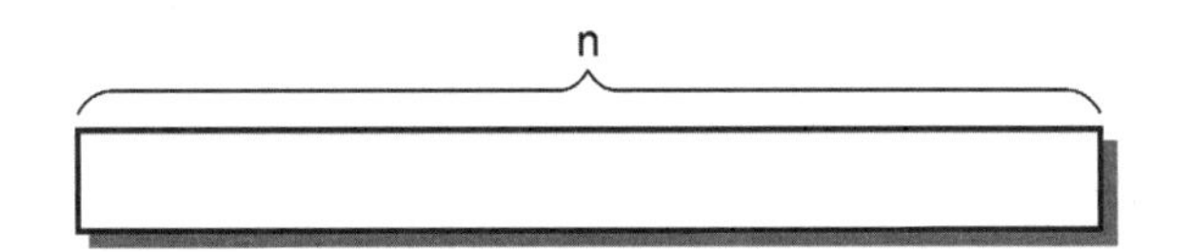

由於儲存在記憶體裡面的資料只有 0 與 1 的二進制值，而且它又不帶符號，因此其內容所代表不帶符號的整數值依次為：

n 位元二進制值	不帶符號整數值
0000000…0000000	0
0000000…0000001	1
0000000…0000010	2
0000000…0000011	3
⋮	⋮
⋮	⋮
1111111…1111100	⋮
1111111…1111101	⋮
1111111…1111110	⋮
1111111…1111111	2^n-1

由於它有 n 個位元，因此總共有 2^n 種狀況，但其中包含一個 0，因此它所能表達的最大值為 2^n-1，也就是如果我們採用 n 個位元來儲存一筆不帶符號的整數時，它所能表達的數值範圍為：

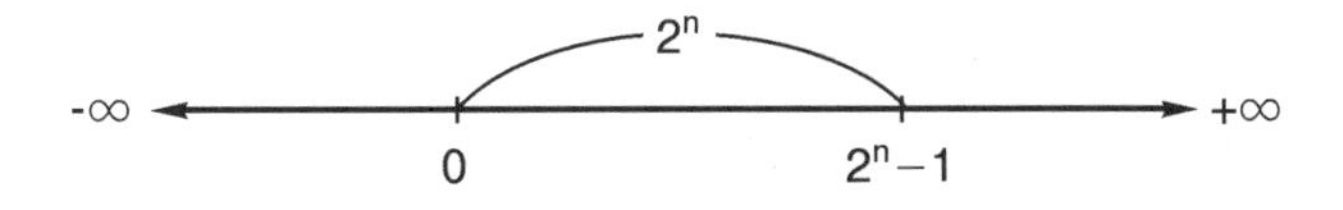

帶符號 signed 整數的格式與範圍

長度為 n bits 且帶符號整數的儲存方式即如下面所示：

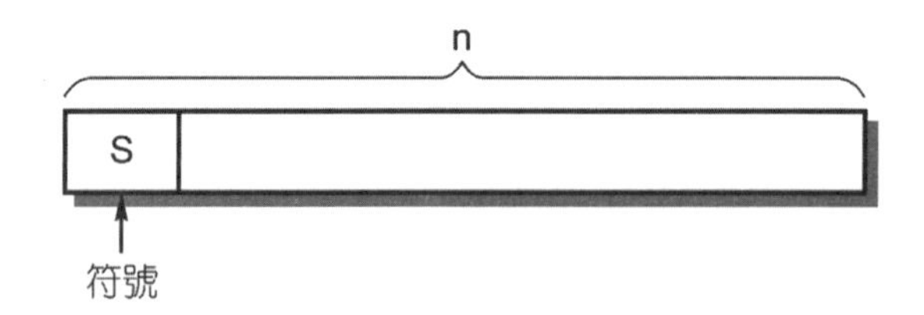

於上面的儲存格式中，S 為符號 (Sign) 的縮寫，此位元代表目前資料的正負值，當此位元：

S = 0：代表資料為正值。

S = 1：代表資料為負值。

由於儲存在記憶體裡面的資料只有 0 與 1 的二進制值，而我們拿了一個位元來充當正負號，因此其內容所代表的帶符號整數值依次為：

n 位元二進制值	帶符號十進制值
0000000…0000000	0
0000000…0000001	+1
0000000…0000010	+2
⋮	⋮
0111111…1111111	$+(2^{n-1}-1)$
1000000…0000000	-2^{n-1}
1000000…0000001	⋮
⋮	⋮
1111111…1111101	-3
1111111…1111110	-2
1111111…1111111	-1

於上面的表格中，由於我們拿了一個位元去充當符號，因此用來表達數值範圍的位元數只剩下 n−1 位元，也就是不管表達的為正值或負值，它們都各自擁有 2^{n-1} 種狀況，其中於正值方面包含一個 0，因此它所能表達的範圍為 0～$+(2^{n-1}-1)$，至於負值部分因為系統都以 2 的補數方式來表達，因此在 2^{n-1} 種狀況中：

2 的補數
111111 ········· $11110_{(2)} = -2_{(10)}$
000000 ········· $00010_{(2)} = +2_{(10)}$

2 的補數
1111111 ······ $11111_{(2)} = -1_{(10)}$
0000000 ······ $00001_{(2)} = +1_{(10)}$

2 的補數
1000000 ······ $00000_{(2)} = -128_{(10)}$
1000000 ······ $00000_{(2)} = +128_{(10)}$

由於沒有包含 0，因此它所能表達的範圍為 $-1 \sim -(2^{n-1})$，綜合前面的敘述我們可以整理出，以 n 位元來表達帶符號整數的範圍為 $-(2^{n-1}) \sim +(2^{n-1}-1)$，其狀況即如下圖所示：

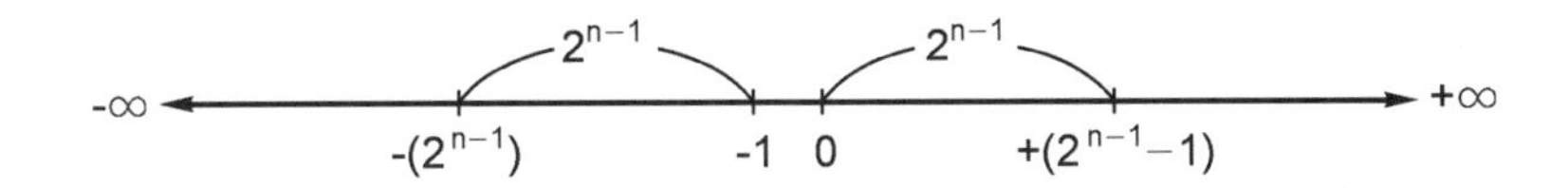

於上面的討論可以知道，用來儲存整數的記憶體空間愈長，它所能表達的整數範圍就愈大。居於節省記憶體空間與所能表達範圍大小的考量，於 C 語言中系統又將整數區分成佔用 2Byte (16Bits) 的短整數 (short integer) 與佔用 4Bytes (32Bits) 的長整數 (long integer)。設計師可以依資料的範圍需求自行選擇使用。綜合這些論述，當設計師於程式中要使用一筆資料時，必須事先宣告它的資料型態 (Data type)，好讓系統知道要空出幾個 Byte 的記憶空間，以及使用何種格式來儲存。

綜觀前面有關整數的資料型態，C 語言總共提供了下面四種：

1. 不帶符號的短整數 unsigned short integer。
2. 帶符號的短整數 signed short integer。
3. 不帶符號的長整數 unsigned long integer。
4. 帶符號的長整數 signed long integer。

於 C 語言系統中，當我們宣告整數 (integer) 的資料型態時，於資料的長度 (位元數) 與符號方面的機定值 (Default)(即沒有額外指定時，系統自動幫我們設定的值) 設定為：

符號的機定值為帶符號 signed。
長度的機定值為長整數 long。

因此於 C 語言中，上面四種整數的宣告方式為：

1. 不帶符號的短整數 unsigned short。
2. 帶符號的短整數 short。
3. 不帶符號的長整數 unsigned int。
4. 帶符號的長整數 int。

底下我們就來討論上述四種整數的特性。

不帶符號短整數的特性與宣告

當程式中需要一筆不帶符號的短整數資料時，設計師必須以 unsigned short 來宣告，此時系統會保留 2Byte 的記憶空間，並以不帶符號的二進制方式來儲存，而其儲存範圍為 (參閱前面的敘述)：

2^{16} = 65536 即 0 ～ 65535

注意！其內容不可以：

1. 小於 0 (可以相等)，否則會產生下溢位。
2. 大於 65535 (可以相等)，否則會產生上溢位。

只要發生溢位 (不管是上溢位或下溢位)，其執行結果就會產生錯誤。

帶符號短整數的特性與宣告

當程式中需要一筆帶符號的短整數資料時，設計師必須以 short 來宣告 (不需加 signed，因為它是機定值可以省略)，此時系統會保留 2Byte 的記憶空間，並以帶符號的二進制方式來儲存，而其儲存範圍為 (參閱前面的敘述)：

$-(2^{15})$ ～ $+(2^{15}-1)$ 即 -32768 ～ +32767

注意！其內容不可以：

1. 小於 -32768 (可以相等)，否則會產生下溢位。
2. 大於 +32767 (可以相等)，否則會產生上溢位。

只要發生溢位 (不管是上溢位或下溢位)，其執行結果就會產生錯誤。

不帶符號長整數的特性與宣告

當程式中需要一筆不帶符號的長整數資料時，設計師必須以 unsigned int 來宣告，此時系統會保留 4Byte 的記憶空間，並以不帶符號的二進制方式來儲存，而其儲存範圍為 (參閱前面的敘述)：

2^{32} = 4294967296 即 0 ～ 4294967295

注意！其內容不可以：

1. 小於 0 (可以相等)，否則會產生下溢位。
2. 大於 4294967295 (可以相等)，否則會產生上溢位。

只要發生溢位 (不管是上溢位或下溢位)，其執行結果就會產生錯誤。

帶符號長整數的特性與宣告

當程式中需要一筆帶符號的長整數資料時，設計師必須以 int 來宣告 (不需加 signed，因為它是機定值可以省略)，此時系統會保留 4Byte 的記憶空間，並以帶符號的二進制方式來儲存，而其儲存範圍為 (參閱前面的敘述)：

$-(2^{31})$ ～ $+(2^{31}-1)$ 即 –2147483648 ～ +2147483647

注意！其內容不可以：

1. 小於 -2147483648 (可以相等)，否則會產生下溢位。
2. 大於 +2147483647 (可以相等)，否則會產生上溢位。

只要發生溢位 (不管是上溢位或下溢位)，其執行結果就會產生錯誤。

綜合上面有關 C 語言的各種整數敘述，筆者將它們的特性整理後列表如下：

整數資料型態	C 語言宣告語法	佔用記憶空間	表達範圍
不帶符號長整數	unsigned int	4Byte	0 ～ 4294967295
不帶符號短整數	unsigned short	2Byte	0 ～ 65535
帶符號長整數	int	4Byte	-2147483648 ～ +2147483647
帶符號短整數	short	2Byte	-32768 ～ +32767

1-4-2 實數的格式與範圍

實數 (Real) 顧名思義，它是一筆帶有小數的資料，於一般的電腦語言中，用來儲存實數與整數的格式截然不同，儲存整數的格式在前面我們已經討論過，儲存實數一般都以浮點方式來處理，而其格式即如下圖所示：

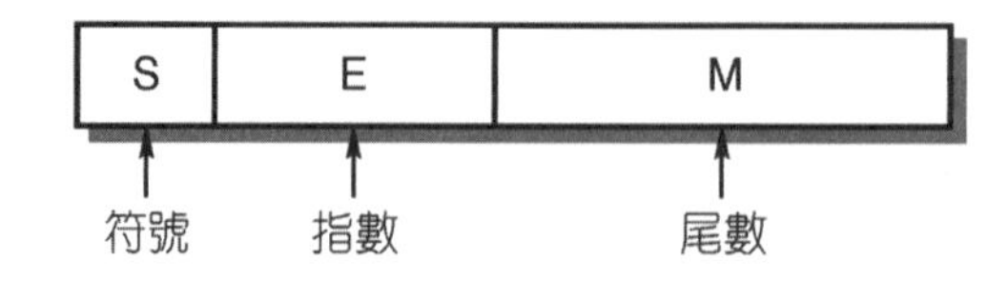

S：符號 (Sign)，它是用來儲存整筆資料的正負號，當：

S = 0 時代表正值。

S = 1 時代表負值。

E：指數 (Exponent)，它是用來儲存資料的指數 (次方)，**此欄位的大小可以決定目前資料所能表達的範圍**。

M：尾數 (Mantissa) 或小數 (Fraction)，它是用來儲存資料的內容 (小數部分)，**此欄位的大小可以決定目前資料的精確值** (Precision)，**也就是我們俗稱的有效位數**。

底下我們舉一個實際的例子來說明浮點數的編碼方式，當我們宣告一個數值為 $-0.75_{(10)}$的實數，假設系統內部是以下列方式來儲存 (此種格式為 C 語言系統對於單精確值浮點數的儲存方式—採用 IEEE 754 標準)：

1	8	23
S	E	M

<步驟一> 將十進制資料轉換成二進制：

$-0.75_{(10)} = -0.11_{(2)}$

<步驟二> 將二進制資料正規化：

$-0.11_{(2)} = -1.1_{(2)} \times 2^{-1}$

<步驟三> 決定符號 S 部分：

S = 1 (負值)

<步驟四> 決定指數 Exponent 部分，採用 Excess-127 (加上 127)：

E = -1 + 127

= 126

= $01111110_{(2)}$

<步驟五> 決定尾數或小數部分 (為了節省記憶空間，捨棄二進制的整數部分 1)：

M = $10000000000000000000000_{(2)}$

合併上面所計算出來的二進制值就是 $-0.75_{(10)}$ 實際儲存在記憶體的內容，其狀況如下 (十六進制 BF400000)：

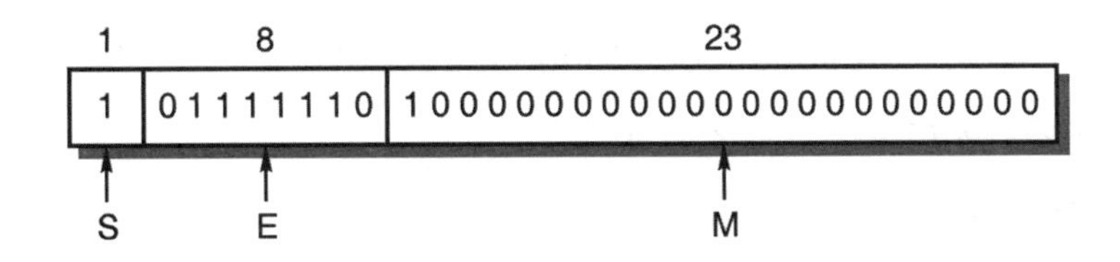

當系統要進行浮點數資料的還原時：

<步驟一> 符號 S 部分：

S = 1 代表負值。

<步驟二> 指數 E 部分 (減去 127)：

$$E = 01111110_{(2)} - 01111111_{(2)}$$
$$= 126_{(10)} - 127_{(10)}$$
$$= -1$$

<步驟三> 尾數或小數部分 (還原二進制的整數部分 1)：

$$M = 1.1 \times 2^{-1}{}_{(2)}$$
$$= .11_{(2)}$$
$$= 0.5_{(10)} + 0.25_{(10)}$$
$$= 0.75_{(10)}$$

因此其十進制值為 $-0.75_{(10)}$

當我們以一個數學通式來表達整個浮點數的數值時，其狀況如下：

$$(-1)^{S} \times (1 + M) \times 2^{(Exponent - N)}$$

S：代表符號內容。

M：代表尾數或小數部分的內容，加 1 的原因是正規化後的表示式為 $1.XXXXXX_{(2)} \times 2^{E}$

Exponent：代表儲存在指數部分的內容。

N：代表採用 Excess-N 方式儲存。

如果我們將前面所舉例子的浮點數內容代入時，其狀況如下：

$$(-1)^{1} \times (1 + .10000000000000000000000) \times 2^{(126 - 127)}$$
$$= (-1)^{1} \times (1 \times 2^{0} + 1 \times 2^{-1}) \times 2^{-1}$$
$$= -1 \times (1.5) \times 2^{-1}$$
$$= -0.75_{(10)}$$

尾數與精確值

經由上面的討論我們可以發現到，用來儲存小數部分 (尾數 M) 的記憶體空間愈長，它所能儲存的二進制數量就愈多，其精確值就愈高，也就是它的有效位數就愈多，反之如果儲存小數部分的記憶體空間愈短，它所能儲存的二進制數量就愈少 (資料會被截斷而流失)，精確值與有效位數也就降低，而其兩者之間的關係為：

$$10^{X} = 2^{(M+1)}$$

$$\log 10^{X} = \log 2^{(M+1)}$$

$$X = (M + 1) \times \log 2$$

$$= 0.301 \times (M + 1)$$

注意！當我們將十進制的小數轉換成二進制時，如果無法完全轉換並全部存入尾數部分時 (如 $0.1_{(10)}$、$0.2_{(10)}$、$0.3_{(10)}$……等) 就會產生誤差，它的結果雖然可以使用但不精確。

指數與範圍

於上面的討論中我們也可以發現到，用來儲存次方 (包括正、負號) 的指數部分，如果它的記憶體空間愈長，它所能表達的實數範圍就愈大，反之如果記憶體空間愈小，它所能表達的實數範圍就愈小，以上面的例子來說，用來儲存指數部分的記憶體。

$2^{8} = 256$ 即 0 ～ 255

其中 0 與 255 配合尾數部分用來表達 0、正負無限大、非正規化、不是數值…等狀況，因此實際使用的狀況只有 1 ～ 254，再加上指數部分又可以表示正值或負值，如果我們以正、負各半來計算 (254 ÷ 2 = 127，各有 127 種) 時，它所能表達的範圍大約為：

$$(-1)^{S} \times (1 + M) \times 2^{127} \cong \pm 3.4 \times 10^{38}$$

居於實務上的需要，於 C 語言系統對於實數的儲存方式，依其精確值、表達範圍、佔用記憶空間的多少等，又將它分成精確值較低、表達範圍較小、佔用記憶空間較短的單精值浮點數 float 與精確值較高、表達範圍較大、佔用記憶空間較長的倍精值浮點數 double float 兩大類，底下我們就來討論這兩種資料型態的儲存格式、表達範圍、有效位數 (精確值) 等特性。

單精值浮點數 float

當程式中需要一筆單精值浮點數資料時，設計師必須以 float 來宣告，此時系統會保留 4Bytes 的記憶空間，並以前面所敘述的方式來儲存（參閱前面的敘述）即：

1. 佔用 4Bytes (32Bits)，其儲存格式為：

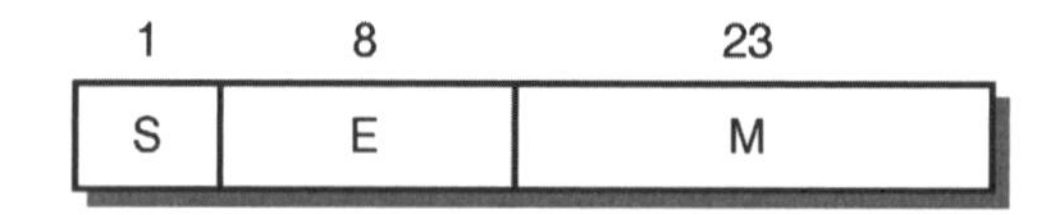

2. 符號 S 佔用 1Bit。
3. 指數部分佔用 8Bits，因此它所能表達的範圍為（參閱前面的敘述）：

$$(-1)^S \times (1 + M) \times 2^{127} \cong \pm 3.4 \times 10^{38}$$

4. 尾數部分佔用 23Bits，因此它所能儲存的有效位數為：

$0.301 \times (1 + 23)$

$= 7.224$

$\cong 7$ 位

倍精值浮點數 double

當程式中需要一筆倍精值浮點數資料時，設計師必須以 double 來宣告，此時系統會保留 8Bytes 的記憶空間，並以前面所敘述的方式來儲存（參閱前面的敘述）即：

1. 佔用 8Bytes (64Bits)，其儲存格式為：

1	11	52
S	E	M

2. 符號 S 佔用 1Bit。
3. 指數部分佔用 11Bits，因此它所能表達的範圍為（參閱前面的敘述）：

$(-1)^S \times (1 + M) \times 2^{1023} \cong \pm 1.797693 \times 10^{308}$

下溢位　正常範圍　上溢位

$-\infty$　$+\infty$

$-1.797693 \times 10^{308}$　$+1.797693 \times 10^{308}$

4. 尾數部分佔用 52Bits，因此它所能儲存的有效位數為：

$0.301 \times (1 + 52)$

$= 15.953$

$\cong 15$ 位

於上面的敘述中可以發現到，單精值浮點數的有效位數只有 7 位，很容易產生誤差，因此於 C 語言系統中，當我們設定一筆實數常數時，如果沒有特別指定，系統的機定值皆為倍精值，如：

12.65 為倍精值 (機定值)。

12.65f 為單精值 (f 代表單精值)。

綜合上面有關實數的敘述，我們將它們的特性整理後列表如下：

實數資料型態	C 語言宣告語法	佔用記憶空間	表達範圍
單精值	float	4Bytes	$-3.4 \times 10^{38} \sim +3.4 \times 10^{38}$
倍精值	double	8Bytes	$-1.797693 \times 10^{308} \sim +1.797693 \times 10^{308}$

1-4-3 字元的基本特性

字元 (Character)，顧名思義它是用來表示文字 (Text) 資料，於電腦領域中最常使用的標準文字碼為美國標準資訊交換碼 (American Standard Code for Information Interchange，簡稱為 ASCII)，這種使用在網路通訊的交換碼是以 7Bits 的整數型態進行編碼，由於 $2^7 = 128$ 即 0 ～ 127，在這現有的 128 種狀況中，其編碼的順序為 (參閱後面程式的驗證)

$00_{(16)} \sim 1F_{(16)}$ 為控制碼。

$30_{(16)} \sim 39_{(16)}$ 為數字 0 ～ 9。

$41_{(16)} \sim 5A_{(16)}$ 為英文大寫 A ～ Z。

$61_{(16)} \sim 7A_{(16)}$ 為英文小寫 a ～ z。

其餘皆為符號 (如+、−、×、/、；、,…等)，後來於 IBM PC 內又加入了一些數學、畫線框…等符號，將它們擴展成 8Bits，其詳細狀況請參閱附錄 A 的內容。於 C 語言系統中，一個字元佔用一個 Byte，並以單引號將它括起來，如‘A’、‘2’…等，由於它是以整數型態進行編碼，因此設計師可以將它們以佔用 8Bits 的整數型態加以處理，前面提過，整數又分成帶符號與不帶符號兩種，它們的表達範圍也不盡相同，其特性經我們整理並表格化後的狀況如下：

字元資料型態	C 語言宣告語法	佔用記憶空間	表達範圍
不帶符號字元	unsigned char	1Byte	0 ～ 255
帶符號字元	char	1Byte	-128 ～ +127

1-4-4 字串的基本特性

字串 (String)，顧名思義它是由兩個以上的字元 (Character) 集合而成，於 C 語言中系統是以 ASCII 來儲存，語法上必須以雙引號括起來，如“Happy New Year!!”、“Nice to meet you!!”…等，它們所佔用的記憶體空間則視字串長度而定，如果字串長度為 n 個字元時，它所佔用的記憶空間為 n+1 Bytes，因為系統會在每個字串的最後面加入字元‘\0’當成字串的結束，其狀況如下 (當系統儲存字串“Happy”時)：

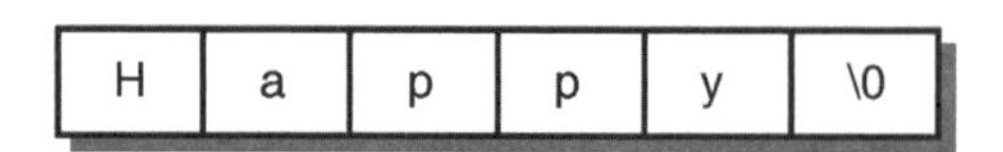

於 C 語言中系統是以字元陣列 array 的方式來處理字串，其詳細的敘述請參閱後面的章節。

1-4-5 布林的基本特性

布林 (Boolean) 的內容不是真 (True) 就是假 (False)，通常它是經由關係運算 (如>，<，=，>=，<=) 後產生，設計師可以配合判斷指令 (如 if，while，do…等) 來使用。於 C 語言系統中 0 代表假，非 0 則代表真 (參閱後面程式的驗證)。

1-5 誤差

所謂誤差就是程式執行結果與實際結果的差異值，至於執行結果是否滿意則完全取決於設計師對這些差異值的容忍度，舉個例子來說，實際數值為 85.976，而程式執行結果為 86，其中存在著 0.024 的差距，這個差異值就看你可否接受，如果可以接受即表示執行結果是正確，否則就是錯誤。於前面浮點數的討論中我們談到誤差，由於資料是儲存在記憶體內，受到記憶體大小的限制，因此誤差是絕對避免不了的，譬如將 16.3 以單精值浮點數存入記憶體內，由於小數部分 $0.3_{(10)}$ 轉換成二進制時無法獲得完全轉換，如此一來無法避免的機器誤差就會立刻產生；又譬如明知單精值的有效位數為 7 位，你卻將超過 7 位數的資料存入單精值的記憶體內，如此一來可以避免的人為誤差也會立刻產生，機器誤差應該儘量避免 (譬如選用精確值較高的資料型態)，人為誤差絕對不可以發生。

1-6 溢位

所謂溢位就是所要存入記憶體的整數資料超過記憶體所能儲存的範圍，譬如於前面整數資料型態的討論中，一筆帶符號的短整數只能儲存 -32768 到 +32767 的整數值，當我們將 +32768 存入內部時即產生上溢位，當我們將 -32769 存入內部時即產生下溢位，當程式在執行時，不管產生上溢位或下溢位，其執行結果是錯誤而且不能使用的，為了避免發生溢位而產生錯誤的結果，設計師必須知道目前您所使用資料型態所能表達的範圍，並在考量執行速度、記憶空間的大小與儲存範圍中間做適當的取捨，為了讓讀者能更深一層的了解系統如何去定義二進制 0 與 1，底下我們將 C 語言中有關二進制、不帶符號短整數、帶符號短整數之間的關係表列如下：

十六位元二進制	十六位元十六進制	不帶符號十進制	帶符號十進制
0000000000000000	0000	0	0
0000000000000001	0001	1	+1
0000000000000010	0002	2	+2
0000000000000011	0003	3	+3
⋮	⋮	⋮	⋮
0111111111111110	7FFE	32766	+32766
0111111111111111	7FFF	32767	+32767
1000000000000000	8000	32768	-32768
1000000000000001	8001	32769	-32767
1000000000000010	8002	32770	-32766
1000000000000011	8003	32771	-32765
⋮	⋮	⋮	⋮
1111111111111110	FFFE	65534	-2
1111111111111111	FFFF	65535	-1

於上表中我們很容易看出什麼叫做溢位，必竟電腦內部只有 0 與 1，如何去看待這些 0 與 1 則全部由我們自行決定。於前面帶符號短整數中我們討論過，它所能表達的範圍在 –32768 ～ +32767，於上表中可以發現到，如果我們將 +32767 的二進制值加 1 時 (參閱下面的表示式)：

$$
\text{加 1}\quad
\begin{aligned}
0111111111111111_{(2)} &= +32767_{(10)} \\
\downarrow\quad 1000000000000000_{(2)} &= -32768_{(10)}
\end{aligned}
$$

於電腦內部它只是負責將十六位元的二進制值加 1，如果我們以帶符號十進制來看它時，它所表達的數值就由 +32767 變成 -32768 (採用 2 的補數系統)，會產生這麼奇怪的現象是因為系統已經產生溢位 (不可能 +32767 加 1 後會變成 -32768)，其結果是錯誤而且不可以使用 (參閱後面會有程式驗證)。同樣的推敲方式也可以使用在各種資料型態上。

1-7 識別字與保留字

在電腦的語言中，所謂的識別字 (Identifier) 就是設計師為變數 (Variable)、函數 (Function)、標名 (Label)…等所指定的名稱；保留字 (Reserved word) 就是系統內部所使用的指令名稱，也就是編譯器在使用的名稱 (如 if、for、case、switch…等)，於 C 語言中我們常見到的保留字依英文字母排列即如下表所示：

auto	break	case	char	const
continue	default	do	double	else
enum	extern	float	for	goto
if	int	long	register	return
short	signed	sizeof	static	struct
switch	typedef	union	unsigned	void
volatile	while			

由於這些保留字 (又稱為關鍵字 key word) 系統已經使用過，因此由使用者所命名的識別字絕對不可以跟它們完全相同，於 C 語言程式中，一個識別字的命名必須要有下面幾點的限制：

1. 只能是英文、數字與底線。
2. 第一個字必須為英文 (最好不要底線)。
3. 不可以為保留字，但保留字可以是名稱的一部分。
4. 最好 31 個字以內 (第 31 個字以後系統不會去分辨，但可以接受)。
5. 選用有意義的名稱 (提高可讀性)。
6. 英文大小寫代表不相同的名稱。

底下我們就舉幾個例子，並判斷它們是否為合法的識別字：

識別字	註解
Grade	合法。
grade	合法，但與 Grade 不同。
fruit	合法。
under_average	合法。
while2	合法，保留字可以是它的一部分。
year!	不合法，不可以有！
2peach	不合法，第一個字不可為數字。
signed	不合法，為保留字。
ye ar	不合法，不可以有空格。
Pe?ch	不合法，不可以有？

1-8 常數 Constant

於程式中資料內容不會因為程式的執行而改變者我們稱之為常數 (constant)，常數之定義通常是為了提升程式的：

(1) 可讀性。

(2) 維護性。

譬如於程式中如果使用到圓周率 3.1416，由於它的值永遠不會改變，因此我們會以常數方式來定義它，其狀況如下 (注意其名稱必須符合識別字 (Identifier) 的限制)：

const float PI = 3.1416；

將來於程式中只要看到：

Area = PI × r × r；

我們就可以知道，它是在計算圓的面積 (提升可讀性)；另外如果在程式中使用了十幾次的某參數值，假設我們去修改此參數的值，即可得到另一個有意義的結果時，通常設計師會在程式的最前面將此參數設定成一個常數值 (後面會有程式驗證)，如果我們要得到另外一個執行結果時，只要修改所定義的常數值後 (不需修改程式內十幾個地方)，再重新翻譯、執行一次即可 (提升維護性)。

於前面章節曾經提過，C 語言基本的資料型態有整數、浮點數、字元…等，底下我們就來討論這些資料型態於常數方面的表達格式。

整數常數的格式

正如前面所討論的，整數可以分成短整數與長整數，為了要節省記憶空間，當我們在做整數常數的宣告時，其機定值為短整數，因此短整數不需加入任何符號 (如 126)，而長整數則必須在常數值後面加入 L 或 l (如 126L)，系統會依據我們的宣告來決定到底要佔用多少記憶空間；至於帶符號或不帶符號的機定值為帶符號，因此如果不帶符號時，必須在常數值後面加入 U 或 u (如 126U)；在 C 語言中系統允許我們以十進制 (Decimal)、八進制 (Octal) 或十六進制 (Hex) 的方式表達，其中十進制為機定值 (Default)，因此不需加任何符號 (如 123)、八進制則在前面加入 0 (如 0123)、十六進制則在前面加入 0x 或 0X (如 0x123)，而其狀況即如下面例子所示：

十進制：123，-123，85U，9148L，32415UL
八進制：0123，0542，0214L，021765l，061354L
十六進制：0x123，0xA74，0XA764L，0x5AB4l，0X61ACDL

浮點常數的格式

浮點數可以分成單精值浮點數與倍精值浮點數兩種，居於精確值的考量，其機定值為倍精值，因此倍精值浮點數不需在後面加任何符號，反之單精值浮點數則必須在常數後面加入 f (系統會以 4Bytes 的記憶空間儲存)，另外浮點常數的表示方式可以有定點形式表示法 (如 12.356) 與指數形式表示法 (如 253e+12，即 253×10^{12} (e 或 E 代表以 10 為底的次方))，而其狀況即如下面例子所示：

單精值浮點數：123.4f，-1293E+2f，2566.42E-3f，68.6e+6f

倍精值浮點數：123.4，-1293E+2，2566.42E-102，68.63e+5

字元常數

字元 char 皆佔用 1Byte 的記憶體空間，其內部是以整數的型態來儲存所指定字元的 ASCII (內容請參閱後面附錄 A)，於 C 語言中系統是以單引號將它括起來如‘a’，‘,’，‘?’…等，而其狀況即如下面例子所示：

‘A’：儲存常數內容為 0x41。

‘:’：儲存常數內容為 0x3A。

‘a’：儲存常數內容為 0x61。

在此之前我們曾經提到 ASCII 前面的 32 個數碼 (即 $00_{(16)}$～$1F_{(16)}$) 皆為控制碼 Control Code，於 C 語言系統中要去執行這些控制碼時，只要在這些數碼前面加入反斜線“\”即可，這些控制碼中較常用到的部分即如下表所示：

控制字元	ASCII 值	功能
\0	0x00	字串結束字元 (null character)
\a	0x07	嗶一聲 (alarm)
\b	0x08	倒退一格 (backspace)
\n	0x0A	換行 (new line)
\r	0x0D	游標回頭 (carriage return)
\t	0x09	水平定格 (tab)

上表所陳列的控制字元 (又稱為逃脫字元 (Escape character)，後面章節還會再討論，並有程式說明) 只是方便設計師叫用，如果你不能熟記它們也無所謂，因為在 C 語言中系統允許我們在反斜線後面直接以八進制或十六進制的方式加入所要執行的控制碼 (ASCII 的前面 32 個) 或所要顯示字元的 ASCII (如果記不起來就查表)，其中八

進制為機定值，因此直接加入八進制的 ASCII 數碼；如果為十六進制就必須在前面加入小寫的 x 後再加入十六進制的 ASCII 數碼，底下我們就舉幾個例子來說明 (實際範例請參閱後面的程式)：

1. 要在程式中發出警告聲響：
   (1) \a
   (2) \7
   (3) \x7
2. 要執行換行顯示：
   (1) \n
   (2) \12
   (3) \xA
3. 要水平定格：
   (1) \t
   (2) \11
   (3) \x9
4. 要顯示大寫字母‘A’：
   (1) \101
   (2) \x41

1-9 變數 Variable

於程式中資料內容會隨著程式的執行而改變者我們就稱之為變數 (Variable)，以硬體的觀點來看，變數就等同於一個記憶體位址，當我們於程式中宣告一個變數時 (其名稱必須符合識別字的要求)，編譯器 (Compiler) 會以你所宣告變數資料型態的規格去找出一塊記憶空間的開始位址，並依照指定的儲存格式將資料存入該記憶區，在程式的執行過程中，只要變數的內容被改變時，CPU 就會修改該記憶區的內容，底下我們就舉兩個例子來說明：

1. 當我們宣告一個帶符號的短整數變數 time，並設定其內容為 20 時，由於短整數佔用 2Bytes 的記憶空間，所以編譯器的處理方式：

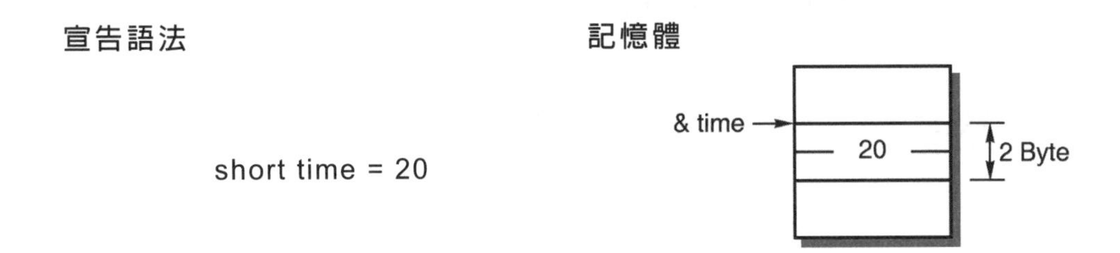

2. 當我們宣告一個單精值變數 grade，並設定其內容為 98.5 時，由於單精值佔用 4Bytes 的記憶體空間，所以編譯器的處理方式：

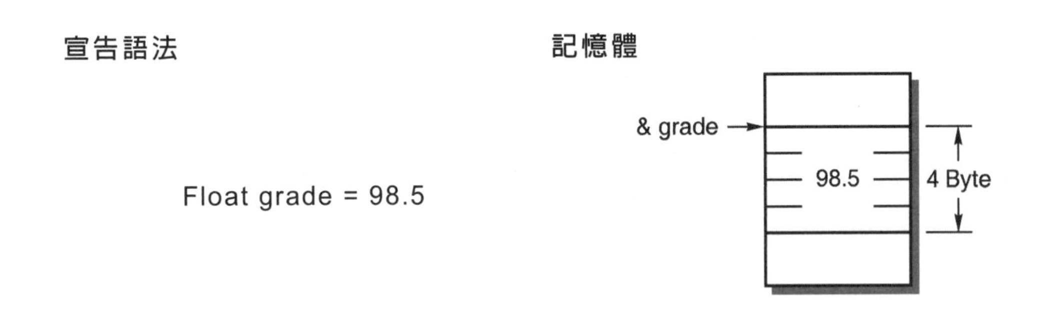

綜合前面有關 C 語言基本資料型態的敘述，經整理後將它們的基本特性表列如下：

資料型態	C 語言宣告語法	佔用記憶空間	表達範圍
不帶符號長整數	unsigned int	4Bytes	0 ～ 4294967295
不帶符號短整數	unsigned short	2Bytes	0 ～ 65535
帶符號長整數	int	4Bytes	-2147483648 ～ 2147483647
帶符號短整數	short	2Bytes	-32768 ～ +32767
單精值	float	4Bytes	-3.4×10^{38} ～ $+3.4 \times 10^{38}$
倍精值	double	8Bytes	$-1.797693 \times 10^{308}$ ～ $+1.797693 \times 10^{308}$
不帶符號字元	unsigned char	1Bytes	0 ～ 255
帶符號字元	char	1Bytes	-128 ～ +127

1-10 程式的規劃與執行

當我們要設計並完成一個較大的系統軟體時，整個完整的執行流程即如下圖所示：

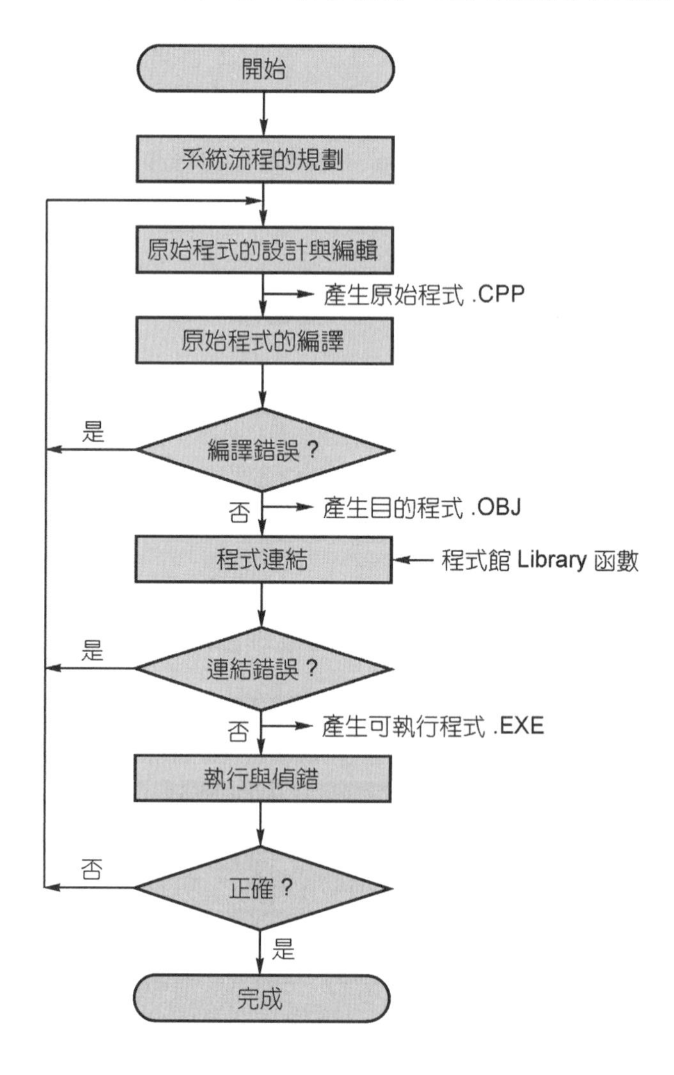

系統流程的規劃

當我們在設計一個大系統軟體之前，必須將完成此系統的大致流程規劃出來 (即系統流程圖)，接著再將它們做有系統的分類，以分工的方式指定適當的人選進行細步的規劃，被指定到某一細節的設計師再將自己所分擔的部分以詳細的程式流程進行規劃與設計 (即程式流程圖)，如此一個大系統的程式就可以用分工的方式在最短的時間內將它完成。

原始程式的設計與編輯

一旦設計師完成了程式流程圖之後，就可以依此流程撰寫出程式，再經由編輯器 (Editor) 將它輸入到電腦內部，並以指定的檔名 (如 TEST) 加以儲存，如此就會產生一個原始程式 (Source Program)，其檔案名稱為 TEST.cpp，當然我們可以在任何時間內對此原始程式進行修改。

原始程式的編譯

當編輯器產生原始程式 (.cpp) 後，由於它們大都是以 ASCII 儲存，因此我們必須經過編譯器 Compiler 將它們翻譯成電腦所看得懂的機器語言，當編譯器於翻譯過程遇到不符合系統所規定的語法 (如少了結束符號"；"、打錯指令、沒有宣告變數、資料型態不符合…等) 時，就會發出錯誤訊息 (此為語法錯誤 Syntax Error)，此時設計師就必須回到編輯器 (Editor) 進行修改，如果一切都正常沒有發生錯誤時，系統就會產生目的程式 (Object Program)，其檔案名稱為 TEST.obj。

程式連結

當編譯器產生目的程式 (.obj) 後，接著必須經過連結器 (Linker) 將本身程式中所使用函數庫 (Library) 內部的函數連結成一個可執行程式，如果一切無誤時會產生一個可執行程式 (Executable Program)，其檔案名稱為 TEST.exe。

執行與偵錯

當連結器 (Linker) 順利產生可執行檔 .exe 時，設計師即可立刻執行此檔案，看看其結果是否符合自己的要求，如果執行結果不符合自己的期望，甚致產生當機，此即表示發生邏輯錯誤 (Logic Error)，此時可以藉用語言系統所提供的偵錯器 (Debugger) 進行偵錯、修改…等，直到符合自己的要求為止。

自我練習與評量

1-1 概述 C 語言的特點。

1-2 簡述 C 語言與嵌入式系統的關係。

1-3 C 語言的資料型態有那些？

1-4 概述 C 語言各種整數的宣告語法、佔用記憶空間與表達範圍。

1-5 概述 C 語言各種實數的宣告語法、佔用記憶空間與表達範圍。

1-6 概述 C 語言字元的宣告語法、佔用記憶空間與表達範圍。

1-7 以 short 宣告一筆資料，並將其內容設定成 -32780，如果將它以帶符號的短整數顯示出來時，其結果為何？原因何在？

1-8 以 unsigned short 宣告一筆資料，並將其內容設定成 65538，如果將它以不帶符號的短整數顯示出來時，其結果為何？原因何在？

1-9 以 float 宣告一筆資料，並將其內容設定成 10.25，請問它在記憶體內部的儲存內容為何？

1-10 何謂誤差與溢位？

1-11 何謂常數與變數？

1-12 何謂識別字與保留字？

1-13 C 語言的保留字有那些？

1-14 概述程式的開發流程。

Chapter 2

C 語言基本輸入輸出函數與各種運算

2-1 C 語言的基本程式結構

討論完有關 C 語言的特性與基本資料型態之後，接著於本章內我們首先來介紹 C 語言的基本程式結構，以及其內部每一個部門初學者必須知道的基本常識，底下為一個典型的 C 語言程式結構：

```
1.  /****************************                      // 多行註解開始
2.   * C 語言基本程式結構介紹      *
3.   * 檔名 : C_STRUCTURE.CPP    *
4.   ****************************/                      // 多行註解結束
5.
6.  #include <stdio.h>                                  // 引入標頭檔
7.  #include <stdlib.h>
8.
9.  int main(void)                                      // 第一個執行函數
10. {                                                   // 程式區塊開始
11.   float add(float data, float DATA);                // 被呼叫函數原型宣告
12.   float data, DATA;     // 使用變數宣告
13.
14.   printf("輸入兩筆相加的資料（以空白隔開）: ");
15.   scanf("%f %f", &data, &DATA);
16.   printf("\n%.2f + %.2f = %.2f\n\n",                // 太長時可以換行
17.          data, DATA, add(data, DATA));
18.   system("PAUSE");                                  // 暫停並等待
```

```
19.   return 0;                                    // 返回系統 !!
20. }                                              // 程式區塊結束
21.
22. float add(float data, float DATA)              // add 函數主體
23. {
24.   return(data + DATA);                         // 返回呼叫程式
25. }
```

於上面的程式中，我們將它們區分成下面幾個部門來介紹。

註解 Comment

為了方便程式的閱讀、修改…維護…等，當設計師在撰寫程式時，往往會在程式內部加入一些註解來說明目前敘述的功能，一般而言，註解依其性質可以分成序言性註解與說明性註解兩類，通常序言性註解皆使用在程式的開頭，其目的在說明整個程式的用途、版本、撰寫時間、版權的宣誓、檔案名稱…等；說明性註解在於說明程式區段或某一個敘述的功能。當編譯器 (Compiler) 發現到註解時會將它們忽略不管，也就是它們不會佔用可執行檔的記憶空間 (不會產生操作碼)，於 C 語言中註解的符號可以分成下面兩種：

1. 由“/*”開頭，一直到出現“*/”才結束，這種註解我們稱之為多行敘述的註解(兩行以上)，序言性註解大都使用此種方式 (如行號 1～4)。
2. 由雙斜線“//”開始，一直到本行結束，這種註解我們稱之為單行敘述的註解，較簡單的說明性註解大都使用此種方式 (如程式後面以“//”引導的都是)。

前端處理 Preprocess

一個原始程式 (Source Program) 要執行之前，必須將它們翻譯成機器語言 (Machine Language)，於 C 語言中系統提供一個前端處理程式，它會在編譯器 (Compiler) 第一次對原始程式進行掃描時，先將由 # 符號所帶領的命令 (即前端處理命令) 進行處理，並將它的處理結果代入往後要翻譯的程式中，此類命令大約可以區分成下面三種 (詳細內容後面會有專門章節介紹，底下我們只先討論“引入標頭檔”)：

1. 巨集定義 (Macro Definition)
2. 引入標頭檔 (Include Header File)
3. 條件編譯 (Conditional Compilation)

前面第一章內我們討論過，為了要節省系統所佔用的記憶體空間，提高程式的可攜性、擴充系統所提供的函數…等，C 語言並沒有提供內儲式函數，它是將系統所提供的所

有函數儲存在函數庫 (Library) (因此我們稱它是一種函數庫導向的語言)，並將這些函數的原型以及使用到的定義依屬性分類後，分別儲存在各自的標頭檔內，所以在行號 6、7 內我們使用“引入標頭檔”的前端處理命令，“#include”，將系統所提供的標頭檔 stdio.h 與 stdlib.h 引入，如此我們才可以在程式中使用 printf( )、scanf( )、system( )…等函數去執行它們所對應的工作，此處我們必須提出來說明的是，由函數庫所提供的函數可以來自下面兩種目錄：

1. **系統目錄**

   所謂系統目錄就是使用者在設定環境時所設定的目錄，而其宣告的語法為 (如行號 6、7)：

   `#include <標頭檔名稱>`

2. **原始檔案目錄**

   所謂原始檔案目錄就是目前設計師所撰寫及儲存原始檔案 Source Program 的目錄，而其宣告的語法為 (參閱後面的程式)：

   `#include "標頭檔名稱"`

當我們使用第一種以 < > 方式宣告時，編譯器 (Compiler) 會直接到系統所指定的目錄去找，如果我們使用第二種以“”方式宣告時，編譯器 (Compiler) 會先到目前原始檔案所在的目錄去找，如果找不到它還會到系統目錄去找。注意！引入沒有使用到的標頭檔並不會增加編譯後程式碼的大小，因為編譯器 (Compiler) 只會依設計師所撰寫的程式內容到引入標頭檔內擷取需要的資訊，既然程式內部沒有使用到，也就不會佔用程式碼的空間。

main( )函數

正如前面我們所討論的，C 語言為一種函數導向的語言，一個較大的 C 語言程式往往是由很多的函數所組成，每個函數都有它們獨一無二的名稱，函數與函數的呼叫過程也都可以相互傳遞參數，到底這些函數是從那一個開始執行呢(作業系統 OS 所指定程式的進入點)？答案是名稱為 main 的函數，於行號 9 內函數 main 的敘述所代表的意義為：

```
int    main(void)
 ↑          ↑
傳回系統參數  系統傳到 main
的資料型態    的參數
```

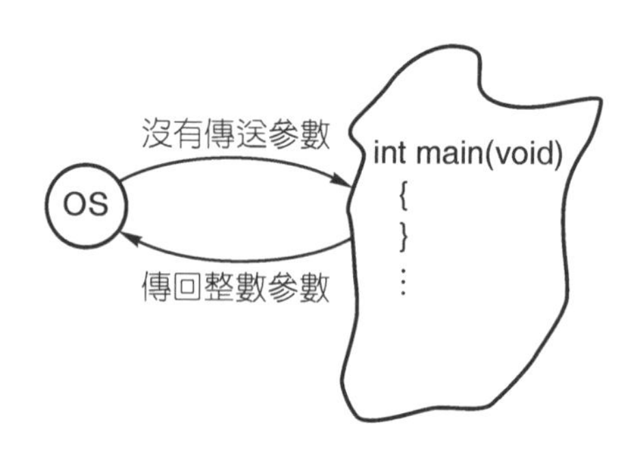

於上圖中：

1. **int**：函數 main 執行完畢回到作業系統 OS 時所帶回參數的資料型態，於正常的情況之下，當 main 函數執行完畢後，通常都會傳回一個整數 0 給作業系統 (行號 19 內 return 0)，表示程式已經執行完畢，如果不是使用 DOS 系統時可以將 return 0 去除，此時 main 前面的 int 就必須改為 void (後面說明)。
2. **main**：主函數的名稱，它是一個 C 語言程式內部眾多函數中第一個被執行的函數，此處要特別強調，main 函數未必要放在眾多函數的最前面 (因為系統只認名稱，不管函數放置的位置)。
3. **void**：它是作業系統 OS 傳送給 main 函數的參數，也就是當 main 程式被執行時，作業系統可以將要傳遞給 main( )函數處理的參數放在 ( ) 內部，此處由於作業系統並沒有要傳遞任何參數給 main 函數處理，因此我們在括號裡面放置 void (沒有或無)，表示作業系統並沒有傳遞任何參數 (有關參數的傳遞與特性請參閱後面章節的敘述)。

程式區塊

於 main 函數底下由大括號 { } (行號 10～20) 所包圍起來的區域我們稱之為程式區塊 (Program Block)，一般來講此區塊可以分成下面兩個。

1. **宣告區**

   本區域是用來宣告目前函數所要用到的所有資料，如變數、常數、陣列、結構…等的名稱與所屬的資料型態 (如行號 12)；將來要被呼叫函數的原型 (如行號 11)…等。

2. **程式區**

   程式區是用來撰寫解決目前問題的演算敘述 (如行號 14～19)。

由於 C 語言是一種自由格式 (Free Format) 的程式語言，因此其編輯程式並非固定，只要編譯器看得懂即可，譬如為了方便閱讀我們可以將太長的敘述拆成數行來編輯 (如行號 16、17)，往後於陣列內容的設定我們也會時常看到如下的敘述：

```
int Score[4][3] = {{10, 11, 12},
                   {13, 14, 15},
                   {16, 17, 18},
                   {19, 20, 21}}.
```

此處要特別強調，C 語言是以“;”來表示一個敘述的結束，譬如：

```
sum = 100; average = 50;
```

為兩個敘述，它與下面的敘述是一樣的：

```
sum = 100;
average = 50;
```

程式的結尾

於 C 語言中系統所使用的編輯、編譯、連結及偵錯視窗與執行時所使用的視窗是不同的，於正常的情況下，當系統執行完程式後會立刻回到編輯視窗，不會停留在執行視窗內，因此設計師無法在螢幕上看到程式執行的結果，居於這種考量，我們必須在程式的後面加入 system(“PAUSE”) 的函數 (行號 18)，要求系統停留在執行視窗，並等待設計師檢視完執行畫面後，再按下任何一個按鍵才回到編輯視窗，同時在程式的最後面加入 return 0 (行號 19) 以便結束程式的執行，並將 return 後面的值帶回系統。

值得一提的就是，C 語言系統可以分辨出英文的大寫與小寫，也就是於程式中英文大寫與小寫所代表的意義是不一樣的，譬如於程式中我們於行號 12 內宣告兩個單精值浮點數的變數 data 與 DATA，它們代表兩個完全不同的變數。

最後要提醒初學者，為了提升程式的可讀性 (Readable)，當我們在編輯 C 語言的程式時，最好採用縮排的方式，如果一個函數內採用了數次縮排時，每一層的縮排點一定要對齊，其狀況即如底下程式所示 (程式內容後面會配合指令說明，目前暫且不要管它)：

```
1.  /********************************
2.   *      C 語言程式內縮展示          *
3.   * 檔名 : C_STRUCTURE_NEST.CPP    *
4.   ********************************/
5.
6.  #include <stdio.h>
7.  #include <stdlib.h>
8.
9.  int main(void)
10. ┌{
11. │   short x, y;
12. │
13. │   for(y = 1; y < 5;y++)
14. │ ┌{
15. │ │  for(x = 1; x < 5;x++)
16. │ │ ┌{
17. │ │ │  if (x % 2 == 0)
18. │ │ │    continue;
19. │ │ │  printf("目前在內部迴圈 y = %hd x = %hd\n", y, x);
20. │ │ └}
21. │ │ printf("目前在外部迴圈 y = %hd x = %hd\n", y, x);
22. │ └}
23. │   putchar('\n');
24. │   system("PAUSE");
25. │   return 0;
26. └}
```

於上面使用縮排編輯的函數架構中，我們可以很清楚的看出：

1. 整個函數的範圍是從行號 10～26。
2. 內層迴圈的範圍是從行號 16～20。

3. 外層迴圈的範圍是從行號 14～22。

整個函數執行的層次一目了然，程式的可讀性很高。

2-2 常見的 C 語言輸入輸出函數

當電腦在處理資料時往往需要從輸入裝置輸入一些資料 (Data)，一旦處理完畢得到有用的資訊 (Information) 後，就會被送到我們所指定的輸出裝置，其狀況如下：

上圖中，輸入裝置可能來自滑鼠 (Mouse)、磁碟機、讀卡機、觸控螢幕、鍵盤…等；輸出裝置可能為列表機、磁碟機、螢幕…等，於一般的語言系統中，所謂的標準輸入裝置指的是鍵盤 (keyboard)；標準輸出裝置指的是螢幕 (Screen)，底下我們就來討論有關 C 語言常用的標準輸入及輸出函數。正如第一章所強調的，C 為一種函數庫導向的語言，系統所提供的輸入、輸出指令都以函數的方式儲存在函數庫內 (本身並沒有內儲式輸入輸出指令)，於程式中我們常看到的輸入輸出函數以及它們所定義的標頭 (header) 檔即如下表所示：

輸入函數	輸出函數	標頭檔
scanf( ) getchar( ) gets( )	printf( ) putchar( ) puts( )	stdio.h
getch( ) getche( )	putch( )	conio.h

2-3 格式化輸出函數 printf( )

格式化輸出函數 printf 是一個 C 語言的標準函數庫函數，而其函數原型宣告則存放在 stdio.h 的標頭檔內，因此設計師如果要使用本函數時，第一件事情就是要將此標頭檔引到程式來，也就是要在前端處理的地方加入 #include <stdio.h>，事實上本函數名稱 printf 是由 print (列印) 與 format (格式) 兩個英文字所組合而成，它的意思是“以設計師所指定的格式將資料送到輸出裝置 (此處為螢幕) 去顯示”，而其基本語法為

printf(“格式字串”, 項目 1[, 項目 2][,⋯]);

其中：

1. **printf**：代表輸出函數 (必須全部小寫)。
2. **“格式字串”**：代表所要轉換的資料格式 (必須以雙引號“”括起來)。
3. **項目**：代表所要顯示的資料項目，以逗號隔開。

於第 2 點中，由雙引號所括起來的“格式字串”內容可以分成下面三大類：

1. 普通字元 Ordinary Character。
2. 逃脫字元 Escape Character。
3. 轉換字元 Conversion Character。

底下我們就詳細來討論這三種字元的顯示特性。

2-3-1 普通字元 Ordinary Character

所謂普通字元就是一般可以顯示的字元，也就是說如果我們希望在螢幕上顯示任何字元時，只要將這些字元以雙引號括起來即可，為了要讓初學者很快進入狀況，我們底下就舉幾個範例來說明。

範例一	檔名：ORDINARY_1
利用 printf( )函數，以顯示普通字元的方式在螢幕上顯示普通字元。	

執行結果：

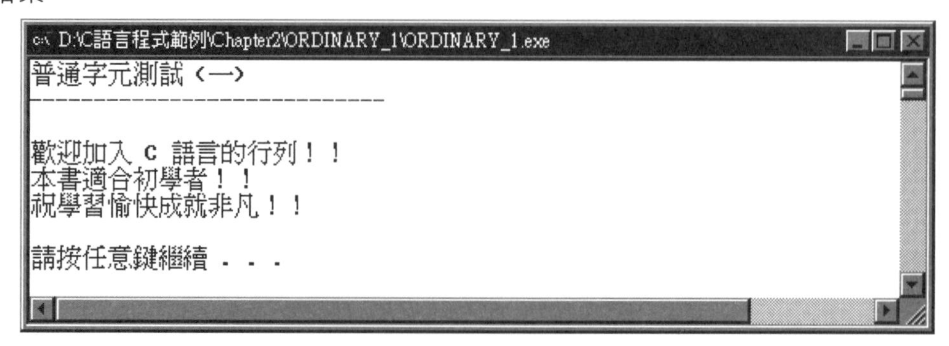

原始程式：

```
1.   /************************
2.    *   普通字元測試 (一)     *
3.    * 檔名 : ORDINARY_1.CPP *
4.    ************************/
5.
6.   #include <stdio.h>
7.   #include <stdlib.h>
8.
9.   int main(void)
10.  {
11.
12.    printf("普通字元測試 (一)\n");
13.    printf("---------------------------\n\n");
14.    printf("歡迎加入 C 語言的行列！！\n");
15.    printf("本書適合初學者！！\n");
16.    printf("祝學習愉快成就非凡！！\n\n");
17.    system("PAUSE");
18.    return 0;
19.  }
```

重點說明：

1. 行號 1～4 為多行註解。
2. 行號 6～7 為引入標頭檔，其中：
   (1) stdio.h 為 printf 函數的標頭檔。
   (2) stdlib.h 為 system 函數的標頭檔。
3. 行號 9 為 main 函數，其中：
   (1) 系統沒有傳遞參數給 main 函數。
   (2) main 函數回傳一個整數給系統。
4. 行號 10～19 為程式區塊。
5. 行號 12～16 將 printf 函數後面雙引號 “” 內部的字元顯示在螢幕上，其中 \n 為逃脫字元表示換行 (後面會有說明)。
6. 行號 17 要求系統暫停，此時螢幕停留在執行畫面，我們可以藉此觀察螢幕內容，並核對是否符合要求，如果一切無誤則隨便按下鍵盤內任何一個按鍵使其繼續往下執行。

7. 行號 18 回到系統，並回傳一個整數參數 0，表示 main 函數已經正常結束。

範例二	檔名：ORDINARY_2
利用 printf( )函數，以顯示普通字元的方式，在螢幕上顯示排列成直角三角形的數字。	

執行結果：

```
D:\C語言程式範例\Chapter2\ORDINARY_2\ORDINARY_2.exe
*********************
* 普通字元測試 (二) *
*********************

1
12
123
1234
12345
123456

請按任意鍵繼續 . . .
```

原始程式：

```
1.  /************************
2.   *    普通字元測試 (二)     *
3.   * 檔名 : ORDINARY_2.CPP  *
4.   ************************/
5.
6.  #include <stdio.h>
7.  #include <stdlib.h>
8.
9.  int main(void)
10. {
11.
12.   printf("*********************\n");
13.   printf("* 普通字元測試 (二) *\n");
14.   printf("*********************\n\n");
15.   printf("1\n");
16.   printf("12\n");
17.   printf("123\n");
```

```
18.   printf("1234\n");
19.   printf("12345\n");
20.   printf("123456\n\n");
21.   system("PAUSE");
22.   return 0;
23. }
```

重點說明：

程式結構與範例一相似，請自行參閱。

範例三	檔名：ORDINARY_3
利用 printf( )函數，以顯示普通字元的方式，在螢幕上顯示聖誕樹的圖形。	

執行結果：

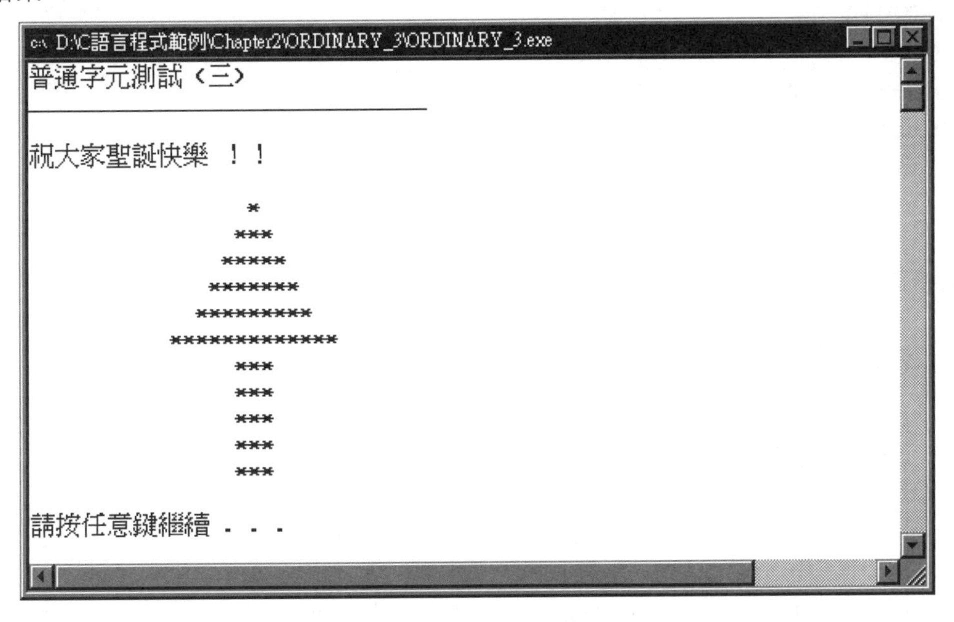

原始程式：

```
1.   /************************
2.    *  普通字元測試 (三)      *
3.    * 檔名 : ORDINARY_3.CPP  *
4.    ************************/
5.
6.   #include <stdio.h>
```

```
7.   #include <stdlib.h>
8.
9.   int main(void)
10.  {
11.
12.    printf("普通字元測試 (三)\n");
13.    printf("________________________________\n\n");
14.    printf("祝大家聖誕快樂 ！！\n\n");
15.    printf("                 *\n");
16.    printf("                ***\n");
17.    printf("               *****\n");
18.    printf("              *******\n");
19.    printf("             *********\n");
20.    printf("           *************\n");
21.    printf("                ***\n");
22.    printf("                ***\n");
23.    printf("                ***\n");
24.    printf("                ***\n");
25.    printf("                ***\n\n");
26.    system("PAUSE");
27.    return 0;
28.  }
```

重點說明：

程式結構與範例一相似，請自行參閱。

2-3-2 逃脫字元 Escape Character

控制字元	ASCII 值	功能
\0	0x00	字串結束字元 (null character)
\a	0x07	嗶一聲 (alarm)
\b	0x08	倒退一格 (backspace)
\t	0x09	水平定格 (tab)
\n	0x0A	換行 (new line)
\r	0x0D	游標回頭 (carriage return)
\"	0x22	顯示 "
\\	0x5C	顯示 \
\八進制	\000	顯示字元
\x 十六進制	\xhh	顯示字元
%%	0x25	顯示 %

在前面有關字元常數部分我們曾經討論過，ASCII 前面 32 個數碼為控制碼 ($00_{(16)}$ ～$1F_{(16)}$)，為了方便設計師使用這些控制碼，於 C 語言中特別以英文字元將它們重新定義過 (詳細敘述請參閱第一章有關字元常數的敘述)，設計師要使用這些數碼時，只要在這些英文代號前面加上反斜線 “\” 即可，當編譯器遇到這些反斜線加上英文代號時 (如 \a, \b, \t, \n…等) 會將它們轉換成各自所代表的控制碼，由於這些字元已經失去原來的意涵，因此我們稱它們為逃脫字元 (Escape Character)，另外當我們在程式中想要顯示 ASCII 碼所對應的字元時，也可以在反斜線後面以八進制 \000 (如 \101) 或十六進制 \xhh (如 \x41) 的方式加入所要顯示的 ASCII 碼，最後我們將常用的逃脫字元以及一些在 printf 函數中已經被定義過的符號 (如 \、”、%…等) 之顯示方式整理並列表如上。

於上面的表格中：

1. 雙引號 ” 及反斜線 \ 於 printf 函數內已經被定義過，因此當我們要顯示它們時，必須在前面多加一個反斜線 \，當然我們也可以在反斜線後面直接以八進制或十六進制的方式加入它們所對應的 ASCII (參閱後面的範例)。
2. 符號 % 於 printf 函數內也已經被定義過，如果要顯示它時，必須在前面多加一個 %，當然我們也可以在反斜線後面直接以八進制或十六進制的方式加入它所對應的 ASCII (但必須兩次，詳細狀況請參閱後面的範例)。

底下我們就舉幾個範例來說明上面所敘述的一切。

範例一	檔名：ESCAPE_1
以 printf( )函數，配合逃脫字元的水平定格 \t 與換行 \n，在螢幕上顯示欄位對齊的成績表格。	

執行結果：

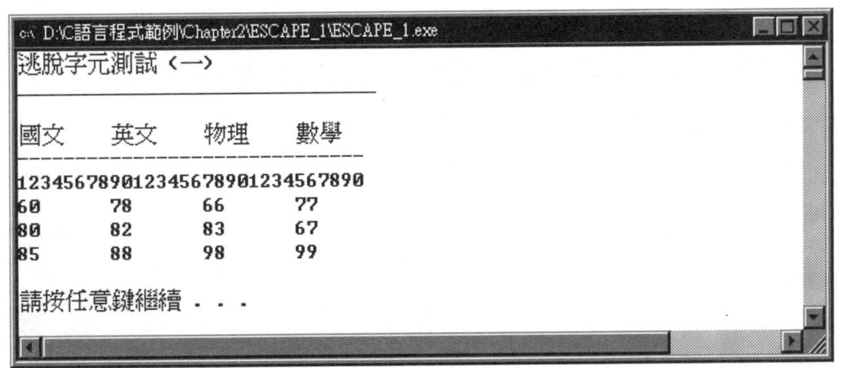

原始程式：

```
1.  /***********************
2.   *   逃脫字元測試 (一)   *
3.   * 檔名 : ESCAPE_1.CPP *
4.   ***********************/
5.
6.  #include <stdio.h>
7.  #include <stdlib.h>
8.
9.  int main(void)
10. {
11.
12.   printf("逃脫字元測試 (一)\n");
13.   printf("______________________________\n\n");
14.   printf("國文\t英文\t物理\t數學\n");
15.   printf("------------------------------\n");
16.   printf("123456789012345678901234567890\n");
17.   printf("60\t78\t66\t77\n");
18.   printf("80\t82\t83\t67\n");
19.   printf("85\t88\t98\t99\n\n");
20.   system("PAUSE");
21.   return 0;
22. }
```

重點說明：

1. 行號 1～9 的功能與前面相同。
2. 行號 12～19 顯示所要顯示的資料，其中：
   (1) 逃脫字元 "\n" 一個代表換一行，兩個代表換兩行。
   (2) 逃脫字元 "\t" 代表一次定位水平 8 格 (可以經由設定改變定位的格數)。
   (3) 行號 14 中，"國" 顯示在第 1 格，"英" 顯示在第 9 格，"物" 顯示在第 17 格，"數" 顯示在第 25 格，每個項目皆以 8 格的倍數定位。
   (4) 行號 16 的目的用來指示目前資料所顯示的位置。
   (5) 行號 17～19 我們在每個成績後面加入"\t"，如此一來就可以輕而易舉的完成一個列印表格，因為所列印資料的每一個欄位 (即水平位置) 都會自動對齊。

範例二	檔名：ESCAPE_2
以 printf( )函數顯示 "、\、%、特殊符號以及八進制或十六進制 ASCII 數碼所對應的字元。	

執行結果：

```
D:\C語言程式範例\Chapter2\ESCAPE_2\ESCAPE_2.exe
逃脫字元測試 (二)
----------------------------

1. 顯示 " 符號 " !!
2. 顯示 \ 符號 \ !!
3. 顯示 % 符號 % !!
4. 顯示 " 符號 " !!
5. 顯示 \ 符號 \ !!
6. 顯示 % 符號 % !!
7. 顯示 特殊符號 ☺ !!
8. 顯示 特殊符號 ☻ !!
9. 顯示 特殊符號 ♥ !!
10.以十六進制顯示 ABC ABC
11.以八進制顯示   ABC ABC

請按任意鍵繼續 . . .
```

原始程式：

```
1.   /***********************
2.   *    逃脫字元測試 (二)     *
3.   * 檔名 : ESCAPE_2.CPP  *
4.   ********************* */
5.
6.   #include <stdio.h>
7.   #include <stdlib.h>
8.
9.   int main(void)
10.  {
11.
12.    printf("逃脫字元測試 (二)\n");
13.    printf("----------------------------\n\n");
14.    printf("1. 顯示 \" 符號 \" !!\n");
15.    printf("2. 顯示 \\ 符號 \\ !!\n");
16.    printf("3. 顯示 %% 符號 %% !!\n");
```

```
17.    printf("4. 顯示  \" 符號  \x22  !!\n");
18.    printf("5. 顯示  \\ 符號  \x5c  !!\n");
19.    printf("6. 顯示  %% 符號  \x25\x25  !!\n");
20.    printf("7. 顯示 特殊符號  \1  !!\n");
21.    printf("8. 顯示 特殊符號  \2  !!\n");
22.    printf("9. 顯示 特殊符號  \3  !!\n");
23.    printf("10.以十六進制顯示 ABC  \x41\x42\x43\n");
24.    printf("11.以八進制顯示   ABC  \101\102\103\n\n");
25.    system("PAUSE");
26.    return 0;
27. }
```

重點說明：

1. 行號 1～13 的功能與前面相同。
2. 行號 14～15 顯示已經定義過的符號 " 與 \，因此必須在前面多加一個反斜線。
3. 行號 16 顯示已經定義過的符號 %，因此必須在前面多加一個 %。
4. 行號 17～18 強調在反斜線後面加入符號 " 與 \ 所對應的十六進制 ASCII 碼，也可以達到顯示效果。
5. 行號 19 強調在反斜線後面加入符號 % 所對應的十六進制 ASCII 碼兩次，也可以達到顯示效果。
6. 行號 20～22 在反斜線後面加入八進制的 ASCII 碼 ，可以顯示較特別的控制碼符號。
7. 行號 23～24 分別在反斜線後面直接加入八進制或十六進制的 ASCII 碼 ，可以直接顯示它們所對應的字元。

範例三	檔名：ESCAPE_3
以 printf( ) 函數測試逃脫字元的水平定格 \t，倒退一格 \b，游標回頭 \r，嗶一聲 \a 或 \7，換行 \n 的特性。	

執行結果：

```
D:\C語言程式範例\Chapter2\ESCAPE_3\ESCAPE_3.exe
逃脫字元測試 (三)
--------------------------------

123456789012345678901234567890123456789
定格 \t 測試      !!
退一格 \b 測!!
嗶一聲 \7 測試 \r 測試 !!
換行 \n 兩次測試 !!

請按任意鍵繼續 . . .
```

原始程式：

```
1.   /***********************
2.    *    逃脫字元測試 (三)    *
3.    * 檔名 : ESCAPE_3.CPP  *
4.    ***********************/
5.
6.   #include <stdio.h>
7.   #include <stdlib.h>
8.
9.   int main(void)
10.  {
11.
12.    printf("逃脫字元測試 (三)\n");
13.    printf("--------------------------------\n\n");
14.    printf("123456789012345678901234567890123456789\n");
15.    printf("定格 \\t 測試 \t!!\n");
16.    printf("退一格 \\b 測試\b!!\n");
17.    printf("回到本列最前面 \\r 測試 !!\r");
18.    printf("嗶一聲 \\7 測試 \7\n");
19.    printf("換行 \\n 兩次測試 !!\n\n");
20.    system ("PAUSE");
21.    return 0;
22.  }
```

重點說明：

1. 行號 1～14 的功能與前面相同。
2. 行號 15 使用逃脫字元“\t” (定位 8 格)，因此第一個 ！顯示在第 17 格。

3. 行號 16 使用逃脫字元"\b"(倒退一格)，由於中文字"測試"顯示完畢後游標會倒退一格 (往前移一格)，並接著顯示 !!，因此"試"會被！所取代而無法顯示。
4. 行號 17 使用逃脫字元"\r"(回到同一列的最前面)，因此螢幕上會顯示 (注意！游標已經回到最前面)。

回到本列最前面 \r測試 !!
↑
└ 游標在此

5. 行號 18 使用逃脫字元"\7"(嗶一聲)，因此執行本行時我們可以聽到嗶一聲，之後又在螢幕上顯示字串，由於在行號 17 中，游標已經被移回本列的最前面，因此於行號 17 內所顯示的字串前面部分會被蓋掉。
6. 行號 19 使用逃脫字元"\n"(換行) 兩次，因此游標往下移兩行。

2-3-3 轉換字元 Conversion Character

printf 函數除了可以直接顯示普通的字元；處理逃脫字元之外；它還可以將所要顯示的資料串，轉換成設計師所指定的資料型態，以及所希望顯示的格式後輸出到螢幕上，也就是說我們可以經由 printf 函數輕而易舉的設計出自己所需要的報表格式，於 printf 函數中用來指定所要轉換資料型態的字元，以及各種顯示格式的修飾字元，我們稱之為轉換字元 Conversion Character，在 printf 函數中這些轉換字元皆以百分比符號 % 為前導 (由於 % 符號已經被定義，因此前面我們提過要以 printf 函數顯示此符號時，必須在它的前面再加一個百分比符號即 %%)，緊接在 % 後面的轉換字元格式如下：

```
%[flag][width][.precision][length_modifier]type
```

於上面的格式中，[ ] 代表選擇性，也就是它可以存在，也可以不存在，反過來說 % 與 type 必須存在，底下我們就來討論這些欄位所代表的意義與特性。

資料型態字元欄位 type

type 欄位是用來指定所要顯示資料是要轉換成那一種資料型態 (Data type) 後再顯示，在第一章我們提過，C 語言擁有各式各樣的資料型態，設計師可以在這個欄位內以英文字元的代號來指定所要顯示資料的型態，這些字元所代表的意義與特性經我們整理後將它們表列如下：

序號	資料型態	%英文代號	說明
1	整數	%d	以帶符號十進制顯示。
2		%u	以不帶符號十進制顯示。
3		%o	以八進制顯示。
4		%x	以小寫十六進制顯示 (a ～ f)。
5		%X	以大寫十六進制顯示 (A ～ F)。
6	浮點數	%f	以小數點方式顯示 (小數點以下 6 位)。
7		%e	以小寫科學型態顯示 (小數點以下 6 位)。
8		%E	以大寫科學型態顯示 (小數點以下 6 位)。
9		%g	自動選取 %f、%e 中較簡短者以小寫顯示。
10		%G	自動選取 %f、%E 中較簡短者以大寫顯示。
11	字元	%c	以字元顯示。
12	字串	%s	以字串顯示。
13	指標	%p	以指標位址顯示。

上面 1～5 的敘述中我們可以發現到，所要顯示資料為帶符號整數時，設計師可以選用 %d 來顯示十進制的值，如果所要顯示資料為不帶符號整數時，設計師可以選用 %u 來顯示十進制值，只要是整數不管帶或不帶符號，我們都可以用 (畢竟於電腦內部皆為二進制)：

1. %o 來顯示八進制值 octal。
2. %x 來顯示十六進制值 hexdecimal (出現 a ～f 則顯示小寫)。
3. %X 來顯示十六進制值 hexdecimal (出現 A ～ F 則顯示大寫)。

其詳細的顯示狀況請參閱後面的範例程式。

上面 6～10 的敘述中我們可以發現到，printf 函數可以用五種不同的方式來顯示浮點數：

1. **小數點方式顯示 %f**

如果所要顯示的資料為浮點數，而設計師又希望以小數點的方式來顯示時即可下達“%f”，此時函數的顯示方式為：

```
x x x x x . y y y y y y
    ↑           ↑
整數部分.    小數部分
```

於上面顯示格式中，小數部分 yyyyyy 只能 6 位，如果目前所要顯示浮點數的資料大於 6 位時，系統會自動四捨五入，相反的如果不足 6 位時，則會在不足的位數內補 0，其詳細的顯示狀況請參閱後面的範例程式。

2. **小寫科學型態顯示 %e**

如果所要顯示的資料為浮點數，而設計師又希望以小寫科學型態的方式來顯示時即可下達“%e”，此時函數的顯示方式為：

```
x . y y y y y y   e  ±  z z z
↑       ↑         ↑      ↑
整      小        指     次
數      數        數     方
```

於上面顯示格式中，小數部分 yyyyyy 只能 6 位，而其處理方式與前面相同，指數部分小寫 e 代表以 10 為底，後面 zzz 代表目前浮點數的次方值，其詳細的顯示狀況請參閱後面的範例程式。

3. **大寫科學型態顯示 %E**

如果所要顯示的資料為浮點數，而設計師又希望以大寫科學型態的方式來顯示時即可下達“%E”，此時函數的顯示方式會與第 2 點相似，而其唯一不同點為在它的顯示格式中：

x . y y y y y y E ± z z z

指數部分 E 是以大寫方式顯示，其詳細的顯示狀況請參閱後面的範例程式。

4. **自動選取 %f 與 %e 中較簡短者顯示 %g**

如果所要顯示的資料為浮點數，而設計師又希望它不要佔用太長的顯示空間時即可下達“%g”，此時函數會自動選取小數點顯示方式“%f”和科學型態顯示方式“%e”兩者中之較簡短者來顯示，此時它的有效位數為 6 位，如果不足 6 位時不會補 0，超過 6 位則四捨五入，其詳細的顯示狀況請參閱後面的範例程式。

5. **自動選取 %f 與 %E 中較簡短者顯示 %G**

   如果所要顯示的資料為浮點數，而設計師又希望它不要佔用太長的顯示空間時即可下達“%G”，此時函數的顯示方式會與第 4 點完全相同，而其唯一差別為其顯示格式中，指數部分 E 是以大寫方式顯示，其詳細的顯示狀況請參閱後面的範例程式。

上面 11～12 分別為顯示一個字的字元 %c 與兩個字以上的字串 %s，13 為顯示某一特定指標 pointer (即位址) %p，它們詳細的顯示狀況請參閱後面的範例程式。

長度修飾欄位 length modifier

本欄位是用來指定所要顯示資料型態的長度，於前面章節我們曾經討論過，於 C 語言中整數的長度可以分成長整數 (long integer) 與短整數 (short integer)；浮點數的長度可以分成單精值與倍精值，因此於本欄位的英文字元中：

h：代表短 short。

l：代表長 long。

由於整數長度的機定值 (default) 為長整數，因此當我們目前所要顯示的資料為長整數時，資料型態前面的 l 可以省略 (如 %d、%u…等)，反過來說如果要顯示資料為短整數時，就必須在資料型態前面加入 h (如 %hd、%hu…等)，特別注意！於浮點數卻剛好相反，其機定值為單精值浮點數，因此如果我們目前所要顯示的資料為單精值時，只要指定其顯示格式 (如 %f、%e…%G) 即可，但如果我們目前所要顯示的資料為倍精值時，就必須在其顯示格式前面加上 l (如 %lf、%le…%lG)。底下我們就舉幾個例子來說明上面的敘述。

範例一	檔名：INTEGER_1
以 printf( )函數顯示帶符號、不帶符號；長整數、短整數的十進制、八進制、十六進制大小寫的常數值。	

執行結果：

```
D:\C語言程式範例\Chapter2\INTEGER_1\INTEGER_1.exe
以十、八、十六進制直接顯示各種整數 :
____________________________________________

十進制          %hd 32767        |32767|
十進制          %hu 65535u       |65535|
十進制          %d  -1l          |-1|
十進制          %u 4294967295lu  |4294967295|
十六進制小寫    %hx 32767        |7fff|
十六進制大寫    %hX 65535u       |FFFF|
十六進制小寫    %x  -1l          |ffffffff|
十六進制大寫    %X  4294967295lu |FFFFFFFF|
八進制          %ho 32767        |77777|
八進制          %ho 65535u       |177777|
八進制          %o  -1l          |37777777777|
八進制          %o  4294967295lu |37777777777|

請按任意鍵繼續 . . .
```

原始程式：

```
1.  /******************************
2.   * 以十,八,十六進制直接顯示各種整數 *
3.   *    檔名 : INTEGER_1.CPP      *
4.   ******************************/
5.
6.  #include <stdio.h>
7.  #include <stdlib.h>
8.
9.  int main(void)
10. {
11.
12.  printf("以十、八、十六進制直接顯示各種整數 :\n");
13.  printf("____________________________________________\n\n");
14.  printf("十進制          %%hd 32767        |%hd|\n", 32767);
15.  printf("十進制          %%hu 65535u       |%hu|\n", 65535u);
16.  printf("十進制          %%d  -1l          |%d|\n", -1l);
17.  printf("十進制          %%u 4294967295lu  |%u|\n", 4294967295lu);
18.  printf("十六進制小寫    %%hx 32767        |%hx|\n", 32767);
19.  printf("十六進制大寫    %%hX 65535u       |%hX|\n", 65535u);
20.  printf("十六進制小寫    %%x  -1l          |%x|\n", -1l);
21.  printf("十六進制大寫    %%X  4294967295lu |%X|\n", 4294967295lu);
22.  printf("八進制          %%ho 32767        |%ho|\n", 32767);
23.  printf("八進制          %%ho 65535u       |%ho|\n", 65535u);
```

```
24.    printf("八進制          %%o -11            |%o|\n", -11);
25.    printf("八進制          %%o 4294967295lu   |%o|\n\n", 4294967295lu);
26.    system("PAUSE");
27.    return 0;
28. }
```

重點說明：

1. 行號 12～13 直接顯示雙引號 “” 的內容後跳行。
2. 行號 14 以十進制方式顯示帶符號短整數 32767，因此資料型態字元部分我們使用了 “%hd”，由於這些字元內包括百分比符號 %，當我們要顯示它們時，必須在前面加一個 %，即 “%%hd”。
3. 行號 15 以十進制方式顯示不帶符號短整數 65535，因此資料型態字元部分我們使用了 “%hu”。
4. 行號 16～17 與前面相似，只不過我們目前所要顯示的為長整數，由於它是機定值 (l 可以省略)，因此資料型態字元部分我們分別使用了 “%d” 與 “%u”。
5. 行號 18 以小寫十六進制方式顯示帶符號短整數 32767，因此資料型態字元我們使用 “%hx”，由於：

$$32767_{(10)} = 0111111111111111_{(2)}$$
$$= 7FFF_{(16)}$$

因此螢幕上顯示小寫的十六進制 7fff。

6. 行號 19 以大寫十六進制方式顯示不帶符號短整數 65535，因此資料型態字元我們使用 “%hX”，由於：

$$65535_{(10)} = 1111111111111111_{(2)}$$
$$= FFFF_{(16)}$$

因此螢幕上顯示大寫的十六進制 FFFF。

7. 行號 20～21 與前面相似，只不過我們目前所要顯示的為長整數十六進制值，因此資料型態字元部分我們皆使用 “%x”，由於：

$$-1_{(10)} = 11111111111111111111111111111111_{(2)}$$
$$= FFFFFFFF_{(16)}$$

$$4294967295_{(10)} = 11111111111111111111111111111111_{(2)}$$
$$= FFFFFFFF_{(16)}$$

因此螢幕上分別顯示：

小寫的十六進制值 ffffffff (行號 20)。

大寫的十六進制值 FFFFFFFF (行號 21)。

8. 行號 22 以八進制方式顯示帶符號短整數 32767，因此資料型態字元部分我們使用 %ho，由於：

$$32767_{(10)} = 0\ \underline{111}\ \underline{111}\ \underline{111}\ \underline{111}\ \underline{111}_{(2)}$$
$$\downarrow\quad\downarrow\quad\downarrow\quad\downarrow\quad\downarrow$$
$$7\quad 7\quad 7\quad 7\quad 7$$
$$= 77777_{(8)}$$

因此螢幕上顯示 77777。

9. 行號 23 以八進制方式顯示不帶符號短整數 65535，因此資料型態字元部分我們使用 %ho，由於：

$$65535_{(10)} = \underline{1}\ \underline{111}\ \underline{111}\ \underline{111}\ \underline{111}\ \underline{111}_{(2)}$$
$$\downarrow\quad\downarrow\quad\downarrow\quad\downarrow\quad\downarrow\quad\downarrow$$
$$1\quad 7\quad 7\quad 7\quad 7\quad 7_{(8)}$$

因此螢幕上顯示 177777。

10. 行號 24～25 與前面相似，只不過我們目前所要顯示的為長整數八進制值，因此資料型態字元部分我們皆使用 %o，由於：

$$-1_{(10)} = \underline{11}\ \underline{111}\ \underline{111}\ \underline{111}\ \underline{111}\ \underline{111}\ \underline{111}\ \underline{111}\ \underline{111}\ \underline{111}\ \underline{111}_{(2)}$$
$$\downarrow\quad\downarrow\quad\downarrow\quad\downarrow\quad\downarrow\quad\downarrow\quad\downarrow\quad\downarrow\quad\downarrow\quad\downarrow\quad\downarrow$$
$$3\quad 7\quad 7\quad 7\quad 7\quad 7\quad 7\quad 7\quad 7\quad 7\quad 7_{(8)}$$

$$4294967295_{(10)} = \underline{11}\ \underline{111}\ \underline{111}\ \underline{111}\ \underline{111}\ \underline{111}\ \underline{111}\ \underline{111}\ \underline{111}\ \underline{111}\ \underline{111}_{(2)}$$
$$\downarrow\quad\downarrow\quad\downarrow\quad\downarrow\quad\downarrow\quad\downarrow\quad\downarrow\quad\downarrow\quad\downarrow\quad\downarrow\quad\downarrow$$
$$3\quad 7\quad 7\quad 7\quad 7\quad 7\quad 7\quad 7\quad 7\quad 7\quad 7_{(8)}$$

因此它們都會在螢幕上顯示 37777777777。

範例二	檔名：FLOAT_1
利用 printf( )函數，以各種顯示方式，直接顯示單精值浮點數與倍精值浮點數的常數值。	

執行結果：

```
D:\C語言程式範例\Chapter2\FLOAT_1\FLOAT_1.exe
直接顯示各種浮點格式 ：
----------------------------------------

1234567890123456789012345678901234567890 12
以 %f  顯示 .123456e+8f |12345600.000000|
以 %e  顯示 .123456e+8f |1.234560e+007|
以 %E  顯示 .123456e+8f |1.234560E+007|
以 %g  顯示 .123456e+8f |1.23456e+007|
以 %G  顯示 .123456e+8f |1.23456E+007|
以 %lf 顯示  12.3456789 |12.345679|
以 %le 顯示  12.3456789 |1.234568e+001|
以 %lE 顯示  12.3456789 |1.234568E+001|
以 %lg 顯示  12.3456789 |12.3457|
以 %lG 顯示  12.3456789 |12.3457|

請按任意鍵繼續 . . .
```

原始程式：

```
1.   /*********************
2.    * 直接顯示各種浮點格式   *
3.    * 檔名 : FLOAT_1.CPP  *
4.    *********************/
5.
6.   #include <stdio.h>
7.   #include <stdlib.h>
8.
9.   int main(void)
10.  {
11.
12.   printf("直接顯示各種浮點格式 :\n");
13.   printf("----------------------------------------\n\n");
14.   printf("123456789012345678901234567890123456789012\n");
15.   printf("以 %%f  顯示 .123456e+8f |%f|\n", .123456e+8f);
16.   printf("以 %%e  顯示 .123456e+8f |%e|\n", .123456e+8f);
17.   printf("以 %%E  顯示 .123456e+8f |%E|\n", .123456e+8f);
```

```
18.    printf("以 %%g  顯示 .123456e+8f |%g|\n", .123456e+8f);
19.    printf("以 %%G  顯示 .123456e+8f |%G|\n", .123456e+8f);
20.    printf("以 %%lf 顯示  12.3456789 |%lf|\n", 12.3456789);
21.    printf("以 %%le 顯示  12.3456789 |%le|\n", 12.3456789);
22.    printf("以 %%lE 顯示  12.3456789 |%lE|\n", 12.3456789);
23.    printf("以 %%lg 顯示  12.3456789 |%lg|\n", 12.3456789);
24.    printf("以 %%lG 顯示  12.3456789 |%lG|\n\n", 12.3456789);
25.    system("PAUSE");
26.    return 0;
27. }
```

重點說明：

1. 行號 15 以小數點方式顯示單精值。123456 × 10^8，因此資料型態字元部分我們使用 “%f”，由於：

   $$.123456 \times 10^8 = 12345600$$

   再加上系統會顯示到小數點以下第 6 位，因此螢幕上會顯示 12345600.000000 (不夠 6 位則補 0)。

2. 行號 16、17 以科學型態顯示單精值 .123456 × 10^8，因此資料型態字元部分我們依次使用 “%e” (小寫) 與 “%E” (大寫)，由於：

   $$.123456 \times 10^8 = 1.23456 \times 10^7$$

   因此於螢幕上依次顯示 (小數點以下 6 位，不夠則補 0)。：

   1.234560e + 007 (行號 16)。

   1.234560E + 007 (行號 17)。

3. 行號 18、19 自動選取 %f 與 (%e 或 %E) 兩者中較簡短的那一組來顯示 (有效位數 6 位，不足 6 位不要補 0，超過 6 位則四捨五入)，比較前面兩者的顯示狀況即可知道，%e 或 %E 的顯示比較簡短，因此螢幕上依次顯示：

   1.23456e + 007 (行號 18)。

   1.23456E + 007 (行號 19)。

4. 行號 20 以小數點方式顯示倍精值 12.3456789，因此資料型態字元部分我們使用 "%f"，由於系統只會顯示到小數點以下 6 位，超出 6 位則四捨五入，因此螢幕上會顯示經過四捨五入後的小數值 12.345679。
5. 行號 21、22 以科學型態顯示倍精值 12.3456789，因此資料型態字元部分我們依次使用 "%le" (小寫) 與 "%lE" (大寫)，由於系統只顯示到小數點以下 6 位，超過 6 位則四捨五入，因此螢幕上依次顯示：

   1.234568e + 001 (行號 21)。
   1.234568E + 001 (行號 22)。

6. 行號 23、24 自動選取 %lf 與 (%le 或 %lE) 兩者中較簡短的那一組來顯示 (有效位數 6 位，不足 6 位不要補 0，超過 6 位則四捨五入)，比較前面兩者的顯示狀況即可知道， %lf 的顯示比較簡短，因此螢幕上依次顯示：

   12.3457 (行號 23)。
   12.3457 (行號 24)。

寬度.精確值修飾欄位 width.precision

本欄位的目的是用來美化報表的輸出格式，譬如我們希望報表內每一筆資料顯示在螢幕上時，都佔用相同的顯示空間、顯示小數時全部取到小數點以下第幾位…等，這些功能都必須經由本欄位來實現，而其基本語法如下：

寬度 w. 精確值 p

1. **寬度 w**
   本欄位的數字 w 代表目前所要顯示的資料，於螢幕上需要佔用 w 個顯示空間，如果：
   (1) 所要顯示的資料長度比 w 長時，則全部顯示。
   (2) 所要顯示的資料長度比 w 短時，則在前面加入空格。
   其狀況即如下表所示：

寬度格式	資料	顯示狀況	說明
|%2d|	326	|326|	資料長度較長，故全部顯示。
|%5d|	326	|△△326|	資料長度較短，故在前面加入空格。
|%2g|	12.5	|12.5|	資料長度較長，故全部顯示。
|%5g|	12.5	|△12.5|	資料長度較短，故在前面加入空格。
|%2s|	Boy	|Boy|	資料長度較長，故全部顯示。
|%5s|	Boy	|△△Boy|	資料長度較短，故在前面加入空格。

2. **精確值 p**

本欄位的數字 p 所代表的意義可以分成下面兩種：

(1) 字串：要顯示整個字串前面的 p 個字元，如果：

(a) 所要顯示的字串長度大於 p 時，則截掉第 p 個字後面的字元。

(b) 所要顯示的字串長度小於 p 時，則全部顯示。

(2) 浮點數：要顯示到小數點以下第 p 位，如果：

(a) 所要顯示資料的小數點長度大於 p 時，則四捨五入。

(b) 所要顯示資料的小數點長度小於 p 時，則在後面補 0。

其狀況即如下表所示：

精確值格式	資料	顯示狀況	說明
|%.2f|	26.567	|26.57|	小數部分較長，故四捨五入。
|%.5f|	26.567	|26.56700|	小數部分較短，故後面補 0。
|%.3s|	Apple	|App|	字串長度較長，故後面被截掉。
|%.8s|	Apple	|Apple|	字串長度較短，故全部顯示。

旗號修飾欄位 flag

本欄位是用來調整資料的顯示位置 (從螢幕的右邊向左邊顯示或從螢幕的左邊向右邊顯示)；數值資料符號的對齊 (強迫顯示正號或空出正號的位置)；數值資料的進制區別 (八進制前面加 0，十六進制前面加 0X 或 0x)；在顯示資料前面空白部分補 0…等，而其欄位成員包括 -、+、空白、#、0，這些符號所代表的意義與特性如下。

1. **負號“-”修飾子**

於正常情況下資料的顯示是由螢幕的右邊往左邊顯示，如果有多餘的顯示位置(即空格)，這些空格都會空在最前面 (即左邊)，也就是顯示資料向右邊切齊，如果我們希望資料的顯示方式是由螢幕的左邊往右邊顯示 (即空格空在後面)時，設計師可以藉由百分比 % 後面加上負號 (即 %-) 來實現，其狀況即如下表所示：

旗號	資料	顯示狀況	說明
|%5d|	123	|△△123|	資料由右向左顯示，空格在前面。
|%-5d|	123	|123△△|	資料由左向右顯示，空格在後面。
|%5g|	12.5	|△12.5|	資料由右向左顯示，空格在前面。
|%-5g|	12.5	|12.5△|	資料由左向右顯示，空格在後面。
|%5s|	Boy	|△△Boy|	資料由右向左顯示，空格在前面。
|%-5s|	Boy	|Boy△△|	資料由左向右顯示，空格在後面。

2. **正號“+”修飾子**

帶符號數值資料於正常的顯示之下，負數會顯示負號，正數則不會顯示正號，如果為了報表的整齊與美觀，不管資料的內容為正或負都要顯示符號時，設計師可以藉由百分比 % 後面加上正號 (即 %+) 來實現，其狀況即如下表所示：

旗號	資料	顯示狀況	說明
|%d|	123	|123|	正常顯示，不顯示正號。
|%+d|	123	|+123|	強迫顯示正號。
|%g|	12.5	|12.5|	正常顯示，不顯示正號。
|%+g|	12.5	|+12.5|	強迫顯示正號。

3. **空白 space 修飾子**

如果在報表內我們還是堅持不要顯示正號，但又希望所顯示資料的符號可以對齊，也就是說資料為負值時顯示負號，正值時則空出一個正號的顯示位置，此時設計師可以藉由在百分比 % 後面加上空白 (即 %△) 來實現 (△代表空白)，其狀況即如下表所示。

旗號	資料	顯示狀況	說明
|%d|	123	|123|	正常顯示。
|%△d|	123	|△123|	空出正號位置。
|%g|	12.5	|12.5|	正常顯示。
|%△g|	12.5	|△12.5|	空出正號位置。

4. **“# 進制字元”修飾子**

幾乎所有語言“系統的數值顯示機定值皆為十進制 (Decimal)，為了方便程式設計，它們也會提供八進制 (Octal) 或十六進制 (Hexdecimal) 的資料顯示，於 C 語言系統中，如果我們希望於報表上面一眼就可以看出，目前的顯示資料到底是十進制 (正常的顯示) 或八進制 (在顯示數值前面加個 0) 或十六進制 (在顯示數值前面加上 0X 或 0x)，設計師可以藉由百分比 % 後面加上 # 再加上所要顯示進制的字元 (o 代表八進制，x 代表小寫的十六進制，X 代表大寫的十六進制) 來實現，其狀況即如下表所示。

旗號	資料	顯示狀況	說明
|%#o|	32767	|077777|	以八進制顯示，前面加入 0。
|%#x|	32767	|0x7fff|	以小寫十六進制顯示，前面加入 0x。
|%#X|	32767	|0X7FFF|	以大寫十六進制顯示，前面加入 0X。

5. **“0” 修飾子**

如果為了資料顯示的一致性，我們希望在所有顯示資料前面的空格處皆補上 0 時，設計師可以藉由在百分比 % 後面加入 0 (即 %0) 來實現，其狀況即如下表所示：

旗號	資料	顯示狀況	說明
|%06d|	15	|000015|	以十進制顯示，前面空格補 0。
|%06o|	15	|000017|	以八進制顯示，前面空格補 0。
|%06x|	15	|00000f|	以小寫十六進制顯示，前面空格補 0。
|%06X|	15	|00000F|	以大寫十六進制顯示，前面空格補 0。
|%06.1f|	12.5	|0012.5|	以小數點顯示，前面空格補 0。

綜合上面的敘述，我們可以將旗號欄位內每一個成員的符號，以及它們所代表的意義整理並表列如下:

<table>
<tr><th colspan="2">flag 符號</th><th>說明</th></tr>
<tr><td colspan="2">-</td><td>資料顯示向左邊對齊，空格在後面。</td></tr>
<tr><td colspan="2">+</td><td>強迫顯示有號數的正號。</td></tr>
<tr><td colspan="2">空白 space</td><td>強迫空出有號數正號的位置。</td></tr>
<tr><td rowspan="2">#</td><td>o</td><td>強迫在八進制資料前面加入 0。</td></tr>
<tr><td>x 或 X</td><td>強迫在十六進制資料前面加入 0x 或 0X。</td></tr>
<tr><td colspan="2">0</td><td>強迫在資料前面的空格處補 0。</td></tr>
</table>

底下我們就舉幾個範例，將上面所敘述有關旗號 (flag) 欄位的內部成員混合使用，以進一步了解它們的特性與用法。

範例一	檔名：INTEGER_2
以 printf( )函數，配合轉換字元的各種欄位及修飾子，將短整數資料以各種格式顯示。	

執行結果：

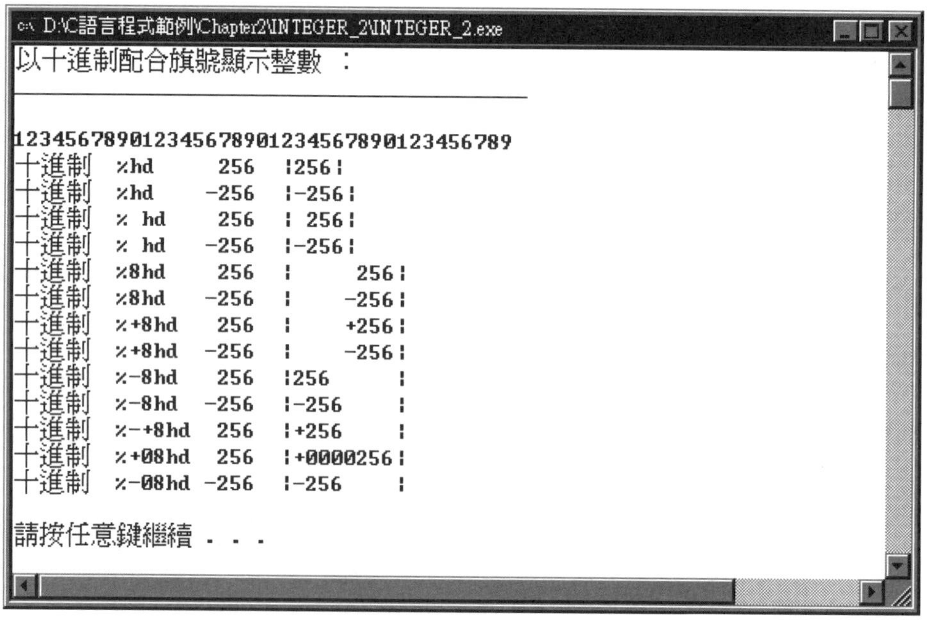

```
D:\C語言程式範例\Chapter2\INTEGER_2\INTEGER_2.exe
以十進制配合旗號顯示整數 ：
______________________________________________

1234567890123456789012345678901234567890123456789
十進制  %hd      256   |256|
十進制  %hd     -256   |-256|
十進制  % hd     256   | 256|
十進制  % hd    -256   |-256|
十進制  %8hd     256   |     256|
十進制  %8hd    -256   |    -256|
十進制  %+8hd    256   |    +256|
十進制  %+8hd   -256   |    -256|
十進制  %-8hd    256   |256     |
十進制  %-8hd   -256   |-256    |
十進制  %-+8hd  256    |+256    |
十進制  %+08hd  256    |+0000256|
十進制  %-08hd -256    |-256    |

請按任意鍵繼續 . . .
```

原始程式：

```
1.   /************************
2.    * 以十進制配合旗號顯示整數 *
3.    * 檔名 : INTEGER_2.CPP   *
4.    ************************/
5.
6.   #include <stdio.h>
7.   #include <stdlib.h>
8.
9.   int main(void)
10.  {
11.
12.    printf("以十進制配合旗號顯示整數 :\n");
13.    printf("______________________________________________\n\n");
14.    printf("1234567890123456789012345678901234567890123456789\n");
15.    printf("十進制 %%hd     256  |%hd|\n", 256);
16.    printf("十進制 %%hd    -256  |%hd|\n", -256);
17.    printf("十進制 %% hd    256  |% hd|\n", 256);
18.    printf("十進制 %% hd   -256  |% hd|\n", -256);
19.    printf("十進制 %%8hd    256  |%8hd|\n", 256);
20.    printf("十進制 %%8hd   -256  |%8hd|\n", -256);
21.    printf("十進制 %%+8hd   256  |%+8hd|\n", 256);
```

```
22.   printf("十進制 %%+8hd  -256  |%+8hd|\n", -256);
23.   printf("十進制 %%-8hd   256  |%-8hd|\n", 256);
24.   printf("十進制 %%-8hd  -256  |%-8hd|\n", -256);
25.   printf("十進制 %%-+8hd  256  |%-+8hd|\n", 256);
26.   printf("十進制 %%+08hd  256  |%+08hd|\n", 256);
27.   printf("十進制 %%-08hd -256  |%-08hd|\n\n", -256);
28.   system("PAUSE");
29.   return 0;
30. }
```

重點說明：

1. 所要顯示的資料皆為帶符號短整數 256 與 -256。
2. 行號 15、16 直接以“%hd”顯示。
3. 行號 17、18 以“%△hd”顯示，因此正號前面空一格。
4. 行號 19、20 以“%8hd”顯示，因此顯示一筆資料佔 8 格，且顯示方式為向右邊對齊 (空格在前面)。
5. 行號 21、22 以“%+8hd”顯示，因此除了第 4 點的特性外，它還會顯示正號。
6. 行號 23、24 以“%-8hd”顯示，因此顯示一筆資料佔 8 格，顯示方式為向左邊對齊 (空格在後面)。
7. 行號 25 以“%-+8hd”顯示，因此除了第 6 點的特性之外，它還會顯示正號。
8. 行號 26 以“%+08hd”顯示，因此除了第 5 點的特性外，它還會在空白的地方顯示 0。
9. 行號 27 以“%-08hd”顯示，依特性應該在前面的空格處顯示 0，由於它是向左對齊的顯示 (空格在後面)，因此沒有地方可以補 0。

範例二	檔名：INTEGER_HEX
以 printf( )函數，配合轉換字元的各種欄位及修飾子，將一筆常數值以十六進制的各種格式顯示。	

執行結果：

```
D:\C語言程式範例\Chapter2\INTEGER_HEX\INTEGER_HEX.exe
以十六進制配合旗號顯示整數 ：
____________________________________________

1234567890123456789012345678901234567890123456789
十六進制 %x      32767  |7fff|
十六進制 %X      32767  |7FFF|
十六進制 %8X     32767  |    7FFF|
十六進制 %-8X    32767  |7FFF    |
十六進制 %#8x    32767  |  0x7fff|
十六進制 %#08X   32767  |0X007FFF|

請按任意鍵繼續 . . .
```

原始程式：

```
1.  /**************************
2.   * 以十六進制配合旗號顯示整數 *
3.   * 檔名 : INTEGER_HEX.CPP   *
4.   **************************/
5.
6.  #include <stdio.h>
7.  #include <stdlib.h>
8.
9.  int main(void)
10. {
11.
12.   printf("以十六進制配合旗號顯示整數 :\n");
13.   printf("____________________________________________\n\n");
14.   printf("1234567890123456789012345678901234567890123456789\n");
15.   printf("十六進制 %%x     32767  |%x|\n", 32767);
16.   printf("十六進制 %%X     32767  |%X|\n", 32767);
17.   printf("十六進制 %%8X    32767  |%8X|\n", 32767);
18.   printf("十六進制 %%-8X   32767  |%-8X|\n", 32767);
19.   printf("十六進制 %%#8x   32767  |%#8x|\n", 32767);
20.   printf("十六進制 %%#08X  32767  |%#08X|\n\n", 32767);
21.   system("PAUSE");
22.   return 0;
23. }
```

重點說明：

1. 所要顯示的資料為帶符號短整數 32767。
2. 行號 15、16 直接以 "%x"，"%X" 顯示十六進制值。

3. 行號 17 以“%8X”顯示，因此顯示一筆資料佔 8 格，且顯示方式為向右對齊 (空格在前面)。

4. 行號 18 以“%-8X”顯示，因此顯示一筆資料佔 8 格，且顯示方式為向左對齊 (空格在後面)。

5. 行號 19 以“%#8x”顯示，因此除了第 3 點的特性外，它還會在顯示資料的前面加入代表十六進制的 0x (以小寫方式顯示)。

6. 行號 20 以“%#08X”顯示，因此除了第 5 點的特性外，它還會在資料前面空格之處顯示 0，並以大寫方式顯示。

範例三	檔名：INTEGER_OCTAL
以 printf( )函數，配合轉換字元的各種欄位及修飾子，將一筆常數值以八進制的各種格式顯示。	

執行結果：

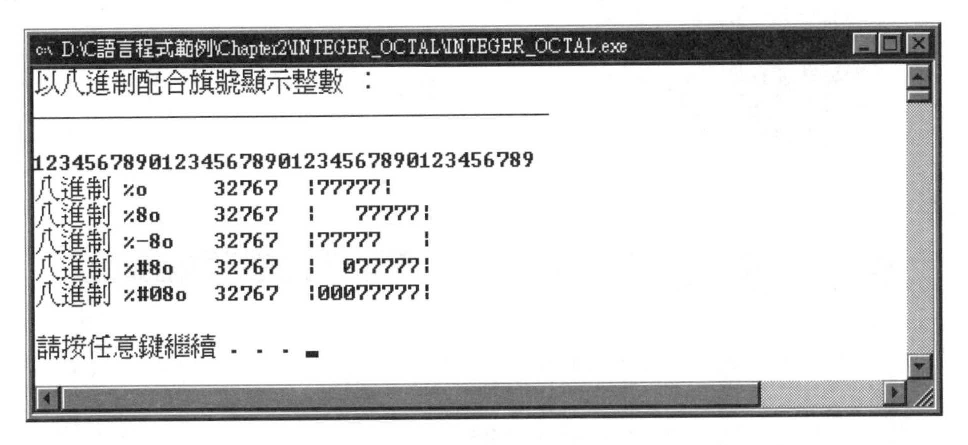

原始程式：

```
1.   /*****************************
2.    * 以八進制配合旗號顯示整數      *
3.    * 檔名 : INTEGER_OCTAL.CPP *
4.    *****************************/
5.
6.   #include <stdio.h>
7.   #include <stdlib.h>
8.
```

```
9.   int main(void)
10.  {
11.
12.    printf("以八進制配合旗號顯示整數 :\n");
13.    printf("________________________________________\n\n");
14.    printf("1234567890123456789012345678901234567890\n");
15.    printf("八進制 %%o     32767  |%o|\n", 32767);
16.    printf("八進制 %%8o    32767  |%8o|\n", 32767);
17.    printf("八進制 %%-8o   32767  |%-8o|\n", 32767);
18.    printf("八進制 %%#8o   32767  |%#8o|\n", 32767);
19.    printf("八進制 %%#08o  32767  |%#08o|\n\n", 32767);
20.    system("PAUSE");
21.    return 0;
22.  }
```

重點說明：

與範例二相似，唯一不同之處為它是以八進制方式顯示。

範例四	檔名：FLOAT_2
以 printf( )函數，配合轉換字元的各種欄位及修飾子，將倍精值資料以各種格式顯示。	

執行結果：

```
D:\C語言程式範例\Chapter2\FLOAT_2\FLOAT_2.exe
配合旗號控制顯示浮點數 :
----------------------------------------

123456789012345678901234567890123456789012
以 %lf        顯示  23.456  |23.456000|
以 %lf        顯示 -23.456  |-23.456000|
以 %+lf       顯示  23.456  |+23.456000|
以 % lf       顯示  23.456  | 23.456000|
以 % lf       顯示 -23.456  |-23.456000|
以 %12.2lf    顯示  23.456  |       23.46|
以 %12.2lf    顯示 -23.456  |      -23.46|
以 %+12.2lf   顯示  23.456  |      +23.46|
以 %+12.2lf   顯示 -23.456  |      -23.46|
以 %-12.2lf   顯示  23.456  |23.46       |
以 %-12.2lf   顯示 -23.456  |-23.46      |
以 %-+12.2lf  顯示  23.456  |+23.46      |
以 %-+12.2lf  顯示 -23.456  |-23.46      |
以 %012.3lf   顯示  23.456  |00000023.456|
以 %012.3lf   顯示 -23.456  |-0000023.456|

請按任意鍵繼續 . . .
```

原始程式：

```
1.  /**********************
2.   * 配合旗號控制顯示浮點數 *
3.   * 檔名 : FLOAT_2.CPP   *
4.   **********************/
5.
6.  #include <stdio.h>
7.  #include <stdlib.h>
8.
9.  int main(void)
10. {
11.
12.   printf("配合旗號控制顯示浮點數 :\n");
13.   printf("------------------------------------------\n\n");
14.   printf("1234567890123456789012345678901234567890 12\n");
15.   printf("以 %%lf        顯示  23.456  |%lf|\n", 23.456);
16.   printf("以 %%lf        顯示 -23.456  |%lf|\n", -23.456);
17.   printf("以 %%+lf       顯示  23.456  |%+lf|\n", 23.456);
18.   printf("以 %% lf       顯示  23.456  |% lf|\n", 23.456);
19.   printf("以 %% lf       顯示 -23.456  |% lf|\n", -23.456);
20.   printf("以 %%12.2lf    顯示  23.456  |%12.2lf|\n", 23.456);
21.   printf("以 %%12.2lf    顯示 -23.456  |%12.2lf|\n", -23.456);
22.   printf("以 %%+12.2lf   顯示  23.456  |%+12.2lf|\n", 23.456);
23.   printf("以 %%+12.2lf   顯示 -23.456  |%+12.2lf|\n", -23.456);
24.   printf("以 %%-12.2lf   顯示  23.456  |%-12.2lf|\n", 23.456);
25.   printf("以 %%-12.2lf   顯示 -23.456  |%-12.2lf|\n", -23.456);
26.   printf("以 %%-+12.2lf  顯示  23.456  |%-+12.2lf|\n", 23.456);
27.   printf("以 %%-+12.2lf  顯示 -23.456  |%-+12.2lf|\n", -23.456);
28.   printf("以 %%012.3lf   顯示  23.456  |%012.3lf|\n", 23.456);
29.   printf("以 %%012.3lf   顯示 -23.456  |%012.3lf|\n\n", -23.456);
30.   system("PAUSE");
31.   return 0;
32. }
```

重點說明：

1. 所要顯示資料皆為倍精值浮點數常數 23.456 與 -23.456。
2. 行號 15、16 直接以“%lf”顯示 (小數點以下 6 位)。
3. 行號 17 以“%+lf”顯示，因此會顯示正號。

4. 行號 18、19 以“%△lf”顯示，因此正號的位置會空一格。
5. 行號 20、21 以“%12.2lf”顯示，因此每一筆資料佔 12 格，小數部分 2 位數 (超過 2 位則四捨五入)，顯示方式為向右對齊 (空格在前面)。
6. 行號 22、23 以“%+12.2lf”顯示，因此除了第 5 點的特性外，它還會顯示正號。
7. 行號 24、25 以“%-12.2lf”顯示，因此其顯示方式與第 5 點相似，而其唯一不同之處為它是以向左對齊方式顯示 (空格在後面)。
8. 行號 26、27 以“%-+12.2lf”顯示，因此其顯示方式與第 6 點相似，而其唯一不同之處為它是以向左對齊方式顯示 (空格在後面)。
9. 行號 28、29 以“%012.3lf”顯示，因此除了第 5 點的特性外，它還會在資料前面空格之處顯示 0，且小數部分取 3 位並四捨五入。

範例五	檔名：CHAR_STRING

以 printf( )函數，配合轉換字元的各種欄位及修飾子，將字元、字串的資料以各種格式顯示。

執行結果：

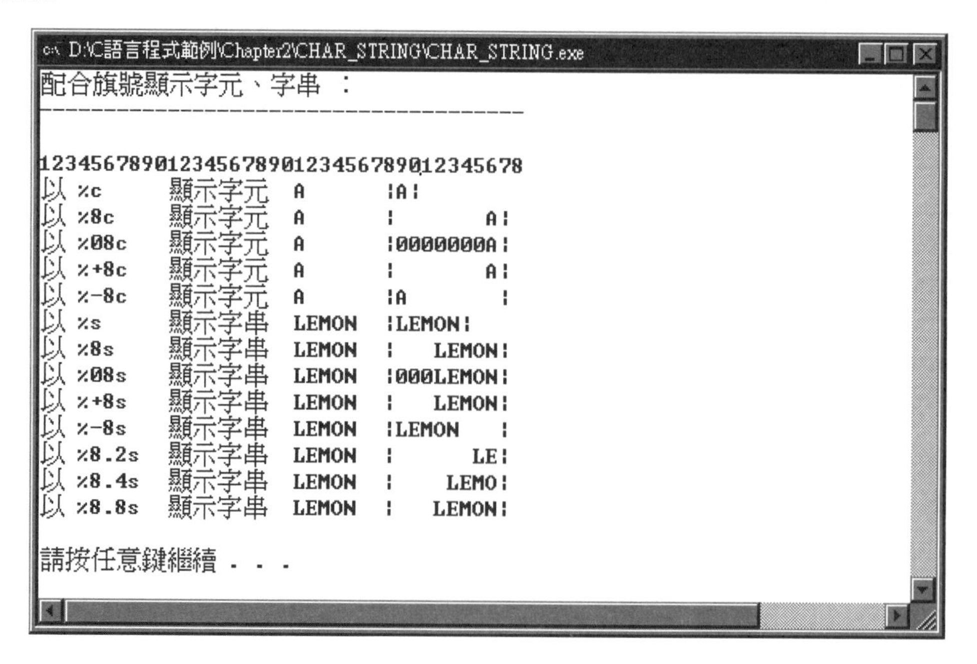

```
D:\C語言程式範例\Chapter2\CHAR_STRING\CHAR_STRING.exe
配合旗號顯示字元、字串 ：
------------------------------------

12345678901234567890123456789012345678
以 %c     顯示字元 A     |A|
以 %8c    顯示字元 A     |       A|
以 %08c   顯示字元 A     |0000000A|
以 %+8c   顯示字元 A     |       A|
以 %-8c   顯示字元 A     |A       |
以 %s     顯示字串 LEMON |LEMON|
以 %8s    顯示字串 LEMON |   LEMON|
以 %08s   顯示字串 LEMON |000LEMON|
以 %+8s   顯示字串 LEMON |   LEMON|
以 %-8s   顯示字串 LEMON |LEMON   |
以 %8.2s  顯示字串 LEMON |      LE|
以 %8.4s  顯示字串 LEMON |    LEMO|
以 %8.8s  顯示字串 LEMON |   LEMON|

請按任意鍵繼續 . . .
```

原始程式：

```
1.  /**************************
2.   *  配合旗號顯示字元、字串    *
3.   * 檔名 : CHAR_STRING.CPP *
4.   **************************/
5.
6.  #include <stdio.h>
7.  #include <stdlib.h>
8.
9.  int main(void)
10. {
11.
12.   printf("配合旗號顯示字元、字串 :\n");
13.   printf("-------------------------------------\n\n");
14.   printf("12345678901234567890123456789012345678\n");
15.   printf("以 %%c     顯示字元 A      |%c|\n", 'A');
16.   printf("以 %%8c    顯示字元 A      |%8c|\n", 'A');
17.   printf("以 %%08c   顯示字元 A      |%08c|\n", 'A');
18.   printf("以 %%+8c   顯示字元 A      |%+8c|\n", 'A');
19.   printf("以 %%-8c   顯示字元 A      |%-8c|\n", 'A');
20.   printf("以 %%s     顯示字串 LEMON  |%s|\n", "LEMON");
21.   printf("以 %%8s    顯示字串 LEMON  |%8s|\n", "LEMON");
22.   printf("以 %%08s   顯示字串 LEMON  |%08s|\n", "LEMON");
23.   printf("以 %%+8s   顯示字串 LEMON  |%+8s|\n", "LEMON");
24.   printf("以 %%-8s   顯示字串 LEMON  |%-8s|\n", "LEMON");
25.   printf("以 %%8.2s  顯示字串 LEMON  |%8.2s|\n", "LEMON");
26.   printf("以 %%8.4s  顯示字串 LEMON  |%8.4s|\n", "LEMON");
27.   printf("以 %%8.8s  顯示字串 LEMON  |%8.8s|\n\n", "LEMON");
28.   system("PAUSE");
29.   return 0;
30. }
```

重點說明：

1. 行號 15 以 “%c” 直接顯示字元 A。
2. 行號 16 以 “%8c” 顯示，因此每筆資料佔 8 格且向右對齊 (空格在前面)。
3. 行號 17 以 “%08c” 顯示，因此除了佔 8 格外，還會在字元 A 前面顯示 0。
4. 行號 18 以 “%+8c” 顯示，因為字元 A 沒有正負號，因此與 “%8c” 的顯示相同。

5. 行號 19 以“%-8c”顯示，因此每筆資料佔 8 格且向左對齊 (空格在後面)。
6. 行號 20 以“%s”直接顯示字串 LEMON。
7. 行號 21～24 的顯示狀況與前面相似，其唯一不同點為此處所顯示的為字串。
8. 行號 25 以“%8.2s”顯示，因此每筆資料佔 8 格，但只顯示 2 個字元，因此空格在前面。
9. 行號 26 以“%8.4s”顯示，其狀況與第 8 點相似，但此處顯示 4 個字元。
10. 行號 27 以“%8.8s”顯示，因為字串只有 5 個字元，所以全部顯示。

範例六	檔名：POINTER
以 printf( )函數，配合轉換字元的各種欄位及修飾子，將指標 (位址) 以各種格式顯示。	

執行結果：

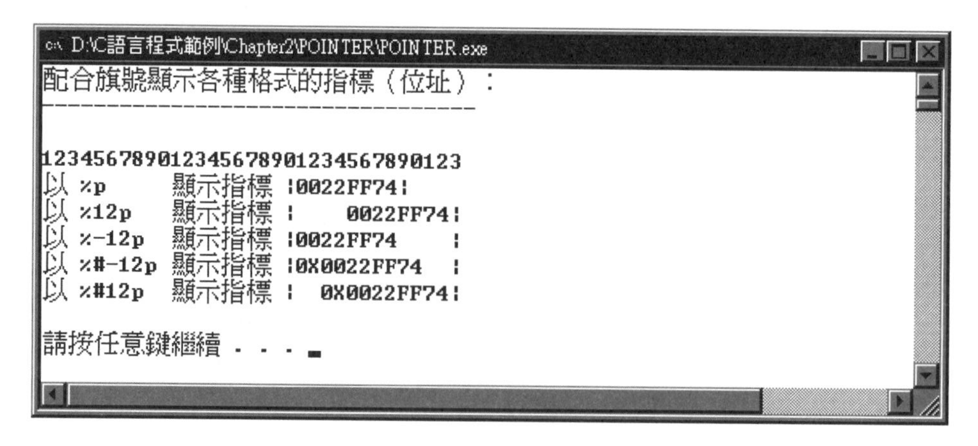

原始程式：

```
1.  /********************************
2.   * 配合旗號顯示各種格式的指標(位址) *
3.   *     檔名 : POINTER.CPP        *
4.   ********************************/
5.
6.  #include <stdio.h>
7.  #include <stdlib.h>
8.
9.  int main(void)
```

```
10. {
11.   int data;
12.
13.   printf("配合旗號顯示各種格式的指標 (位址) : \n");
14.   printf("--------------------------------\n\n");
15.   printf("1234567890123456789012345678901234567890123\n");
16.   printf("以 %%p     顯示指標 |%p|\n", &data);
17.   printf("以 %%12p   顯示指標 |%12p|\n", &data);
18.   printf("以 %%-12p  顯示指標 |%-12p|\n", &data);
19.   printf("以 %%#-12p 顯示指標 |%#-12p|\n", &data);
20.   printf("以 %%#12p  顯示指標 |%#12p|\n\n", &data);
21.   system("PAUSE");
22.   return 0;
23. }
```

重點說明：

1. 行號 16 以“%p”直接顯示變數 data 的位址，由於一個記憶體位址共有 32 個位元，因此顯示 8 個十六進制值。
2. 行號 17 以“%12p”顯示，因此一筆資料佔用 12 格，且向右邊對齊 (空格在前面)。
3. 行號 18 以“%-12p”顯示，因此一筆資料佔用 12 格，且向左邊對齊 (空格在後面)。
4. 行號 19 以“%#-12p”顯示，因此除了第 3 點的特性外，還會在資料前面加入 0X 表示後面的資料為十六進制。
5. 行號 20 以“%#12p”顯示，因此除了第 2 點的特性外，還會在資料前面加入 0X 表示後面的資料為十六進制。

2-4 格式化輸入函數 scanf( )

當使用者從鍵盤上輸入資料時，系統的處理方式可以分成緩衝區型 (Buffer) 與非緩衝區型 (Unbuffer) 兩大類，所謂的緩衝區型就是系統會劃分一塊緩衝區 (記憶體) 來儲存使用者從鍵盤輸入的資料，直到按下 Enter 後再去處理；非緩衝區型就是系統並沒有劃分記憶體來儲存使用者所鍵入的資料，因此只要使用者鍵入一個字元後，系統就會立刻處理 (不需按 Enter 鍵)。相對於格式化輸出函數 printf，在 C 語言標準函數庫標頭檔 stdio.h 內亦提供了格式化輸入函數 scanf，此函數可以將使用者由鍵盤上鍵入的資料轉換成自己所指定的資料型態格式，並儲存在特定變數的記憶體內，而其基本語法為：

scanf("格式字串", &變數 1[, &變數 2][, …]);

其中：

1. **scanf**：代表輸入函數 (必須全部小寫)。
2. **"格式字串"**：代表所要轉換的資料格式 (必須以雙引號 "" 括起來)。
3. **&變數**：代表所要儲存的變數位址。

於第 2 點中由雙引號所括起來的"格式字串"內，設計師可以指定使用者從鍵盤上輸入資料結束時 (按下 Enter)，到底要將它們轉換成何種資料型態 (Data type) 的格式後，再將它們儲存在後面的變數內，這些資料型態的格式與格式化輸出函數 printf 相同，請讀者自行參閱 (兩者差別只是將資料轉換成所指定的資料型態後，一個是將它們輸出到螢幕上去顯示，另一個是將它們儲存在指定的變數內以便往後使用)。與格式化輸出函數 printf 相同，我們也可以在格式字串裡面加一些修飾字元來限制使用者所輸入的資料，而其基本語法如下：

%[*][width][limited_character][size_modifier]type

其中：

%：代表轉換字元。

*****：輸入一筆資料，但讀取後不存入後面的變數內。

width：允許最多輸入幾個字元。

limited_character：限制有效的輸入字元。

size_modifier：長度修飾字元，h 代表短，l 代表長。

type：所要轉換的資料型態，配合前面的長度修飾字元即可轉換成 C 語言所使用的任何資料型態，這些資料型態與前面 printf 的敘述相同，請讀者自行參閱。

由於 scanf 為一個緩衝區型的輸入函數，它允許使用者一次輸入好幾組資料，直到按下 Enter 後系統才會去處理，如果設計師在輸入資料中間以空白隔開時，使用者在做資料輸入時可以用空白 space 或 Enter 或定位鍵 TAB 三種方式來隔開輸入資料；如果設計師在輸入資料中間以指定字元或字串隔開時，使用者在做資料輸入時也必須用同樣的字元或字串隔開，其狀況如下：

格式字串	輸入資料	說明
%d△%d	36△56	以空白，TAB，Enter 隔開皆可。
%d, %d	36, 56	以 “,” 隔開。
%d: %d	36:56	以 “:” 隔開。
%d A %d	36 A 56	以 “A” 隔開。

清除鍵盤緩衝區函數 fflush( )

當 scanf 函數從緩衝區取回一筆數值資料時它會：

1. 將數值前面的空白忽略 (不管幾個空白)。
2. 讀到非數值字元時會立刻停止 (不會繼續讀下去)。

由於這些沒有被讀取的字串已經被儲存在鍵盤的緩衝區內，只要程式後續還有緩衝區型的鍵盤輸入函數，它們還是會到緩衝區內繼續讀取這些資料，如此就會造成無法預期的錯誤結果，居於這些考量，設計師在使用緩衝區型的鍵盤輸入函數之前，最好使用 fflush (stdin) 函數，事先將鍵盤緩衝區的內容清空，於函數中 stdin 代表標準輸入 standard input (指的是鍵盤)，其詳細狀況請參閱後面的範例。

最後我們必須強調於 scanf 函數中，當使用者從鍵盤輸入資料後，這些資料會被轉換成設計師所指定的資料型態，並儲存在某個記憶空間內，這個記憶空間於函數內是以變數的位址 (符號為&) 來表示，而非變數本身，整個函數的詳細動作狀況即如下圖所示：

scanf(“%f”, &score)

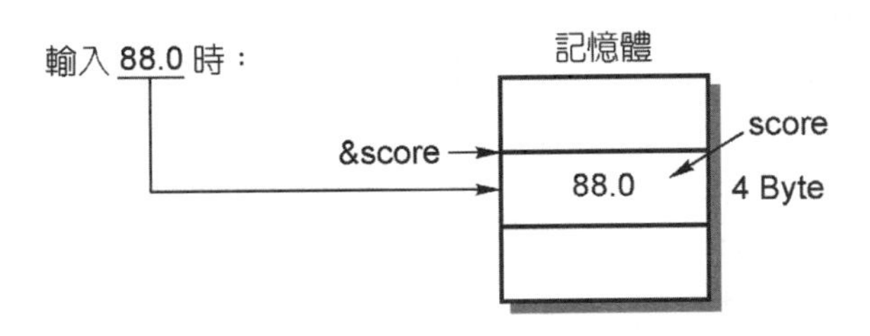

介紹完整個格式化輸入函數 scanf 的特性之後，底下我們就舉幾個範例來說明及驗證前面的敘述。

範例一	檔名：SCANF_FFLUSH
格式化輸入函數 scanf( )與清除鍵盤緩衝區函數 fflush( )的使用。	

執行結果：

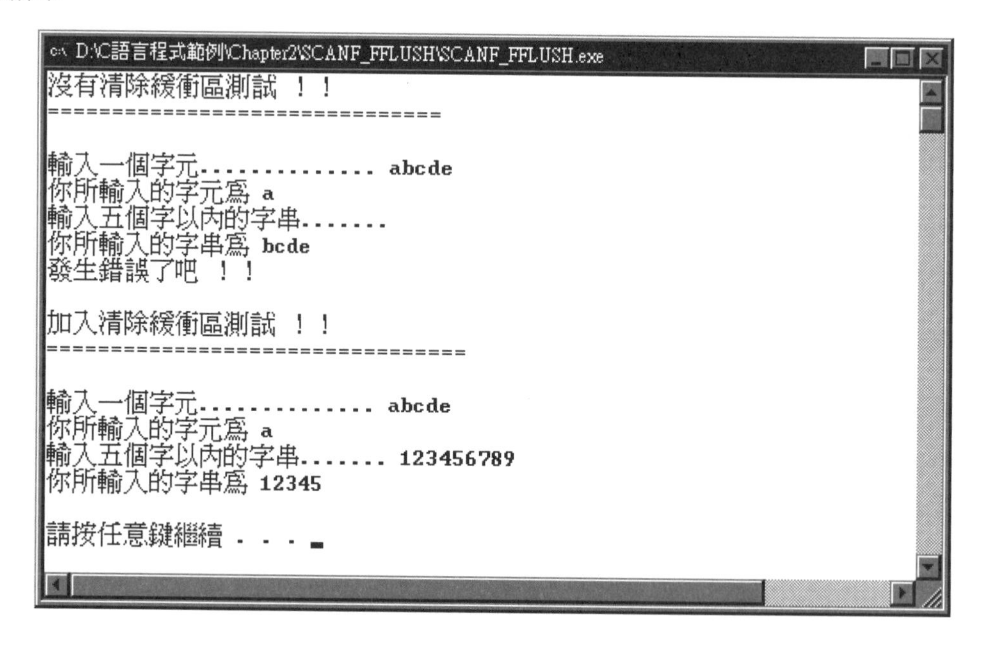

原始程式：

```
1.  /***************************
2.   * 清除緩衝區函數 fflush 測試 *
3.   * 檔名 : SCANF_FFLUSH.CPP *
4.   ***************************/
5.
6.  #include <stdio.h>
7.  #include <stdlib.h>
8.
9.  int main(void)
10. {
11.   char data_char;
12.   char data_string[6];
13.
14.   printf("沒有清除緩衝區測試 ！！\n");
15.   printf("================================\n\n");
```

```
16.   printf("輸入一個字元............. ");
17.   scanf("%c", &data_char);
18.   printf("你所輸入的字元為 %c\n", data_char);
19.   printf("輸入五個字以內的字串....... ");
20.   scanf("%5s", &data_string);
21.   printf("\n你所輸入的字串為 %s\n", data_string);
22.   printf("發生錯誤了吧 !!\a\a\a\n\n");
23.   printf("加入清除緩衝區測試 !!\n");
24.   printf("================================\n\n");
25.   printf("輸入一個字元............. ");
26.   fflush(stdin);
27.   scanf("%c", &data_char);
28.   printf("你所輸入的字元為 %c\n", data_char);
29.   printf("輸入五個字以內的字串....... ");
30.   fflush(stdin);
31.   scanf("%5s", &data_string);
32.   printf("你所輸入的字串為 %s\n\n", data_string);
33.   system("PAUSE");
34.   return 0;
35. }
```

重要說明：

1. 行號 14～16 顯示提示字串。
2. 行號 17 從鍵盤輸入一個字元，並儲存在變數 data_char 位址所對應的記憶體內，此處我們故意輸入 abcde 五個字元 (皆儲存在鍵盤緩衝區內)。
3. 行號 18 只顯示一個字元 a，其餘的 bcde 還儲存在鍵盤緩衝區內。
4. 行號 20 從鍵盤輸入 5 個字元，並將它儲存在字串變數 data_string 內，由於鍵盤緩衝區內還儲存著上次所剩下的字元 bcde，因此函數繼續將它們取回，並於行號 21 內將它們顯示在螢幕上，並在行號 22 顯示錯誤的訊息。
5. 行號 23～25 顯示提示字串。
6. 行號 26 清除鍵盤緩衝區的內容。
7. 行號 27 從鍵盤輸入一個字元，與上次相同，我們還是鍵入 abcde。
8. 行號 28 只顯示一個字元 a，其餘的 bcde 還是留在鍵盤緩衝區內。
9. 行號 30 清除鍵盤緩衝區的內容，因此先前所餘留下來的 bcde 字元皆不存在。

10. 行號 31 從鍵盤輸入 5 個字元，由於鍵盤緩衝區內部已經沒有資料，因此我們重新輸入 123456789，因為行號 31 內只限制輸入 5 個字元，所以行號 32 只顯示前面 5 個字元。

範例二	檔名：SCANF_INTEGER
以 scanf( )函數從鍵盤上輸入十進制、十六進制以及八進制的整數資料，並將它們顯示在螢幕上。	

執行結果：

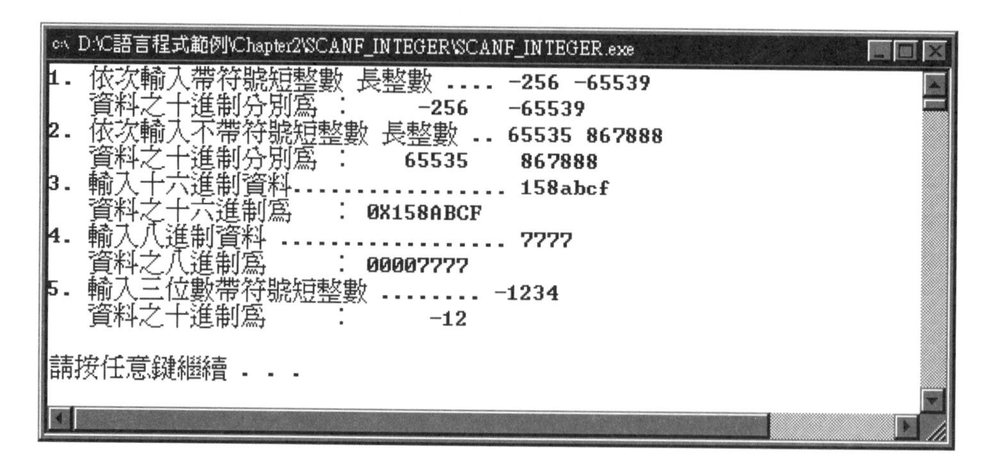

原始程式：

```
1.   /****************************
2.    * 整數 十, 十六, 八進制輸入    *
3.    * 檔名 : SCANF_INTEGER.CPP *
4.    ****************************/
5.
6.   #include <stdio.h>
7.   #include <stdlib.h>
8.
9.   int main(void)
10.  {
11.    short          short_a;
12.    int            int_a;
13.    unsigned short ushort_a;
14.    unsigned int   uint_a;
```

```
15.
16.   printf("1. 依次輸入帶符號短整數 長整數 .... ");
17.   fflush(stdin);
18.   scanf("%hd %d", &short_a, &int_a);
19.   printf("  資料之十進制分別爲 : %8hd %8d\n", short_a, int_a);
20.   printf("2. 依次輸入不帶符號短整數 長整數 .. ");
21.   fflush(stdin);
22.   scanf("%hu %u", &ushort_a, &uint_a);
23.   printf("  資料之十進制分別爲 : %8hu  %8u\n", ushort_a, uint_a);
24.   printf("3. 輸入十六進制資料................ ");
25.   fflush(stdin);
26.   scanf("%x", &uint_a);
27.   printf("  資料之十六進制爲   : %#08X\n", uint_a);
28.   printf("4. 輸入八進制資料 ................. ");
29.   fflush(stdin);
30.   scanf("%o", &uint_a);
31.   printf("  資料之八進制爲     : %#08o\n", uint_a);
32.   printf("5. 輸入三位數帶符號短整數 ........ ");
33.   fflush(stdin);
34.   scanf("%3hd", &short_a);
35.   printf("  資料之十進制爲     : %8hd\n\n", short_a);
36.   system("PAUSE");
37.   return 0;
38. }
```

重點說明：

1. 行號 16～19 內清除鍵盤緩衝區後要求輸入帶符號的短整數與長整數資料 (中間以空白隔開)，並以佔 8 格的方式將它們分別顯示在螢幕上。
2. 行號 20～23 的功能與前面相似，唯一不同點為此處所輸入的兩筆資料皆不帶符號。
3. 行號 24～27 的功能與前面相似，唯一不同點為此處所輸入的資料為十六進制，因此我們可以輸入英文 A～F 的值。
4. 行號 28～31 的功能與前面相似，唯一不同點為此處所輸入的資料為八進制 (不可以輸入超過 8 的數)。
5. 行號 32～35 要求輸入帶符號的短整數，但其長度只能三位，因此雖然我們輸入 -1234 共 5 個字，但它只讀取前面的 3 位 -12 (注意！連同負號也算一個字)。

範例三	檔名：SCANF_FLOAT
以 scanf( ) 函數從鍵盤上輸入單精值與倍精值浮點數的資料，並將它們顯示在螢幕上。	

執行結果：

```
D:\C語言程式範例\Chapter2\SCANF_FLOAT\SCANF_FLOAT.exe
依次輸入單精值 倍精值浮點數 ......... 123.456 12345.67
資料分別為 :     123.46    12345.67
以 %lg 顯示資料  :    12345.7
以 %lE 顯示資料  :1.234567E+004
輸入十位數倍精值浮點數 .................. 123456789.12345
以 %16.6le 顯示資料  :     1.234568e+008

請按任意鍵繼續 . . .
```

原始程式：

```
1.  /*************************
2.   *      各種浮點數輸入       *
3.   * 檔名 : SCANF_FLOAT.CPP *
4.   *************************/
5.
6.  #include <stdio.h>
7.  #include <stdlib.h>
8.
9.  int main(void)
10. {
11.   float  float_a;
12.   double double_a;
13.
14.   printf("依次輸入單精值 倍精值浮點數 ......... ");
15.   fflush(stdin);
16.   scanf("%f %lf", &float_a, &double_a);
17.   printf("資料分別為 :%10.2f %10.2lf\n", float_a, double_a);
18.   printf("以 %%lg 顯示資料 :%10lg\n", double_a);
19.   printf("以 %%lE 顯示資料 :%10lE\n", double_a);
20.   printf("輸入十位數倍精值浮點數 .................. ");
21.   fflush(stdin);
22.   scanf("%10lf", &double_a);
```

```
23.    printf("以 %%16.6le 顯示資料 :%16.6le\n\n", double_a);
24.    system("PAUSE");
25.    return 0;
26. }
```

重點說明：

1. 行號 14～16 內清除鍵盤緩衝區後，要求依順序輸入單精值“%f”與倍精值“%lf”兩筆資料。
2. 行號 17～19 則將輸入的資料依指定的格式顯示在螢幕上 (參閱前面有關 printf 的敘述)。
3. 行號 20～23 內清除鍵盤緩衝區後，要求輸入 10 個字以內的倍精值資料，此處我們故意輸入 123456789.12345，但函數只讀取前面 10 位，並依行號 23 所指定的格式顯示在螢幕上。

範例四	檔名：SCANF_CHAR_STRING
以 scanf( )函數從鍵盤上輸入字元與字串的資料，並將它們顯示在螢幕上。	

執行結果：

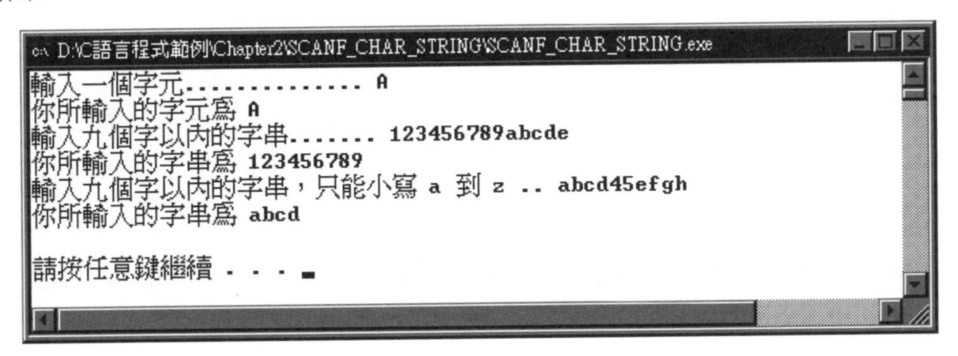

原始程式：

```
1.   /**********************************
2.    *          字元, 字串輸入          *
3.    * 檔名 : SCANF_CHAR_STRING.CPP *
4.    **********************************/
5.
```

```
6.  #include <stdio.h>
7.  #include <stdlib.h>
8.
9.  int main(void)
10. {
11.   char data_char;
12.   char data_string[10];
13.
14.   printf("輸入一個字元.............. ");
15.   fflush(stdin);
16.   scanf("%c", &data_char);
17.   printf("你所輸入的字元為 %c\n", data_char);
18.   printf("輸入九個字以內的字串....... ");
19.   fflush(stdin);
20.   scanf("%9s", &data_string);
21.   printf("你所輸入的字串為 %s\n", data_string);
22.   printf("輸入九個字以內的字串，只能小寫 a 到 z .. ");
23.   fflush(stdin);
24.   scanf("%9[a-z]", &data_string);
25.   printf("你所輸入的字串為 %s\n\n", data_string);
26.   system("PAUSE");
27.   return 0;
28. }
```

重點說明

1. 行號 14～17 內清除鍵盤緩衝區後，要求輸入一個字元，並將它顯示在螢幕上。
2. 行號 18～21 內清除鍵盤緩衝區後，要求輸入 9 個字元，我們在此輸入 123456789abcde，但函數只讀取前面 9 個字，並將它們顯示在螢幕上。
3. 行號 22～25 的功能與前面相同，但所輸入的字元只允許 a～z，如果不是 a～z 中間的字元時，函數會當成輸入結束，此處我們輸入 abcd45efgh，因此函數只接受前面 abcd 的字元。

範例五	檔名：SCANF_DELIMIT
以 scanf( ) 函數配合各種隔開字元，從鍵盤上輸入並顯示數筆資料。	

執行結果：

```
D:\C語言程式範例\Chapter2\SCANF_DELIMIT\SCANF_DELIMIT.exe
1. 輸入三筆整數（以空白, TAB, ENTER 隔開） 11 22 33
   輸入的資料為 11 33 2293672
2. 輸入兩筆整數（以空白, TAB, ENTER 隔開） 55 66
   輸入的資料為 55 66
3. 輸入兩筆整數（以，隔開） 12 34
   輸入的資料為 12 34
4. 輸入小時與分鐘（以：隔開） 12:56
   現在時間為 12 時 56 分
5. 輸入兩筆整數（以a=,b= 隔開） a=12,b=34
   輸入的資料為 12 34
6. 輸入兩筆整數（以 A 隔開） 12A34
   輸入的資料為 12 34

請按任意鍵繼續 . . .
```

原始程式：

```
1.  /*****************************
2.   *     各種隔開字元            *
3.   * 檔名 : SCANF_DELIMIT.CPP *
4.   *****************************/
5.
6.  #include <stdio.h>
7.  #include <stdlib.h>
8.
9.  int main(void)
10. {
11.   int data_a, data_b, data_c;
12.
13.   printf("1. 輸入三筆整數（以空白, TAB, ENTER 隔開） ");
14.   fflush(stdin);
15.   scanf("%d %*d %d", &data_a, &data_b, &data_c);
16.   printf("   輸入的資料為 %d %d %d\n", data_a, data_b, data_c);
17.   printf("2. 輸入兩筆整數（以空白, TAB, ENTER 隔開） ");
18.   fflush(stdin);
19.   scanf("%d %d", &data_a, &data_b);
20.   printf("   輸入的資料為 %d %d\n", data_a, data_b);
21.   printf("3. 輸入兩筆整數（以，隔開） ");
22.   fflush(stdin);
23.   scanf("%d,%d", &data_a, &data_b);
24.   printf("   輸入的資料為 %d %d\n", data_a, data_b);
```

```
25.    printf("4. 輸入小時與分鐘 (以：隔開) ");
26.    fflush(stdin);
27.    scanf("%d:%d", &data_a, &data_b);
28.    printf("  現在時間爲 %d 時 %d 分\n", data_a, data_b);
29.    printf("5. 輸入兩筆整數 (以 a=,b= 隔開) ");
30.    fflush(stdin);
31.    scanf("a= %d,b= %d", &data_a, &data_b);
32.    printf("  輸入的資料爲 %d %d\n", data_a, data_b);
33.    printf("6. 輸入兩筆整數 (以 A 隔開) ");
34.    fflush(stdin);
35.    scanf("%dA%d", &data_a, &data_b);
36.    printf("  輸入的資料爲 %d %d\n\n", data_a, data_b);
37.    system("PAUSE");
38.    return 0;
39. }
```

重點說明：

1. 行號 13～16 雖然要求輸入三筆資料，但第二筆我們使用 “%*d”，代表第二筆輸入資料 22 不會被讀取，因此雖然我們輸入三筆資料，實際上函數只讀取第一及第三筆 (最後一個變數因為沒有輸入資料，因此它的內容為亂數)。
2. 行號 17～20 要求輸入兩筆資料，中間以空白隔開，於實際輸入時可以用空白或 TAB 或 Enter 鍵隔開，此處我們以 TAB 鍵隔開。
3. 行號 21～24 輸入兩筆資料，中間以 “，” 隔開 (行號 23)。
4. 行號 25～28 輸入兩筆資料，中間以 “：” 隔開 (行號 27)。
5. 行號 29～32 輸入兩筆資料，第一筆以 a= 開頭，第二筆以，b= 開頭 (行號 31)。
6. 行號 33～36 輸入兩筆資料，中間以英文字母大寫的 A (一定要大寫) 隔開 (行號 35)。

2-5 字元與字串輸入輸出函數

C 語言除了提供上述兩個格式化輸入與輸出函數 scanf 與 printf 之外，它又針對字元與字串提供下面幾個常用的有緩衝區與沒有緩衝區的輸入函數與輸出函數。

字元輸入函數 getchar( )

getchar 函數為一個有緩衝區的字元輸入函數，執行此函數時，它會要求使用者從鍵盤上輸入任何字元，直到鍵入 Enter 為止，函數會將這些輸入字元一個字一個字的：

1. 儲存在鍵盤緩衝區內。
2. 顯示在螢幕上。

直到按下 Enter 之後，再從鍵盤緩衝區內取回一個字元放入設計師所指定的變數內，本函數的原型宣告是放在 stdio.h 的標頭檔內，因此在程式前端處理的地方必須加入 #include <stdio.h>，其基本特性請參閱後面的範例。

字元輸出函數 putchar( )

putchar 函數為一個輸出函數，它的功能是將設計師所指定的一個字元送到螢幕上去顯示，與前面的輸入函數 getchar 相同，它們的原型宣告都放在 stdio.h 的標頭檔內，兩個函數的基本特性請參閱底下的範例。

範例一	檔名：GETCHAR_PUTCHAR
以 getchar( ) 函數從鍵盤輸入一個字元，並以 putchar( ) 函數將它顯示在螢幕上，之後再以 getchar( ) 函數模擬 system("PAUSE")函數的功能。	

執行結果：

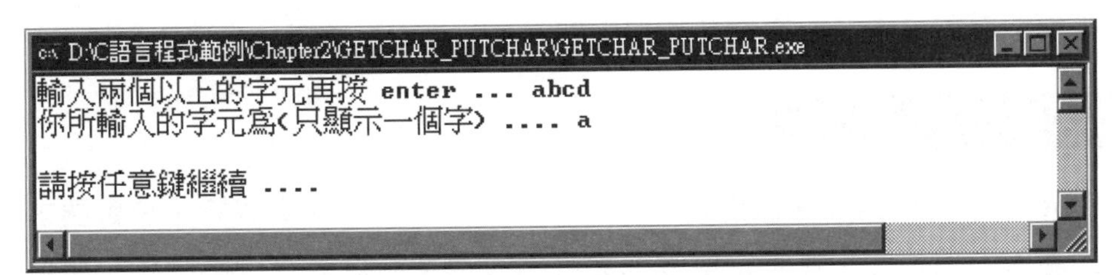

原始程式：

```
1.   /************************************
2.    * 從鍵盤讀取一個字元 getchar(有緩衝區) *
3.    * 顯示一個字元        putchar          *
4.    * 以 getchar 模擬 system 函數 的功能  *
5.    *    檔名 : GETCHAR_PUTCHAR.CPP      *
```

```
6.   ************************************/
7.
8.  #include <stdio.h>
9.
10. int main(void)
11. {
12.   char data;
13.
14.   printf("輸入兩個以上的字元再按 enter ... ");
15.   fflush(stdin);
16.   data = getchar();
17.   printf("你所輸入的字元爲(只顯示一個字) .... ");
18.   putchar(data);
19.   printf("\n\n 請按任意鍵繼續 .... ");
20.   fflush(stdin);
21.   getchar();
22.   return 0;
23. }
```

重點說明：

1. 行號 8 為函數的引入標頭檔 stdio.h。
2. 行號 14～17 清除鍵盤緩衝區後，由鍵盤輸入一個字元，此處我們鍵入 abcd，因此函數取回第一個字元 a，並儲存在變數 data 內。
3. 行號 18 將變數 data 的內容 a 顯示在螢幕上。
4. 行號 19～21 依順序顯示提示字元、清除鍵盤緩衝區、等待使用者鍵入任何字元後結束程式的執行，這些動作與函數 system(“PAUSE”) 的功能相同。

字元輸入函數 getche

getche 函數為一個沒有緩衝區的字元輸入函數，執行此函數時，它會要求使用者從鍵盤上輸入一個字元，並將它儲存在設計師所指定的變數內，同時將它顯示在螢幕上 (e 代表 echo)，注意！由於沒有儲存在緩衝區內，因此一次只能輸入一個字元且不需要按下 Enter，本函數的原型宣告是放在 conio.h 的標頭檔內，因此在程式的前端處理地方必須加入 #include <conio.h>，其基本特性請參閱後面的範例。

字元輸入函數 getch

getch 函數的特性與前面所敘述的 getche 函數幾乎相同 (其原型宣告也是放在 conio.h 的標頭檔)，而其唯一不同之處，在於本函數並不會將使用者所輸入的字元顯示在螢幕上，其基本特性請參閱後面的範例。

putch 函數

putch 函數的功能與前面所敘述的 putchar 函數幾乎相同，而其唯一不同之處為本函數的原型宣告是放在 conio.h 的標頭檔內，而非 putchar 函數的 stdio.h，其基本特性請參閱底下的範例。

範例二	檔名：GETCHE_GETCH_PUTCH
以 getche( )與 getch 分別從鍵盤輸入一個字元，並以 putch( )函數將它們顯示在螢幕上。	

執行結果：

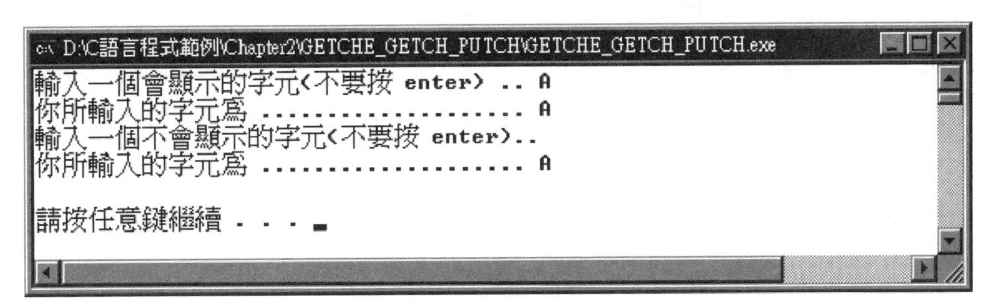

原始程式：

```
1.   /**********************************
2.    * 沒有緩衝區的輸入 :               *
3.    * 從鍵盤讀取一個字元 getche(會顯示)  *
4.    * 從鍵盤讀取一個字元 getch(不會顯示) *
5.    * 顯示一個字元       putch          *
6.    *  檔名 : GETCHE_GETCH_PUTCH.CPP   *
7.    **********************************/
8.
9.   #include <stdio.h>
10.  #include <conio.h>
```

```
11. #include <stdlib.h>
12.
13. int main(void)
14. {
15.   char data;
16.
17.   printf("輸入一個會顯示的字元(不要按 enter) .. ");
18.   data = getche();
19.   printf("\n你所輸入的字元爲 .................... ");
20.   putch(data);
21.   printf("\n輸入一個不會顯示的字元(不要按 enter).. ");
22.   data = getch();
23.   printf("\n你所輸入的字元爲 .................... ");
24.   putch(data);
25.   printf("\n\n");
26.   system("PAUSE");
27.   return 0;
28. }
```

重點說明：

1. 行號 9 引入 printf 函數的標頭檔 stdio.h。
2. 行號 10 引入 getche、getch、putch 等函數的標頭檔 conio.h。
3. 行號 17～20 以函數 getche 從鍵盤上取回一個字元 (按下字元時會顯示在螢幕上)，並將它以函數 putch 顯示在螢幕上。
4. 行號 21～24 以函數 getch 從鍵盤上取回一個字元 (按下字元時不會顯示在螢幕上)，並將它以函數 putch 顯示在螢幕上。

字串輸入函數 gets

gets 函數為一個有緩衝區的字串輸入函數，執行此函數時，它會要求使用者由鍵盤輸入一筆字串，函數會將這些輸入字串：

1. 儲存在鍵盤緩衝區內。
2. 顯示在螢幕上。

直到按下 Enter 之後再從鍵盤緩衝區內取回所有字串 (從開始到 Enter 中間的字元)，並將它們放入設計師所指定的字元陣列內 (陣列部分後面會有詳細敘述)，本函數的原型宣告是放在 stdio.h 的標頭檔內，因此在程式的前端處理地方必須加入 #include <stdio.h>，其基本特性請參閱後面的範例。

字串輸出函數 puts

puts 函數的功能是將設計師所指定的字串送到螢幕上去顯示，與前面的輸入函數 gets 相同，它們的原型宣告都放在 stdio.h 的標頭檔內，兩個函數的基本特性請參閱底下的範例。

範例三	檔名：GETS_PUTS
以 gets( )函數從鍵盤輸入一筆字串，並以 puts( )函數將它顯示在螢幕上。	

執行結果：

原始程式：

```
1.  /***********************
2.   *  輸入字串 : gets      *
3.   *  輸出字串 : puts      *
4.   * 檔名 : GETS_PUTS.CPP *
5.   ***********************/
6.
7.  #include <stdio.h>
8.  #include <stdlib.h>
9.
10. int main(void)
11. {
12.   char string[21];
13.
14.   printf("請輸入二十個字以內的字串 ...... ");
15.   gets(string);
16.   printf("你所輸入的字串爲 ............ ");
17.   puts(string);
```

```
18.    putchar('\n');
19.    system("PAUSE");
20.    return 0;
21. }
```

重點說明：

1. 行號 7 引入 gets 與 puts 函數的標頭檔 stdio.h。
2. 行號 12 宣告一個可以儲存 20 個字的字元陣列 (最後一個必須儲存結束字元‘\0’，因此它只能儲存 20 個字，其詳細敘述請參閱第四章有關陣列的討論)。
3. 行號 15 從鍵盤輸入一筆 20 個字以內的字串，此處我們輸入 Peach△Apple△Lemon，因此字元陣列的儲存格式為：

P	e	a	c	h		A	p	p	l	e		L	e	m	o	n	\0

4. 行號 17 將上述字串顯示在螢幕上。

2-6 C 語言的各種運算

在每一種語言程式中，我們時常會看到各式各樣的運算式 (Expression)，這些運算式通常是由或多或少的運算元 (Operand) 與運算子 (Operator) 所組合而成，其中運算元指的是用來運算的對象，它可以是變數、常數、運算式、甚至是函數；運算子指的是對上述運算元所要執行的運算工作，譬如 (A + B) × C / 2 就是一個運算式，其中 +、×、/ 為運算子；A、B、C、2 為運算元，於 C 語言中，系統所提供的運算子 (Operator) 依其運算特性可以分成下面九大類：

1. 算術運算 Arithmetic Operation。
2. 遞增與遞減運算 Increment & Decrement Operation。
3. 關係運算 Relational Operation。
4. 邏輯運算 Logical Operation。
5. 位元運算 Bitwise Operation。
6. 指定運算 Assignment Operation。
7. 條件運算 Conditional Operation。
8. 逗號運算 Comma Operation。
9. 記憶體空間運算 Sizeof Operation。

上述運算子在執行運算時，依它們所需要的運算元數量，可以分成下面三大類：

1. 一元運算式 Unary Operator，如 index++、-data。
2. 二元運算式 Binary Operator，如 data >> 2，data % 2。
3. 三元運算式 Ternary Operator，如 min = x < y ? x : y。

底下我們就來談談上述這九種運算子 (Operator) 的符號、功能與特性。

算術運算

所謂的算術運算就是我們時常遇到的加、減、乘、除、取負數、取餘數等一般的數學運算，於 C 語言系統中，這些運算的運算子符號、功能、特性即如下表所示 (假設執行前變數 data 的內容為 90)：

算術運算子符號	功能	運算式	執行結果
-	負號	data = -data	-90
+	加法	data = data + 6	96
–	減法	data = data - 2	88
*	乘法	data = data * 2	180
/	除法	data = data / 2	45
%	取餘數	data = data % 2	0

於上表的運算中，要留意的事項為：

1. 當資料型態為字元或整數時，如果進行除法運算 “/” ，其執行結果必為整數，因此 9 / 2 的結果為 4，並非我們所想像的 4.5。
2. 執行取餘數的運算 “%” 時，其運算元不可以為單精值浮點數 float 或倍精值浮點數 double。
3. 執行之優先順序最高為負號 -，其次為 * / % (相同)，最低為 + – (相同)，如果優先順序相同時，則執行順序為由左而右。

其詳細狀況請參閱下面的範例。

範例	檔名：ARITHMETIC_OPERATION
從鍵盤輸入兩筆整數資料，顯示其執行各種算術運算 +、-、*、/、% 的結果。	

執行結果：

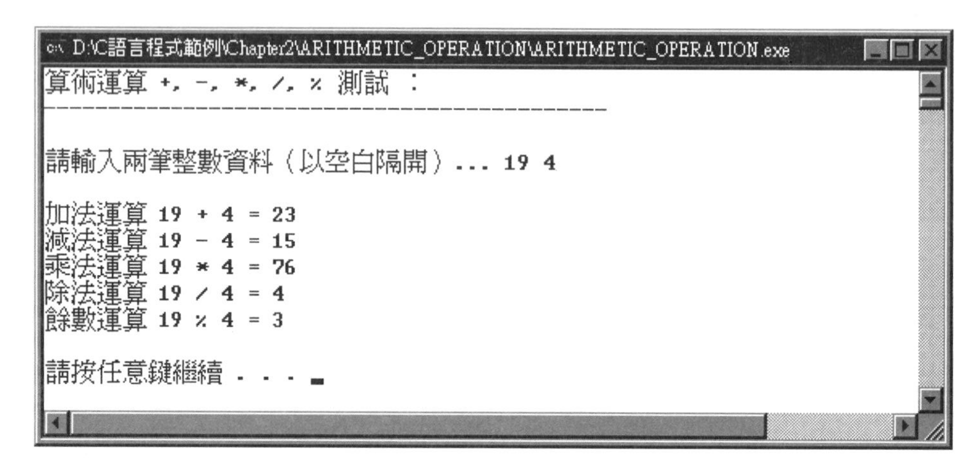

原始程式：

```
1.  /************************************
2.   *   各種算術運算 +, -, *, /, %      *
3.   * 檔名 : ARITHMETIC_OPERATION.CPP  *
4.   ************************************/
5.
6.  #include <stdio.h>
7.  #include <stdlib.h>
8.
9.  int main(void)
10. {
11.  int data1, data2;
12.
13.  printf("算術運算 +, -, *, /, %% 測試 :\n");
14.  printf("--------------------------\n\n");
15.  printf("請輸入兩筆整數資料（以空白隔開）... ");
16.  scanf ("%d %d", &data1, &data2);
17.  printf("\n加法運算 %d + %d = %d\n",
18.         data1, data2, data1 + data2);
19.  printf("減法運算 %d - %d = %d\n",
```

```
20.          data1, data2, data1 - data2);
21.   printf("乘法運算 %d * %d = %d\n",
22.          data1, data2, data1 * data2);
23.   printf("除法運算 %d / %d = %d\n",
24.          data1, data2, data1 / data2);
25.   printf("餘數運算 %d %% %d = %d\n\n",
26.          data1, data2, data1 % data2);
27.   system("PAUSE");
28.   return 0;
29. }
```

重點說明：

1. 行號 23～24 由於輸入資料 19 與 4 皆為整數，因此 19 除以 4 的結果為 4，而不是我們所想像的 4.75。
2. 行號 25～26 把整數 19 除以 4 取餘數，因此其結果為 3。

遞增與遞減運算

遞增運算 "++" 與遞減運算 "--" ，最主要的目的是用來對所指定變數的內容執行加一或減一的運算，它們都是屬於單一運算子運算，於使用上它又可以區分成前置式 (如++data、--data) 與後置式 (如 data++、data--) 兩種，所謂前置式就是先將變數內容加 1 或減 1 後再做下一步的處理；後置式就是先處理完畢後再將變數內容加 1 或減 1，於運算式中它的功能就好像由兩個敘述組合而成，其狀況即如下表所示 (假設執行前變數 data 的內容為 96)：

遞增、遞減運算式	等效敘述	執行結果
result = ++data	data = data +1 result = data	data = 97 result = 97
result = data++	result = data data = data +1	data = 97 result = 96
result = --data	data = data -1 result = data	date = 95 result = 95
result = data--	result = data data = data -1	data = 95 result = 96

其詳細狀況請參閱下面的範例。

範例一	檔名：INCREMENT
從鍵盤輸入兩筆整數資料，顯示其執行前置式與後置式遞增 ++ 運算的結果。	

執行結果：

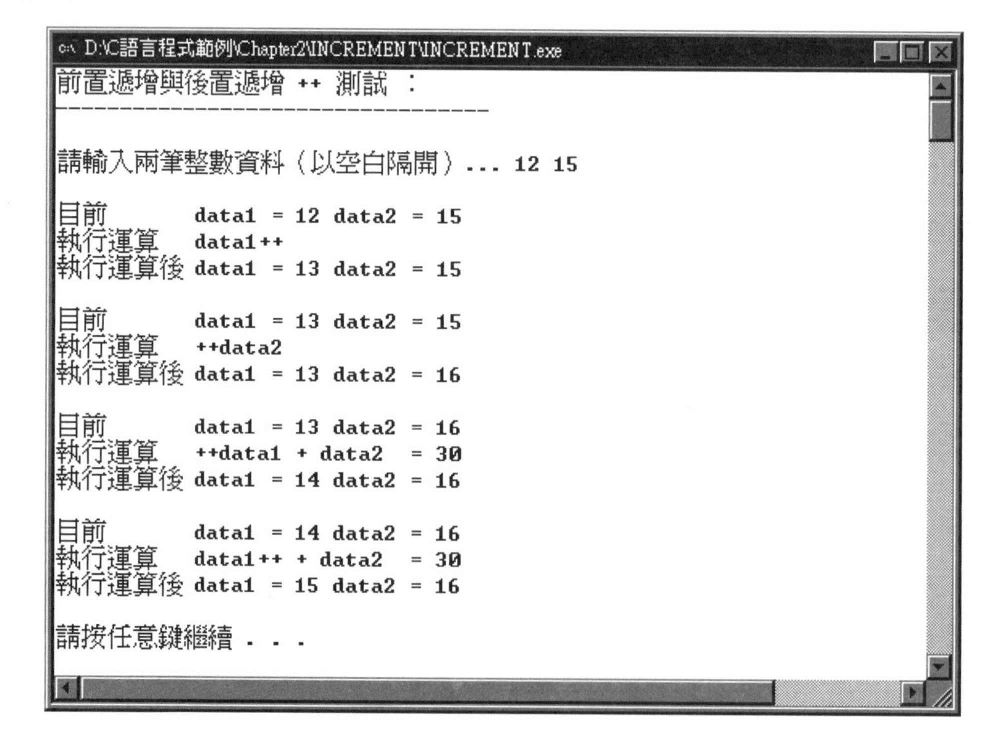

原始程式：

```
1.  /***********************
2.   * 前置遞增與後置遞增 ++  *
3.   * 檔名: INCREMENT.CPP *
4.   ***********************/
5.
6.  #include <stdio.h>
7.  #include <stdlib.h>
8.
9.  int main(void)
10. {
```

```
11.    int data1, data2;
12.
13.    printf("前置遞增與後置遞增 ++ 測試 :\n");
14.    printf("-----------------------------------\n\n");
15.    printf("請輸入兩筆整數資料 (以空白隔開) ... ");
16.    fflush(stdin);
17.    scanf("%d %d", &data1, &data2);
18.    printf("\n目前      data1 = %d data2 = %d\n", data1, data2);
19.    printf("執行運算  data1++\n", data1++);
20.    printf("執行運算後 data1 = %d data2 = %d\n\n", data1, data2);
21.    printf("目前      data1 = %d data2 = %d\n", data1, data2);
22.    printf("執行運算  ++data2\n", ++data2);
23.    printf("執行運算後 data1 = %d data2 = %d\n\n", data1, data2);
24.    printf("目前      data1 = %d data2 = %d\n", data1, data2);
25.    printf("執行運算  ++data1 + data2  = %d\n", ++data1 + data2);
26.    printf("執行運算後 data1 = %d data2 = %d\n\n", data1, data2);
27.    printf("目前      data1 = %d data2 = %d\n", data1, data2);
28.    printf("執行運算  data1++ + data2  = %d\n", data1++ + data2);
29.    printf("執行運算後 data1 = %d data2 = %d\n\n", data1, data2);
30.    system("PAUSE");
31.    return 0;
32. }
```

重點說明：

1. 行號 13～18 輸入兩筆長整數 data1 = 12，data2 = 15。
2. 行號 19～20 執行後置遞增 data1++ 後顯示內容，所以 data1 = 13，data2 = 15。
3. 行號 21～23 執行前置遞增 ++data2 後顯示內容，所以 data1 = 13，data2 = 16。
4. 行號 24～26 執行前置遞增 ++data1 後顯示相加結果，由於 14 + 16 = 30，因此顯示 30。
5. 行號 27～29 執行後置遞增 data1++ 後顯示相加結果，由於 14 + 16 = 30，因此顯示 30，但 data1 的值會變成 15。
6. 於上面範例的顯示中可以發現到，不管前置或後置遞增，當它是單獨運算時，其結果是一樣的，其狀況就如前面第 2、3 點行號 19～23 的敘述，但如果它們是與別的運算子聯合使用時，其結果就大不相同，其狀況就如前面第 4、5 點行號 24～29 的敘述。

範例二 檔名：DECREMENT

從鍵盤輸入兩筆整數資料，顯示其執行前置式與後置式遞減 -- 運算的結果。

執行結果：

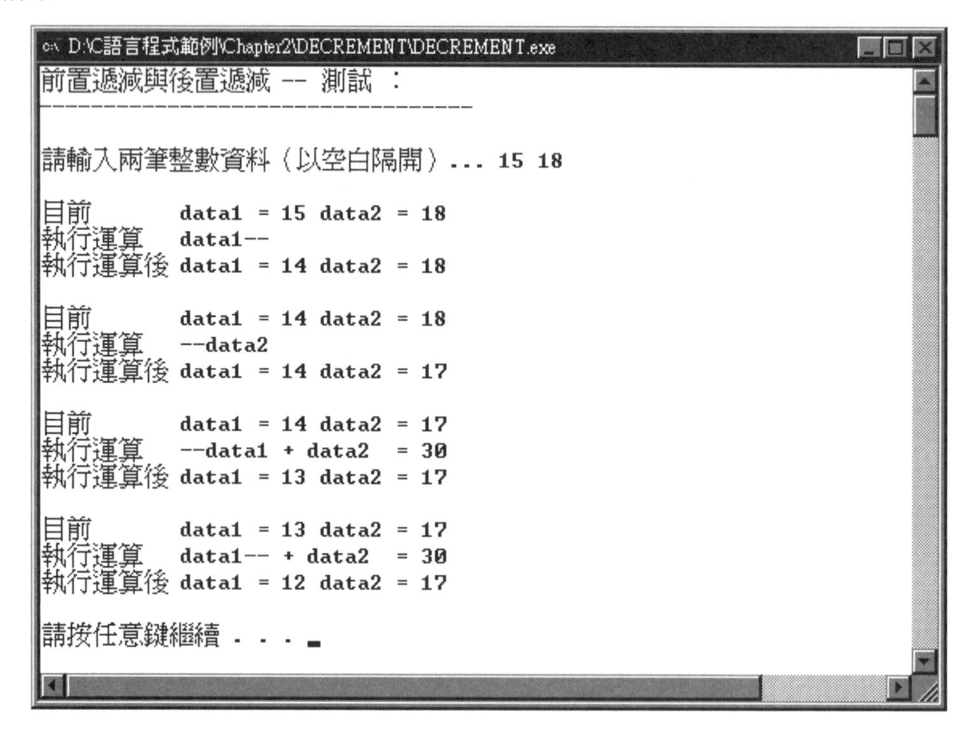

原始程式：

```
1.  /***********************
2.   *  前置遞減與後置遞減-- *
3.   * 檔名: DECREMENT.CPP *
4.   ***********************/
5.
6.  #include <stdio.h>
7.  #include <stdlib.h>
8.
9.  int main(void)
10. {
11.   int data1, data2;
12.
13.   printf("前置遞減與後置遞減 -- 測試 :\n");
```

```
14.   printf("-----------------------------------\n\n");
15.   printf("請輸入兩筆整數資料（以空白隔開）... ");
16.   fflush(stdin);
17.   scanf("%d %d", &data1, &data2);
18.   printf("\n目前      data1 = %d data2 = %d\n", data1, data2);
19.   printf("執行運算   data1--\n", data1--);
20.   printf("執行運算後 data1 = %d data2 = %d\n\n", data1, data2);
21.   printf("目前      data1 = %d data2 = %d\n", data1, data2);
22.   printf("執行運算   --data2\n", --data2);
23.   printf("執行運算後 data1 = %d data2 = %d\n\n", data1, data2);
24.   printf("目前      data1 = %d data2 = %d\n", data1, data2);
25.   printf("執行運算   --data1 + data2  = %d\n", --data1 + data2);
26.   printf("執行運算後 data1 = %d data2 = %d\n\n", data1, data2);
27.   printf("目前      data1 = %d data2 = %d\n", data1, data2);
28.   printf("執行運算   data1-- + data2  = %d\n", data1-- + data2);
29.   printf("執行運算後 data1 = %d data2 = %d\n\n", data1, data2);
30.   system("PAUSE");
31.   return 0;
32. }
```

重點說明：

本程式的架構與前面的遞增範例相似，不同之處為本範例為遞減運算，請自行參閱前面的說明。

關係運算

所謂的關係運算 (Relational Operation) 指的是兩個指定運算元間的大小關係，簡單來說它們就是一群比較的運算子，兩個運算元間的比較結果無非是大於、小於、等於、不等於…等，而其運算後所產生的結果只有假 (結果為 0) 與真 (結果為非 0) 兩種 (即資料型態的布林 boolean)，於 C 語言中系統所提供關係運算的符號、特性經我們整理後表列如下 (假設 data1 = 11、data2 = 22)：

關係運算子符號	代表意義	運算式	執行結果
>	大於	data1 > data2	假 (0)
<	小於	data1 < data2	真 (1)
>=	大於等於	data1 >= data2	假 (0)
<=	小於等於	data1 <= data2	真 (1)
==	等於	data1 == data2	假 (0)
!=	不等於	data1 ! = data2	真 (1)

上述六種關係運算執行時，優先順序較高的為 > < >= <= (由左而右)；其次為 == != (由左而右)，而它們的執行結果於程式中我們往往會與選擇性指令 (如 if、while…等) 搭配使用，以達到具有選擇特性的執行 (譬如條件成立做 A 件事情、條件不成立做 B 件事情，甚至可以做一連串的判斷與選擇)，由於在系統內指定 0 為假，非 0 為真，所以往後於程式中，如果遇到 if (data = 8) 則永遠為真，因為執行後 data 的內容為 8，它是一個非 0 的值，當然如果遇到 while (3) 也是永遠為真 (參閱後面程式部分)。它們的基本特性請參閱下面的範例。

範例	檔名：RELATIONAL_OPERATION
各種關係運算 >、<、==、!=、>=、<= 的特性測試，並顯示它們執行後的布林代數值。	

執行結果：

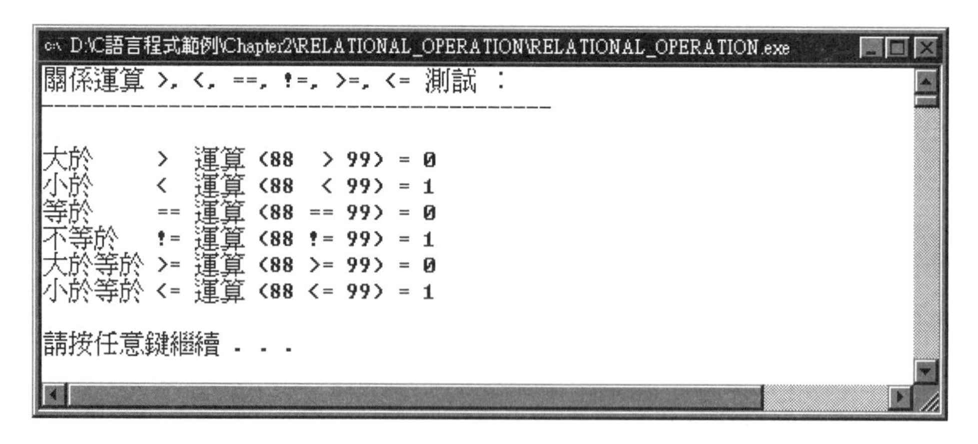

原始程式：

```
1.  /*************************************
2.   *  關係運算 >, <, ==, !=, >=, <=    *
3.   * 檔名 : RELATIONAL_OPERATION.CPP  *
4.   *************************************/
5.
6.  #include <stdio.h>
7.  #include <stdlib.h>
8.
9.  int main(void)
10. {
```

```
11.
12.    printf("關係運算 >, <, ==, !=, >=, <= 測試 :\n");
13.    printf("--------------------------------------\n\n");
14.    printf("大於     > 運算 (88 > 99) = %d\n", 88 > 99);
15.    printf("小於     < 運算 (88 < 99) = %d\n", 88 < 99);
16.    printf("等於     == 運算 (88 == 99) = %d\n", 88 == 99);
17.    printf("不等於   != 運算 (88 != 99) = %d\n", 88 != 99);
18.    printf("大於等於 >= 運算 (88 >= 99) = %d\n", 88 >= 99);
19.    printf("小於等於 <= 運算 (88 <= 99) = %d\n\n", 88 <= 99);
20.    system("PAUSE");
21.    return 0;
22. }
```

重點說明：

行號 14～19 將兩筆資料 88 與 99 進行各種關係運算，並將其結果 (布林值) 顯示出來，於程式中如果結果為真則顯示 1，結果為假時則顯示 0。

邏輯運算

邏輯運算通常是用來連結兩個以上關係運算的結果，以便做一些更複雜的條件判斷，底下我們就以表列的方式來談談於 C 語言內，系統所提供邏輯運算中各種運算子的符號與特性 (假設目前有兩個關係運算的結果 X 與 Y)：

邏輯運算子符號	代表意義	運算式	執行結果
!	反相 not 運算： 假 → 真 真 → 假	! X	X / ! X 假 / 真 真 / 假
&&	and 運算： 所有運算元中只要有一個為假，其結果就為假。	X && Y	X / Y / X && Y 假 / 假 / 假 假 / 真 / 假 真 / 假 / 假 真 / 真 / 真
||	or 運算： 所有運算元中只要有一個為真，其結果就為真。	X || Y	X / Y / X || Y 假 / 假 / 假 假 / 真 / 真 真 / 假 / 真 真 / 真 / 真

上述三種邏輯運算中，優先順序最高的為 !，其次為 &&，最低為 ||，它們的基本特性請參閱下面的範例。

範例一	檔名：LOGICAL_OPERATION_1
各種邏輯運算 !、&&、|| 的特性測試，並顯示它們執行後的布林代數值。	

執行結果：

```
D:\C語言程式範例\Chapter2\LOGICAL_OPERATION_1\LOGICAL_OPERATION_1.exe
邏輯事件運算 !, &&, || 測試 :
----------------------------------

關係 > 運算 99 > 88  = 1
關係 < 運算 99 < 88  = 0
not  !  運算     !(1) = 0
and &&  運算   1 && 0 = 0
or  ||  運算   1 || 0 = 1

請按任意鍵繼續 . . .
```

原始程式：

```
1.   /***********************************
2.    *     邏輯事件運算 !, &&, || (1)     *
3.    * 檔名 : LOGICAL_OPERATION_1.CPP *
4.    ***********************************/
5.
6.   #include <stdio.h>
7.   #include <stdlib.h>
8.
9.   int main(void)
10.  {
11.    short TRUE = 99 > 88, FALSE = 99 < 88;
12.
13.    printf("邏輯事件運算 !, &&, || 測試 :\n");
14.    printf("----------------------------------\n\n");
15.    printf("關係 > 運算 99 > 88 = %hd\n", TRUE);
16.    printf("關係 < 運算 99 < 88 = %hd\n", FALSE);
```

```
17.   printf("not  ! 運算    !(%hd) = %hd\n", TRUE, !TRUE);
18.   printf("and && 運算  %hd && %hd = %hd\n", TRUE, FALSE, TRUE && FALSE);
19.   printf("or  || 運算  %hd || %hd = %hd\n\n", TRUE, FALSE, TRUE || FALSE);
20.   system("PAUSE");
21.   return 0;
22. }
```

重點說明：

1. 行號 11 設定真 TRUE 為 99 > 88 的運算結果，設定假為 99 < 88 的運算結果。
2. 行號 15、16 分別顯示真為 1，假為 0。
3. 行號 17 執行 not ! 運算 (真、假相反) 結果為假。
4. 行號 18 執行 and && 運算 (有一個為假，結果就是假)，結果為假。
5. 行號 19 執行 or || 運算 (有一個為真，結果就是真)，結果為真。

範例二	檔名：LOGICAL_OPERATION_2
從鍵盤輸入 3 筆短整數，將它們進行關係與邏輯混合運算，並將其結果 (布林值) 顯示在螢幕上。	

執行結果：

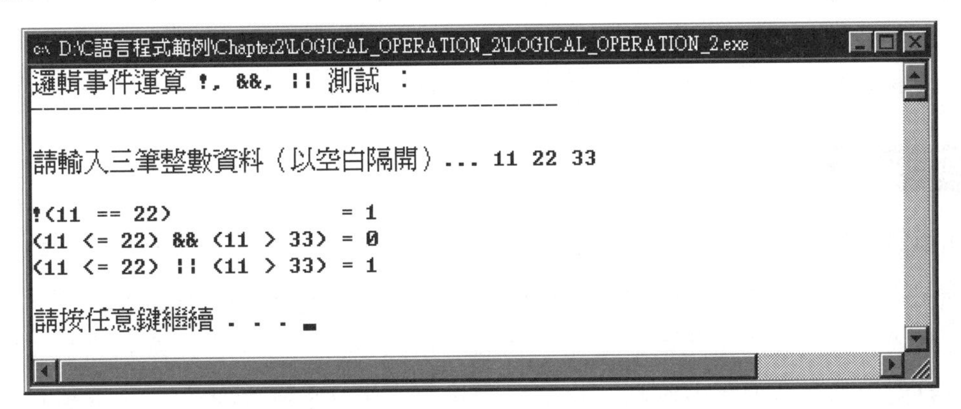

原始程式：

```
1.   /************************************
2.    *    邏輯事件運算 !, &&, || (2)     *
3.    * 檔名 : LOGICAL_OPERATION_2.CPP *
4.    ************************************/
5.
```

```
6.  #include <stdio.h>
7.  #include <stdlib.h>
8.
9.  int main(void)
10. {
11.   short data1, data2, data3;
12.
13.   printf("邏輯事件運算 !, &&, || 測試 :\n");
14.   printf("-----------------------------------------\n\n");
15.   printf("請輸入三筆整數資料 (以空白隔開) ... ");
16.   fflush(stdin);
17.   scanf("%hd %hd %hd", &data1, &data2, &data3);
18.   printf("\n!(%hd == %hd)           = %hd\n",
19.          data1, data2, !(data1 == data2));
20.   printf("(%hd <= %hd) && (%hd > %hd) = %hd\n", data1, data2,
21.          data1, data3, (data1 <= data2) && (data1 > data3));
22.   printf("(%hd <= %hd) || (%hd > %hd) = %hd\n\n", data1, data2,
23.          data1, data3, (data1 <= data2) || (data1 > data3));
24.   system("PAUSE");
25.   return 0;
26. }
```

重點說明：

本範例的特性與前面範例一相似，而其唯一不同之處為此處的邏輯運算之運算元為兩組關係運算的運算結果，其特性請參閱前面我們的敘述。

位元運算

前面討論過 C 語言為一種中階語言，它除了提供一些高階語言的指令之外，同時也提供了類似組合語言的低階指令，位元運算 (Bitwise Operation) 就是其中之一，所謂的位元運算，就是以位元為單位來執行我們所指定的運算，它允許我們針對字元、整數運算元中的某些位元做測試、設定或清除的工作 (浮點數則不行)，這些運算子我們以一次一個位元的運算方式將它們的符號、特性表列如下 (X、Y 為 1 個位元的運算元，Z 為 8 個位元的運算元)：

位元運算子符號	代表意義	運算式	執行結果
~	not 運算： 0 → 1 1 → 0	~ X	X ~X 0 1 1 0
&	and 運算： 輸入電位中，只要有一個為 0，其結果就為 0	X & Y	X Y X & Y 0 0 0 0 1 0 1 0 0 1 1 1
|	or 運算： 輸入電位中，只要有一個為 1，其結果就為 1。	X | Y	X Y X | Y 0 0 0 0 1 1 1 0 1 1 1 1
^	xor 互斥或運算： 輸入電位相同時結果為 0，不同時結果為 1。	X ^ Y	X Y X ^ Y 0 0 0 0 1 1 1 0 1 1 1 0
<<	左移運算： 將運算元內容向左移位，移入電位為 0。	Z = Z << 1	執行前： $Z = 30_{(16)}$ 執行後： $Z = 60_{(16)}$
>>	右移運算： 將運算元內容向右移位，移入電位為，不帶符號時為 0，帶符號時為符號擴展。	Z = Z >> 2	執行前： $X = 30_{(16)}$ 執行後： $Z = 0C_{(16)}$

上述各種位元運算中，優先順序最高的為 not ~、其次為右移 >> 與左移 << (由左向右)、其次為 and &、其次為 xor ^，最後為 or |。

1. **位元 not 運算 ~**

   位元運算子符號 "~" 所代表的意義為將所指定運算元的電位反相 (即 not 運算)，它是屬於單一運算子，而其真正的意義為將運算元取 1 的補數 (即 0 變 1，

1 變 0)，於一般的電位控制上 (尤其在 SOC 控制程式) 我們時常會用到，其動作狀況即如下面所示：

```
 ~   AA(16) = 1 0 1 0 1 0 1 0
-----------------------------
     55(16) = 0 1 0 1 0 1 0 1
                     ↑
                  全部反相
```

2. **位元 and 運算 &**

位元運算子符號“&”所代表的意義為位元電位的 and 運算，也就是在它的兩個運算電位中，只要有一個為 0，其結果就為 0，它是屬於二元運算子，於實際的應用上，& 運算具有電位遮沒 (Mask) 的功能，設計師可以借用它的特性，將所指定位元的控制電位清除為 0 (將這些位元與 0 作 & 運算)，同時保留其它位元的控制電位 (將這些位元與 1 作 & 運算)，譬如當我們要將佔用 8Bits 的運算元電位做處理 (希望保留其高四位元的控制電位，並清除掉低四位元的電位)，假設此 8Bits 運算元的內容為十六進制值 AA，其狀況如下：

```
     AA(16) = 1 0 1 0   1 0 1 0(2)
 &   F0(16) = 1 1 1 1   0 0 0 0(2)
----------------------------------
     A0(16) = 1 0 1 0   0 0 0 0(2)
                 ↑         ↑
                保持      清除
                不變      為 0
```

3. **位元 or 運算 |**

位元運算子符號“|”所代表的意義為位元電位的 or 運算，也就是在兩個運算電位中只要有一個為 1，其結果就為 1，它也是屬於二元運算子，於實際的應用上 | 運算具有將電位設定成 1 的功能，設計師可以借用它的特性，將所指定位元的控制電位設定為 1 (將這些位元與 1 作 | 運算)，同時保留其它位元的控制電位 (將這些位元與 0 作 | 運算)，譬如當我們要將佔用 8Bits 的運算元電位做處理 (希望保留其低四位元的控制電位，並將高四位元的電位設定成 1)，其狀況如下 (假設此 8Bits 運算元的內容為十六進制值 AA)：

$$
\begin{array}{rcll}
 & AA_{(16)} = & 1010 & 1010_{(2)} \\
| & F0_{(16)} = & 1111 & 0000_{(2)} \\
\hline
 & A0_{(16)} = & \underline{1111} & \underline{1010}_{(2)}
\end{array}
$$

↑ 設定成 1　　↑ 保持不變

4. **位元 xor 運算 ^**

位元運算子符號“^”所代表的意義為位元電位的互斥或 xor 運算，也就是在它的兩個運算電位中，如果電位相同則結果為 0；如果電位不同則結果為 1，它也是屬於二元運算子，依其特性來看我們可以將它當成比較器來使用，於實際應用上，xor 運算具有位元反相功能，設計師可以借用它的特性，將所指定控制位元的電位反相 (將這些位元與 1 做 ^ 運算)，同時保留其它位元的控制電位 (將這些位元與 0 做 ^ 運算)，譬如當我們要將佔用 8Bits 的運算元電位做處理 (希望保留其低四位元的控制電位，並將高四位元的電位反相)，其狀況如下 (假設此 8Bits 運算元的內容為十六進制 AA)：

$$
\begin{array}{rcll}
 & AA_{(16)} = & 1010 & 1010_{(2)} \\
\wedge & F0_{(16)} = & 1111 & 0000_{(2)} \\
\hline
 & A0_{(16)} = & \underline{0101} & \underline{1010}_{(2)}
\end{array}
$$

↑ 反相　　↑ 保持不變

5. **位元左移運算 <<**

位元運算子符號“<<”所代表的意義為將所指定運算元的電位向左移位，移入運算元右邊的電位為 0，而其最左邊的電位就會被擠掉，其狀況如下：

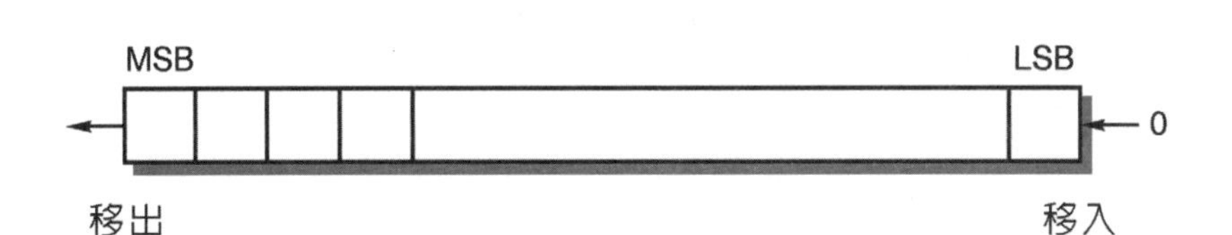

它也是屬於二元運算子，第一個運算元為所要移位的資料，另一個運算元為要移位幾次，譬如 data << 1 的運算式代表將運算元資料變數 data 的內容向左邊移位一次，假設 data 為一個不帶符號短整數變數，目前的內容為 $4_{(10)}$，則其移位狀況如下：

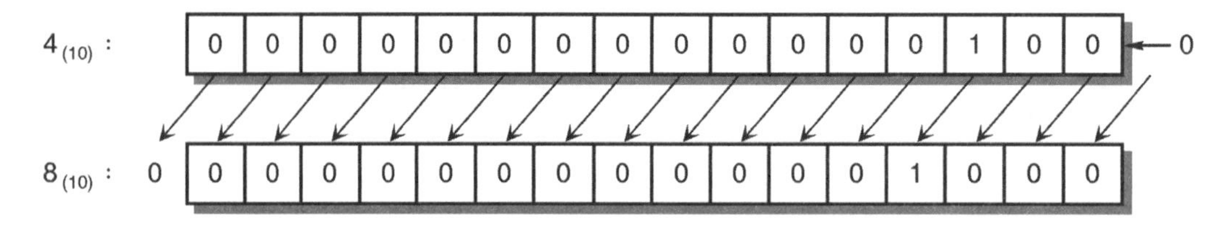

從上圖的移位狀況我們可以發現到，將資料往左邊移位一次所得到的結果為將原來資料乘以 2 (資料內容由 $4_{(10)}$ 變成 $8_{(10)}$)，畢竟資料是以二進制方式儲存，每個位元的加權當然以 2 為底。

6. **位元右移運算 >>**

位元運算子符號 “>>” 所代表的意義為將所指定運算元的電位向右移位，當資料為不帶符號時，移入運算元左邊的電位為 0；當資料為帶符號時，它會以符號擴展方式進行移位，而其最右邊的電位就會被擠掉，其狀況如下：

不帶符號時：

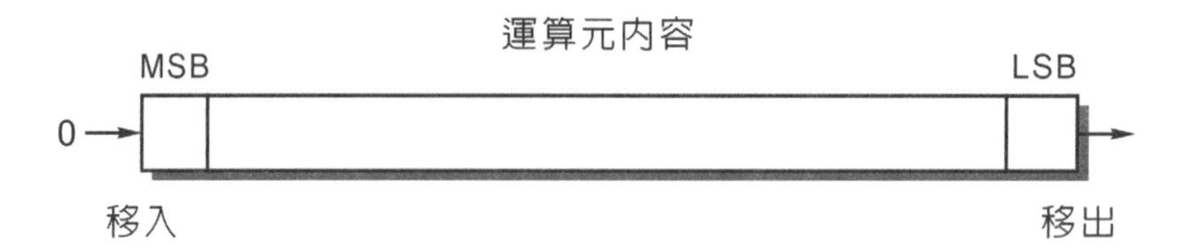

帶符號時：

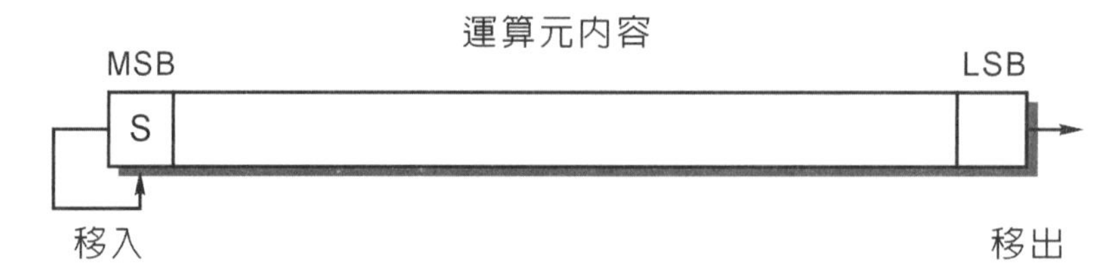

它也是屬於二元運算子，第一個運算元為所要移位的資料，另一個運算元為要移位幾次，譬如 data >> 1 的運算式代表將運算元資料變數 data 的內容向右邊移位一次，假設 data 為一個不帶符號短整數變數，目前的內容為 $8_{(10)}$，則其移位狀況如下：

運算元 data 的內容

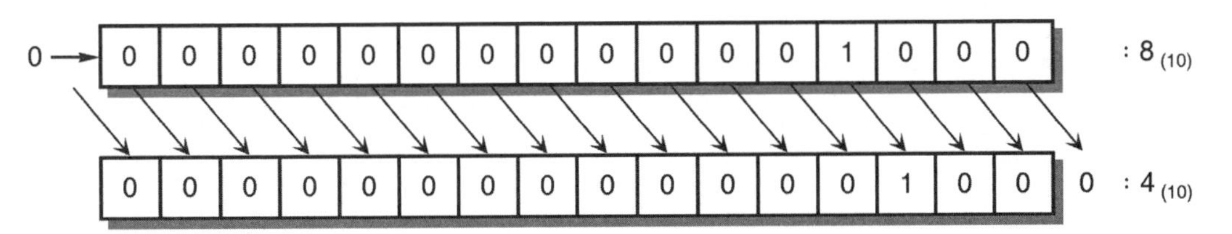

從上圖的移位狀況我們可以發現到，將資料往右邊移位一次，所得到的結果為將原來資料除以 2 (資料內容由 $8_{(10)}$ 變成 $4_{(10)}$)，畢竟資料是以二進制方式儲存，每個位元的加權當然以 2 為底。

有關上述各種位元運算的基本特性，請參閱下面的範例。

範例	檔名：BITWISE_OPERATION
從鍵盤輸入兩筆短整數資料，執行並顯示各種位元運算的結果。	

執行結果：

原始程式：

```
1.  /*******************************
2.   * 位元運算 ~, &, |, ^, >>, <<  *
3.   * 檔名: BITWISE_OPERATION.CPP *
4.   *******************************/
5.
6.  #include <stdio.h>
7.  #include <stdlib.h>
8.
9.  int main(void)
10. {
11.   unsigned short data1, data2;
12.   short          data3;
13.
14.   printf("位元運算 ~, &, |, ^, >>, << 測試 :\n");
15.   printf("-------------------------------------\n\n");
16.   printf("請輸入兩筆十六進制短整數資料 (以空白隔開) ... ");
17.   fflush(stdin);
18.   scanf("%hx %hx %hx", &data1, &data2, &data3);
19.   printf("\nnot ~ 運算 ~(%#06hX)       = %#06hX\n", data1, ~(data1));
20.   printf("and & 運算 %#06hX & %#06hX = %#06hX\n",data1,data2,data1 & data2);
21.   printf("xor ^ 運算 %#06hX ^ %#06hX = %#06hX\n",data1,data2,data1 ^ data2);
22.   printf("or  | 運算 %#06hX | %#06hX = %#06hX\n",data1,data2,data1 | data2);
23.   printf("不帶符號向左移位 %#06hX << 2 = %#06hX\n", data2, data2 << 2);
24.   printf("不帶符號向右移位 %#06hX >> 2 = %#06hX\n", data2, data2 >> 2);
25.   printf("帶符號向右移位   %#06hX >> 2 = %#06hX\n\n", data3, data3 >> 2);
26.   system("PAUSE");
27.   return 0;
28. }
```

重點說明：

1. 行號 18 輸入三筆十六進制資料 data1 = 00aa，data2 = FF00，data3 = FF00
2. 行號 19 內 data1 資料執行位元 not 運算 (運算完畢後資料沒有寫入 data1，因此 data1 的內容沒有改變)。

$$\underline{\sim \quad 00aa_{(16)} = 0000000010101010_{(2)}}$$

$$FF55_{(16)} = 1111111101010101_{(2)}$$

因此其結果為 $FF55_{(16)}$，也就是把 data1 的電位全部反相。

3. 行號 20 內 data1 與 data2 執行位元 and 運算：

$$
\begin{array}{rl}
 & 00aa_{(16)} = 0000000010101010_{(2)} \\
\& & FF00_{(16)} = 1111111100000000_{(2)} \\
\hline
 & 0000_{(16)} = 0000000000000000_{(2)}
\end{array}
$$

因此其結果為 $0000_{(16)}$，也就是把 data1 前面 8Bits 保持不變，後面 8Bits 清除為 0。

4. 行號 21 內 data1 與 data2 執行位元 xor 運算：

$$
\begin{array}{rl}
 & 00aa_{(16)} = 0000000010101010_{(2)} \\
\wedge & FF00_{(16)} = 1111111100000000_{(2)} \\
\hline
 & FFaa_{(16)} = 1111111110101010_{(2)}
\end{array}
$$

因此其結果為 $FFAA_{(16)}$ ，也就是把 data1 前面 8Bits 反相，後面 8Bits 保持不變。

5. 行號 22 內 data1 與 data2 執行位元 or 運算：

$$
\begin{array}{rl}
 & 00aa_{(16)} = 0000000010101010_{(2)} \\
| & FF00_{(16)} = 1111111100000000_{(2)} \\
\hline
 & FFAA_{(16)} \quad 1111111110101010_{(2)}
\end{array}
$$

因此其結果為 $FFAA_{(16)}$，也就是把 data1 前面 8Bits 設定成 1，後面 8Bits 保持不變。

6. 行號 23 內不帶符號 data2 資料執行向左移位 2 次：

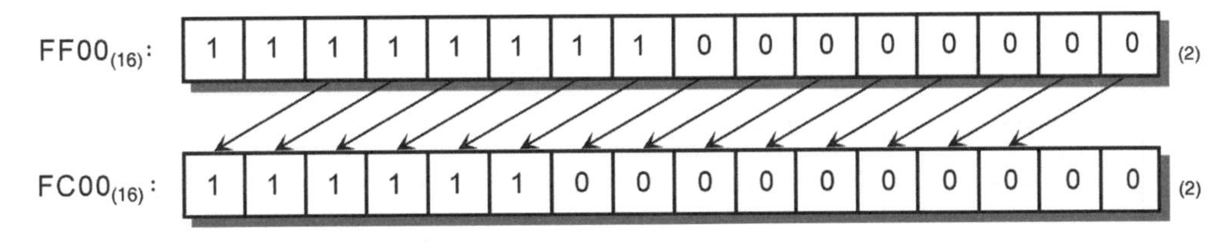

因此其結果為 $FC00_{(16)}$。

7. 行號 24 內不帶符號 data2 資料執行向右移位 2 次：

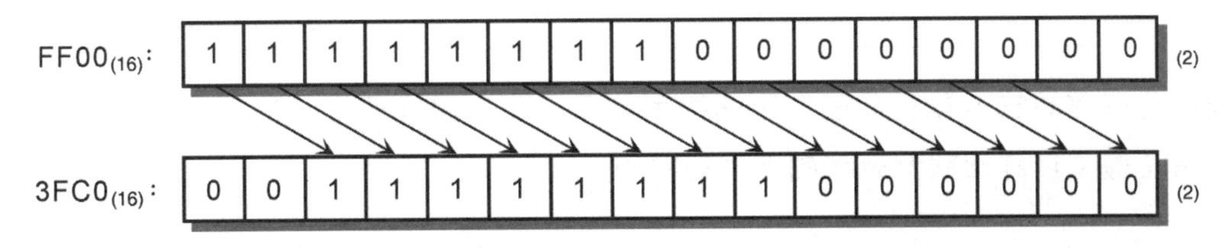

因此其結果為 $3FC0_{(16)}$。

8. 行號 25 內帶符號 data3 執行向右移位 2 次：

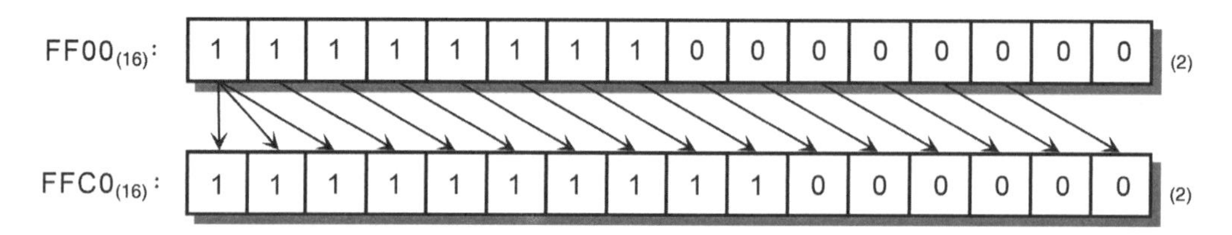

因此其結果為 $FFC0_{(16)}$。

指定運算

所謂的指定運算就是將某一個常數、變數或運算後的值設定給指定的變數，於一般的語言程式中最常看到的就是將運算式右邊運算的結果指定給運算式左邊的變數，譬如 X = 5 + 8 運算式右邊的結果為 13，將它指定給左邊的變數 X，因此變數 X 的內容為 13，於 C 語言中為了提高效率，系統提供多種簡潔的指定運算子供設計師使用，這些指定運算子經我們整理後將其符號、特性表列如下 (假設不帶符號短整數變數 X = 8，Y = 2)：

指定運算子符號	運算式	代表意義	執行結果
=	X = Y	X = Y	X = 2，Y = 2
+=	X += Y	X = X + Y	X = 10，Y = 2
−=	X −= Y	X = X - Y	X = 6，Y = 2
*=	X *= Y	X = X * Y	X = 16，Y = 2
/=	X /= Y	X = X / Y	X = 4，Y = 2
%=	X %= Y	X = X % Y	X = 0，Y = 2
>>=	X >>= 2	X = X >> 2	X = 2，Y = 2
<<=	Y <<= 2	Y = Y << 2	X = 8，Y = 8
&=	X &= Y	X = X & Y	X = 0，Y = 2
|=	X |= Y	X = X | Y	X = 10，Y = 2
^=	X ^= Y	X = X ^ Y	X = 10，Y = 2

上表中每個運算式的執行順序為，由指定運算子的右邊先執行，最後再將其執行結果設定給左邊，其詳細狀況請參閱下面的範例。

範例	檔名：ASSIGNMENT_OPERATION
各種指定運算 =、+=、-=、*=、/=、%=，>>=、<<=、&=、|=、^= 的特性測試，並顯示它們的運算結果。	

執行結果：

```
D:\C語言程式範例\Chapter2\ASSIGNMENT_OPERATION\ASSIGNMENT_OPERATION.exe
各種指定運算測試 :
-----------------------------------------

(15 += 2)              = 17
(15 -= 2)              = 13
(15 *= 2)              = 30
(15 /= 2)              = 7
(15 % 2)               = 1
(0X000F  |= 0x0002)    = 0X000F
(0X000F  &= 0x0002)    = 0X0002
(0X000F  ^= 0x0002)    = 0X000D
(0X000F <<= 2)         = 0X003C
(0X000F >>= 2)         = 0X0003

請按任意鍵繼續 . . .
```

原始程式：

```
1.   /************************************
2.    *            各種指定運算            *
3.    * 檔名 : ASSIGNMENT_OPERATION.CPP *
4.    ************************************/
5.
6.   #include <stdio.h>
7.   #include <stdlib.h>
8.
9.   int main(void)
10.  {
11.    short result[10] = {15,15,15,15,15,15,15,15,15,15};
12.
13.    printf("各種指定運算測試 :\n");
14.    printf("-----------------------------------------\n\n");
15.    printf("(15 += 2)             = %hd\n", result[0] += 2);
16.    printf("(15 -= 2)             = %hd\n", result[1] -= 2);
17.    printf("(15 *= 2)             = %hd\n", result[2] *= 2);
18.    printf("(15 /= 2)             = %hd\n", result[3] /= 2);
```

```
19.   printf("(15 %% 2)            = %hd\n", result[4] %= 2);
20.   printf("(0X000F  |= 0x0002)= %#06hX\n", result[5] |= 2);
21.   printf("(0X000F  &= 0x0002)= %#06hX\n", result[6] &= 2);
22.   printf("(0X000F  ^= 0x0002)= %#06hX\n", result[7] ^= 2);
23.   printf("(0X000F <<= 2)       = %#06hX\n", result[8] <<= 2);
24.   printf("(0X000F >>= 2)       = %#06hX\n\n", result[9] >>= 2);
25.   system("PAUSE");
26.   return 0;
27. }
```

重點說明：

行號 11 宣告帶符號短整數陣列 result[0]～result[9]，並將它們的內容都設定成 15，再利用其內容與 2 作各種指定運算，並將它們的運算結果顯示在螢幕上，其特性與前面的敘述相同，請讀者自行參閱。

條件運算

條件運算顧名思義，它是以某個條件的成立與否來決定下一個執行流程，此種運算是 C 語言單獨具有的指令，它是一個三元運算子，符號為 “?:” ，程式設計師可以用此簡潔的敘述來執行二選一的任務，其基本語法可以分成下面兩大類 (執行方式都是由右而左)：

變數 = 關係運算式 ? 運算式 1 ： 運算式 2；　　第一類

當關係運算式成立時 (真)，則將運算式 1 設定給變數，不成立時 (假) 則將運算式 2 設定給變數，譬如於下面取絕對值的例子中：

```
data = (data < 0) ? -data : data;
```

當變數 data 的內容小於 0 時 (負值)，則將它取負號後設定給變數 data ，否則 (正值) 直接將它設定給變數 data，敘述執行完後 data 的內容為取絕對值後的 data。

關係運算式 ? 敘述 1：敘述 2；　　第二類

當關係運算式成立時 (真) 則執行敘述 1 的內容，不成立時 (假) 則執行敘述 2 的內容，譬如於下面顯示絕對值的例子中：

```
data < 0 ? printf(“%d”, -data) : printf(“%d”, data);
```

當變數 data 的內容小於 0 時，則顯示其負值 (結果為正值)，否則顯示 data 的內容(正值)。

有關上面兩種條件運算的特性請參閱下面的範例。

範例	檔名：CONDITIONAL_OPERATION
依鍵盤輸入兩筆倍精值浮點數，並以兩種二選一的敘述在螢幕上顯示其中較大者。	

執行結果：

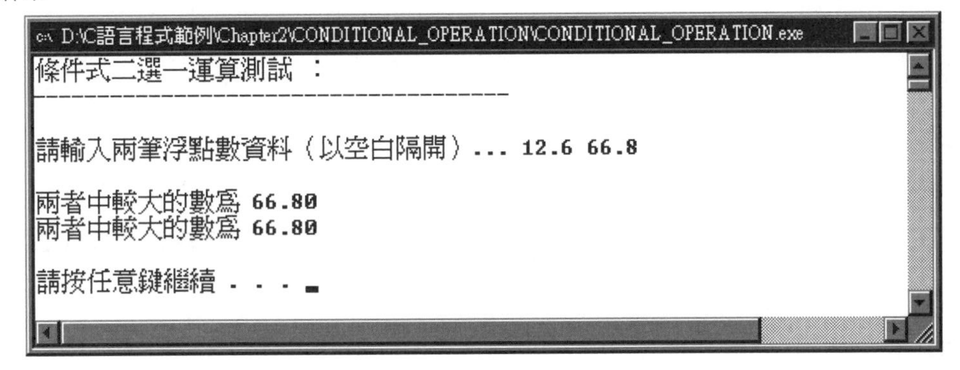

原始程式：

```
1.  /*************************************
2.   *           各種條件運算            *
3.   * 檔名 : CONDITIONAL_OPERATION.CPP *
4.   *************************************/
5.
6.  #include <stdio.h>
7.  #include <stdlib.h>
8.
9.  int main(void)
10. {
11.   double data1, data2, max;
12.
13.   printf("條件式二選一運算測試 :\n");
14.   printf("------------------------------------\n\n");
15.   printf("請輸入兩筆浮點數資料 (以空白隔開) ... ");
16.   fflush(stdin);
17.   scanf("%lf %lf", &data1, &data2);
```

```
18.
19.    // 第一種格式 :
20.
21.    max = (data1 > data2) ? data1 : data2;
22.    printf("\n 兩者中較大的數爲 %.2lf\n", max);
23.
24.    // 第二種格式 :
25.
26.    printf("兩者中較大的數爲 ");
27.     (data1 > data2) ? printf("%.2lf\n\n", data1)
28.                     : printf("%.2lf\n\n", data2);
29.    system("PAUSE");
30.    return 0;
31. }
```

重點說明：

本程式利用前面所敘述的兩種條件運算方式去選擇，我們從鍵盤所輸入兩筆倍精值資料中之較大者，並將它顯示在螢幕上，兩種指令的特性與前面的敘述相同，請自行參閱。

逗號運算

為了精簡程式敘述，C 語言系統提供了逗號 “,” 運算子，設計師可以利用它來區隔每一個運算式，進而將多個運算式串接在一起，合併成一個較精簡的敘述，當電腦在執行這些運算式時，它會依順序由左邊往右邊依次執行，直到最右邊的運算結束。簡單的說逗號運算子只是用來區隔每一個運算式，並規定這些運算式的執行順序為由左邊向右邊，最後再將其結果設定給等號左邊的變數，我們以底下的例子來說：

data1 = (data = 5, (data = data - 2) * 6)

於右邊部分的執行順序由左向右依次執行：

1. data = 5
2. data = 5 – 2 = 3
3. data1 = 3 × 6 = 18

其詳細特性請參閱底下的範例。

範例一	檔名：COMMA_OPERATION
逗號運算的特性測試，並將其執行結果顯示在螢幕上。	

執行結果：

```
D:\C語言程式範例\Chapter2\COMMA_OPERATION\COMMA_OPERATION.exe
逗號<順序計值>運算，測試 ：
--------------------------------------

 data1  = 60.00
 data2  = 30.00
 data1  = 61.00
 data2  = 45.00

請按任意鍵繼續 . . .
```

原始程式：

```
1.   /******************************
2.    *       逗號運算 (順序)          *
3.    * 檔名 : COMMA_OPERATION.CPP  *
4.    ******************************/
5.
6.   #include <stdio.h>
7.   #include <stdlib.h>
8.
9.   int main(void)
10.  {
11.    float data1, data2;
12.
13.    printf("逗號(順序計值)運算，測試 :\n");
14.    printf("--------------------------------------\n\n");
15.    data1 = (data2 = 12, (data2 = data2 + 18) * 2 );
16.    printf(" data1 = %.2f\n", data1);
17.    printf(" data2 = %.2f\n", data2);
18.    data1 = (data2 = data2 * 3,
19.    data2 = data2 / 2,
20.    data2  + 16);
21.    printf(" data1 = %.2f\n", data1);
22.    printf(" data2 = %.2f\n\n", data2);
```

```
23.   system("PAUSE");
24.   return 0;
25. }
```

重點說明：

1. 行號 15 的執行順序為：

   (1) data2 = 12

   (2) data2 = 12 + 18 = 30

   (3) data1 = 30 × 2 = 60

2. 行號 16～17 顯示 data1 = 60.00，data2 = 30.00。

3. 行號 18～20 的執行順序為：

   (1) data2 = 30 × 3 = 90

   (2) data2 = 90 / 2 = 45

   (3) data1 = 45 + 16 = 61

4. 行號 21～22 顯示 data1 = 61.00，data2 = 45.00。

利用逗號的特性，我們可以在程式中將數個單一敘述合併成一個敘述，其詳細狀況請參閱下面的範例。

範例二 檔名：MERGE_STATEMENT

將數個單一敘述合併成一個精簡的敘述，並將其執行結果顯示在螢幕上。

執行結果：

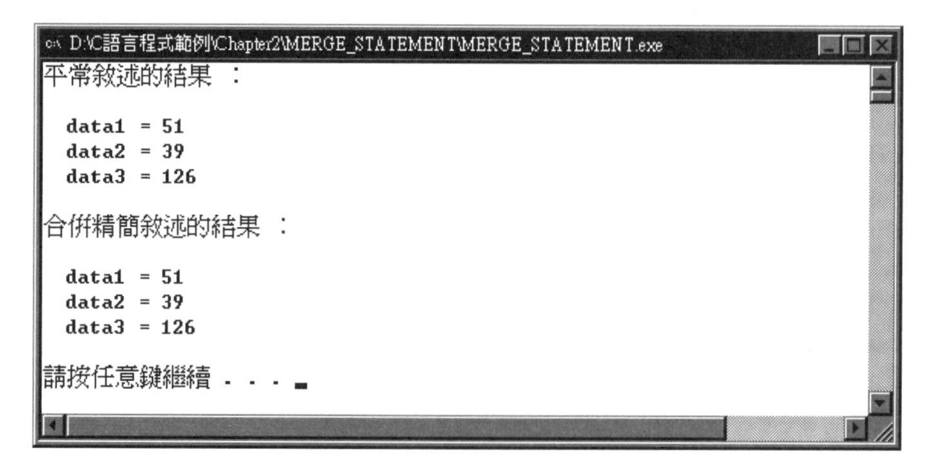

原始程式：

```
1.  /*******************************
2.   *          合併敘述             *
3.   * 檔名 : MERGE_STATEMENT.CPP   *
4.   *******************************/
5.
6.  #include <stdio.h>
7.  #include <stdlib.h>
8.
9.  int main(void)
10. {
11.   short data1, data2, data3;
12.
13. // 平常敘述狀況
14.   data1 = 12;
15.   data2 = data1 * 3;
16.   data2 = data1 / 4 + data2;
17.   data1 = data2 + data1;
18.   data3 = 36 + data2 + data1;
19.   printf("平常敘述的結果 :\n\n");
20.   printf(" data1 = %d\n", data1);
21.   printf(" data2 = %d\n", data2);
22.   printf(" data3 = %d\n\n", data3);
23.
24. // 合併精簡敘述
25.   data3 = 36 +
26.           (data1 = 12,
27.            data2 = data1 * 3,
28.            data2 = data1 / 4 + data2) +
29.           (data1 = data2 + data1);
30.   printf("合併精簡敘述的結果 :\n\n");
31.   printf(" data1 = %d\n", data1);
32.   printf(" data2 = %d\n", data2);
33.   printf(" data3 = %d\n\n", data3);
34.   system("PAUSE");
35.   return 0;
36. }
```

重點說明：

本範例是利用前面所敘述逗號運算的特性，將數個分開的單一敘述 (行號 14～18) 合併成一個精簡的敘述 (行號 25～29)，其特性與前面的敘述相同，請自行參閱。

記憶空間運算 sizeof( )

於程式執行中，如果我們想要知道目前正在處理的某一筆資料 (可能是變數、陣列、結構…等)，到底佔用多少記憶體空間時，設計師可以藉由 sizeof 函數來實現，有了 sizeof 函數我們不但可以知道目前所要處理資料的長度，並且可以精準的要求系統配置程式目前所要處理資料的記憶體空間供我們使用 (後面章節會有敘述)，而其基本語法如下：

sizeof(資料型態)

sizeof(變數名稱)或 sizeof 變數名稱

sizeof(陣列名稱)或 sizeof 陣列名稱

於上面的語法中可以看出，除了資料型態的參數要加括號之外，其餘的變數或陣列的名稱加不加括號皆可以，而其詳細特性請參閱下面的範例。

範例	檔名：SIZEOF
以 sizeof 函數顯示 C 語言中，各種資料型態的資料、陣列、位址所佔用記憶空間的數量。	

執行結果：

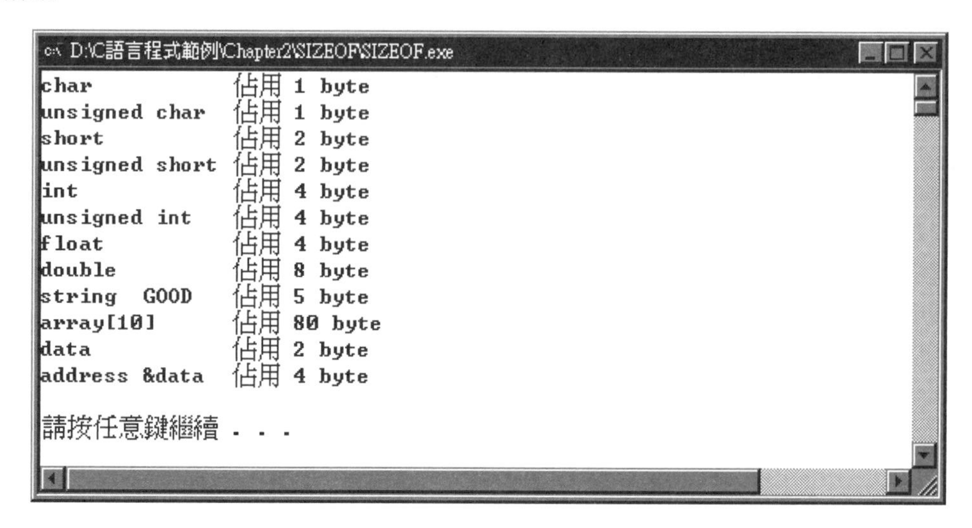

原始程式：

```
1.  /********************
2.   * sizeof 函數測試    *
3.   * 檔名 : SIZEOF.CPP *
4.   ********************/
5.
6.  #include <stdio.h>
7.  #include <stdlib.h>
8.
9.  int main(void)
10. {
11.   typedef unsigned int    uint;
12.   typedef unsigned char   uchar;
13.   typedef unsigned short  ushort;
14.
15.   double array[10];
16.   short  data;
17.
18.   printf ("char           佔用 %hd byte\n", sizeof(char));
19.   printf ("unsigned char  佔用 %hd byte\n", sizeof(uchar));
20.   printf ("short          佔用 %hd byte\n", sizeof(short));
21.   printf ("unsigned short 佔用 %hd byte\n", sizeof(ushort));
22.   printf ("int            佔用 %hd byte\n", sizeof(int));
23.   printf ("unsigned int   佔用 %hd byte\n", sizeof(uint));
24.   printf ("float          佔用 %hd byte\n", sizeof(float));
25.   printf ("double         佔用 %hd byte\n", sizeof(double));
26.   printf ("string  GOOD   佔用 %hd byte\n", sizeof("GOOD"));
27.   printf ("array[10]      佔用 %hd byte\n", sizeof(array));
28.   printf ("data           佔用 %hd byte\n", sizeof(data));
29.   printf ("address &data  佔用 %hd byte\n\n", sizeof(&data));
30.   system("PAUSE");
31.   return 0;
32.  }
```

重點說明：

1. 行號 11～13 為了縮短 C 語言所定義各種資料型態的名稱，我們將它們重新定義 (有關 typedef 函數後面章節會有詳細敘述)，而它們的對應關係如下：

uint = unsigned int

uchar = unsigned char

ushort = unsigned short

2. 行號 15 宣告需要 10 個空間來儲存倍精值資料。
3. 行號 16 宣告一個短整數變數。
4. 行號 18～29 分別顯示 C 語言系統中，各種資料型態所佔用的記憶空間 (對照第一章內有關資料型態的敘述)，其中：
   (1) 帶符號字元佔用 1Byte。
   (2) 不帶符號字元佔用 1Byte。
   (3) 帶符號短整數佔用 2Byte。
   (4) 不帶符號短整數佔用 2Byte。
   (5) 帶符號長整數佔用 4Byte。
   (6) 不帶符號長整數佔用 4Byte。
   (7) 單精值浮點數佔用 4Byte。
   (8) 倍精值浮點數佔用 8Byte。
   (9) 字串“GOOD”佔用 5Byte (包括一個結束字元‘\0’)。
   (10) 倍精值陣列 array[10] 佔用 80Byte (array 可以不用括號)。
   (11) 帶符號短整數變數 data 佔用 2Byte (data 可以不用括號)。
   (12) 帶符號短整數變數 data 的位址佔用 4Byte。

2-7 資料型態的轉換

在程式中一個運算式裡，每一個運算元的資料型態未必相同，於第一章內我們討論過，不同資料型態的資料所佔用的記憶空間、儲存格式及表達範圍皆不相同，不同資料型態的運算元要執行運算之前，必須將它們的資料型態轉換成一致後再運算，為了避免產生沒有必要的錯誤或誤差，其轉換規則通常是將佔用較小記憶空間、表達範圍較小的資料型態轉換成較大者，而其轉換順序依次為：

char → short → int → float → double

較小 →…………………………………→ 較大

現在我們就以底下的例子來說明：

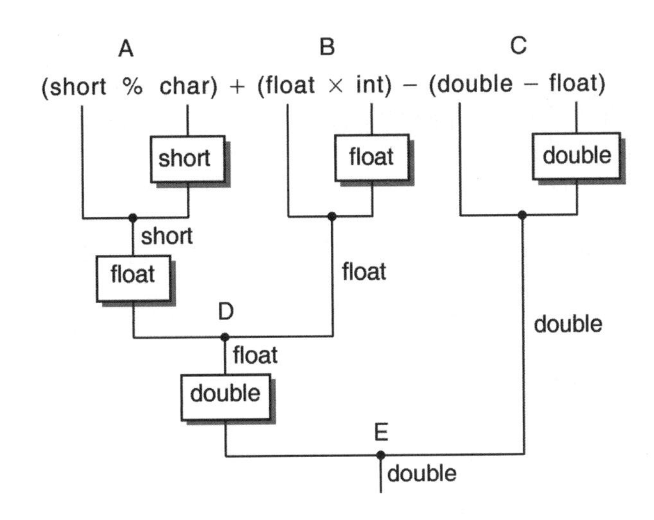

於上面的例子中：

1. 運算式 A 的兩個運算元分別為 short 與 char，因此會將佔 1Byte 的 char 轉換成佔 2Byte 的 short，其運算後的資料型態為 short。
2. 運算式 B 的兩個運算元分別為 float 與 int，因此會將範圍較小的 int 轉換成範圍較大的 float，其運算後的資料型態為 float。
3. 運算式 C 的兩個運算元分別為 double 與 float，因此會將 float 轉換成 double，其運算後的資料型態為 double。
4. 運算式 D 的兩個運算元分別為 short 與 float，因此會將範圍較小的 short 轉換成範圍較大的 float，其運算後的資料型態為 float。
5. 運算式 E 的兩個運算元分別為 float 與 double，因此會將 float 轉換成 double，其運算後的資料型態為 double。

錯誤的指定

於上面的運算式中，資料型態的轉換都是經由系統自動幫我們處理，因此不會發生錯誤 (最多只會發生誤差)，但是如果我們以等號 "=" 進行資料設定時就必須特別小心，尤其是將佔用較大記憶空間或表達範圍較大的資料型態設定給較小者就會發生錯誤或精確值降低的情況，譬如 data1 = data2 的敘述中，我們將變數 data2 的內容設定給另一個變數 data1，此時系統會自動將等號右邊 data2 的資料型態轉換成左邊 data1 所屬的資料型態，如果 data1 的資料型態佔用記憶空間較大、表達的範圍較廣則一切 ok，但萬一狀況相反時就會發生精確值降低或資料被切除的錯誤狀況，這些狀況即如下表所示：

右邊資料型態 → 左邊資料型態	可能發生的狀況
unsigned char → char	MSB 為 1 時則變成負值
short → char	高 8 位元資料不見
int → char	高 24 位元資料不見
int → short	高 16 位元資料不見
float → char float → short float → int	輕則小數值流失 嚴重者發生錯誤
float → double	精確值降低

而其發生錯誤的狀況請參閱底下的範例執行。

範例 檔名：TYPE_TRANSFER_ERROR

將帶符號字元、不帶符號字元、各種整數資料型態間不當指定所造成的錯誤顯示在螢幕上。

執行結果：

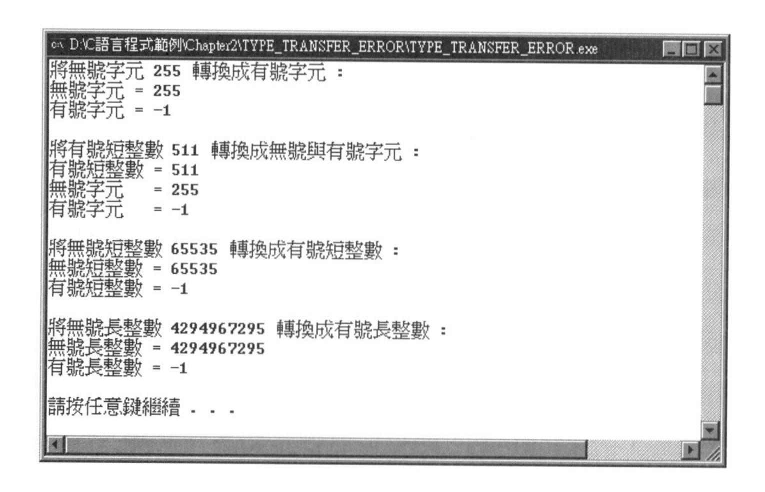

原始程式：

```
1.  /***********************************
2.   *     字元與整數資料轉換 (錯誤)       *
3.   * 檔名 : TYPE_TRANSFER_ERROR.CPP *
4.   ***********************************/
5.
6.  #include <stdio.h>
7.  #include <stdlib.h>
8.
9.  int main(void)
10. {
11.   char   data_char;
12.   short  data_short = 511;
13.   int    data_int   = 65536;
14.   unsigned char data_UCHAR  = 255u;
15.   unsigned data_USHORT      = 65535u;
16.   unsigned int data_UINT    = 4294967295u;
17.
18.   printf("將無號字元 255 轉換成有號字元 :\n");
19.   data_char = data_UCHAR;
20.   printf("無號字元 = %u\n"   , data_UCHAR);
21.   printf("有號字元 = %hd\n\n", data_char);
22.   printf("將有號短整數 511 轉換成無號與有號字元 :\n");
23.   data_UCHAR = data_short;
24.   data_char  = data_short;
25.   printf("有號短整數 = %hd\n"  , data_short);
26.   printf("無號字元   = %u\n"   , data_UCHAR);
27.   printf("有號字元   = %hd\n\n", data_char);
28.   printf("將無號短整數 65535 轉換成有號短整數 :\n");
29.   data_short = data_USHORT;
30.   printf("無號短整數 = %u\n", data_USHORT);
31.   printf("有號短整數 = %hd\n\n", data_short);
32.   printf("將無號長整數 4294967295 轉換成有號長整數 :\n");
33.   data_int = data_UINT;
34.   printf("無號長整數 = %u\n", data_UINT);
35.   printf("有號長整數 = %d\n\n", data_int);
36.   system("PAUSE");
37.   return 0;
38. }
```

重點說明：

1. 行號 18～21 中將不帶符號字元的 255 設定給帶符號字元，其狀況如下：

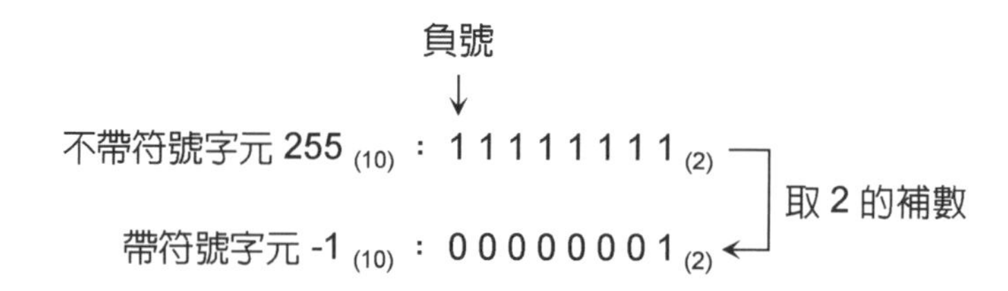

由於在帶符號資料中，系統遇到負號是採用 2 的補數來處理，因此同樣是二進制 11111111，在不帶符號的字元內為 $255_{(10)}$，在帶符號的字元內則為 $-1_{(10)}$。

2. 行號 22～27 中將帶符號短整數 $511_{(10)}$ 分別設定給帶符號與不帶符號字元，其狀況如下：

15 0
帶符號短整數 $511_{(10)}$ ： 0000000111111111
7 0
不帶符號字元 $255_{(10)}$ ： 11111111
7 0
帶符號字元 $-1_{(10)}$ ： 11111111

3. 行號 28～35 的狀況與上面的敘述相似，請自行參閱。

強迫資料型態轉換

正如前面所敘述的，於正常情況下，當系統在執行運算式的運算時，對於每個運算元的資料型態都會自動幫我們轉換，這些自動轉換的結果有些未必是我們所期待的，此時設計師即可使用 C 語言系統所提供的資料型態轉換運算子 (Cast Operator) 來強迫運算元進行所指定資料型態的轉換，而其基本語法如下：

(資料型態)運算式

(資料型態)變數

它的基本特性與使用狀況請參閱底下的範例。

範例一	檔名：FORCE_TYPE_TRANSFER_1
以強迫資料轉換的方式執行並顯示各種運算的結果。	

執行結果：

```
D:\C語言程式範例\Chapter2\FORCE_TYPE_TRANSFER_1\FORCE_TYPE_TRANSFER_1.exe
注意並比較下列運算式的執行結果 ：
--------------------------------------

7 / 3                   = 2
float(7 / 3)            = 2.000000
(float)7 / 3            = 2.333333
(float)7 / (float)3 = 2.333333

請按任意鍵繼續 . . .
```

原始程式：

```
1.  /*************************************
2.   *          強迫資料型態轉換 (1)          *
3.   * 檔名 : FORCE_TYPE_TRANSFER_1.CPP *
4.   *************************************/
5.
6.  #include <stdio.h>
7.  #include <stdlib.h>
8.
9.  int main(void)
10. {
11.
12.   printf("注意並比較下列運算式的執行結果 :\n");
13.   printf("--------------------------------------\n\n");
14.   printf("7 / 3                 = %hd\n", 7 / 3);
15.   printf("float(7 / 3)          = %f\n", float(7 / 3));
16.   printf("(float)7 / 3          = %f\n", (float)7 / 3);
17.   printf("(float)7 / (float)3 = %f\n\n", (float)7/(float)3);
18.   system("PAUSE");
19.   return 0;
20. }
```

重點說明：

1. 行號 14 顯示兩個整數運算的結果，由於皆為整數，因此其運算結果也是整數 2。
2. 行號 15 顯示兩個整數運算後再將它們轉換成單精值浮點數，由於運算結果為整數 2，轉換成單精值浮點數，其結果為 2.000000 (小數點以下 6 位)。
3. 行號 16 先將整數 7 轉換成單精值浮點數後，再將其結果與整數相除，而其轉換方式如下：

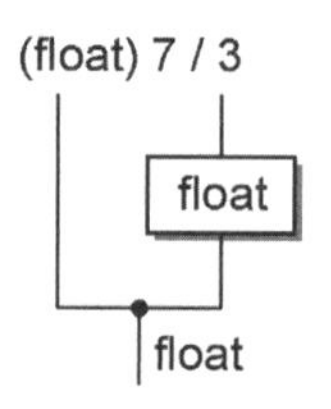

   因此其結果為單精值 2.333333 (小數點以下 6 位)。
4. 行號 17 先將兩個整數運算元轉換成單精值浮點數，再將兩個單精值浮點數相除，其結果為單精值浮點數 2.333333。

範例二	檔名：FORCE_TYPE_TRANSFER_2

從鍵盤輸入整數的攝氏溫度，將它以強迫資料型態轉換和自動資料型態轉換兩種方式，分別進行華氏溫度的轉換，並將其結果顯示在螢幕上，藉此凸顯強迫資料型態轉換的重要性。

行結果：

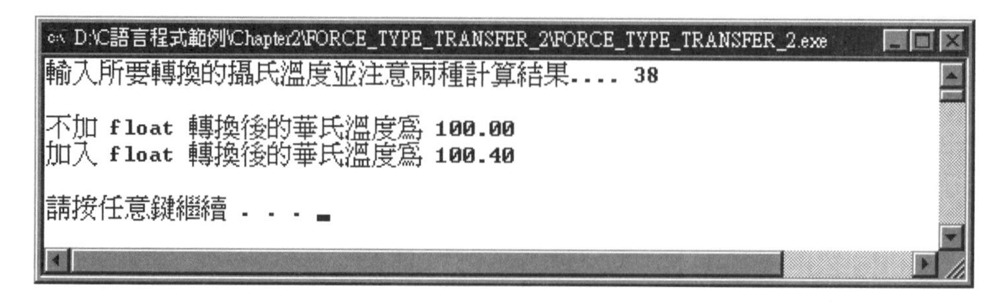

原始程式：

```
1.  /*************************************
2.   *        強迫資料型態轉換 (2)          *
3.   * 檔名 : FORCE_TYPE_TRANSFER_2.CPP *
```

```
4.    ***********************************/
5.
6.   #include <stdio.h>
7.   #include <stdlib.h>
8.
9.   int main(void)
10. {
11.    short degree_c;
12.    float degree_f;
13.
14.    printf("輸入所要轉換的攝氏溫度並注意兩種計算結果.... ");
15.    fflush(stdin);
16.    scanf("%hd", &degree_c);
17.    degree_f = ((9 * degree_c) / 5) + 32;
18.    printf("\n不加 float 轉換後的華氏溫度爲 %.2f\n", degree_f);
19.    degree_f = (((float)9 * degree_c) / 5) + 32;
20.    printf("加入 float 轉換後的華氏溫度爲 %.2f\n\n", degree_f);
21.    system("PAUSE");
22.    return 0;
23.}
```

重點說明：

1. 行號 14～16 中輸入攝氏溫度 38。
2. 行號 17 中：

   $$degree\_f = ((9 \times degree\_c) / 5) + 32$$

   運算式右邊的運算元皆為整數，因此其運算結果也是整數：

   $$(9 \times 38) / 5 + 32$$
   $$= 342 / 5 + 32$$
   $$= 68 + 32$$
   $$= 100$$

   由於左邊變數 degree_f 的資料型態為單精值浮點數，因此右邊的整數 100 會被轉換成單精值浮點數，並於行號 18 內將它以小數點以下兩位的方式顯示在螢幕上 100.00。

3. 行號 19 中：

   $$((float)9 \times degree\_c) / 5 + 32$$

運算式右邊所有運算元不是單精值浮點數 float 就是整數，因此全部都會被轉換成單精值浮點數：

$$
\begin{aligned}
&(9 \times 38) / 5 + 32 \\
&= 68.4 + 32 \\
&= 100.4
\end{aligned}
$$

由於左邊變數 degree_f 也是單精值浮點數，因此於行號 20 內在螢幕上以顯示到小數點以下兩位的方式顯示 100.40。

4. 於上面的敘述可以發現到，行號 19 的運算結果要比行號 17 的運算結果精確，因此可以知道在適當時機使用強迫資料型態轉換，可以得到比自動資料型態轉換更精確的結果。

2-8 運算子的優先順序

討論完整個 C 語言運算子的符號與特性，最後我們再來談談，如果在同一個運算式中同時出現各式各樣的運算子時，系統執行的先後順序，如果我們以運算種類來區分，其執行優先順序依次為遞增運算、遞減運算、算術運算、關係運算、位元運算、邏輯運算、條件運算、指定運算，而其較詳細的分類經我們整理後將它表列如下：

優先順序	運算子符號	說明
1	( )、[ ]、→、．	括號或函數、陣列元素、結構指標、結構元素
2	!、～、++、− −、+、−、*、&、(type)、sizeof	邏輯 not、位元 not、遞增、遞減、取正值、取負值、指標、位址、強迫資料型態轉換、計算記憶體空間
3	*、/、%	乘、除、取餘數 (算術運算)
4	+、−	加、減 (算術運算)
5	<<、>>	位元左移、位元右移 (位元移位運算)
6	>、<、>=、<=	大於、小於、大於等於、小於等於 (關係運算)
7	==、!=	等於、不等於 (關係運算)
8	&	位元 and (位元運算)
9	^	位元 xor (位元運算)

10	|	位元 or (位元運算)
11	&&	邏輯 and (邏輯運算)
12	||	邏輯 or (邏輯運算)
13	?:	二選一 (條件運算)
14	=、+=、-=、*=、/=、%=、&=、^=、|=、<<=、>>=	各種指定運算
15	,	逗號運算

上面的表格中，除了結構運算子"→" "．"與指標運算子"*"等三種的特性我們還沒有討論到之外 (後面章節會敘述)，其餘運算子的特性在前面我們都有詳細說明，而其執行優先順序如果屬於同等級時，則執行順序為先遇到先執行 (即由左而右)，其狀況即如下面的運算式所示：

20 > 32 >> 2 + 8 % 3 × 5 / 10
= 20 > 32 >> 2 + 2 × 5 / 10
= 20 > 32 >> 2 + 10 / 10
= 20 > 32 >> 2 + 1
= 20 > 32 >> 3
= 20 > 4
= 1

45 + 32 > 48 ? 5 : 7 × 8 – 40 >> 2
= 77 > 48 ? 5 : 56 – 40 >> 2
= 77 > 48 ? 5 : 16 >> 2
= 77 > 48 ? 5 : 4
= 5

從前面的敘述中可以發現到，C 語言所擁有的運算種類實在太多了，要求一個初學者將這些運算子的優先順序全部記在腦海裡也不是一件容易的事，值得慶幸的是小括號 ( ) 的優先順序是屬於最高中的一個，因此當我們在設計程式時，如果認為某些運算要優先處理時，只要用括號將它們括起來即可，如此就不需要去承受因記錯而產生的風險，底下我們再舉一個範例來做說明：

範例	檔名：PRIORITY_OPERATION
從鍵盤輸入一筆短整數，將它做各種不同的運算後，將結果顯示在螢幕上，並凸顯運算子之間的優先順序。	

執行結果：

```
D:\C語言程式範例\Chapter2\PRIORITY_OPERATION\PRIORITY_OPERATION.exe
運算的優先順序測試 :
------------------------------------

請輸入一筆短整數資料 .. 88

5 * 6 + (data += 8 * 8 >> data > 12 ? 1 : 3) = 121
4 * 16 >> 7 - (data = 98, data &= 0x2) = 2

請按任意鍵繼續 . . .
```

原始程式：

```
1.   /**********************************
2.    *        各種運算的優先順序         *
3.    * 檔名 : PRIORITY_OPERATION.CPP *
4.    **********************************/
5.
6.   #include <stdio.h>
7.   #include <stdlib.h>
8.
9.   int main(void)
10.  {
11.    short data, result;
12.
13.    printf("運算的優先順序測試 :\n");
14.    printf("------------------------------------\n\n");
15.    printf("請輸入一筆短整數資料 .. ");
16.    fflush(stdin);
17.    scanf("%hd", &data);
18.    result = 5 * 6 + (data += 8 * 8 >> data > 12 ? 1 : 3);
19.    printf("\n5 * 6 + (data += 8 * 8 >> data > 12 ? 1 : 3) = %hd", result);
20.    result = 4 * 16 >> 7 - (data = 98, data &= 0x2);
21.    printf("\n4 * 16 >> 7 - (data = 98, data &= 0x2) = %hd\n\n", result);
22.    system("PAUSE");
```

```
23.    return 0;
24. }
```

重點說明：

1. 行號 13～17 從鍵盤輸入一筆短整數 88，並儲存在變數 data 內。
2. 行號 18 的運算式中：

   5 × 6 + (data += 8 × 8 >> data > 12 ? 1 : 3)
   = 30 + (data += 64 >> 88 > 12 ? 1 : 3)
   = 30 + (data += 0 > 12 ? 1 : 3)
   = 30 + (data += 3)
   = 30 + (88 + 3)
   = 30 + 91
   = 121

   因此行號 19 內顯示 121。
3. 行號 20 的運算式中：

   4 × 16 >> 7 – (data = 98, data &= 0×2)
   = 64 >> 7 – 2
   = 64 >> 5
   = 2

   因此於行號 21 內顯示 2。

自我練習與評量

2-1 執行下面程式的結果為何？

```
1.   // PRACTICE_2_1
2.
3.   #include <stdio.h>
4.   #include <stdlib.h>
5.
6.   int main(void)
7.   {
8.
9.     printf("H\t");
10.    printf("a\t");
11.    printf("p\t");
12.    printf("p\t");
13.    printf("y\t");
14.    printf("!\t");
15.    printf("!\t");
16.    printf("\n\7\7\n");
17.    system("PAUSE");
18.    return 0;
19.  }
```

2-2 從鍵盤上依次輸入國文、英文、數學的成績，並在螢幕上顯示各科成績、總分以及平均分數，程式執行時的顯示狀況即如下面所示 (顯示到小數點以下第二位)：

```
D:\C語言程式範例\ALL PRACTICE\PRACTICE_2\PRACTICE_2_2\PRACTICE_2_2.exe
輸入國文成績 .......... 80
輸入英文成績 .......... 90
輸入數學成績 .......... 85
國文      英文      數學      總分      平均
-------------------------------------------------
80.00     90.00     85.00     255.00    85.00

請按任意鍵繼續 . . .
```

2-3　執行下面程式的結果為何：

```
1.   // PRACTICE_2_3
2.
3.   #include <stdio.h>
4.   #include <stdlib.h>
5.
6.   int main(void)
7.   {
8.
9.    printf("H\40");
10.   printf("\x61\x20");
11.   printf("\160\x20");
12.   printf("\160\x20");
13.   printf("\x79\x20");
14.   printf("\41\40\41");
15.   printf("\xa");
16.   printf("\7\7\12");
17.   system("PAUSE");
18.   return 0;
19. }
```

2-4　執行下面程式時分別由鍵盤輸入八進制的 177，十進制的 127，十六進制的 7F，螢幕的顯示狀況為何？請解釋。

```
1.// PRACTICE_2_4
2.
3.   #include <stdio.h>
4.   #include <stdlib.h>
5.
6.   int main(void)
7.   {
8.    short data;
9.
10.   printf("輸入八進制資料 ......... ");
11.   fflush(stdin);
12.   scanf("%ho", &data);
13.   printf("十進制 = %hd\t 十六進制 = %hX\n\n", data, data);
14.   printf("\7 輸入十進制資料 ......... ");
15.   fflush(stdin);
16.   scanf("%hd", &data);
```

```
17.    printf("八進制 = %ho\t 十六進制 = %hX\n\n", data, data);
18.    printf("\7 輸入十六進制資料 ......... ");
19.    fflush(stdin);
20.    scanf("%hx", &data);
21.    printf("\7 八進制 = %ho\t 十進制 = %hd\n\n", data, data);
22.    system("PAUSE");
23.    return 0;
24. }
```

2-5　設計一程式，當使用者由鍵盤輸入小寫的英文字元時 (只能是小寫英文字元)，將它轉換成大寫英文字元，並將它顯示在螢幕上，其狀況如下：

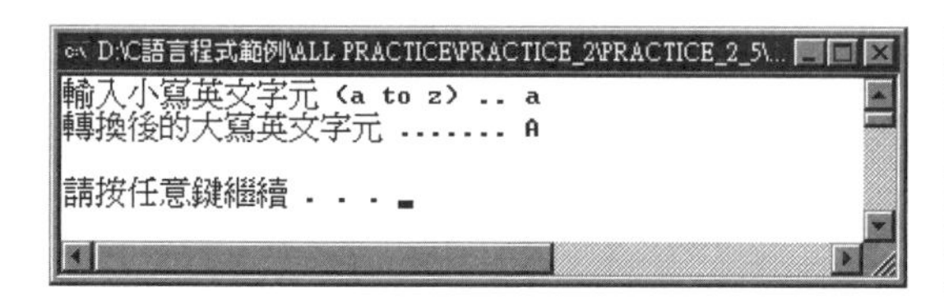

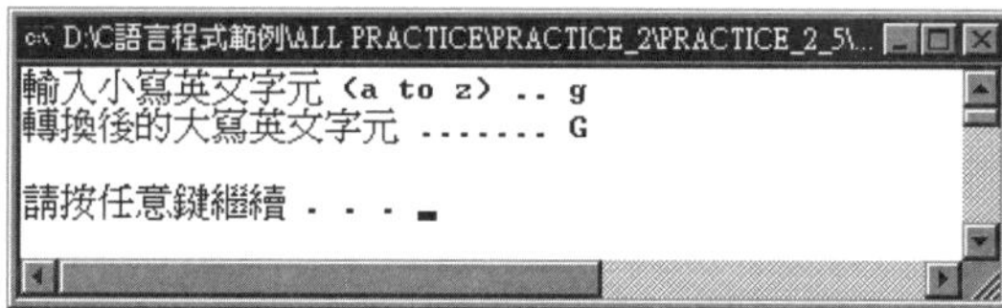

2-6　設計一程式，當使用者由鍵盤輸入大寫的英文字元時 (只能是大寫英文字元)，將它轉換成小寫英文字元，並將它顯示在螢幕上，其狀況如下：

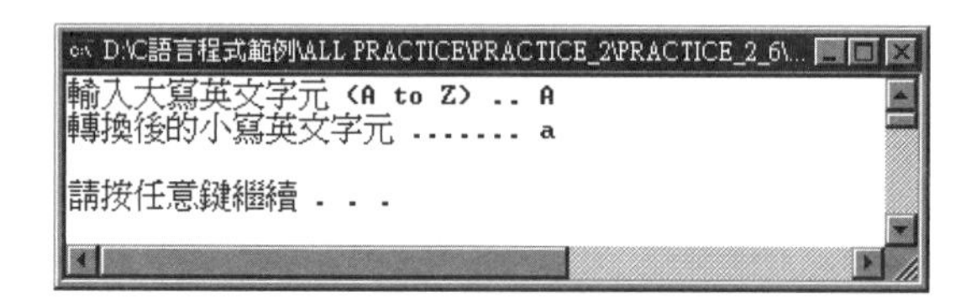

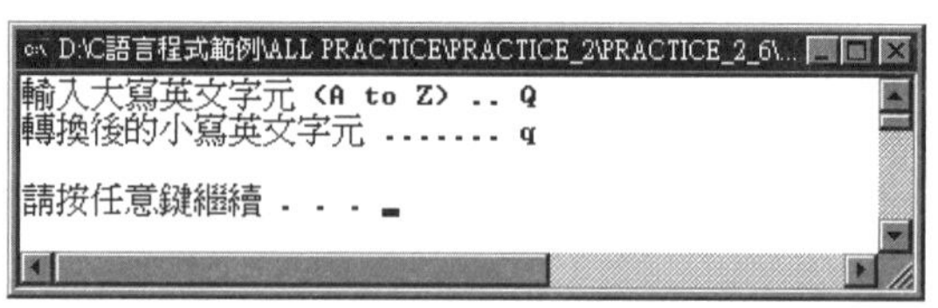

2-7　將下列數學運算式轉換成 C 語言的運算語法：

(1)　$result = y^2 + 5y + 8$

(2)　$result = x^2 + 5xy + y$

(3)　$result = 5x + \frac{2.0}{3.0}(y - 7)$

(4)　$result = x^2y + 5y - 4 / (x + y + 1)$

(5)　$result = (x^2 - 4xy) / (x + y)$

(6)　$result = (-x + \sqrt{x^2 - 11}) / 2y$

並設計一程式將上面運算的 x, y, result 宣告成單精值浮點數，同時將 x 設定成 6.0，y 設定成 1.0，其執行結果如下：

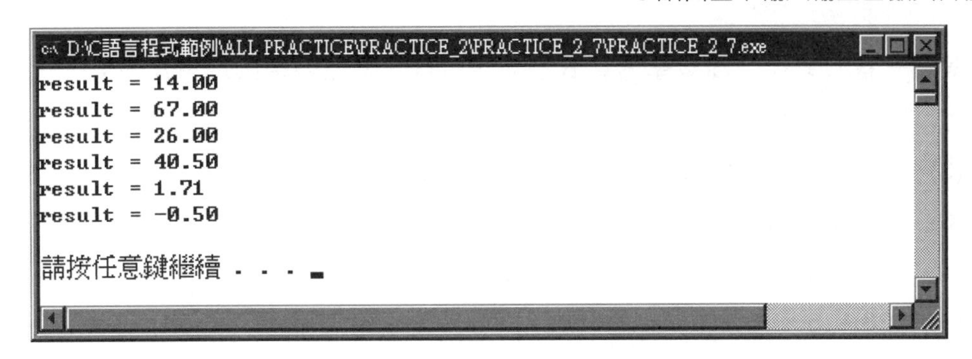

2-8 設計一程式用來分裝糖果，當我們從鍵盤上輸入所要分裝糖果的總量時，程式會告訴我們可以分裝成幾包 (每包 100 顆)，散裝的部分還有幾顆，其執行結果如下：

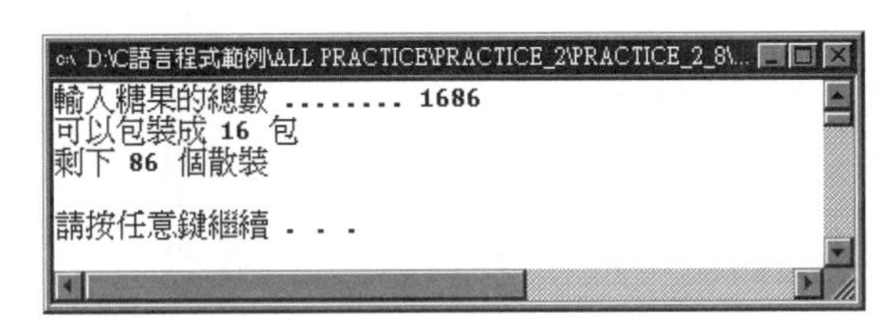

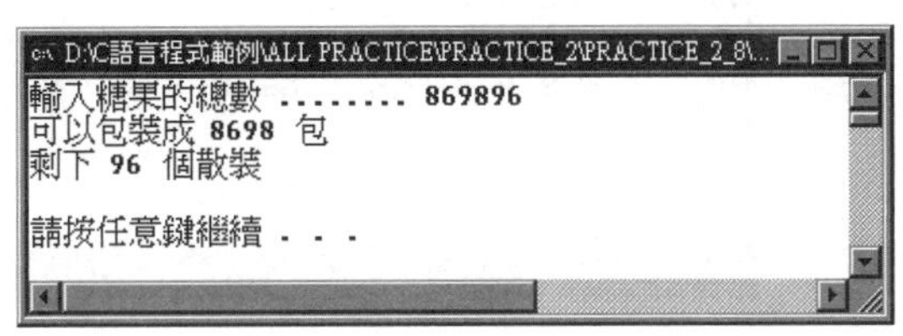

2-9 設計一程式將我們從鍵盤輸入的攝氏溫度轉換成華氏溫度，並將其結果顯示在螢幕上，其狀況如下：

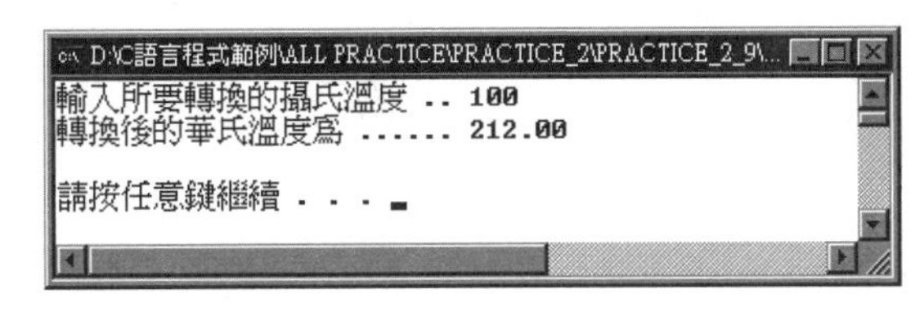

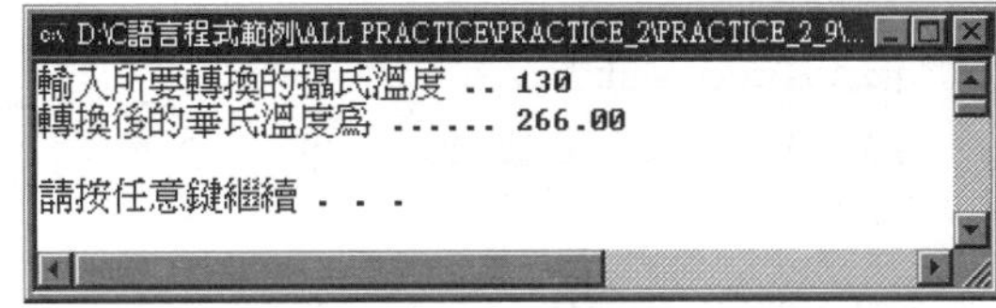

註：華氏溫度 = 9 / 5 × 攝氏溫度 + 32

2-10 設計一程式將我們從鍵盤輸入的華氏溫度轉換成攝氏溫度，並將其結果顯示在螢幕上，其狀況如下：

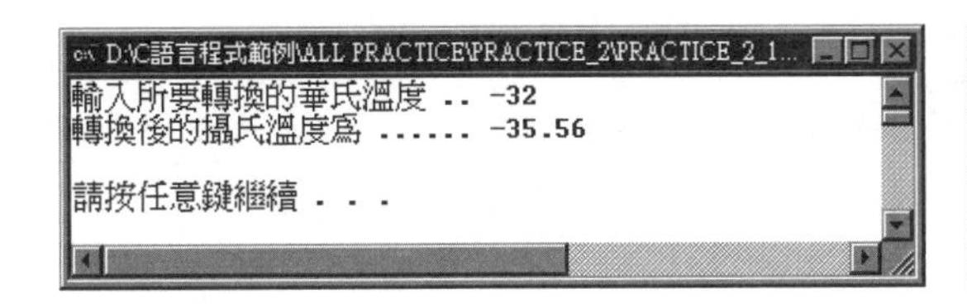

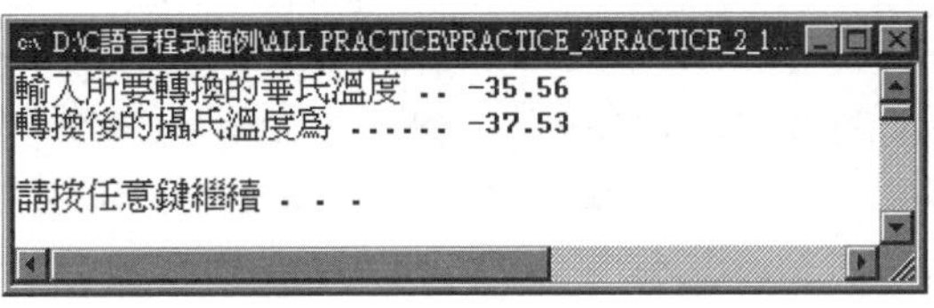

註：攝氏溫度 = 5 / 9 × (華氏溫度 − 32)

2-11 設計一程式執行下面數學運算式的結果 (資料型態如後面括號所示)。

(1) 8 + 5 × 4 % 2 + 5 / 3 (短整數)

(2) 38 % 6 / 8 + (12 + 6) × 5 % 6 / 3 (短整數)

(3) 54 % 7 / 2 × 3 + 25.0 / 8 × 5 (單精值浮點數)

(4) 33 % 2 + 55.0 / 4 × 2 – 21 / 5 (單精值浮點數)

(5) 28 – 5 × 9 % 4 – 5 × 65.0 – 8 – 20 % 8 (單精值浮點數)

其執行狀況如下：

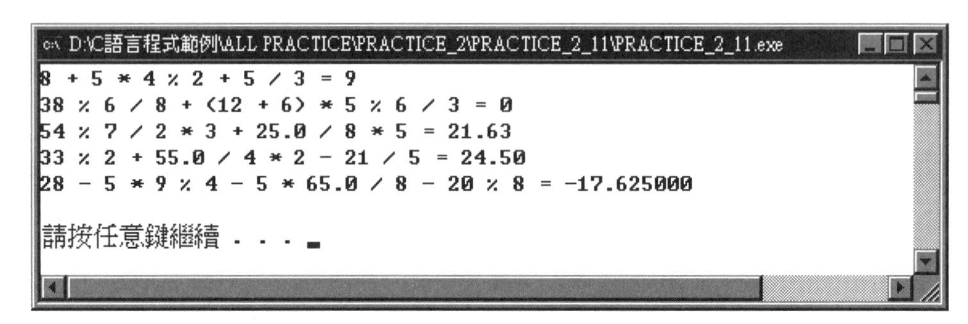

2-12 執行下面程式的結果為何？請解釋。

```
1.  // PRACTICE_2_12
2.
3.  #include <stdio.h>
4.  #include <stdlib.h>
5.
6.  int main(void)
7.  {
8.    short x = 5, y = 6, z = 7;
9.
10.   printf("x = %hd  y = %hd  z = %hd\n", x, y, z);
11.   printf("x++ = %hd\n", x++);
12.   printf("x + ++y = %hd\n", x + ++y);
13.   printf("x++ + y++ + ++z = %hd\n", x++ + y++ + ++z);
14.   printf("x-- + y++ + z-- = %hd\n", x-- + y++ + z--);
15.   printf("--x + --y + z-- = %hd\n", --x + --y + z--);
16.   printf("x-- + y++ - z-- = %hd\n", x-- + y++ - z--);
17.   printf("x + y - z = %hd\n\n", x + y - z);
18.   system("PAUSE");
19.   return 0;
20. }
```

2-13 執行下面程式的結果為何？請解釋。

```
1.  // PRACTICE_2_13
2.
3.  #include <stdio.h>
4.  #include <stdlib.h>
5.
6.  int main(void)
7.  {
8.
9.    printf("8 > 3 * 6 %% 2 || 6 - 30 / 5    = ");
10.   printf("%hd\n", 8 > 3 * 6 % 2 || 6 - 30 / 5);
11.   printf("(8 > 3) * 6 %% 2 || 6 - 30 / 5  = ");
12.   printf("%hd\n", (8 > 3) * 6 % 2 || 6 - 30 / 5);
13.   printf("57 / 6 || (43 >= 9) && (9 < 6)  = ");
14.   printf("%hd\n", 57 / 6 || (43 >= 9) && (9 < 6));
15.   printf("(43 >= 9) && (9 < 6) || 57 / 6 = ");
16.   printf("%hd\n", (43 >= 9) && (9 < 6) || 57 / 6);
17.   printf("43 <= 9 && 2 != 6 || 7 == 6    = ");
18.   printf("%hd\n", 43 <= 9 && 2 != 6 || 7 == 6);
19.   printf("43 <= 9 && 2 != 6 || !(7 == 6)  = ");
20.   printf("%hd\n\n", 43 <= 9 && 2 != 6 || !(7 == 6));
21.   system("PAUSE");
22.   return 0;
23. }
```

2-14 執行下面程式的結果為何？請解釋。

```
1.  // PRACTICE_2_14
2.
3.  #include <stdio.h>
4.  #include <stdlib.h>
5.
6.  int main(void)
7.  {
8.
9.    printf("~0X000F          = %#hX \n", ~0X000F);
10.   printf("0X000F & 0XFFF5 = %#06hX\n", 0X000F & 0XFFF5);
11.   printf("0X000F | 0XFFF5 = %#06hX\n", 0X000F | 0XFFF5);
12.   printf("0X000F ^ 0XFFF5 = %#06hX\n", 0X000F ^ 0XFFF5);
13.   printf("0X000F << 4     = %#06hX\n", 0X000F << 4);
```

```
14.   printf("0XFFFF >> 4    = %#06hX\n\n", 0XFFFF >> 4);
15.   system("PAUSE");
16.   return 0;
17. }
```

2-15 執行下面程式時，如果我們從鍵盤輸入 100，其執行結果為何？請解釋。

```
1.  // PRACTICE_2_15
2.
3.  #include <stdio.h>
4.  #include <stdlib.h>
5.
6.  int main(void)
7.  {
8.    short data1, result = 100;
9.
10.   printf("輸入運算資料........... ");
11.   fflush(stdin);
12.   scanf("%hd", &data1);
13.   printf("%hd\t+= %8hd\t= ", result, data1);
14.   result += data1;
15.   printf("%hd\n%hd\t-= %8hd\t= ", result, result, data1);
16.   result -= data1;
17.   printf("%hd\n%hd\t*= %8hd\t= ", result, result, data1);
18.   result *= data1;
19.   printf("%hd\n%hd\t/= %8hd\t= ", result, result, data1);
20.   result /= data1;
21.   printf("%hd\n%hd\t%%= %8hd\t= ", result, result, data1);
22.   result %= data1;
23.   printf("%hd\n", result);
24.   result = 0X0080;
25.   printf("%#06hx\t>>= \t7\t= ", result);
26.   result >>= 7;
27.   printf("%#06hx\n%#06hx\t<<= \t7\t= ", result, result);
28.   result <<= 7;
29.   printf("%#06hx\n\n", result);
30.   system("PAUSE");
31.   return 0;
32. }
```

2-16 設計一程式，判斷當使用者從鍵盤輸入的實數小於 100 時，則在螢幕上顯示輸入資料值小於 100，否則顯示輸入資料值大於等於 100，其狀況如下：

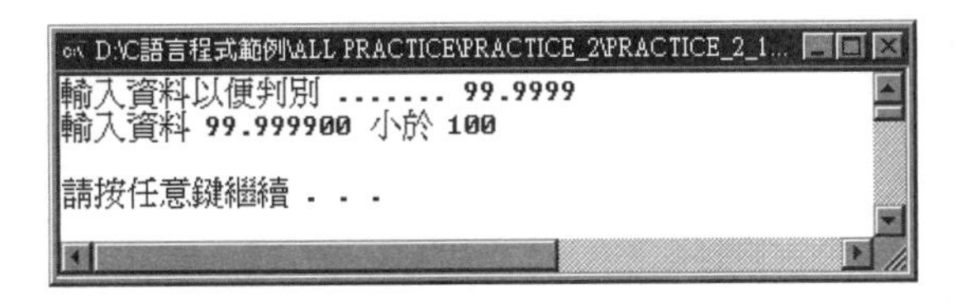

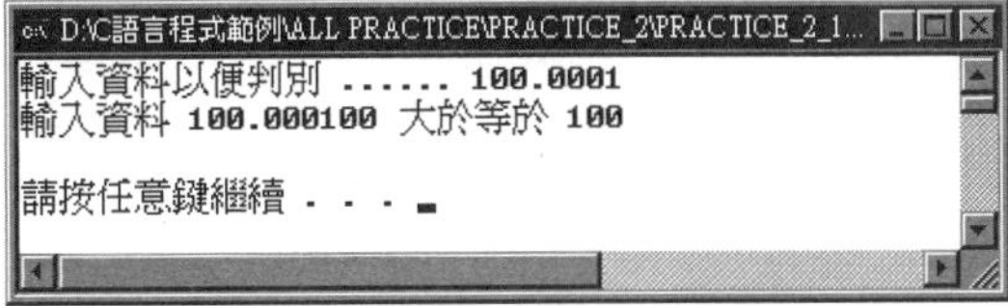

2-17 將上題修改成當輸入的實數：

(1)小於 100 時則顯示輸入資料值小於 100。

(2)等於 100 時則顯示輸入資料值等於 100。

(3)大於 100 時則顯示輸入資料值大於 100。

其狀況即如下面所示：

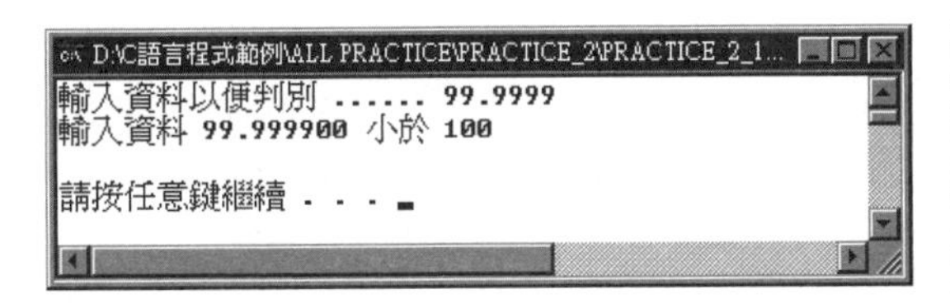

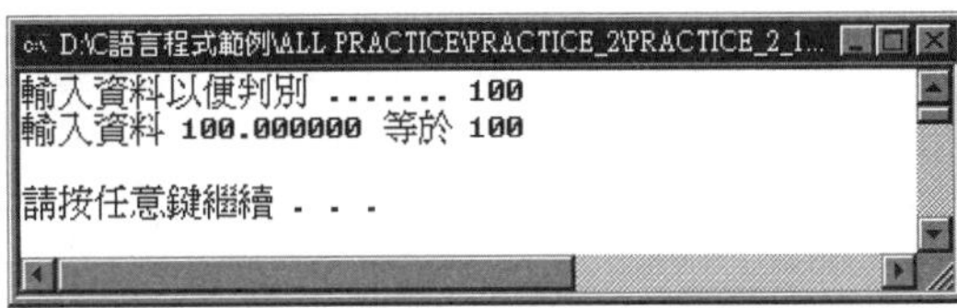

2-18 執行下面程式的結果為何，請解釋。

```
1.   // PRACTICE_2_18
2.
3.   #include <stdio.h>
4.   #include <stdlib.h>
5.
6.   int main(void)
7.   {
8.
9.     printf("12 / 5 = %hd\n", 12 / 5);
10.    printf("(float) 12 / 5 = %.2f\n", float (12) / 5);
11.    printf("13 * 6 - float(5) / 2 * 3 + 56 %% 9 = ");
12.    printf("%.2f\n", 13 * 6 - float(5) / 2 * 3 + 56 % 9);
13.    printf("25.0 / 4 + short(33.6) %% 12 * 5 / 2 = ");
14.    printf("%.2f\n", 25.0 / 4 + short(33.6) % 12 * 5 / 2);
15.    printf("15 %% 3 + 6 * short(7.2) %% 4 + float(23) / 5 * 2 = ");
16.    printf("%.2f\n\n", 15 % 3 + 6 * short(7.2) % 4 + float(23) / 5 * 2 );
17.    system("PAUSE");
18.    return 0;
19.  }
```

Chapter 3

C 語言的程式控制與選擇、重複敘述

3-1 程式的三種結構

程式是由很多的指令敘述 (Statement) 組合而成，每個敘述可以決定程式的控制流程，於一般的語言中，控制流程依其結構可以分成下面三大類：

1. 順序性結構 Sequential。
2. 選擇性結構 Selection。
3. 重複性結構 Iteration。

順序性結構

當編譯器 (Compiler) 將程式翻譯成機器語言，並將它們儲存在記憶體後，一旦我們執行它，電腦就會以自己的本性 (由記憶體較小的位址往較大的位址)，將它們依順序讀回 CPU 執行，這種執行方式就是所謂的順序性 (Sequential) 結構，其狀況如下：

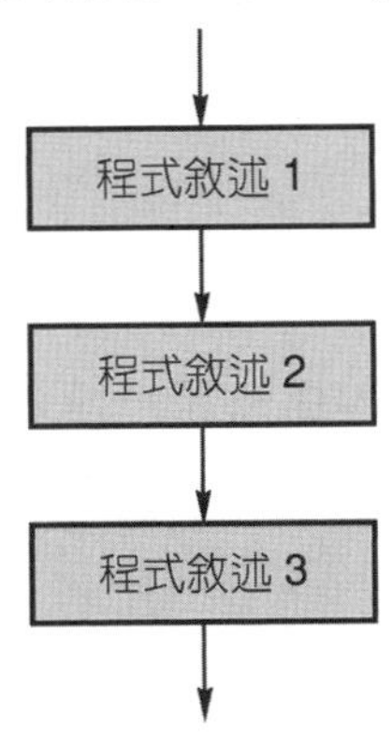

選擇性結構

如果於程式執行過程中會依據某個條件成立與否 (如關係運算式) 去執行不同的工作時，這就是選擇性結構 (Selection)，而其選擇方式依程式需要的不同可以分為單一選擇、二選一選擇與多選一選擇，一個二選一選擇性結構的狀況即如下圖所示：

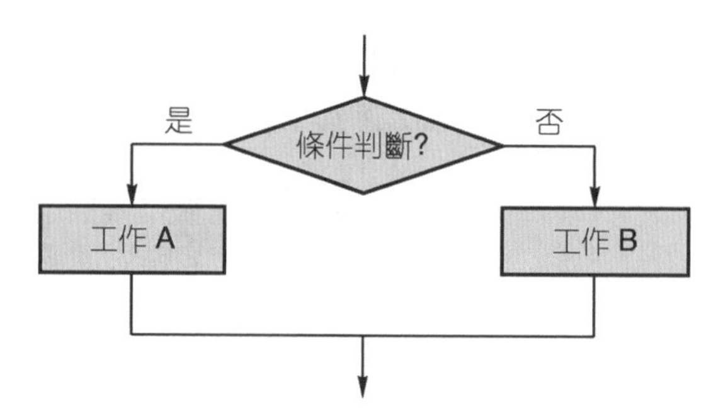

重複性結構

如果於程式執行過程中，需要對某一件工作重複的執行若干次時，這就是重複性結構 (Iteration)，而其重複執行的方式依程式需要的不同可以分為先判斷再執行與先執行再判斷兩大類，一個先判斷再執行重複性結構的狀況即如下面所示：

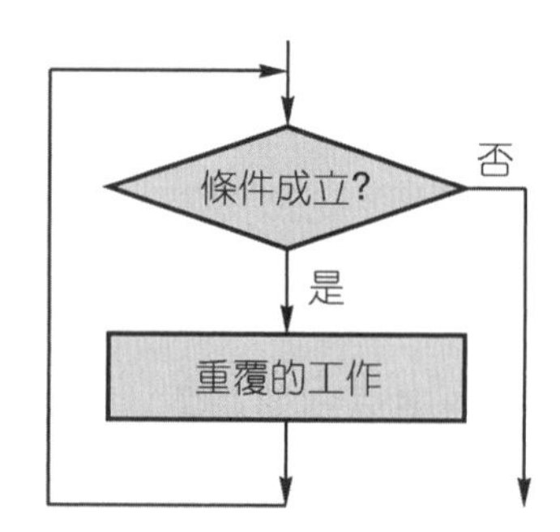

於本章內我們就來討論 C 語言所提供的選擇性敘述與重複性敘述的特性。

3-2 選擇性敘述

有關選擇性敘述於 C 語言系統中提供了“有條件”與“無條件”兩種敘述，而其狀況如下：

1. 無條件選擇敘述：goto

2. 有條件選擇敘述：
   (1) 單一選擇敘述 if
   (2) 二選一選擇敘述：
      (a) ?:
      (b) if…else…
   (3) 多選一選擇敘述：
      (a) if…else if…
      (b) switch…

3-2-1 無條件選擇敘述 goto

所謂無條件選擇敘述 goto，顧名思義就是沒有任何條件，遇到 goto 就是要跳到所指定的地方去執行，它的基本語法如下：

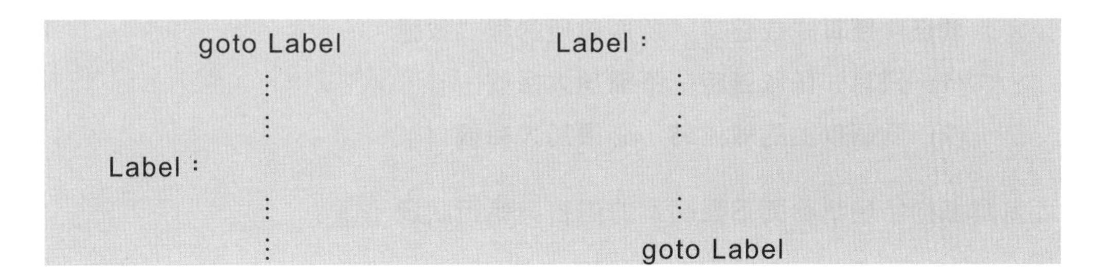

而其實際使用的語法請參閱後面範例的敘述，特別在此強調 C 語言為一種結構化語言，其程式的架構只允許一個入口，一個出口 (方便程式的分工與維護)，使用 goto 敘述會破壞上述的優點，因此在程式的設計過程中最好不要使用。

3-2-2 單一選擇敘述 if

所謂單一選擇敘述就是針對某一個條件式的結果進行判斷，以便決定是否要執行某一特定的工作，簡單來說它就是一個單選題，當條件成立 (真) 就做，不成立 (假) 就不做，其基本語法為：

```
if (條件運算式)            if (條件運算式)
    程式敘述；              {
      ⋮                       程式敘述；
      ⋮                         ⋮
                             }
      ⋮                         ⋮
```

於上面的語法中可以知道，當 if 後面括號內的條件運算式成立時 (為真，即非 0) 則執行底下的程式敘述，不成立時 (為假，即 0) 則跳過底下的程式敘述往下執行，如果我們以流程圖來表示時，其狀況如下：

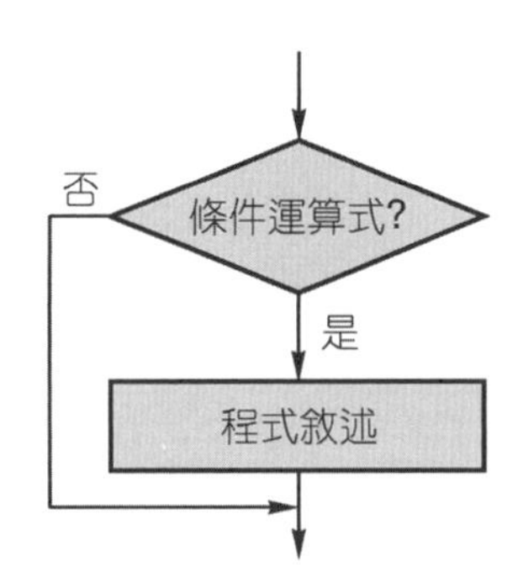

使用本敘述時必須注意：

1. if 後面的條件運算式必須加入括號。
2. 當條件運算式成立時，所要執行的程式敘述：
   (1) 只有一個敘述時，不需加大括號。
   (2) 兩個以上的敘述時，必須加大括號 { }。

而其詳細的特性請參閱下面範例的內容與執行狀況。

範例一	檔名：IF_GOTO_ADD
從鍵盤輸入一個整數值，利用 if 與 goto 敘述執行一個從 1 累加到所輸入的數值，並將其結果顯示在螢幕上。	

執行結果：

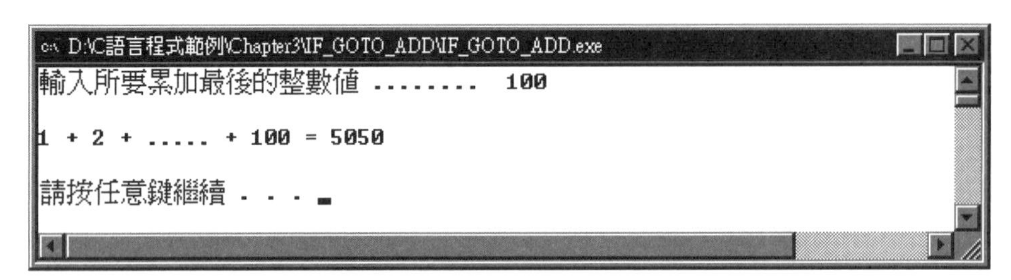

原始程式：

```
1.   /**************************
2.    * if goto statement add  *
3.    * 檔名 : IF_GOTO_ADD.CPP  *
4.    **************************/
5.
6.   #include <stdio.h>
7.   #include <stdlib.h>
8.
9.   int main(void)
10.  {
11.    int sum = 0, number;
12.
13.    printf("輸入所要累加最後的整數值 ........  ");
14.    fflush(stdin);
15.    scanf("%d", &number);
16.    printf("\n1 + 2 + ..... + %d = ", number);
17.    next:
18.      if(number)
19.      {
20.        sum += number--;
21.        goto next;
22.      }
23.    printf("%d\n\n", sum);
24.    system("PAUSE");
25.    return 0;
26.  }
```

重點說明：

1. 行號 13～15 由鍵盤輸入所要累加的最後一個整數值。
2. 行號 17～22 以無條件跳躍方式進行由 1 ～ 行號 15 所鍵入數值的累加工作，其中行號 17 宣告 Label 的名稱為 next (後面必須加：)，行號 20 每累加一次，數值就減一，行號 21 跳回行號 17，並在行號 18 中判斷是否累加到 0，如果沒有累加完畢則繼續下一次的累加工作，如果已經到 0 (行號 18 執行結果為假) 則結束累加的工作，並跳到行號 23 式執行顯示累加的結果。
3. 由於 if 後面的敘述有兩行，因此必須以大括號括起來 (行號 19 與行號 22) 。
4. 再強調一次，我們並不鼓勵使用 goto，本範例只在說明使用 goto 的基本語法。

範例二	檔名：IF_1_ABSOLUTE
從鍵盤輸入一筆倍精值資料，利用 if 敘述將它取絕對值後顯示在螢幕上。	

執行結果：

```
D:\C語言程式範例\Chapter3\IF_1_ABSOLUTE\IF_1_ABSOLUTE.exe
請輸入一筆倍精值資料... -12.3
資料的絕對值為 12.30
請按任意鍵繼續 . . .
```

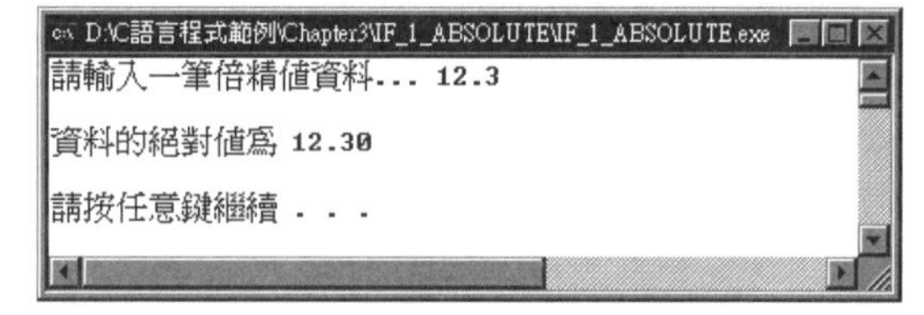

原始程式：

```
1.  /****************************
2.   * if statement absolute    *
3.   * 檔名 : IF_1_ABSOLUTE.CPP *
4.   ****************************/
5.
6.  #include <stdio.h>
7.  #include <stdlib.h>
8.
9.  int main(void)
10. {
11.   double data;
12.
13.   printf("請輸入一筆倍精值資料... ");
14.   fflush(stdin);
15.   scanf("%lf", &data);
16.   if(data < 0)
17.      data = -data;
18.   printf("\n 資料的絕對值為 %.2lf\n\n", data);
19.   system("PAUSE");
20.   return 0;
21. }
```

重點說明：

1. 行號 13～15 從鍵盤輸入一筆倍精值資料 (正、負皆可)。

2. 行號 16～17 中判斷，如果輸入資料 (行號 16)：
   (1) 小於 0 則表示負值，因此於行號 17 內將它取負號以便得到正值。
   (2) 大於等於 0 則表示正值，因此跳到行號 18 去執行，以便將輸入資料的正值 (取絕對值後的內容) 顯示在螢幕上。

範例三	檔名：IF_2_EVEN_ODD
從鍵盤輸入一筆短整數資料，利用 if 敘述判斷它到底爲奇數或偶數，並將其結果顯示在螢幕上。	

執行結果：

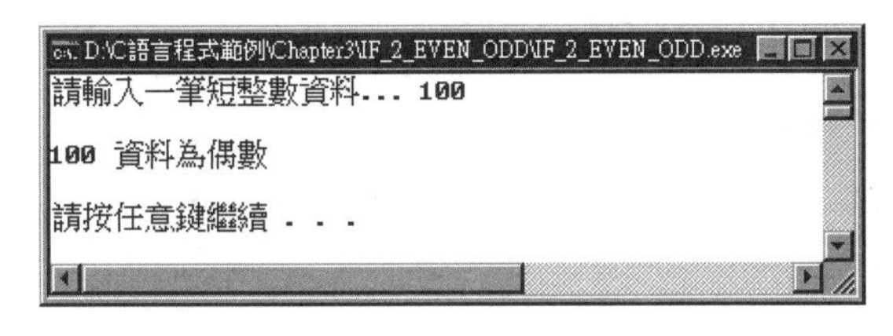

原始程式：

```
1.  /****************************
2.   * if statement even, odd    *
3.   * 檔名 : IF_2_EVEN_ODD.CPP  *
4.   ****************************/
5.
6.  #include <stdio.h>
7.  #include <stdlib.h>
8.
9.  int main(void)
10. {
11.   short data;
12.
13.   printf("請輸入一筆短整數資料... ");
14.   fflush(stdin);
15.   scanf("%hd", &data);
16.   if(data % 2 )
17.     printf("\n%hd 資料爲奇數\n\n", data);
18.   if(data % 2 == 0 )
19.     printf("\n%hd 資料爲偶數\n\n", data);
```

```
20.    system("PAUSE");
21.    return 0;
22. }
```

重點說明：

1. 行號 13～15 輸入一筆短整數資料。
2. 行號 16 判斷，如果資料不能被 2 整除則為奇數，因此在行號 17 內顯示奇數。
3. 行號 18 判斷，如果資料可以被 2 整除則為偶數，因此在行號 19 內顯示偶數。
4. 本範例只是在測試單一選擇敘述 if 的特性，程式結構不是很好，正確的寫法後面會有範例。

範例四	檔名：IF_3_LARGE_SMALL
從鍵盤輸入兩筆單精值資料，利用 if 敘述進行資料大小的判斷，並將其較大者與較小者分別顯示在螢幕上。	

執行結果：

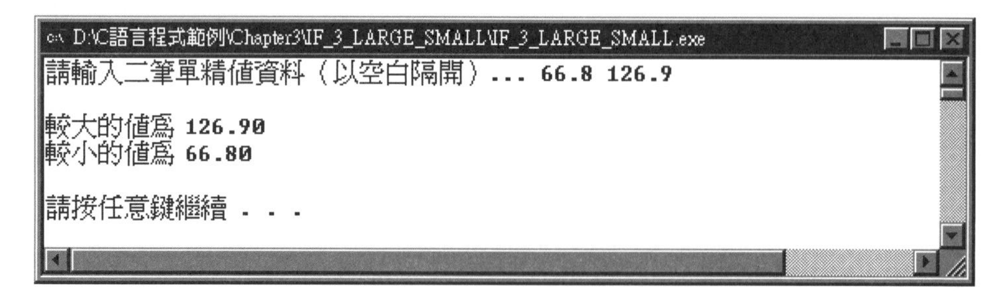

原始程式：

```
1.   /*******************************
2.    * if statement large, small   *
3.    * 檔名 : IF_3_LARGE_SMALL.CPP  *
4.    *******************************/
5.
6.   #include <stdio.h>
7.   #include <stdlib.h>
8.
9.   int main(void)
10.  {
```

```
11.    float temp, data1, data2;
12.
13.    printf("請輸入二筆單精值資料(以空白隔開)... ");
14.    fflush(stdin);
15.    scanf("%f %f", &data1, &data2);
16.    if(data1 < data2)
17.    {
18.      temp = data1;
19.      data1 = data2;
20.      data2 = temp;
21.    }
22.    printf("\n較大的值為 %.2f \n", data1);
23.    printf("較小的值為 %.2f\n\n", data2);
24.    system("PAUSE");
25.    return 0;
26. }
```

重點說明：

1. 行號 13～15 從鍵盤輸入兩筆單精值資料。
2. 行號 16～21 判斷，如果：
   (1) data1 < data2 時則執行資料互換 (行號 18～20)，以確保變數 data1 的內容大於或等於 data2。
   (2) data1 >= data2 時則跳到行號 22 去執行。
3. 行號 22～23 顯示變數 data1 (較大者) 與 data2 (較小者) 的內容。

3-2-3 二選一選擇敘述 if…else…

所謂二選一選擇敘述，就是針對某一個條件式的結果進行判斷，以便決定要執行兩種工作中的那一種，簡單來說它就是一個二選一的工作，當條件成立 (真) 時則執行 A 工作，當條件不成立 (假) 時則執行 B 工作，其基本語法為：

```
if(條件運算式)
{
   工作 A；
}
else
{
   工作 B；
}
```

於上面的語法中可以知道，當 if 後面括號內的條件運算式成立時則執行工作 A 的敘述，不成立時則執行工作 B 的敘述，如果我們以流程圖來表示時，其狀況如下，

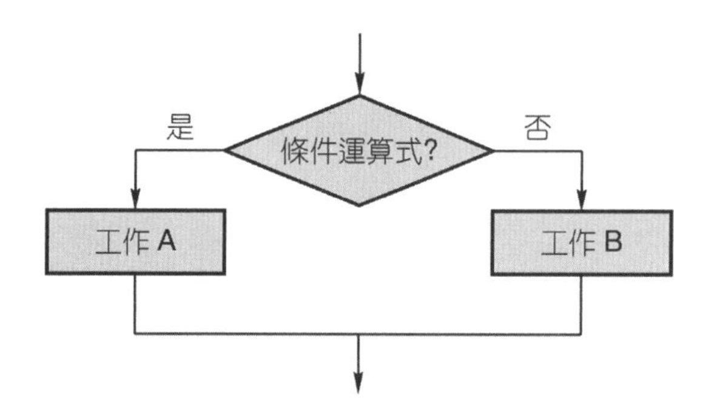

使用本指令必須注意的是，當工作 A 或工作 B 的內容只有單一敘述時不需加入括號，反之如果有兩個以上的敘述時則必須加入大括號，而其詳細特性請參閱底下的範例。

範例一	檔名：IF_ELSE_1_INTERVAL
從鍵盤輸入一筆短整數資料，利用 if…else…敘述判斷並顯示此筆輸入資料是否介於 100～200 之間。	

執行結果：

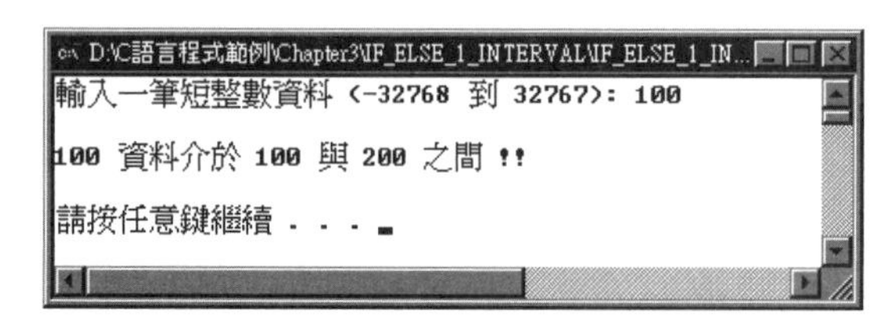

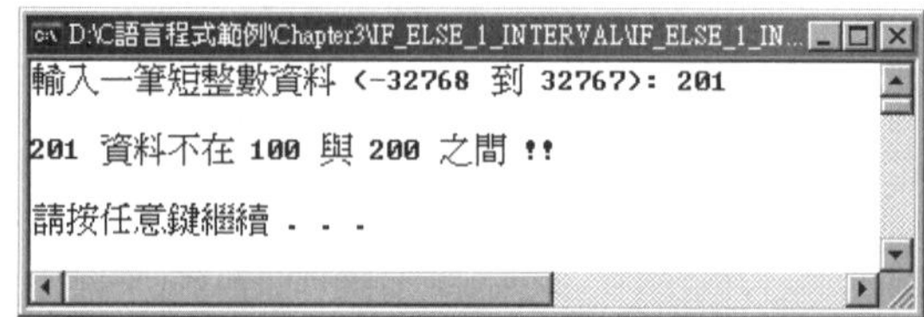

原始程式：

```
1.   /**********************************
2.    * if else statement interval   *
3.    * 檔名 : IF_ELSE_1_INTERVAL.CPP  *
4.    **********************************/
5.
6.   #include <stdio.h>
7.   #include <stdlib.h>
8.
9.   int main(void)
10.  {
```

```
11.     short data;
12.
13.     printf("輸入一筆短整數資料(-32768 到 32767): ");
14.     fflush(stdin);
15.     scanf("%hd", &data);
16.     if((data > 99) && (data < 201))
17.       printf("\n%hd 資料介於 100 與 200 之間 !!\n\n", data);
18.     else
19.     {
20.       printf("\7\7");
21.       printf("\n%hd 資料不在 100 與 200 之間 !!\n\n", data);
22.     }
23.     system("PAUSE");
24.     return 0;
25.  }
```

重點說明：

1. 行號 13～15 從鍵盤上輸入一筆短整數資料。
2. 行號 16 內判斷，如果輸入資料的值介於 100～200 之間，則於行號 17 內顯示資料介於 100 與 200 之間的訊息 (只有一行敘述，因此不需大括號)，反之於行號 20～21 內先發出兩聲警告訊息後，再顯示資料不在 100 與 200 之間的訊息 (有兩行敘述，因此必須加大括號)。

範例二　檔名：IF_ELSE_2_EVEN_ODD

從鍵盤輸入一筆短整數資料，利用 if…else…敘述判斷此筆輸入資料到底為奇數或偶數，並將其結果顯示在螢幕上。

執行結果：

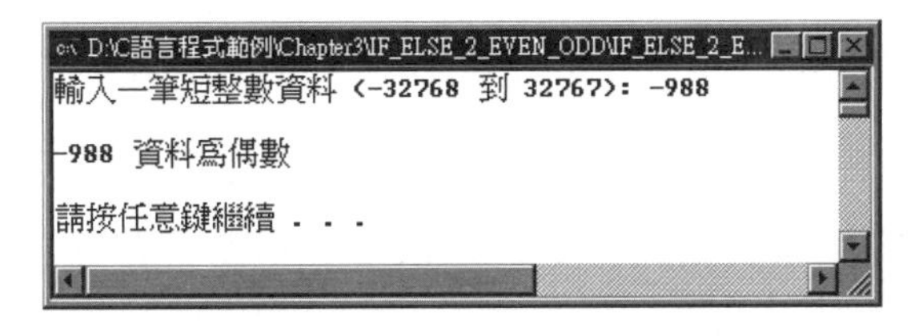

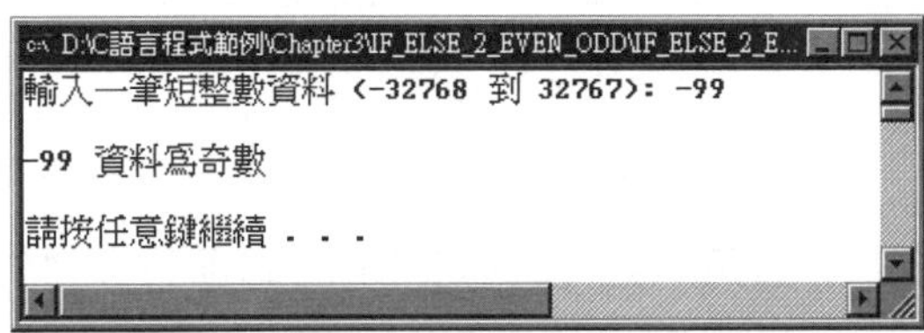

原始程式：

```
1.  /********************************
2.   * if else statement even, odd  *
3.   * 檔名 : IF_ELSE_2_EVEN_ODD.CPP *
4.   ********************************/
5.
6.  #include <stdio.h>
7.  #include <stdlib.h>
8.
9.  int main(void)
10. {
11.   short data;
12.
13.   printf("輸入一筆短整數資料(-32768 到 32767): ");
14.   fflush(stdin);
15.   scanf("%hd", &data);
16.   if(data & 0x0001)
17.     printf("\n%hd 資料爲奇數\n\n", data);
18.   else
19.     printf("\n%hd 資料爲偶數\n\n", data);
20.   system("PAUSE");
21.   return 0;
22. }
```

重點說明：

1. 行號 13～15 輸入一筆短整數資料。
2. 行號 16 將輸入資料與 0x0001 作 and 運算，前面我們討論過，任何二進制與 0 作 and 結果為 0，與 1 作 and 則保持不變，其狀況如下：

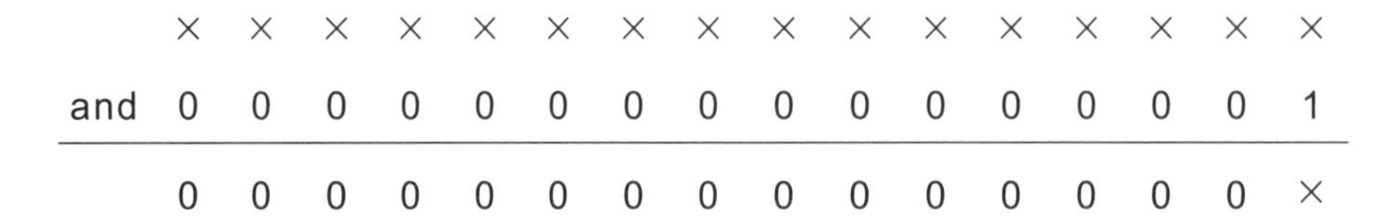

	×	×	×	×	×	×	×	×	×	×	×	×	×	×	×	×
and	0	0	0	0	0	0	0	0	0	0	0	0	0	0	0	1
	0	0	0	0	0	0	0	0	0	0	0	0	0	0	0	×

   當它們運算完畢之後，輸入資料只剩下 LSB 值，其餘皆為 0，如果此資料為奇數時，其 LSB 為 1，因此於行號 17 內顯示資料為奇數，如果此資料為偶數時，其 LSB 為 0，因此於行號 19 內顯示資料為偶數。

3. 請將本程式與前面 IF_2_EVEN_ODD 的程式內容作比較。

範例三	檔名：IF_ELSE_3_POSITIVE_NEGATIVE
從鍵盤輸入一筆長整數資料，利用 if…else…敘述判斷此筆資料到底爲正值或負值，並將其結果顯示在螢幕上。	

執行結果：

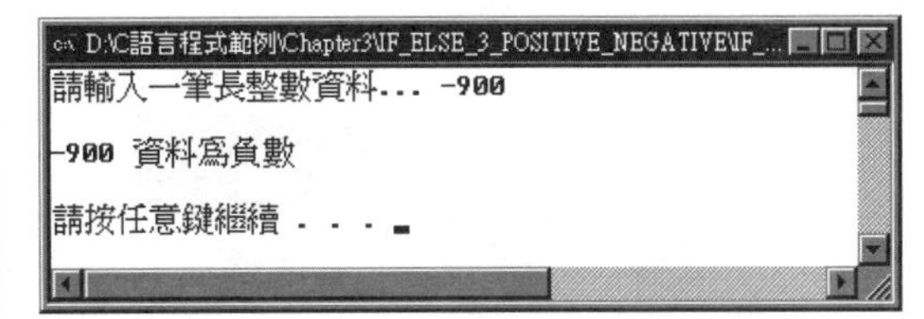

原始程式：

```
1.  /*******************************************
2.   * if else statement positive, negative   *
3.   * 檔名 : IF_ELSE_3_POSITIVE_NEGATIVE.CPP *
4.   *******************************************/
5.
6.  #include <stdio.h>
7.  #include <stdlib.h>
8.
9.  int main(void)
10. {
11.   int data;
12.
13.   printf("請輸入一筆長整數資料... ");
14.   fflush(stdin);
15.   scanf("%d", &data);
16.   if(data < 0)
17.     printf("\n%d 資料爲負數\n\n", data);
18.   else
19.     printf("\n%d 資料爲正數\n\n", data);
20.   system("PAUSE");
21.   return 0;
22. }
```

重點說明：

本範例是利用負數的值小於 0 之特性，並以二選一的敘述選擇顯示正數或負數。

不對稱的 if…else…敘述

於程式設計過程中，如果需要做連續不只一層的判斷時，就有可能會出現 if 與 else 不對稱的現象，譬如程式中出現 if 的次數比 else 還多，此時必須注意兩者之間的對應關係以及程式縮排的寫法，前者會影響到程式執行的正確性，後者會影響到設計師閱讀程式的方便性，此處我們必須強調，當程式中出現不對稱的 if 與 else 時，else 永遠與最靠近它的 if 成對，而其詳細特性請參閱下面的範例。

範例一	檔名：IF_ELSE_BAD_STRUCTURE
從鍵盤輸入一筆短整數資料，利用 if…else…敘述判斷，當輸入資料小於 100 時則終止程式的執行，否則顯示此筆資料是介於 100 與 200 之間，或者是大於 200，注意！我們故意將 if…else…的縮排位置放錯地方，是否會造成您對程式錯誤的解讀呢？	

執行結果：

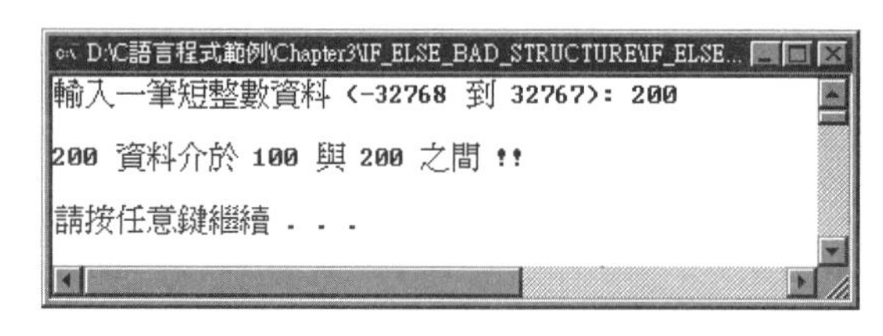

原始程式

```
1.   /************************************
2.    * if else statement bad structure *
3.    * 檔名 : IF_ELSE_BAD_STRUCTURE.CPP *
4.    ************************************/
5.
6.   #include <stdio.h>
7.   #include <stdlib.h>
8.
9.   int main(void)
10. {
11.    short data;
12.
13.    printf("輸入一筆短整數資料(-32768 到 32767): ");
14.    fflush(stdin);
```

```
15.   scanf("%hd", &data);
16.   if(data >= 100)
17.     if(data <= 200)
18.       printf("\n%hd 資料介於 100 與 200 之間 !!\n", data);
19.   else
20.     printf("\n%hd 資料大於 200  !!\n", data);
21.   putchar('\n');
22.   system("PAUSE");
23.   return 0;
24. }
```

重點說明：

1. 行號 13～15 從鍵盤輸入一筆短整數資料。
2. 行號 16～20 的判斷式中出現兩個 if 與一個 else，前面提過 else 永遠與最靠近它的 if 成對，此處我們故意將它的縮排位置放在不正確的地方，如此很容易造成閱讀上的錯誤 (將 else 與第一個 if 配成一對) 不是嗎？
3. 程式正確的解讀為，當輸入的資料小於 100 時則結束程式的執行，大於等於 100 時則往下執行，進行下一輪的判斷，如果資料小於等於 200 時則於行號 18 內顯示資料介於 100 與 200 之間，否則 (即資料大於 200) 於行號 20 內顯示資料大於 200。
4. 本範例為一個不正確的縮排編輯，其目的只在強調 if 與 else 的配對關係與程式縮排位置的重要性。

範例二	檔名：IF_ELSE_CORRECT_STRUCTURE
從鍵盤輸入一筆短整數資料，利用 if…else…敘述判斷並顯示此筆資料的內容是介於 100 與 200 之間，或者是大於 200，或者小於 100。	

執行結果：

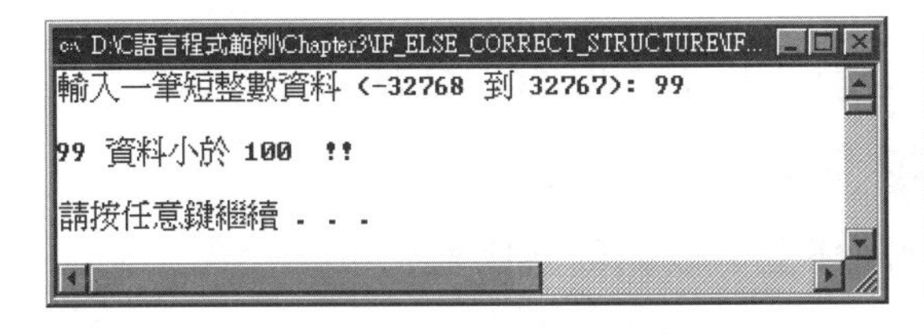


```
D:\C語言程式範例\Chapter3\IF_ELSE_CORRECT_STRUCTURE\F...
輸入一筆短整數資料 (-32768 到 32767): 860

860 資料大於 200 !!

請按任意鍵繼續 . . .
```

原始程式

```
1.  /*****************************************
2.   * if else statement correct structure *
3.   * 檔名 : IF_ELSE_CORRECT_STRUCTURE.CPP  *
4.   *****************************************/
5.
6.  #include <stdio.h>
7.  #include <stdlib.h>
8.
9.  int main(void)
10. {
11.   short data;
12.
13.   printf("輸入一筆短整數資料(-32768 到 32767): ");
14.   fflush(stdin);
15.   scanf("%hd", &data);
16.   if(data >= 100)
17.     if(data <= 200)
18.       printf("\n%hd 資料介於 100 與 200 之間 !!\n\n", data);
19.     else
20.       printf("\n%hd 資料大於 200  !!\n\n", data);
21.   else
22.     printf("\n%hd 資料小於 100  !!\n\n", data);
23.   system("PAUSE");
24.   return 0;
25. }
```

重點說明：

1. 行號 13～15 從鍵盤輸入一筆短整數資料。
2. 行號 16 判斷，如果輸入資料：
   (1) 大於等於 100 則往下執行行號 17。
   (2) 小於 100 則執行行號 21～22，以便顯示資料小於 100。
3. 行號 17 判斷，如果輸入資料：
   (1) 小於等於 200 則於行號 18 顯示資料介於 100 與 200 之間。
   (2) 大於 200 則於行號 20 顯示資料大於 200。
4. 本範例為一個正確的縮排位置編輯 (請與上一個範例做比對)。

巢狀的 if…else…敘述

於程式中，如果要做一連串比較複雜的判斷時，就會使用到巢狀 (Nest) 選擇敘述，所謂的巢狀選擇敘述就是 if 敘述內部還會有一個以上的 if 敘述，而其詳細的特性請參閱底下的範例。

範例	檔名：IF_ELSE_NEST_INTERVAL
從鍵盤輸入一筆短整數資料，利用巢狀的 if…else…敘述判斷並顯示此筆資料的內容是介於 1 與 100 之間，或者大於 100，或者介於 -1 ～ -100 之間，或者小於 -100，或者為 0。	

執行結果：

```
D:\C語言程式範例\Chapter3\IF_ELSE_NEST_INTERVAL\IF_ELSE_...
輸入一筆短整數資料 (-32768 到 32767): 0
你所輸入的資料為 0 !!
請按任意鍵繼續 . . .
```

原始程式：

```
1.   /***********************************
2.    *      if else nest interval       *
3.    * 檔名: IF_ELSE_NEST_INTERVAL.CPP *
4.    ***********************************/
5.
6.   #include <stdio.h>
7.   #include <stdlib.h>
8.
9.   int main(void)
10.  {
11.    short data;
12.
13.    printf("輸入一筆短整數資料(-32768 到 32767): ");
14.    fflush(stdin);
15.    scanf("%hd", &data);
16.    if(data)
17.    {
18.      if(data > 0)
19.        if(data <= 100)
```

```
20.         printf("\n%hd 資料介於 1 與 100 之間 !!\n\n", data);
21.       else
22.         printf("\n%hd 資料大於100  !!\n\n", data);
23.     else
24.       if(data >= -100)
25.         printf("\n%hd 資料介於 -1 與 -100 之間 !!\n\n", data);
26.       else
27.         printf("\n%hd 資料小於 -100  !!\n\n", data);
28.   }
29.   else
30.    printf("\n 你所輸入的資料為 %hd !!\n\n", data);
31.   system("PAUSE");
32.   return 0;
33. }
```

重點說明：

本範例為一個巢狀結構，當輸入資料為 0 時 (行號 16 為假) 則執行行號 29～30，當輸入資料不為 0 時則執行行號 17～28，當輸入資料大於 0 時則執行行號 18～22，小於 0 則執行行號 24～27，如果行號 18～19 皆成立則表示資料的值介於 1～100 之間 (行號 20)，行號 18 成立而行號 19 不成立時則表示資料的值大於 100 (行號 22)，行號 24～27 的分析方式也是相同，限於篇幅在此不作說明。

3-2-4 二選一選擇敘述 ?:

另外一種二選一的敘述，其特性在前面的條件運算式中我們已經詳細討論過，底下我們再舉一個單層與三層巢狀的範例來做說明。

範例一	檔名：MULTIPLEXER_1_AM_PM
從鍵盤依順序輸入 24 小時制的時、分、秒時間，利用二選一敘述“?:”將它轉換成 12 小時制 (加入 AM 代表早上，PM 代表下午) 後顯示在螢幕上。	

執行結果：

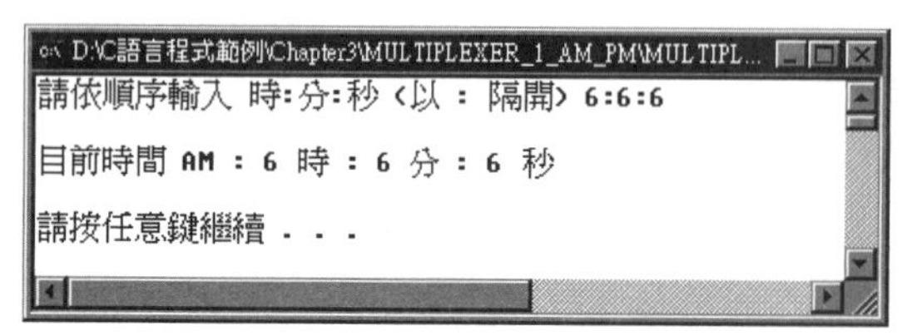

原始程式：

```
1.  /**********************************
2.   *   multiplexer 2 to 1 AM, PM    *
3.   * 檔名 : MULTIPLEXER_1_AM_PM.CPP *
4.   **********************************/
5.
6.  #include <stdio.h>
7.  #include <stdlib.h>
8.
9.  int main(void)
10. {
11.   char flag;
12.   short hour, minute, second;
13.
14.   printf("請依順序輸入 時:分:秒 (以 : 隔開) ");
15.   fflush(stdin);
16.   scanf("%hd:%hd:%hd", &hour, &minute, &second);
17.   flag = (hour > 12) ? 'P' : 'A';
18.   hour = (hour > 12) ? (hour - 12) : hour;
19.   printf("\n目前時間 %cM : %hd 時 : %hd 分 : %hd 秒\n\n",
20.                         flag, hour, minute, second);
21.   system("PAUSE");
22.   return 0;
23. }
```

重點說明：

1. 行號 14～16 依次輸入三筆短整數資料分別代表時、分、秒。
2. 行號 17 判斷，如果輸入之小時資料：
   (1) 大於 12 時，則將 flag 設定成 P 代表下午。
   (2) 小於等於 12 時，則將 flag 設定成 A 代表上午。
3. 行號 18 判斷，如果小時大於 12 時，則將它的內容減去 12，以便轉換成下午的時間，否則維持原狀 (上午的時間)。
4. 行號 19 把在行號 17～18 內，將時間由 24 小時制轉換成 12 小時制的結果，以上午 AM、下午 PM 的方式顯示出來。

範例二	檔名：MULTIPLEXER_2_GRADE
從鍵盤輸入某一位同學的成績，利用巢狀二選一敘述"?:"將它區分成 A (80 分(含)以上)、B (80 分以下～70 分)、C (70 分以下～60 分)、D (60 分以下) 四個等級，並將其結果顯示在螢幕上。	

執行結果：

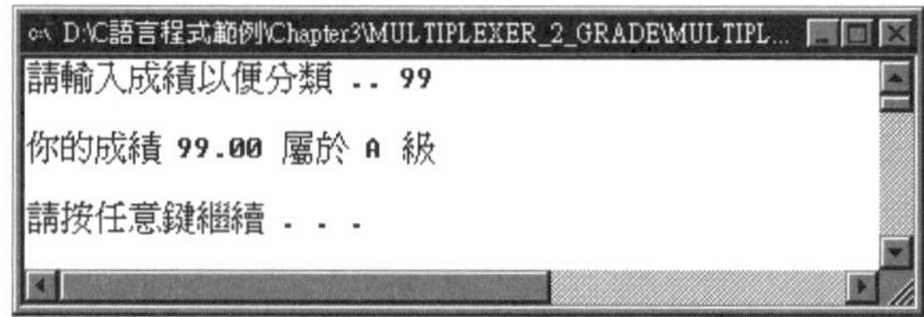

原始程式：

```
1.  /**********************************
2.   *    multiplexer 2 to 1 grade    *
3.   * 檔名 : MULTIPLEXER_2_GRADE.CPP *
4.   **********************************/
5.
6.  #include <stdio.h>
7.  #include <stdlib.h>
8.
9.  int main(void)
10. {
11.  double score;
12.  char  grade;
13.
14.  printf("請輸入成績以便分類 .. ");
15.  fflush(stdin);
16.  scanf("%lf", &score);
17.  grade = score >= 80.00 ? 'A' :
18.          (score >= 70.00 ? 'B' :
19.          (score >= 60.00 ? 'C' :
20.          'D'));
21.  printf("\n你的成績 %.2lf 屬於 %c 級\n\n", score, grade);
22.  system("PAUSE");
23.  return 0;
24. }
```

重點說明：

1. 行號 14～16 從鍵盤輸入一筆倍精值浮點數資料。
2. 行號 17～20 為一個多層的巢狀式二選一敘述，它所代表的意義為，如果輸入資料的值：
   (1) 大於等於 80 (真)，則將字元 A 設定給 grade，否則往下執行。
   (2) 大於等於 70 且小於 80 (真)，則將字元 B 設定給 grade，否則往下執行。
   (3) 大於等於 60 且小於 70 (真)，則將字元 C 設定給 grade，否則往下執行。
   (4) 小於 60 (上述狀況皆為假)，則將字元 D 設定給 grade。
3. 行號 21 顯示選擇後的成績等級。

3-2-5 多選一選擇敘述 if…else if…

所謂多選一的選擇敘述，就是從很多的條件運算式裡面去選擇其結果為“真”底下的敘述來執行，基於實用上的需要，其基本語法又可以分成下面兩種：

第一種多選一選擇敘述 if…else if…

```
if(條件運算式 A)
{
   工作 A;
}
else if (條件運算式 B)
{
   工作 B;
}
⋮
⋮
else if (條件運算式 Z)
{
   工作 Z;
}
```

如果我們以流程圖來表示時，其狀況如下：

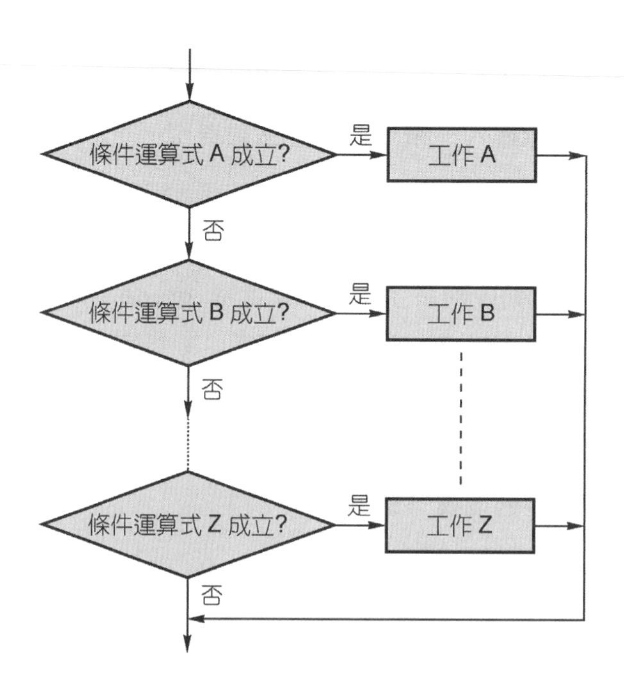

於上面的流程圖中我們可以看出本敘述的特性為，當條件運算式 A 成立時，則執行工作 A (如果有很多敘述時，則必須加大括號)，不成立時則往下判斷條件運算式 B 是否成立，如果成立則執行工作 B，如果不成立則繼續往下判斷……直到所有判斷式都判斷完畢，如果所有的運算式皆不成立時則結束判斷工作，繼續往下執行，它的詳細特性請參閱底下的範例。

範例	檔名：IF_ELSEIF_ARITHMETIC
從鍵盤輸入 1～4 中間的字元，利用多選一選擇敘述 if…else if…依輸入字元分別執行並顯示加、減、乘、除的運算結果，如果輸入字元不在 1～4 中間，則顯示警告字元，並發出三次嗶聲。	

執行結果：

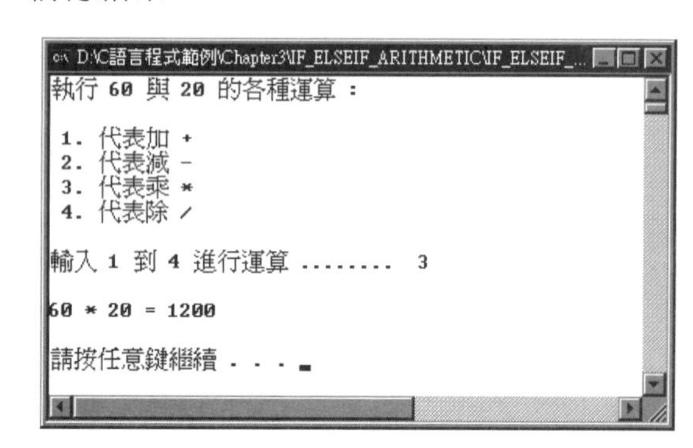


```
D:\C語言程式範例\Chapter3\IF_ELSEIF_ARITHMETIC\IF_ELSEIF_...
執行 60 與 20 的各種運算：

 1. 代表加 +
 2. 代表減 -
 3. 代表乘 *
 4. 代表除 /

輸入 1 到 4 進行運算 ........  5

數值不在 1 到 4 之間 !!

請按任意鍵繼續 . . .
```

原始程式：

```
1.  /**********************************
2.   * if elseif statement arithmetic *
3.   * 檔名 : IF_ELSEIF_ARITHMETIC.CPP *
4.   **********************************/
5.
6.  #include <stdio.h>
7.  #include <stdlib.h>
8.
9.  int main(void)
10. {
11.   char operators;
12.
13.   printf("執行 60 與 20 的各種運算 :\n\n");
14.   printf(" 1. 代表加 +\n");
15.   printf(" 2. 代表減 -\n");
16.   printf(" 3. 代表乘 *\n");
17.   printf(" 4. 代表除 /\n\n");
18.   printf("輸入 1 到 4 進行運算 ........  ");
19.   fflush(stdin);
20.   scanf("%c", &operators);
21.   if((operators < '1') || (operators > '4'))
22.     printf("\n 數值不在 1 到 4 之間 !!\7\7\7\n\n");
23.   else if(operators == '1')
24.     printf("\n60 + 20 = %hd\n\n", 60 + 20);
25.   else if(operators == '2')
26.     printf("\n60 - 20 = %hd\n\n", 60 - 20);
27.   else if(operators == '3')
28.     printf("\n60 * 20 = %hd\n\n", 60 * 20);
29.   else if(operators == '4')
30.     printf("\n60 / 20 = %hd\n\n", 60 / 20);
31.   system("PAUSE");
32.   return 0;
33. }
```

重點說明：

1. 行號 13～18 顯示一些訊息。
2. 行號 19～20 從鍵盤上輸入一個字元。

3. 行號 21 ～ 30 以多選一的方式選取使用者由鍵盤上所輸入字元的選項，並執行顯示它們所對應的工作。

第二種多選一選擇敘述 if…else if…else…

```
if (條件運算式 A)
{
   工作 A;
}
else if (條件運算式 B)
{
   工作 B;
}
:
:
else if (條件運算式 P)
{
   工作 P;
}
else
{
   工作 Q;
}
```

如果我們以流程圖來表示時，其狀況如下：

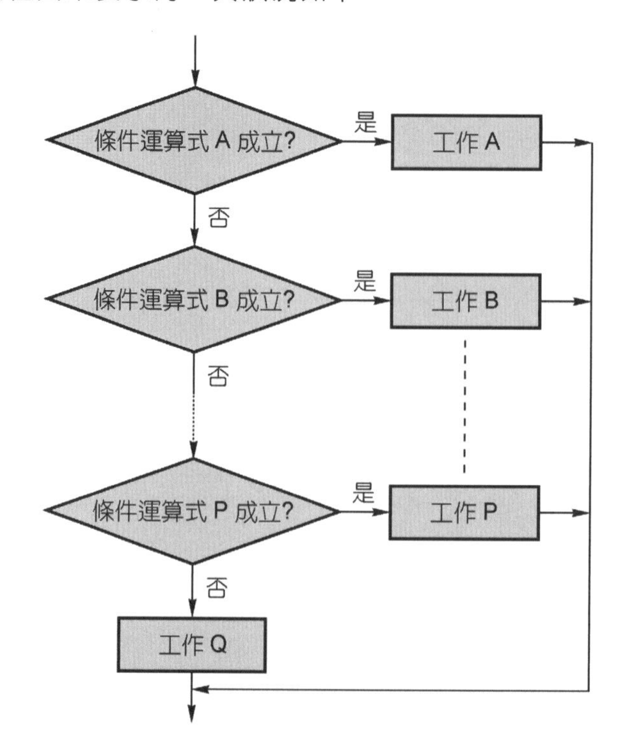

於上面的流程圖中我們可以看出，本敘述的特性與第一種差不多，而其唯一不同點為，當敘述前面的所有條件判斷式皆不成立時，它會去執行最後一個 else 後面的敘述，而其詳細的特性請參閱下面的範例。

範例一	檔名：IF_ELSEIF_ELSE_1_ASCII
從鍵盤上輸入一個字元，利用多選一選擇敘述 if…else if…else 判斷並顯示此輸入字元是屬於控制字元，或者數字 0～9，或者英文大寫 A～Z、或者英文小寫 a～z、或者是其它符號。	

執行結果：

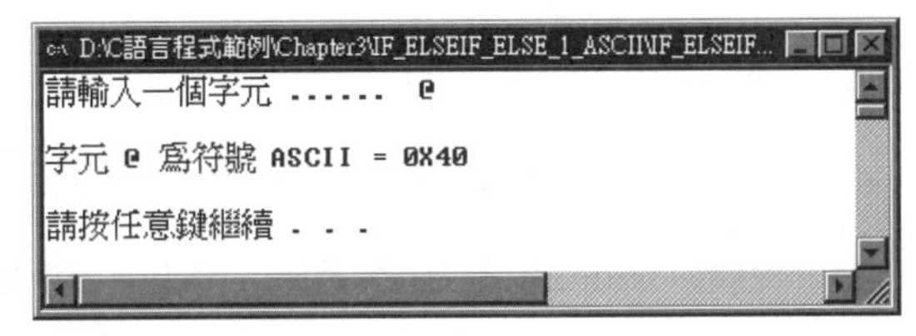

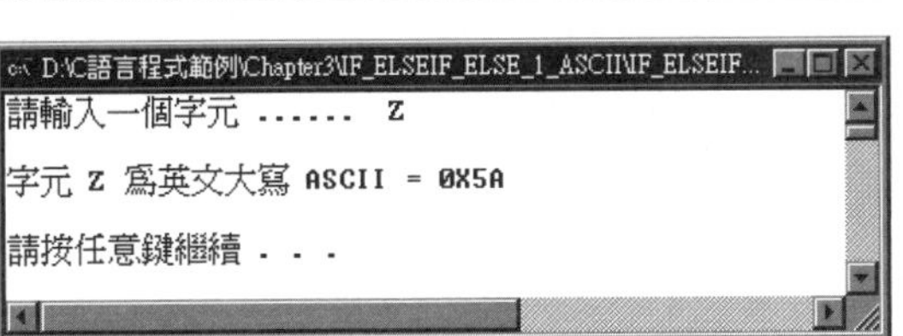


```
D:\C語言程式範例\Chapter3\IF_ELSEIF_ELSE_1_ASCII\IF_ELSEIF...
請輸入一個字元 ...... z
字元 z 為英文小寫 ASCII = 0X7A
請按任意鍵繼續 . . .
```

原始程式：

```
1.  /*************************************
2.   * if elseif else statement ascii    *
3.   * 檔名 : IF_ELSEIF_ELSE_1_ASCII.CPP *
4.   *************************************/
5.
6.  #include <stdio.h>
7.  #include <stdlib.h>
8.
9.  int main(void)
10. {
11.   char data;
12.
13.   printf("請輸入一個字元 ...... ");
14.   fflush(stdin);
15.   scanf("%c", &data);
```

```
16.    if(data < 0x20)
17.     printf("\n 控制字元不能顯示 !!\n\n");
18.    else if((data >= '0') && (data <= '9'))
19.     printf("\n 字元 %c 爲數字 ASCII = %#X\n\n", data, data);
20.    else if((data >= 'A') && (data <= 'Z'))
21.     printf("\n 字元 %c 爲英文大寫 ASCII = %#X\n\n", data, data);
22.    else if((data >= 'a') && (data <= 'z'))
23.     printf("\n 字元 %c 爲英文小寫 ASCII = %#X\n\n", data, data);
24.    else
25.     printf("\n 字元 %c 爲符號 ASCII = %#X\n\n", data, data);
26.    system("PAUSE");
27.    return 0;
28. }
```

重點說明：

1. 行號 13～15 從鍵盤上輸入一個字元。
2. 行號 16～25 利用多選一的敘述，將輸入字元所對應的 ASCII 依次分類，當輸入字元的 ASCII 為：
   (1) $20_{(16)}$ 以下時為控制碼，不能顯示 (行號 16～17)。
   (2) 字元‘0’～‘9’中間，為數字 0～9 (行號 18～19)。
   (3) 字元‘A’～‘Z’中間，為大寫英文 A～Z (行號 20～21)。
   (4) 字元‘a’～‘z’中間，為小寫英文 a～z (行號 22～23)。
   (5) 剩下的為普通的符號 (行號 24～25)。

範例二 檔名：IF_ELSEIF_ELSE_2_COMPARE

從鍵盤輸入兩筆單精值浮點數，利用多選一選擇敘述 if…else if…else 判斷，並顯示所輸入的兩筆資料是相等，或者第一筆小於第二筆、或者第一筆大於第二筆。

執行結果：

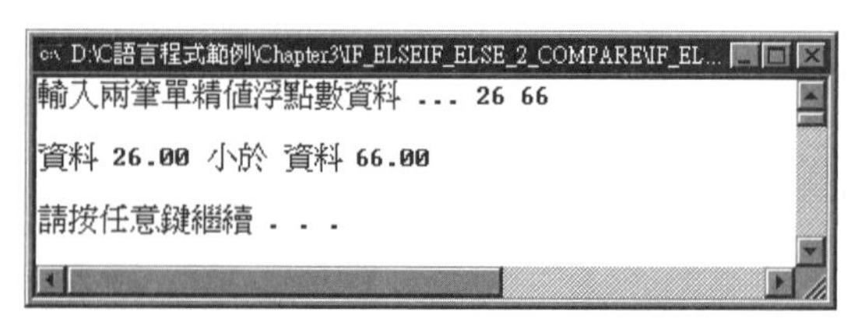

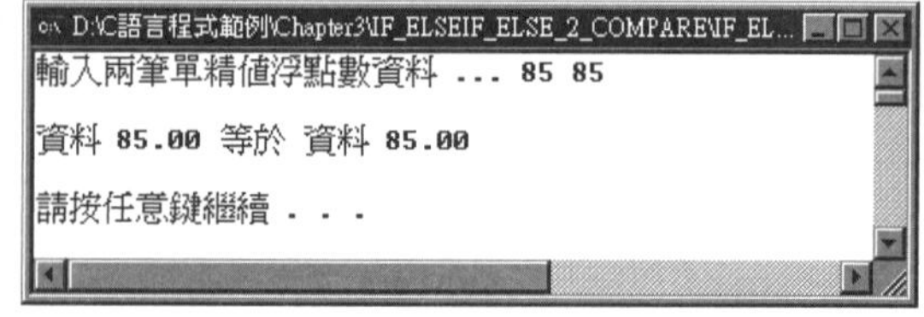

原始程式：

```
1.  /*************************************
2.   *  if elseif else statement compare  *
3.   * 檔名 : IF_ELSEIF_ELSE_2_COMPARE.CPP *
4.   *************************************/
5.
6.  #include <stdio.h>
7.  #include <stdlib.h>
8.
9.  int main(void)
10. {
11.   float data1, data2;
12.
13.   printf("輸入兩筆單精值浮點數資料 ... ");
14.   fflush(stdin);
15.   scanf("%f %f", &data1, &data2);
16.   if(data1 == data2)
17.     printf("\n 資料 %.2f 等於 資料 %.2f\n\n", data1, data2);
18.   else if(data1 < data2)
19.     printf("\n 資料 %.2f 小於 資料 %.2f\n\n", data1, data2);
20.   else
21.     printf("\n 資料 %.2f 大於 資料 %.2f\n\n", data1, data2);
22.   system("PAUSE");
23.   return 0;
24. }
```

重點說明：

1. 行號 13～15 從鍵盤輸入兩筆單精值浮點數到 data1 與 data2。
2. 行號 16～21 以多選一的敘述加以判別，當輸入資料：
   (1) data1 等於 data2 時執行行號 16～17。
   (2) data1 小於 data2 時執行行號 18～19。
   (3) data1 大於 data2 時執行行號 20～21。

範例三	檔名：IF_ELSEIF_ELSE_3_ARITHMETIC
從鍵盤輸入 1～4 中間的字元，利用多選一選擇敘述 if⋯ else if⋯else⋯依輸入字元分別執行並顯示加、減、乘、除的運算結果，如果輸入字元不在 1～4 中間，則顯示警告字元並發出三次嗶聲。	

執行結果：

```
D:\C語言程式範例\Chapter3\IF_ELSEIF_ELSE_3_ARITHMETIC\IF_...
執行 60 與 20 的各種運算 :

 1. 代表加 +
 2. 代表減 -
 3. 代表乘 *
 4. 代表除 /

輸入 1 到 4 進行運算 ........  2

60 - 20 = 40

請按任意鍵繼續 . . .
```

```
D:\C語言程式範例\Chapter3\IF_ELSEIF_ELSE_3_ARITHMETIC\IF_...
執行 60 與 20 的各種運算 :

 1. 代表加 +
 2. 代表減 -
 3. 代表乘 *
 4. 代表除 /

輸入 1 到 4 進行運算 ........  6

輸入數值不在 1 到 4 之間 !!

請按任意鍵繼續 . . .
```

原始程式：

```
1.   /*****************************************
2.    * if elseif else statement arithmetic   *
3.    * 檔名 : IF_ELSEIF_ELSE_3_ARITHMETIC.CPP *
4.    *****************************************/
5.
6.   #include <stdio.h>
7.   #include <stdlib.h>
8.
9.   int main(void)
10.  {
11.    char operators;
12.
13.    printf("執行 60 與 20 的各種運算 :\n\n");
14.    printf(" 1. 代表加 +\n");
15.    printf(" 2. 代表減 -\n");
16.    printf(" 3. 代表乘 *\n");
17.    printf(" 4. 代表除 /\n\n");
18.    printf("輸入 1 到 4 進行運算 ........  ");
19.    fflush(stdin);
20.    scanf("%c", &operators);
21.    if(operators == '1')
22.      printf("\n60 + 20 = %hd\n\n", 60 + 20);
23.    else if(operators == '2')
24.      printf("\n60 - 20 = %hd\n\n", 60 - 20);
25.    else if(operators == '3')
26.      printf("\n60 * 20 = %hd\n\n", 60 * 20);
27.    else if(operators == '4')
```

```
28.     printf("\n60 / 20 = %hd\n\n", 60 / 20);
29.   else
30.     printf("\n 輸入數值不在 1 到 4 之間 !!\7\7\7\n\n");
31.   system("PAUSE");
32.   return 0;
33. }
```

重點說明：

本範例的執行結果與前面檔名為 IF_ELSEIF_ARITHMETIC 的範例相同，但程式的結構略有不同，請讀者自行比較，一般來講本範例的結構會比前面好一些。

記得在前面我們曾經提過，一個布林運算式的運算結果為 0 時代表假，不為 0 時代表真，如果在選擇性敘述 if 後面的運算式是用來判斷兩個變數的資料是否相等時，其敘述方式為：

```
if(data2 == data1)
```

當我們不小心將它寫成：

```
if(data2 = data1)
```

於編譯過程不會發生錯誤，而系統的執行方式為將變數 data1 的內容設定給變數 data2，之後再判斷其真假，此時如果 data1 與 data2 的內容為 0 時，結果就是假的，如果 data1 與 data2 的內容為一個非 0 值時結果就為真，而其詳細特性請參閱下面的範例。

範例四	檔名：IF_ELSE_SPECIAL

設計一程式，用來測試判斷式 if (data2 = data1) 的特性。

執行結果：

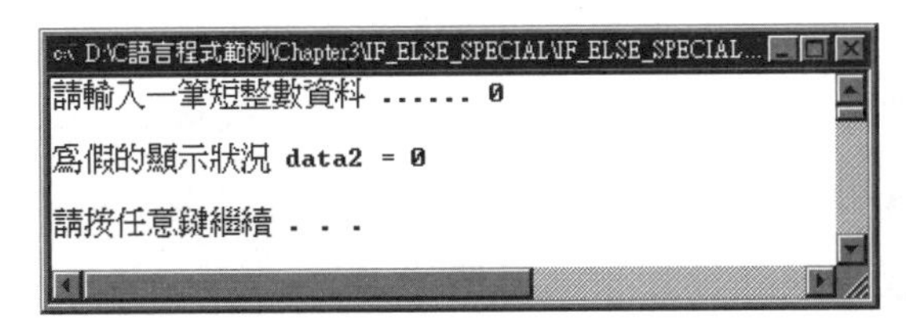

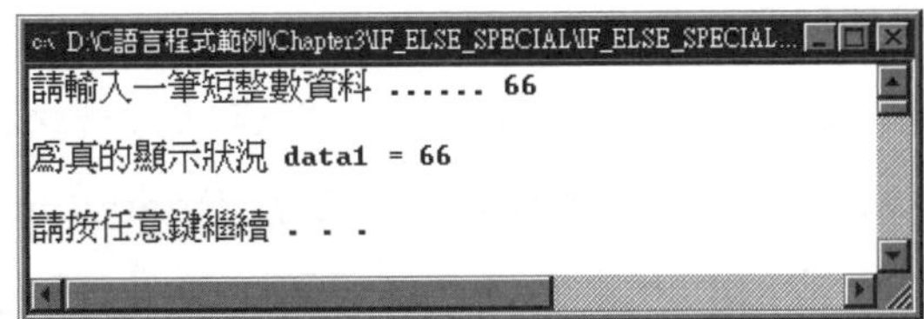

原始程式：

```
1.  /******************************
2.   * if else statement special *
3.   * 檔名: IF_ELSE_SPECIAL.CPP *
4.   ******************************/
5.
6.  #include <stdio.h>
7.  #include <stdlib.h>
8.
9.  int main(void)
10. {
11.   short data1, data2;
12.
13.   printf("請輸入一筆短整數資料 ...... ");
14.   fflush(stdin);
15.   scanf("%hd", &data1);
16.   if(data2 = data1)
17.     printf("\n爲眞的顯示狀況 data1 = %hd\n\n", data1);
18.   else
19.     printf("\n爲假的顯示狀況 data2 = %hd\n\n", data2);
20.   system("PAUSE");
21.   return 0;
22. }
```

重點說明：

本範例為一個比較特別的例子，於行號 16 中，正常的相等判斷運算子為“==”，而本範例內使用指定運算子“=”，因此 if 後面運算式的敘述有兩個功能：

(1) 將 data1 的內容設定給 data2。

(2) data1 與 data2 的內容為 0 時，其結果為假的，不為 0 則為真的。其執行狀況即如上面所示。

3-2-6 多選一選擇敘述 switch…case…

到目前為止，當我們需要使用一連串的判斷式去選擇不同條件的敘述來執行時，通常都會使用 if…else if… 敘述來實現，但是如果因為判斷式太多而使用過量的 else if 時，就會影響到程式的可讀性 Readable，此時設計師可以使用另外一種多選一的選擇敘述 switch 來完成此項任務，本敘述的基本語法即如下面所述：

```
switch(條件運算式)
{
   case  常數 A：
      工作 A；
      break;
   case 常數 B：
      工作 B；
      break;
         ⋮
         ⋮
   case 常數 P：
      工作 P；
      break;
   default:
      工作 Q；
}
```

如果我們以流程圖的方式來表示時，其狀況如下：

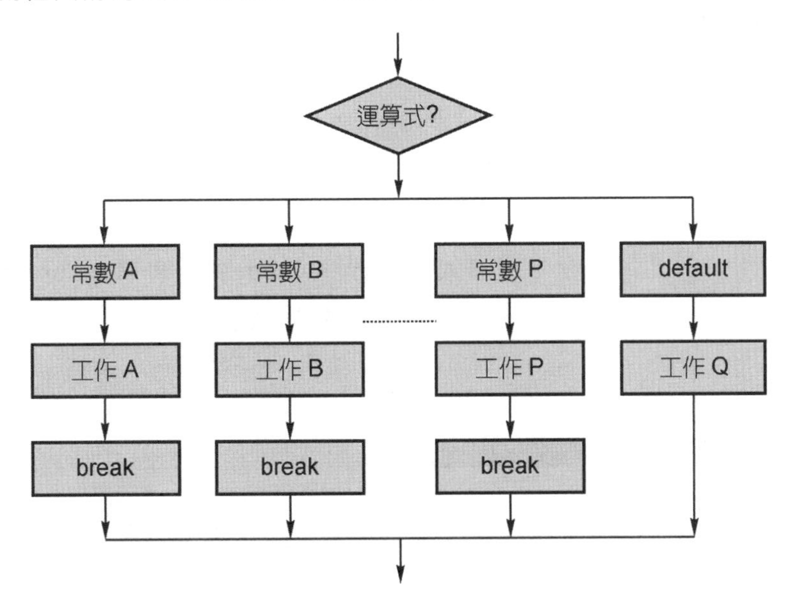

從上面流程圖的判斷可以知道本敘述的特性為：

1. 它是以 switch 後面運算式的結果來做判斷 (必須為整數或字元)。
2. 當結果的值為 case 後面的常數 A 時，則執行 A 的工作，直到 break 為止。
3. 當結果的值為 case 後面的常數 B 時，則執行 B 的工作，直到 break 為止。
4. 當結果的值為……如此一直判斷、執行下去。
5. 當前面的判斷都不成立時，則執行 default 底下的工作。
6. 本敘述內 default 可以有也可以沒有，端視實際的需求來決定。
7. 當條件成立時，其執行工作是否停止並離開 switch 敘述，則取決於 break 敘述，如果指定的工作中沒有 break 敘述時，執行工作會持續進行直到程式結束，如此會造成無法預期的錯誤。
8. 由於本敘述的判斷沒有優先順序 (if…else if 則有)，因此 case 後面的常數值不可以重複，否則會造成語法錯誤，而其詳細特性請參閱下面幾個範例。

範例　檔名：SWITCH_DEFAULT_GRADE

從鍵盤輸入 0～100 的成績，以 switch 敘述，將它分類成：

(1) A 等級：90 分～100 分。
(2) B 等級：80 分～90 分以下。
(3) C 等級：70 分～80 分以下。
(4) D 等級：60 分～70 分以下。
(5) E 等級：60 分以下。

注意！在程式中由於 switch 敘述內沒有 break 敘述，因此造成執行結果的錯誤。

執行結果：

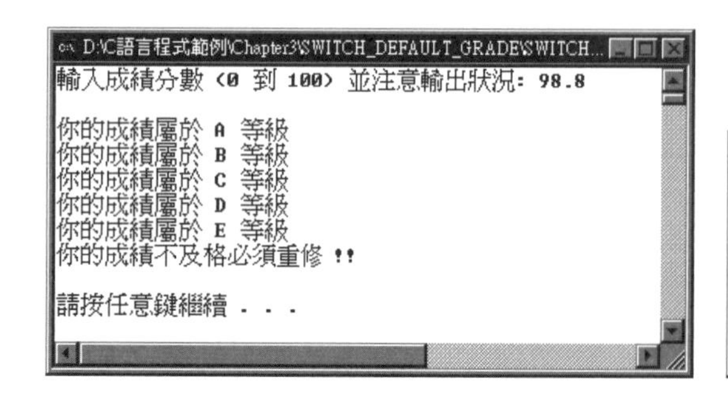

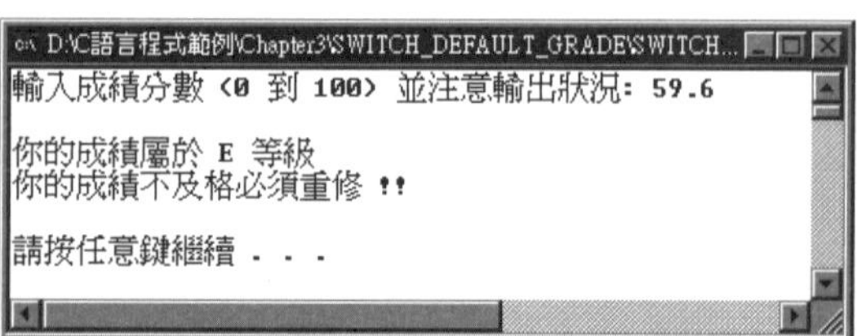

原始程式：

```
1.  /*********************************
2.   *   switch default with grade     *
3.   * 檔名 : SWITCH_DEFAULT_GRADE.CPP *
4.   *********************************/
5.
6.  #include <stdio.h>
7.  #include <stdlib.h>
8.
9.  int main(void)
10. {
11.   float score;
12.
13.   printf("輸入成績分數 (0 到 100) 並注意輸出狀況: ");
14.   fflush(stdin);
15.   scanf("%f", &score);
16.   switch((short) score / 10)
17.   {
18.     case 10:
19.     case 9 :
20.       printf("\n你的成績屬於 A 等級");
21.     case 8 :
22.       printf("\n你的成績屬於 B 等級");
23.     case 7 :
24.       printf("\n你的成績屬於 C 等級");
25.     case 6 :
26.       printf("\n你的成績屬於 D 等級");
27.     default :
28.       printf("\n你的成績屬於 E 等級");
29.       printf("\n你的成績不及格必須重修 !!\7\7\7\n\n");
30.   }
31.   system("PAUSE");
32.   return 0;
33. }
```

重點說明：

1. 行號 13～15 從鍵盤輸入一筆 0～100 的單精值浮點數。
2. 行號 16 將浮點數轉成短整數後再除以 10，因此其結果為整數，並依相除之後取得的商做判斷。

3. 商為 10 或 9 代表先前輸入的成績為 90～100 之間，因此顯示你的成績屬於 A 等級 (行號 18～20)。
4. 商為 8 代表先前輸入的成績為 80～90 以下之間，因此顯示你的成績屬於 B 等級 (行號 21～22)。
5. 商為 7、6 的狀況與上面相似。
6. 如果商不為上述的數值時 (即 0～60 以下中間)，則顯示你的成績屬於 E 等級，跳行後再顯示你的成績不及格必須重修，同時發出三次警告聲響。
7. 注意！由於本範例內並沒有加入 break 敘述，所以當 switch 後面的運算結果符合 case 後面的常數時，程式就會一直往下執行，直到整個 switch 敘述結束，因此造成錯誤的結果 (參閱執行結果)。

如果要改進上面範例的錯誤，只要在每一個條件敘述的最後面加上 break 敘述即可，其狀況即如下面範例所示。

範例	檔名：SWITCH_BREAK_DEFAULT_GRADE
在每一個條件敘述後面加入 break 敘述，藉以修正前一個範例的錯誤。	

執行結果：

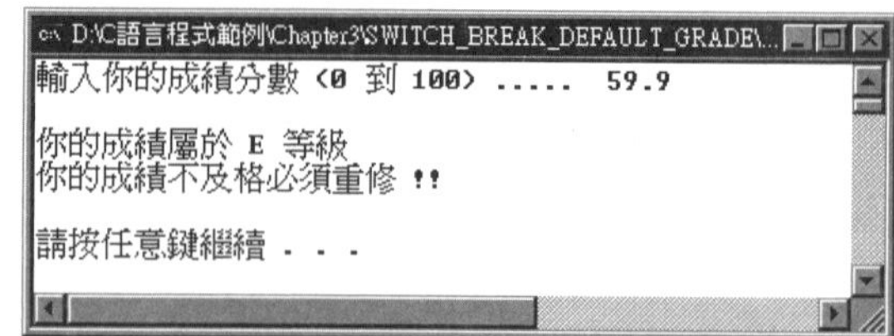

原始程式：

```
1.  /*****************************************
2.   *   switch break default with grade     *
3.   * 檔名 : SWITCH_BREAK_DEFAULT_GRADE.CPP *
4.   *****************************************/
5.
6.  #include <stdio.h>
7.  #include <stdlib.h>
```

```
8.
9.  int main(void)
10. {
11.   float score;
12.
13.   printf("輸入你的成績分數 (0 到 100) .....  ");
14.   fflush(stdin);
15.   scanf("%f", &score);
16.   switch((short) score / 10)
17.   {
18.   case 10:
19.   case 9 :
20.     printf("\n你的成績屬於 A 等級\n\n");
21.     break;
22.   case 8 :
23.     printf("\n你的成績屬於 B 等級\n\n");
24.     break;
25.   case 7 :
26.     printf("\n你的成績屬於 C 等級\n\n");
27.     break;
28.   case 6 :
29.     printf("\n你的成績屬於 D 等級\n\n");
30.     break;
31.   default :
32.     printf("\n你的成績屬於 E 等級");
33.     printf("\n你的成績不及格必須重修 !!\7\7\7\n\n");
34.   }
35.   system("PAUSE");
36.   return 0;
37. }
```

重點說明：

本範例與上一個範例的功能相似，而其唯一不同點為本範例在每一個條件敘述後面都加入 break，因此每當一個判斷式成立時，它只執行一個對應顯示工作後即結束 switch 的敘述 (參閱執行結果)。

於 switch 敘述中，case 後面的常數除了整數值之外，它也可以是字元，其詳細狀況請參閱下面範例。

範例	檔名：SWITCH_BREAK_FUNCTION

從鍵盤上輸入一個字元，以 switch 敘述將輸入字元(不分大小寫) 所代表的意義顯示在螢幕上，其中：

A 或 a：Append 代表新增資料。

C 或 c：Copy 代表拷貝檔案。

D 或 d：Delete 代表刪除檔案。

N 或 n：New 代表建立新的檔案。

O 或 o：Open 代表開啓舊的檔案。

Q 或 q：Quit 代表離開系統。

本範例只是在所對應字元的敘述內顯示它所代表的意義，將來我們可以在各別的敘述內加入它所對應的執行程式，如此即可形成一個完整的檔案處理系統。

執行結果：

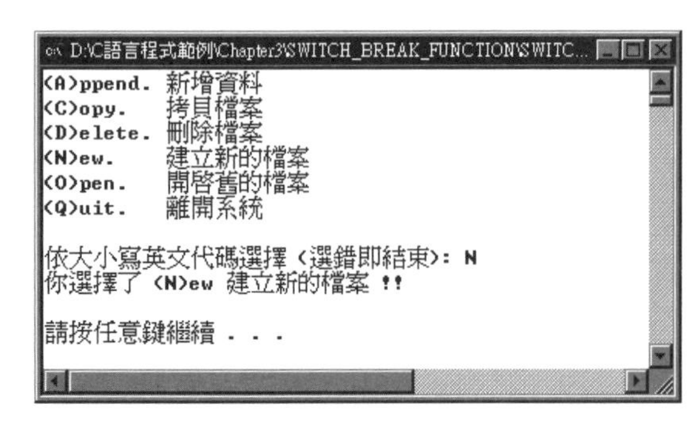

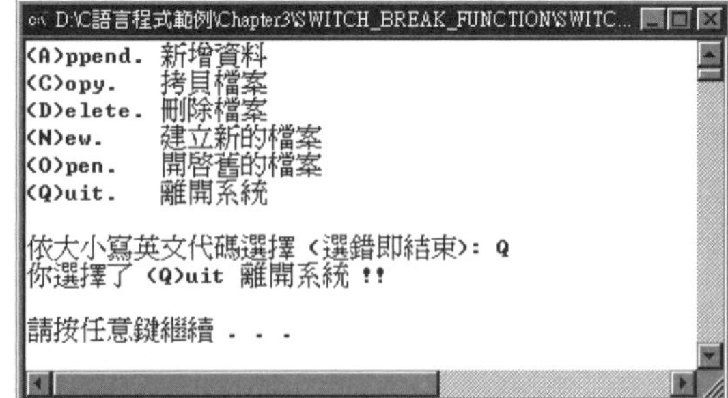

原始程式：

```
1.  /************************************
2.   *   switch break with function     *
3.   * 檔名 : SWITCH_BREAK_FUNCTION.CPP *
4.   ************************************/
5.
6.  #include <stdio.h>
7.  #include <conio.h>
8.  #include <stdlib.h>
9.
10. int main(void)
11. {
12.   char data;
```

```
13.
14.   printf("(A)ppend. 新增資料\n");
15.   printf("(C)opy.   拷貝檔案\n");
16.   printf("(D)elete. 刪除檔案\n");
17.   printf("(N)ew.    建立新的檔案\n");
18.   printf("(O)pen.   開啓舊的檔案\n");
19.   printf("(Q)uit.   離開系統\n\n");
20.   printf("依大小寫英文代碼選擇 (選錯即結束) ...  ");
21.   fflush(stdin);
22.   switch(data = getche())
23.   {
24.     case 'a':
25.     case 'A':
26.       printf("\n你選擇了 (%c)ppend 新增資料 !!\n", data);
27.       break;
28.     case 'c':
29.     case 'C':
30.       printf("\你選擇了 (%c)opy 拷貝檔案 !!\n", data);
31.       break;
32.     case 'd':
33.     case 'D':
34.       printf("\n你選擇了 (%c)elete 刪除檔案 !!\n", data);
35.       break;
36.     case 'N':
37.     case 'n':
38.       printf("\n你選擇了 (%c)ew 建立新的檔案 !!\n", data);
39.       break;
40.     case 'O':
41.     case 'o':
42.       printf("\n你選擇了 (%c)pen 開啓舊的檔案 !!\n", data);
43.       break;
44.     case 'Q':
45.     case 'q':
46.       printf("\n你選擇了 (%c)uit 離開系統 !!\n", data);
47.       break;
48.   }
49.   putchar('\n');
50.   system("PAUSE");
51.   return 0;
52. }
```

重點說明：

本範例的功能與上一個範例相似，而其不同之處在於本範例是以輸入英文字元為選擇判斷值 (而且不分大小寫)，由於從鍵盤輸入字元的函數為 getche( )，因此我們只要從鍵盤上按下一個字元 (會顯示在螢幕上) 即可，並不需要再按下 Enter，注意！由於本範例沒有使用 default 敘述，因此輸入字元如果不符合 case 後面的字元常數時，系統會自動結束 switch 敘述的執行，也就是系統會什麼都不做。

3-3 重複性敘述

當我們在撰寫程式時，往往會遇到針對某一個同樣的動作執行好幾次，甚至是幾千、幾萬次，譬如要計算班上 50 個同學的平均成績，首先必須將班上每個同學的成績一個一個累加起來後再除以班上同學的人數，累加班上同學的成績我們不可能直接以 50 個相加敘述來完成 (除了佔用太大的記憶空間之外，程式的可讀性也大大的降低)，居於上述的理由，每一種程式語言都會提供或多或少有關這方面重複執行的迴圈敘述，一般而言這些迴圈敘述依其特性可以分成下面兩大類。

先判斷再執行

先判斷再執行的工作流程即如下圖所示：

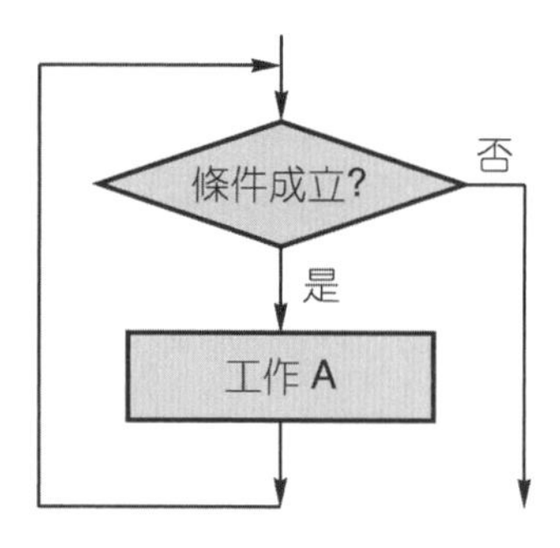

從上面的執行流程可以看出，它是先做判斷看看條件是否成立，如果成立則執行工作 A 的工作之後再回去判斷，並週而複始，如果不成立則跳離迴圈的敘述往下執行，居於上面的說明我們可以知道，此種迴圈結構所指定的工作 A 有可能一次都沒有做。

先執行再判斷

先執行再判斷的工作流程即如下圖所示：

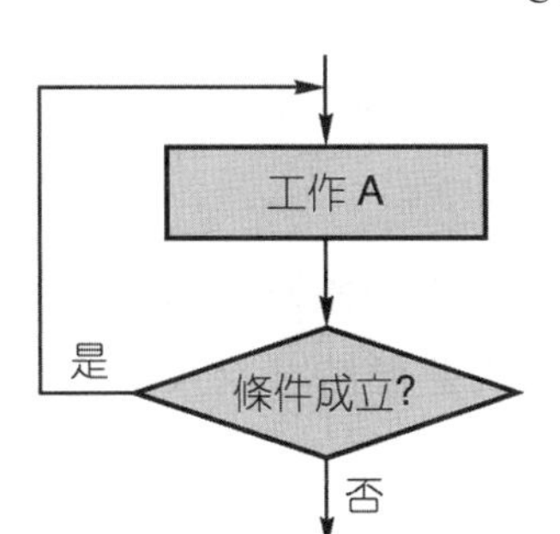

由上面的執行流程可以看出，它是先執行完工作 A 後再進行判斷，如果條件成立就繼續執行工作 A，不成立則跳離迴圈往下執行，居於上面的說明我們可以知道，此種迴圈結構所指定的工作 A 至少會被執行一次。

於 C 語言中，系統提供了三個重複性迴圈敘述，for、while、do…while，底下我們就來談談這三個敘述的特性與用法。

3-3-1 for 迴圈敘述

當我們在撰寫程式時，如果遇到重複性的工作，而且已經知道所指定的工作到底要重複幾次時，即可使用 for 的迴圈敘述來實現，而其基本語法如下：

```
for (初值設定; 條件判斷式; 調整運算式)
{
   工作 A;
}
```

如果我們以流程圖來表示時，其執行狀況如下：

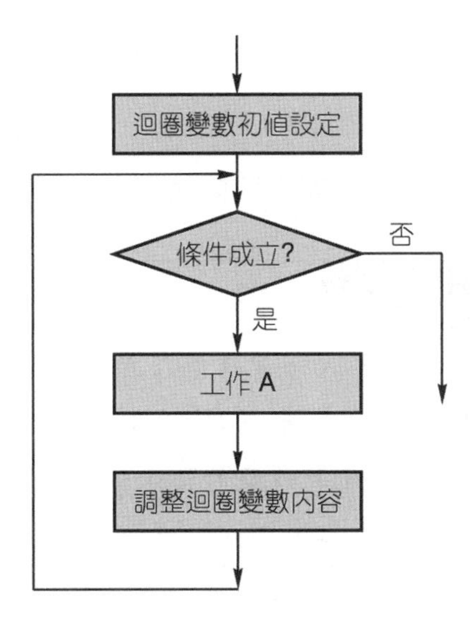

於基本語法中可以看出，for 迴圈敘述可以分成三個欄位，每個欄位所代表的意義分別為：

1. **初值設定**：本欄位用來設定控制迴圈變數的開始值，此處要特別強調的是，它只在第一次進入迴圈時才會被執行，往後於迴圈的執行過程皆不會再被設定。
2. **條件判斷式**：本欄位用來給系統判斷迴圈所指定的工作是否要繼續被執行，每一次系統要執行迴圈所指定的工作時就會先以它為依據做判斷，如果條件成立 (真) 就會執行所指定的工作，不成立 (假) 則會結束迴圈的執行工作，離開迴圈繼續往下執行。
3. **調整運算式**：本欄位用來調整控制迴圈的變數內容，每當迴圈所指定的工作被執行一次之後，系統就會依調整運算式所指定的方式進行控制迴圈變數內容的調整，以便做為下一循回的判斷依據。
4. 上述三個欄位之間必須以分號 “;” 隔開，每個欄位內還允許有兩個以上的運算式，運算式與運算式中間必須以逗號 “,” 隔開。
5. 被逗號隔開的運算式，其執行方向為由左邊向右邊，整個逗號運算式的值皆以最右邊運算的結果為主。
6. 如有必要，欄位內容可以省略，但 “；” 必須存在。
7. 本迴圈敘述是屬於先判斷再執行，所以迴圈所指定的工作有可能一次都沒有做。
8. 本迴圈敘述適合用在迴圈指定工作事先已經知道要執行幾次的環境。
9. 迴圈指定工作有兩個以上的敘述時必須加大括號，只有單一個敘述時則不用。
10. 迴圈敘述的括號後面不可以直接加 “；”，否則變成時間延遲 (當判斷式成立時什麼都不做)。

有關上述迴圈敘述的詳細特性，請參閱下面的範例。

範例一 檔名：FOR_1_NORMAL

從鍵盤輸入一筆短整數資料，利用 for 迴圈敘述以遞增的方式顯示每次迴圈被執行時的迴圈變數內容 (由 0 開始到鍵盤的輸入值)，並顯示跳離迴圈時的迴圈變數內容。

執行結果：

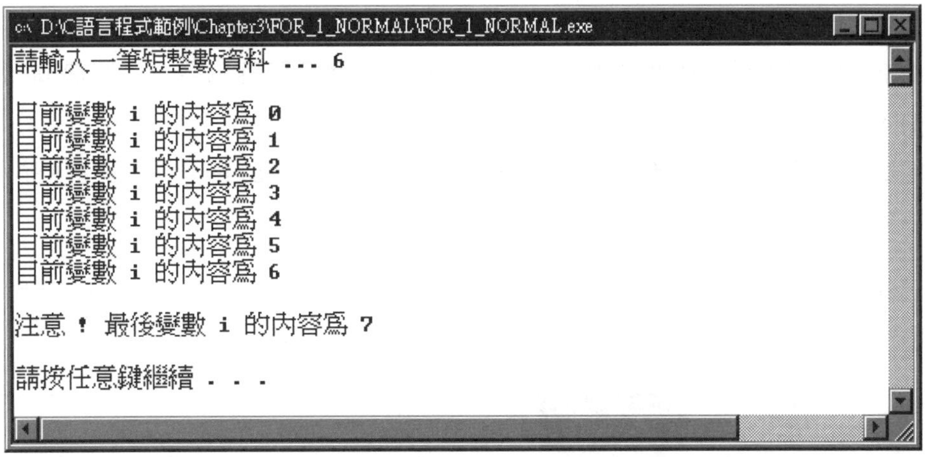

```
D:\C語言程式範例\Chapter3\FOR_1_NORMAL\FOR_1_NORMAL.exe
請輸入一筆短整數資料 ... 6

目前變數 i 的內容爲 0
目前變數 i 的內容爲 1
目前變數 i 的內容爲 2
目前變數 i 的內容爲 3
目前變數 i 的內容爲 4
目前變數 i 的內容爲 5
目前變數 i 的內容爲 6

注意 ! 最後變數 i 的內容爲 7

請按任意鍵繼續 . . .
```

原始程式：

```
1.  /***************************
2.   * for statement normal    *
3.   * 檔名 : FOR_1_NORMAL.CPP *
4.   ***************************/
5.
6.  #include <stdio.h>
7.  #include <stdlib.h>
8.
9.  int main(void)
10. {
11.   short number, i;
12.
13.   printf("請輸入一筆短整數資料 ... ");
14.   fflush(stdin);
15.   scanf("%hd", &number);
16.   for (i = 0; i <= number; i++)
17.     printf("\n目前變數i的內容爲 %hd", i);
18.   printf("\n\n注意 ! 最後變數i的內容爲 %hd", i);
19.   printf("\n\n");
20.   system("PAUSE");
21.   return 0;
22. }
```

重點說明：

1. 行號 13～15 從鍵盤輸入一筆短整數資料 6。
2. 行號 16～17 利用遞增迴圈，從 0 開始顯示迴圈變數的內容 (依次為 0、1、2、…6)。
3. 行號 18 顯示跳離迴圈時的迴圈變數內容 7，請特別留意！它會比迴圈內的值多一個調整值(此處的調整值為 1)。

前面我們討論過，於 for 迴圈敘述內的三個欄位，如有必要是可以省略的，但用來隔開每個欄位的分號“;”必須存在，其詳細狀況請參閱下面的範例。

範例二 檔名：FOR_2_OMITTED

從鍵盤輸入一筆短整數資料，利用 for 迴圈敘述，以省略初值設定的方式顯示每次迴圈被執行時的迴圈變數內容 (由 1 開始到鍵盤的輸入值)，再以省略調整運算式的方式進行累加的工作 (由 1 開始累加到鍵盤的輸入值)，並在螢幕上顯示其累加的結果。

執行結果：

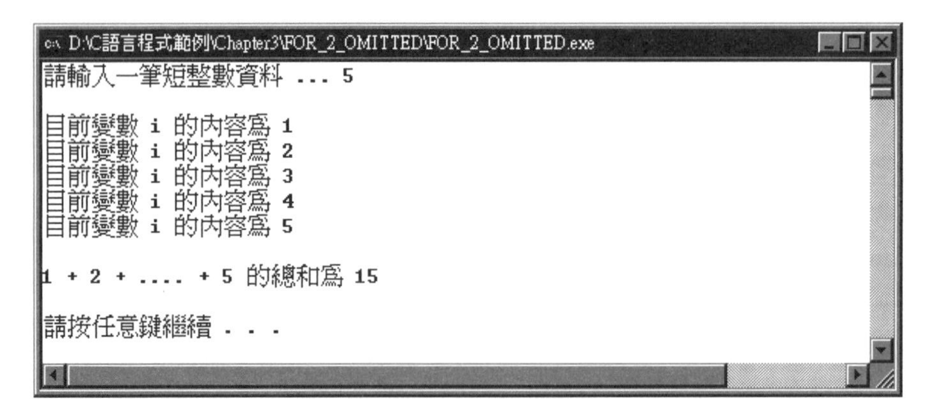

原始程式：

```
1.  /****************************
2.   * for statement omitted    *
3.   * 檔名 : FOR_2_OMITTED.CPP *
4.   ****************************/
5.
6.  #include <stdio.h>
7.  #include <stdlib.h>
```

```
8.
9.  int main(void)
10. {
11.   short number, i = 1, sum = 0;
12.
13.   printf("請輸入一筆短整數資料 ... ");
14.   fflush(stdin);
15.   scanf("%hd", &number);
16.   for( ; i <= number; i++)
17.     printf("\n目前變數i的內容爲 %hd", i);
18.   for(i = 1; i <= number; )
19.     sum += i++;
20.   printf("\n\n1 + 2 + .... + %hd 的總和爲 %hd", number, sum);
21.   printf("\n\n");
22.   system("PAUSE");
23.   return 0;
24. }
```

重點說明：

1. 行號 13～15 從鍵盤輸入一筆短整數資料 5。
2. 行號 16～17 以省略初值設定的方式（i 的初值已經在行號 11 內被設定成 1），顯示迴圈變數的內容。
3. 行號 18～19 以省略調整運算式的方式（i 的內容於行號 19 內進行調整）進行累加的動作，用來儲存累加和的變數內容之初值於行號 11 內已經被清除為 0。
4. 行號 20 則將迴圈所累加的結果顯示在螢幕上。

正如前面的論述，於 for 迴圈敘述內的三個欄位內，每個欄位可以擁有兩個以上的敘述，但必須以逗號 “,” 隔開，而逗號與逗號之間的運算式為由左邊往右邊執行，其詳細特性請參閱下面的範例。

範例三　檔名：FOR_3_COMMA

從鍵盤輸入一筆不帶符號短整數，利用 for 迴圈敘述，以逗號隔開運算式的方式計算並顯示 2 的次方值，而其計算結果以不產生溢位爲原則，此處最大只計算到 2 的 15 次方 (超過 15 次方則會產生溢位)，因此當我們輸入的資料超過 15 時，程式還是計算到 15 次方。

執行結果：

```
D:\C語言程式範例\Chapter3\FOR_3_COMMA\FOR_3_COMMA.exe
輸入一筆不帶符號短整數資料 ...  15
2  的  1  次方爲      2
2  的  2  次方爲      4
2  的  3  次方爲      8
2  的  4  次方爲     16
2  的  5  次方爲     32
2  的  6  次方爲     64
2  的  7  次方爲    128
2  的  8  次方爲    256
2  的  9  次方爲    512
2  的 10  次方爲   1024
2  的 11  次方爲   2048
2  的 12  次方爲   4096
2  的 13  次方爲   8192
2  的 14  次方爲  16384
2  的 15  次方爲  32768
請按任意鍵繼續 . . .
```

```
D:\C語言程式範例\Chapter3\FOR_3_COMMA\FOR_3_COMMA.exe
輸入一筆不帶符號短整數資料 ...  36
2  的  1  次方爲      2
2  的  2  次方爲      4
2  的  3  次方爲      8
2  的  4  次方爲     16
2  的  5  次方爲     32
2  的  6  次方爲     64
2  的  7  次方爲    128
2  的  8  次方爲    256
2  的  9  次方爲    512
2  的 10  次方爲   1024
2  的 11  次方爲   2048
2  的 12  次方爲   4096
2  的 13  次方爲   8192
2  的 14  次方爲  16384
2  的 15  次方爲  32768
請按任意鍵繼續 . . .
```

原始程式：

```
1.  /**************************
2.   * for statement comma    *
3.   * 檔名 : FOR_3_COMMA.CPP *
4.   **************************/
5.
6.  #include <stdio.h>
7.  #include <stdlib.h>
8.
9.  int main(void)
10. {
11.   unsigned short number, i, j;
12.
13.   printf("輸入一筆不帶符號短整數資料 ...  ");
14.   fflush(stdin);
15.   scanf("%hu", &number);
16.   for(i = 1, j = 1; number > 0 && j < 65536/2; i++, number-- )
17.   {
18.     j *= 2;
19.     printf("2  的 %3hu  次方爲  %6u\n", i, j);
20.   }
21.   system("PAUSE");
22.   return 0;
23. }
```

重點說明：

1. 行號 13～15 從鍵盤輸入一筆不帶符號短整數資料。
2. 行號 16～20 以逗號隔開運算式的方式進行 2 的次方值計算 (行號 18) 與顯示 (行號 19) 的工作。
3. 行號 16 中：
   (1) 有兩個變數 i 與 j 的初值設定，因此以逗號隔開。
   (2) 有兩個變數 i 與 number 的內容需要調整，因此以逗號隔開。
   (3) 條件判斷式中：
      (a) number > 0 代表 2 的次方還沒有計算完畢。
      (b) j < 65536 / 2 代表還沒有產生溢位。
      兩個條件必須同時成立 (以 and 連結) 迴圈才會繼續執行。

由於 for 迴圈敘述是屬於先判斷再執行，如果第一次判斷的結果為假時，就會產生迴圈內容一次都沒有做，其詳細狀況請參閱下面範例。

範例四	檔名：FOR_4_NOTHING
for 迴圈敘述的迴圈內容一次都沒有做的情形。	

執行結果：

```
D:\C語言程式範例\Chapter3\FOR_4_NOTHING\FOR_4_NOTHING.exe
第一次 FOR 迴圈敘述測試.......
程式結束 !!

------------------------------

第二次 FOR 迴圈敘述測試.......
程式結束 !!
請按任意鍵繼續 . . .
```

原始程式：

```
1.  /***************************
2.   * for statement nothing   *
3.   * 檔名 : FOR_4_NOTHING.CPP *
4.   ***************************/
5.
6.  #include <stdio.h>
7.  #include <stdlib.h>
8.
9.  int main(void)
10. {
11.   short i;
12.
13.   printf("第一次 FOR 迴圈敘述測試.......\n\n");
14.   for(i = 10; i < 2; i--)
15.     printf("執行迴圈內部\n");
16.   printf("程式結束 !!\7\n\n");
17.   printf("--------------------------------\n\n");
18.   printf("第二次 FOR 迴圈敘述測試.......\n\n");
19.   for(i = 0; i > 10 ; i++)
20.     printf("執行迴圈內部\n");
21.   printf("程式結束 !!\7\n\n");
22.   system("PAUSE");
23.   return 0;
24. }
```

重點說明：

1. 行號 14～15 的迴圈中，由於變數 i 的初值 10，大於條件判斷式的 2，因此條件無法成立，迴圈什麼都沒有做。
2. 行號 19～20 的迴圈中，由於變數 i 的初值 0，小於條件判斷式的 10，因此條件無法成立，迴圈什麼都沒有做。

前面的範例都是在檢驗 for 迴圈敘述的特性，底下我們舉一個較簡單的應用範例。

範例五	檔名：FOR_5_DIVIDED
從鍵盤輸入一筆不帶符號短整數資料，利用 for 迴圈敘述來計算，並顯示此筆資料內可以被 9 或被 6 整除的數值與次數。	

執行結果：

```
輸入一筆不帶符號短整數資料 (0 到 65535) ...54
  6 被 6 整除     9 被 9 整除    12 被 6 整除    18 被 6 整除    18 被 9 整除
 24 被 6 整除    27 被 9 整除    30 被 6 整除    36 被 6 整除    36 被 9 整除
 42 被 6 整除    45 被 9 整除    48 被 6 整除    54 被 6 整除    54 被 9 整除


1 到 54 中被 6 整除總共 9 次
1 到 54 中被 9 整除總共 6 次

請按任意鍵繼續 . . .
```

原始程式：

```
1.   /**********************************
2.    * for statement divided by 6, 9 *
3.    *   檔名 : FOR_5_DIVIDED.CPP     *
4.    **********************************/
5.
6.   #include <stdio.h>
7.   #include <stdlib.h>
8.
9.   int main(void)
10.  {
11.   unsigned short count6 = 0, count9 = 0, stop, i;
12.
13.   printf("輸入一筆不帶符號短整數資料 (0 到 65535) ... ");
14.   fflush(stdin);
15.   scanf("%hu", &stop);
16.   for( i = 1 ; i <= stop; i++)
17.   {
18.     if(i % 6 == 0)
19.     {
20.       printf("%3hu 被 6 整除\t", i);
21.       count6++;
22.     }
23.     if(!(i % 9))
24.     {
25.       printf("%3hu 被 9 整除\t", i);
26.       count9++;
27.     }
28.   }
```

```
29.   i--;
30.   printf("\n\n1 到 %hu 中被 6 整除總共 %hu 次", i, count6);
31.   printf("\n1 到 %hu 中被 9 整除總共%hu 次\n\n", i, count9);
32.   system("PAUSE");
33.   return 0;
34. }
```

重點說明：

1. 行號 13～15 從鍵盤上輸入一筆不帶符號短整數資料。
2. 行號 16～28 利用 for 迴圈敘述完成：
   (1) 行號 18～22 判斷並顯示、計數能被 6 整除的數值。
   (2) 行號 23～27 判斷並顯示、計數能被 9 整除的數值。
3. 行號 30～31 顯示其計數結果。

3-3-2 巢狀 for 迴圈敘述

當設計師所要處理的工作較為複雜時，可能就會用到雙層，甚至是多層的迴圈敘述，像這種雙層以上的迴圈敘述我們就稱它為巢狀迴圈敘述，當程式中使用到巢狀迴圈敘述時必須注意到，每一個迴圈敘述都必須有屬於自己的迴圈變數，迴圈與迴圈之間彼此不可以交叉，也就是迴圈與迴圈之間只能一層包圍一層，其狀況如下 (以三層迴圈為例)：

```
for(i = 0 ; i < 5 ; i++)          ─┐
{                                   │
  for(j = 0 ; j < 5 ; j++)      ─┐  │
  {                              │  │
    for(k = 0 ; k < 9 ; k++) ─┐  │  │
    {                         │  │  │
            ⋮                内層 中層 外層
    }                        ─┘  │  │
            ⋮                    │  │
  }                             ─┘  │
            ⋮                       │
}                                  ─┘
```

而它們詳細的特性請參閱底下的範例。

範例一	檔名：FOR_NEST_1
利用巢狀 for 迴圈敘述在螢幕上顯示九九乘法表。	

執行結果：

```
D:\C語言程式範例\Chapter3\FOR_NEST_1\FOR_NEST_1.exe
1  *  1  =   1       1  *  2  =   2       1  *  3  =   3
1  *  4  =   4       1  *  5  =   5       1  *  6  =   6
1  *  7  =   7       1  *  8  =   8       1  *  9  =   9

2  *  1  =   2       2  *  2  =   4       2  *  3  =   6
2  *  4  =   8       2  *  5  =  10       2  *  6  =  12
2  *  7  =  14       2  *  8  =  16       2  *  9  =  18

3  *  1  =   3       3  *  2  =   6       3  *  3  =   9
3  *  4  =  12       3  *  5  =  15       3  *  6  =  18
3  *  7  =  21       3  *  8  =  24       3  *  9  =  27

4  *  1  =   4       4  *  2  =   8       4  *  3  =  12
4  *  4  =  16       4  *  5  =  20       4  *  6  =  24
4  *  7  =  28       4  *  8  =  32       4  *  9  =  36

5  *  1  =   5       5  *  2  =  10       5  *  3  =  15
5  *  4  =  20       5  *  5  =  25       5  *  6  =  30
5  *  7  =  35       5  *  8  =  40       5  *  9  =  45

6  *  1  =   6       6  *  2  =  12       6  *  3  =  18
6  *  4  =  24       6  *  5  =  30       6  *  6  =  36
6  *  7  =  42       6  *  8  =  48       6  *  9  =  54

7  *  1  =   7       7  *  2  =  14       7  *  3  =  21
7  *  4  =  28       7  *  5  =  35       7  *  6  =  42
7  *  7  =  49       7  *  8  =  56       7  *  9  =  63

8  *  1  =   8       8  *  2  =  16       8  *  3  =  24
8  *  4  =  32       8  *  5  =  40       8  *  6  =  48
8  *  7  =  56       8  *  8  =  64       8  *  9  =  72

9  *  1  =   9       9  *  2  =  18       9  *  3  =  27
9  *  4  =  36       9  *  5  =  45       9  *  6  =  54
9  *  7  =  63       9  *  8  =  72       9  *  9  =  81


請按任意鍵繼續 . . .
```

原始程式：

```
1.  /************************
2.   * for statement nest   *
3.   * 檔名 : FOR_NEST_1.CPP *
4.   ************************/
5.
```

```
6.  #include <stdio.h>
7.  #include <stdlib.h>
8.
9.  int main(void)
10. {
11.   short i, j;
12.
13.   for(i = 1; i < 10; i++)
14.   {
15.     for(j = 1; j < 10; j++)
16.     {
17.       printf("%hd  *  %hd  = %2hd", i, j, i * j);
18.       if(j % 3 == 0)
19.         printf("\n");
20.       else
21.         printf("      ");
22.     }
23.     printf("\n");
24.   }
25.   printf("\n\n");
26.   system("PAUSE");
27.   return 0;
28. }
```

重點說明：

1. 本範例為一個九九乘法表的顯示程式，而其顯示數字與巢狀迴圈內、外層變數 i 與 j 之間的關係如下：

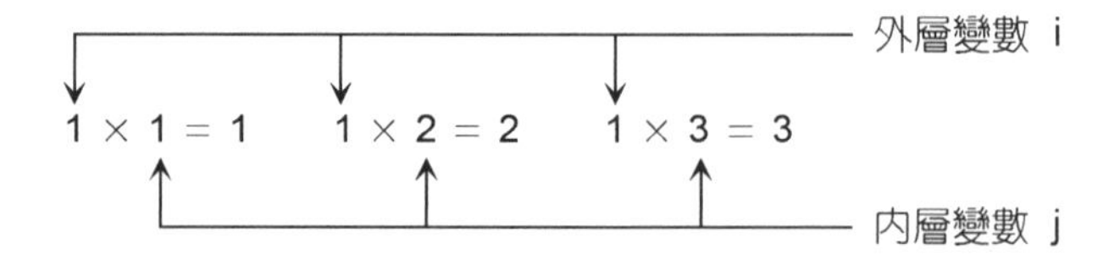

至於全部的顯示狀況請參閱執行結果的內容。

2. 行號 13～24 為一個外部迴圈，負責顯示外層的數字，因此其變數範圍為 1～9。
3. 行號 15～22 為一個內部迴圈，負責顯示內層的數字，因此其變數範圍為 1～9。
4. 行號 17 負責顯示九九乘法表中的表示式 △ × △ = △。

5. 行號 18～21 負責處理每顯示完一個九九乘法表中的表示式後到底要 (以顯示滿 3 個表示式為判斷依據)：
   (1) 跳一列 (滿 3 個表示式)。
   (2) 空白 (未滿 3 個表示式)。
6. 行號 23 負責隔開外層顯示的每一個數字 (如外層數字由 1 變成 2 或由 2 變成 3…)。

當我們在 for 迴圈敘述的最後面直接加入分號“;”時，表示當運算式的條件成立時什麼都不要做，它的目的只在於延遲時間，而其詳細特性請參閱下面的範例。

範例	檔名：FOR_NEST_2
利用巢狀迴圈以及時間延遲的特性，從鍵盤輸入一筆長整數的資料去控制喇叭發聲間隔。	

執行結果：

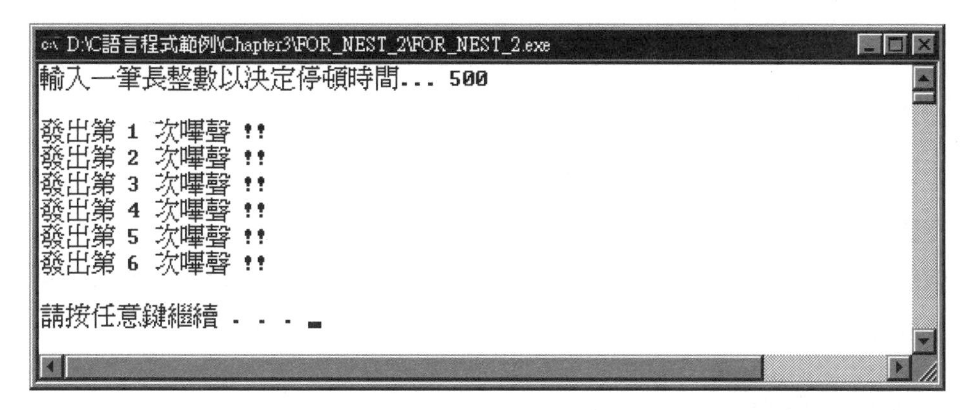

原始程式：

```
1.   /************************
2.    * for statement nest   *
3.    * 檔名 : FOR_NEST_2.CPP  *
4.    ************************/
5.
6.   #include <stdio.h>
7.   #include <stdlib.h>
8.
9.   int main(void)
```

```
10. {
11.   int delay, stop, time;
12.
13.   printf("輸入一筆長整數以決定停頓時間... ");
14.   fflush(stdin);
15.   scanf("%d", &stop);
16.   stop *= 1000000;
17.   for( time = 1; time < 7; time++)
18.   {
19.     printf("\n發出第 %hd 次嗶聲 !!\7", time);
20.     for(delay = stop; delay >= 0; delay--);
21.   }
22.   printf("\n\n");
23.   system("PAUSE");
24.   return 0;
25. }
```

重點說明：

1. 行號 13～15 從鍵盤輸入一筆長整數的資料。
2. 行號 16 將它放大以控制電腦喇叭的發音間隔時間。
3. 行號 17～21 為一個控制喇叭發音幾次的迴圈。
4. 行號 19 為一個控制喇叭發出嗶一聲的敘述。
5. 行號 20 為一個發音停頓時間的控制敘述，事實上它是一個時間延遲敘述 (在 for 迴圈敘述括號後面直接加入分號“；”)，如果我們從鍵盤輸入的數值愈大，程式的延遲時間就愈久，每個嗶聲中間的相隔時間就愈長。

3-3-3 while 迴圈敘述

當設計師在撰寫程式時，如果遇到需要重複執行，但又不知道要執行幾次的迴圈結構時，即可使用 while 迴圈敘述，而其基本語法如下：

```
while (條件判斷式)
{
  工作 A;
}
```

它的特性為當 while 後面括號內的條件判斷式為真時 (非 0)，則執行底下所指定的工作 A，一旦工作 A 執行完畢後，會再度回到 while 後面的條件判斷式重新判斷並繼續執行，當條件判斷式為假時 (為 0)，則跳過工作 A 離開 while 迴圈繼續往下執行，使用本敘述所要注意的部分為：

1. 它是屬於先判斷再執行，因此所指定的工作有可能一次都沒有做。
2. 條件判斷式必須加入小括號且後面不可以有分號 “;” ，否則變為等待某種狀況發生 (後面條件判斷式產生變化由假變真)。
3. 工作 A 只有單一敘述時不需加大括號，但如果為多行敘述時則必須加大括號。
4. 第一次進入 while 迴圈敘述就立刻進行判斷，因此條件的初值必須另外設定，當工作 A 執行完畢後又立刻回到前面執行判斷的工作，所以調整變數的內容也必須另外處理。
5. 使用 while 迴圈敘述的基本流程圖為：

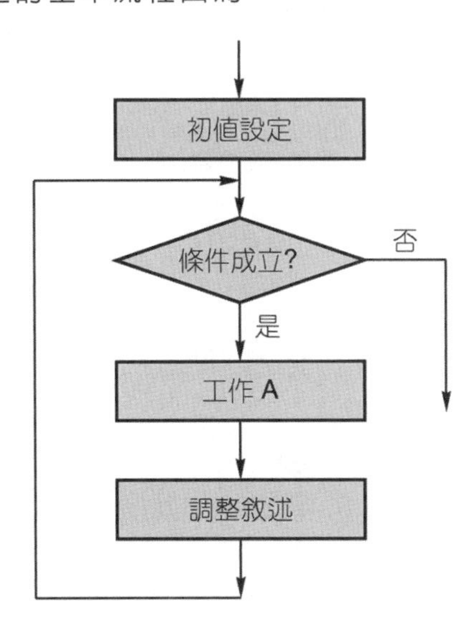

而其詳細特性請參閱底下的範例。

範例一	檔名：WHILE_1_SUM
從鍵盤輸入一筆短整數資料，利用 while 迴圈敘述分別以遞增與遞減的方式進行累加與顯示的工作 (由 1 開始累加到鍵盤輸入值)。	

執行結果：

```
D:\C語言程式範例\Chapter3\WHILE_1_SUM\WHILE_1_SUM.exe
請輸入累加的最後一個數字 (2 到 255)..  100

 1 + ........ + 100 = 5050

 1 + ........ + 100 = 5050

請按任意鍵繼續 . . .
```

原始程式：

```
1.  /**************************
2.   * while statement sum    *
3.   * 檔名 : WHILE_1_SUM.CPP *
4.   **************************/
5.
6.  #include <stdio.h>
7.  #include <stdlib.h>
8.
9.  int main(void)
10. {
11.   short end, i, sum = 0;
12.
13.   printf("請輸入累加的最後一個數字 (2 到 255).. ");
14.   fflush(stdin);
15.   scanf("%hd", &end);
16.
17. //  第一種累加方式
18.
19.   i = 1;
20.   while(i <= end)
21.     sum += i++;
22.   printf("\n 1 + ........ + %hd = %hd\n", end, sum);
23.
24. // 第二種累加方式
25.
26.   sum = 0;
27.   printf("\n 1 + ........ + %hd = ", end);
28.   while(end)
29.     sum += end--;
```

```
30.   printf("%hd\n\n", sum);
31.   system("PAUSE");
32.   return 0;
33. }
```

重點說明：

1. 行號 13～15 從鍵盤輸入一筆短整數資料。
2. 行號 19～22 為利用 while 迴圈敘述以遞增方式完成累加工作的敘述，其中：
   (1) 行號 19 為條件的初值設定。
   (2) 行號 21 為累加兼調整 (遞增) 的敘述。
3. 行號 26～30 也是利用 while 迴圈敘述以遞減方式完成累加工作的敘述，其中：
   (1) 行號 15 為條件初值設定。
   (2) 行號 29 為累加兼調整 (遞減) 的敘述。
   (3) 行號 28 中當條件變數 end 的內容被減至 0 (假) 時，整個迴圈的累加工作即告停止。
4. 本範例中由於迴圈所要執行的次數事先已經知道，因此最好使用 for 迴圈敘述來完成，此處我們只是用來說明 while 迴圈敘述的特性與用法，並藉此與迴圈敘述 for 的特性做比對。

範例	檔名：WHILE_2_KEYBOARD
從鍵盤輸入兩筆單精值資料，利用 while 迴圈敘述將它們做 + 、 - 、 * 三種運算與顯示，直到兩筆輸入資料中有一個爲 0 即結束。	

執行結果：

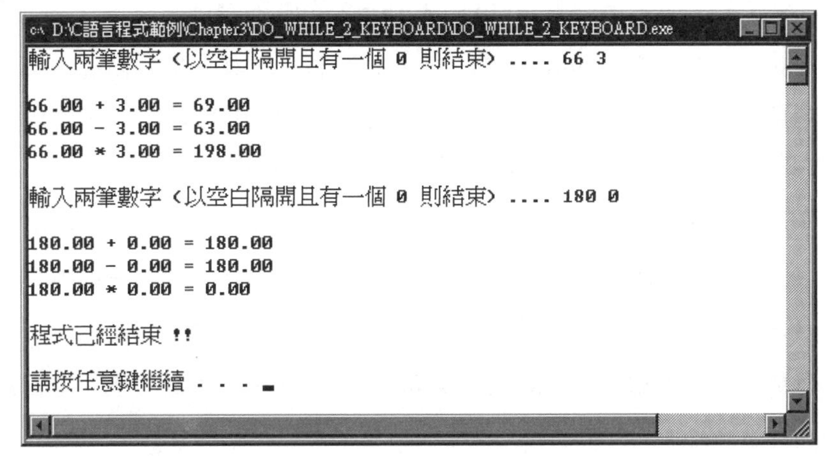

原始程式：

```
1.  /******************************
2.   * while statement keyboard   *
3.   * 檔名 : WHILE_2_KEYBOARD.CPP *
4.   ******************************/
5.
6.  #include <stdio.h>
7.  #include <stdlib.h>
8.
9.  int main(void)
10. {
11.   float data1 = 1, data2 = 1;
12.
13.   while(data1 != 0 && data2 != 0)
14.   {
15.     printf("輸入兩筆數字 (以空白隔開且有一個 0 則結束)..... ");
16.     fflush(stdin);
17.     scanf("%f %f", &data1, &data2);
18.     printf("\n%.2f + %.2f = %.2f", data1, data2, data1+data2);
19.     printf("\n%.2f - %.2f = %.2f", data1, data2, data1-data2);
20.     printf("\n%.2f * %.2f = %.2f\n\n", data1, data2, data1*data2);
21.   }
22.   printf("程式已經結束 !!\7\7\n\n");
23.   system("PAUSE");
24.   return 0;
25. }
```

重點說明：

1. 行號 11 宣告、並設定變數 data1 與 data2 的內容為 1。
2. 行號 13～21 為一個 while 迴圈敘述，於行號 13 中，當我們從鍵盤上輸入的兩筆單精值資料中，只要有一個為 0 時就會終止程式的執行。由於變數 data1 與 data2 的內容於行號 11 內被設定成 1，因此程式會往下執行。
3. 行號 15～17 從鍵盤輸入兩筆單精值資料，並儲存在 data1 與 data2 的變數內。
4. 行號 18～20 將所輸入的兩筆資料進行 + 、 - 、 * 三種運算，並顯示其結果 (每一筆單精值資料皆顯示到小數點以下第二位)。
5. 重複行號 13～21 的工作，直到兩筆輸入資料中有一個為 0 時，才會終止程式的執行。

3-3-4 do … while 迴圈敘述

do … while 迴圈敘述的功能與前面 while 迴圈敘述的特性十分相似，而其唯一不同之處為，本敘述的特性為先執行再判斷，其基本語法為：

```
do
{
   工作 A;
}while (條件判斷式);
```

它的特性為先執行 do 以下的工作 A 後再判斷，當 while 後面括號內的條件判斷式為真時 (非 0)，則回到 do 以下繼續執行工作 A，如此週而復始，直到條件判斷式為假 (0) 時才離開迴圈的工作，使用本敘述所必須注意的事項與 while 迴圈敘述相似，而其不同點為：

1. 條件判斷式的括號後面必須加分號 “;” ，代表一個完整敘述的結束。
2. 它是屬於先執行再判斷，因此工作 A 至少會被執行一次。
3. 使用 do…while 迴圈敘述的基本流程圖為：

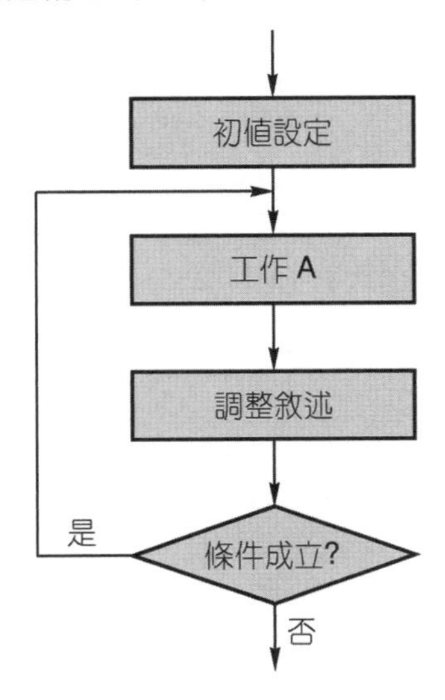

而其詳細特性請參閱底下的範例。

範例一	檔名：DO_WHILE_1_SUM
從鍵盤輸入一筆短整數資料，利用 do…while 迴圈敘述，分別以遞增與遞減的方式進行累加與顯示的工作 (由 1 開始累加到鍵盤輸入值)。	

執行結果：

```
請輸入累加的最後一個數字 (3 到 255)..  100

 1 + 2 + ........ + 100 = 5050

 1 + 2 + ........ + 100 = 5050

請按任意鍵繼續 . . .
```

原始程式：

```
1.   /****************************
2.    * do while statement sum    *
3.    * 檔名 : DO_WHILE_1_SUM.CPP *
4.    ****************************/
5.
6.   #include <stdio.h>
7.   #include <stdlib.h>
8.
9.   int main(void)
10.  {
11.    short end, i, sum = 0;
12.
13.    printf("請輸入累加的最後一個數字 (3 到 255)..  ");
14.    fflush(stdin);
15.    scanf("%hd", &end);
16.
17.  //  第一種累加方式
18.
19.    i = 1;
20.    do
21.      sum += i++;
22.    while(i <= end);
23.    printf("\n 1 + 2 + ....... + %hd = %hd\n", end, sum);
24.
25.  // 第二種累加方式
26.
27.    sum = 0;
28.    printf("\n 1 + 2 + ....... + %hd = ", end);
```

```
29.   do
30.     sum += end--;
31.   while(end);
32.   printf("%hd\n\n", sum);
33.   system("PAUSE");
34.   return 0;
35. }
```

重點說明：

本範例的功能與前面 WHILE_1_SUM 相同，只是使用的迴圈敘述不同而已，讀者可以自行比對即可知道它們的差異性。

範例二	檔名：DO_WHILE_2_KEYBOARD
從鍵盤輸入兩筆單精值資料，利用 do…while 迴圈敘述將它們做+、−、＊三種運算與顯示，直到兩筆輸入資料中有一個爲 0 即結束。	

執行結果：

```
D:\C語言程式範例\Chapter3\DO_WHILE_2_KEYBOARD\DO_WHILE_2_KEYBOARD.exe
輸入兩筆數字 <以空白隔開且有一個 0 則結束> .... 66 3

66.00 + 3.00 = 69.00
66.00 - 3.00 = 63.00
66.00 * 3.00 = 198.00

輸入兩筆數字 <以空白隔開且有一個 0 則結束> .... 180 0

180.00 + 0.00 = 180.00
180.00 - 0.00 = 180.00
180.00 * 0.00 = 0.00

程式已經結束 !!

請按任意鍵繼續 . . .
```

原始程式：

```
1.   /***********************************
2.    * do while statement keyboard     *
3.    * 檔名：DO_WHILE_2_KEYBOARD.CPP   *
4.    ***********************************/
```

```
5.
6.  #include <stdio.h>
7.  #include <stdlib.h>
8.
9.  int main(void)
10. {
11.   float data1, data2;
12.
13.   do
14.   {
15.     printf("輸入兩筆數字 (以空白隔開且有一個 0 則結束) .... ");
16.     fflush(stdin);
17.     scanf("%f %f", &data1, &data2);
18.     printf("\n%.2f + %.2f = %.2f", data1, data2, data1+data2);
19.     printf("\n%.2f - %.2f = %.2f", data1, data2, data1-data2);
20.     printf("\n%.2f * %.2f = %.2f\n\n", data1, data2, data1*data2);
21.   }while(data1 != 0 && data2 != 0);
22.   printf("程式已經結束 !!\7\7\n\n");
23.   system("PAUSE");
24.   return 0;
25. }
```

重點說明：

本範例的功能與前面 WHILE_2_KEYBOARD 相同，唯一不同點為一個是先判斷再執行，另一個是先執行再判斷，它們的特性與使用場合略有不同，譬如在遊戲或電動玩具程式中，到底是先問玩家要不要玩，或者先玩一次後再問對方要不要再玩一次…等。

3-4 break 敘述

break 敘述於多選一敘述 switch 內我們曾經討論過，它是用來結束符合 switch…case 後面所指定工作的執行，以便結束多選一的敘述，它也可以配合迴圈敘述 for、while、do…while 一起使用，目的為中止目前迴圈的執行工作，也就是說 break 敘述有強迫迴圈結束的功能，注意！當程式的迴圈結構有內、外兩層時，它只能離開 break 所在那一層的迴圈，其狀況如下：

一層迴圈時：

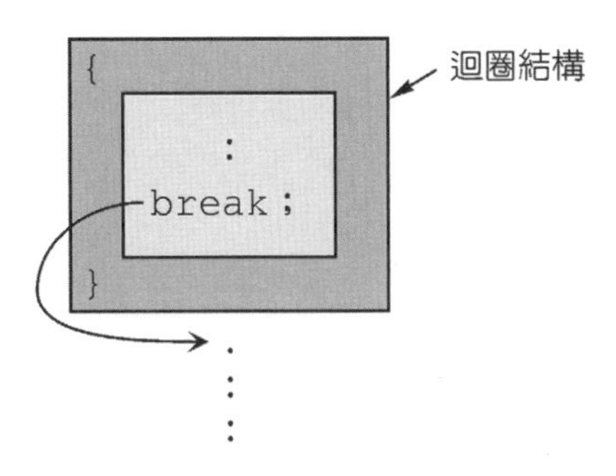

二層迴圈時：

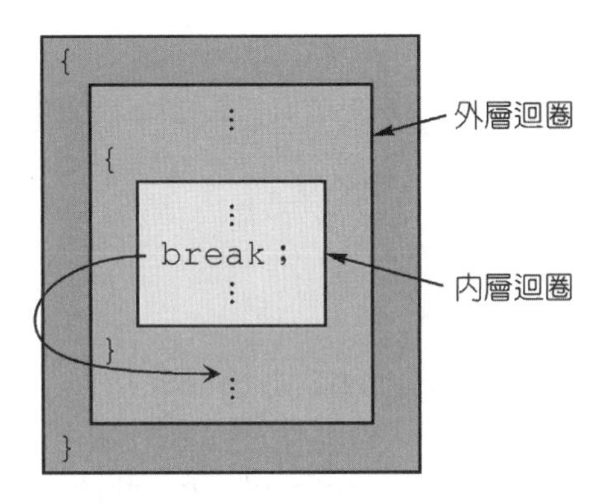

而其詳細特性，請參閱下面的範例。

範例一	檔名：BREAK
在 for 迴圈敘述內加入 break 敘述，以便當條件成立時跳離工作迴圈。	

執行結果：

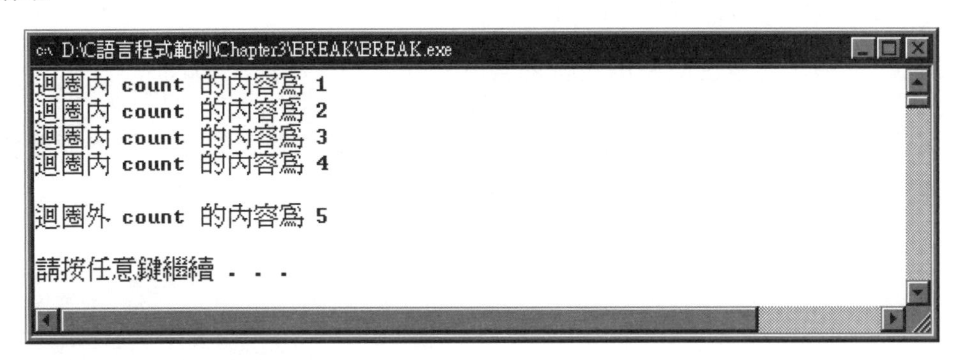

原始程式：

```
1.   /*******************
2.    * break statement *
3.    * 檔名 : BREAK.CPP *
4.    *******************/
5.
6.   #include <stdio.h>
7.   #include <stdlib.h>
8.
9.   int main(void)
10.  {
11.    short count;
12.
13.    for(count = 1; count < 7; count++)
14.    {
15.      if(count % 5 == 0)
16.        break;
17.      printf("迴圈內 count 的內容爲 %hd\n", count);
18.    }
19.    printf("\n迴圈外 count 的內容爲 %hd\n\n", count);
20.    system("PAUSE");
21.    return 0;
22.  }
```

重點說明：

1. 行號 13～18 為一個迴圈結構，其範圍為 1～6。
2. 行號 17 顯示目前變數的內容。
3. 行號 15～16 判斷，如果變數內容被 5 整除時，則於行號 16 強迫停止迴圈的執行，因此變數內容只顯示 1～4。
4. 行號 19 顯示跳離迴圈時的變數內容 5。

如果在巢狀迴圈敘述內使用 break 敘述時，它只能跳離當時所在那一層的迴圈敘述，並繼續往下執行，其詳細狀況請參閱下面範例。

範例二	檔名：BREAK_NEST
在巢狀迴圈敘述內加入 break 敘述，以便條件成立時跳離 break 敘述所在的迴圈，並繼續往下執行。	

執行結果：

```
D:\C語言程式範例\Chapter3\BREAK_NEST\BREAK_NEST.exe
目前在內部迴圈  y = 1   x = 1

目前在外部迴圈  y = 1   x = 2
目前在內部迴圈  y = 2   x = 1

目前在外部迴圈  y = 2   x = 2
目前在內部迴圈  y = 3   x = 1

目前在外部迴圈  y = 3   x = 2
目前在內部迴圈  y = 4   x = 1

目前在外部迴圈  y = 4   x = 2

離開兩個迴圈時  y = 5   x = 2

請按任意鍵繼續 . . .
```

原始程式：

```
1.  /************************
2.   * break statement nest *
3.   * 檔名: BREAK_NEST.CPP   *
4.   ************************/
5.
6.  #include <stdio.h>
7.  #include <stdlib.h>
8.
9.  int main(void)
10. {
11.   short x, y;
12.
13.   for(y = 1; y < 5; y++)
14.   {
15.     for(x = 1; x < 5; x++)
16.     {
```

```
17.       if(x % 2 == 0)
18.         break;
19.       printf("目前在內部迴圈  y = %hd  x = %hd\n", y, x);
20.     }
21.     printf("\n 目前在外部迴圈  y = %hd  x = %hd\n", y, x);
22.   }
23.   printf("\n 離開兩個迴圈時  y = %hd  x = %hd\n\n", y, x);
24.   system("PAUSE");
25.   return 0;
26. }
```

重點說明：

1. 行號 13～22 為外層迴圈，範圍為 1～4。
2. 行號 15～20 為內層迴圈，範圍為 1～4。
3. 行號 17～18 判斷只要內層迴圈的 x 值為偶數時，則經由行號 18 強迫離開內層迴圈，因此內層迴圈所顯示出來的變數 x 值只有 1 (行號 19)。
4. 行號 21 於外層迴圈顯示目前外、內層變數 y 與 x 的值。
5. 行號 23 則顯示離開內外層迴圈時的變數 y 與 x 的內容。

3-5 continue 敘述

continue 敘述可以強迫程式回到迴圈敘述 for 的最前面去執行，也就是當系統執行到 continue 敘述時，它會忽略底下的敘述，直接跳到迴圈的最前面去執行下一循回的迴圈工作，其狀況如下 (以 for 迴圈敘述為例)：

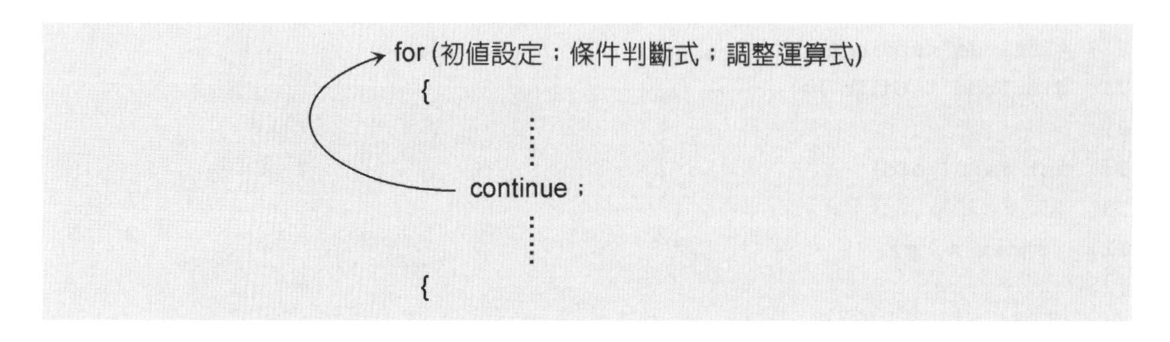

於上面 for 迴圈敘述中，執行到 continue 敘述時，系統會回到 for 迴圈敘述的最前面，先做迴圈變數內容的調整後，再做條件式的判斷，並依其結果去執行迴圈敘述的工作，

注意！不管迴圈有幾層，它只能回到目前層數的最前面，而其詳細特性請參閱下面範例。

範例一	檔名：CONTINUE
在 for 迴圈敘述內加入 continue 敘述，以便當條件成立時跳到迴圈的最前面去執行下一循回的迴圈工作。	

執行結果：

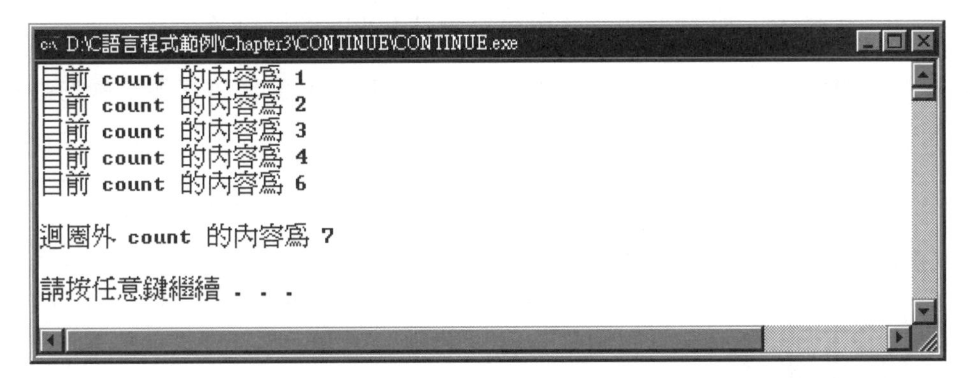

原始程式：

```
1.   /***********************
2.    * continue statement *
3.    * 檔名 : CONTINUE.CPP *
4.    ***********************/
5.
6.   #include <stdio.h>
7.   #include <stdlib.h>
8.
9.   int main(void)
10.  {
11.    short count;
12.
13.    for(count = 1; count < 7; count++)
14.    {
15.      if(count % 5 == 0)
16.        continue;
17.      printf("目前 count 的內容爲 %hd\n", count);
18.    }
```

```
19.   printf("\n 迴圈外 count 的內容爲 %hd\n\n", count);
20.   system("PAUSE");
21.   return 0;
22. }
```

重點說明：

本範例與前面 BREAK 相似，而其唯一的不同點為我們將行號 16 內的 break 敘述改成 continue 敘述，因此當變數 count 的內容被 5 整除時，程式則經由行號 16 回到行號 13 繼續下一循回的判斷與執行，因此於行號 17 內所顯示出來的 count 變數內容只有 1、2、3、4、6 獨缺一個 5，行號 19 顯示迴圈外 count 的內容 7。

如果在巢狀迴圈敘述內使用 continue 敘述時，它只能回到當時所在那一層的最前面，其詳細狀況請參閱下面範例。

範例二	檔名：CONTINUE_NEST
在巢狀迴圈敘述內加入 continue 敘述，以便條件成立時回到 continue 敘述所在迴圈的最前面執行。	

執行結果：

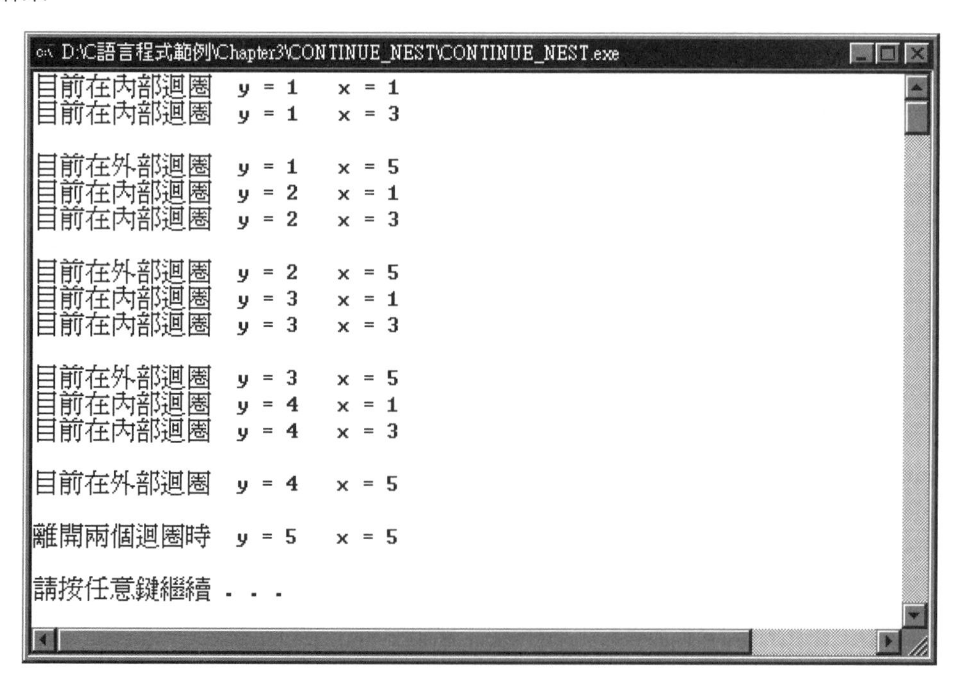

原始程式：

```
1.   /****************************
2.    * continue statement nest *
3.    * 檔名 : CONTINUE_NEST.CPP  *
4.    ****************************/
5.
6.   #include <stdio.h>
7.   #include <stdlib.h>
8.
9.   int main(void)
10.  {
11.    short x, y;
12.
13.    for(y = 1; y < 5; y++)
14.    {
15.      for(x = 1; x < 5; x++)
16.      {
17.        if(x % 2 == 0)
18.          continue;
19.        printf("目前在內部迴圈  y = %hd   x = %hd\n", y, x);
20.      }
21.      printf("\n 目前在外部迴圈  y = %hd   x = %hd\n", y, x);
22.    }
23.    printf("\n 離開兩個迴圈時  y = %hd   x = %hd\n\n", y, x);
24.    system("PAUSE");
25.    return 0;
26.  }
```

重點說明：

本範例與前面 BREAK_NEST 相似，而其唯一不同點為我們將行號 18 內的 break 敘述改成 continue 敘述，所以當內層變數 x 的內容為偶數時，程式則經由行號 18 回到內層迴圈敘述 for 的最前面 (行號 15) 去執行，因此於行號 19 內所顯示出來的變數 x 內容皆為奇數，詳細狀況請參閱執行結果。

3-6 亂數產生器

有經驗的程式設計師都知道，當程式在處理一些資料時，往往需要大量的數值資料，這些大量的數值資料並不適合以鍵盤逐一輸入 (譬如當我們在測試一個排大小的程式就需要大量的測試資料；遊戲程式內需要骰子的點數、夜空上面星星的顯示位置，樸克牌的點數、花樣…等)，因此任何一種語言皆會提供亂數產生的指令，這些指令產生亂數的方法雖不盡相同，但它們最終的目的無非是提供設計師所需要的介於某一個範圍區間的亂數 (random number)，於 C 語言中用來產生亂數的函數最常用到的為 rand( ) 與 srand( )，它們皆被定義在 stdlib.h 的標頭檔內，因此使用時必須使用 #include <stdlib.h> 將它引入程式中。

rand( )函數

rand( ) 函數為一個使用 multiplicative congruential 的亂數產生器 (random number generator)，它的函數原型為：

```
int rand(void)
```

此函數被定義在標頭檔 stdlib.h 內，因此要使用本函數時，必須以 #include <stdlib.h> 將它引入程式中，執行本函數時並不需要傳送任何參數，函數執行完畢會回傳一個介於 0～32767 中間的亂數 ($0 \sim 2^{15}-1$)，底下我們就舉一個範例來說明本函數的特性與用法。

範例	檔名：RANDOM_NUMBER_0_32767
以 rand( )函數產生 36 組範圍介於 0～32767 中間的亂數值，並將它們顯示在螢幕上。	

執行結果：

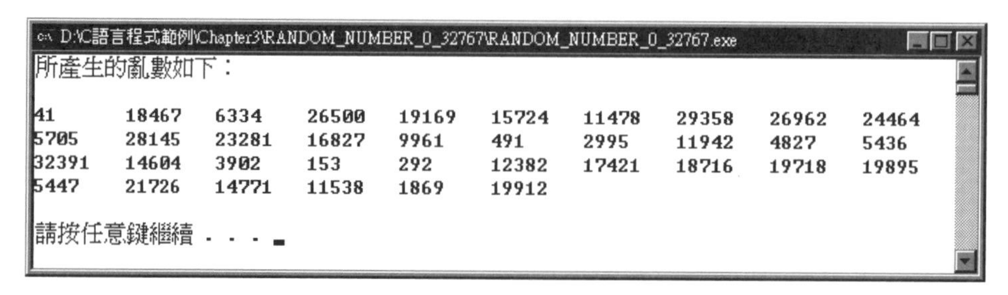

```
D:\C語言程式範例\Chapter3\RANDOM_NUMBER_0_32767\RANDOM_NUMBER_0_32767.exe
所產生的亂數如下：

41      18467   6334    26500   19169   15724   11478   29358   26962   24464
5705    28145   23281   16827   9961    491     2995    11942   4827    5436
32391   14604   3902    153     292     12382   17421   18716   19718   19895
5447    21726   14771   11538   1869    19912

請按任意鍵繼續 . . .
```

原始程式：

```
1.   /************************************
2.    * generate random number 0 - 32767 *
3.    * 檔名 : RANDOM_NUMBER_0_32767.CPP  *
4.    ************************************/
5.
6.   #include <stdio.h>
7.   #include <stdlib.h>
8.
9.   #define COUNTER 36
10.
11.  int main(void)
12.  {
13.    short count;
14.
15.    printf("所產生的亂數如下：\n\n");
16.    for(count = 0; count < COUNTER; count++)
17.      printf("%-8hd", rand());
18.    printf("\n\n");
19.    system("PAUSE");
20.    return 0;
21.  }
```

重點說明：

1. 行號 7 將 stdlib.h 的標頭檔引入程式。
2. 行號 16～17 連續產生 36 組介於 0～32767 中間的亂數，並將它們顯示在螢幕上。
3. 於執行結果內可以發現到，當我們連續執行程式兩次時，這兩次的結果都相同(參閱底下的說明)。

srand( )函數

當亂數產生函數在產生亂數時，通常是將一個稱為亂數種子 (random seed) 的數值帶入函數運算，如果亂數種子相同時，其運算結果當然會相同，這就是為什麼在上個範例中每次重新執行時，其結果都相同的原因 (亂數種子皆相同)，為了避免這種現象，在 rand 函數要產生亂數之前，只要設定不同的亂數種子即可，於 C 語言中用來設定亂數種子的函數為 srand( )函數，而其函數的原型為：

```
void srand (unsigned int seed)
```

它被定義在標頭檔 stdlib.h 內，因此要使用本函數時必須以 #include <stdlib.h> 將它引入程式中，執行本函數時必須傳入所要設定的亂數種子 (不帶符號的整數)，函數執行完畢後不會回傳任何資料，底下我們就舉一個範例來說明本函數的特性與用法。

範例 檔名：RANDOM_NUMBER_SEED_0_32767

從鍵盤輸入亂數種子，以 srand( )函數設定後由 rand( )函數產生 30 組亂數，直到輸入 0 才結束程式的執行。

執行結果：

```
D:\C語言程式範例\Chapter3\RANDOM_NUMBER_SEED_0_32767\RANDOM_NUMBER_SEED_0_32767.exe
請輸入亂數種子（0 結束 !!）.. 3

所產生的亂數如下：
48      7196    9294    9091    7031    23577   17702   23503   27217   12168
5409    28233   2023    17152   21578   2399    23863   16025   8489    19718
22454   12798   1164    14182   29498   1731    27271   18899   6936    27897

請輸入亂數種子（0 結束 !!）.. 2

所產生的亂數如下：
45      29216   24198   17795   29484   19650   14590   26431   10705   18316
5557    28189   12652   606     32153   17829   29813   30367   6658    28961
11039   30085   18917   7167    14895   23440   5962    2424    29711   7512

請輸入亂數種子（0 結束 !!）.. 3

所產生的亂數如下：
48      7196    9294    9091    7031    23577   17702   23503   27217   12168
5409    28233   2023    17152   21578   2399    23863   16025   8489    19718
22454   12798   1164    14182   29498   1731    27271   18899   6936    27897

請輸入亂數種子（0 結束 !!）.. 0

請按任意鍵繼續 . . .
```

原始程式：

```
1.  /***************************************
2.   *   generate random number with seed    *
3.   * 檔名 : RANDOM_NUMBER_SEED_0_32767.CPP *
4.   ***************************************/
5.
6.  #include <stdio.h>
7.  #include <stdlib.h>
8.
9.  #define COUNTER 30
10.
11. int main(void)
12. {
13.   short count, seed ;
14.
15.   while(1)
16.   {
17.     printf("請輸入亂數種子 (0 結束 !!) .. ");
18.     fflush(stdin);
19.     scanf("%hd", &seed);
20.     if(seed)
21.     {
22.       srand(seed);
23.       printf("\n所產生的亂數如下：\n");
24.       for(count = 0; count < COUNTER; count++)
25.         printf("%-8hd", rand());
26.       printf("\n");
27.     }
28.     else
29.       break;
30.   }
31.   printf("\n");
32.   system("PAUSE");
33.   return 0;
34. }
```

重點說明：

1. 行號 17～19 輸入所要設定的亂數種子。
2. 行號 20 判斷輸入 0 時，經由行號 28～29 結束程式的執行。

3. 行號 22 設定亂數種子。
4. 行號 24～25 產生並顯示 30 組亂數值。
5. 當程式執行時，如果所設定的亂數種子不同時，它們所產生的亂數就不同，如果所設定的亂數種子相同時，它們所產生的亂數就會相同(參閱執行結果)。

time( )函數

於上面的範例中我們發現到，只要所設定的亂數種子不同，rand( ) 函數所產生的亂數就不會一樣，但是為了要達到不一樣的效果，每一次產生亂數時，我們都必須要以鍵盤設定，十分不方便，為了解決這個問題，此處我們先介紹一個與時間有關的函數 time( )，它的函數原型為：

```
long time (long * timeptr)
```

此函數被定義在標頭檔 time.h 內，因此要使用本函數時必須以 #include <time.h> 將它引入程式中，執行本函數時必須傳入一個指標 (位址) 或 NULL，函數執行完畢後會回傳一個從格林威治標準時間 1970 年 1 月 1 日到目前時間的總秒數，並以長整數方式儲存在參數所指定指標 (位址) 所對應的記憶體內，如果為 NULL 則只回傳而不儲存，底下我們就舉一個範例來說明本函數的特性與用法。

範例一	檔名：TIME_TOTAL_SECOND
以 time( )函數產生 9 組從格林威治標準時間 1970 年 1 月 1 日到目前時刻的總秒數，並將它們分別顯示在螢幕上。	

執行結果:

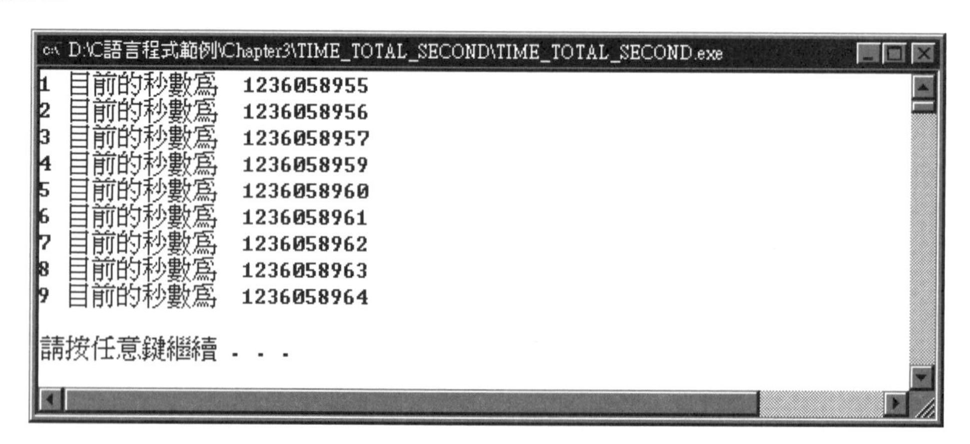

原始程式：

```
1.  /*******************************
2.   * total second from 1970/1/1  *
3.   * 檔名 : TIME_TOTAL_SECOND.CPP *
4.   *******************************/
5.
6.  #include <stdio.h>
7.  #include <stdlib.h>
8.  #include <time.h>
9.
10. #define COUNTER 10
11. #define WAIT    500000000
12.
13. int main(void)
14. {
15.   short count;
16.   int   wait;
17.
18.   for(count = 1; count < COUNTER; count++)
19.   {
20.     printf("%hd 目前的秒數爲 %ld\n", count, time(NULL));
21.     for(wait = 0; wait < WAIT; wait++);
22.   }
23.   printf("\n");
24.   system("PAUSE");
25.   return 0;
26. }
```

重點說明：

1. 行號 8 將 time.h 的標頭檔引入程式。
2. 行號 18～23 利用迴圈方式以 time (NULL) 函數回傳秒數 9 次，並將它們顯示在螢幕上。

如果我們想要知道目前的日期、時間、年份時，可以利用 time( ) 函數取回總秒數後，再利用 ctime(long *time) 函數將它轉換成用來表達日期、時間、年份的 26 個字元 (前面 24 個字元為日期、時間、年份，後面兩個字元為 \n\0)，底下我們就舉個範例來說明它們的特性與用法。

範例二	檔名：CURRENT_DATE

以 time( ) 函數取回 9 組從格林威治標準時間 1970 年 1 月 1 日到目前時刻的總秒數，利用 ctime( ) 函數將它們轉換成日期、時間、年份後分別顯示在螢幕上。

執行結果：

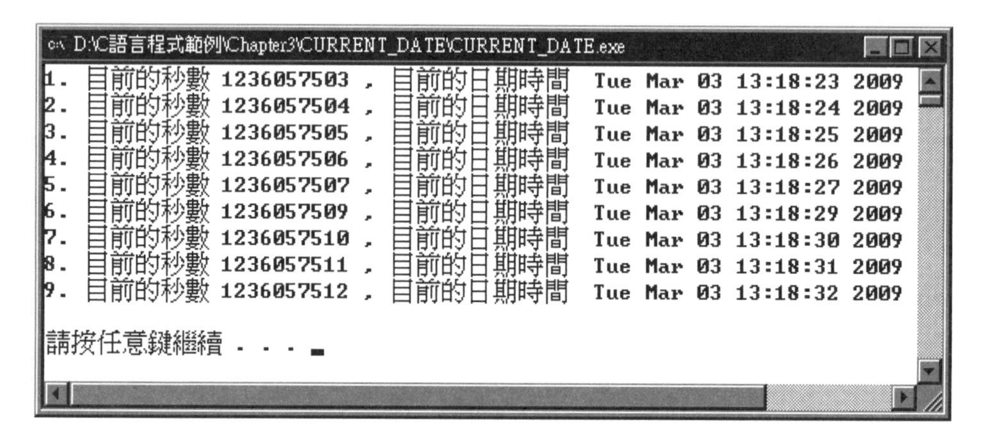

原始程式：

```
1.  /***************************
2.   * display current date    *
3.   * 檔名 : CURRENT_DATE.CPP *
4.   ***************************/
5.
6.  #include <stdio.h>
7.  #include <stdlib.h>
8.  #include <time.h>
9.
10. #define COUNTER 10
11. #define WAIT    500000000
12.
13. int main(void)
14. {
15.   short count;
16.   int   wait;
17.   long  seed;
18.
```

```
19.    for(count = 1; count < COUNTER; count++)
20.    {
21.     seed = time(NULL);
22.     printf("%hd. 目前的秒數 %ld ", count, seed);
23.     printf(", 目前的日期時間  %s", ctime(&seed));
24.     for(wait = 0; wait < WAIT; wait++);
25.    }
26.    printf("\n");
27.    system("PAUSE");
28.    return 0;
29.  }
```

重點說明：

1. 程式架構與上一個範例十分相似。
2. 行號 21 取回總秒數並將它儲存在變數 seed 內。
3. 行號 22 顯示第幾次取回的總秒數。
4. 行號 23 將取回的總秒數轉換成 26 個字元的日期、時間、年份，並將它們全部顯示在螢幕上。

前面提過，利用 rand( ) 函數產生亂數，如果希望每次執行時都要產生不同的亂數，它們的亂數種子必須不同，於個人電腦內數值會不斷改變的就是時間，如果我們每次要產生亂數時，都以時間為亂數種子，如此一來它們所產生的亂數也就不會相同，底下我們就舉幾個範例來說明。

範例三 檔名：RANDOM_NUMBER_SEED_TIME_0_32767

設計一程式，每次產生 30 組介於 0～32767 中間的亂數，而且每次執行時所產生的亂數皆不相同。

執行結果：

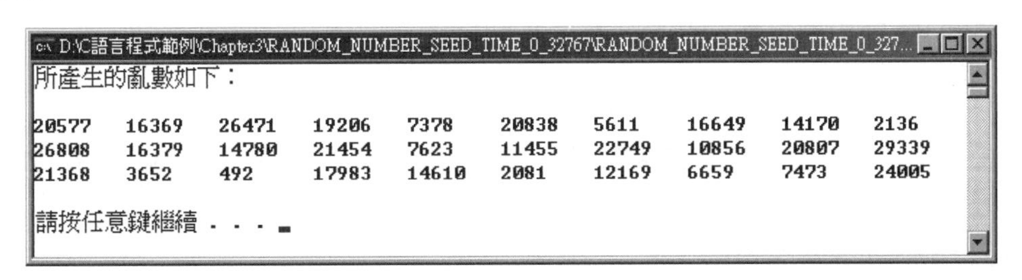

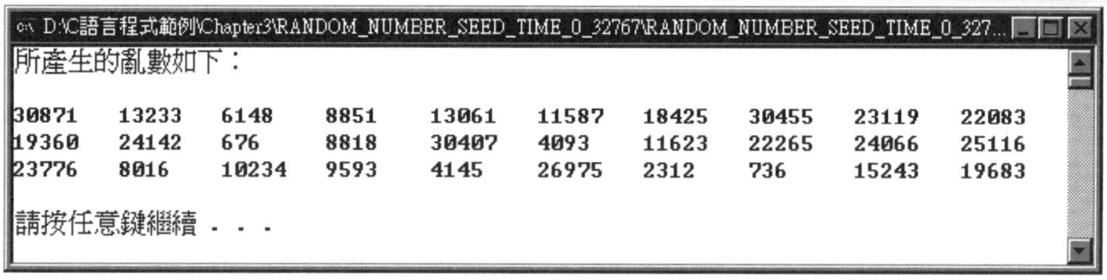

```
D:\C語言程式範例\Chapter3\RANDOM_NUMBER_SEED_TIME_0_32767\RANDOM_NUMBER_SEED_TIME_0_327...
所產生的亂數如下：

30871   13233   6148    8851    13061   11587   18425   30455   23119   22083
19360   24142   676     8818    30407   4093    11623   22265   24066   25116
23776   8016    10234   9593    4145    26975   2312    736     15243   19683

請按任意鍵繼續 . . .
```

原始程式：

```
1.  /**********************************************
2.   * generate random number with seed and time  *
3.   * 檔名 : RANDOM_NUMBER_SEED_TIME_0_32767.CPP  *
4.   **********************************************/
5.
6.  #include <stdio.h>
7.  #include <stdlib.h>
8.  #include <time.h>
9.
10. #define COUNTER 30
11.
12. int main(void)
13. {
14.   short count;
15.
16.   srand(time(NULL));
17.   printf("所產生的亂數如下：\n\n");
18.   for(count = 0; count < COUNTER; count++)
19.     printf("%-8hd", rand());
20.   printf("\n");
21.   system("PAUSE");
22.   return 0;
23. }
```

重點說明：

1. 行號 16 取回總秒數，並以此設定亂數種子。
2. 行號 17～19 利用迴圈產生 30 組亂數，並將它們顯示在螢幕上。
3. 由於每次執行時所設定的亂數種子皆不相同，因此所產生的 30 組亂數皆不相同。

範例四	檔名：RANDOM_NUMBER_0_99
設計一程式，每次產生 50 組介於 0～99 中間的亂數，而且每次執行時所產生的亂數皆不相同。	

執行結果：

```
D:\C語言程式範例\Chapter3\RANDOM_NUMBER_0_99\RANDOM_NUMBER_0_99.exe
所產生的亂數如下：

12      63      32      90      94      29      65      24      48      92
6       46      94      73      69      0       22      14      74      16
83      91      67      80      77      82      76      59      73      70
75      77      49      93      58      65      79      60      18      94
6       80      18      75      17      59      77      40      51      37

請按任意鍵繼續 . . .
```

```
D:\C語言程式範例\Chapter3\RANDOM_NUMBER_0_99\RANDOM_NUMBER_0_99.exe
所產生的亂數如下：

60      69      72      39      17      38      26      26      27      94
12      20      84      50      25      54      11      80      18      67
66      16      75      96      66      81      6       33      54      6
77      44      56      4       12      83      1       79      35      72
8       68      40      73      88      89      20      61      17      15

請按任意鍵繼續 . . .
```

原始程式：

```
1.   /*********************************
2.    * generate random number 0_99  *
3.    * 檔名 : RANDOM_NUMBER_0_99.CPP  *
4.    *********************************/
5.
6.   #include <stdio.h>
7.   #include <stdlib.h>
8.   #include <time.h>
9.
10.  #define COUNTER 50
11.
12.  int main(void)
13.  {
14.    short count;
15.
16.    srand(time(NULL));
```

```
17.   printf("所產生的亂數如下：\n\n");
18.   for(count = 0; count < COUNTER; count++)
19.     printf("%-8hd", rand() % 100);
20.   printf("\n");
21.   system("PAUSE");
22.   return 0;
23. }
```

重點說明：

程式的結構與範例一相似，唯一不同之處在行號 19，我們將目前所產生的亂數除以 100 取餘數，因此亂數的範圍介於 0～99 之間。

3-7 綜合練習

……程式設計一 檔名：EX3_1……

設計一程式從鍵盤輸入一筆帶符號長整數，並以符號位元為判斷依據，於螢幕上顯示其正負值，程式執行時螢幕的顯示狀況如下：

執行結果：

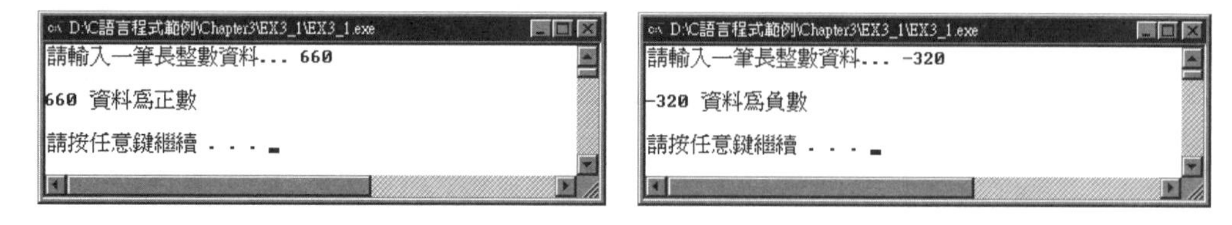

設計流程：

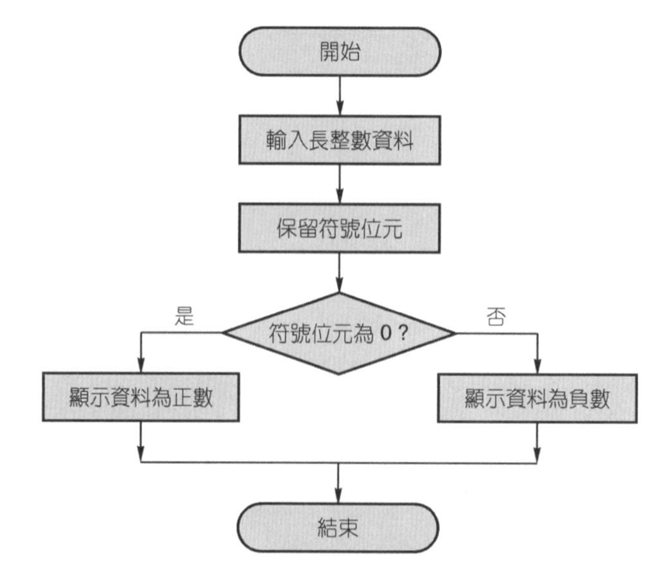

原始程式：

```
1.  /*******************
2.   * 檔名 : EX3_1.CPP *
3.   *******************/
4.
5.  #include <stdio.h>
6.  #include <stdlib.h>
7.
8.  int main(void)
9.  {
10.   int data;
11.
12.   printf("請輸入一筆長整數資料... ");
13.   fflush(stdin);
14.   scanf("%d", &data);
15.   if(data & 0x80000000)
16.     printf("\n%d 資料爲負數\n\n", data);
17.   else
18.     printf("\n%d 資料爲正數\n\n", data);
19.   system("PAUSE");
20.   return 0;
21. }
```

重點說明：

由於輸入資料為帶符號的長整數，其儲存格式為：

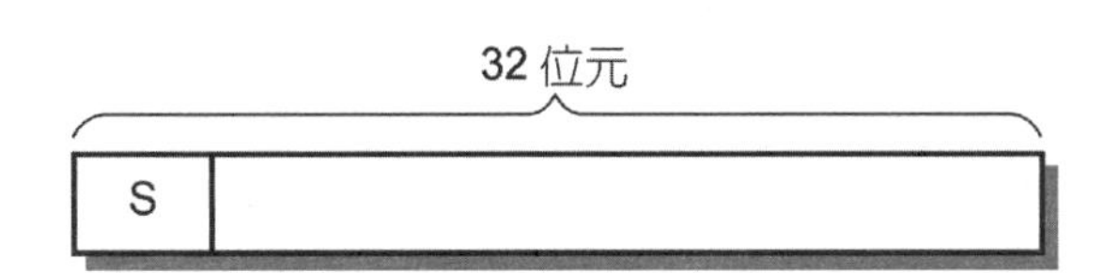

利用位元運算 and 有遮沒功能，保留其符號位元，並將其餘 31 位元的內容清除為 0，運算結果為 0 時表示輸入資料為正數 (行號 15、18)，不為 0 時為負數 (行號 15、16)。

……程式設計二　檔名：EX3_2……

設計一程式從鍵盤輸入三筆不帶符號的短整數資料代表三角形的三個邊，並判斷此三個邊是否可以組成一個三角形，如果可以，試問此三角形為直角三角形或銳角三角形或鈍角三角形？程式執行時螢幕的顯示狀況如下：

執行結果：

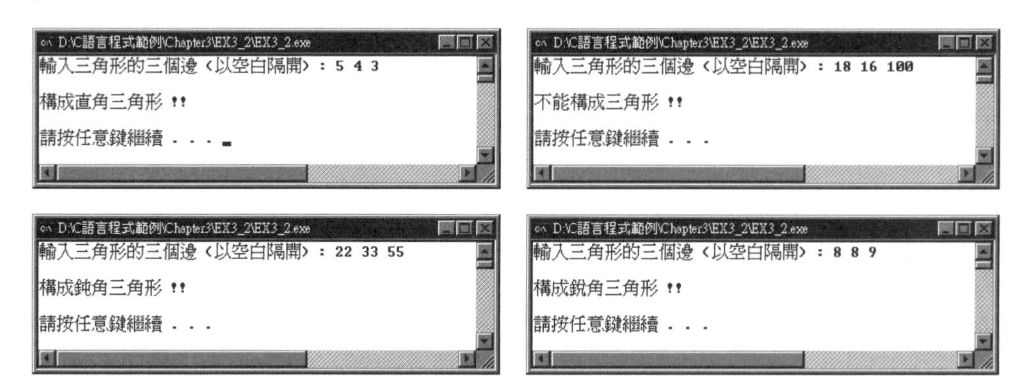

提示：是否可以構成三角形以及構成何種三角形的要件為 (假設輸入三個邊分別為 side_a、side_b、side_c，其中 side_c 為最長)：

1.不能構成三角形：side_c > side_a + side_b。

2.構成鈍角三角形：$(side\_c)^2 > (side\_a)^2 + (side\_b)^2$。

3.構成銳角三角形：$(side\_c)^2 < (side\_a)^2 + (side\_b)^2$。

4.構成直角三角形：$(side\_c)^2 = (side\_a)^2 + (side\_b)^2$。

設計流程：

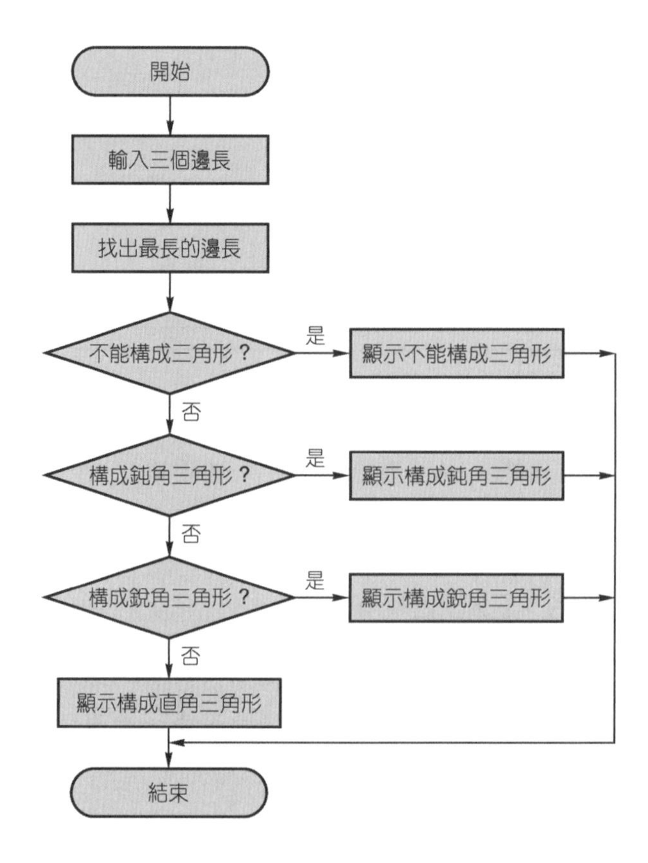

原始程式：

```
1.   /*******************
2.    * 檔名 : EX3_2.CPP *
3.    *******************/
4.
5.   #include <stdio.h>
6.   #include <stdlib.h>
7.
8.   int main(void)
9.   {
10.   unsigned short side_a, side_b, side_c,
11.                  temp, long_side, others;
12.
13.   printf("輸入三角形的三個邊 (以空白隔開) : ");
14.   fflush(stdin);
15.   scanf("%hd %hd %hd", &side_a, &side_b, &side_c);
16.   if(side_a > side_c)
17.   {
18.     temp   = side_c;
19.     side_c = side_a;
20.     side_a = temp;
21.   }
22.   if(side_b > side_c)
23.   {
24.     temp   = side_c;
25.     side_c = side_b;
26.     side_b = temp;
27.   }
28.   long_side = side_c * side_c;
29.   others = side_a * side_a + side_b * side_b;
30.   if(side_c > side_a + side_b)
31.     printf("\n 不能構成三角形 !!\7\7\n\n");
32.   else if(long_side > others)
33.     printf("\n 構成鈍角三角形 !!\n\n");
34.   else if(long_side < others)
35.     printf("\n 構成銳角三角形 !!\n\n");
36.   else
37.     printf("\n 構成直角三角形 !!\n\n");
38.   system("PAUSE");
39.   return 0;
40. }
```

重點說明：

1. 行號 13～15 分別輸入三角形的三個邊。
2. 行號 16～27 找出所輸入三角形三個邊之最長者，並儲存在變數 side_c 內。
3. 行號 28～29 分別計算出最長邊長的平方 $(side\_c)^2$，以及另外兩邊邊長的平方和$(side_b)^2 + (side_a)^2$。
4. 行號 28～29 依前面所提示的資訊，分別判斷並顯示輸入三個邊與構成三角形之間的關係。

……程式設計三　檔名：EX3_3……

設計一程式在螢幕上顯示下面結果。

執行結果：

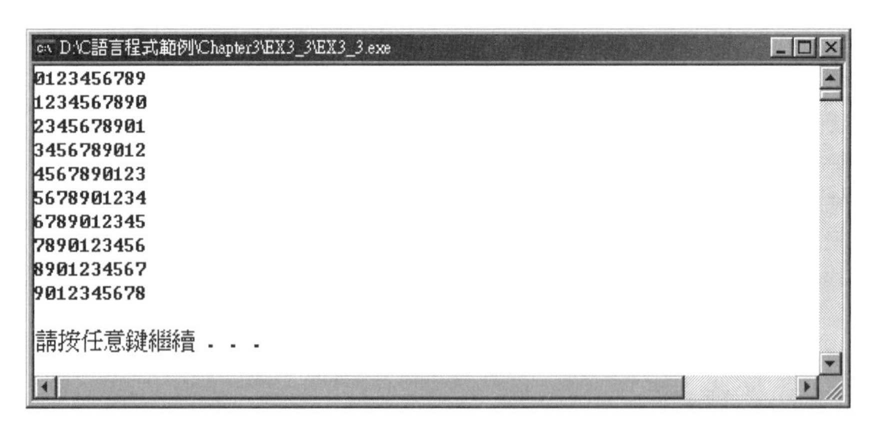

提示：從上面的顯示狀況可以看出，程式必須要有兩個迴圈，一個控制水平顯示，一個控制垂直顯示，垂直部分的迴圈範圍一定是 0～9 (共 10 次)，而且一定是外層迴圈；水平迴圈的範圍第一次為 0～9、第二次為 1～0、第三次為 2～1、…，因此一定是內層迴圈，於內層的迴圈中：

1. 開始的值與外層迴圈變數相同 (依次為 0、1、2、3 … 9)。
2. 結束的條件為外層迴圈變數加 10 (一行要顯示 10 個數值)。
3. 顯示的部分為內層迴圈的變數值除以 10 後的餘數部分。

設計流程：

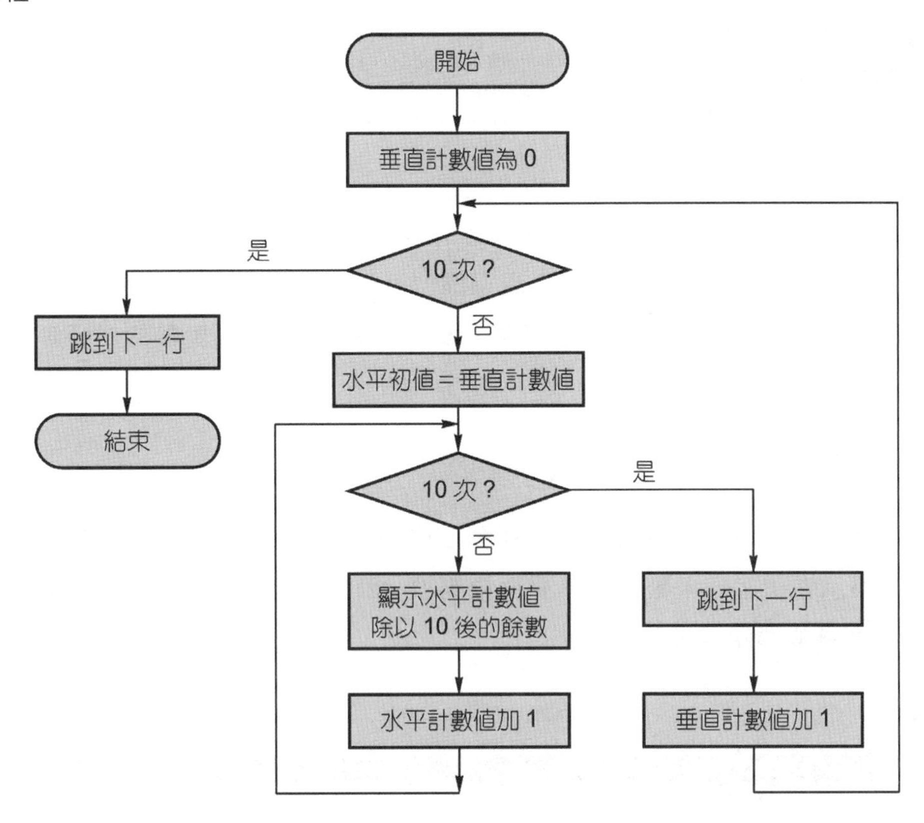

原始程式：

```
1.   /*******************
2.    * 檔名 : EX3_3.CPP  *
3.    *******************/
4.
5.   #include <stdio.h>
6.   #include <stdlib.h>
7.
8.   int main(void)
9.   {
10.    short row, column;
11.
12.    for(row = 0; row < 10; row++)
13.    {
14.      for(column = row; column < row + 10; column++)
15.        printf("%hd", column % 10);
16.      putchar('\n');
17.    }
```

```
18.    putchar('\n');
19.    system("PAUSE");
20.    return 0;
21. }
```

重點說明：

程式分成兩個迴圈，內層迴圈（行號 14～15）顯示水平的數字，每顯示完一組水平數字則將游標移到下一列（行號 16），外層迴圈（行號 12～17）控制垂直總共要顯示 10 次，而且其次數又剛好是每個水平的開頭，因此行號 14 中內層變數的初值等於外層變數的值。

……程式設計四　檔名：EX3_4……

設計一程式在螢幕上顯示數碼 0～127 所對應的 ASCII 字元，由於 8～13 為較特殊的控制字元，顯示這些字元會破壞顯示畫面的整齊，因此遇到這些控制碼時請顯示空白，程式執行時螢幕的顯示狀況如下：

執行結果：

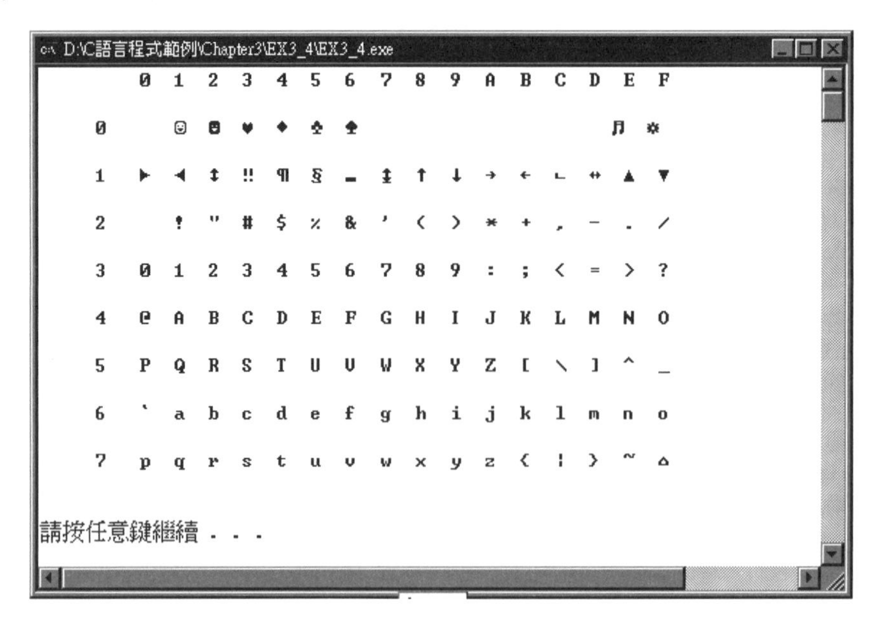

設計流程：

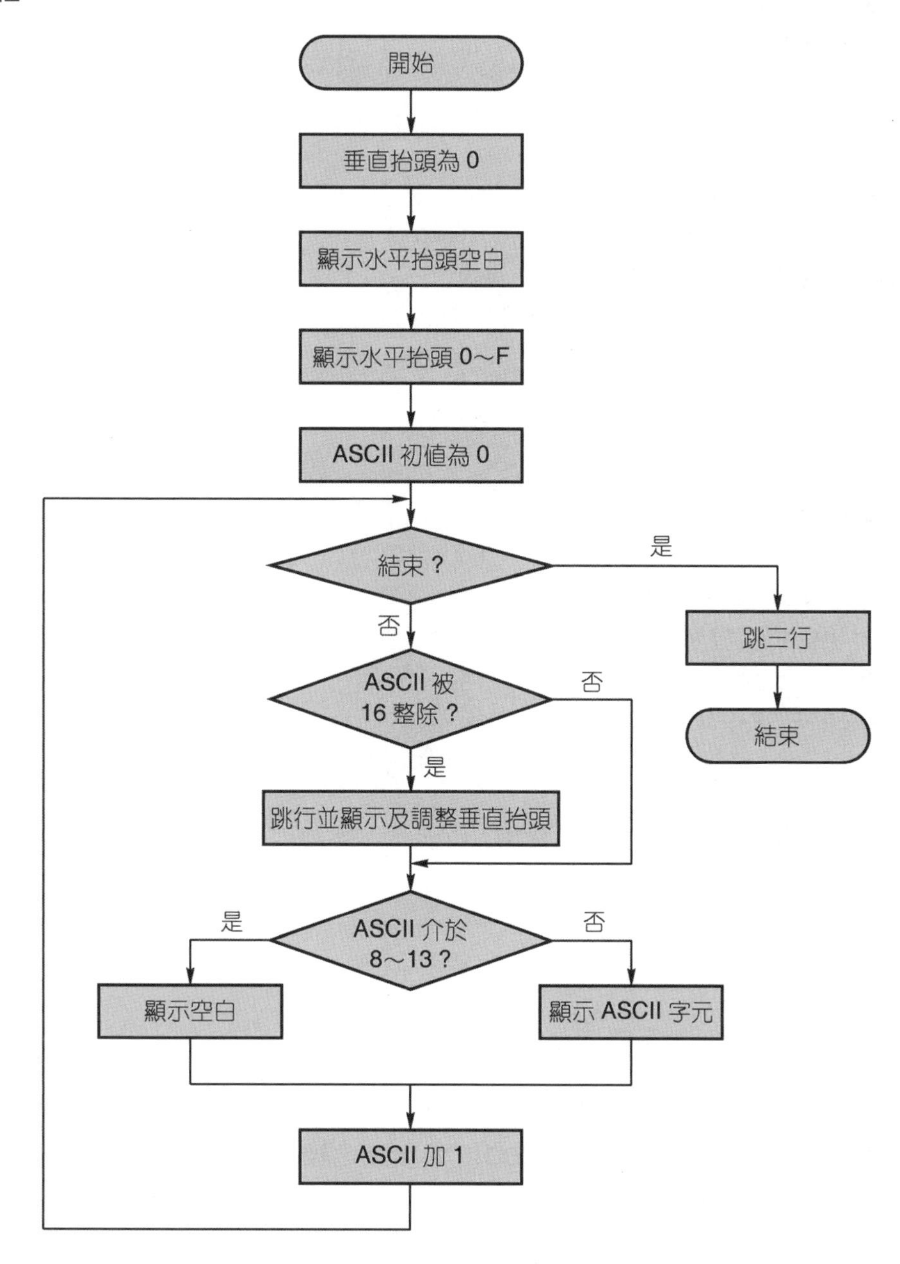

原始程式：

```
1.  /*******************
2.   * 檔名 : EX3_4.CPP  *
3.   *******************/
4.
5.  #include <stdio.h>
6.  #include <stdlib.h>
```

```
7.
8.  int main(void)
9.  {
10.   short row = 0, column, asc;
11.
12.   printf("     ");
13.   for(column = 0; column < 16; column++)
14.     printf("%3X", column);
15.   for(asc = 0; asc < 128; asc++)
16.   {
17.     if(asc % 16 == 0)
18.     {
19.       printf("\n\n");
20.       printf("%6X ", row++);
21.     }
22.     if((asc > 7) && (asc < 14))
23.       printf("  ");
24.     else
25.       printf("%3c", asc);
26.   }
27.   printf("\n\n\n");
28.   system("PAUSE");
29.   return 0;
30. }
```

重點說明：

1. 行號 12～14 顯示水平抬頭 0～F 的數字。
2. 行號 15～26 為顯示 ASCII 所對應字元的迴圈，其範圍為 0～127。
3. 行號 17～21 如果所要顯示 ASCII 的字元已經滿 16 個字元 (一行水平內容) 時，則跳到下一個垂直位置，並顯示垂直抬頭的內容。
4. 行號 22～25 判斷，如果所要顯示的 ASCII 字元介於 8～13 中間時則顯示空白，否則顯示它所對應的字元。

……程式設計五　檔名：EX3_5……

設計一程式在螢幕上顯示一個九九乘法表，當程式執行時，螢幕的顯示狀況如下：

執行結果：

```
D:\C語言程式範例\Chapter3\EX3_5\EX3_5.exe
2  *  1 =   2      3  *  1 =   3      4  *  1 =   4      5  *  1 =   5
2  *  2 =   4      3  *  2 =   6      4  *  2 =   8      5  *  2 =  10
2  *  3 =   6      3  *  3 =   9      4  *  3 =  12      5  *  3 =  15
2  *  4 =   8      3  *  4 =  12      4  *  4 =  16      5  *  4 =  20
2  *  5 =  10      3  *  5 =  15      4  *  5 =  20      5  *  5 =  25
2  *  6 =  12      3  *  6 =  18      4  *  6 =  24      5  *  6 =  30
2  *  7 =  14      3  *  7 =  21      4  *  7 =  28      5  *  7 =  35
2  *  8 =  16      3  *  8 =  24      4  *  8 =  32      5  *  8 =  40
2  *  9 =  18      3  *  9 =  27      4  *  9 =  36      5  *  9 =  45

6  *  1 =   6      7  *  1 =   7      8  *  1 =   8      9  *  1 =   9
6  *  2 =  12      7  *  2 =  14      8  *  2 =  16      9  *  2 =  18
6  *  3 =  18      7  *  3 =  21      8  *  3 =  24      9  *  3 =  27
6  *  4 =  24      7  *  4 =  28      8  *  4 =  32      9  *  4 =  36
6  *  5 =  30      7  *  5 =  35      8  *  5 =  40      9  *  5 =  45
6  *  6 =  36      7  *  6 =  42      8  *  6 =  48      9  *  6 =  54
6  *  7 =  42      7  *  7 =  49      8  *  7 =  56      9  *  7 =  63
6  *  8 =  48      7  *  8 =  56      8  *  8 =  64      9  *  8 =  72
6  *  9 =  54      7  *  9 =  63      8  *  9 =  72      9  *  9 =  81

請按任意鍵繼續 . . .
```

設計流程：

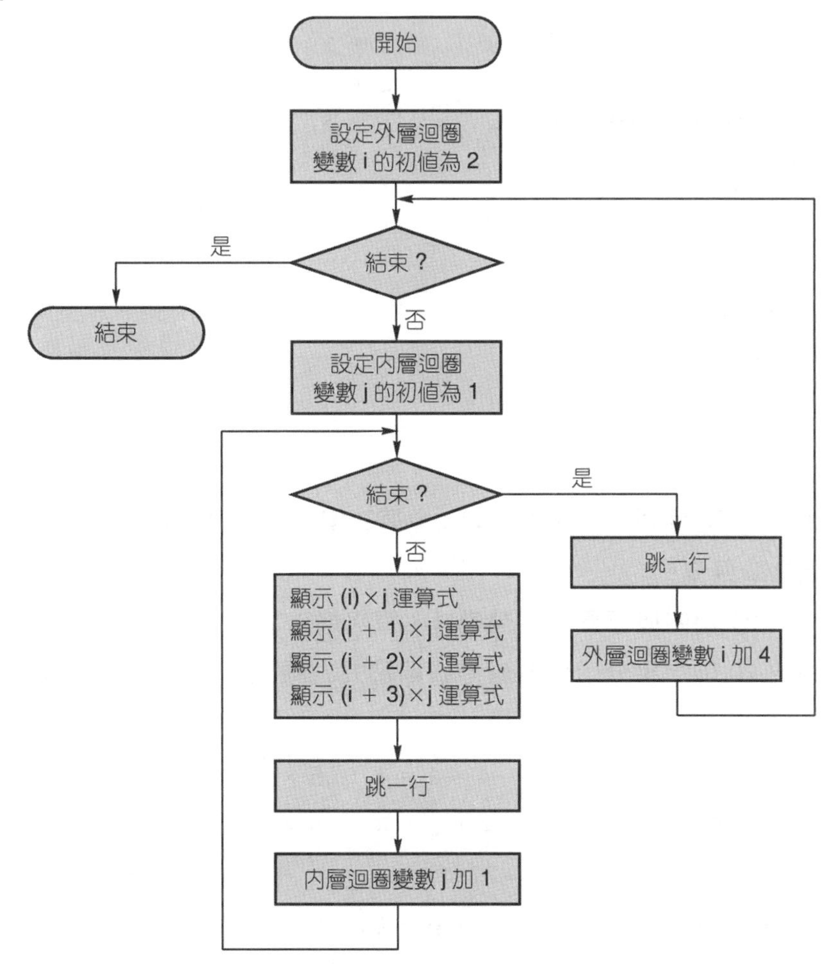

原始程式：

```
1.  /*******************
2.   * 檔名 : EX3_5.CPP *
3.   *******************/
4.
5.  #include <stdio.h>
6.  #include <stdlib.h>
7.
8.  int main(void)
9.  {
10.   short i, j;
11.
12.   for(i = 2; i < 10; i+=4)
13.   {
14.     for(j = 1; j < 10; j++)
15.     {
16.       printf("%2hd *%3hd = %3hd    ", i    , j, i * j);
17.       printf("%2hd *%3hd = %3hd    ", i + 1, j, (i + 1)*j);
18.       printf("%2hd *%3hd = %3hd    ", i + 2, j, (i + 2)*j);
19.       printf("%2hd *%3hd = %3hd    ", i + 3, j, (i + 3)*j);
20.       printf("\n");
21.     }
22.     printf("\n");
23.   }
24.   system("PAUSE");
25.   return 0;
26. }
```

重點說明：

1. 行號 12～23 為外層迴圈，初值為 2，每次增加量為 4，範圍為 2～9，真正會出現的值為 2 與 6。
2. 行號 14～21 為內層迴圈，初值為 1，每次增加量為 1，範圍為 1～9。
3. 行號 16～20 以水平分四個欄位方式顯示九九乘法表，而其內容依次為 (當外層變數 i = 2 時)：

   2 × 1 = 2　　3 × 1 = 3　　4 × 1 = 4　　5 × 1 = 5
   2 × 2 = 4　　3 × 2 = 6　　4 × 2 = 8　　5 × 2 = 10
   ⋮　　⋮　　⋮　　⋮
   2 × 9 = 18　3 × 9 = 27　4 × 9 = 36　5 × 9 = 45

4. 當外層變數 i 的下一個值為 6 時，其顯示狀況即如前面所述，只是顯示內容為 6 × 1 = 6、7 × 1 = 7 … 等。

……程式設計六　檔名：EX3_6……

設計一個程式在螢幕上顯示如下的畫面。

執行結果：

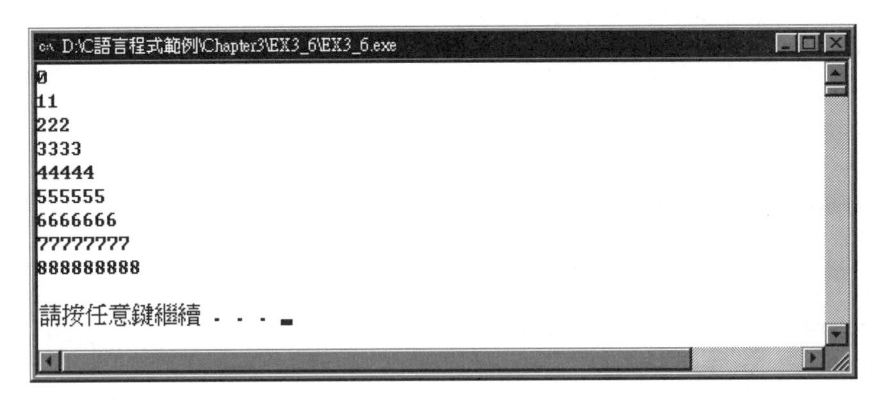

設計流程：

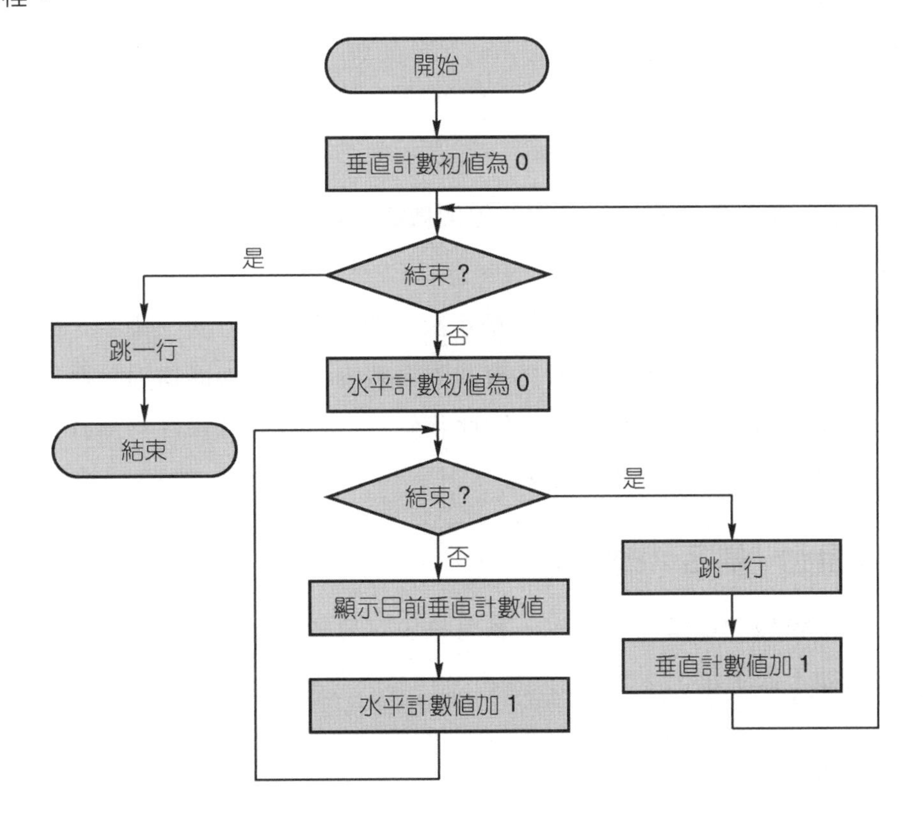

原始程式：

```
1.  /******************
2.   * 檔名: EX3_6.CPP *
3.   ******************/
4.
5.  #include <stdio.h>
6.  #include <stdlib.h>
7.
8.  int main(void)
9.  {
10.   short row, column;
11.
12.   for(row = 0; row < 9; row++)
13.   {
14.     for(column = 0; column <= row; column++)
15.       printf("%hd", row);
16.     putchar('\n');
17.   }
18.   putchar('\n');
19.   system("PAUSE");
20.   return 0;
21. }
```

重點說明：

1. 行號 12～17 外層迴圈控制垂直數值與數次的顯示，因此其數值範圍為 0～8 共 9 次。
2. 行號 14～15 內層迴圈控制水平顯示數字的次數，第一次一個字，第二次兩個字……等，其數字的數量隨著外層迴圈變數內容的增加而增加，而且其顯示的數值也是外層迴圈變數的內容，因此我們將內層迴圈的條件判斷式與所要顯示的數字皆設定成外層迴圈的變數。

……程式設計七　檔名：EX3_7……

設計一個程式，當我們從鍵盤上輸入一筆用來決定要顯示幾層的短整數資料時，螢幕的顯示狀況即如下面所示：

執行結果：

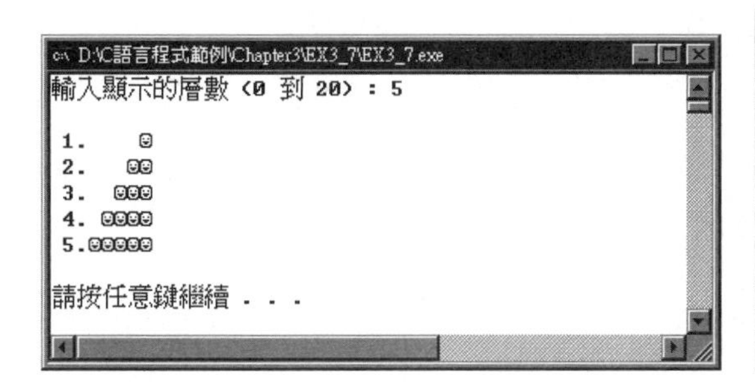

設計流程：

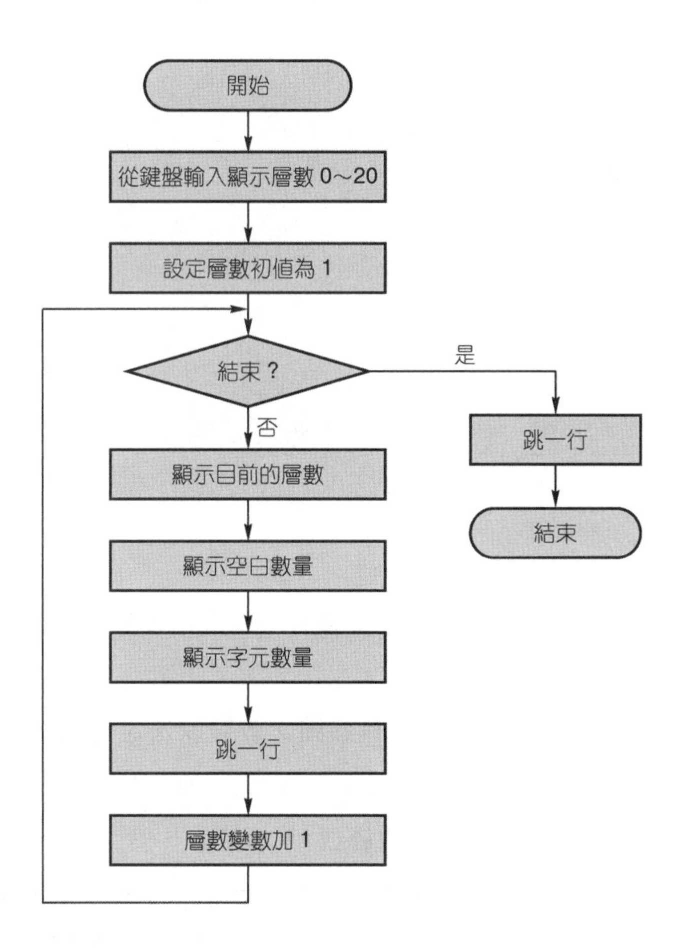

原始程式：

```
1.   /*******************
2.    * 檔名 : EX3_7.CPP *
3.    *******************/
4.
5.   #include <stdio.h>
6.   #include <stdlib.h>
```

```
7.
8.  int main(void)
9.  {
10.   short level, i, j;
11.
12.   printf("輸入顯示的層數 (0 到 20) : ");
13.   fflush(stdin);
14.   scanf("%hd", &level);
15.   putchar('\n');
16.   for(i = 1; i <= level; i++)
17.   {
18.    printf("%2hd.", i);
19.    for(j = 0; j < level - i; j++)
20.     putchar('\x20');
21.    for(j = 0; j < i; j++)
22.     putchar('\x1');
23.    putchar('\n');
24.   }
25.   putchar('\n');
26.   system("PAUSE");
27.   return 0;
28. }
```

重點說明：

1. 行號 12～15 從鍵盤輸入一筆短整數資料，以決定要顯示幾層的字元，範圍為 0～20。
2. 行號 16～24 為一個顯示迴圈，其迴圈次數可以決定到底要顯示幾層 (垂直方向)。
3. 行號 18 顯示目前所要顯示的層數編號。
4. 行號 19～20 的迴圈在於顯示層數編號到所要顯示字元中間的空白，當我們輸入的資料為 6 時，表示要顯示 6 層，第一層的字元符號會顯示在第 6 格 (編號不算)，也就是前面必須空 5 格；第二層的字元符號會顯示在第 5 格，也就是前面必須空 4 格…，因此行號 19 的條件判斷式中，我們使用 j < level – i 的敘述。
5. 行號 21～22 的迴圈在顯示所要顯示的字元，由於所要顯示的字元數量第一層一個字元，第二層兩個字元…依次遞增，因此行號 21 內的條件判斷式中，我們使用 j < i (因為變數 i 從 1 開始，依次遞增)。

……程式設計八　檔名：EX3_8……

設計一程式，當我們從鍵盤上輸入一筆用來決定顯示幾層的短整數資料時，螢幕的顯示狀況即如下面所示：

執行結果：

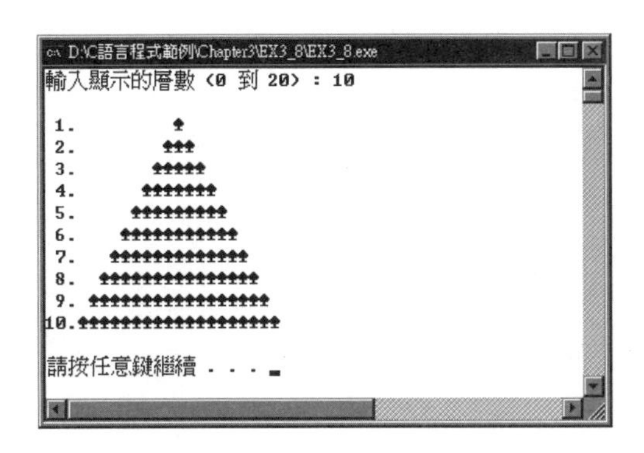

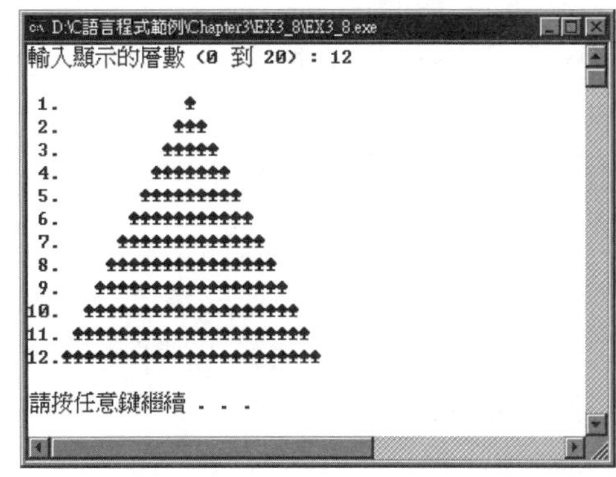

設計流程：

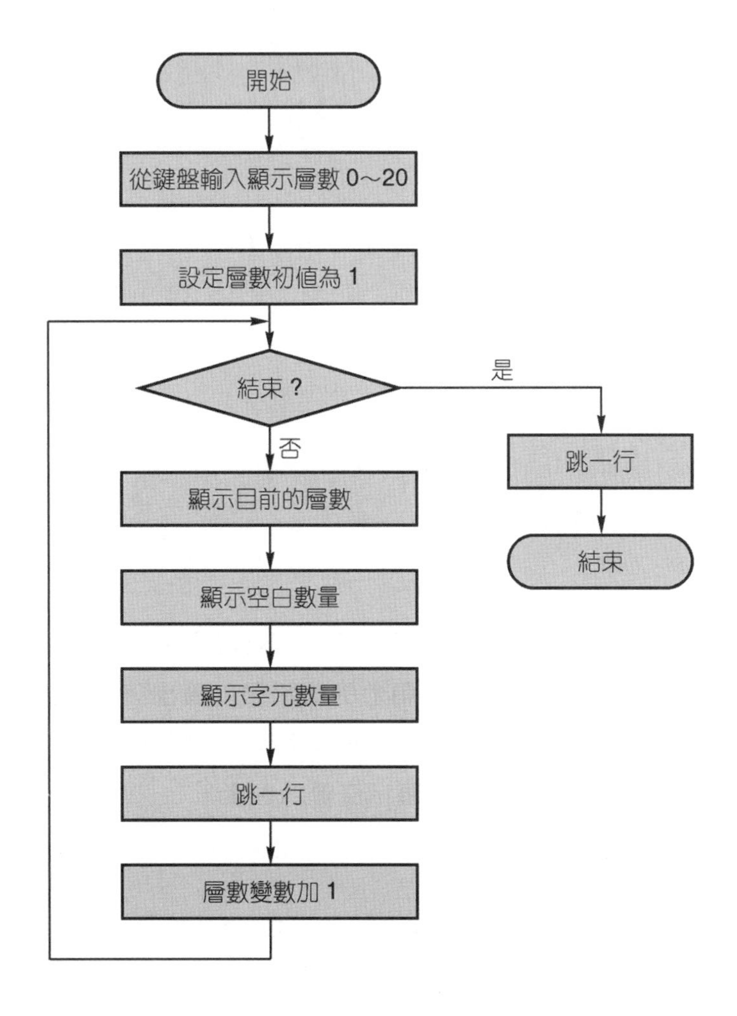

原始程式：

```
1.   /********************
2.    * 檔名 : EX3_8.CPP *
3.    ********************/
4.
5.   #include <stdio.h>
6.   #include <stdlib.h>
7.
8.   int main(void)
9.   {
10.   short level, i, j;
11.
12.   printf("輸入顯示的層數 (0 到 20) : ");
13.   fflush(stdin);
14.   scanf("%hd", &level);
15.   putchar('\n');
16.   for(i = 1; i <= level; i++)
17.   {
18.    printf("%2hd.", i);
19.    for(j = 0; j < level - i; j++)
20.     putchar('\x20');
21.    for(j = 0; j < (2 * i) - 1; j++)
22.     putchar('\x6');
23.    putchar('\n');
24.   }
25.   putchar('\n');
26.   system("PAUSE");
27.   return 0;
28. }
```

重點說明：

本程式的功能與前面設計七程式相似，而其不同之處除了所顯示的字元不同之外，就是其水平所顯示字元的數量不同，於螢幕上的顯示可以看出，於垂直端第一層顯示 1 個字元，第二層顯示 3 個字元，第三層顯示 5 個字元…，因此於行號 21 內我們設定迴圈的判別式為 j < (2 * i) – 1，以期得到顯示奇數的數量。

……程式設計九　檔名：EX3_9……

設計一程式，由鍵盤輸入一筆不帶符號的長整數資料 (0 則結束程式的執行)，並將其順序反轉後顯示在螢幕上，當程式執行時，螢幕的顯示狀況如下：

執行結果：

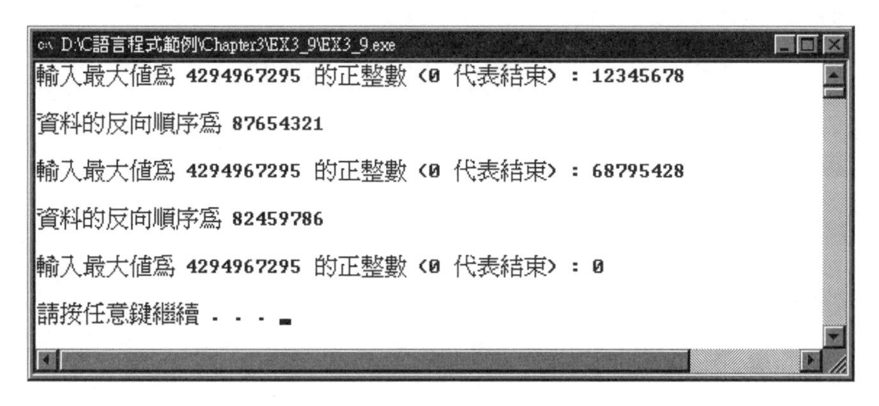

設計流程：

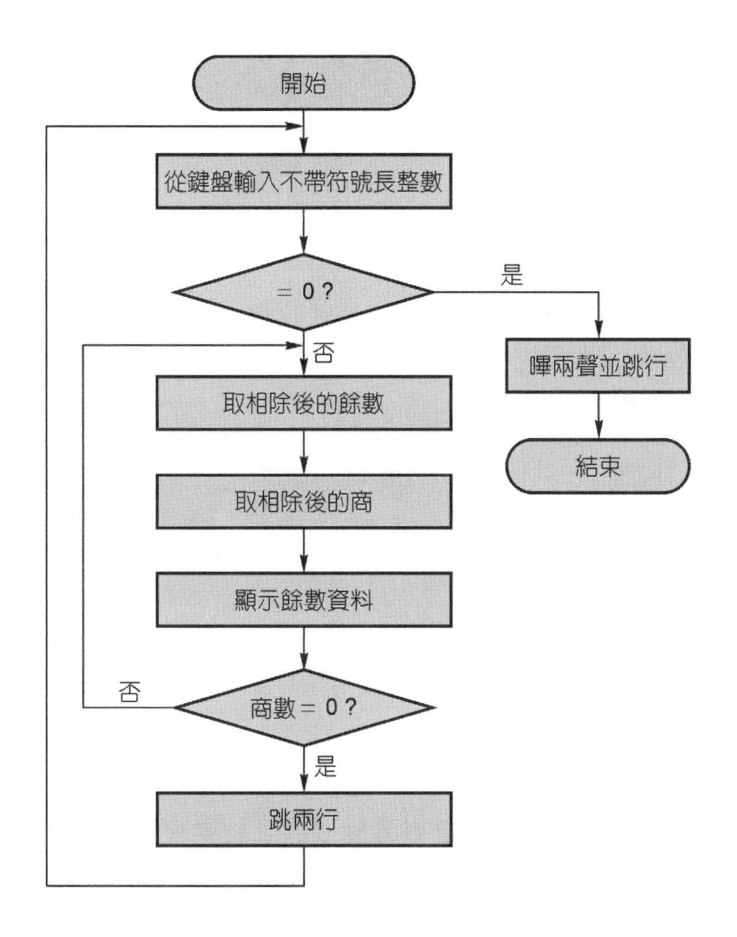

原始程式：

```
1.  /*******************
2.   * 檔名 : EX3_9.CPP *
3.   *******************/
4.
5.  #include <stdio.h>
6.  #include <stdlib.h>
7.
8.  int main(void)
9.  {
10.   unsigned int data, remainder;
11.
12.   for(;;)
13.   {
14.     printf("輸入最大值爲 4294967295 的正整數 (0 代表結束) : ");
15.     fflush(stdin);
16.     scanf("%d", &data);
17.     if(data)
18.     {
19.       printf("\n 資料的反向順序爲 ");
20.       do
21.       {
22.         remainder  = data % 10;
23.         data = data / 10;
24.         printf("%d", remainder);
25.       } while(data != 0);
26.       printf("\n\n");
27.     }
28.     else
29.       break;
30.   }
31.   printf("\7\7\n");
32.   system("PAUSE");
33.   return 0;
34. }
```

重點說明：

本程式採用不斷除以 10 取餘數，直到商等於 0 時才結束程式的執行，每次除以 10 之後就將它的餘數顯示在螢幕上，其狀況如下，假設輸入資料為 12345：

```
10 | 1 2 3 4 5
10 | 1 2 3 4 —— 5  ········ 顯示 5
10 | 1 2 3 ——— 4   ········ 顯示 4
10 | 1 2 ———— 3    ········ 顯示 3
10 |   1 ———— 2    ········ 顯示 2
       0 ———— 1    ········ 顯示 1
       |
       └—————————————— 結束
```

……程式設計十　檔名：EX3_10……

設計一程式，計算下面數學運算式執行的結果。

$$sum = 1 - \frac{1}{2} + \frac{1}{4} - \frac{1}{8} + \frac{1}{16} \cdots\cdots \frac{1}{32768}$$

程式執行之後螢幕的顯示狀況如下：

執行結果：

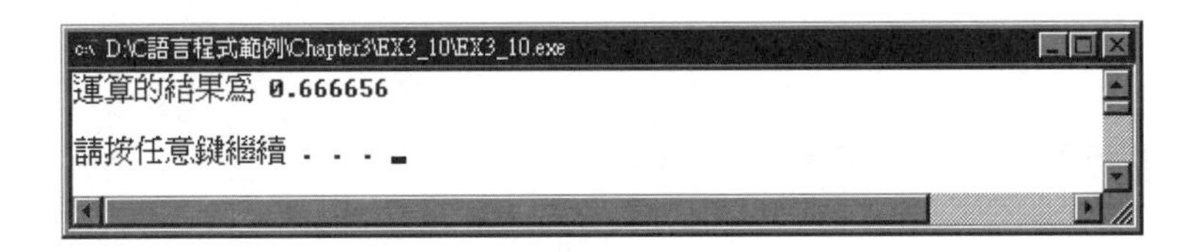

設計流程：

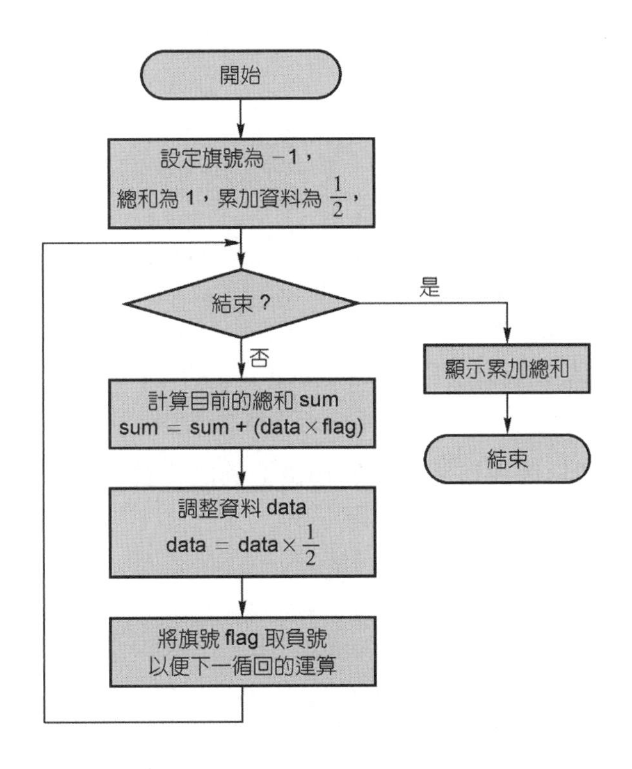

原始程式：

```
1.  /*********************
2.   * 檔名 : EX3_10.CPP *
3.   *********************/
4.
5.  #include <stdio.h>
6.  #include <stdlib.h>
7.
8.  int main(void)
9.  {
10.   short flag = -1;
11.   double sum = 1, data = 1.0 / 2;
12.
13.   while(data >= (1.0 / 32768))
14.   {
15.     sum = sum + (data * flag);
16.     data *= 1.0 / 2;
17.     flag = -flag;
18.   }
19.   printf("運算的結果爲 %lf\n\n", sum);
20.   system("PAUSE");
21.   return 0;
22. }
```

重點說明：

本程式在計算：

$$\text{sum} = 1 - \frac{1}{2} + \frac{1}{4} - \frac{1}{8} + \frac{1}{16} \cdots\cdots - \frac{1}{32768}$$

$$= 1 - \frac{1}{2^1} + \frac{1}{2^2} - \frac{1}{2^3} + \frac{1}{2^4} \cdots\cdots - \frac{1}{2^{15}}$$

$$= 1 + (-\frac{1}{2^1}) + (\frac{1}{2^2}) + (-\frac{1}{2^3}) + \frac{1}{2^4} \cdots\cdots + (-\frac{1}{2^{15}})$$

找出上述運算式的規則即可將它們轉換成上面的程式。

自我練習與評量

3-1 設計一個用來判斷目前年份到底是閏年或平年的程式，也就是當我們從鍵盤輸入一個西元年份，螢幕上就會顯示此年份是屬於閏年或平年，其狀況如下：

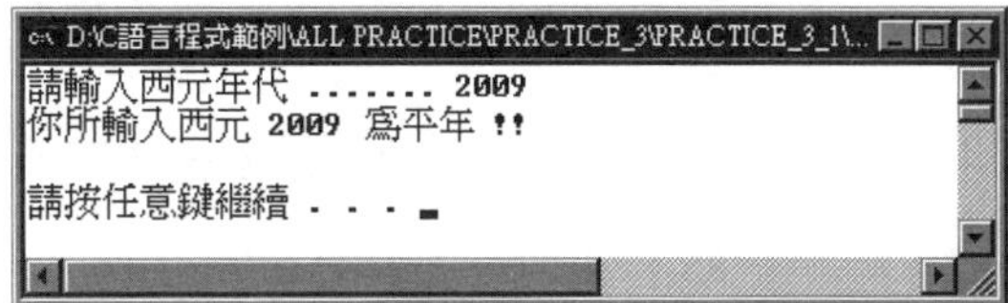

註：閏年的條件為：

1.能夠被 400 整除，或者

2.能夠被 4 整除但不可以被 100 整除。

3-2 設計一個程式，當我們從鍵盤輸入一個整數數值時，螢幕上會同時顯示從 1 到我們所輸入數值中：

1.可以被 4 整除。

2.可以被 5 整除。

3.可以被 3 與 8 同時整除。

4.可以被 7 或 9 整除。

的次數，其狀況如下：

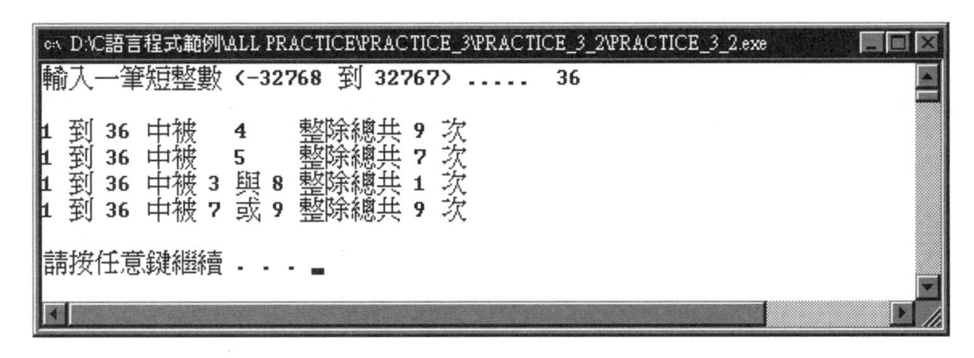

3-3 設計一個程式，當我們從鍵盤上輸入一筆整數時，螢幕上會顯示此數值是否為一個質數，其狀況如下：

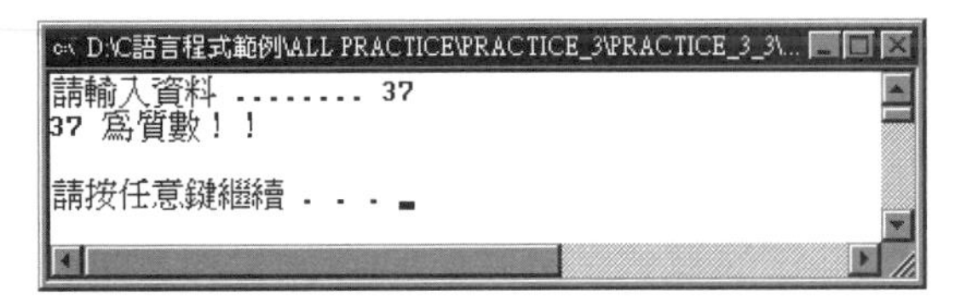

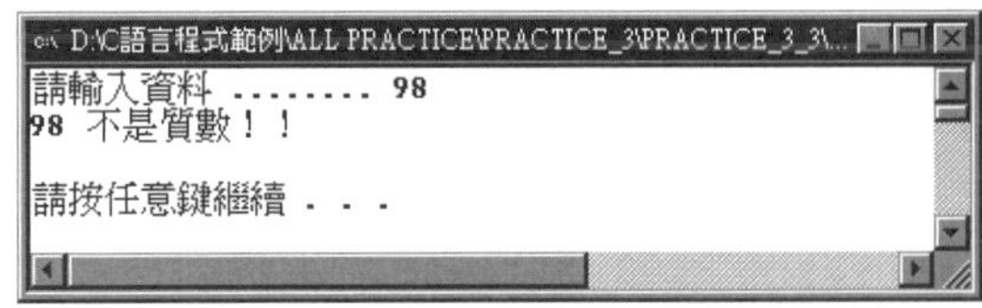

註：只能被 1 與本身整除者稱為質數。

3-4　設計一個程式，當我們從鍵盤上輸入一筆整數時，螢幕上會顯示此數值的所有因數，其狀況如下：

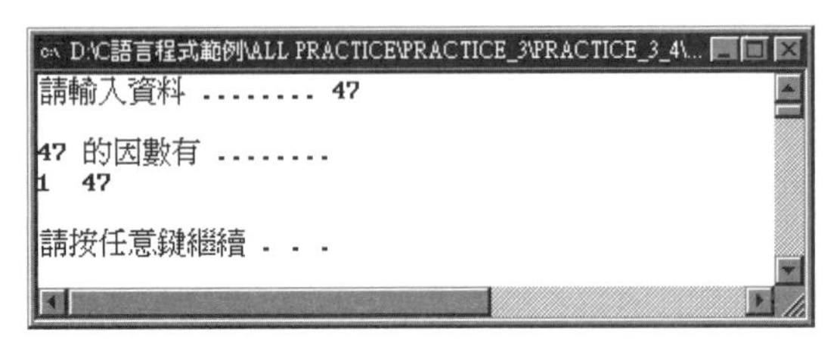

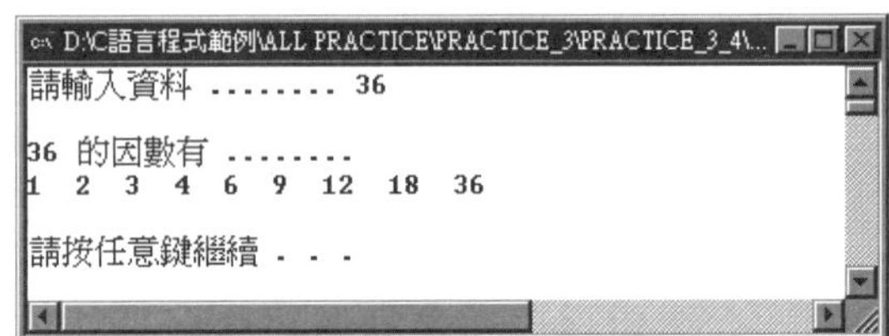

註：可以整除某數的皆稱為某數的因數。

3-5　設計一個程式，當我們從鍵盤上輸入兩筆整數時，螢幕上會顯示它們的最大公約數 gcd 與最小公倍數 lcm，其狀況如下：

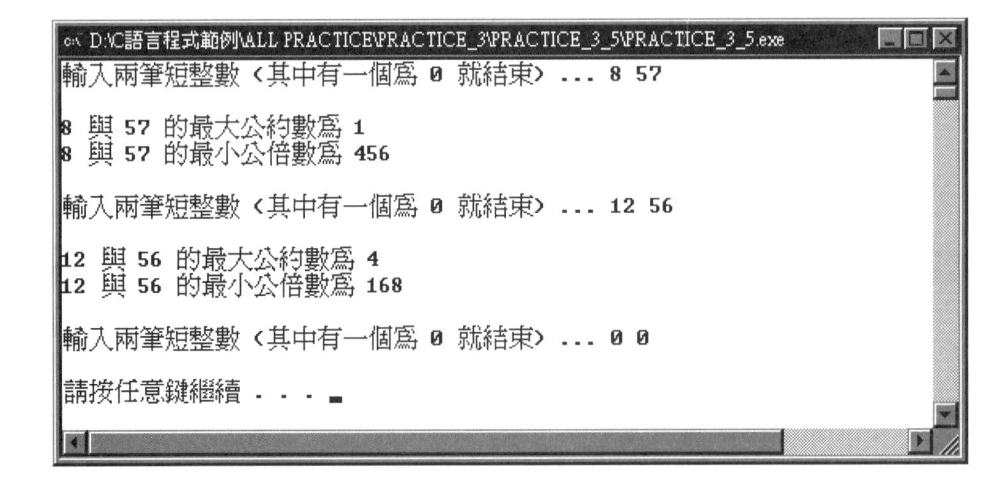

註：同時可以整除兩個數的最大數值稱為最大公約數 gcd。
　　同時可以被兩個數所整除的最小數值稱為最小公倍數 lcm。

3-6　設計一個程式，當我們從鍵盤輸入一個數值 (代表所要顯示圖形的層次) 時，螢幕上就會顯示字元“@”所堆積的圖形，其狀況如下：

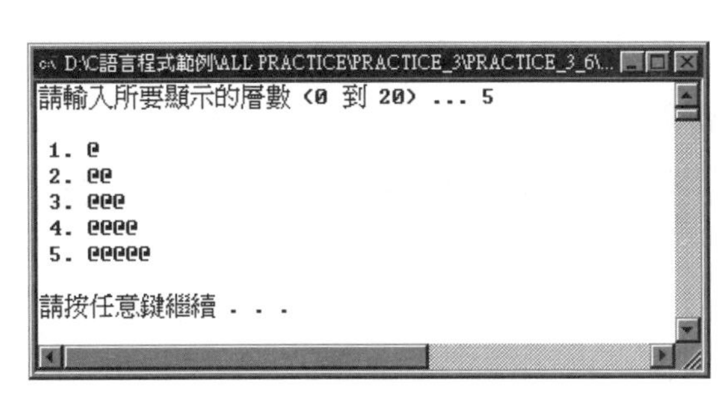

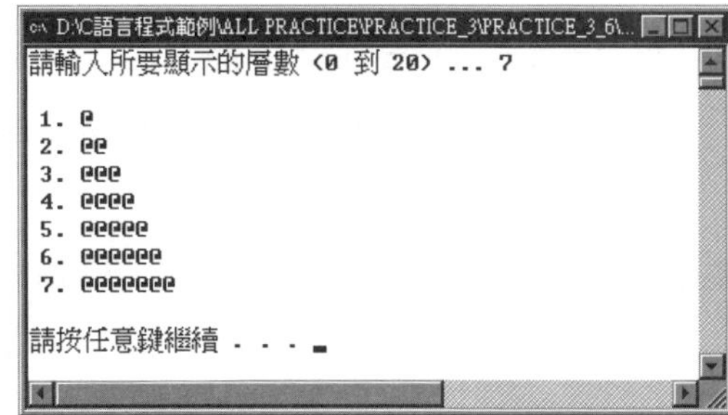

3-7 設計一程式，當我們從鍵盤上輸入一個數值 (代表所要顯示圖形最後一層的數字) 時，螢幕上就會顯示每一列依次遞減的圖形，其狀況如下：

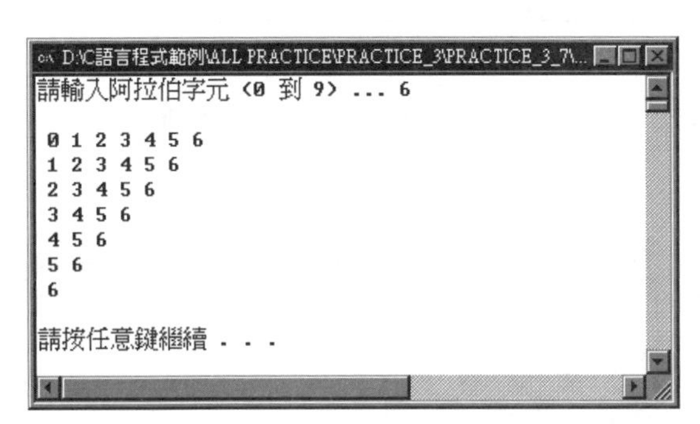

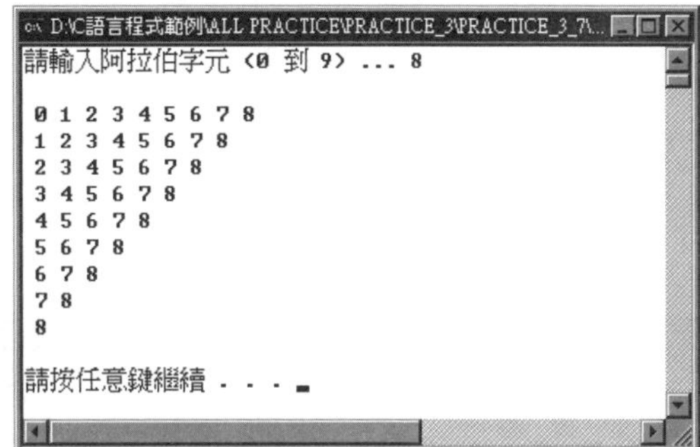

3-8 設計一程式，當我們從鍵盤上輸入一個數值 (代表所要顯示菱形的上、下層數) 時，螢幕上就會顯示一個菱形的圖形，其狀況如下：

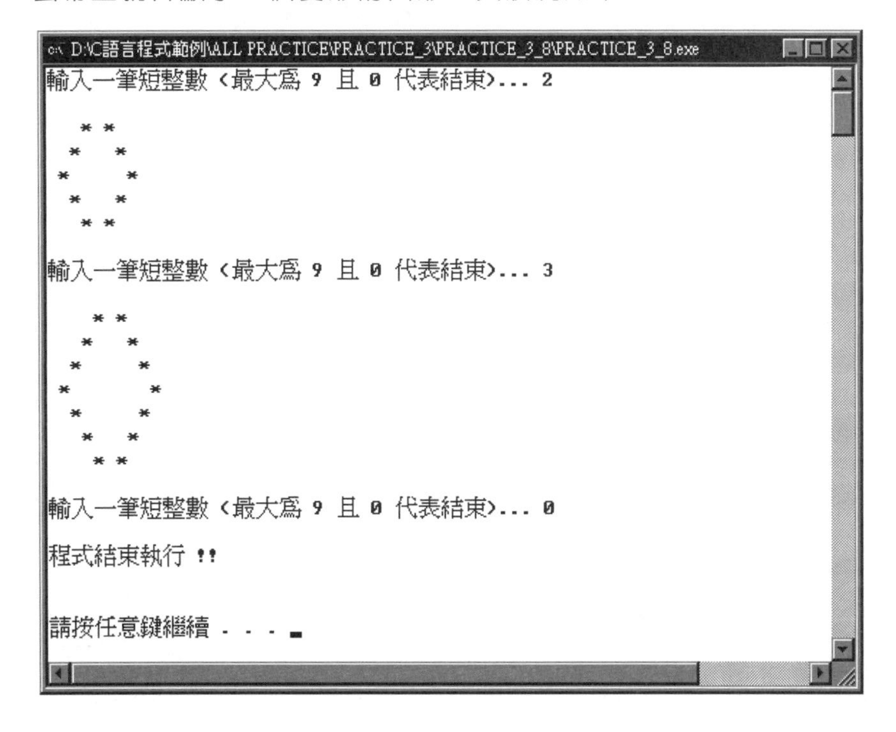

3-9 設計一程式，當我們從鍵盤上依次輸入符號與數值 (符號代表所要顯示的字元、數值代表圖形的層數) 時，螢幕上就會顯示一個交叉的圖形，其狀況如下：

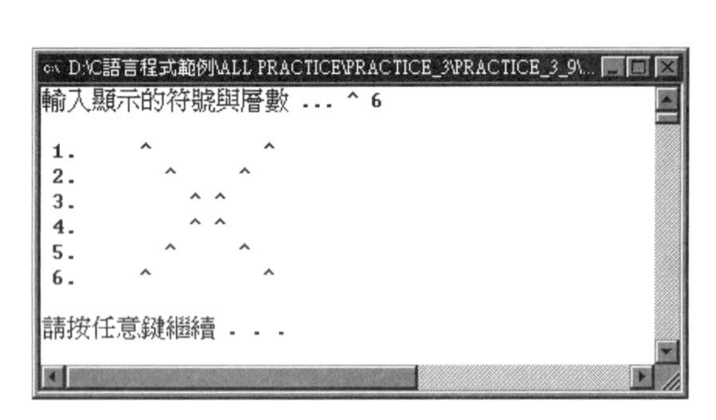


```
D:\C語言程式範例\ALL PRACTICE\PRACTICE_3\PRACTICE_3_9\...
輸入顯示的符號與層數 ... * 8

1.    *           *
2.      *       *
3.        *   *
4.          * *
5.          * *
6.        *   *
7.      *       *
8.    *           *

請按任意鍵繼續 . . .
```

3-10 設計一個在螢幕上顯示西洋棋盤的程式，當我們從鍵盤上輸入一筆整數值時，可以設定西洋棋盤的邊界，其狀況如下：

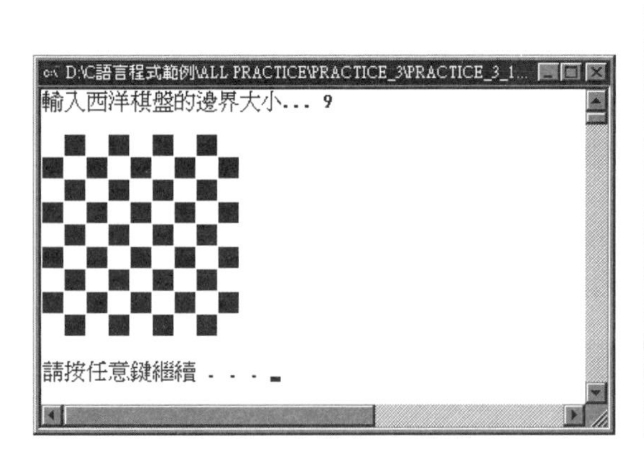

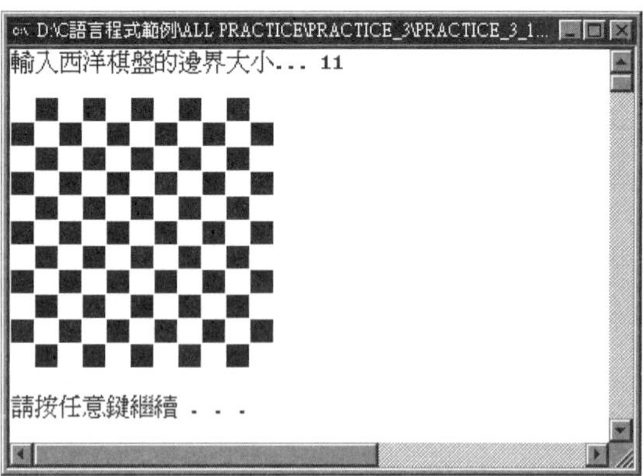

3-11 設計一程式，由亂數產生器產生兩個兩位數的整數相加，使用者從鍵盤輸入兩數相加的結果，當輸入的結果 (58 時)：

1. 大於相加結果，則在螢幕上顯示：

   答錯了 @_@ !! 答案比 58 小，並嗶兩聲。

2. 小於相加結果，則在螢幕上顯示：

   答錯了 @_@ !! 答案比 58 大，並嗶兩聲。

並要求重新輸入新的答案，直到正確答案出現，並在螢幕上顯示：

恭喜你答對了 ^_^ !!

其狀況如下：

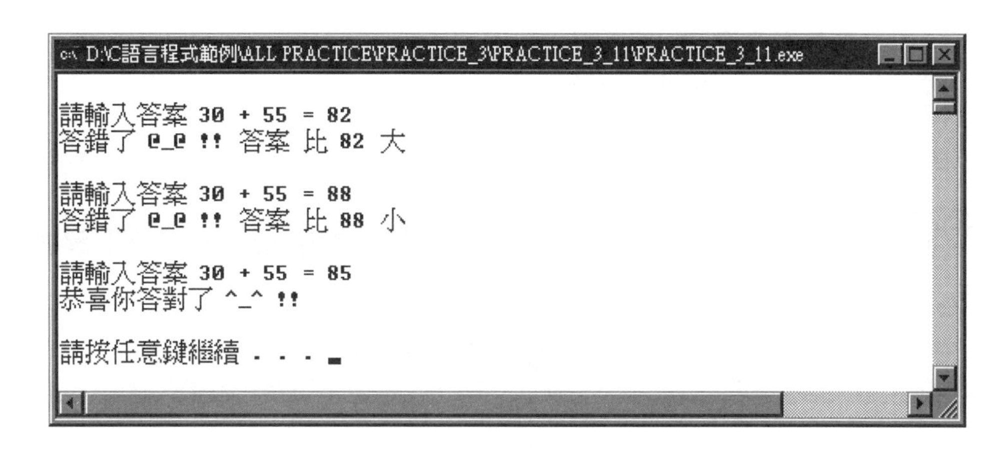

3-12 設計一個程式，允許使用者有 3 次的機會輸入六位數的密碼，如果所輸入的六位數數值與密碼：

1. 不相同時則在螢幕上顯示 (嗶一聲後)：

   密碼錯誤!!

   您還有 Δ 次機會!!

   如果三次都不對則在螢幕上顯示 (嗶一聲後)：

   請到櫃台取回提款卡!!

2. 相同時則在螢幕上顯示：

   歡迎使用本系統!!

其狀況如下：

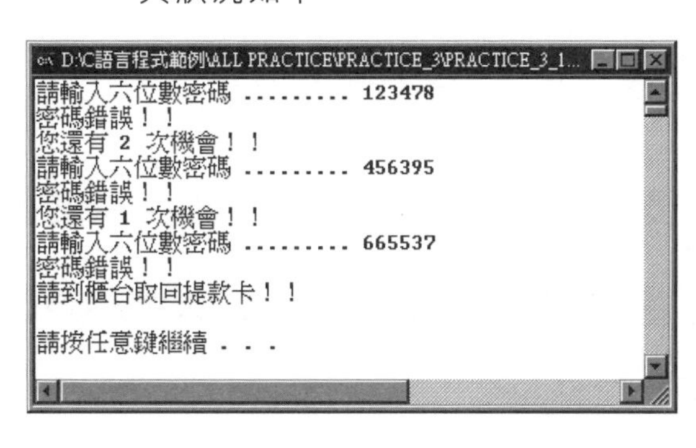

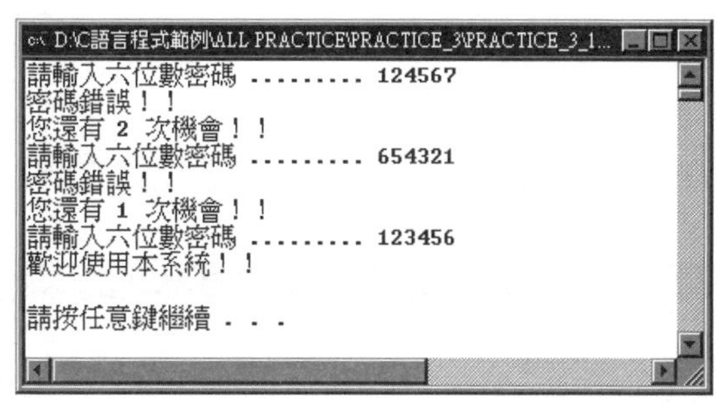

3-13 設計一個計算雞兔問題的程式，我們只要從鍵盤上依順序輸入雞與兔子的數量總共有幾隻、它們總共有幾隻腳，於螢幕上就會顯示：

1. 如果數字合理時：

   雞的數量　　= ΔΔ 隻

   兔子的數量 = ΔΔ 隻

2. 如果數字不合理時 (嗶兩聲後)：

輸入的數據錯誤，無從計算！！

其狀況如下：

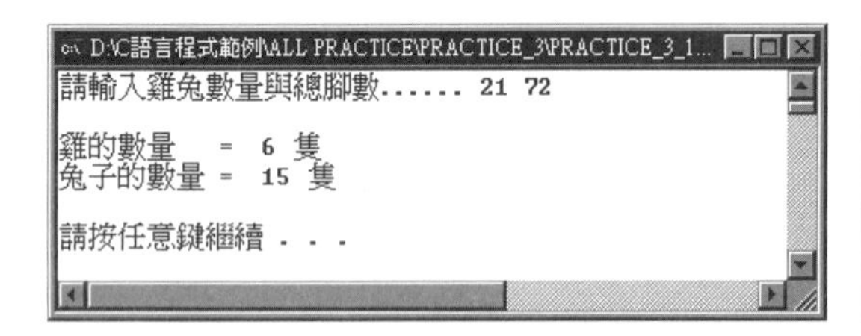

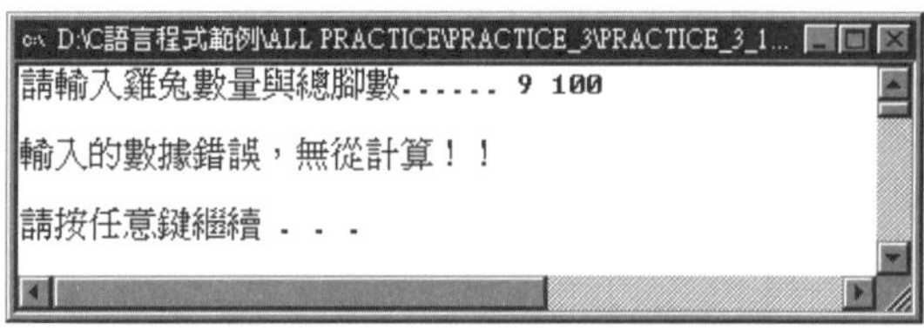

3-14 設計一個程式，首先在螢幕上顯示：

1：計算平方值！！

2：計算立方值！！

3：計算絶對值！！

4：判斷奇偶數值！！

再由使用者從鍵盤依次輸入所要計算的資料與所要計算方式的選項進行處理，並顯示其處理結果，如果所輸入的計算選項不在 1～4 之間時，則顯示選項錯誤！！其狀況如下：

```
D:\C語言程式範例\ALL PRACTICE\PRACTICE_3\PRACTICE_3_1...
1 : 計算平方值！！
2 : 計算立方值！！
3 : 計算絕對值！！
4 : 判斷奇偶數值！！

請輸入資料與選項 <以空白隔開> .. 6 1
6 的平方值 = 36

請按任意鍵繼續 . . .
```

```
D:\C語言程式範例\ALL PRACTICE\PRACTICE_3\PRACTICE_3_1...
1 : 計算平方值！！
2 : 計算立方值！！
3 : 計算絕對值！！
4 : 判斷奇偶數值！！

請輸入資料與選項 <以空白隔開> .. 6 2
6 的立方值 = 216

請按任意鍵繼續 . . .
```

```
D:\C語言程式範例\ALL PRACTICE\PRACTICE_3\PRACTICE_3_1...
1 : 計算平方值！！
2 : 計算立方值！！
3 : 計算絕對值！！
4 : 判斷奇偶數值！！

請輸入資料與選項 <以空白隔開> .. -6 3
-6 的絕對值 = 6

請按任意鍵繼續 . . .
```

```
D:\C語言程式範例\ALL PRACTICE\PRACTICE_3\PRACTICE_3_1...
1 : 計算平方值！！
2 : 計算立方值！！
3 : 計算絕對值！！
4 : 判斷奇偶數值！！

請輸入資料與選項 <以空白隔開> .. 6 4
6 的值為偶數！！

請按任意鍵繼續 . . .
```

3-15 設計一個程式，模擬丟擲骰子 (1- 6 點) 100 次，並在螢幕上顯示這 100 次所得到骰子的點數，以及 1 點、2 點、……6 點各自得到幾次，注意！每一次重新執行時，其結果不可以一樣，其狀況如下：

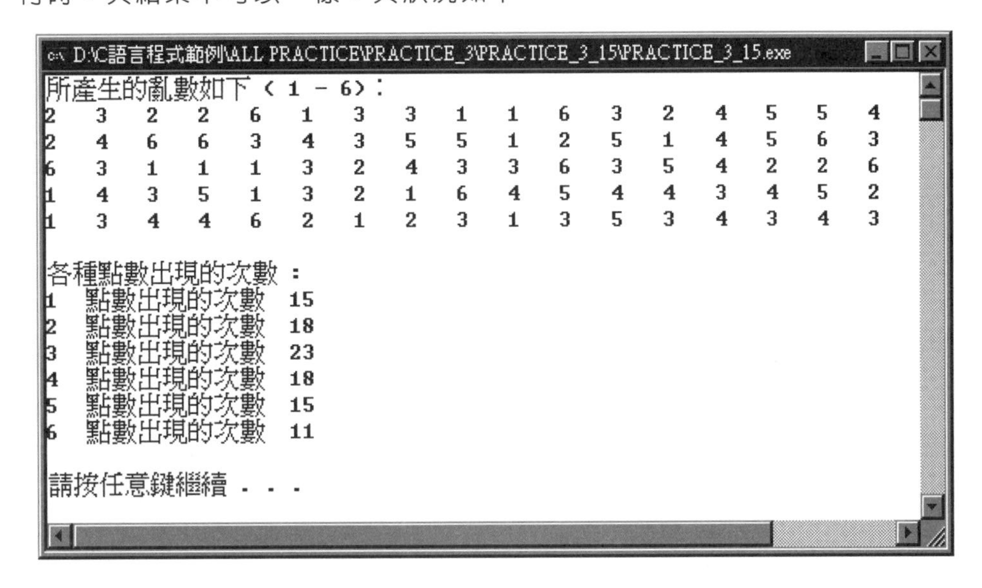

Chapter 4

陣列、指標、字串與資料排序、搜尋

4-1 陣列概述

於程式設計的過程中，設計師往往會將資料儲存在變數中，而其儲存格式則隨著變數所宣告的資料型態而有所不同，但是如果所要處理的資料量較大時，光是在程式中對這些不同的變數命名就已經夠頭痛了，更何況將來還要一個敘述一個敘述的對它們設定內容，打個比喻來說，要處理一個擁有 50 個學生班級的國文、英文、數學等三科成績，針對變數的命名就有 150 個，由於這些變數的命名也沒有一定的規則，以致將來輸入這些變數的內容時也必須使用 150 個敘述來完成，計算這些成績時也必須單獨一個一個處理…等，想看看！這個程式能用嗎？為了解決這些問題，幾乎所有電腦語言都會提供陣列 array 的資料結構供設計師使用，在陣列的資料結構之下，系統會依設計師的要求，提供一塊連續的記憶空間，讓設計師以單一的變數名稱並且以指定註標 (Subscript) 或索引 (Index) 的方式去存取這些資料型態相同的資料，由於資料是儲存在一塊連續的記憶空間內，將來用以存取資料的註標或索引也是連續的，設計師可以使用重複迴圈的敘述就可以輕鬆的對這些資料做必要的處理 (上面 150 個變數名稱即可用國文、英文、數學 3 個變數名稱外加學生座號來取代)。陣列依程式的實際需要可以分成一維陣列 one dimension array、二維陣列 two dimension array、甚至是多階陣列 multi dimension array，如同變數一般，每個陣列都會擁有一個屬於自己獨一無二的名稱，注意！陣列的名稱不可以和變數名稱相同，即使是不同維數的陣列，其名稱也不可以一樣。

4-2 一維陣列

如同變數一般，陣列要使用前必須要事先宣告，一但宣告完畢，編譯器就會依設計師的宣告要求配置一塊記憶體空間，並以指定資料型態的儲存格式進行資料的存取工作，一維陣列是陣列資料結構中最簡單的一種，而其宣告語法如下：

資料型態　陣列名稱[陣列大小]

於上面一維陣列的宣告語法中：

1. **資料型態**：將來要儲存到陣列內部的資料格式，只要符合 C 語言所提供的資料型態都可以，譬如我們前面所介紹的帶符號字元 char 、不帶符號短整數 unsigned short、倍精值浮點數 double …等。
2. **陣列名稱**：所要使用陣列的名稱，只要符合前面我們所討論的識別字 Identifier 皆可以。
3. **陣列大小**：所要儲存資料元素的總量，如果為字元陣列時必須為字串長度加 1 (多儲存一個結束字元‘\0’)。

當我們在程式內宣告 short score[30] 的一維陣列時，它所代表的意義為：

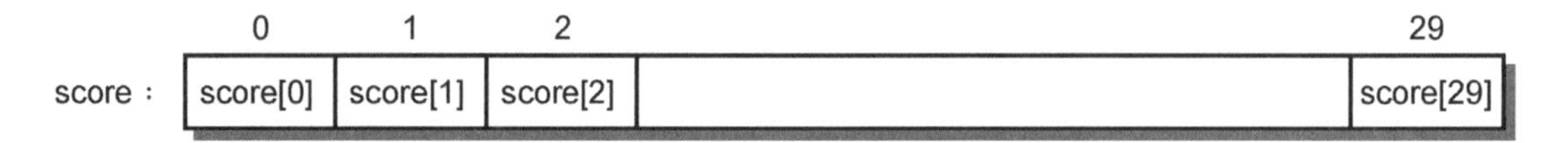

實際記憶體的配置狀況：

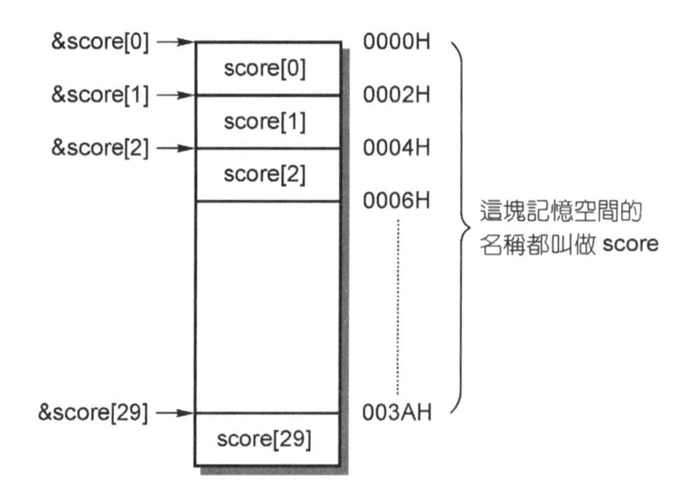

1. 陣列的名稱為 score。
2. 陣列可容納 30 筆帶符號的短整數資料，而其每個資料元素的名稱依次為 score[0]、score[1]……score[29]，它們所儲存的記憶體位址依次為&score[0]、&score[1]……&score[29] (注意！實際提供的位址會因系統而異)。
3. 由於所要儲存的資料皆為佔 2Byte 之帶符號短整數內容，因此整個陣列總共佔用 60Byte 的記憶空間。

從上面的敘述可以看到，由於整塊記憶空間的名稱都叫做 score，將來設計師對此塊記憶空間做資料存取時，皆以名稱 score 後面中括號內部的註標 subscript 或索引 index (往後都以索引為主) 為依據，特別注意！索引的編號從記憶體位址較小的地方開始編，而且從 0 開始 (必須為整數值)，也就是當我們宣告陣列 score 的大小為 30 時，它的第一個資料元素為 score[0]、第二個資料元素為 score[1] …… 最後一個資料元素為 score[29]，它們各自所儲存的記憶體位址依次為&score[0]、&score[1] ……&score[29]。當我們宣告陣列時，陣列大小一定要很明確，否則編譯器無法配置記憶體空間。

一維陣列的初始內容設定

一旦我們宣告一個陣列的資料結構之後，接下來就是如何設定陣列內部每個資料元素的初始內容，陣列資料元素的初始設定，可以在程式執行時設定，也可以在宣告陣列的同時設定，底下我們就舉兩個範例來解釋這兩種設定的方式。

範例一	檔名：ARRAY_SET_1
當程式執行時，直接設定陣列的內容，或者以鍵盤輸入方式設定陣列內容，並將它們的位址與內容顯示在螢幕上。	

執行結果：

```
c:\ D:\C語言程式範例\Chapter4\ARRAY_SET_1\ARRAY_SET_1.exe
請輸入第 1 個資料 ...... 77
請輸入第 2 個資料 ...... 88
請輸入第 3 個資料 ...... 99

data1 陣列的位址與資料分別為 :
&data1[0] = 0X0022FF50          data1[0] = 11
&data1[1] = 0X0022FF52          data1[1] = 22
&data1[2] = 0X0022FF54          data1[2] = 33

data2 陣列的位址與資料分別為 :
&data2[0] = 0X0022FF40          data2[0] = 77
&data2[1] = 0X0022FF42          data2[1] = 88
&data2[2] = 0X0022FF44          data2[2] = 99

請按任意鍵繼續 . . .
```

原始程式：

```
1.   /*************************
2.    *   執行時設定陣列內容      *
3.    * 檔名 : ARRAY_SET_1.CPP *
4.    *************************/
5.
6.   #include <stdio.h>
7.   #include <stdlib.h>
8.
9.   int main(void)
10.  {
11.    short index, data1[3], data2[3];
12.
13.    data1[0] = 11;
14.    data1[1] = 22;
15.    data1[2] = 33;
16.    for(index = 0; index < 3; index++)
17.    {
18.      printf("請輸入第 %hd 個資料 ...... ", index + 1);
19.      fflush(stdin);
20.      scanf("%hd", &data2[index]);
21.    }
22.    printf("\ndata1 陣列的位址與資料分別為 :\n");
23.    for(index = 0; index < 3; index++)
```

```
24.    {
25.      printf("&data1[%hd] = %#p\t\t", index, &data1[index]);
26.      printf("data1[%hd] = %hd\n", index, data1[index]);
27.    }
28.    printf("\ndata2 陣列的位址與資料分別爲 :\n");
29.    for(index = 0; index < 3; index++)
30.    {
31.      printf("&data2[%hd] = %#p\t\t", index, &data2[index]);
32.      printf("data2[%hd] = %hd\n", index, data2[index]);
33.    }
34.    printf("\n");
35.    system("PAUSE");
36.    return 0;
37.  }
```

重點說明：

1. 行號 13～15 以敘述方式直接設定陣列 data1 的內容。
2. 行號 16～21 利用迴圈方式，以鍵盤輸入方式設定陣列 data2 的內容。
3. 行號 22～27 利用迴圈方式顯示陣列 data1 內部每個資料元素的位址與內容。
4. 行號 28～33 利用迴圈方式顯示陣列 data2 內部每個資料元素的位址與內容。

當我們在宣告陣列的同時設定其初始內容時，必須注意下面幾個特性：

1. 陣列大小等於資料的數量 (最標準的設定方式) 時：

    short data[3] = {66, 77, 88};

   宣告陣列大小為 3，因此設定 3 筆資料 (以大括號括起來)，亦即 data[0] = 66、data[1] = 77、data[2] = 88。

2. 陣列大小比資料的數量大時：

    short data[5] = {56, 89};

   宣告陣列大小為 5，但只設定 2 筆資料，此時系統會依順序設定，沒有被設定到的陣列內容則清除為 0，亦即 data[0] = 56、data[1] = 89、data[2] = 0、data[3] = 0、data[4] = 0。

3. 不論陣列大小為何，資料只有一個 0：

data[5] = {0};

宣告陣列大小為 5，但資料只有一個 0，此時系統會將所有陣列內容都清除為 0，亦即 data[0] = 0、data[1] = 0、data[2] = 0、data[3] = 0、data[4] = 0。

4. 沒有宣告陣列大小，只有設定資料：

data[ ] = {65, 78, 95, 96, 98};

宣告時沒有陣列大小，所設定的資料有 5 筆，此時系統會依順序將資料設定給陣列，直到沒有資料為止，亦即 data[0] = 65、data[1] = 78、data[2] = 95、data[3] = 96、data[4] = 98。

5. 只宣告陣列大小，沒有設定資料時：

(1) 當陣列為 global 或 static 時，其內容皆會被清除為 0。

(2) 當陣列為 auto 時，其內容無法預測 (原來的記憶體內容)。

6. 陣列大小比設定資料的數量小時，於編譯過程會發出錯誤的訊息。

範例二 檔名：ARRAY_SET_2

以各種方式於陣列宣告時設定它們的初值，並將它們的內容顯示在螢幕上，以便驗證上面的敘述。

執行結果：

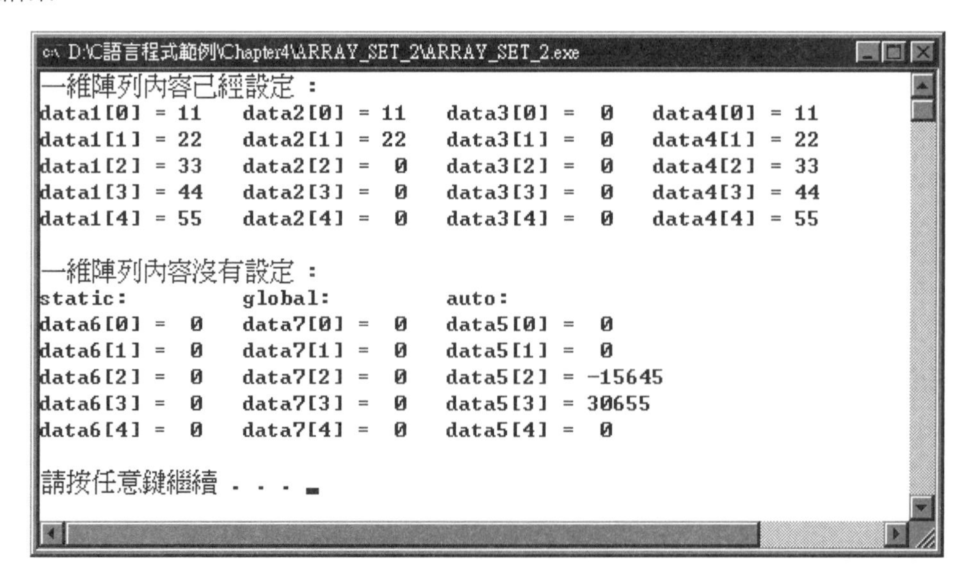

原始程式：

```
1.  /*************************
2.   *   宣告時設定陣列內容      *
3.   * 檔名 : ARRAY_SET_2.CPP *
4.   *************************/
5.
6.  #include <stdio.h>
7.  #include <stdlib.h>
8.
9.  short data7[5];
10.
11. int main(void)
12. {
13.  short data1[5] = {11, 22, 33, 44, 55}, index,
14.        data2[5] = {11, 22},
15.        data3[5] = {0},
16.        data4[]  = {11, 22, 33, 44, 55},
17.        data5[5];
18.  static short data6[5];
19.
20.  printf("一維陣列內容已經設定 :\n");
21.  for(index = 0; index < 5; index++)
22.  {
23.   printf("data1[%hd] = %2hd\t", index, data1[index]);
24.   printf("data2[%hd] = %2hd\t", index, data2[index]);
25.   printf("data3[%hd] = %2hd\t", index, data3[index]);
26.   printf("data4[%hd] = %2hd\t", index, data4[index]);
27.   putchar('\n');
28.  }
29.  printf("\n一維陣列內容沒有設定 :\n");
30.  printf("static:\t\tglobal:\t\tauto:\n");
31.  for(index = 0; index < 5; index++)
32.  {
33.   printf("data6[%hd] = %2hd\t", index, data6[index]);
34.   printf("data7[%hd] = %2hd\t", index, data7[index]);
35.   printf("data5[%hd] = %2hd\n", index, data5[index]);
36.  }
37.  putchar('\n');
38.  system("PAUSE");
39.  return 0;
40. }
```

重點說明：

1. 行號 9、13～18 宣告並設定各種陣列的初始內容，其中陣列 data1～data4 皆有設定內容，而 auto 陣列 data5，static 陣列 data6 與 global 陣列 data7 都沒有設定。
2. 行號 20～28 顯示內容已經設定過的陣列 data1～data4 內容，每個陣列元素內容的設定狀況即如上面所述。
3. 行號 29～36 顯示內容沒有經過設定的陣列 data5～data7 內容，每個元素內容的設定狀況請參閱前面的敘述。

C 語言陣列的邊界檢查

於 C 語言系統中，為了提高程式的執行效率，它不會對陣列做界限的檢查，也就是說當程式在做陣列資料的存取時，即使它所存取陣列的索引超過原先宣告陣列的大小時，於程式的編譯過程並不會顯示任何錯誤或警告訊息，但是當程式進行執行時，由於它所存取陣列所對應的記憶體空間並非自己的資料區，因此會造成取回來的並不是自己的資料，或儲存資料到其它變數或陣列區，這種現象會造成無法預測的錯誤結果，嚴重的話會造成系統的當機，而其狀況請參閱底下的範例。

範例一	檔名：ARRAY_NO_BOUNDARY_CHECK
計算儲存在陣列內學生成績的平均，由於沒有做陣列邊界的測試而產生錯誤。	

執行結果：

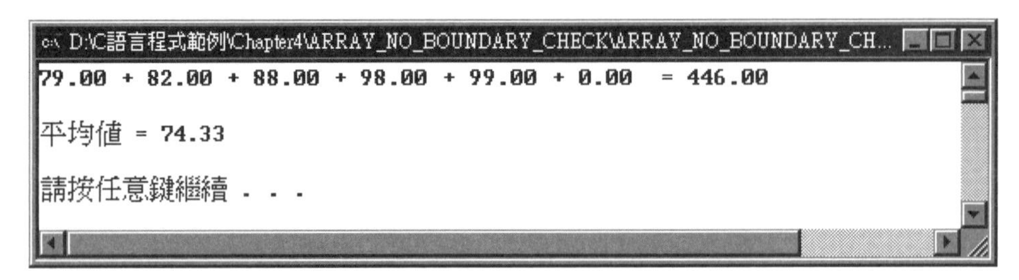

原始程式：

```
1.  /*************************************
2.   *          沒有邊界測試的陣列           *
3.   * 檔名 : ARRAY_NO_BOUNDARY_CHECK.CPP  *
4.   *************************************/
5.
6.  #include <stdio.h>
7.  #include <stdlib.h>
8.
9.  int main(void)
10. {
11.   short index;
12.   float average, sum = 0,
13.         score[5] = {79, 82, 88, 98, 99};
14.
15.   for( index = 0; index < 6; index++)
16.   {
17.    printf("%.2f + ", score[index]);
18.    sum += score[index];
19.   }
20.   printf("\b\b = %.2f\n\n", sum);
21.   average = sum / index;
22.   printf("平均值 = %.2f\n\n", average);
23.   system("PAUSE");
24.   return 0;
25. }
```

重點說明：

1. 行號 13 宣告陣列 score 具有 5 個空間 (0～4) 並分別設定其內容。
2. 行號 15～20 利用迴圈敘述顯示其內容，同時計算它們的總和，由於設計師的失忽，將迴圈執行的次數設定成 6 次，再加上系統並沒有去檢查陣列的真正大小，因此程式會多加一個數值 (依照前面的敘述，此數值為一個不確定值，也就是一個亂數)，可以肯定其累加的結果是錯誤的。
3. 行號 21～22 計算這些陣列的平均值，當然其結果也是錯誤的結果。

從上面的範例可以證實於 C 語言系統中，當程式在進行陣列資料的存取時，它並不會去檢查陣列的大小，如果設計師一不小心就會造成無法彌補的錯誤 (在毫無警告訊息之下拿到錯誤的資訊)，為了避免上述狀況的發生，設計師可以在程式中自行加入偵測敘述，只要目前所存取陣列的索引超過陣列的實際長度時就發出警告訊息，或者事先以常數定義所要宣告陣列的大小，之後做陣列資料的存取時，其迴圈次數也是以所定義陣列大小的常數來設定，其狀況請參閱底下的範例。

範例二	檔名：ARRAY_BOUNDARY_CHECK
在前端處理器位置事先定義陣列的長度，以防止系統沒有做陣列邊界測試所造成的不良後果。	

執行結果：

```
D:\C語言程式範例\Chapter4\ARRAY_BOUNDARY_CHECK\ARRAY_BOUNDARY_CHECK.exe
79.00 + 82.00 + 88.00 + 98.00 + 99.00  = 446.00

平均值 = 89.20

請按任意鍵繼續 . . .
```

原始程式：

```
1.  /***********************************
2.   *        加入邊界測試的陣列           *
3.   * 檔名 : ARRAY_BOUNDARY_CHECK.CPP *
4.   ***********************************/
5.
6.  #include <stdio.h>
7.  #include <stdlib.h>
8.
9.  #define SIZE 5
10.
11. int main(void)
12. {
13.   short index;
14.   float average, sum = 0,
15.         score[SIZE] = {79, 82, 88, 98, 99};
16.
17.   for( index = 0; index < SIZE; index++)
18.   {
19.     printf("%.2f + ", score[index]);
```

```
20.      sum += score[index];
21.    }
22.    printf("\b\b = %.2f\n\n", sum);
23.    average = sum / index;
24.    printf("平均值 = %.2f\n\n", average);
25.    system("PAUSE");
26.    return 0;
27.  }
```

重點說明：

1. 行號 9 宣告常數 SIZE 的內容為 5。
2. 行號 15 宣告陣列 score 的大小為 5，並設定其內容。
3. 行號 17～21 為顯示陣列內容與計算總和累加的迴圈，其迴圈次數也是 5 次。

討論完一維陣列的特性之後，底下我們舉一個範例，從已經設定完內容的陣列中找尋其最大值與最小值。

範例三	檔名：ARRAY_MAX_MIN
從一個已知陣列資料內找出其最大值與最小值，並將它們顯示在螢幕上。	

執行結果：

```
D:\C語言程式範例\Chapter4\ARRAY_MAX_MIN\ARRAY_MAX_MIN.exe
從陣列中找尋最大與最小值：

data [0] = 11   data [1] = 77   data [2] = 33   data [3] = 99
data [4] = 55   data [5] = 66   data [6] = 22   data [7] = 88

陣列中最大值為 99
陣列中最小值為 11

請按任意鍵繼續 . . .
```

原始程式：

```
1.  /*****************************
2.   *   從陣列中找尋最大與最小值    *
3.   * 檔名 : ARRAY_MAX_MIN.CPP  *
4.   *****************************/
```

```
5.
6.   #include <stdio.h>
7.   #include <stdlib.h>
8.
9.   #define SIZE  8
10.
11. int main(void)
12. {
13.   short index, max = -32768, min = 32767,
14.         data[SIZE] = {11, 77, 33, 99, 55, 66, 22, 88};
15.
16.   printf("從陣列中找尋最大與最小值 :\n\n");
17.   for(index = 0; index < SIZE; index++)
18.   {
19.     printf("data [%hd] = %hd  ", index, data[index]);
20.     if((index + 1) % 4 == 0)
21.       putchar('\n');
22.     if(data[index] > max)
23.       max = data[index];
24.     if(data[index] < min)
25.       min = data[index];
26.   }
27.   printf("\n 陣列中最大值為 %hd\n", max);
28.   printf("陣列中最小值為 %hd\n\n", min);
29.   system("PAUSE");
30.   return 0;
31. }
```

重點說明：

1. 由於程式目的是要從陣列內部找出最大值與最小值，因此於行號 13 內事先設定用來儲存最大值的變數 max 內容為帶符號短整數的最小值 -32768；設定用來儲存最小值的變數 min 內容為帶符號短整數的最大值 32767。
2. 行號 17～26 以迴圈方式在陣列內找尋最大值與最小值。
3. 行號 19 顯示目前陣列的內容。
4. 行號 20～21 用來設定螢幕上每一行只顯示 4 個陣列內容。
5. 行號 22～23 用來找尋目前兩筆資料中較大者，並將它儲存在變數 max 內 (這就是為什麼 max 內容一開始被設定成 -32768 的原因)。
6. 行號 24～25 用來找尋目前兩筆資料中較小者，並將它儲存在變數 min 內 (這就是為什麼 min 內容一開始被設定成 32767 的原因)。
7. 迴圈執行完畢後，於行號 27～28 分別將找到最大值與最小值顯示在螢幕上。

4-3 多維陣列

從前面所討論的一維陣列中可以發現到，在陣列名稱後面只有一個索引，設計師要去存取所要指定陣列的資料元素時皆以索引為主，譬如宣告陣列 short data[5] 時，表示此陣列有 data[0]、data[1]、data[2]…data[4] 等 5 個陣列空間，我們可以將這 5 個資料元素當成是資料型態相同的 5 個變數來使用，這種一維陣列的結構就如同一度空間的線性儲存結構，其狀況如下：

0	1	2	3	4
data[0]	data[1]	data[2]	data[3]	data[4]

有經驗的軟體工程師都會知道，當程式在處理資料時，上述線性儲存結構的一維陣列往往不夠使用，譬如在程式中要去記錄一個班級教室座位的學生資料時就必須要有兩個索引，一個用來表達第幾排，一個用來表達第幾個位置；又譬如用來處理數學的平面座標時，也必須要有一個用來表達 x 座標，一個用來表達 y 座標…等，像這種需要兩個索引來表示的陣列結構我們稱之為二維陣列，一個二維陣列的結構就如同二度空間的平面儲存結構，反過來說凡是平面的儲存結構我們都可以用二維陣列來處理，譬如記錄學校的課程表，學生的各科成績…等，其狀況如下：

課程表

星期／節數	一	二	三	四	五
1					
2					
3					
4					
5					
6					
7					
8					

學生成績表

學科 / 姓名	國文	英文	數學	物理
張啓東				
陳衛道				
劉曉明				

同樣的道理，當程式要處理數學的立體圖形時就必須要有三個索引來記錄 x, y, z 三個座標，此時我們就必須使用三維陣列來處理…等，要將陣列宣告成幾維陣列，端看程式目前所要處理資料的需求來決定，不管維度多少，凡是二維陣列以上我們都稱之為多維陣列 (Multi Dimension Array)，於 C 語言系統中陣列的維度並沒有限制，端看記憶體空間的大小來決定 (通常由編譯器來決定)。

二維陣列

正如前面所討論的，當程式所要處理的資料屬於平面結構時，我們就會使用二維陣列來處理，而其宣告語法如下：

```
資料型態　陣列名稱[row 大小][column 大小]
```

於上面二維陣列的宣告語法中：

1. **資料型態**：將來要儲存到陣列內的資料格式，與一維陣列相同，凡是符合 C 語言所提供的資料型態都可以。
2. **陣列名稱**：所要使用陣列的名稱，只要符合前面我們所討論的識別字 Identifier 都可以。
3. row **大小**：陣列 row 所能儲存資料元素的數量。
4. column **大小**：陣列 column 所能儲存資料元素的數量。

當我們在程式內宣告 float score[3][3] 的二維陣列時，它所代表的意義為：

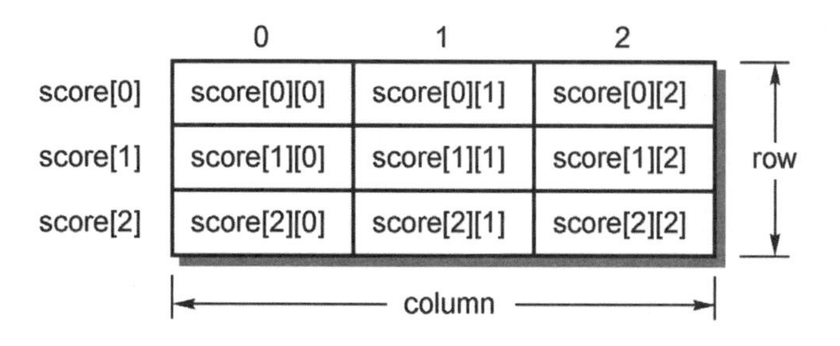

實際記憶體配置狀況：

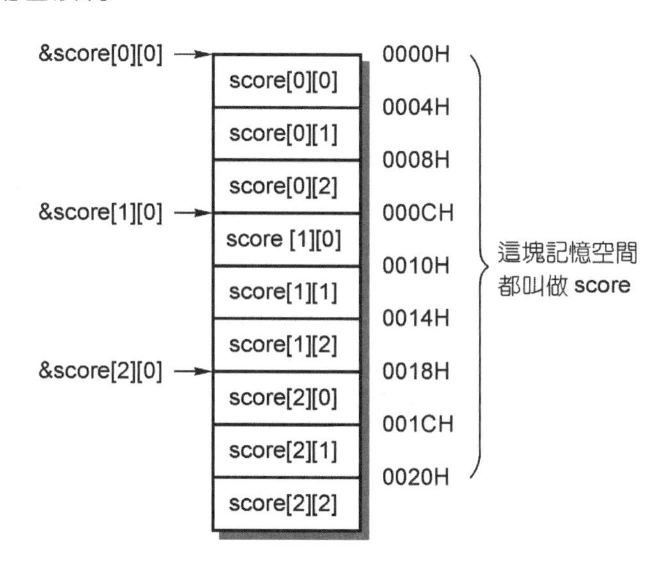

1. 陣列的名稱為 score。
2. 陣列可容納 3 × 3 = 9 筆單精值浮點數資料，而其每個資料元素的名稱依次為 score[0][0]、score[0][1]、score[0][2]⋯⋯score[2][1]、score[2][2]，它們所儲存的記憶空間依次為 &score[0][0]、&score[0][1]、&score[0][2]⋯⋯&score[2][1]、&score[2][2]。
3. 由於所要儲存的資料皆為佔 4Byte 的單精值內容，因此整個陣列總共佔用 36Byte 的記憶空間。
4. 存取陣列內部資料元素的索引必須為整數且左邊為 row 的索引，右邊為 column 的索引，它們的編號都是從 0 開始，第一筆陣列資料 score[0][0] 對應者儲存記憶體的最低位址。
5. 我們可以將它們看成是一組的平面儲存結構，也可以當成 3 組的線性儲存結構來處理。

由上面的敘述可以看到，雖然我們說二維陣列是屬於平面結構，但電腦內部的記憶體空間皆為一維的線性結構，因此程式將我們所認為的平面資料 (具有 row，column) 儲存到記憶體時，它們會被轉換成一維陣列的線性結構，而其轉換的方式可以分成以 column 為主 (即先儲存 column[0]，存滿了再儲存 column[1]…直到全部存滿)；或以 row 為主 (即先儲存 row[0]，存滿了再儲存 row[1]…直到全部存滿)，由於 C 語言採用的是以 row 為主，而其儲存方式我們可以從上面實際記憶體配置狀況中找到答案。綜合上面的討論我們可以得到一個結論，一個二維陣列的結構可以分解成數個一維陣列的結構，譬如上述 float score[3][3] 的二維陣列可以用 score[0]、score[1]、score[2] 三個一維陣列來處理，當然多維陣列的結構也是如此，畢竟電腦內部的記憶體結構本質上皆為一維陣列的線性結構。

二維陣列的初始內容設定

二維陣列的初始內容設定方式和特性與一維陣列相似，不同之處為二維陣列是平面結構，因此必須以雙重迴圈來處理，而其詳細狀況請參閱下面兩個範例。

範例一 檔名：ARRAY_SET_3

以各種方式於二維陣列宣告時設定它們的初值，並將它們的內容顯示在螢幕上，同時與前面一維陣列 ARRAY_SET_2 的程式做比較。

執行結果：

```
D:\C語言程式範例\Chapter4\ARRAY_SET_3\ARRAY_SET_3.exe
四個二維陣列的內容 :
data1[0][0] = 11   data2[0][0] = 11   data3[0][0] = 11   data4[0][0] =  0
data1[0][1] = 22   data2[0][1] = 22   data3[0][1] = 22   data4[0][1] =  0
data1[0][2] = 33   data2[0][2] = 33   data3[0][2] = 33   data4[0][2] =  0
data1[1][0] = 44   data2[1][0] = 44   data3[1][0] = 44   data4[1][0] =  0
data1[1][1] = 55   data2[1][1] = 55   data3[1][1] = 55   data4[1][1] =  0
data1[1][2] = 66   data2[1][2] = 66   data3[1][2] = 66   data4[1][2] =  0
data1[2][0] = 77   data2[2][0] = 77   data3[2][0] = 77   data4[2][0] =  0
data1[2][1] = 88   data2[2][1] = 88   data3[2][1] = 88   data4[2][1] =  0
data1[2][2] = 99   data2[2][2] = 99   data3[2][2] = 99   data4[2][2] =  0

其中二個二維陣列的位址 :
&data1[0][0] = 0X0022FF30       &data2[0][0] = 0X0022FF00
&data1[0][1] = 0X0022FF34       &data2[0][1] = 0X0022FF04
&data1[0][2] = 0X0022FF38       &data2[0][2] = 0X0022FF08
&data1[1][0] = 0X0022FF3C       &data2[1][0] = 0X0022FF0C
&data1[1][1] = 0X0022FF40       &data2[1][1] = 0X0022FF10
&data1[1][2] = 0X0022FF44       &data2[1][2] = 0X0022FF14
&data1[2][0] = 0X0022FF48       &data2[2][0] = 0X0022FF18
&data1[2][1] = 0X0022FF4C       &data2[2][1] = 0X0022FF1C
&data1[2][2] = 0X0022FF50       &data2[2][2] = 0X0022FF20

請按任意鍵繼續 . . .
```

原始程式：

```
1.  /*************************
2.   *   宣告時設定陣列內容      *
3.   * 檔名 : ARRAY_SET_3.CPP *
4.   *************************/
5.
6.  #include <stdio.h>
7.  #include <stdlib.h>
8.
9.  #define ROW  3
10. #define COL  3
11.
12. int main(void)
13. {
14.   short row, col;
15.   int   data1[ROW][COL] = {{11, 22, 33},
16.                            {44, 55, 66},
17.                            {77, 88, 99}},
18.         data2[][COL]    = {{11, 22, 33},
19.                            {44, 55, 66},
20.                            {77, 88, 99}},
21.         data3[ROW][COL] = {11, 22, 33, 44, 55, 66, 77, 88, 99},
22.         data4[ROW][COL] = {0};
23.
24.   printf("四個二維陣列的內容 :\n");
25.   for(row = 0; row < ROW; row++)
26.     for(col = 0; col < COL; col++)
27.     {
28.       printf("data1[%hd][%hd] = %2d  ", row, col, data1[row][col]);
29.       printf("data2[%hd][%hd] = %2d  ", row, col, data2[row][col]);
30.       printf("data3[%hd][%hd] = %2d  ", row, col, data3[row][col]);
31.       printf("data4[%hd][%hd] = %2d\n", row, col, data4[row][col]);
32.     }
33.   printf("\n 其中二個二維陣列的位址 :\n");
34.   for(row = 0; row < ROW; row++)
35.     for(col = 0; col < COL; col++)
36.     {
37.       printf("&data1[%hd][%hd] = %#p\t", row, col, &data1[row][col]);
38.       printf("&data2[%hd][%hd] = %#p\n", row, col, &data2[row][col]);
```

```
39.     }
40.   putchar('\n');
41.   system("PAUSE");
42.   return 0;
43. }
```

重點說明：

1. 行號 15～17 為標準的二維陣列宣告與內容初始設定方式，陣列 data1 的空間有 9 個，相對的資料也有 9 筆，由於 C 語言對於陣列的處理方式是以 row 為主，因此系統會依順序將大括號內的資料依順序 (先儲存 row[0] 內的所有資料元素，再儲存 row[1] …等) 儲存。
2. 行號 18～20 因為後面所設定資料的個數已經很明確，因此二維陣列前面 row 的部分不需要宣告。
3. 行號 21 是將二維陣列的內容以線性結構方式來宣告，系統會以 row 為主的方式依順序將資料儲存進去。
4. 行號 22 將二維陣列的內容全部清除為 0。
5. 行號 25～32 以迴圈方式顯示上述四個陣列 data1、data2、data3、data4 的內容。
6. 行號 33～39 以迴圈方式顯示 data1、data2 兩個陣列內每個資料元素所儲存的記憶體位址。
7. 上述二維陣列初值的設定特性與一維陣列相同，請自行參閱有關一維陣列的敘述內容。

範例二	檔名：ARRAY_SET_4
與前面範例一相同。	

執行結果：

```
D:\C語言程式範例\Chapter4\ARRAY_SET_4\ARRAY_SET_4.exe
二維陣列內容已經設定 :
data1[0][0] = 11            data2[0][0] = 11
data1[0][1] = 22            data2[0][1] = 22
data1[0][2] =  0            data2[0][2] = 33
data1[1][0] = 33            data2[1][0] = 44
data1[1][1] = 44            data2[1][1] = 55
data1[1][2] =  0            data2[1][2] =  0
data1[2][0] = 55            data2[2][0] =  0
data1[2][1] =  0            data2[2][1] =  0
data1[2][2] =  0            data2[2][2] =  0

二維陣列內容沒有設定 :
static:                 global:                 auto:
data4[0][0] =  0        data5[0][0] =  0        data3[0][0] = -1
data4[0][1] =  0        data5[0][1] =  0        data3[0][1] = -1
data4[0][2] =  0        data5[0][2] =  0        data3[0][2] = 1389
data4[1][0] =  0        data5[1][0] =  0        data3[1][0] = 31891
data4[1][1] =  0        data5[1][1] =  0        data3[1][1] = -15650
data4[1][2] =  0        data5[1][2] =  0        data3[1][2] = 30655
data4[2][0] =  0        data5[2][0] =  0        data3[2][0] =  0
data4[2][1] =  0        data5[2][1] =  0        data3[2][1] = 61
data4[2][2] =  0        data5[2][2] =  0        data3[2][2] =  0

請按任意鍵繼續 . . .
```

原始程式：

```
1.  /*************************
2.   *    宣告時設定陣列內容     *
3.   * 檔名 : ARRAY_SET_4.CPP *
4.   *************************/
5.
6.  #include <stdio.h>
7.  #include <stdlib.h>
8.
9.  #define ROW  3
10. #define COL  3
11.
12. short  data5[ROW][COL];
13.
14. int main(void)
15. {
16.   short row, col,
17.         data1[ROW][COL] = {{11, 22},
18.                            {33, 44},
19.                            {55}},
20.         data2[ROW][COL] = {11, 22, 33, 44, 55},
21.         data3[ROW][COL];
22.   static short data4[ROW][COL];
```

```
23.
24.    printf("二維陣列內容已經設定 :\n");
25.    for(row = 0; row < ROW; row++)
26.      for(col = 0; col < COL; col++)
27.      {
28.        printf("data1[%hd][%hd] = %2hd\t\t", row, col, data1[row][col]);
29.        printf("data2[%hd][%hd] = %2hd\n", row, col, data2[row][col]);
30.      }
31.    printf("\n二維陣列內容沒有設定 :\n");
32.    printf("static:\t\t\tglobal:\t\t\tauto:\n");
33.    for(row = 0; row < ROW; row++)
34.      for(col = 0; col < COL; col++)
35.      {
36.        printf("data4[%hd][%hd] = %2hd\t", row, col, data4[row][col]);
37.        printf("data5[%hd][%hd] = %2hd\t", row, col, data5[row][col]);
38.        printf("data3[%hd][%hd] = %2hd\n", row, col, data3[row][col]);
39.      }
40.    putchar('\n');
41.    system("PAUSE");
42.    return 0;
43. }
```

重點說明：

1. 行號 17～19 宣告二維陣列 data1 的資料元素有 9 個，所設定初始資料只有 5 筆，而其對應關係如下 (沒有設定到的為 0)：

   data1[0] = {11, 22}，其結果為：

   data1[0][0] = 11，data1[0][1] = 22，data1[0][2] = 0

   data[1] = {33, 44}，其結果為：

   data1[1][0] = 33，data1[1][1] = 44，data1[1][2] = 0

   data[2] = {55}，其結果為：

   data1[2][0] = 55，data1[2][1] = 0，data1[2][2] = 0

2. 行號 20 以 row 為主的方式，依順序設定陣列 data2 的內容，其結果為：

   data2[0][0] = 11，data2[0][1] = 22，data2[0][2] = 33
   data2[1][0] = 44，data2[1][1] = 55，data2[1][2] = 0
   data2[2][0] = 0， data2[2][1] = 0， data2[2][2] = 0

3. 行號 21 只宣告 auto 陣列 data3，並沒有設定內容，因此陣列內容皆為亂數值(無法預測)。

4. 行號 22 只宣告 static 陣列 data4，並沒有設定內容，因此陣列內容都會被清除為 0。

5. 行號 12 只宣告全區 global 陣列 data5，並沒有設定內容，因此陣列內容都會被清除為 0。

6. 上述二維陣列初值內容的設定特性與一維陣列相同，請自行參閱前面一維陣列的敘述。

討論完二維陣列的特性之後，底下我們舉一個範例將兩組已知矩陣的內容相加。

範例	檔名：MATRIX_ADD
顯示兩組矩陣內容，將它們相加並在螢幕上顯示其結果。	

執行結果：

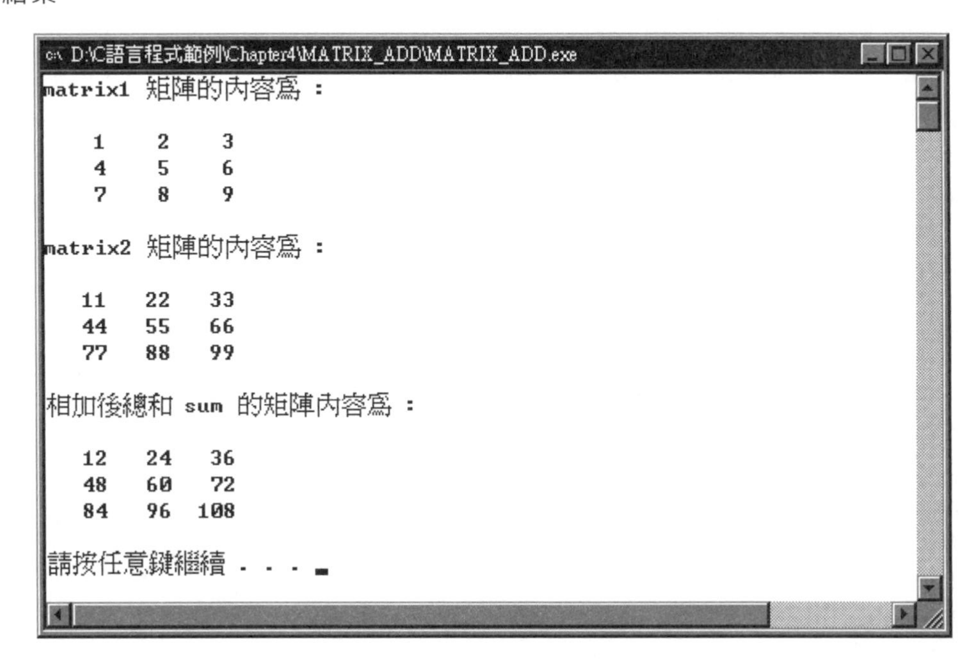

原始程式：

```
1.  /************************
2.   *       矩陣相加        *
3.   * 檔名 : MATRIX_ADD.CPP  *
4.   ************************/
5.
6.  #include <stdio.h>
7.  #include <stdlib.h>
8.
9.  #define ROW  3
10. #define COL  3
11.
12. int main(void)
13. {
14.   short row, col,
15.   matrix1[ROW][COL] = {{1, 2, 3},
16.                        {4, 5, 6},
17.                        {7, 8, 9}},
18.   matrix2[ROW][COL] = {{11, 22, 33},
19.                        {44, 55, 66},
20.                        {77, 88, 99}},
21.   sum[ROW][COL];
22.
23.   printf("matrix1 矩陣的內容爲 :\n");
24.   for(row = 0; row < ROW; row++)
25.   {
26.     putchar('\n');
27.     for(col = 0; col < COL; col++)
28.     {
29.       sum[row][col] = matrix1[row][col] + matrix2[row][col];
30.       printf("%5hd", matrix1[row][col]);
31.     }
32.   }
33.   printf("\n\nmatrix2 矩陣的內容爲 :\n");
34.   for(row = 0; row < ROW; row++)
35.   {
36.     putchar('\n');
37.     for(col = 0; col < COL; col++)
38.       printf("%5hd", matrix2[row][col]);
39.   }
```

```
40.   printf("\n\n相加後總和 sum 的矩陣內容爲 :\n");
41.   for(row = 0; row < ROW; row++)
42.   {
43.     putchar('\n');
44.     for(col = 0; col < COL; col++)
45.       printf("%5hd", sum[row][col]);
46.   }
47.   printf("\n\n");
48.   system("PAUSE");
49.   return 0;
50. }
```

重點說明：

1. 行號 15 宣告矩陣 matrix1 內容：

   ```
   1  2  3
   4  5  6
   7  8  9
   ```

2. 行號 18 宣告矩陣 matrix2 內容：

   ```
   11  22  33
   44  55  66
   77  88  99
   ```

3. 行號 23～32 顯示矩陣 matrix1 的內容，並執行矩陣相加。
4. 行號 33～39 顯示矩陣 matrix2 的內容。
5. 行號 40～46 顯示相加後矩陣 sum 的內容。

三維陣列

前面我們提過，C 語言對陣列的維數並沒有限制，端看編譯器的決定，從設計程式的經驗告訴我們，當程式在進行資料處理時，需要用到三維陣列以上的結構實在不多，因此本書只討論到三維陣列。於特性上一維陣列為線性空間的結構 (最符合記憶體特性)，二維陣列為平面空間的結構 (我們也可以把它當成數個一維的線性結構)，三維陣列就是立體空間的結構，而其宣告語法如下：

```
資料型態　陣列名稱[row 大小][column 大小][depth 大小]
```

如果為四維空間，則在 [depth 大小] 後面再加入所要宣告的空間數，五維空間…等則以此類推。當我們在程式中宣告 double score[3][2][2] 的三維陣列時，它所代表的意義為：

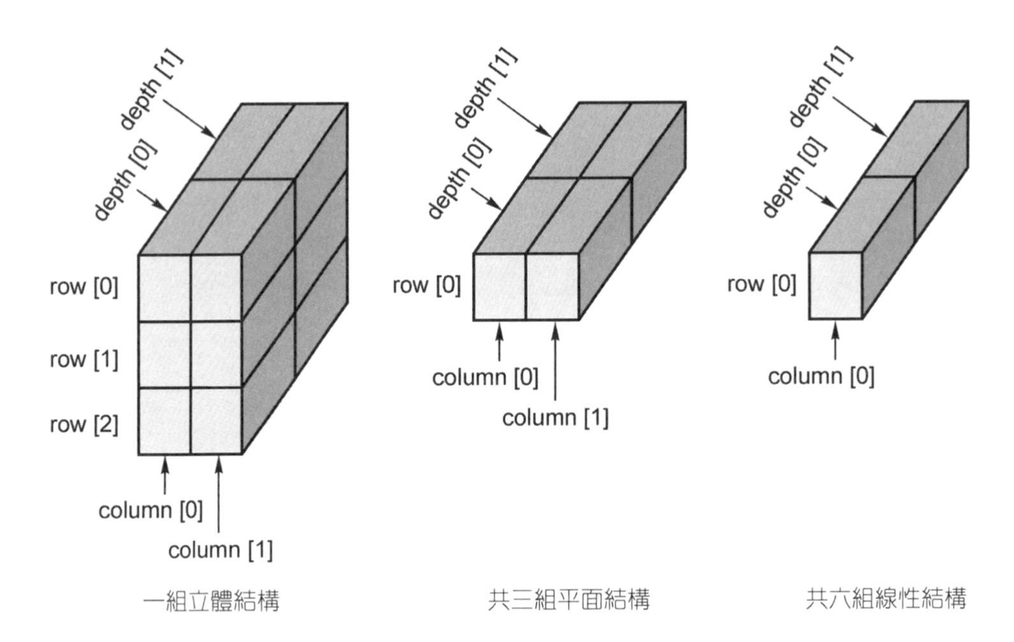

實際記憶體的配置狀況：

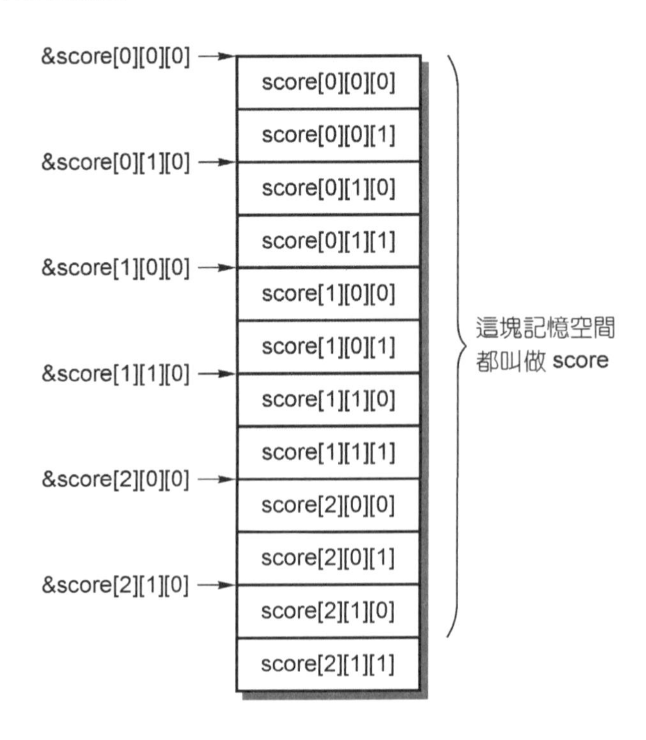

1. 陣列的名稱為 score。
2. 陣列可容納 3 × 2 × 2 = 12 筆倍精值浮點數資料，而其每個資料元素的名稱依次為 score[0][0][0]、score[0][0][1]、score[0][1][0]、score[0][1][1]、score[1][0][0] … score[2][1][1]，它們所儲存的記憶體位址依次為&score[0][0][0]、&score[0][0][1] … &score[2][1][1]。
3. 由於所要儲存的資料皆為 8Byte 的倍精值，因此整個陣列總共佔用 8 × 12 = 96Byte 的記憶空間。
4. 存取陣列內部資料元素的索引必須為整數，且左邊為 row、中間為 column、右邊為 depth 的索引，它們的編號都是從 0 開始，第一筆陣列資料 score[0][0][0] 對應著儲存記憶體的最低位址。
5. 我們可以將它們看成是一組的立體儲存結構，也可以當成 3 組的平面儲存結構，也可以當成 6 組的線性儲存結構來處理。

三維陣列的資料存取就會使用到三層的迴圈結構，而其處理方式請參閱下面的範例。

範例	檔名：MULTIPLE_ARRAY
以亂數產生器產生 0～99 中間的亂數去設定三維陣列的內容，並將此三維陣列內部所有元素的位址與內容顯示在螢幕上。	

執行結果：

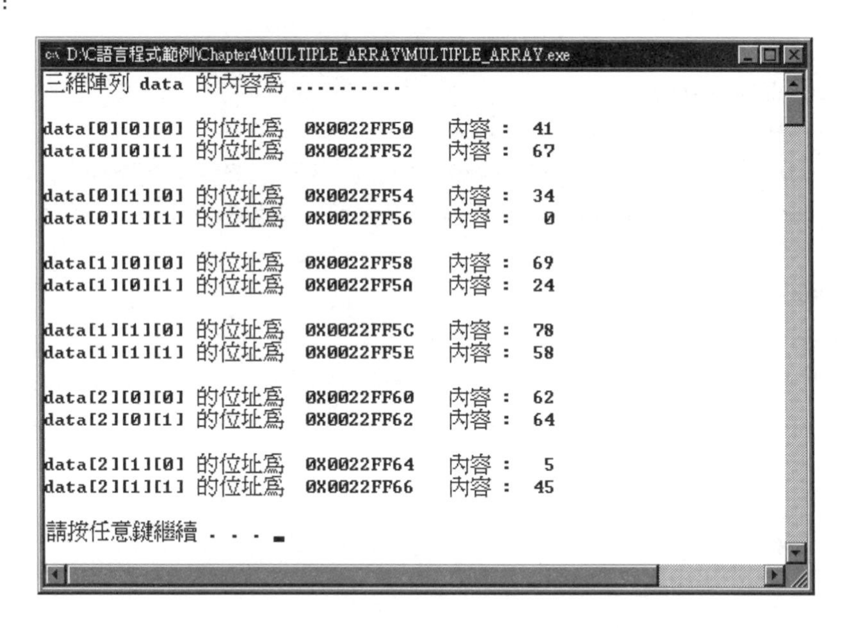

原始程式：

```
1.  /*****************************
2.   *   以亂數設定三維陣列的內容    *
3.   * 檔名 : MULTIPLE_ARRAY.CPP *
4.   *****************************/
5.
6.  #include <stdio.h>
7.  #include <stdlib.h>
8.
9.  #define ROW   3
10. #define COL   2
11. #define DEPTH 2
12.
13. int main(void)
14. {
15.   short data[ROW][COL][DEPTH],
16.           row, col, depth;
17.
18.   for(row = 0; row < ROW; row++)
19.     for(col = 0; col < COL; col++)
20.       for(depth = 0; depth < DEPTH; depth++)
21.         data[row][col][depth] = rand() % 100;
22.   printf("三維陣列 data 的內容爲 .........\n");
23.   for(row = 0; row < ROW; row++)
24.     for(col = 0; col < COL; col++)
25.     {
26.       putchar('\n');
27.       for(depth = 0; depth < DEPTH; depth++)
28.         printf("data[%hd][%hd][%hd] 的位址爲 %#p  內容 : %3hd\n", row,
29.           col, depth, &data[row][col][depth], data[row][col][depth]);
30.     }
31.   putchar('\n');
32.   system("PAUSE");
33.   return 0;
34. }
```

重點說明：

1. 行號 15 宣告三維陣列 data[3][2][2] 共 12 個空間，每個空間可以儲存 2Byte 的帶符號短整數。
2. 行號 18～21 以三層迴圈的結構去設定三維陣列 data 的內容，行號 21 內 rand ( ) % 100 為一亂數產生器，而其亂數範圍為 00～99。
3. 行號 23～30 以三層迴圈的結構去顯示三維陣列 data 內部每個資料元素的位址與內容。

4-4 字元與字串陣列

大家都知道，在 C 語言系統中並沒有提供字串 string 的資料型態供我們使用，對於字串的處理，C 語言皆以字元陣列來取代，它是將字串以字元陣列的方式來儲存，並在字元陣列的最後面加入一個空字元 (null character)‘\0’代表字串的結束，並利用函數庫 Library 提供一系列有關字串處理的函數，諸如字串的拷貝、字串的串接、字串的比較、字串長度的計算…等讓設計師使用，之所以這樣處理無非是為了有效使用記憶空間、強化語言功能與提升執行速度。處理一個字元通常我們都以 ASCII 來儲存，處理一個字串我們也是以字串內部每一個字元所對應的 ASCII 來儲存，系統會在最後面自動加入空字元‘\0’代表字串的結束 (空字串‘\0’的 ASCII 為 $00_{(16)}$)，底下為儲存字元‘A’、‘B’、‘C’與字串“ABC”的差別：

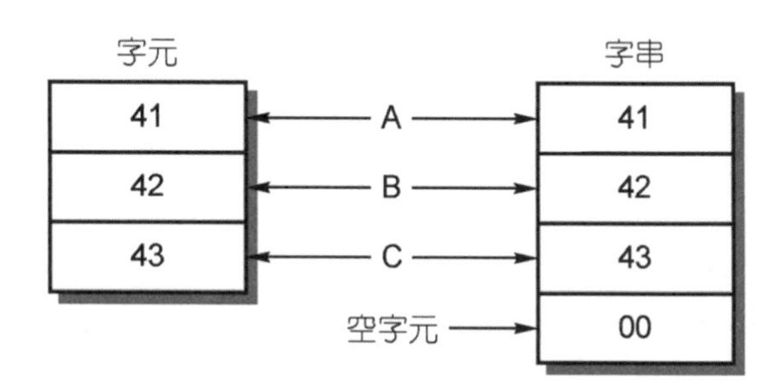

字串中的字元可以是英文大小寫、數字、符號…等，當我們在設定字元陣列的初值時，可以在大括號內以字元方式直接設定 (但必須在最後面以人工方式加入空字元‘\0’作為字元陣列的結束)，如 char string[ ] = {‘A’, ‘p’, ‘p’, ‘l’, ‘e’, ‘!’, ‘!’, ‘\0’}，我們也可以用字串的方式直接設定 (必須以雙引號 ” 開始與結尾)，如 char string[ ] = “Apple!!”，此時系統會在字串的最後面自動加入空字元‘\0’(因此字元陣列 string 的宣告長度必須比字串的實際長度多 1)，而其詳細狀況請參閱下面的範例。

範例	檔名：CHAR_ARRAY_1
以各種方式設定一階字元陣列的初始內容，並顯示字元陣列內每一個元素的位址、內容以及每個儲存在字元陣列內部字串的內容與長度。	

執行結果：

```
D:\C語言程式範例\Chapter4\CHAR_ARRAY_1\CHAR_ARRAY_1.exe
以字元方式顯示字串 str1 的位址與內容 ...

str1 + 0 的位址 0X0022FF60 內容為 A
str1 + 1 的位址 0X0022FF61 內容為 p
str1 + 2 的位址 0X0022FF62 內容為 p
str1 + 3 的位址 0X0022FF63 內容為 l
str1 + 4 的位址 0X0022FF64 內容為 e

以字元方式顯示字串 str3 的內容..... I am a student.

以字串方式顯示字串的內容與長度 ...

str1 內容                 Apple   長度 6
str2 內容               Apple;>   長度 5
str3 內容        I am a student.  長度 20

請按任意鍵繼續 . . .
```

原始程式：

```
1.   /***************************
2.    *      一階的字元陣列       *
3.    * 檔名 : CHAR_ARRAY_1.CPP  *
4.    ***************************/
5.
6.   #include <stdio.h>
7.   #include <stdlib.h>
8.
9.   int main(void)
10.  {
11.    char str1[] = {'A', 'p', 'p', 'l', 'e', '\0'};
12.    char str2[] = {'A', 'p', 'p', 'l', 'e'};
13.    char str3[20] = "I am a student.";
14.    short index = 0;
15.
16.    printf("以字元方式顯示字串 str1 的位址與內容 ...\n\n");
```

```
17.   while(str1[index] != '\0')
18.     printf("str1 + %hd 的位址 %#p 內容為 %c\n",
19.             index++, &str1[index], str1[index]);
20.   printf("\n 以字元方式顯示字串 str3 的內容..... ");
21.   index = 0;
22.   while(str3[index] != '\0')
23.     printf("%c", str3[index++]);
24.   printf("\n\n 以字串方式顯示字串的內容與長度 ...\n\n");
25.   printf("str1 內容 %21s  長度 %hd\n", str1, (sizeof(str1)));
26.   printf("str2 內容 %21s  長度 %hd\n", str2, (sizeof(str2)));
27.   printf("str3 內容 %21s  長度 %hd\n", str3, (sizeof(str3)));
28.   printf("\n");
29.   system("PAUSE");
30.   return 0;
31. }
```

重點說明：

1. 行號 11 為以字元方式設定的字元陣列，最後一個字元必須自行加入空字元‘\0’代表字串結束。
2. 行號 12 為以字元方式設定的字元陣列，但最後沒有加入空字元‘\0’(不正確的設定方式，會產生錯誤)。
3. 行號 13 為以字串方式設定的字元陣列，雖然陣列沒有全部填滿，但它的長度依舊為 20。
4. 行號 16～19 以字元方式逐一顯示字串 str1 內每一個字元的位址與內容，直到遇上空字元才結束，因此螢幕上顯示儲存每個字元的位址與內容 (每個字元佔用一個 Byte 的記憶空間)。
5. 行號 20～23 以字元方式逐一顯示字串 str3 的內容，直到遇上空字元才結束，因此顯示內容為 I am a student.。
6. 行號 24～28 分別顯示上述每個字串的內容與長度，其狀況即如前面所述，注意行號 12 中 str2 的字串內容因為最後面不是空字元，因此顯示內容是錯誤的。至於字串長度由於系統會自動在後面加入空字元 “\0”，因此其實際長度會比字元數量多 1。

當我們在設定字元陣列的初值時，可以在所要設定字串 (以雙引號括起來) 的內部加入逃脫字元 Escape character，由於字串是以雙引號 ” 開始與結尾，因此如果在字串內部含有雙引號的字元時，我們必須在雙引號字元的前面加入反斜線（“\”），當然我們也不可以在字串內部隨便加入空字元 ‘\0’，否則系統會誤判成字串已經結束，其詳細狀況請參閱下面的範例。

範例　檔名：ARRAY_ESCAPE

設定字元陣列的內容時，在字串內部加入逃脱字元，並將其結果顯示在螢幕上。

執行結果：

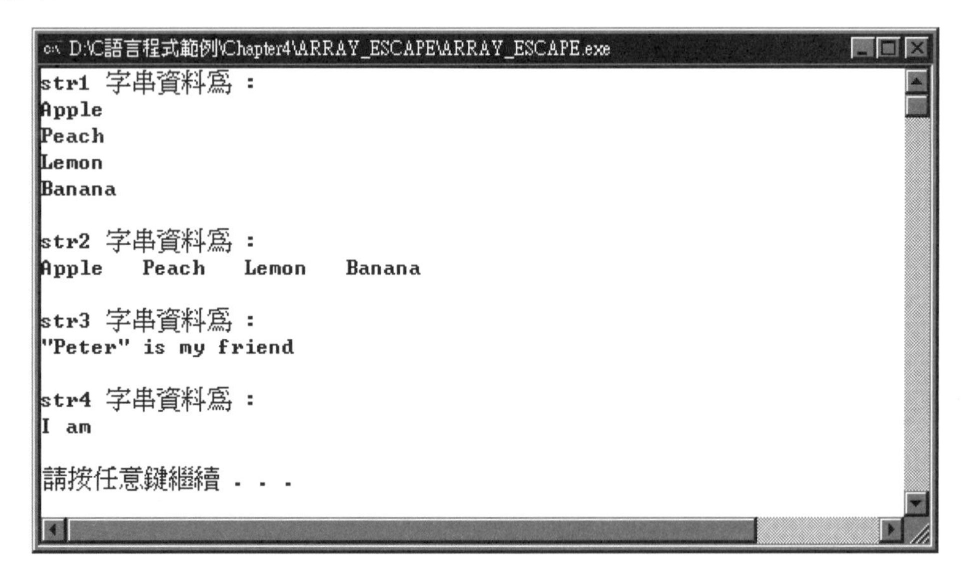

原始程式：

```
1.  /***************************
2.   *      逃脱字元與字元陣列      *
3.   * 檔名 : ARRAY_ESCAPE.CPP *
4.   ***************************/
5.
6.  #include <stdio.h>
7.  #include <stdlib.h>
8.
9.  int main(void)
10. {
11.   char str1[] = {"Apple\nPeach\nLemon\nBanana"};
12.   char str2[] = {"Apple\tPeach\tLemon\tBanana\n"};
```

```
13.    char str3[] = "\"Peter\" is my friend";
14.    char str4[] = "I am \0 a student.";
15.
16.    printf("str1 字串資料爲 :   \n%s\n\n", str1);
17.    printf("str2 字串資料爲 :   \n%s\n", str2);
18.    printf("str3 字串資料爲 :   \n%s\n\n", str3);
19.    printf("str4 字串資料爲 :   \n%s\n\n", str4);
20.    system("PAUSE");
21.    return 0;
22. }
```

重點說明：

1. 行號 11 在字元陣列 str1 內加入 \n，因此顯示內容時會自動跳行。
2. 行號 12 在字元陣列 str2 內加入 \t，因此顯示內容時會自動定位 8 格。
3. 行號 13 因為字元陣列 str3 內含有 ” 字元，因此必須加入反斜線，即 \”。
4. 行號 14 在字元陣列 str4 內加入 \0，由於系統會將它當成字串已經結束，因此顯示內容時只有 I am。
5. 行號 16～19 分別顯示每個字串的內容。

字串陣列

所謂的字串陣列就是由字元陣列所組成的陣列，也就是我們前面所討論的二維陣列，其內容的設定方式和前面的敘述相似，唯一不同之處為在字串陣列內部所儲存的皆為字元，其狀況即如下面的範例所示。

範例	檔名：CHAR_ARRAY_2
設定字串陣列的內容，以字元陣列方式顯示每個字串的開始位址與內容，再以字串方式顯示每個字串的內容與長度，以及字串陣列的總長度與總字元元素的數量。	

執行結果：

```
以字元方式顯示字串的位址與內容 ................
string[0] 的位址 0X0022FF10 內容爲  Apple
string[1] 的位址 0X0022FF20 內容爲  Peach
string[2] 的位址 0X0022FF30 內容爲  Lemon
string[3] 的位址 0X0022FF40 內容爲  Banana
string[4] 的位址 0X0022FF50 內容爲  Orange

以字串方式顯示字串的內容與長度 ............
string[0] 的字串內容爲   Apple   長度爲 16
string[1] 的字串內容爲   Peach   長度爲 16
string[2] 的字串內容爲   Lemon   長度爲 16
string[3] 的字串內容爲  Banana   長度爲 16
string[4] 的字串內容爲  Orange   長度爲 16

字串陣列總長度爲 80
字串總元素爲 80

請按任意鍵繼續 . . .
```

原始程式：

```
1.  /***************************
2.   *        字串陣列          *
3.   * 檔名 : CHAR_ARRAY_2.CPP *
4.   ***************************/
5.
6.  #include <stdio.h>
7.  #include <stdlib.h>
8.
9.  #define ROW  5
10. #define COL  16
11.
12. int main(void)
13. {
14.   short row, col;
15.   char string[][COL] = {{'A', 'p', 'p', 'l', 'e', '\0'},
16.                         {"Peach"},
17.                         {"Lemon"},
18.                         {"Banana"},
19.                         {"Orange"}};
20.
21.   printf("以字元方式顯示字串的位址與內容 ...............\n");
```

```
22.   for(row = 0; row < ROW; row++)
23.   {
24.     printf("string[%hd] 的位址 %#p 內容爲  ", row, &string[row]);
25.     col = 0;
26.     while(string[row][col] != '\0')
27.       printf("%c", string[row][col++]);
28.     putchar('\n');
29.   }
30.   printf("\n以字串方式顯示字串的內容與長度 ............\n");
31.   for(row = 0; row < ROW; row++)
32.     printf("string[%hd] 的字串的內容爲 %7s  長度爲 %hd\n", row,
33.            string[row], (sizeof(string[row])/sizeof(char)));
34.   printf("\n字串陣列總長度爲  %hd\n", (sizeof(string)));
35.   printf("字串總元素爲 %hd\n\n", (sizeof(string)/sizeof(char)));
36.   system("PAUSE");
37.   return 0;
38. }
```

重點說明：

1. 行號 15～19 為字串陣列的內容設定，其中 string[0] 以字元方式設定內容 (最後面必須自行加入空字元‘\0’)，其餘字串皆以字串方式設定 (系統會自動加入空字元‘\0’)，每個字串陣列的內容依次為：

   string[0] = “Apple”

   string[1] = “Peach”

   string[2] =“Lemon”

   string[3] = “Banana”

   string[4] = “Orange”

2. 行號 21～29 利用雙迴圈結構，以字元方式逐一顯示每個字串的開始位址與內容，由於每個字元陣列長度皆為 16 即 $10_{(16)}$，因此每個字元陣列的位址空間皆為 $10_{(16)}$。
3. 行號 30～33 利用單迴圈結構，以字串方式顯示每個字串的內容及長度 (長度皆為 16)。
4. 行號 34 顯示字串陣列的總長度 5 × 16 = 80。
5. 行號 35 顯示字串陣列的總元素為 80 (每個字元佔用一個 Byte)。

scanf( )與 gets( )函數

當我們於程式執行時要求使用者從鍵盤輸入一筆含有空白字元的字串資料時，最好不要使用 scanf 函數，因為 scanf 函數在處理使用者所輸入的字串資料時，它是利用空白 space 或 TAB 鍵等做為字串資料的區隔，譬如當我們從鍵盤輸入的字串資料為 I am a student 時，於程式內部只會從鍵盤緩衝區內讀回第一個字元 I (空白字元後面的所有字元皆會被遺漏掉)，為了避免這種情況發生，設計師可以改用前面討論過的 gets 函數來完成上述的工作，因為 gets 函數從鍵盤緩衝區讀回字串資料時，它並不是以空白或 TAB 鍵來區隔，而是以 Enter 鍵來當成一個字串輸入的結束，因此它允許我們從鍵盤上所輸入的字串中含有空白字元，其詳細狀況請參閱底下的範例。

範例　檔名：SCANF_GETS

以 scanf( )和 gets( )函數從鍵盤輸入字串，同時將它們顯示在螢幕上，並藉此加以比較兩個函數的特性。

執行結果：

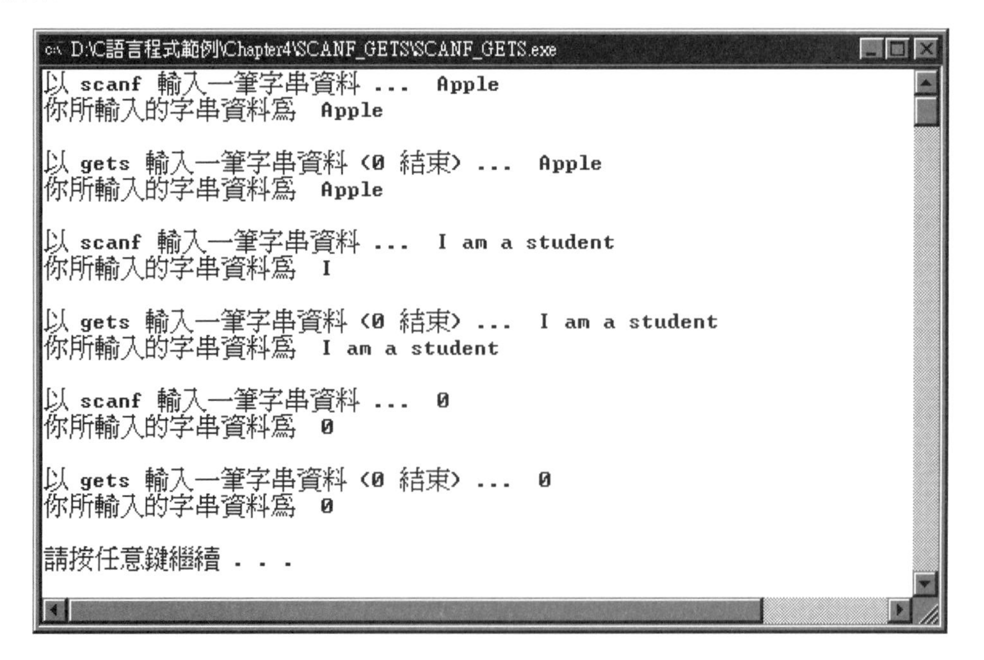

原始程式：

```
1.  /****************************
2.   * scanf and gets function  *
3.   *  檔名 : SCANF_GETS.CPP    *
4.   ****************************/
5.
6.  #include <stdio.h>
7.  #include <stdlib.h>
8.
9.  #define SIZE 64
10.
11. int main(void)
12. {
13.   char  string[SIZE];
14.
15.   do
16.   {
17.     printf("以 scanf 輸入一筆字串資料 ...  ");
18.     fflush(stdin);
19.     scanf("%s", string);
20.     printf("你所輸入的字串資料爲  %s\n\n", string);
21.     printf("以 gets 輸入一筆字串資料 (0 結束)  ...  ");
22.     fflush(stdin);
23.     gets(string);
24.     printf("你所輸入的字串資料爲  %s\n\n", string);
25.   }while(string[0] != '0');
26.   system("PAUSE");
27.   return 0;
28. }
```

重點說明：

1. 行號 17～20 以 scanf 函數從鍵盤輸入一筆最長為 63 個字元的字串，並將它顯示在螢幕上，因此字串內部不可以包含有空白字元，否則只顯示空白字元前面的字串。
2. 行號 21～24 以 gets 函數從鍵盤輸入一筆最長為 63 個字元的字串，並將它顯示在螢幕上，因此字串內部可以包含空白字元。

3. 行號 25 判斷，如果輸入字串的第一個字元不為 0 時，則繼續下一次的輸入，否則結束程式的執行。

討論完字串陣列的特性之後，底下我們就來設計幾個有關字串處理的範例供讀者參考。

範例一	檔名：STRING_LENGTH
從鍵盤輸入一筆字串，計算出此筆字串的長度，並將它顯示在螢幕上，當我們直接按下 enter 後即結束程式的執行。	

執行結果：

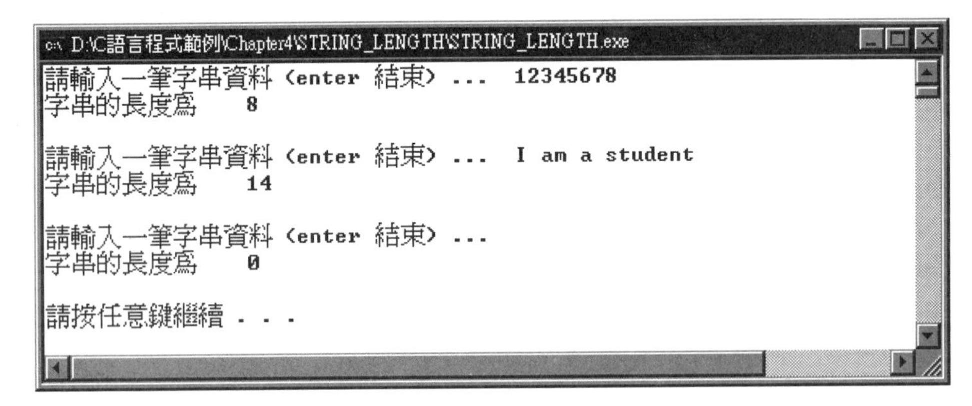

原始程式：

```
1.  /****************************
2.   *      計算字串的長度       *
3.   * 檔名 : STRING_LENGTH.CPP *
4.   ****************************/
5.
6.  #include <stdio.h>
7.  #include <stdlib.h>
8.
9.  #define NULL  '\0'
10. #define SIZE  64
11.
12. int main(void)
13. {
14.   char  string[SIZE];
```

```
15.   short counter;
16.
17.   do
18.   {
19.     counter = 0;
20.     printf("請輸入一筆字串資料 (enter 結束) ...  ");
21.     fflush(stdin);
22.     gets(string);
23.     while(string[counter] != NULL)
24.       counter++;
25.     printf("字串的長度爲    %hd\n\n", counter);
26.   }while(string[0] != NULL);
27.   system("PAUSE");
28.   return 0;
29. }
```

重點說明：

1. 行號 19～22 從鍵盤輸入一筆字串資料，直接按 enter 表示要結束程式的執行。
2. 行號 23～24 計算剛剛所輸入字串的長度，由於字串是以‘\0’做為結束，為了程式的可讀性，我們在行號 9 內定義空字元‘\0’為 NULL，並於行號 23 內當成字串是否結束的依據。
3. 行號 25 顯示目前字串的長度。
4. 行號 26 判斷如果輸入的字串為 NULL 時 (直接按下 enter)，則結束程式的執行。

範例二	檔名：REVERSE_STRING
從鍵盤輸入一筆字串，將它反向後顯示在螢幕上，當我們直接按下 enter 後即結束程式的執行。	

執行結果：

```
D:\C語言程式範例\Chapter4\REVERSE_STRING\REVERSE_STRING.exe
請輸入一筆字串資料 (enter 結束) ...  12345678
字串的反向順序為 .................  87654321

請輸入一筆字串資料 (enter 結束) ...  I am a student
字串的反向順序為 .................  tneduts a ma I

請輸入一筆字串資料 (enter 結束) ...
字串的反向順序為 .................

請按任意鍵繼續 . . .
```

原始程式：

```
1.  /*****************************
2.   *        將字串反向顯示        *
3.   * 檔名 : REVERSE_STRING.CPP *
4.   *****************************/
5.
6.  #include <stdio.h>
7.  #include <stdlib.h>
8.
9.  #define SIZE   64
10. #define NULL   '\0'
11.
12. int main(void)
13. {
14.   char  string[SIZE];
15.   short counter;
16.
17.   do
18.   {
19.     counter = 0;
20.     printf("請輸入一筆字串資料 (enter 結束) ...  ");
21.     fflush(stdin);
22.     gets(string);
23.     while(string[counter] != NULL)
24.       counter++;
25.     printf("字串的反向順序為 .................  ");
26.     for(--counter; counter >= 0; counter--)
27.       printf("%c", string[counter]);
```

```
28.     printf("\n\n");
29.   }while(string[0] != NULL);
30.   system("PAUSE");
31.   return 0;
32. }
```

重點說明：

1. 行號 19～24 從鍵盤輸入一個字串，並計算出此字串的長度。
2. 行號 25～28 將輸入字串以反向順序顯示在螢幕上，當程式執行到行號 25 時，counter 的內容為指向空字元‘\0’的索引位置，所以字元陣列內部最後一個字元的索引位置會比 counter 的內容少 1，其狀況如下：

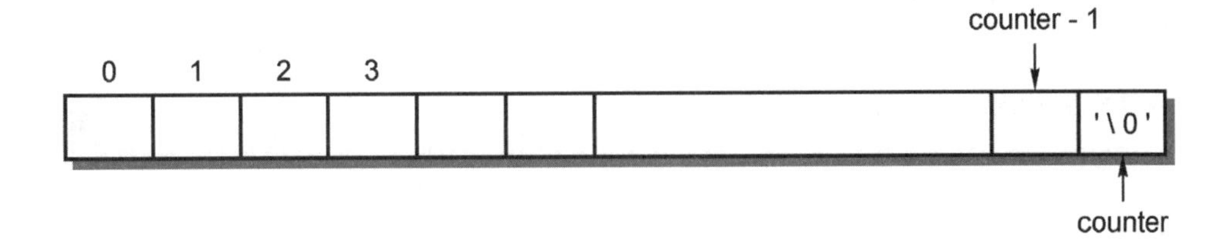

   因此 counter 的內容必須先減 1，並將其內容當成讀取字元陣列元素的索引，以相反方向將字元讀回並顯示在螢幕上。
3. 行號 29 判斷，如果鍵盤輸入時直接按下 enter 時，則結束程式的執行。

範例三	檔名：STRING_COPY
從鍵盤輸入一筆字串，將它的內容拷貝到另外一個字元陣列內，並將它顯示在螢幕上。	

執行結果：

```
請輸入一筆被拷貝的字串資料 (enter 結束) ...  I am a student

被拷貝的字串 str1 資料內容.....I am a student
拷貝後的字串 str2 資料內容.....I am a student

請輸入一筆被拷貝的字串資料 (enter 結束) ...  Happy new year!!

被拷貝的字串 str1 資料內容.....Happy new year!!
拷貝後的字串 str2 資料內容.....Happy new year!!

請輸入一筆被拷貝的字串資料 (enter 結束) ...  0

被拷貝的字串 str1 資料內容.....0
拷貝後的字串 str2 資料內容.....0

請輸入一筆被拷貝的字串資料 (enter 結束) ...

被拷貝的字串 str1 資料內容.....
拷貝後的字串 str2 資料內容.....


請按任意鍵繼續 . . .
```

原始程式：

```
1.  /**************************
2.   *     拷貝字串的內容        *
3.   * 檔名 : STRING_COPY.CPP *
4.   **************************/
5.
6.  #include <stdio.h>
7.  #include <stdlib.h>
8.
9.  #define NULL    '\0'
10. #define LENGTH  40
11.
12. int main(void)
13. {
14.   char str1[LENGTH], str2[LENGTH], index;
15.
16.   do
17.   {
18.     printf("請輸入一筆被拷貝的字串資料 (enter 結束) ...  ");
19.     fflush(stdin);
20.     gets(str1);
21.     index = 0;
```

```
22.     while((str2[index] = str1[index]) != NULL)
23.       index++;
24.     printf("\n被拷貝的字串 str1 資料內容.....%s", str1);
25.     printf("\n拷貝後的字串 str2 資料內容.....%s\n\n", str2);
26.   }while(str1[0] != NULL);
27.   printf("\n\n");
28.   system("PAUSE");
29.   return 0;
30. }
```

重點說明：

1. 行號 18～20 從鍵盤輸入字串。
2. 行號 21～23 進行字元陣列的拷貝，直到遇上空字元‘\0’為止。
3. 行號 24～25 顯示兩個字串內容。
4. 行號 26 判斷，如果鍵盤輸入時直接按下 enter 時，則結束程式的執行。

範例四	檔名：CHAR_ARRAY_CONCATENATION
從鍵盤輸入兩筆字串，將它們以空白隔開後串接在一起，並將它們顯示在螢幕上，如果直接按下 enter 則結束程式的執行。	

執行結果：

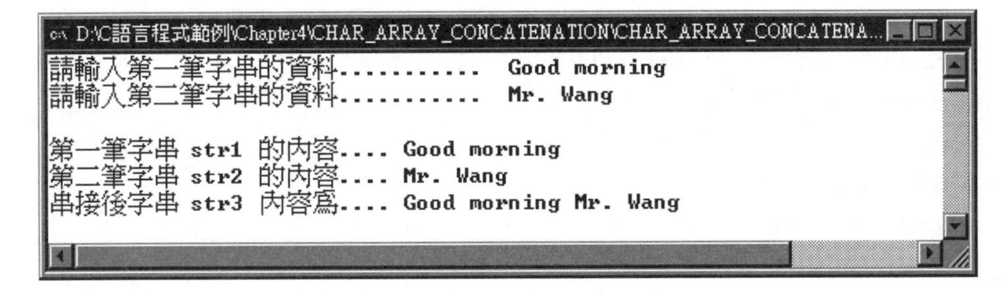

原始程式：

```
1.  /****************************************
2.   *            字串的串接                  *
3.   * 檔名：CHAR_ARRAY_CONCATENATION.CPP     *
4.   ****************************************/
```

```
5.
6.  #include <stdio.h>
7.  #include <stdlib.h>
8.
9.  #define LENGTH  40
10. #define SIZE    80
11. #define NULL    '\0'
12.
13. int main(void)
14. {
15.   char str1[LENGTH], str2[LENGTH],
16.        str3[SIZE], index1, index2;
17.
18.   do
19.   {
20.     printf("請輸入第一筆字串的資料..........  ");
21.     fflush(stdin);
22.     gets(str1);
23.     printf("請輸入第二筆字串的資料..........  ");
24.     fflush(stdin);
25.     gets(str2);
26.     index1 = 0;
27.     index2 = 0;
28.     while((str3[index1] = str1[index1]) != NULL)
29.       index1++;
30.     str3[index1++] = ' ';
31.     while((str3[index1+index2] = str2[index2++]) != NULL);
32.     printf("\n 第一筆字串 str1 的內容.... %s", str1);
33.     printf("\n 第二筆字串 str2 的內容.... %s", str2);
34.     printf("\n 串接後字串 str3 內容爲.... %s\n\n", str3);
35.   }while(str1[0] != NULL);
36.   printf("\n\n");
37.   system("PAUSE");
38.   return 0;
39. }
```

重點說明：

1. 行號 20～25 從鍵盤輸入兩筆字串。
2. 行號 28～29 將字串 str1 的內容拷貝到另一字串 str3 內部，其狀況如下：

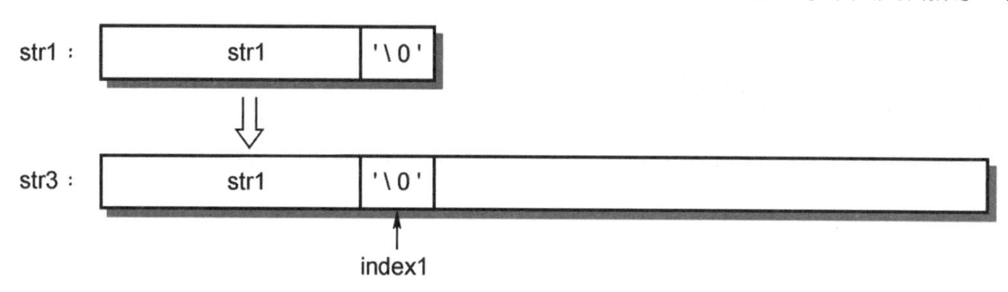

3. 行號 30 將空白字元 20H 寫入字串 str3 的空字元‘\0’位置，並將索引 index1 的內容加 1，其狀況如下：

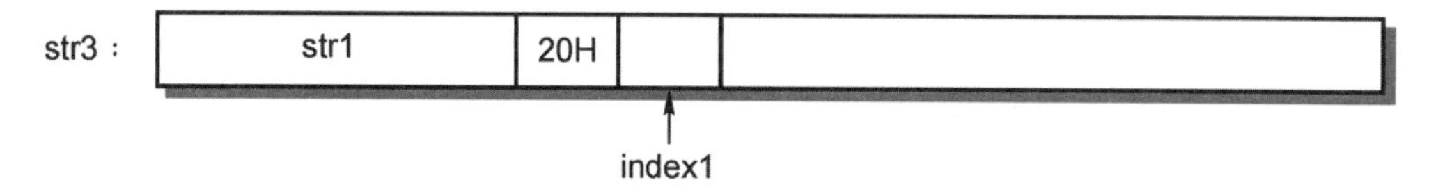

4. 行號 31 將字串 str2 的內容寫入字串 str3 的後面，完成後字串 str3 的內容為：

5. 行號 32～34 分別顯示三個字串 str1、str2 與 str3 的內容。

4-5 資料排序 Sorting

當我們在做大量資料處理時，為了提升執行效率，通常會將資料群事先做由大到小或由小到大的排列，以方便將來做特定資料的搜尋，此種流程我們就稱之為排序 sorting，排序的方式有很多種，常見到的排序方式有下面幾種：

1. 選擇排序 Select sorting。
2. 氣泡排序 Bubble sorting。
3. 薛爾排序 Shell sorting。

上述三種常見的排序方式都可以將資料由大排到小或由小排到大，底下我們就來討論這些排序方式的演算法與程式設計。

選擇排序 Select sorting

如果我們要將一組資料由小排到大時，使用選擇排序法的執行流程為 (讀者可參閱後面我們所舉的數字例子)：

1. 將資料的第一筆與第二筆相比較，如果：
   (1) 第一筆資料大於第二筆資料時，則將兩筆資料互換，以使得較小的資料存放在第一個位置上。
   (2) 第一筆資料等於或小於第二筆資料時，則資料不動。
   (3) 繼續把第一筆資料 (較小) 和第三筆、第四筆…等資料相比對，直到第一循回全部比對完畢。
2. 當上述的流程執行一個循回之後，第一筆資料的位置就是所有資料中的最小資料，接下來即進行從第二筆、第三筆資料往下比較下去 (資料比對流程與第 1 點相似，但比較次數可以減少一次，因為最上面的資料已經不用再比)，當此循環比較完畢之後，整組資料的第二小內容就會出現在原先第二筆資料的位置上。
3. 上述動作持續往下比較之後，即可得到一組由小排到大的資料群。

底下我們列舉六筆資料來進行由小排到大的選擇排序，當它們進行排序的過程中，如果資料產生異動時，我們就將它們表列出來：

所要排序的資料：9　5　7　2　8　6

第一循回			第二循回			第三循回			第四循回			第五循回	
9	5	**2**	2	2	2	2	2	2	2	2	2	2	2
5	9	9	9	7	**5**	5	5	5	5	5	5	5	5
7	7	7	7	9	9	9	7	**6**	6	6	6	6	6
2	2	5	5	5	7	7	9	9	9	8	**7**	7	7
8	8	8	8	8	8	8	8	8	8	9	9	9	**8**
6	6	6	6	6	6	6	6	7	7	7	8	8	**9**

於上面的排序過程中我們發現到，資料每比對完一個循回，於資料的最上面會依次得到一個最小的資料，如果我們將上述選擇排序的演算法以 C 語言來撰寫時，其程式內容即如底下的範例所示。

範例一	檔名：SELECTING_SORT_DEMO
將陣列內容以選擇排序的方式進行由小到大的排序，當資料進行比對時，如果發生互換則將它們顯示在螢幕上，並將排序前、後的資料顯示出來。	

執行結果：

```
D:\C語言程式範例\Chapter4\SELECTING_SORT_DEMO\SELECTING_SORT_DEMO.exe
排序之前的資料 :
98      42      85      20      90      58

排序中資料發生對調狀況 :

第 1 循迴的比對 :
42      98      85      20      90      58
20      98      85      42      90      58

第 2 循迴的比對 :
20      85      98      42      90      58
20      42      98      85      90      58

第 3 循迴的比對 :
20      42      85      98      90      58
20      42      58      98      90      85

第 4 循迴的比對 :
20      42      58      90      98      85
20      42      58      85      98      90

第 5 循迴的比對 :
20      42      58      85      90      98

排序之後的資料 :
20      42      58      85      90      98

請按任意鍵繼續 . . .
```

原始程式：

```
1.  /**********************************
2.   *      選擇排序展示 (由小到大)     *
3.   * 檔名 : SELECTING_SORT_DEMO.CPP *
4.   **********************************/
5.
6.  #include <stdio.h>
7.  #include <stdlib.h>
8.
9.  #define SIZE  6
10.
11. int main(void)
```

```
12. {
13.   short data[] = {98, 42, 85, 20, 90, 58},
14.         i, j, change, temp;
15.
16.   printf("排序之前的資料 :\n");
17.   for(i = 0; i < SIZE; i++)
18.    printf("%hd\t", data[i]);
19.   printf("\n\n 排序中資料發生對調狀況 :\n");
20.   for(i = 0; i < SIZE - 1 ; i++)
21.   {
22.    printf("\n 第 %hd 循迴的比對 :\n", i + 1);
23.    for(j = i + 1; j < SIZE; j++)
24.     if(data[i] > data[j])
25.     {
26.      temp    = data[i];
27.      data[i] = data[j];
28.      data[j] = temp;
29.      for(change = 0; change < SIZE; change++)
30.       printf("%hd\t", data[change]);
31.      putchar('\n');
32.     }
33.   }
34.   printf("\n 排序之後的資料 :\n");
35.   for(i = 0; i < SIZE; i++)
36.    printf("%hd\t", data[i]);
37.   printf("\n\n");
38.   system("PAUSE");
39.   return 0;
40. }
```

重點說明：

1. 行號 16～18 顯示所要參與排序的資料群。
2. 行號 19～33 以選擇排序的方式將資料由小排到大，行號 24 中判斷，當上面的資料比下面的資料大時則：
   (1) 進行資料互換 (行號 26～28)，以確保上面的資料為較小的資料。
   (2) 將參與排序的所有資料全部顯示一遍 (行號 29～30)，以告知資料已經產生異動。
3. 行號 34～37 負責將排序完成後的資料顯示在螢幕上。

底下我們再舉一個範例，利用亂數產生器產生 50 個亂數，之後再利用選擇排序的方式將它們由大排到小，並將排序前後的資料顯示在螢幕上。

範例二	檔名：SELECTING_SORT
以亂數產生器產生 50 個亂數，將它們以選擇排序進行由大到小的資料排序，並將排序前與排序後的資料顯示在螢幕上。	

執行結果：

```
D:\C語言程式範例\Chapter4\SELECTING_SORT\SELECTING_SORT.exe
排序之前的資料 :

41      18467   6334    26500   19169   15724   11478   29358   26962   24464
5705    28145   23281   16827   9961    491     2995    11942   4827    5436
32391   14604   3902    153     292     12382   17421   18716   19718   19895
5447    21726   14771   11538   1869    19912   25667   26299   17035   9894
28703   23811   31322   30333   17673   4664    15141   7711    28253   6868


排序之後的資料 :

32391   31322   30333   29358   28703   28253   28145   26962   26500   26299
25667   24464   23811   23281   21726   19912   19895   19718   19169   18716
18467   17673   17421   17035   16827   15724   15141   14771   14604   12382
11942   11538   11478   9961    9894    7711    6868    6334    5705    5447
5436    4827    4664    3902    2995    1869    491     292     153     41


請按任意鍵繼續 . . .
```

原始程式：

```
1.   /*****************************
2.    *     選擇排序 (由大到小)      *
3.    * 檔名 : SELECTING_SORT.CPP *
4.    *****************************/
5.
6.   #include <stdio.h>
7.   #include <stdlib.h>
8.
9.   #define number 50
10.
11.  int main(void)
12.  {
13.    short data[number], i, j, temp;
14.
```

```
15.   printf("排序之前的資料 :\n\n");
16.   for(i = 0; i < number; i++)
17.   {
18.     data[i] = rand();
19.     printf("%hd\t", data[i]);
20.   }
21.   printf("\n\n");
22.   for(i = 0; i < number - 1; i++)
23.   {
24.     for(j = i + 1; j < number; j++)
25.       if(data[i] < data[j])
26.       {
27.         temp    = data[i];
28.         data[i] = data[j];
29.         data[j] = temp;
30.       }
31.   }
32.   printf("排序之後的資料 :\n\n");
33.   for(i = 0; i < number; i++)
34.     printf("%hd\t", data[i]);
35.   printf("\n\n");
36.   system("PAUSE");
37.   return 0;
38. }
```

重點說明：

1. 行號 15～21 以亂數產生器產生 50 個亂數，並將它們顯示在螢幕上。
2. 行號 22～31 以選擇排序方式將上述 50 筆資料由大排到小，行號 25 中判斷，當上面的資料比下面的資料小時，於行號 27～29 內進行資料的互換，以確保上面的資料為較大的資料。
3. 行號 32～35 負責將排序完成後的資料顯示在螢幕上。

氣泡排序 Bubble sorting

當我們要將資料由小排到大時，使用氣泡排序法的執行流程為 (讀者可參閱後面我們所舉的數字例子)：

1. 將資料的第一筆與第二筆相比較，如果發現：
   (1) 第一筆資料比第二筆資料大時，則將兩筆資料互換，以確保下面一筆的資料較大。
   (2) 第一筆資料比第二筆資料小或相等時，則資料不動。
   (3) 繼續往下將第二筆資料與第三筆資料作比對，第三筆資料與第四筆資料作比對……直到第一循回全部比對完畢。
2. 當上述的流程比對一個循回之後，最大值一定在最下面，接下來再從頭將第一筆資料與第二筆資料依第一循回的流程作比對，只不過此循回的比較次數可以少一次，因為最後一筆資料已經不用再比。
3. 上述動作持續比較之後，即可得到一組由小排到大的資料群。

底下我們列舉與前面相同的六筆資料來進行由小排到大的氣泡排序，當它們進行的過程中，如果資料產生異動時，我們就將它們表列出來：

所要排序的資料：9　5　7　2　8　6

第一循回						第二循回			第三循回			第四循回	第五循回
9	5	5	5	5	5	5	5	5	5	2	2	2	2
5	9	7	7	7	7	7	2	2	2	5	5	5	5
7	7	9	2	2	2	2	7	7	7	7	6	6	6
2	2	2	9	8	8	8	8	6	6	6	7	7	7
8	8	8	8	9	6	6	6	8	8	8	8	8	8
6	6	6	6	6	9	9	9	9	9	9	9	9	9

由上述氣泡式排序過程我們可以發現到，資料每排序一個循回，於其最下面即可得到一個最大值，其有如氣泡往下沉一般，而其狀況與前面的選擇排序 (氣泡往上) 極為相似，如果我們將上述氣泡排序的演算法以 C 語言來撰寫時，其程式內容即如底下的範例所示。

範例一	檔名：BUBBLE_SORT_DEMO
將陣列內容以氣泡排序的方式進行由小到大的排序，當資料進行比對時，如果發生互換時則將它們顯示在螢幕上，並將排序前與排序後的資料顯示出來。	

執行結果：

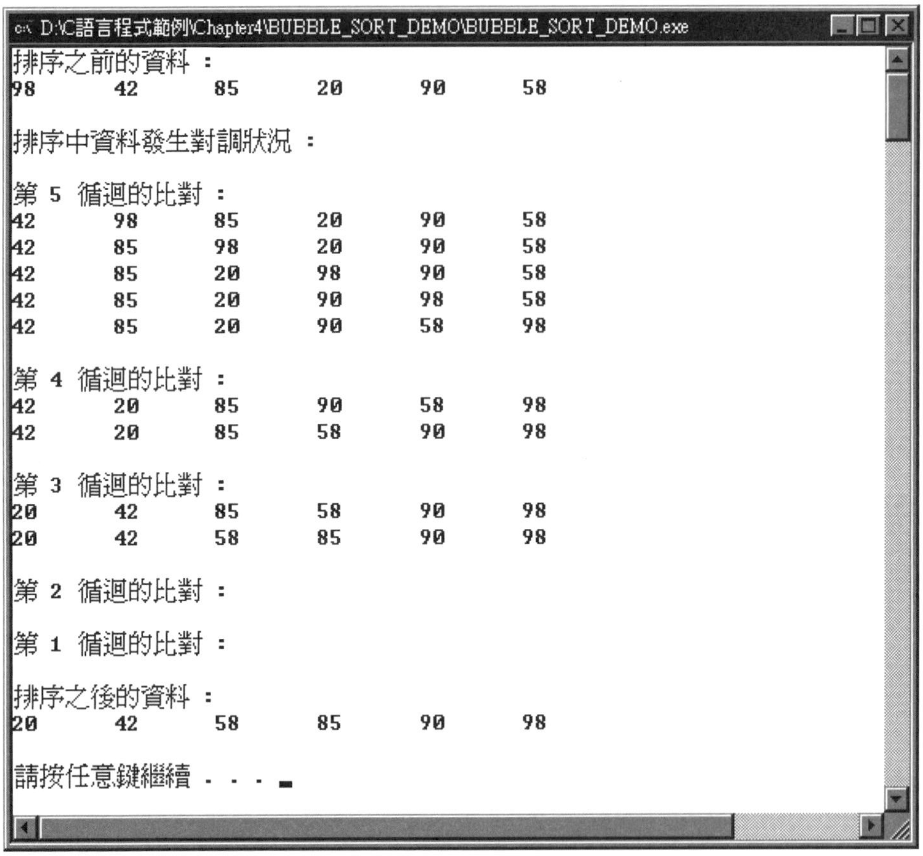

```
D:\C語言程式範例\Chapter4\BUBBLE_SORT_DEMO\BUBBLE_SORT_DEMO.exe
排序之前的資料 :
98      42      85      20      90      58

排序中資料發生對調狀況 :

第 5 循迴的比對 :
42      98      85      20      90      58
42      85      98      20      90      58
42      85      20      98      90      58
42      85      20      90      98      58
42      85      20      90      58      98

第 4 循迴的比對 :
42      20      85      90      58      98
42      20      85      58      90      98

第 3 循迴的比對 :
20      42      85      58      90      98
20      42      58      85      90      98

第 2 循迴的比對 :

第 1 循迴的比對 :

排序之後的資料 :
20      42      58      85      90      98

請按任意鍵繼續 . . .
```

原始程式：

```
1.  /*******************************
2.   *     氣泡排序展示 (由小到大)     *
3.   * 檔名 : BUBBLE_SORT_DEMO.CPP  *
4.   *******************************/
5.
6.  #include <stdio.h>
7.  #include <stdlib.h>
8.
9.  #define SIZE  6
10.
11. int main(void)
12. {
13.   short data[] = {98, 42, 85, 20, 90, 58},
14.         change, i, j, temp;
15.
```

```
16.   printf("排序之前的資料 :\n");
17.   for(i = 0; i < SIZE; i++)
18.    printf("%hd\t", data[i]);
19.   printf("\n\n排序中資料發生對調狀況 :\n");
20.   for(i = SIZE - 2; i >= 0; i--)
21.   {
22.    printf("\n第 %hd 循迴的比對 :\n", i + 1);
23.    for(j = 0; j <= i; j++)
24.     if(data[j] > data[j+1])
25.     {
26.      temp       = data[j];
27.      data[j]    = data[j+1];
28.      data[j+1]  = temp;
29.      for(change = 0; change < SIZE; change++)
30.       printf("%hd\t", data[change]);
31.      putchar('\n');
32.     }
33.   }
34.   printf("\n排序之後的資料 :\n");
35.   for(i = 0; i < SIZE; i++)
36.    printf("%hd\t", data[i]);
37.   printf("\n\n");
38.   system("PAUSE");
39.   return 0;
40. }
```

重點說明：

1. 行號 16～18 顯示所要排序的資料群。
2. 行號 19～33 以氣泡排序的方式將資料由小排到大，行號 24 中判斷，當上面的資料比下面的資料大時則：
   (1) 進行資料互換 (行號 26～28)，以確保下面的資料為較大的資料。
   (2) 將參與排序的資料群全部顯示一遍 (行號 29～30)，以告知資料已經產生異動。
3. 行號 34～37 負責將排序完成後的資料顯示在螢幕上。

底下我們再舉一個範例，利用亂數產生器產生 50 個亂數，之後再利用氣泡排序的方式將它們由大排到小，並將其結果顯示在螢幕上。

範例二	檔名：BUBBLE_SORT
以亂數產生器產生 50 個亂數，將它們以氣泡排序進行由大到小的資料排序，並將排序前與排序後的資料顯示在螢幕上。	

執行結果：

```
D:\C語言程式範例\Chapter4\BUBBLE_SORT\BUBBLE_SORT.exe
排序之前的資料.............

41      18467   6334    26500   19169   15724   11478   29358   26962   24464
5705    28145   23281   16827   9961    491     2995    11942   4827    5436
32391   14604   3902    153     292     12382   17421   18716   19718   19895
5447    21726   14771   11538   1869    19912   25667   26299   17035   9894
28703   23811   31322   30333   17673   4664    15141   7711    28253   6868


排序之後的資料.............

32391   31322   30333   29358   28703   28253   28145   26962   26500   26299
25667   24464   23811   23281   21726   19912   19895   19718   19169   18716
18467   17673   17421   17035   16827   15724   15141   14771   14604   12382
11942   11538   11478   9961    9894    7711    6868    6334    5705    5447
5436    4827    4664    3902    2995    1869    491     292     153     41


請按任意鍵繼續 . . .
```

原始程式：

```
1.   /**************************
2.    *    氣泡排序 (由大到小)    *
3.    * 檔名 : BUBBLE_SORT.CPP *
4.    **************************/
5.
6.   #include <stdio.h>
7.   #include <stdlib.h>
8.
9.   #define number 50
10.
11.  int main(void)
12.  {
13.    short data[number], i, j, temp;
14.
15.    printf("排序之前的資料.............\n\n");
16.    for(i = 0; i < number; i++)
17.    {
```

```
18.     data[i] = rand();
19.     printf("%hd\t", data[i]);
20.   }
21.   printf("\n\n");
22.   for(i = number - 2; i >= 0; i--)
23.   {
24.     for(j = 0; j <= i; j++)
25.       if(data[j] < data[j+1])
26.       {
27.         temp      = data[j];
28.         data[j]   = data[j+1];
29.         data[j+1] = temp;
30.       }
31.   }
32.   printf("排序之後的資料............\n\n");
33.   for(i = 0; i < number; i++)
34.     printf("%hd\t", data[i]);
35.   printf("\n\n");
36.   system("PAUSE");
37.   return 0;
38. }
```

重點說明：

1. 行號 15～21 以亂數產生器產生 50 個亂數，並將它們顯示在螢幕上。
2. 行號 22～31 以氣泡排序方式將上述 50 筆資料由大排到小，行號 25 中判斷，當上面的資料小於下面的資料時，於行號 27～29 內進行資料的互換，以確保下面的資料為較小的資料。
3. 行號 32～35 負責將排序後的資料顯示在螢幕上。

薛爾排序 Shell sorting

如果我們要將資料由小排到大時，使用薛爾排序法的執行流程為 (讀者可參閱後面我們所舉的數字例子)：

1. 資料比對不採取相鄰兩筆做比較，而是採用二分法取整數中間項 X 為位移量的方式來比對，即第一筆資料與本身再加上一個位移量 X 之資料相比。

2. 當前面一筆資料小於後面一筆資料時，則資料不變動，繼續往下比對 (第二筆資料與本身再加上一個位移量 X 之資料相比)，否則進行資料互換，並設定旗號為 1，表示比較工作尚未完成，將來必須重頭再比對一次 (因為資料有互換過)。
3. 當資料比對一個循回之後，如果旗號為 0 時則表示此循回之排序過程中資料沒有異動，因此必須重新調整中間之位移量，並進行另一回合的比對工作。
4. 上述工作連續執行，直到整數中間位移值為 0 時排序工作才算完成。

底下我們列舉與前面相同的六筆資料來進行由小排到大的薛爾排序，當它們進行排序的過程中如果資料產生異動時，我們就將它們表列出來：

所要排序的資料：9 5 7 2 8 6

由上述薛爾排序過程我們可以發現到，資料的比對皆以本身再加上一個中間值的資料在做比對，於比對過程中如果資料發生變動時，就將旗號 F 設定成 1 後再繼續往下比對，當資料全數比對完畢之後，如果旗號為 1 時表示於前波比對中資料產生了異動，因此將旗號 F 清除為 0 後必須再重頭比對一次，如果旗號為 0 時，則重新計算中間值後再進行資料比對，直到中間值為 0 時所有比對才算完成，如果我們將上述薛爾排序的演算法以 C 語言來撰寫時，其程式內容即如底下範例所示。

範例一	檔名：SHELL_SORT_DEMO
將陣列內容以薛爾排序的方式進行由小到大的排序，當資料進行比對時，如果發生互換時則將它們顯示在螢幕上，並將排序前與排序後的資料顯示出來。	

執行結果：

```
D:\C語言程式範例\Chapter4\SHELL_SORT_DEMO\SHELL_SORT_DEMO.exe
排序之前的資料 :

99      55      77      22      88      66

排序中資料發生對調狀況 :

中間值 = 3      22      55      77      99      88      66
中間值 = 3      22      55      66      99      88      77
中間值 = 1      22      55      66      88      99      77
中間值 = 1      22      55      66      88      77      99
中間值 = 1      22      55      66      77      88      99

排序之後的資料 :

22      55      66      77      88      99

請按任意鍵繼續 . . .
```

原始程式：

```
1.   /*******************************
2.    *     薛爾排序展示 (由小到大)      *
3.    * 檔名 : SHELL_SORT_DEMO.CPP  *
4.    ******************************/
5.
6.   #include <stdio.h>
7.   #include <stdlib.h>
8.
9.   #define SIZE  6
10.
11.  int main(void)
12.  {
13.    short data[] = {99, 55, 77, 22, 88, 66},
14.          index, change, interval, flag, temp;
15.
16.    printf("排序之前的資料 :\n\n");
```

```
17.    for(index = 0; index < SIZE; index++)
18.      printf("%hd\t", data[index]);
19.    printf("\n\n 排序中資料發生對調狀況 :\n\n");
20.    interval = SIZE;
21.    while(interval != 0)
22.    {
23.      interval = interval / 2;
24.      do
25.      {
26.        flag = 0;
27.        for(index = 0; index <= SIZE - interval - 1; index++)
28.        {
29.          if(data[index] > data[interval + index])
30.          {
31.            temp = data[index];
32.            data[index] = data[interval + index];
33.            data[interval + index] = temp;
34.            flag = 1;
35.            printf("中間值 = %hd\t", interval);
36.            for(change = 0; change < SIZE; change++)
37.              printf("%hd\t", data[change]);
38.            putchar('\n');
39.          }
40.        }
41.      }while(flag == 1);
42.    }
43.    printf("\n 排序之後的資料 :\n\n");
44.    for(index = 0; index < SIZE; index++)
45.      printf("%hd\t", data[index]);
46.    printf("\n\n");
47.    system("PAUSE");
48.    return 0;
49.  }
```

重點說明：

1. 行號 16～18 顯示所要排序的資料群。
2. 行號 20～42 以薛爾排序的方式將資料由小排到大，行號 29 中判斷，當前面的資料大於後面 (本身位置加上中間值) 的資料時則：

(1) 進行資料互換 (行號 31～33)，以確保前面的資料為較小的資料。

(2) 將旗號 Flag 設定成 1 (行號 34)，表示資料產生異動。

(3) 顯示目前的中間值 (行號 35)。

(4) 將參與排序的資料群全部顯示一遍 (行號 36～38)，以告知資料已經產生異動。

3. 行號 43～46 負責將排序完成後的資料顯示在螢幕上。

底下我們再舉一個範例，利用亂數產生器產生 60 個亂數，之後再利用薛爾排序的方式將它們由大排到小，並將其結果顯示在螢幕上。

範例二	檔名：SHELL_SORT
以亂數產生器產生 60 個亂數，將它們以薛爾排序進行由大到小的資料排序，並將排序前與排序後的資料顯示在螢幕上。	

執行結果：

```
D:\C語言程式範例\Chapter4\SHELL_SORT\SHELL_SORT.exe
排序之前的資料 :
41      67      34      0       69      24      78      58      62      64
5       45      81      27      61      91      95      42      27      36
91      4       2       53      92      82      21      16      18      95
47      26      71      38      69      12      67      99      35      94
3       11      22      33      73      64      41      11      53      68
47      44      62      57      37      59      23      41      29      78


排序之後的資料 :
99      95      95      94      92      91      91      82      81      78
78      73      71      69      69      68      67      67      64      64
62      62      61      59      58      57      53      53      47      47
45      44      42      41      41      41      38      37      36      35
34      33      29      27      27      26      24      23      22      21
18      16      12      11      11      5       4       3       2       0

請按任意鍵繼續 . . .
```

原始程式：

```
1.   /************************
2.    *   薛爾排序 (由大到小)    *
3.    * 檔名 : SHELL_SORT.CPP *
4.    ************************/
5.
6.   #include <stdio.h>
7.   #include <stdlib.h>
```

```
8.
9.  #define SIZE  60
10.
11. int main(void)
12. {
13.   short data[SIZE], index, interval, flag, temp;
14.
15.   printf("排序之前的資料 :\n");
16.   for(index = 0; index < SIZE; index++)
17.   {
18.     data[index] = rand() % 100;
19.     printf("%hd\t", data[index]);
20.   }
21.   printf("\n\n");
22.   interval = SIZE;
23.   while(interval != 0)
24.   {
25.     interval = interval / 2;
26.     do
27.     {
28.       flag = 0;
29.       for(index = 0; index <= SIZE - interval - 1; index++)
30.       {
31.         if(data[index] < data[interval + index])
32.         {
33.           temp = data[index];
34.           data[index] = data[interval + index];
35.           data[interval + index] = temp;
36.           flag = 1;
37.         }
38.       }
39.     }while(flag == 1);
40.   }
41.   printf("排序之後的資料 :\n");
42.   for(index = 0; index < SIZE; index++)
43.     printf("%hd\t", data[index]);
44.   putchar('\n');
45.   system("PAUSE");
46.   return 0;
47. }
```

重點說明：

1. 行號 15～21 以亂數產生器產生 60 個亂數，並將它們顯示在螢幕上。
2. 行號 22～40 以薛爾排序方式將上述 60 筆資料由大排到小，行號 31 中判斷當前面的資料小於後面 (本身位置加中間值) 的資料時，於行號 33～35 內進行資料的互換，以確保前面的資料為較大的資料，並於行號 36 內設定旗號 Flag = 1，表示資料於比對過程已經產生異動。
3. 行號 39 判斷，如果於前波比對時資料有產生異動時則重頭再比對一次。
4. 行號 41～44 負責將排序後的資料顯示在螢幕上。

4-6 資料搜尋 Search

當設計師在處理資料時，往往需要從一大群資料中去找尋某一特定的資料，這種找尋資料的過程我們即稱之為搜尋 (Search)，一般而言，對於資料的搜尋方式可以分成下面兩種：

1. 順序搜尋 Sequential Search。
2. 二分搜尋 Binary Search。

底下我們就來談談這兩種搜尋的特性與演算法。

順序搜尋 Sequential search

順序搜尋 Sequential Search 顧名思義，它是依所要搜尋的資料順序從第一筆開始逐一找尋，直到資料找到或所有資料皆找尋完畢為止，其為一種相當沒有效率的找尋方式，通常 N 筆資料最壞狀況要找尋 N 次，而其平均找尋次數為 (N+1)\2，此種找尋方式大都使用在一群沒有經過排序的資料中找尋某一特定資料，如果我們將順序搜尋的演算法以 C 語言來撰寫時，其程式內容即如底下的範例所示。

範例一	檔名：SEQUENTIAL_SEARCH_DEMO

從鍵盤輸入一筆短整數資料，以便在一組儲存在陣列內的資料群中，以順序搜尋的方式找尋此筆資料，並在螢幕上顯示找尋資料的狀況與找尋結果。

執行結果：

```
D:\C語言程式範例\Chapter4\SEQUENTIAL_SEARCH_DEMO\SEQUENTIAL_SEARCH_DEMO.exe
資料庫的所有資料 :
1       2       3       4       5       6       7       8       9       10
11      12      13      14      15      16      17      18

輸入所要找尋的資料 : 29

資料的所有找尋狀況 :

data[1] = 1     data[2] = 2     data[3] = 3     data[4] = 4     data[5] = 5
data[6] = 6     data[7] = 7     data[8] = 8     data[9] = 9     data[10] = 10
data[11] = 11   data[12] = 12   data[13] = 13   data[14] = 14   data[15] = 15
data[16] = 16   data[17] = 17   data[18] = 18

資料 29 不在資料庫內 !!

請按任意鍵繼續 . . .
```

```
D:\C語言程式範例\Chapter4\SEQUENTIAL_SEARCH_DEMO\SEQUENTIAL_SEARCH_DEMO.exe
資料庫的所有資料 :
1       2       3       4       5       6       7       8       9       10
11      12      13      14      15      16      17      18

輸入所要找尋的資料 : 16

資料的所有找尋狀況 :

data[1] = 1     data[2] = 2     data[3] = 3     data[4] = 4     data[5] = 5
data[6] = 6     data[7] = 7     data[8] = 8     data[9] = 9     data[10] = 10
data[11] = 11   data[12] = 12   data[13] = 13   data[14] = 14   data[15] = 15


資料 16 在資料庫的第 16 筆

請按任意鍵繼續 . . .
```

原始程式：

```
1.  /**************************************
2.   *          順序搜尋展示               *
3.   * 檔名 : SEQUENTIAL_SEARCH_DEMO.CPP  *
4.   **************************************/
5.
6.  #include <stdio.h>
7.  #include <stdlib.h>
8.
9.  #define number  18
10.
11. int main(void)
12. {
13.   short data[] = {1, 2, 3, 4, 5, 6, 7, 8, 9, 10,
```

```
14.                    11, 12, 13, 14, 15, 16, 17, 18},
15.                   find, index;
16.
17.   printf("資料庫的所有資料 :\n");
18.   for(index = 0; index < number; index++)
19.    printf("%hd\t", data[index]);
20.   printf("\n\n輸入所要找尋的資料 : ");
21.   scanf("%hd", &find);
22.   printf("\n 資料的所有找尋狀況 :\n\n");
23.   index = 0;
24.   while((data[index] != find) && (index < number))
25.    printf("data[%hd] = %hd\t", index++, data[index]);
26.   printf("\n\n");
27.   if(index >= number)
28.    printf("資料 %hd 不在資料庫內 !!\7\7\n\n", find);
29.   else
30.    printf("資料 %hd 在資料庫的第 %hd 筆\n\n", find, ++index);
31.   system("PAUSE");
32.   return 0;
33. }
```

重點說明：

1. 行號 17～19 顯示資料庫內的所有資料。
2. 行號 20～21 從鍵盤輸入所要找尋的資料。
3. 行號 23～26 以順序搜尋的方式去找尋所要找尋的資料，並將所比對過的資料顯示在螢幕上 (行號 25)，於行號 24 中判斷如果 (兩個同時成立)：
   (1) 資料沒有找到。
   (2) 資料沒有找完。

   則顯示完資料後繼續下一筆資料的找尋，否則往下執行。
4. 行號 27 中判斷，如果所有資料已經找完，則於行號 28 內顯示所要找的資料不在資料庫內。否則於行號 30 內顯示所找到的資料是儲存在資料庫內的第幾筆。

底下我們再舉一個範例，利用亂數產生器產生 100 個亂數，之後再利用順序搜尋的方法去找尋某一從鍵盤所指定的資料，並將其找尋結果顯示在螢幕上。

範例二	檔名：SEQUENTIAL_SEARCH
以亂數產生器產生 100 個亂數，從鍵盤輸入一筆短整數資料，以便在 100 個亂數內以順序搜尋的方式去找尋此筆資料，並將其找尋結果顯示在螢幕上 (資料相等時以前面爲主)。	

執行結果：

```
D:\C語言程式範例\Chapter4\SEQUENTIAL_SEARCH\SEQUENTIAL_SEARCH.exe
資料庫的所有資料 :

41      18467   6334    26500   19169   15724   11478   29358   26962   24464
5705    28145   23281   16827   9961    491     2995    11942   4827    5436
32391   14604   3902    153     292     12382   17421   18716   19718   19895
5447    21726   14771   11538   1869    19912   25667   26299   17035   9894
28703   23811   31322   30333   17673   4664    15141   7711    28253   6868
25547   27644   32662   32757   20037   12859   8723    9741    27529   778
12316   3035    22190   1842    288     30106   9040    8942    19264   22648
27446   23805   15890   6729    24370   15350   15006   31101   24393   3548
19629   12623   24084   19954   18756   11840   4966    7376    13931   26308
16944   32439   24626   11323   5537    21538   16118   2082    22929   16541

輸入所要找尋的資料 : 778

資料 778 在資料庫的第 60 筆

請按任意鍵繼續 . . .
```

```
D:\C語言程式範例\Chapter4\SEQUENTIAL_SEARCH\SEQUENTIAL_SEARCH.exe
資料庫的所有資料 :

41      18467   6334    26500   19169   15724   11478   29358   26962   24464
5705    28145   23281   16827   9961    491     2995    11942   4827    5436
32391   14604   3902    153     292     12382   17421   18716   19718   19895
5447    21726   14771   11538   1869    19912   25667   26299   17035   9894
28703   23811   31322   30333   17673   4664    15141   7711    28253   6868
25547   27644   32662   32757   20037   12859   8723    9741    27529   778
12316   3035    22190   1842    288     30106   9040    8942    19264   22648
27446   23805   15890   6729    24370   15350   15006   31101   24393   3548
19629   12623   24084   19954   18756   11840   4966    7376    13931   26308
16944   32439   24626   11323   5537    21538   16118   2082    22929   16541

輸入所要找尋的資料 : 0

資料 0 不在資料庫內 !!

請按任意鍵繼續 . . .
```

原始程式：

```
1.  /*********************************
2.   *          順序搜尋            *
3.   * 檔名 : SEQUENTIAL_SEARCH.CPP  *
4.   *********************************/
```

```
5.
6.  #include <stdio.h>
7.  #include <stdlib.h>
8.
9.  #define number  100
10.
11. int main(void)
12. {
13.   short data[number], find, index;
14.
15.   printf("資料庫的所有資料 :\n\n");
16.   for(index = 0; index < number; index++)
17.   {
18.     data[index] = rand();
19.     printf("%hd\t", data[index]);
20.   }
21.   printf("\n輸入所要找尋的資料 : ");
22.   scanf("%hd", &find);
23.   index = 0;
24.   while((data[index] != find) && (index++ < number));
25.   putchar('\n');
26.   if(index > number)
27.     printf("資料 %hd 不在資料庫內 !!\7\7\n\n", find);
28.   else
29.     printf("資料 %hd 在資料庫的第 %hd 筆\n\n", find, ++index);
30.   system("PAUSE");
31.   return 0;
32. }
```

重點說明：

與上面範例一相同，請自行參閱。

二分搜尋 Binary search

二分搜尋 Binary Search 顧名思義，它是將被找尋的資料分成兩半後再判斷所要找尋的資料到底在那一邊，確定之後即可捨去一半，再將資料所在的那一邊分成兩半……，直到資料找到或證明資料群內並沒有所要找尋的資料為止，這種找尋方式通常使用在從一群已經排序後的資料中找尋某一特定資料，二分搜尋的效率極高，通常

N 筆資料最多只需要找尋 $\log_2 N$ 次即可完成 (由此處可以知道資料排序的重要吧！)，而其執行流程為 (讀者可參閱後面我們所舉的數字例子)：

1. 先取得所要找尋資料個數的一半，也就是將資料群指標的最低點 low 與資料群指標之最高點 high 相加後再除以 2 (取整數) middle = (low+high) / 2，並將所要找尋的資料與其內容相比較，當：
   (1) 找尋的資料比中間的資料還小時，則表示所要找尋的資料必定在整群資料中間以下的地方。
   (2) 找尋的資料比中間的資料還大時，則表示所要找尋的資料必定在整群資料中間以上的地方。
2. 依據上次比較的結果進行指標之調整，當所要找尋的資料：
   (1) 處於資料群中間以下時，則將原來的 high 指標移到中間點 middle 減一的位置上，即 high = middle - 1。
   (2) 處於資料群中間以上時，則將原來的 low 指標移到中間點 middle 加一的位置上，即 low = middle + 1。
3. 重新找出中心點再重複上述動作，只要所找尋的資料在其資料群內即可將其找出來。
4. 當高點指標 high 比低點指標 low 還小時，此即表示所要找尋的資料不在資料群中。

底下我們列舉九筆已經排序完畢的資料，並以二分搜尋的方式來進行特定資料的找尋。

所要找尋的資料群 (儲存在陣列 A 內)：

A[0]	A[1]	A[2]	A[3]	A[4]	A[5]	A[6]	A[7]	A[8]
12	23	36	46	58	67	78	82	96

假設我們所要找尋的資料為 67 時:

中間點 middle 為：

```
middle = (low + high) / 2
       = (0 + 8) / 2
       = 4
```

其狀況如下：

```
A[0]  A[1]  A[2]  A[3]  A[4]   A[5]  A[6]  A[7]  A[8]
 12    23    36    46    58     67    78    82    96
 ↑                       ↑                        ↑
low                    middle                    high
```

由於 67 > 58，所以我們把 low 移到 middle 再加 1 的位置上 (low = 4 + 1 = 5)。中間點 middle 為：

middle = (5 + 8) / 2 = 6

其狀況如下：

```
A[0]  A[1]  A[2]  A[3]  A[4]  A[5]   A[6]   A[7]  A[8]
 12    23    36    46    58    67     78     82    96
                               ↑      ↑            ↑
                              low   middle        high
```

由於 67 < 78，所以我們把 high 移到 middle 再減 1 的位置上 (high = 6 – 1 = 5)。中間點 middle 為：

middle = (5 + 5) / 2 = 5

其狀況如下：

```
A[0]  A[1]  A[2]  A[3]  A[4]  A[5]  A[6]  A[7]  A[8]
 12    23    36    46    58    67    78    82    96
                               ↑
                              low
                              high
                             middle
```

如此一來 67 的資料就找到了。

如果我們將上述二分搜尋的演算法以 C 語言來撰寫時，其程式內容即如底下的範例所示。

範例一	檔名：BINARY_SEARCH_DEMO
從鍵盤輸入一筆短整數資料，以便在一組儲存在陣列內的資料群中，以二分搜尋的方式找尋此筆資料，並在螢幕上顯示找尋資料的狀況與找尋的結果。	

執行結果：

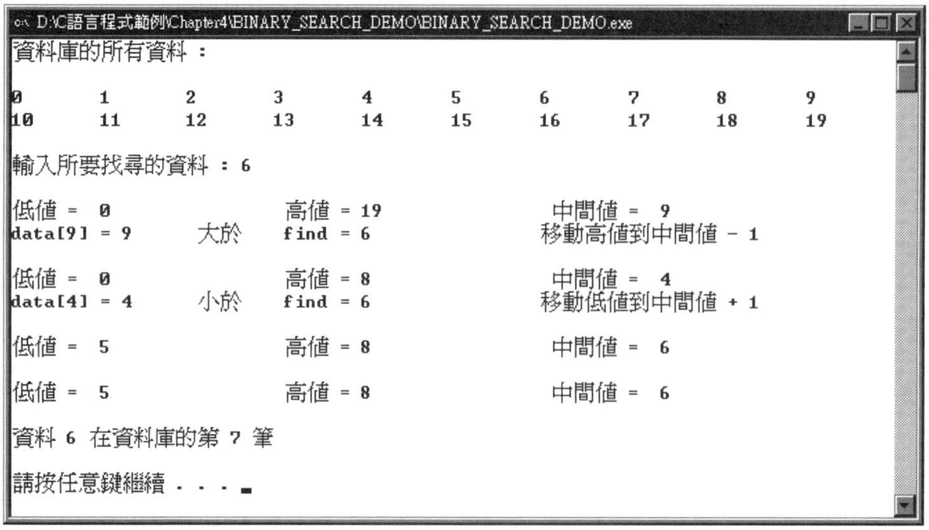

```
D:\C語言程式範例\Chapter4\BINARY_SEARCH_DEMO\BINARY_SEARCH_DEMO.exe
資料庫的所有資料 :

0       1       2       3       4       5       6       7       8       9
10      11      12      13      14      15      16      17      18      19

輸入所要找尋的資料 : 6

低值 =  0               高值 = 19               中間值 =  9
data[9] = 9     大於    find = 6                移動高值到中間值 - 1

低值 =  0               高值 = 8                中間值 =  4
data[4] = 4     小於    find = 6                移動低值到中間值 + 1

低值 =  5               高值 = 8                中間值 =  6

低值 =  5               高值 = 8                中間值 =  6

資料 6 在資料庫的第 7 筆

請按任意鍵繼續 . . .
```

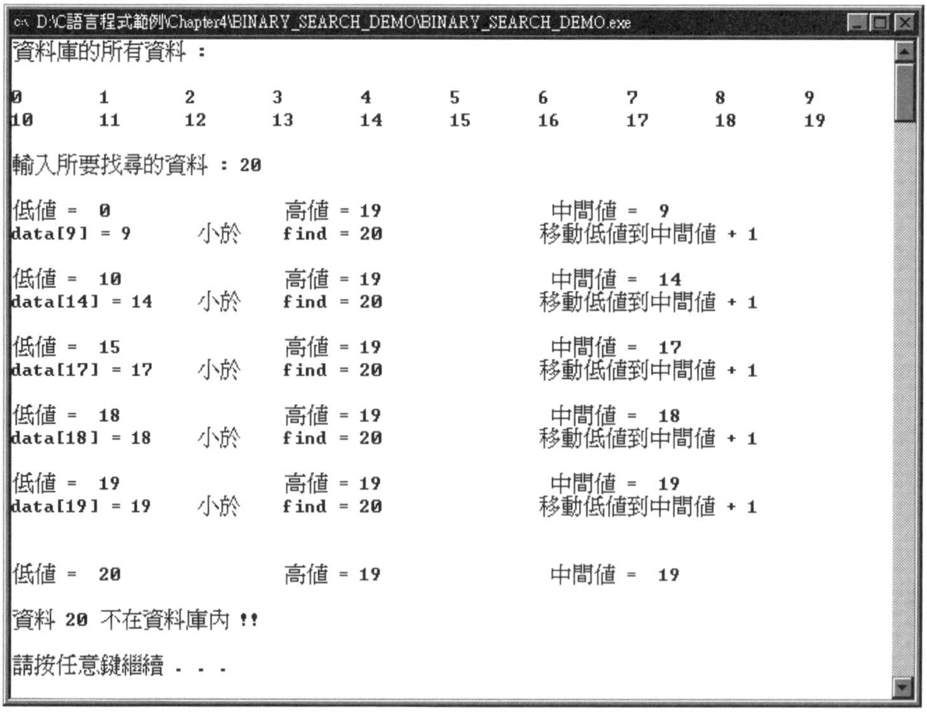

```
D:\C語言程式範例\Chapter4\BINARY_SEARCH_DEMO\BINARY_SEARCH_DEMO.exe
資料庫的所有資料 :

0       1       2       3       4       5       6       7       8       9
10      11      12      13      14      15      16      17      18      19

輸入所要找尋的資料 : 20

低值 =  0               高值 = 19               中間值 =  9
data[9] = 9     小於    find = 20               移動低值到中間值 + 1

低值 =  10              高值 = 19               中間值 =  14
data[14] = 14   小於    find = 20               移動低值到中間值 + 1

低值 =  15              高值 = 19               中間值 =  17
data[17] = 17   小於    find = 20               移動低值到中間值 + 1

低值 =  18              高值 = 19               中間值 =  18
data[18] = 18   小於    find = 20               移動低值到中間值 + 1

低值 =  19              高值 = 19               中間值 =  19
data[19] = 19   小於    find = 20               移動低值到中間值 + 1


低值 =  20              高值 = 19               中間值 =  19

資料 20 不在資料庫內 !!

請按任意鍵繼續 . . .
```

原始程式：

```
1.  /**********************************
2.   *          二分搜尋展示          *
3.   * 檔名 : BINARY_SEARCH_DEMO.CPP *
4.   **********************************/
```

```
5.
6.   #include <stdio.h>
7.   #include <stdlib.h>
8.
9.   #define number  20
10.
11.  int main(void)
12.  {
13.    short data[] = {0, 1, 2, 3, 4, 5, 6, 7, 8, 9, 10, 11,
14.                    12, 13, 14, 15, 16, 17, 18, 19},
15.        find, low, high, middle, flag, index;
16.
17.    printf("資料庫的所有資料 :\n\n");
18.    for(index = 0; index < number; index++)
19.     printf("%hd\t", data[index]);
20.    printf("\n 輸入所要找尋的資料 : ");
21.    scanf("%hd", &find);
22.    low = 0;
23.    high = number - 1;
24.    flag = 1;
25.    putchar('\n');
26.    do
27.    {
28.     middle = (low + high) / 2;
29.     printf("低值 = %hd\t\t 高值 = %hd\t\t 中間值 = %hd\n",
30.           low, high, middle);
31.     if(data[middle] > find)
32.     {
33.      high = middle - 1;
34.      printf("data[%hd] = %hd \t 大於 \t find = %hd\t\
35.       移動高值到中間值 - 1\n\n", middle, data[middle], find);
36.     }
37.     else if(data[middle] < find)
38.     {
39.      low = middle + 1;
40.      printf("data[%hd] = %hd \t 小於 \t find = %hd\t\
41.       移動低值到中間值 + 1\n\n", middle, data[middle], find);
42.     }
43.     else
```

```
44.       flag = 0;
45.    }while((low <= high) && (flag));
46.    printf("\n低值 = %hd\t\t 高值 = %hd\t\t 中間值 = %hd\n",
47.                                    low, high, middle);
48.    if(!flag)
49.      printf("\n資料 %hd 在資料庫的第 %hd 筆\n\n", find, middle+1);
50.    else
51.      printf("\n資料 %hd 不在資料庫內 !!\7\7\n\n", find);
52.    system("PAUSE");
53.    return 0;
54. }
```

重點說明：

1. 行號 13～14 設定所要找尋資料群的陣列內容。
2. 行號 17～19 顯示所要找尋資料群的內容。
3. 行號 20～21 從鍵盤輸入所要找尋的特定資料。
4. 行號 22～45 以二分搜尋的方式進行特定資料的找尋，而其設計流程即如前面所述，其中：
   (1) 行號 22～23 分別設定 low = 0，high = 19 (因陣列索引從 0 開始)。
   (2) 行號 28～29 求出中間值，並依次顯示目前低指標 low，高指標 high 與中間指標 middle 的內容。
   (3) 行號 31 判斷，如果中間值的資料大於所要找尋的資料時，表示所要找尋的資料在中間值的下面，因此於行號 33 內將高指標 high 移到中間指標減一的地方，並於行號 34～35 顯示移動指標的訊息。
   (4) 行號 37 判斷，如果中間值的資料小於所要找尋的資料時，表示所要找尋的資料在中間值的上面，因此於行號 39 內將低指標 low 移到中間指標加 1 的地方，並於行號 40～41 內顯示移動指標的訊息。
   (5) 找到所要搜尋的資料時，則於行號 44 內設定旗號 Flag 的內容為 0。
   (6) 行號 45 判斷，如果：
       (a) 資料尚未搜尋完畢 (low <= high)。
       (b) 資料尚未找到 (flag = 1)。

   兩者同時成立時，則回到行號 28 重新計算新的中間值後繼續找尋。
5. 行號 48～51 依找尋結果顯示訊息通知設計師。

底下我們再舉一個範例，利用亂數產生器產生 50 個亂數並經過排序之後，再以二分搜尋的方式去找尋我們從鍵盤輸入的特定資料，並將其搜尋結果顯示在螢幕上。

範例二 檔名：BINARY_SEARCH

以亂數產生器產生 50 個亂數資料，將它們經過排序之後，從鍵盤輸入一筆短整數資料，以便在已經排序的資料群內以二分搜尋的方式去找尋此筆資料，並將其結果顯示在螢幕上。

執行結果：

```
D:\C語言程式範例\Chapter4\BINARY_SEARCH\BINARY_SEARCH.exe
資料庫的所有資料 :
41      67      34      0       69      24      78      58      62      64
5       45      81      27      61      91      95      42      27      36
91      4       2       53      92      82      21      16      18      95
47      26      71      38      69      12      67      99      35      94
3       11      22      33      73      64      41      11      53      68

排序之後的資料 :
0       2       3       4       5       11      11      12      16      18
21      22      24      26      27      27      33      34      35      36
38      41      41      42      45      47      53      53      58      61
62      64      64      67      67      68      69      69      71      73
78      81      82      91      91      92      94      95      95      99

輸入所要找尋的資料 : 99

資料 99 在資料庫的第 50 筆

請按任意鍵繼續 . . .
```

```
D:\C語言程式範例\Chapter4\BINARY_SEARCH\BINARY_SEARCH.exe
資料庫的所有資料 :
41      67      34      0       69      24      78      58      62      64
5       45      81      27      61      91      95      42      27      36
91      4       2       53      92      82      21      16      18      95
47      26      71      38      69      12      67      99      35      94
3       11      22      33      73      64      41      11      53      68

排序之後的資料 :
0       2       3       4       5       11      11      12      16      18
21      22      24      26      27      27      33      34      35      36
38      41      41      42      45      47      53      53      58      61
62      64      64      67      67      68      69      69      71      73
78      81      82      91      91      92      94      95      95      99

輸入所要找尋的資料 : 93

資料 93 不在資料庫內 !!

請按任意鍵繼續 . . .
```

原始程式：

```
1.  /****************************
2.   *         二分搜尋          *
3.   * 檔名 : BINARY_SEARCH.CPP *
4.   ****************************/
5.
6.  #include <stdio.h>
7.  #include <stdlib.h>
8.
9.  #define number  50
10.
11. int main(void)
12. {
13.   short data[number], i, j, temp,
14.         high, low, middle, find, flag;
15.
16.   printf("資料庫的所有資料 :\n");
17.   for(i = 0; i < number; i++)
18.   {
19.     data[i] = rand() % 100;
20.     printf("%hd\t", data[i]);
21.   }
22.   for(i = 0; i < number - 1; i++)
23.   {
24.     for(j = i + 1; j < number; j++)
25.       if(data[i] > data[j])
26.       {
27.         temp    = data[i];
28.         data[i] = data[j];
29.         data[j] = temp;
30.       }
31.   }
32.   printf("\n排序之後的資料 :\n");
33.   for(i = 0; i < number; i++)
34.     printf("%hd\t", data[i]);
35.   printf("\n輸入所要找尋的資料 : ");
36.   scanf("%hd", &find);
37.   putchar('\n');
38.   low = 0;
```

```
39.   high = number - 1;
40.   flag = 1;
41.   do
42.   {
43.    middle = (low + high) / 2;
44.    if(data[middle] > find)
45.     high = middle - 1;
46.    else if(data[middle] < find)
47.     low = middle + 1;
48.    else
49.     flag = 0;
50.   }while((low <= high) && (flag));
51.   if(!flag)
52.    printf("資料 %hd 在資料庫的第 %hd 筆\n\n", find, middle+1);
53.   else
54.    printf("資料 %hd 不在資料庫內 !!\7\7\n\n", find);
55.   system("PAUSE");
56.   return 0;
57. }
```

重點說明：

1. 行號 16～21 以亂數產生 50 筆資料，並將它們顯示在螢幕上。
2. 行號 22～31 進行資料的排序。
3. 行號 33～34 顯示排序後的資料。
4. 行號 35～36 從鍵盤輸入所要找尋的資料。
5. 行號 38～50 以二分搜尋方式進行資料找尋。
6. 行號 51～54 顯示資料搜尋的結果。

4-7 指標與變數 Pointer and variable

當電腦在執行程式時，不管是程式或資料都被儲存在記憶體內，編譯器會將程式翻譯成機器語言，並依順序將它們儲存起來，執行時 CPU 會從記憶體內依順序 (位址由小而大) 將它們一一讀回分析、執行，而資料部分則以變數名稱或陣列索引…等作為存取資料的依據，設計師在撰寫程式時，根本不需要去了解電腦內部的硬體結構，這就是使用高階語言的特性。前面我們提過，C 語言為一種中階語言，那是因為其內部有包含類似組合語言 (低階語言) 功能的指令，此處我們所討論的指標 pointer 就是其中之一，正如前面所提到的，程式裡面所使用的變數、陣列等資料都儲存在電腦內部的記憶體內，指標當然也不例外，唯一不同之處是前者儲存在記憶體內部的是它們所對應資料的內容，後者儲存在記憶體內部的是它們所對應資料的記憶體位址。當我們在程式內宣告一個短整數變數 data，並將其內容設定成 66 時，系統會配置一塊佔用 2Byte 的記憶體空間供我們儲存短整數資料 66，並記錄此記憶空間的起始位址△△△△，其狀況如下：

平面圖：

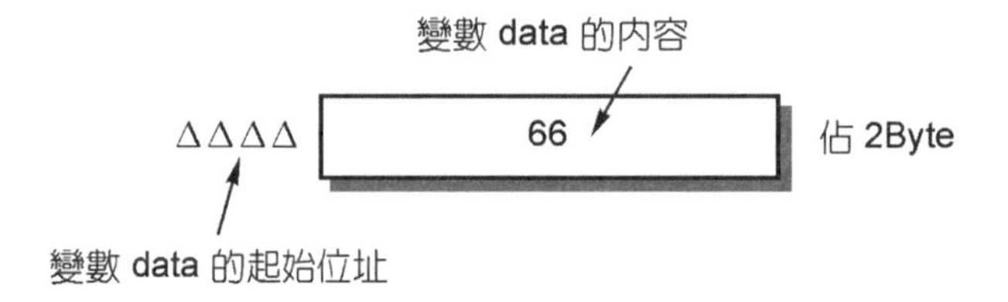

記憶體配置圖：

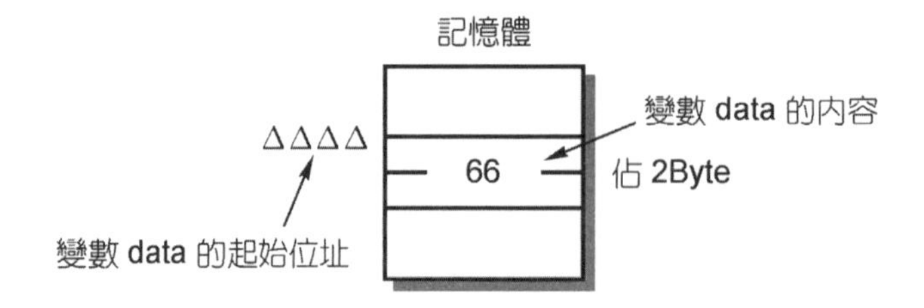

當我們在程式內宣告一個短整數指標變數 ptr 時，系統會配置一塊佔用 4Byte 的記憶體空間供我們儲存指向短整數資料的位址，其狀況如下 (假設指標 ptr 的內容為△△△△)：

平面圖：

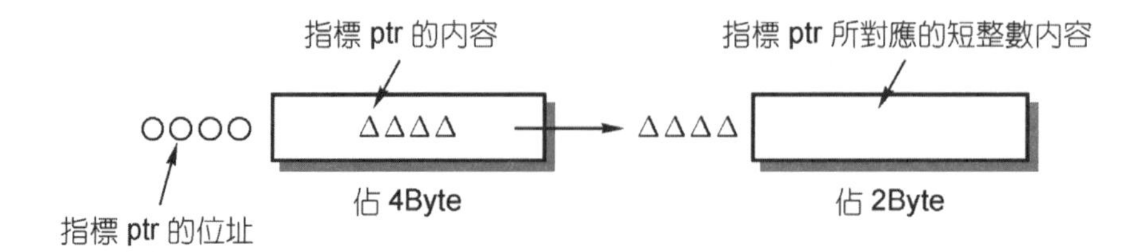

記憶體配置圖：

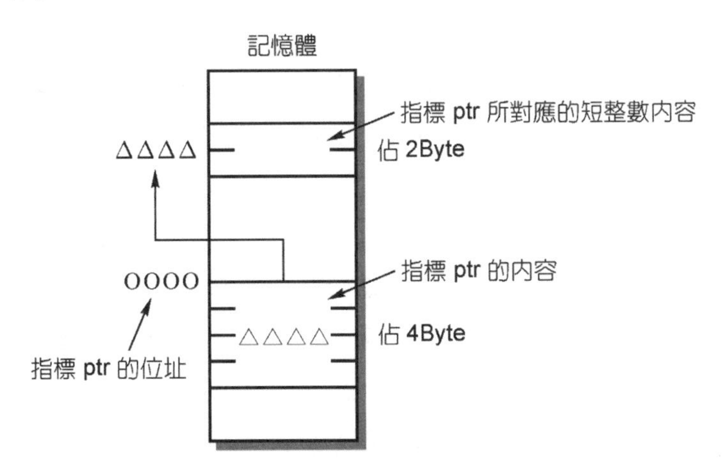

於上面的實際記憶體配置狀況中我們可以看到，當我們宣告一個用來儲存短整數資料的指標 ptr 時，系統會找出一塊佔用 4Byte 的記憶體供我們儲存將來它所對應短整數資料的記憶體位址，並記錄此塊用來儲存記憶體位址的起始位址 (注意！實際提供的位址會因系統而異，假設為OOOO)，一旦我們設定指標變數 ptr 的內容後 (此處為ΔΔΔΔ)，將來我們即可透過它來存取此記憶體位址為起始位址的記憶體內容，由於我們宣告指標 ptr 所對應的資料為短整數，因此它只佔用 2Byte，如果當初我們宣告指標 ptr 所對應的資料為倍精值浮點數時，此塊用來儲存資料的記憶區就會佔用 8Byte……，總之資料記憶區塊的大小完全取決於宣告時的資料型態 (Data type)，當 CPU 在存取指標 ptr 所對應的資料時，它是先找到指標 ptr 的內容，再以它當成記憶體位址去找到真正資料的儲存所在，這種資料存取方式就如同組合語言內的“間接定址”此處必須要特別強調，於 C 語言中我們可以透過指標的宣告對記憶體做存取的動作，由於宣告指標後其內容是一個未定值，如果我們在未設定它的內容之前就對它所對應的資料做存取時，有可能會造成無法預期的結果，嚴重時會造成系統的當機，因此在使用指標時必須額外的小心 (也就是指標內容必須經過設定後才可以使用)。

C 語言在處理資料時，依資料與記憶體的關係，可以將資料分成靜態 Static 與動態 Dynamic 兩種，所謂靜態資料就是資料經過宣告、編譯之後，於程式執行期間它們都會佔用固定的記憶體空間，直到程式結束時才會交還給系統，這種靜態資料對於記憶空間的使用較為浪費與沒有效率，譬如我們宣告 double data[50][50] 的倍精值陣列，這些空間也許只在程式的某一小段內使用，但它卻自始至終都佔用著記憶空間。所謂的動態資料就是當程式在執行時，系統才會釋放出資料所需要的記憶空間，當資料處理完畢後又可以立刻將資料所佔用的記憶空間交還給系統，讓其它變數重複使用，這種動態資料對於記憶空間的使用較有彈性與效率，指標的資料結構就是屬於動態資料結構，善用指標的結構，除了可以有效率的使用記憶體之外；它也可以使得函數呼叫時，彼此之間參數 (陣列、字元、變數) 的傳遞更具效率；對於處理較複雜的資料結構，如鏈結串列 Linked List、二元樹 Binary Tree…等更具威力。

指標的宣告

於上面的討論中可以知道，指標是用來儲存它所對應資料的記憶體位址，在 C 語言內我們用什麼語法來宣告指標，用什麼運算子來表示位址以及指標所對應的資料內容呢？底下為宣告一個指標變數 ptr 的基本語法：

```
資料型態 *變數；
資料型態  *變數；
資料型態*  變數；
```

上面三種指標宣告方式皆為合法，其中：

1. ＊代表指標，後面的變數用來儲存記憶體位址。
2. **變數**代表指標的變數名稱，只要符合識別字的要求即可，它與指標符號“＊”中間有無空白或空白在那一邊都是合法。
3. **資料型態**代表指標變數所對應資料的型態，只要符合前面所談論 C 語言資料型態 (Data type) 都可以。

嚴格來說，當設計師宣告一個指標變數時，我們所在意的不是指標本身，而是指標所對應資料的值。

指標與位址運算子

從上面的敘述可以知道，一談到指標就離不開記憶體位址與指標所對應的資料內容，於 C 語言中運算子符號“&”可以用來取得它後面運算元 Operand 的位址，譬如當我們宣告一個用來儲存單精值的變數 float data 時，其狀況如下：

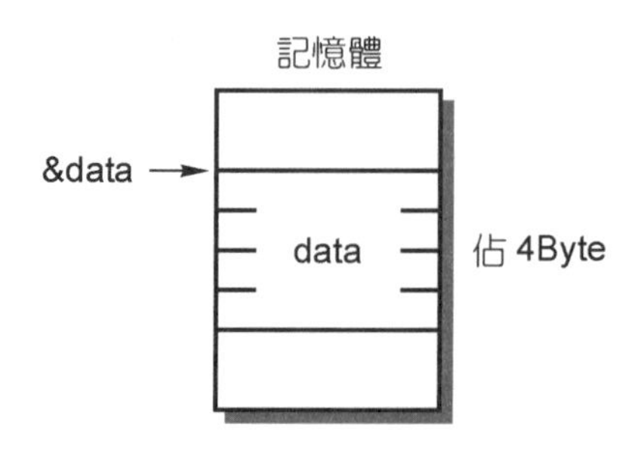

於上圖中 data 代表變數的內容，&data 代表儲存變數的記憶體起始位址 (參閱後面的範例)。

同樣的狀況，當我們宣告用來儲存倍精值的指標變數 double ＊ptr，並將它指向一筆倍精值變數 double data 時，其狀況如下：

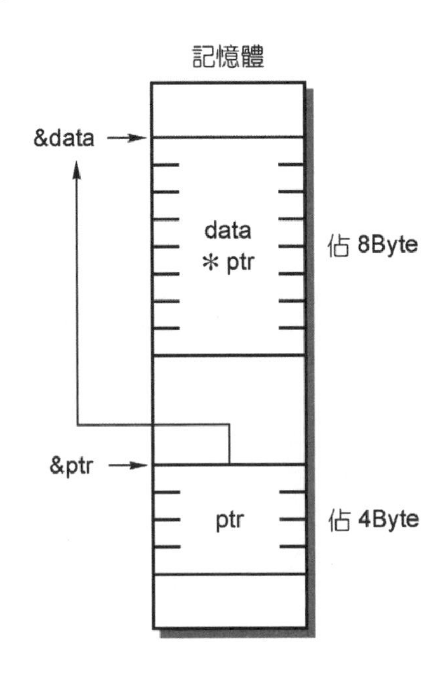

於上圖中 data 代表倍精值的內容；&data 代表儲存倍精值變數的記憶體起始位址；ptr 代表指標變數的內容 (指向資料的位址)，&ptr 代表儲存指標變數 ptr 的位址；＊ptr 則代表指標變數 ptr 所對應的倍精值資料 (參閱後面的範例)。

底下我們就針對上面所討論有關變數、指標的特性舉個範例來說明。

範例	檔名：VARIABLE_POINTER_1
在螢幕上顯示短整數變數與指標的位址和內容。	

執行結果：

```
c:\ D:\C語言程式範例\Chapter4\VARIABLE_POINTER_1\VARIABLE_POINTER_1.exe
短整數變數 data :
變數的位址 &data 0X0022FF72
變數的內容 data  66

未設定內容的短整數指標 ptr :
指標的位址 &ptr 0X0022FF74
指標的內容 ptr  0X00000002

已經設定內容 ptr = &data 的短整數指標 :
指標的位址 &ptr 0X0022FF74
指標的內容 ptr  0X0022FF72
指標所指向的記憶體內容 *ptr 66

請按任意鍵繼續 . . .
```

原始程式：

```
1.  /**********************************
2.   *      variable and pointer      *
3.   * 檔名 : VARIABLE_POINTER_1.CPP *
4.   **********************************/
5.
6.  #include <stdio.h>
7.  #include <stdlib.h>
8.
9.  int main(void)
10. {
11.   short *ptr, data = 66;
12.
13.   printf("短整數變數 data :\n");
14.   printf("變數的位址 &data %#p\n", &data);
15.   printf("變數的內容 data  %hd\n", data);
16.   printf("\n 未設定內容的短整數指標 ptr :\n");
17.   printf("指標的位址 &ptr %#p\n", &ptr);
18.   printf("指標的內容 ptr  %#p\n", ptr);
19.   printf("\n 已經設定內容 ptr = &data 的短整數指標 :\n");
20.   ptr = &data;
21.   printf("指標的位址 &ptr %#p\n", &ptr);
22.   printf("指標的內容 ptr  %#p\n", ptr);
23.   printf("指標所指向的記憶體內容 *ptr %hd\n\n", *ptr);
24.   system("PAUSE");
25.   return 0;
26. }
```

重點說明：

1. 行號 11 宣告一個用來儲存短整數的指標 ptr 及變數 data，並設定 data 的內容為 66，其狀況如下：

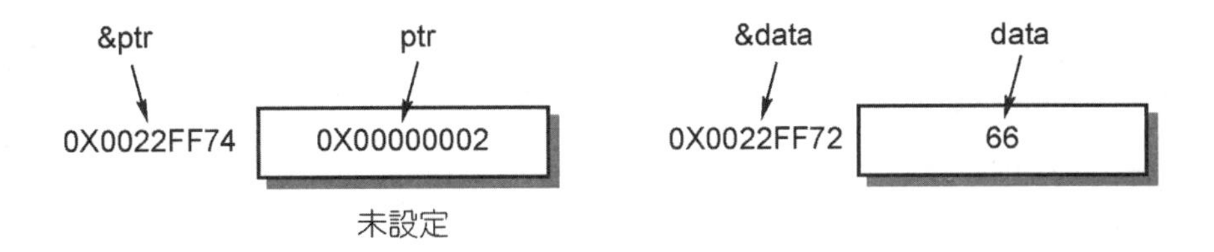

2. 行號 14～15 顯示變數 data 的位址與內容。
3. 行號 16～18 顯示指標 ptr 的位址與內容 (也是一個位址)，注意！由於 ptr 的內容沒有設定，因此行號 18 所顯示的位址為目前記憶體內的現值 (內容無法預測)，它們的顯示狀況即如上圖所示。
4. 行號 20 將指標 ptr 的內容設定成變數 data 的位址，其狀況如下：

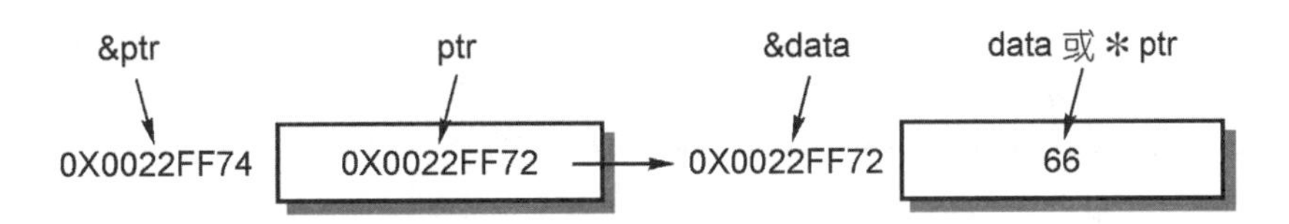

5. 行號 21～23 分別顯示指標 ptr 的位址&ptr、內容 ptr 以及它所指向記憶體的內容 * ptr，它們的顯示狀況即如上圖所示。

正如前面我們所討論的，指標內部所儲存的內容都是記憶體位址，因此不管資料型態為何，指標的長度永遠都為 4Byte，而指標所對應的記憶體內容長度則由指標所指向資料的型態來決定，如果資料型態為字元則長度為 1Byte，短整數為 2Byte…等，其詳細狀況請參閱下面範例的顯示結果。

範例	檔名：VARIABLE_POINTER_2
在螢幕上顯示各種資料型態的指標與它們所對應的資料長度。	

執行結果：

```
各種指標的位址長度 :
字元指標         4 Byte
短整數指標       4 Byte
長整數指標       4 Byte
單精值浮點指標   4 Byte
倍精值浮點指標   4 Byte

各種指標的內容長度 :
字元             1 Byte
短整數           2 Byte
長整數           4 Byte
單精值浮點       4 Byte
倍精值浮點       8 Byte

請按任意鍵繼續 . . .
```

原始程式：

```
1.   /************************************
2.    * the length of data type pointer *
3.    * 檔名 : VARIABLE_POINTER_2.CPP    *
4.    ************************************/
5.
6.   #include <stdio.h>
7.   #include <stdlib.h>
8.
9.   int main(void)
10.  {
11.    char*    ptr_char;
12.    short*   ptr_short;
13.    int*     ptr_int;
14.    float*   ptr_float;
15.    double*  ptr_double;
16.
17.    printf("各種指標的位址長度 :\n");
18.    printf("字元指標       %hd Byte\n", sizeof ptr_char);
19.    printf("短整數指標     %hd Byte\n", sizeof ptr_short);
20.    printf("長整數指標     %hd Byte\n", sizeof ptr_int);
21.    printf("單精值浮點指標 %hd Byte\n", sizeof ptr_float);
22.    printf("位精值浮點指標 %hd Byte\n", sizeof ptr_double);
23.    printf("\n各種指標的內容長度 :\n");
```

```
24.   printf("字元          %hd Byte\n", sizeof *ptr_char);
25.   printf("短整數        %hd Byte\n", sizeof *ptr_short);
26.   printf("長整數        %hd Byte\n", sizeof *ptr_int);
27.   printf("單精值浮點     %hd Byte\n", sizeof *ptr_float);
28.   printf("倍精值浮點     %hd Byte\n\n", sizeof *ptr_double);
29.   system("PAUSE");
30.   return 0;
31. }
```

重點說明：

1. 行號 17～22 顯示各種資料型態的指標長度，皆為 4Byte。
2. 行號 23～28 顯示各種資料型態的指標所對應資料內容的長度，其狀況即如前面所述。

指標的運算

正如前面所討論的，指標內容為一個指向某筆資料的起始位址，基本上我們也可以對它做運算，只不過其運算子只能為加、減或關係運算，此處我們必須強調，對指標做加、減運算，其最終目的還是為了處理它所對應的資料，因此其實際內容 (位址) 的加、減量為多少皆以它所對應資料的資料型態為主，譬如當它所對應的資料型態為倍精值時，由於每一筆資料佔用了 8Byte，因此當我們對指標加 1 或減 1 時，其實際的位址加、減量皆為 8，其狀況即如下圖所示：

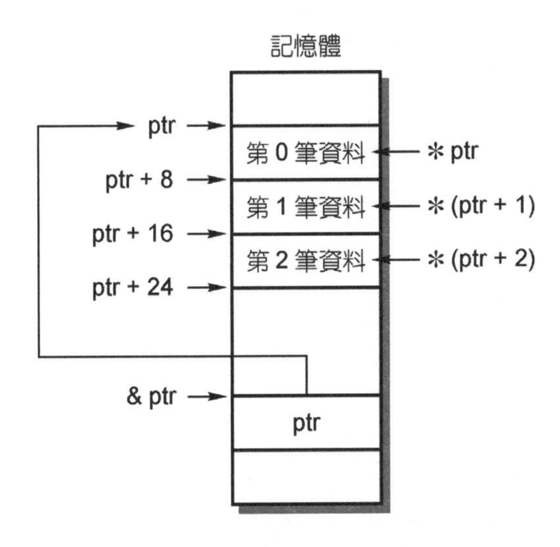

而其詳細的特性請參閱下面範例的執行結果。

範例	檔名：POINTER_OPERATION
在螢幕上顯示各種資料型態指標的運算結果。	

執行結果：

```
D:\C語言程式範例\Chapter4\POINTER_OPERATION\POINTER_OPERATION.exe
各種指標的開始位址 :
字元指標            0X0022FF60
長整數指標          0X0022FF40
倍精值浮點指標      0X0022FF20

各種指標運算後的位址 :
字元指標 + 5        0X0022FF65
長整數指標 + 3      0X0022FF4C
倍精值浮點指標 + 2 0X0022FF30

位址 0X0022FF65 大於位址 0X0022FF60

請按任意鍵繼續 . . .
```

原始程式：

```
1.  /*************************************
2.   * any data type pointer operation *
3.   *  檔名 : POINTER_OPERATION.CPP    *
4.   *************************************/
5.
6.  #include <stdio.h>
7.  #include <stdlib.h>
8.
9.  int main(void)
10.{
11.   char string[] = "MARRY",
12.        *ptr1_c = &string[0],
13.        *ptr2_c = ptr1_c;
14.   int  data_int[] = {11, 22, 33, 55},
15.        *ptr_int = data_int;
16.   double data_double[] = {11.1, 22.2},
17.          *ptr_double = data_double;
18.
```

```
19.   printf("各種指標的開始位址 :\n");
20.   printf("字元指標          %#p\n", ptr1_c);
21.   printf("長整數指標        %#p\n", ptr_int);
22.   printf("倍精值浮點指標    %#p\n\n", ptr_double);
23.   printf("各種指標運算後的位址 :\n");
24.   ptr1_c = ptr1_c + 5;
25.   printf("字元指標 + 5      %#p\n", ptr1_c);
26.   printf("長整數指標 + 3    %#p\n", ptr_int + 3);
27.   printf("倍精值浮點指標 + 2 %#p\n\n", ptr_double + 2);
28.   if(ptr1_c > ptr2_c)
29.     printf("位址 %#p 大於位址 %#p\n", ptr1_c, ptr2_c);
30.   else if(ptr1_c < ptr2_c)
31.     printf("位址 %#p 小於位址 %#p\n", ptr1_c, ptr2_c);
32.   else
33.     printf("位址 %#p 等於 位址 %#p\n", ptr1_c, ptr2_c);
34.   putchar('\n');
35.   system("PAUSE");
36.   return 0;
37. }
```

重點說明：

1. 行號 11～17 宣告字元、長整數、倍精值的資料與指標，並將指標指向所對應資料的起始位址。
2. 行號 19～22 內顯示上述指標的內容 (對應到每個資料型態第一筆資料的位址)。
3. 行號 24 內將字元指標的內容加 5，並於行號 25 內將它顯示出來，由於一個字元佔用 1Byte 的記憶空間，因此其內容只加 5。
4. 行號 26 將長整數指標的內容加 3 後再顯示出來，由於一個長整數佔用 4Byte 的記憶體空間，因此其內容會被加 4 × 3 = 12，即十六進制 $0C_{(16)}$。
5. 行號 27 將倍精值浮點指標的內容加 2 後再顯示出來，由於一個倍精值佔用 8Byte 的記憶體空間，因此其內容會被加 8 × 2 = 16，即十六進制的 $10_{(16)}$。
6. 行號 28～34 將兩個字元指標 ptr1_c 與 ptr2_c 做比較，並顯示其比較後的結果，由於 ptr1_c 的內容於行號 24 內被加 5，因此會比 ptr2_c 大。

4-8　指標與一維陣列

於 C 語言系統中，指標 Pointer 與陣列 Array 幾乎可以看成是同一類型的結構，指標是用來儲存指向某一群或單一資料的開始位址；而陣列名稱是用來指向陣列資料群的開始位址，當我們在程式中宣告一個陣列時，系統會配置一塊連續的記憶空間，並將陣列的名稱指向此記憶空間的起始位址，也就是儲存陣列第一個元素的記憶體位址，它們兩者的共同點為都是位址，不同點為指標所儲存的位址是可以改變的，我們稱之為指標變數 (譬如於程式中我們可以將指標的內容做加、減運算來存取所對應的資料內容)；而陣列名稱的位址是不可以改變的，我們稱之為指標常數，因此於陣列中我們只能以陣列名稱配合索引 (如 data[2]…等) 來執行資料的存取，為了方便陣列的擴展 (參閱後面的敘述)，用來儲存陣列名稱的指標常數，其記憶體位址與內容是一樣的，譬如陣列的名稱為 data，用來儲存 data 的記憶體位址為 &data 時，你會發現它們兩者是一樣的，也就是 data = &data (因為 data 為一個指標常數)，為了驗證此種特性，底下我們就舉幾個範例來說明此種狀況，(反向思考一下，將來如果發現 data = &data 時，data 就是一個指標常數)：

範例	檔名：ONE_DIMENSION_POINTER_1
驗證陣列名稱爲指標常數，並以指標方式讀取陣列內容。	

執行結果：

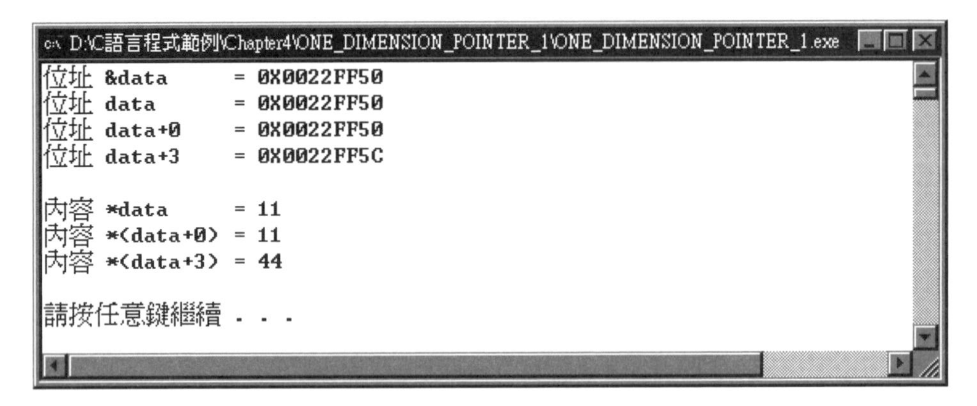

原始程式：

```
1.   /**************************************
2.    * one dimension array and pointer   *
3.    * 檔名 : ONE_DIMENSION_POINTER_1.CPP *
4.    **************************************/
5.
6.   #include <stdio.h>
7.   #include <stdlib.h>
8.
9.   int main(void)
10.  {
11.    int data[] = {11, 22, 33, 44, 55, 66};
12.
13.    printf("位址 &data     = %#p\n", &data);
14.    printf("位址 data      = %#p\n", data);
15.    printf("位址 data+0    = %#p\n", data + 0);
16.    printf("位址 data+3    = %#p\n\n", data + 3);
17.    printf("內容 *data     = %#d\n", *data);
18.    printf("內容 *(data+0) = %#d\n", *(data + 0));
19.    printf("內容 *(data+3) = %#d\n\n", *(data + 3));
20.    system("PAUSE");
21.    return 0;
22.  }
```

重點說明：

1. 行號 11 宣告一個長整數陣列 data[ ]，並設定其內容，此時系統於記憶體的配置狀況如下：

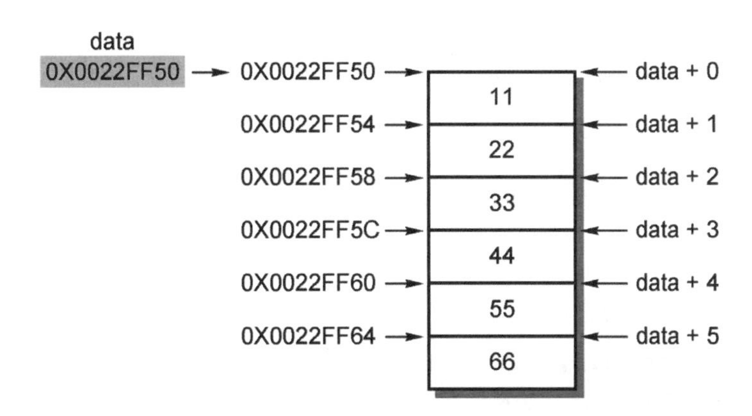

2. 行號 13～16 以陣列名稱 (指標常數) &data 與 data 為起始位址，分別顯示陣列的位址，由於陣列名稱為一個指標常數，因此 &data、data、data + 0 的內容皆指向陣列第一個元素的位址，其餘則類推。

3. 行號 17～19 則以指標方式顯示陣列的內容，由於陣列第一個元素的位址為 data，因此第一個元素的內容為 ＊data 或 ＊(data + 0)，其餘則以此類推。

從上面的敘述我們很清楚的發現到，陣列與指標是可以互通的，存取陣列的內容我們可以用陣列方式來處理，當然我們也可以用指標方式來完成，底下我們舉一個範例來證明它們兩者中間的互通性。

範例	檔名：ONE_DIMENSION_POINTER_2
以陣列方式顯示陣列內部每一個元素的位址與內容。	

執行結果：

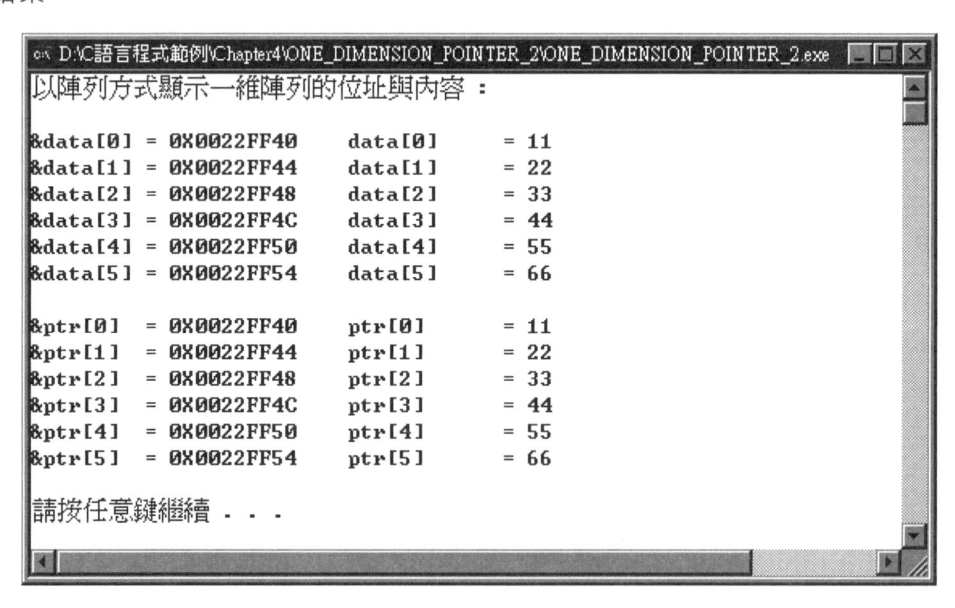

原始程式：

```
1.  /***************************************
2.   * one dimension array and pointer    *
3.   * 檔名 : ONE_DIMENSION_POINTER_2.CPP *
4.   ***************************************/
```

```
5.
6.  #include <stdio.h>
7.  #include <stdlib.h>
8.
9.  #define SIZE 6
10.
11. int main(void)
12. {
13.   short index;
14.   int   data[] = {11, 22, 33, 44, 55, 66}, *ptr = data;
15.
16.   printf("以陣列方式顯示一維陣列的位址與內容 :\n\n");
17.   for(index = 0; index < SIZE; index++)
18.     printf("&data[%hd] = %#p \t data[%hd]    = %d\n",
19.                  index, &data[index], index, data[index]);
20.   printf("\n");
21.   for(index = 0; index < SIZE; index++)
22.     printf("&ptr[%hd]  = %#p \t ptr[%hd]     = %d\n",
23.                  index, &ptr[index], index, ptr[index]);
24.   putchar('\n');
25.   system("PAUSE");
26.   return 0;
27. }
```

重點說明：

1. 行號 14 宣告長整數的一維陣列 data[ ] 與指標 ptr，並設定其內容，此時系統於記憶體的配置狀況以陣列方式來表達時，其狀況如下：

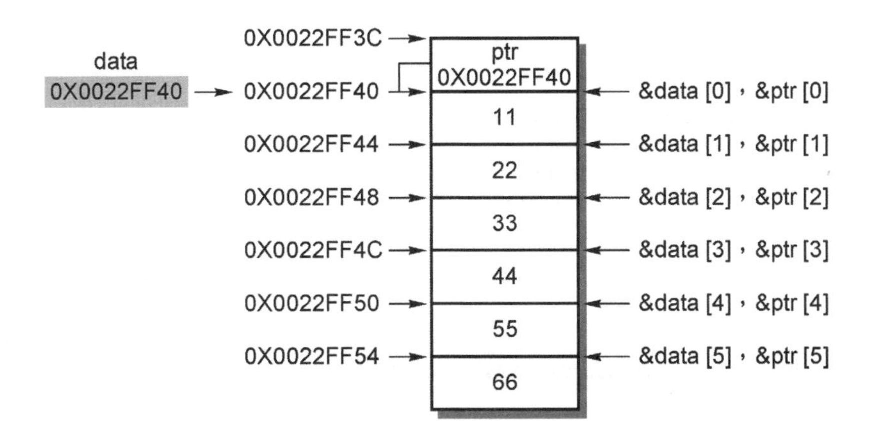

2. 行號 16～19 以 &data[i] 與 data[i] 的陣列方式分別顯示陣列 data 內每個元素的儲存位址與內容。
3. 行號 21～23 以 &ptr[i] 與 ptr[i] 的陣列方式分別顯示陣列 data 內每個元素的儲存位址與內容，因為陣列名稱 data 的起始位址與指標 ptr 的內容 (位址) 相同，因此 data 與 ptr 互通，(注意！其不同點為一個為變數，一個為常數)。

從上面的範例可以知道，陣列名稱 data 與指標 ptr 是互通的，因此我們也可以利用指標的方式來存取陣列的內容，而其詳細狀況請參閱底下的範例。

範例	檔名：ONE_DIMENSION_POINTER_3
以指標方式顯示陣列內部每一個元素的位址與內容。	

執行結果：

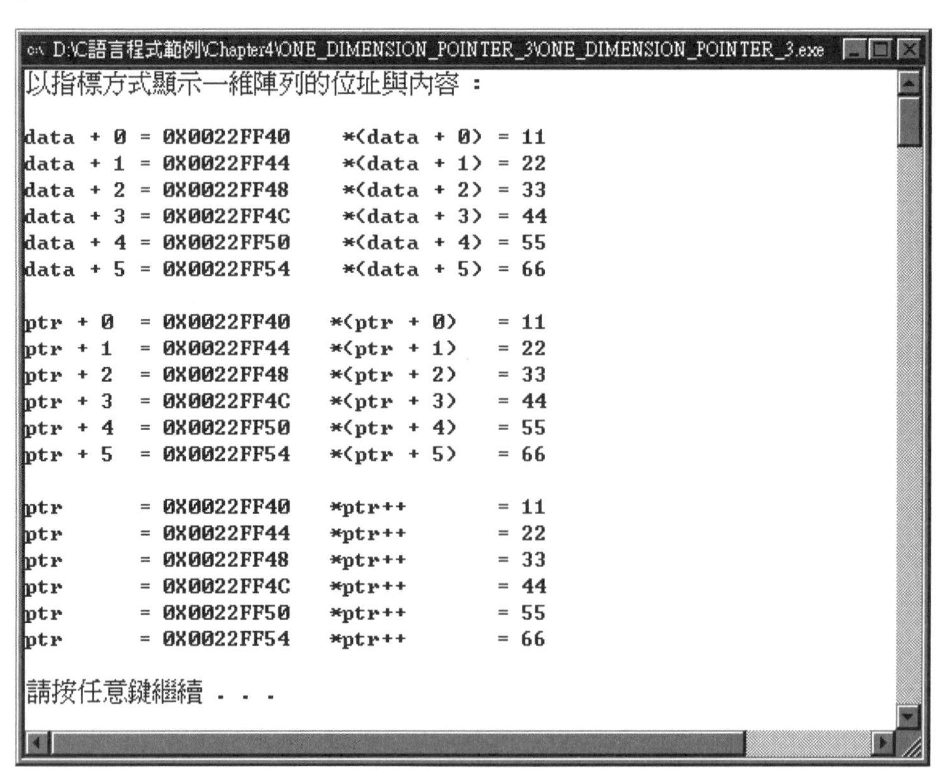

原始程式：

```
1.   /*************************************
2.    * one dimension array and pointer   *
3.    * 檔名 : ONE_DIMENSION_POINTER_3.CPP *
4.    *************************************/
5.
6.   #include <stdio.h>
7.   #include <stdlib.h>
8.
9.   #define SIZE 6
10.
11.  int main(void)
12.  {
13.    short i;
14.    int data[] = {11, 22, 33, 44, 55, 66}, *ptr = data;
15.
16.    printf(以指標方式顯示一維陣列的位址與內容 :\n\n");
17.    for(i = 0; i < SIZE; i++)
18.      printf("data + %hd = %#p \t *(data + %hd) = %d\n",
19.                             i, data + i, i, *(data + i));
20.    printf("\n");
21.    for(i= 0; i < SIZE; i++)
22.    {
23.      printf("ptr + %hd  = %#p\t", i, ptr + i);
24.      printf("*(ptr + %hd)   = %d\n", i, *(ptr + i));
25.    }
26.    printf("\n");
27.    for(i = 0; i < SIZE; i++)
28.    {
29.      printf("ptr     = %#p\t", ptr);
30.      printf("*ptr++      = %d\n", *ptr++);
31.    }
32.    putchar('\n');
33.    system("PAUSE");
34.    return 0;
35.  }
```

重點說明：

1. 行號 14 的宣告與前面範例相同，它的記憶體配置狀況以指標方式來表達時，其狀況如下：

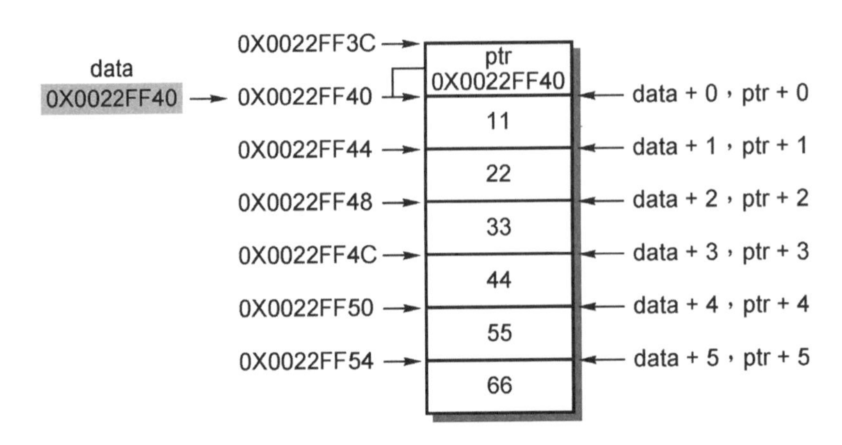

2. 行號 17～19 以 data + i 與 ＊(data + i) 的指標方式，分別顯示陣列 data 內每個元素的儲存位址與內容。

3. 行號 21～25 以 ptr + i 與 ＊(ptr + i) 的指標方式，分別顯示陣列 data 內每個元素的儲存位址與內容。

4. 行號 27～31 以遞增量 ++ 的指標方式，分別顯示陣列 data 內每個元素的儲存位址與內容 (因為指標 ptr 為一個位址變數，此處不可以用 data++ 來完成，因為 data 為一個位址常數，它的內容是不可以改變的)。

綜合上面兩個範例可以知道，當我們於程式中宣告一個陣列 data 並將指標 ptr 指向它的開始位址時，我們可以利用下面四種方式來指定此陣列 data 內每一個元素的儲存位址與它們所對應的元素內容：

陣列位址	陣列內容
&data[i]	data[i]
&ptr[i]	ptr[i]
data + i	＊(data + i)
ptr + i	＊(ptr + i)

當我們對指標做遞增或遞減運算時，由於它們的優先順序與指標內容運算子“＊”相同，其結合性為由右向左，因此當這些運算子同時出現時必須留意其優先順序，底下我們就舉個範例來說明。

範例	檔名：POINTER_INC_DEC
檢視遞增 ++、遞減 -- 與指標運算子的優先順序。	

執行結果：

```
D:\C語言程式範例\Chapter4\POINTER_INC_DEC\POINTER_INC_DEC.exe
ptr     指標位址 = 0X0022FF60 內容 = 11
ptr     指標位址 = 0X0022FF64 內容 = 22
ptr     指標位址 = 0X0022FF68 內容 = 33
ptr     指標位址 = 0X0022FF6C 內容 = 55

ptr     指標位址 = 0X0022FF60 內容 = 11
*++ptr  指標位址 = 0X0022FF64 內容 = 22
++*ptr  指標位址 = 0X0022FF64 內容 = 23
*ptr++  指標位址 = 0X0022FF68 內容 = 23
*--ptr  指標位址 = 0X0022FF64 內容 = 23
--*ptr  指標位址 = 0X0022FF64 內容 = 22
*ptr--  指標位址 = 0X0022FF60 內容 = 22

請按任意鍵繼續 . . .
```

原始程式：

```
1.  /*******************************
2.   * pointer ++, -- operations   *
3.   * 檔名 : POINTER_INC_DEC.CPP   *
4.   *******************************/
5.
6.  #include <stdio.h>
7.  #include <stdlib.h>
8.
9.  #define SIZE 4
10.
11. int main(void)
12. {
13.   int  data[] = {11, 22, 33, 55},
14.        *ptr  = data;
```

```
15.    short  index;
16.
17.    for(index = 0; index < SIZE; index++)
18.    {
19.      printf("ptr    指標位址 = %#p 內容 = %d\n", ptr, *ptr);
20.      ptr++;
21.    }
22.    putchar('\n');
23.    ptr = data;
24.    printf("ptr    指標位址 = %#p 內容 = %d\n", ptr, *ptr);
25.    printf("*++ptr 指標位址 = %#p 內容 = %d\n", ptr, *++ptr);
26.    printf("++*ptr 指標位址 = %#p 內容 = %d\n", ptr, ++*ptr);
27.    printf("*ptr++ 指標位址 = %#p 內容 = %d\n", ptr, *ptr++);
28.    printf("*--ptr 指標位址 = %#p 內容 = %d\n", ptr, *--ptr);
29.    printf("--*ptr 指標位址 = %#p 內容 = %d\n", ptr, --*ptr);
30.    printf("*ptr-- 指標位址 = %#p 內容 = %d\n", ptr, *ptr--);
31.    putchar('\n');
32.    system("PAUSE");
33.    return 0;
34.  }
```

重點說明：

1. 行號 13～14 的宣告狀況即如下圖所示：

2. 行號 17～21 顯示指標 ptr 的內容 (位址) 以及它們所對應記憶體的內函，其狀況即如上面所述。
3. 行號 24 顯示指標 ptr 的內容 (陣列 data 的開始位址) 0X0022FF60 以及它所對應的記憶體內函 11。
4. 行號 25 中 ＊++ptr 為先將指標 ptr 的內容加 1 (0X0022FF64) 後再顯示它所對應的記憶體內函 22。

5. 行號 26 中 ++＊ptr 為先將指標 ptr 所對應的記憶體內函加 1 後再顯示 (23)。
6. 行號 27 中 ＊ptr++ 為先顯示指標 ptr 所對應的記憶體內函 (23) 後再將指標 ptr 內容加 1 (0X0022FF68)。
7. 行號 28 中 ＊--ptr 為先將指標 ptr 的內容減 1 (0X0022FF64) 後再顯示它所對應的記憶體內函 (23)。
8. 行號 29 中 --＊ptr 為先將指標 ptr 所對應的記憶體內容減 1 後再顯示 (22)。
9. 行號 30 中 ＊ptr-- 為先顯示指標 ptr 所對應的記憶體內函 (22) 後再將指標 ptr 內容減 1 (0X002FF60)。

前面我們提過，C 語言的資料型態中並沒有字串，系統對於字串的處理皆以字元陣列來完成，字元陣列與剛剛我們所討論的數值陣列十分相似，它們與指標中間的關係也是一樣的，底下我們就舉兩個範例來說明。

範例	檔名：CHAR_ARRAY_POINTER_1
以陣列方式顯示字元陣列內部每個字元的儲存位址與內容。	

執行結果：

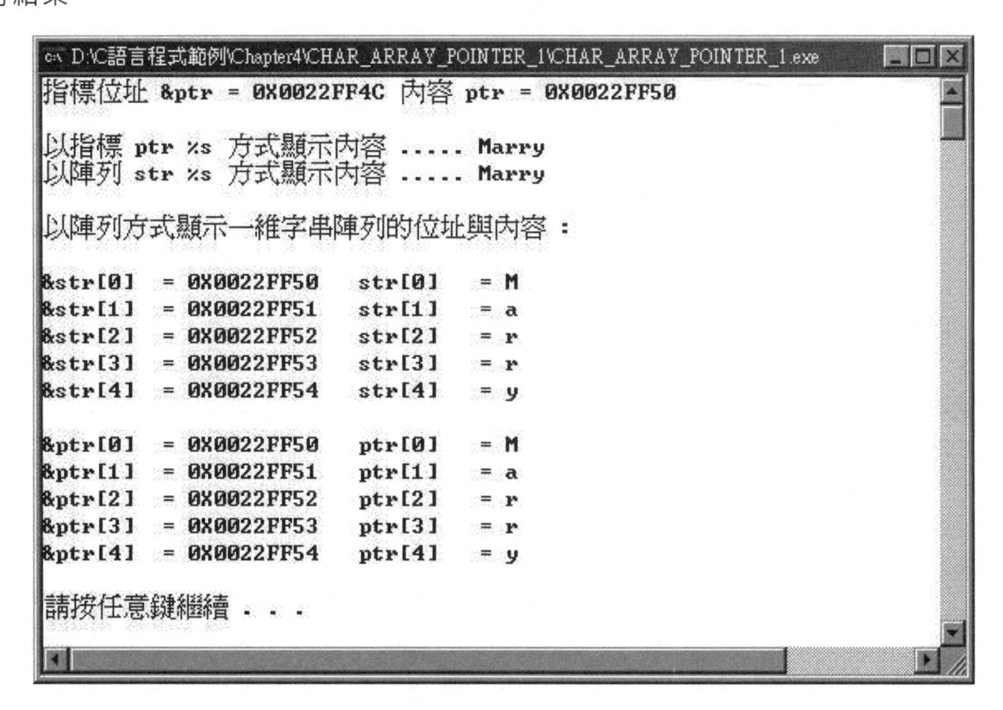

原始程式：

```
1.  /**********************************
2.   * character array string pointer *
3.   * 檔名 : CHAR_ARRAY_POINTER_1.CPP *
4.   **********************************/
5.
6.  #include <stdio.h>
7.  #include <stdlib.h>
8.
9.  #define NULL '\0'
10.
11. int main (void)
12. {
13.   short index = 0;
14.   char  str[] = "Marry", *ptr = str;
15.
16.   printf("指標位址 &ptr = %#p 內容 ptr = %#p\n\n", &ptr, ptr);
17.   printf("以指標 ptr %%s 方式顯示內容 ..... %s\n", ptr);
18.   printf("以陣列 str %%s 方式顯示內容 ..... %s\n\n", str);
19.   printf("以陣列方式顯示一維字串陣列的位址與內容 :\n\n");
20.   while(str[index] != NULL)
21.   {
22.     printf("&str[%hd]  = %#p\t", index, &str[index]);
23.     printf("str[%hd]   = %c\n", index++, str[index]);
24.   }
25.   putchar('\n');
26.   index = 0;
27.   while(ptr[index] != NULL)
28.   {
29.     printf("&ptr[%hd]  = %#p\t", index, &ptr[index]);
30.     printf("ptr[%hd]   = %c\n", index++, ptr[index]);
31.   }
32.   putchar('\n');
33.   system("PAUSE");
34.   return 0;
35. }
```

重點說明：

1. 行號 14 宣告字元陣列 str[ ] 與指標 ptr，並設定其內容，此時系統於記憶體的配置狀況以陣列方式來表達時，其狀況如下：

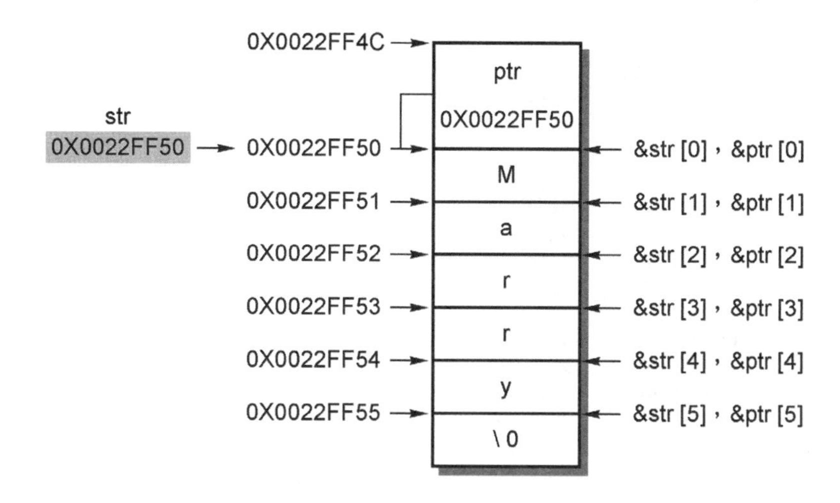

2. 行號 16 顯示字元指標的位址 &ptr 與內容 ptr。
3. 行號 17～18 分別以指標 ptr 與陣列 str 方式顯示字元陣列的全部內容 (以%s 顯示)。
4. 行號 20～24 以 &str[index] 與 str[index] 的陣列方式依順序顯示陣列 str 內每一個字元的儲存位址與內容。
5. 行號 26～31 以 &ptr[index] 與 ptr[index] 的陣列方式依順序顯示陣列 str 內每一個字元的儲存位址與內容 (因為陣列名稱 str 的起始位址與指標 ptr 的內容 (位址) 相同，因此 str 與 ptr 互通)。

於上面的範例可以知道，陣列名稱 data 與指標 ptr 是互通的，因此我們也可以利用指標的方式來存取字元陣列的內容，而其詳細狀況請參閱底下的範例。

範例	檔名：CHAR_ARRAY_POINTER_2
以指標方式顯示字元陣列內部每個字元的儲存位址與內容。	

執行結果：

```
D:\C語言程式範例\Chapter4\CHAR_ARRAY_POINTER_2\CHAR_ARRAY_POINTER_2.exe
以指標方式顯示一維字串陣列的位址與內容 :

str + 0   = 0X0022FF50   *(str + 0) =  M
str + 1   = 0X0022FF51   *(str + 1) =  a
str + 2   = 0X0022FF52   *(str + 2) =  r
str + 3   = 0X0022FF53   *(str + 3) =  r
str + 4   = 0X0022FF54   *(str + 4) =  y

ptr + 0   = 0X0022FF50   *(ptr + 0)  = M
ptr + 1   = 0X0022FF51   *(ptr + 1)  = a
ptr + 2   = 0X0022FF52   *(ptr + 2)  = r
ptr + 3   = 0X0022FF53   *(ptr + 3)  = r
ptr + 4   = 0X0022FF54   *(ptr + 4)  = y

ptr       = 0X0022FF50   *ptr++      = M
ptr       = 0X0022FF51   *ptr++      = a
ptr       = 0X0022FF52   *ptr++      = r
ptr       = 0X0022FF53   *ptr++      = r
ptr       = 0X0022FF54   *ptr++      = y

請按任意鍵繼續 . . .
```

原始程式：

```
1.  /************************************
2.   * character array string pointer   *
3.   * 檔名 : CHAR_ARRAY_POINTER_2.CPP   *
4.   ************************************/
5.
6.  #include <stdio.h>
7.  #include <stdlib.h>
8.
9.  #define NULL '\0'
10.
11. int main(void)
12. {
13.   short index;
14.   char  str[] = "Marry", *ptr = str;
15.
16.   printf("以指標方式顯示一維字串陣列的位址與內容 :\n\n");
17.   index = 0;
18.   while(*(str + index) != NULL)
19.   {
```

```
20.     printf("str + %hd  = %#p\t", index, str + index);
21.     printf("*(str + %hd)  =  %c\n", index++, *(str + index));
22.   }
23.   putchar('\n');
24.   index = 0;
25.   while(*(ptr + index) != NULL)
26.   {
27.     printf("ptr + %hd  = %#p\t", index, ptr + index);
28.     printf("*(ptr + %hd)  = %c\n", index++, *(ptr + index));
29.   }
30.   putchar('\n');
31.   while(*ptr != NULL)
32.   {
33.     printf("ptr      = %#p\t", ptr);
34.     printf("*ptr++     = %c\n", *ptr++);
35.   }
36.   putchar('\n');
37.   system("PAUSE");
38.   return 0;
39. }
```

重點說明：

1. 行號 14 的宣告與前面的範例相同，它的記憶體配置狀況以指標方式來表達時，其狀況如下：

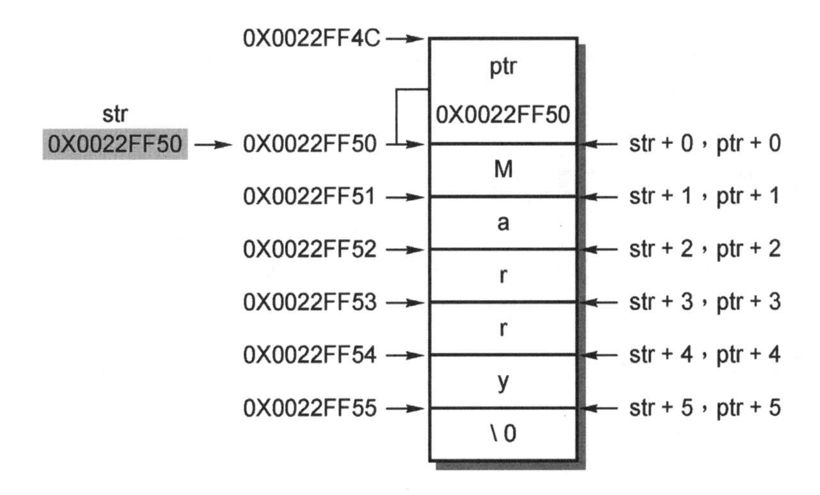

2. 行號 16～23 以 str + index 與 ＊(str + index) 的指標方式分別顯示陣列 str 內每個元素的儲存位址與內容。
3. 行號 24～30 以 ptr + index 與 ＊(ptr + index) 的指標方式分別顯示陣列 str 內每個元素的儲存位址與內容。
4. 行號 31～36 以遞增 ++ 的指標方式分別顯示陣列 str 內每個元素的儲存位址與內容 (因為指標 ptr 為一個位址變數，此處不可以用 str++ 來完成，因為 str 為一個位址常數，它的內容是不可以改變的)。

4-9 指向指標的指標變數 Pointer to pointer variable

指標變數是用來儲存指向某一筆或一群資料的開始位址，其狀況如下：

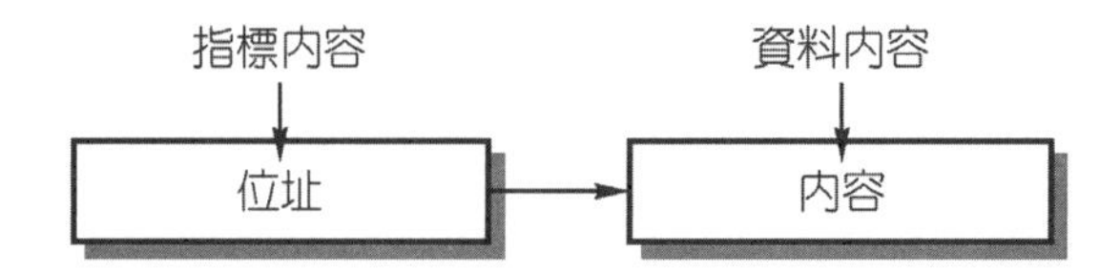

當然！指標變數也可以用來儲存指向某一個指標變數的位址，此種指標我們稱之為雙指標，其狀況如下：

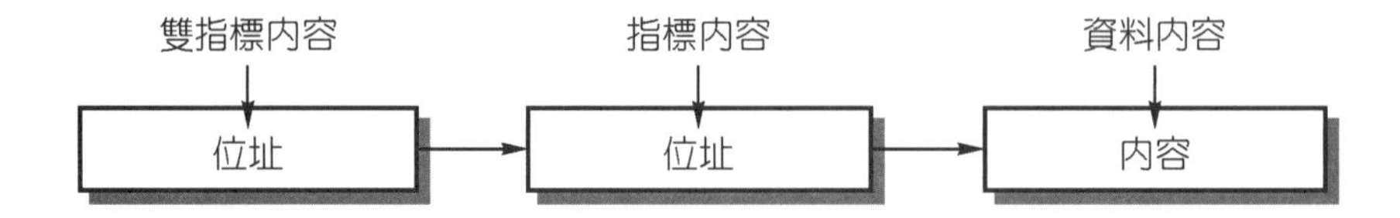

同樣的道理，如果實務上的需要，我們也可以將它擴大成多重指標，於 C 語言中雙指標的宣告方式為：

資料型態　＊＊雙指標名稱;

它的宣告方式與前面我們所討論的指標 (單一) 相類似，由於它是雙指標，因此在指標名稱前面加上兩個星號“＊＊”，最前面的資料型態就是雙指標名稱所對應記憶體內部所要儲存的資料型態，譬如：

```
double  **ptr;
```

為宣告一個雙指標變數 ptr，將來它所對應儲存在記憶體內部的資料為倍精値浮點數 (佔 8Byte)，如果我們以平面圖形來表示時，其狀況如下：

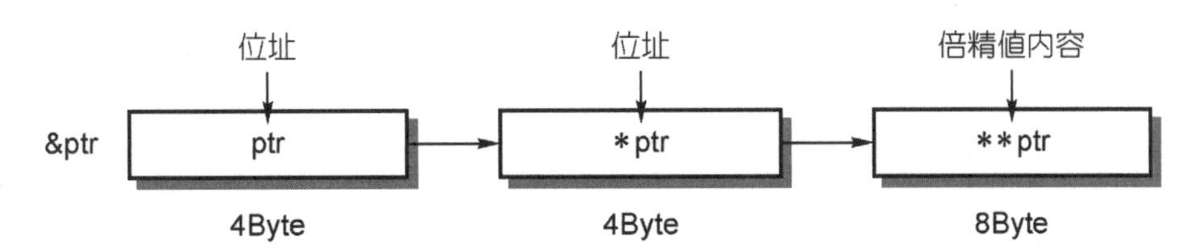

於上面的平面圖中：

1. &ptr：儲存雙指標 ptr 的記憶體位址，佔 4Byte。
2. ptr：雙指標 ptr 的內容 (位址，佔 4Byte)。
3. *ptr：雙指標 ptr 所對應的記憶體內容 (位址，佔 4Byte)。
4. **ptr：雙指標 ptr 所對應的資料內容 (倍精值浮點數，佔 8Byte)。

底下我們就舉一個範例來說明變數、指標 * 與雙指標 ** 的特性。

範例	檔名：VARIABLE_POINTER_POINTER
在螢幕上顯示變數、指標與雙指標的長度、位址以及它們所對應的記憶體內容。	

執行結果：

```
D:\C語言程式範例\Chapter4\VARIABLE_POINTER_POINTER\VARIABLE_POINTER_POINTER.exe
data,  ptr1,  ptr2 的長度 :
sizeof data    = 2
sizeof *ptr1   = 2
sizeof **ptr2  = 2
sizeof ptr1    = 4
sizeof ptr2    = 4
sizeof *ptr2   = 4

&data  = 0X0022FF76   data   = 66
&ptr1  = 0X0022FF70   ptr1   = 0X0022FF76   *ptr1   = 66
&ptr2  = 0X0022FF6C   ptr2   = 0X0022FF70   *ptr2  = 0X0022FF76    **ptr2 = 66

設定 **ptr2 = 99 之後:
**ptr2 = 99
*ptr1  = 99
data   = 99

請按任意鍵繼續 . . .
```

原始程式：

```
1.  /****************************************
2.   *  variable and pointer to pointer    *
3.   * 檔名 : VARIABLE_POINTER_POINTER.CPP  *
4.   ****************************************/
```

```
5.
6.   #include <stdio.h>
7.   #include <stdlib.h>
8.
9.   int main(void)
10.  {
11.    short data = 66, *ptr1 = &data, **ptr2 = &ptr1;
12.
13.    printf("data, ptr1, ptr2 的長度 :\n");
14.    printf("sizeof data   = %hd\n", sizeof data);
15.    printf("sizeof *ptr1  = %hd\n", sizeof *ptr1);
16.    printf("sizeof **ptr2 = %hd\n", sizeof **ptr2);
17.    printf("sizeof ptr1   = %hd\n", sizeof ptr1);
18.    printf("sizeof ptr2   = %hd\n", sizeof ptr2);
19.    printf("sizeof *ptr2  = %hd\n\n", sizeof *ptr2);
20.    printf("&data = %#p  data   = %hd\n", &data, data);
21.    printf("&ptr1 = %#p  ptr1   = %#p", &ptr1, ptr1);
22.    printf("  *ptr1   = %#hd\n", *ptr1);
23.    printf("&ptr2 = %#p  ptr2   = %#p", &ptr2, ptr2);
24.    printf("  *ptr2 = %#p  **ptr2 = %hd", *ptr2, **ptr2);
25.    **ptr2 = 99;
26.    printf("\n\n設定 **ptr2 = 99 之後:\n");
27.    printf("**ptr2 = %hd\n", **ptr2);
28.    printf("*ptr1  = %hd\n", *ptr1);
29.    printf("data   = %hd\n\n", data);
30.    system("PAUSE");
31.    return 0;
32.  }
```

重點說明：

1. 行號 11 宣告短整數變數 data、指標 ptr1 與雙指標 ptr2，並分別設定它們的內容，其平面記憶體結構如下：

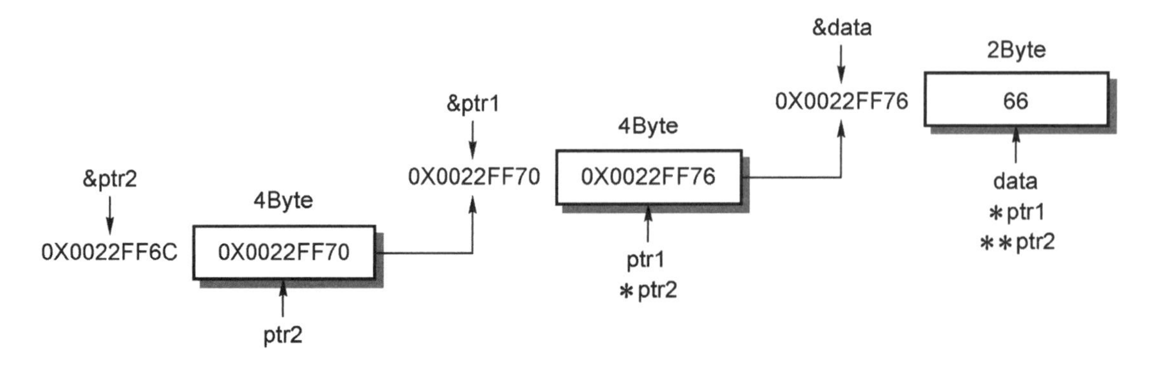

2. 行號 13～19 分別顯示它們的長度：
   (1) data 的內容為短整數，故佔 2Byte。
   (2) *ptr1 的內容為短整數，故佔 2Byte。
   (3) **ptr 的內容為短整數，故佔 2Byte。
   (4) ptr1 的內容為位址，故佔 4Byte。
   (5) ptr2 的內容為位址，故佔 4Byte。
   (6) *ptr2 的內容為位址，故佔 4Byte。
3. 行號 20～24 分別顯示 (參閱第 1 點的平面圖)：
   (1) 短整數變數的儲存位址 &data 與內容 data。
   (2) 單指標 ptr1 的儲存位址 &ptr1、內容 ptr1 與它所對應的資料內容 *ptr1。
   (3) 雙指標 ptr2 的儲存位址&ptr2、內容 ptr2，ptr2 所對應的記憶體內容 (位址) *ptr2 與 *ptr2 所對應的資料內容 **ptr2。
4. 行號 25 設定雙指標 ptr2 最後所對應的資料為 99。
5. 行號 26～29 分別顯示 **ptr2、*ptr1、data 的內容，由於它們所對應的記憶體資料皆為同一個，因此其內容皆為 99。

由上面的範例可以知道，我們可以利用不同的指標變數指向同一筆記憶體資料，並對此資料做處理。

4-10 指標陣列 Array of pointer

所謂的指標陣列 Array of pointer 就是一個陣列，但是它裡面每一個元素所儲存的並不是資料，而是指向另一個變數或一維陣列開始位址的指標，注意！當它指向一維陣列的開始位址時，它就很像一個二維陣列的結構 (參閱後面的敘述)，指標陣列的宣告方式如下：

資料型態 *指標陣列名稱[元素量]

指標陣列的宣告方式與前面所敘述的一維陣列相似，其不同處在於指標陣列的名稱前面必須加上星號 *，代表此陣列所儲存的皆為指標 (位址)，前面的資料型態代表指標所指向儲存資料記憶區的資料型態，後面的元素量代表指標的數量，譬如我們於程式中宣告：

```
char  *ptr[5]
```

它代表我們擁有 5 個指向字元陣列的指標 ptr[0]、ptr[1]、ptr[2]、ptr[3]、ptr[4] 可以使用，我們可以在每個指標所對應的記憶體空間內存取字串資料，底下我們就舉個範例來說明指標陣列的特性。

範例	檔名：POINTER_ARRAY
以陣列與指標方式分別顯示指標陣列的內容 (位址)，以及它們所對應記憶體內部的字串資料。	

執行結果：

```
D:\C語言程式範例\Chapter4\POINTER_ARRAY\POINTER_ARRAY.exe
&ptr   = 0X0022FF40
ptr    = 0X0022FF40
*ptr   = 0X00403000

&ptr[0]   = 0X0022FF40   ptr[0]      = 0X00403000      ptr[0]      = Welcome
&ptr[1]   = 0X0022FF44   ptr[1]      = 0X00403008      ptr[1]      = To
&ptr[2]   = 0X0022FF48   ptr[2]      = 0X0040300B      ptr[2]      = C
&ptr[3]   = 0X0022FF4C   ptr[3]      = 0X0040300D      ptr[3]      = Word
&ptr[4]   = 0X0022FF50   ptr[4]      = 0X00403012      ptr[4]      = !!

ptr + 0   = 0X0022FF40   *(ptr + 0)  = 0X00403000      *(ptr + 0)  = Welcome
ptr + 1   = 0X0022FF44   *(ptr + 1)  = 0X00403008      *(ptr + 1)  = To
ptr + 2   = 0X0022FF48   *(ptr + 2)  = 0X0040300B      *(ptr + 2)  = C
ptr + 3   = 0X0022FF4C   *(ptr + 3)  = 0X0040300D      *(ptr + 3)  = Word
ptr + 4   = 0X0022FF50   *(ptr + 4)  = 0X00403012      *(ptr + 4)  = !!

請按任意鍵繼續 . . .
```

原始程式：

```
1.  /*****************************
2.   *    pointer of array        *
3.   * 檔名 : POINTER_ARRAY.CPP   *
4.   *****************************/
5.
6.  #include <stdio.h>
7.  #include <stdlib.h>
8.
9.  #define MAX 5
10.
11. int main(void)
12. {
13.   short i;
14.   char *ptr[] = {"Welcome", "To", "C", "Word", "!!"};
```

```
15.
16.   printf("&ptr  = %#p\n", &ptr);
17.   printf("ptr   = %#p\n", ptr);
18.   printf("*ptr  = %#p\n", *ptr);
19.   for(i = 0; i < MAX; i++)
20.   {
21.     printf("\n&ptr[%hd]  = %#p\t ", i, &ptr[i]);
22.     printf("ptr[%hd]     = %#p\t", i, ptr[i]);
23.     printf("ptr[%hd]     = %s", i, ptr[i]);
24.   }
25.   printf("\n\n");
26.   for(i = 0; i < MAX; i++)
27.   {
28.     printf("ptr + %hd   = %#p\t ", i, ptr + i);
29.     printf("*(ptr + %hd)  = %#p\t", i,*(ptr + i));
30.     printf("*(ptr + %hd)  = %s\n", i, *(ptr + i));
31.   }
32.   putchar('\n');
33.   system("PAUSE");
34.   return 0;
35. }
```

重點說明：

1. 行號 14 宣告一個指向字元的指標陣列 ptr[ ]，並分別設定它們所對應的字串內容，其平面架構如下：

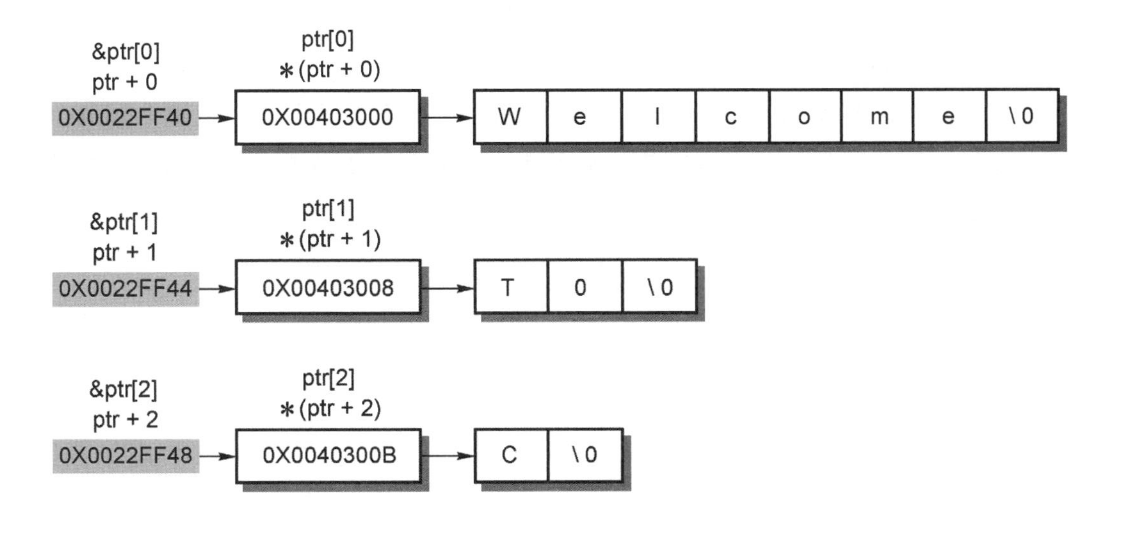

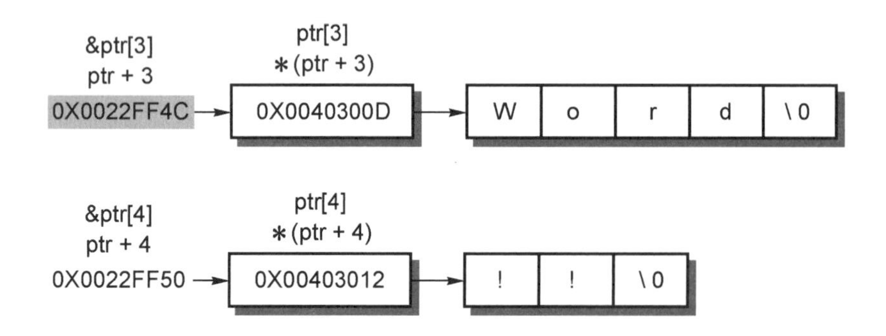

2. 行號 16～17 顯示指標 ptr 的位址&ptr 與內容 ptr，由於它是一個陣列名稱，因此它是一個指標常數，兩者皆為 0X0022FF40。
3. 行號 18 顯示指標 ptr 所對應的記憶體內容 *ptr 0X00403000，這也是指標 ptr[0] 的內容，也就是儲存第一個字元陣列的開始位址。
4. 行號 19～25 以指標陣列 ptr[i] 的方式依次顯示指標 ptr[i] 的儲存位址&ptr[i]、開始位址 ptr[i] 與它們所對應的字串內容，由於系統會在字元陣列後面自動加入 \0，因此它們的長度會比字元的數量多 1，每個指標陣列的開始位址以及它所儲存的內容即如第一點所示。
5. 行號 26～32 以指標 *(ptr + i) 的方式依次顯示指標 ptr + i 的儲存位址 ptr + i、開始位址 *(ptr + i) 與它們所對應的字串內容，其顯示結果與前面相同。

4-11 指標與二維陣列

前面我們曾經討論過，一個 m × n 的二維陣列，於結構上可以將它看成是 m 個一維陣列所構成 (每個一維陣列有 n 個元素)，陣列的名稱就是一個指標常數，如果將它們組合在一起可以想像得到，一個二維陣列的結構應該就是一個雙指標 pointer to pointer 的結構，當我們於程式中宣告一個用來儲存短整數的 3 × 3 二維陣列，並將它們的內容設定如下：

```
short data[3][3] = {{10, 20, 30}
                    {40, 50, 60}
                    {70, 80, 90}};
```

此時系統會配置一個指標常數的陣列，其元素為 data[0]、data[1] 與 data[2]，以便指向三組用來儲存三個短整數元素的一維陣列之第一筆資料，並且把陣列名稱 data 指向上述指標常數陣列的第一個元素 data[0]，其配置狀況如下：

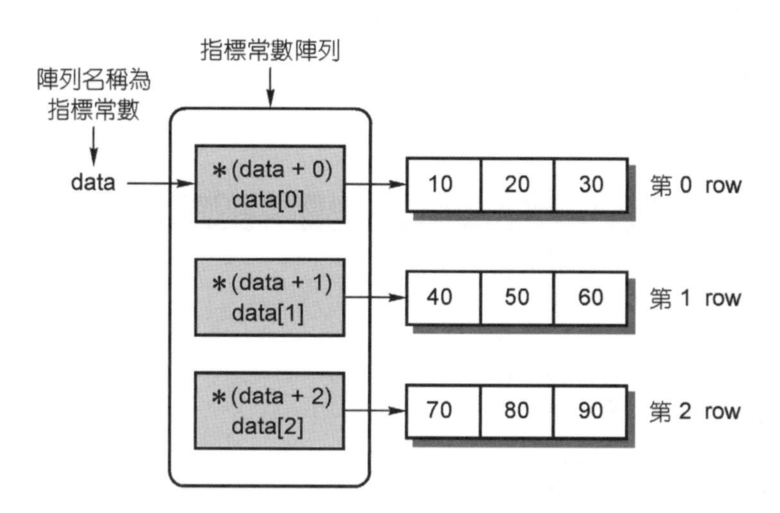

於上面的配置圖中：

1. 陣列名稱 data 為一個指向指標常數陣列第一個元素 data[0] 的指標常數，因此 &data = data= ∗data = data[0]。
2. data[0] 為一個指向第 0 row 第一個元素的指標常數，因此 &data[0] = data[0] = ∗(data + 0) = ∗data + 0。
3. 短整數資料 10 為第 0 row 的第 0 筆資料，因此我們可以用 ∗(data[0] + 0)、∗(∗(data + 0) + 0)、∗(∗data + 0) 來表達，其餘的 20、30 則以此類推。
4. data[1]為一個指向第 1row 第一個元素的指標常數，因此 &data[1] = data[1] = ∗(data + 1) = ∗data + 3。
5. 短整數資料 40 為第 1row 的第 0 筆資料，因此我們可以用 ∗(data[1] + 0)、∗(∗(data + 1) + 0)、∗(∗data + 3) 來表達，其餘 50、60 則以此類推。
6. data[2]為一個指向第 2row 第一個元素的指標常數，因此 &data[2] = data[2] = ∗(data + 2) = ∗data + 6。
7. 短整數資料 70 為第 2row 的第 0 筆資料，因此我們可以用 ∗(data[2] + 0)、∗(∗(data + 2) + 0)、∗(∗data + 6)來表達，其餘 80、90 則以此類推。

底下我們就舉一個範例來說明上面的敘述。

範例	檔名：TWO_DIMENSION_POINTER_1
以各種方式顯示二維陣列內每一個 row 的起始位址以及某一特定元素的內容。	

執行結果：

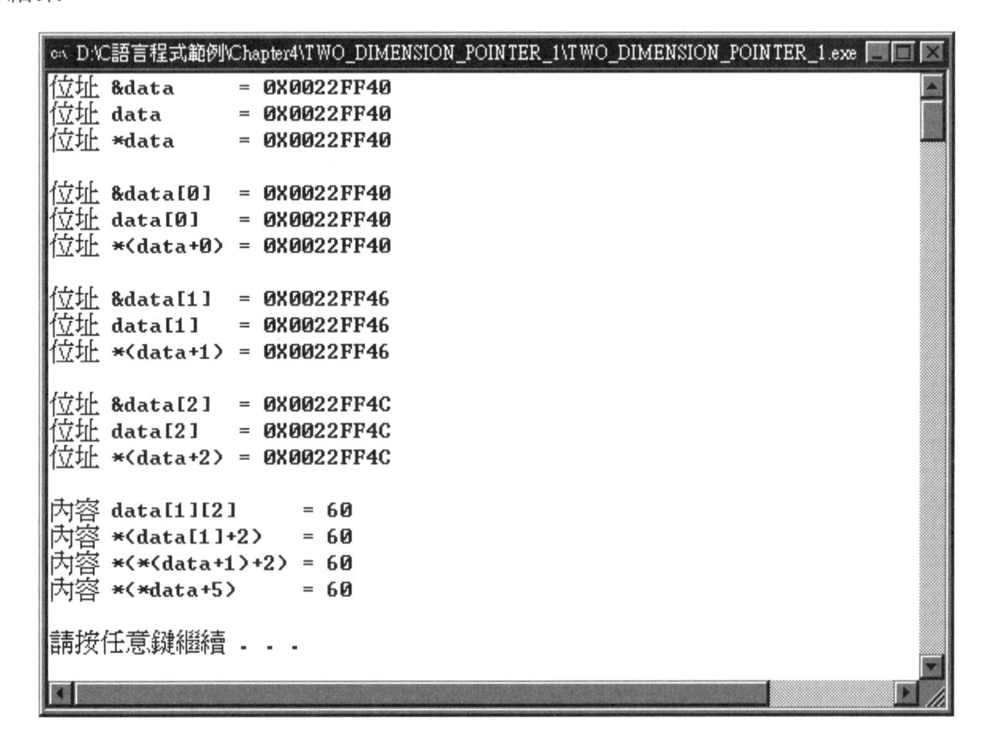

原始程式：

```
1.  /***************************************
2.   * two dimension array and pointer    *
3.   * 檔名 : TWO_DIMENSION_POINTER_1.CPP *
4.   ***************************************/
5.
6.  #include <stdio.h>
7.  #include <stdlib.h>
8.
9.  #define ROW 3
10. #define COL 3
11.
12. int main(void)
```

```
13. {
14.   short row;
15.   short data[][COL] = {{10, 20, 30},
16.                        {40, 50, 60},
17.                        {70, 80, 90}};
18.
19.   printf("位址 &data      = %#p\n", &data);
20.   printf("位址 data       = %#p\n", data);
21.   printf("位址 *data      = %#p\n\n", *data);
22.   for(row = 0; row < ROW; row++)
23.   {
24.     printf("位址 &data[%hd]  = %#p\n", row, &data[row]);
25.     printf("位址 data[%hd]   = %#p\n", row, data[row]);
26.     printf("位址 *(data+%hd) = %#p\n\n", row, *(data+row));
27.   }
28.   printf("內容 data[1][2]     = %#hd\n", data[1][2]);
29.   printf("內容 *(data[1]+2)   = %#hd\n", *(data[1]+2));
30.   printf("內容 *(*(data+1)+2)= %#hd\n", *(*(data+1)+2));
31.   printf("內容 *(*data+5)     = %#hd\n\n", *(*data + 5));
32.   system("PAUSE");
33.   return 0;
34. }
```

重點說明：

1. 行號 15～17 宣告用來儲存短整數的二維陣列 data，並設定它們的內容，其平面的記憶體結構如下：

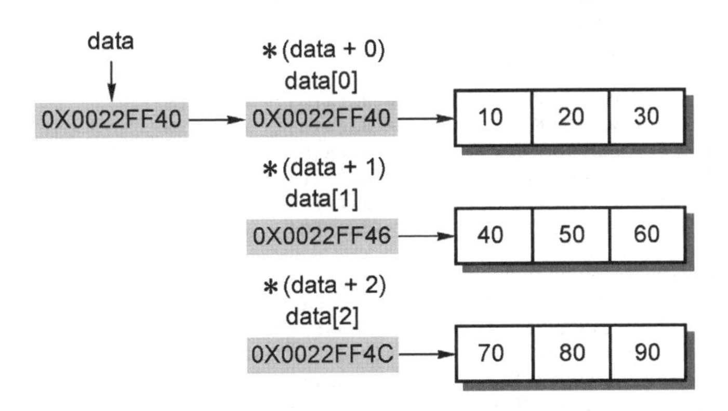

2. 行號 19～21 顯示 &data、data、*data 的內容，由於它是一個指標常數，因此其結果皆相同。

3. 行號 22～27 依次顯示指標陣列常數 &data[row]、data[row]、*(data+row)，由於它是一個指標常數，因此其結果皆相同，其狀況即如第一點所述。
4. 行號 28～31 以各種方式顯示陣列 data 第 1 row 第 2 column 的資料，由於儲存在陣列 data 內的資料是連續的，第 0 筆資料的位址在 *data，目前我們所要顯示的資料排在第 6 筆 (從 0 開始算為 5)，因此於行號 31 內我們使用 *(*data + 5) 來顯示。

當我們宣告並設定一個二維陣列的內容之後，於程式中一定會對其內部元素作資料存取的動作，依照前面的敘述，對於二維陣列資料的存取我們可以利用陣列名稱配合索引來完成 (即 data[row][col])，我們也可以利用將它降階後，每一個一維陣列的開始位址 (指標常數) data[row] 或 *(data + row) 再加上後面資料的索引來完成，其狀況就如底下的範例所示：

範例	檔名：TWO_DIMENSION_POINTER_2
以各種降階的方式顯示二維陣列內，每個元素的儲存位址與對應內容。	

執行結果：

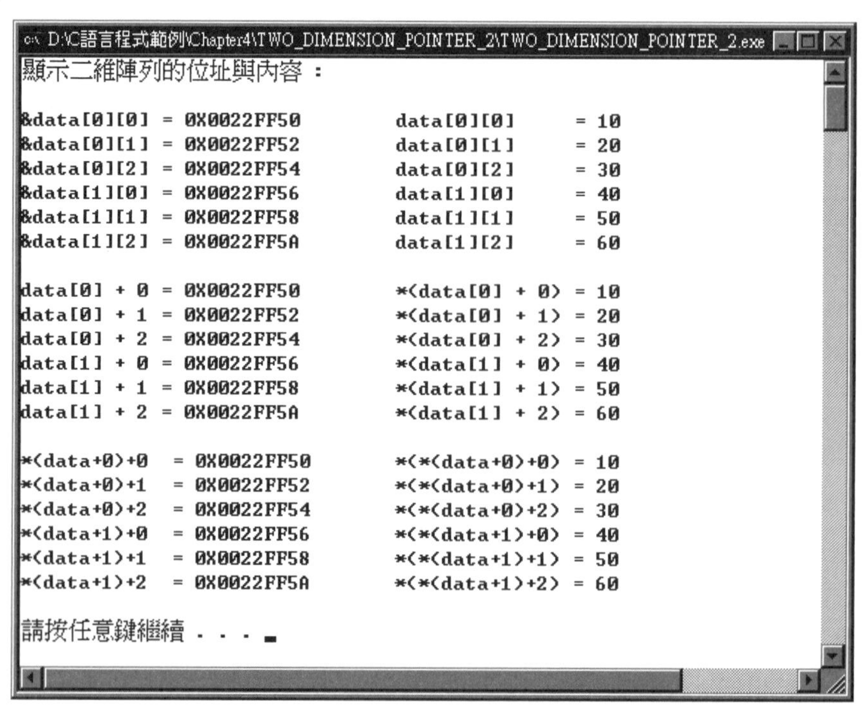

原始程式：

```
1.  /*************************************
2.   *  two dimension array and pointer   *
3.   * 檔名 : TWO_DIMENSION_POINTER_2.CPP *
4.   *************************************/
5.
6.  #include <stdio.h>
7.  #include <stdlib.h>
8.
9.  #define ROW 2
10. #define COL 3
11.
12. int main(void)
13. {
14.   short row, col;
15.   short data[][COL] = {{10, 20, 30},
16.                        {40, 50, 60}};
17.
18.   printf("顯示二維陣列的位址與內容 :\n\n");
19.   for(row = 0; row < ROW; row++)
20.     for(col = 0; col < COL; col++)
21.     {
22.       printf("&data[%hd][%hd] = %#p\t", row, col, &data[row][col]);
23.       printf("data[%hd][%hd]    = %hd\n", row, col, data[row][col]);
24.     }
25.   putchar('\n');
26.   for(row = 0; row < ROW; row++)
27.     for(col = 0; col < COL; col++)
28.     {
29.       printf("data[%hd] + %hd = %#p\t", row, col, data[row]+col);
30.       printf("*(data[%hd] + %hd) = %hd\n", row, col, *(data[row]+col));
31.     }
32.   putchar('\n');
33.   for(row = 0; row < ROW; row++)
34.     for(col = 0; col < COL; col++)
35.     {
36.       printf("*(data+%hd)+%hd = %#p\t", row, col, *(data+row)+col);
37.       printf("*(*(data+%hd)+%hd) = %hd\n", row, col, *(*(data+row)+col));
38.     }
```

```
39.    putchar('\n');
40.    system("PAUSE");
41.    return 0;
42. }
```

重點說明：

1. 行號 15 宣告並設定用來儲存短整數的二維陣列 data，其平面的記憶體結構如下：

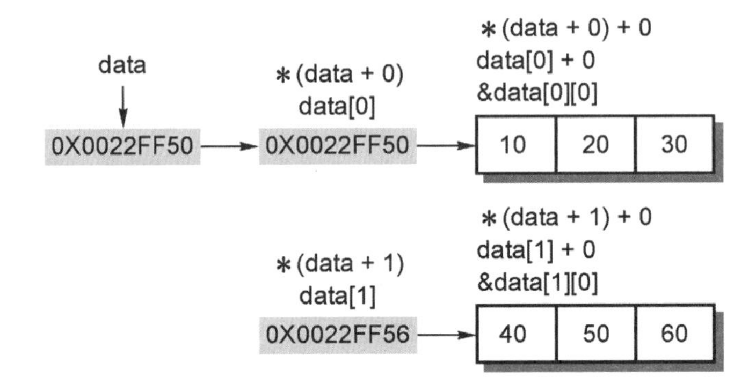

2. 行號 18～25 以傳統二維陣列的方式顯示其內部每一個元素所儲存的記憶體位址 &data[row][col] 與內容 data[row][col]。
3. 行號 26～32 以降階成一維陣列 data[row] 的方式顯示每一個一維陣列的元素所儲存的記憶體位址 data[row] + col 與內容 ∗(data[row] + col)。
4. 行號 33～39 以降階成一維陣列 ∗(data + row) 的方式顯示每一個一維陣列元素所儲存的記憶體位址 ∗(data + row) + col 與內容 ∗(∗(data + row) + col)。
5. 上述三種顯示結果即如上面第一點所述 (請參閱執行結果)。

當我們在程式中將資料於函數之間進行傳遞時，為了增加效率，通常一個陣列的傳遞我們會以指標來完成 (只傳遞陣列開始的位址)，前面討論過二維陣列 data[row][col] 的開始位址為 ∗data 或 data[0]，而且儲存在陣列內部每個資料元素的記憶體位址是連續的，底下我們就舉一個範例，利用上述的理念將儲存在二維陣列內部每個元素的記憶體位址與內容顯示出來。

範例	檔名：TWO_DIMENSION_POINTER_3
利用儲存在二維陣列內部每個元素的記憶體位址是連續的觀念，以二維陣列第一個資料元素的記憶體位址爲基準，將其內部每個資料元素的儲存位址與內容顯示出來。	

執行結果：

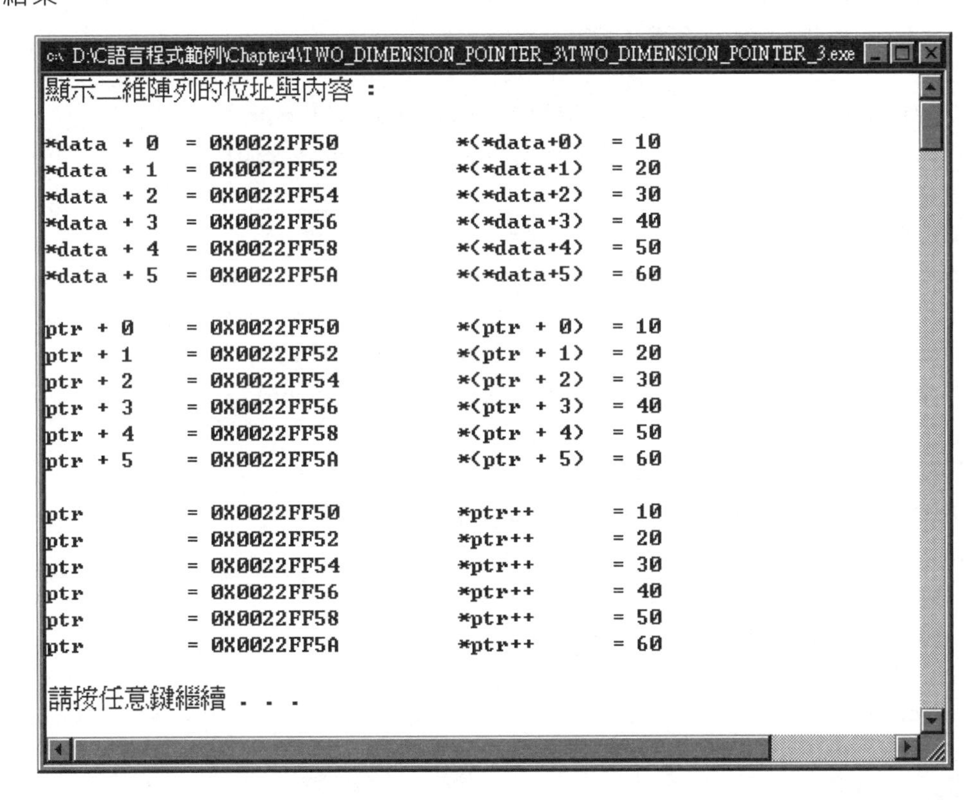

原始程式：

```
1.   /*************************************
2.    * two dimension array and pointer   *
3.    * 檔名 : TWO_DIMENSION_POINTER_3.CPP *
4.    *************************************/
5.
6.   #include <stdio.h>
7.   #include <stdlib.h>
8.
9.   #define ROW 2
```

```
10. #define COL 3
11.
12. int main(void)
13. {
14.   short row;
15.   short data[][COL] = {10, 20, 30, 40, 50, 60},
16.         *ptr = *data;
17.
18.   printf("顯示二陣列的位址與內容 :\n\n");
19.   for(row = 0; row < ROW * COL; row++)
20.   {
21.    printf("*data + %hd  = %#p\t\t", row, *data + row);
22.    printf("*(*data+%hd)  = %hd\n", row, *(*data + row));
23.   }
24.   putchar('\n');
25.   for(row = 0; row < ROW * COL; row++)
26.   {
27.    printf("ptr + %hd    = %#p\t\t", row, ptr + row);
28.    printf("*(ptr + %hd)  = %hd\n", row, *(ptr + row));
29.   }
30.   putchar('\n');
31.   for(row = 0; row < ROW * COL; row++)
32.   {
33.    printf("ptr        = %#p\t\t", ptr);
34.    printf("*ptr++     = %hd\n", *ptr++);
35.   }
36.   putchar('\n');
37.   system("PAUSE");
38.   return 0;
39. }
```

重點說明：

1. 行號 15 的宣告與記憶體的配置方式與前面相同。
2. 行號 16 宣告一個短整數指標 ptr 指向二維陣列 data 第一筆元素的記憶體位址，其狀況如下：

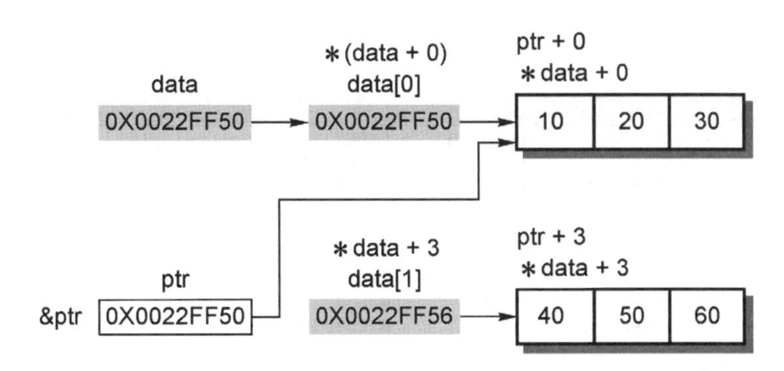

3. 行號 18～24 以 *data + row 與 *(*data + row) 顯示二維陣列 data 內每個元素所儲存的記憶體位址與內容，因為 *data + 0 為第一個元素的位址，*data + 1 為第二個元素的位址……最後一個元素的位址為 *data + 5，它們所對應的內容依次為 *(*data + 0)、*(*data + 1)…*(*data + 5)。
4. 行號 25～30 以 ptr + row 與 *(ptr + row) 顯示二維陣列 data 內每個元素所儲存的記憶體位址與內容，其狀況與前面相同 (因為 ptr = *data)。
5. 行號 31～36 以 ptr 與 *ptr++ 顯示二維陣列 data 內每個元素所儲存的記憶體位址與內容，其狀況與前面相似，其唯一不同之處為此處我們使用遞增 ++ 來完成 (因為指標 ptr 為一個變數)，注意！我們不可以用 data++，因為它是一個指標常數。

在指標陣列內我們曾經提過，當一維指標陣列內部的元素是指向一維陣列時，它的結構就十分接近一個二維陣列，底下我們再舉一個二維字元陣列的範例來說明它們之間的差異性。

範例	檔名：STRING_ARRAY_POINTER
比較二維字元陣列與指標陣列的差異性。	

執行結果：

```
D:\C語言程式範例\Chapter4\STRING_ARRAY_POINTER\STRING_ARRAY_POINTER.exe
&string[0] = 0X0022FF20      string[0]   = 0X0022FF20      string[0]   = Welcome
&string[1] = 0X0022FF30      string[1]   = 0X0022FF30      string[1]   = To
&string[2] = 0X0022FF40      string[2]   = 0X0022FF40      string[2]   = C
&string[3] = 0X0022FF50      string[3]   = 0X0022FF50      string[3]   = Word

&ptr[0]    = 0X0022FF10      ptr[0]      = 0X00403000      ptr[0]      = Welcome
&ptr[1]    = 0X0022FF14      ptr[1]      = 0X00403008      ptr[1]      = To
&ptr[2]    = 0X0022FF18      ptr[2]      = 0X0040300B      ptr[2]      = C
&ptr[3]    = 0X0022FF1C      ptr[3]      = 0X0040300D      ptr[3]      = Word

請按任意鍵繼續 . . .
```

原始程式：

```
1.   /************************************
2.    *   string array and pointer        *
3.    * 檔名 : STRING_ARRAY_POINTER.CPP   *
4.    ************************************/
5.
6.   #include <stdio.h>
7.   #include <stdlib.h>
8.
9.   #define LENGTH 16
10.  #define MAX 4
11.
12.  int main(void)
13.  {
14.    short i;
15.    char  string[][LENGTH] = {"Welcome", "To", "C", "Word"},
16.          *ptr[] = {"Welcome", "To", "C", "Word"};
17.
18.    for(i = 0; i < MAX; i++)
19.    {
20.      printf("&string[%hd] = %#p\t   ", i, &string[i]);
21.      printf("string[%hd]  = %#p\t", i, string[i]);
22.      printf("string[%hd]   = %s\n", i, string[i]);
23.    }
24.    putchar('\n');
25.    for(i = 0; i < MAX; i++)
26.    {
27.      printf("&ptr[%hd]   = %#p\t   ", i, &ptr[i]);
28.      printf("ptr[%hd]     = %#p\t", i, ptr[i]);
```

```
29.      printf("ptr[%hd]     = %s\n", i, ptr[i]);
30.    }
31.    putchar('\n');
32.    system("PAUSE");
33.    return 0;
34.  }
```

重點說明：

1. 行號 15 宣告並設定二維字元陣列 string 的內容，其平面記憶體結構如下：

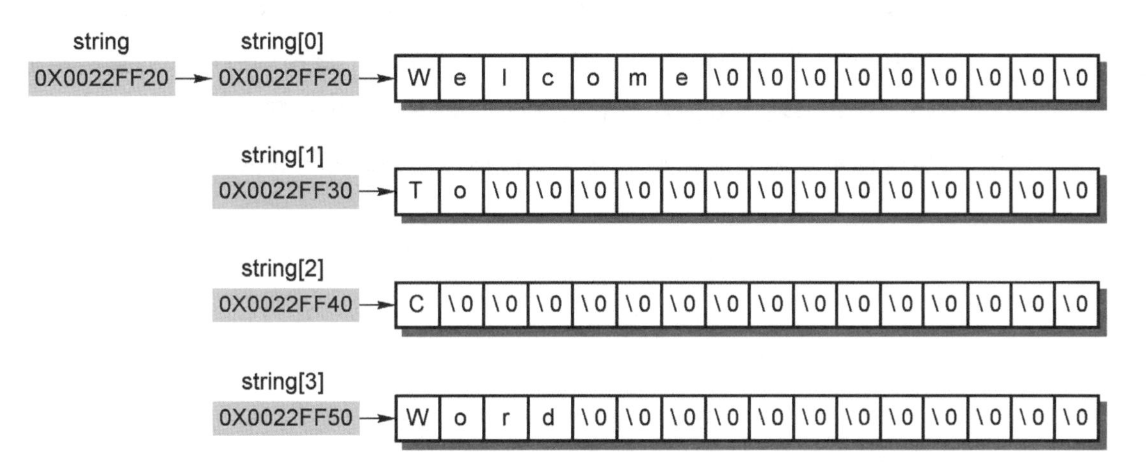

2. 行號 16 宣告並設定指標陣列 ptr 的內容，其平面記憶體結構如下：

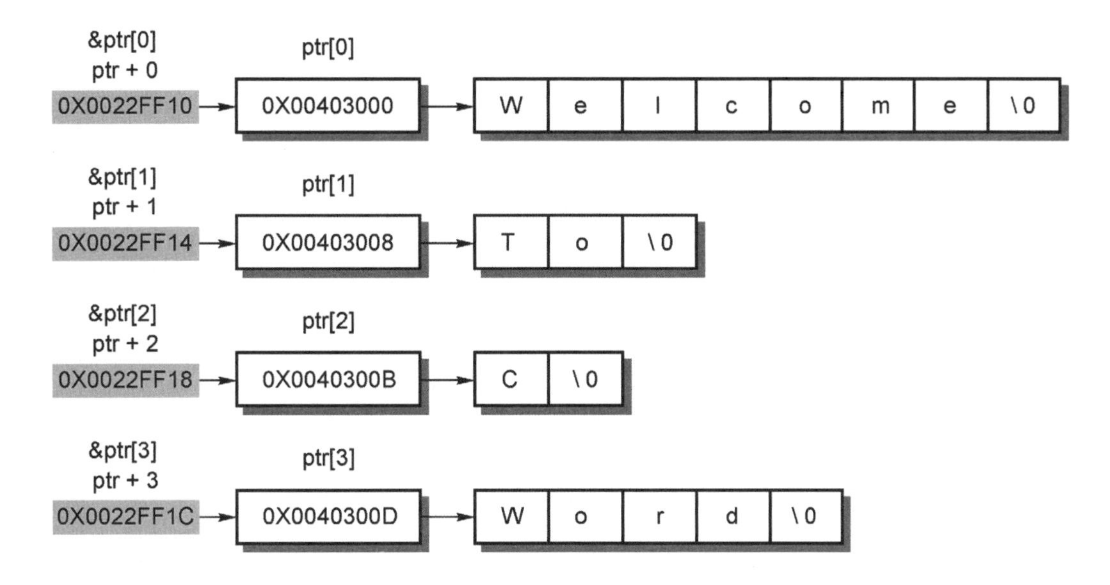

3. 行號 18～24 依次顯示儲存陣列的記憶體位址 &string[i]、陣列的開始位址 string[i]，以及它們所對應的字串內容 string[i]，由於 string[i] 為一個常數指標，因此它的內容與 &string[i] 相同，其狀況即如第 1 點的描述。
4. 行號 25～31 依次顯示儲存指標陣列的記憶體位址 &ptr[i]、指標陣列的指標內容 ptr[i]，以及它們所對應的字串內容 ptr[i]，由於 ptr[i] 為一個變數指標，因此它的內容與 &ptr[i] 不同，其狀況即如第 2 點的描述。
5. 比較上述二維陣列與指標陣列的儲存方式可以知道：
   (1) 二維陣列的長度皆為固定 (此處為 16)，即使我們所儲存的字串只有 1 個字 (佔 2Byte)，它還是會佔用 16Byte 的記憶空間，當程式所處理的資料量很大時，它會消耗大量的記憶體空間，反觀指標陣列則無此現象。
   (2) 指標陣列需要額外的記憶空間來儲存指標陣列的每一個指標。

自我練習與評量

4-1 設計一程式，以陣列的方式儲存整個九九乘法表的相乘結果，並從鍵盤輸入兩筆資料 (以空白隔開)，以查表的方式在螢幕上顯示它們相乘的結果，其狀況如下：

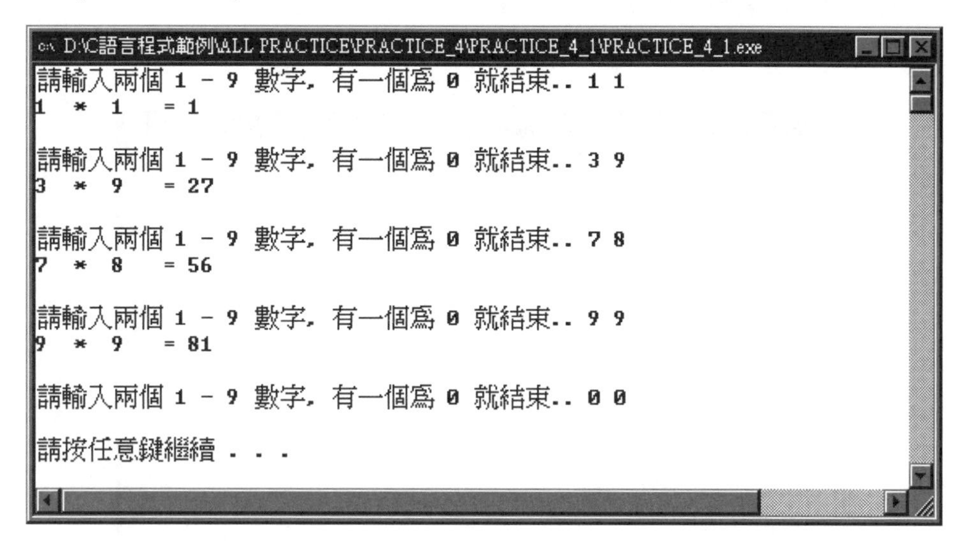

4-2 設計一程式，以亂數產生器以及陣列的方式來處理撲克牌的發牌工作，每次 13 張，其狀況如下：

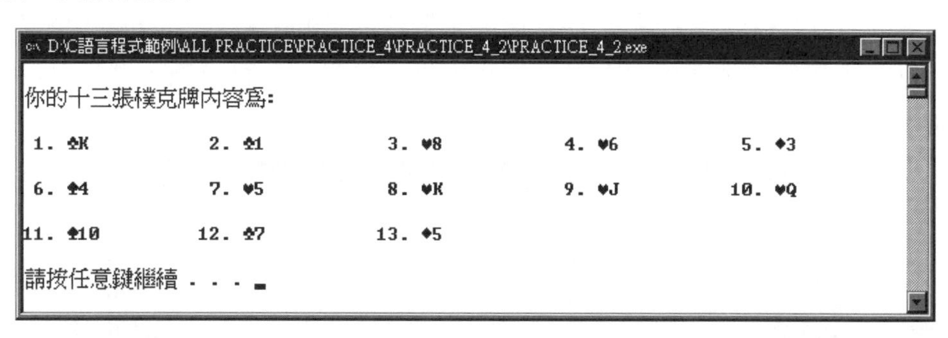


```
D:\C語言程式範例\ALL PRACTICE\PRACTICE_4\PRACTICE_4_2\PRACTICE_4_2.exe

你的十三張樸克牌內容為:

 1. ♦4        2. ♦K        3. ♣2        4. ♣1        5. ♦J

 6. ♠6        7. ♣9        8. ♠8        9. ♣J       10. ♦6

11. ♥1       12. ♥10      13. ♣6

請按任意鍵繼續 . . .
```

4-3　設計一程式，從鍵盤上輸入 6 個學生的單科成績 (可以擁有小數)，計算它們的平均分數後在螢幕上顯示：

1. 所輸入的所有學生成績。
2. 它們的平均值。
3. 低於平均值的人數。

其狀況即如下面所示：

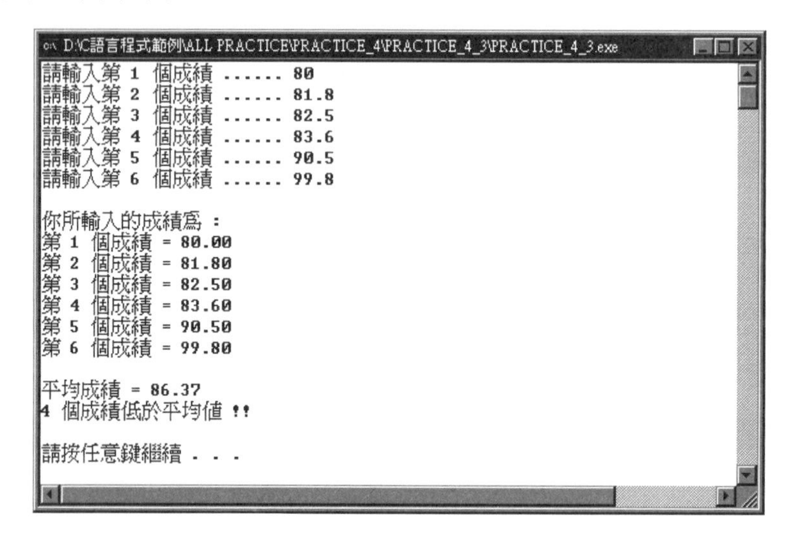

4-4　設計一程式，在螢幕上逐一顯示 6 個學生的姓名供我們輸入他們的國文、英文及數學成績 (各科成績之間以 TAB 隔開，最後以 Enter 結束)，計算每個學生的總分以及平均成績後在螢幕上顯示所有學生的姓名、各科成績、總分以及平均成績，其狀況如下：

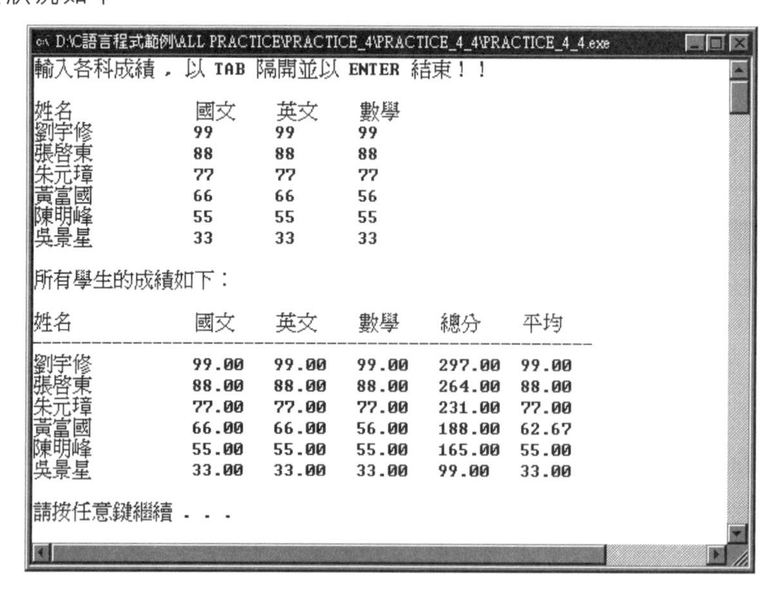

4-5 設計一程式，其狀況與上一個練習相似，不同點為：

1. 顯示時在學生姓名後面加入座號。
2. 可以供我們以學生座號查詢每個學生的成績，如果輸入的學生座號不在查詢範圍則結束查詢工作。

其狀況如下：

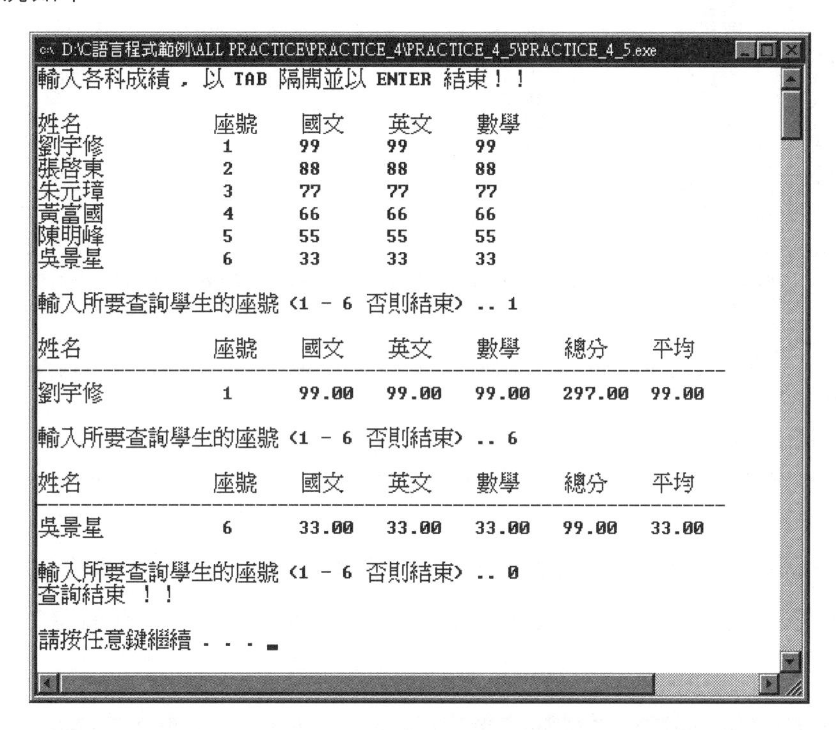

4-6 設計一程式，從鍵盤輸入六筆長整數資料，並計算這六筆長整數資料內總共含有幾個 0、幾個 1、…幾個 9，之後將它們顯示在螢幕上，其狀況如下：

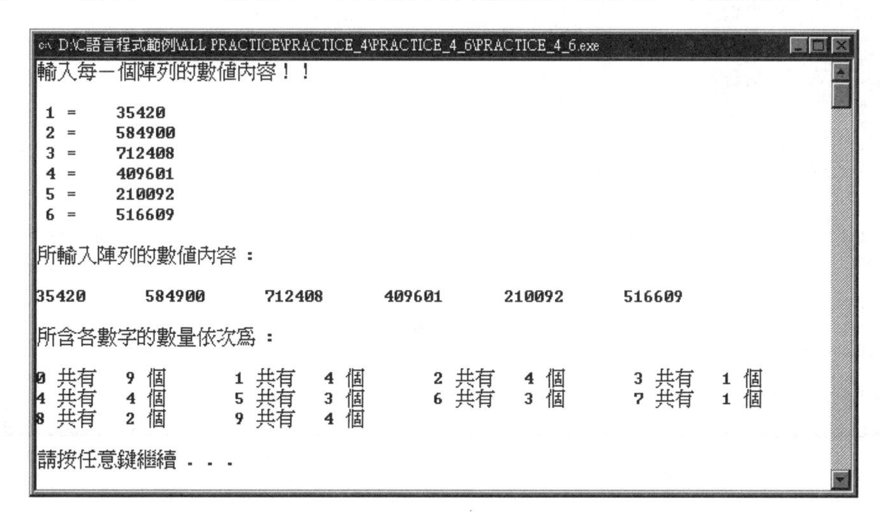

4-7 設計一程式，以陣列方式從鍵盤輸入 12 筆數值資料 (可以帶有小數)，將它們以氣泡排序方式由大排到小，並把排序前與排序後的資料顯示在螢幕上，其狀況如下：

```
D:\C語言程式範例\ALL PRACTICE\PRACTICE_4\PRACTICE_4_7\PRACTICE_4_7.exe
請輸入第  1 筆資料 .........  22
請輸入第  2 筆資料 .........  34.8
請輸入第  3 筆資料 .........  11.9
請輸入第  4 筆資料 .........  12.38
請輸入第  5 筆資料 .........  14.2
請輸入第  6 筆資料 .........  17.6
請輸入第  7 筆資料 .........  28.5
請輸入第  8 筆資料 .........  37.5
請輸入第  9 筆資料 .........  44.2
請輸入第 10 筆資料 .........  52.6
請輸入第 11 筆資料 .........  11.2
請輸入第 12 筆資料 .........  35.7

排序之前的資料.............
22.00   34.80   11.90   12.38   14.20   17.60   28.50   37.50   44.20   52.60
11.20   35.70

排序之後的資料.............
52.60   44.20   37.50   35.70   34.80   28.50   22.00   17.60   14.20   12.38
11.90   11.20

請按任意鍵繼續 . . .
```

4-8 設計一程式，以指標方式從鍵盤輸入 12 筆數值資料 (可以帶有小數)，將它們以氣泡排序方式由小排到大，並把排序前與排序後的資料顯示在螢幕上，其狀況如下：

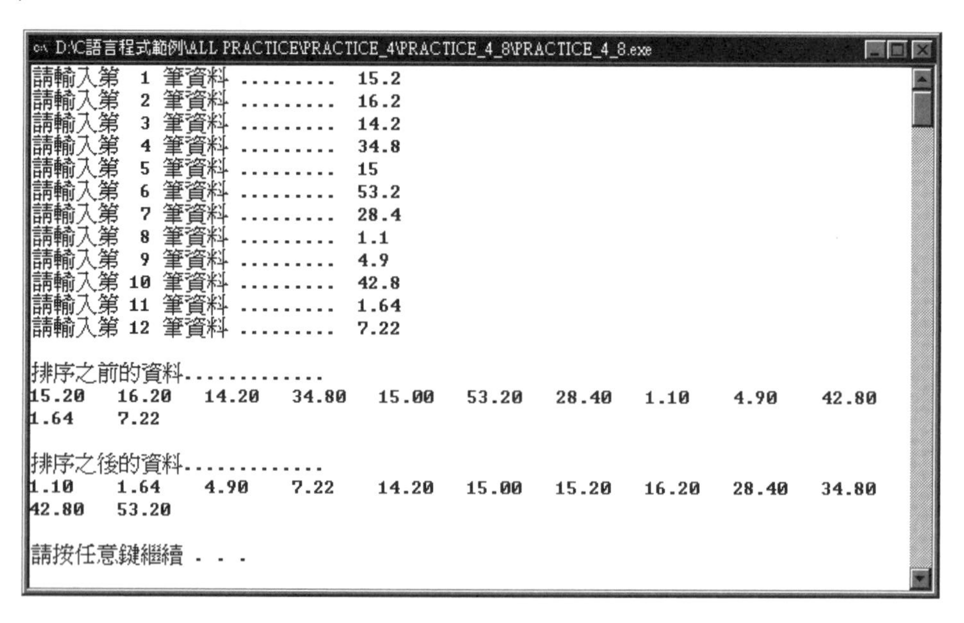

4-9 設計一程式，以陣列方式從鍵盤輸入 12 筆數值資料 (可以帶有小數)，將它們以選擇排序方式由小排到大，並把排序前與排序後的資料顯示在螢幕上，其狀況如下：

```
D:\C語言程式範例\ALL PRACTICE\PRACTICE_4\PRACTICE_4_9\PRACTICE_4_9.exe
請輸入第  1 筆資料 .........  25.2
請輸入第  2 筆資料 .........  12.6
請輸入第  3 筆資料 .........  24.8
請輸入第  4 筆資料 .........  37.5
請輸入第  5 筆資料 .........  17.2
請輸入第  6 筆資料 .........  32.6
請輸入第  7 筆資料 .........  19.5
請輸入第  8 筆資料 .........  28.4
請輸入第  9 筆資料 .........  36.2
請輸入第 10 筆資料 .........  7.32
請輸入第 11 筆資料 .........  14.8
請輸入第 12 筆資料 .........  5.4

排序之前的資料 :
25.20   12.60   24.80   37.50   17.20   32.60   19.50   28.40   36.20   7.32
14.80   5.40

排序之後的資料 :
5.40    7.32    12.60   14.80   17.20   19.50   24.80   25.20   28.40   32.60
36.20   37.50

請按任意鍵繼續 . . .
```

4-10 設計一程式，以指標方式從鍵盤輸入 12 筆數值資料 (可以帶有小數)，將它們以選擇排序方式由大排到小，並把排序前與排序後的資料顯示在螢幕上，其狀況如下：

```
D:\C語言程式範例\ALL PRACTICE\PRACTICE_4\PRACTICE_4_10\PRACTICE_4_10.exe
請輸入第  1 筆資料 .........  24.2
請輸入第  2 筆資料 .........  12.5
請輸入第  3 筆資料 .........  25.3
請輸入第  4 筆資料 .........  65.1
請輸入第  5 筆資料 .........  12.3
請輸入第  6 筆資料 .........  17.4
請輸入第  7 筆資料 .........  25.4
請輸入第  8 筆資料 .........  1.1
請輸入第  9 筆資料 .........  12.6
請輸入第 10 筆資料 .........  20.4
請輸入第 11 筆資料 .........  7.8
請輸入第 12 筆資料 .........  5.4

排序之前的資料 :
24.20   12.50   25.30   65.10   12.30   17.40   25.40   1.10    12.60   20.40
7.80    5.40

排序之後的資料 :
65.10   25.40   25.30   24.20   20.40   17.40   12.60   12.50   12.30   7.80
5.40    1.10

請按任意鍵繼續 . . .
```

4-11 設計一程式，以陣列方式從鍵盤輸入 12 筆數值資料 (可以帶有小數)，將它們以薛爾排序方式由大排到小，並把排序前與排序後的資料顯示在螢幕上，其狀況如下：

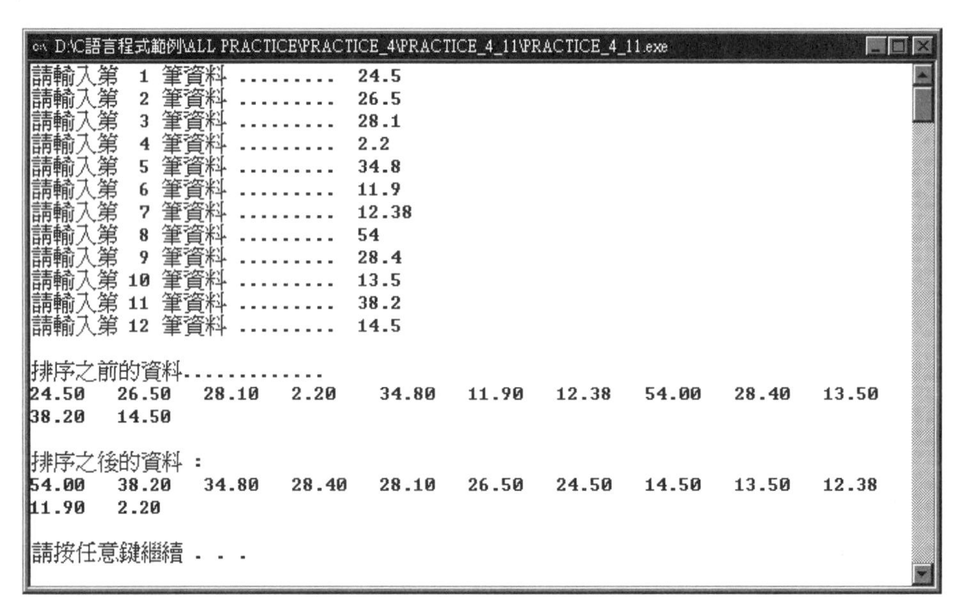

4-12 設計一程式，以指標方式從鍵盤輸入 12 筆數值資料 (可以帶有小數)，將它們以薛爾排序方式由小排到大，並把排序前與排序後的資料顯示在螢幕上，其狀況如下：

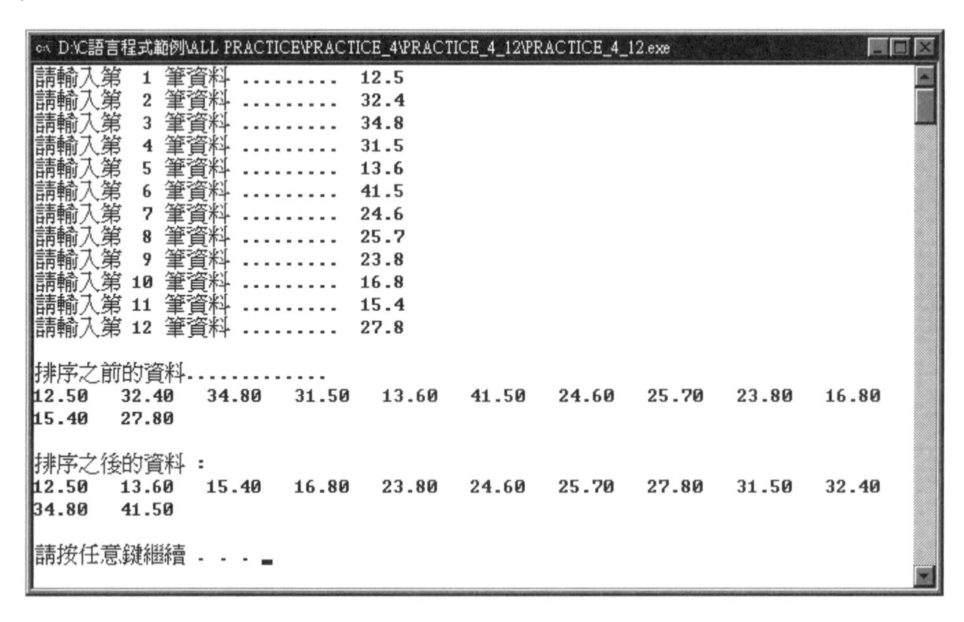

4-13 設計一程式，以陣列方式從鍵盤輸入 12 筆數值資料 (可以帶有小數)，將它們顯示在螢幕上後，再從鍵盤輸入一筆所要找尋的資料，以順序搜尋的方式進行搜尋，並將其搜尋結果顯示在螢幕上，當所要找尋的資料 (如 38.5)：

1. 找到時在螢幕上顯示資料 38.50 在資料庫的第△筆。
2. 找不到時在螢幕上顯示資料 38.50 不在資料庫內，並連續嗶兩聲。

其狀況如下：

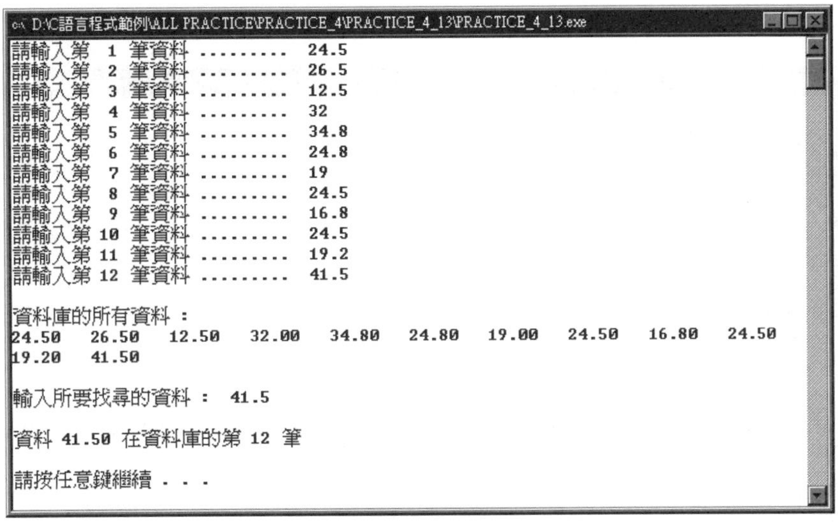

```
D:\C語言程式範例\ALL PRACTICE\PRACTICE_4\PRACTICE_4_13\PRACTICE_4_13.exe
請輸入第  1 筆資料 .........  24.5
請輸入第  2 筆資料 .........  26.5
請輸入第  3 筆資料 .........  12.5
請輸入第  4 筆資料 .........  32
請輸入第  5 筆資料 .........  34.8
請輸入第  6 筆資料 .........  24.8
請輸入第  7 筆資料 .........  19
請輸入第  8 筆資料 .........  24.5
請輸入第  9 筆資料 .........  16.8
請輸入第 10 筆資料 .........  24.5
請輸入第 11 筆資料 .........  19.2
請輸入第 12 筆資料 .........  41.5

資料庫的所有資料 :
24.50   26.50   12.50   32.00   34.80   24.80   19.00   24.50   16.80   24.50
19.20   41.50

輸入所要找尋的資料 :  41.5

資料 41.50 在資料庫的第 12 筆

請按任意鍵繼續 . . .
```

4-14 設計一程式，以指標方式從鍵盤輸入 12 筆數值資料 (可以帶有小數)，將它們顯示在螢幕上後，再從鍵盤輸入一筆所要找尋的資料，以順序搜尋的方式進行搜尋，並將其搜尋的結果顯示在螢幕上 (顯示方式與上一個練習相同)，其狀況如下：

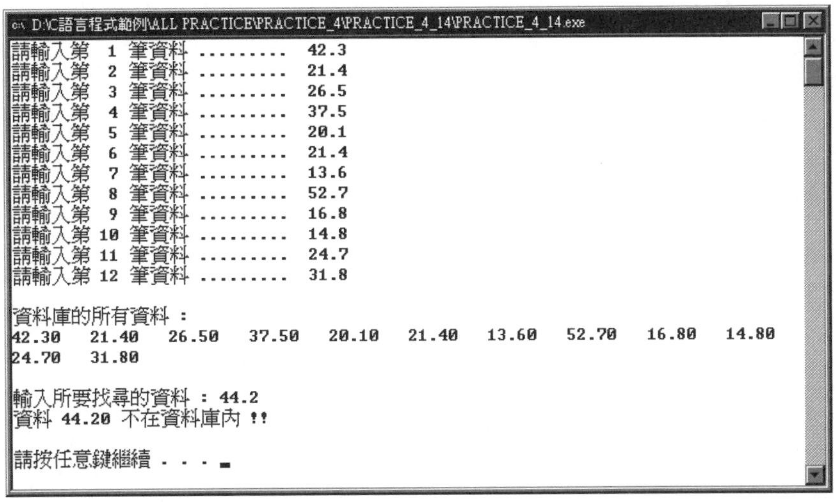

```
D:\C語言程式範例\ALL PRACTICE\PRACTICE_4\PRACTICE_4_14\PRACTICE_4_14.exe
請輸入第  1 筆資料 .........  42.3
請輸入第  2 筆資料 .........  21.4
請輸入第  3 筆資料 .........  26.5
請輸入第  4 筆資料 .........  37.5
請輸入第  5 筆資料 .........  20.1
請輸入第  6 筆資料 .........  21.4
請輸入第  7 筆資料 .........  13.6
請輸入第  8 筆資料 .........  52.7
請輸入第  9 筆資料 .........  16.8
請輸入第 10 筆資料 .........  14.8
請輸入第 11 筆資料 .........  24.7
請輸入第 12 筆資料 .........  31.8

資料庫的所有資料 :
42.30   21.40   26.50   37.50   20.10   21.40   13.60   52.70   16.80   14.80
24.70   31.80

輸入所要找尋的資料 : 44.2
資料 44.20 不在資料庫內 !!

請按任意鍵繼續 . . .
```

4-15 設計一程式，以陣列方式從鍵盤輸入 12 筆數值資料 (可以帶有小數) 後進行：

1. 顯示所有輸入資料。
2. 以選擇排序將資料由小排到大。
3. 顯示排序後的資料。
4. 從鍵盤輸入資料進行二分搜尋。
5. 顯示其搜尋結果 (顯示方式與上一個練習相同)。

其狀況如下：

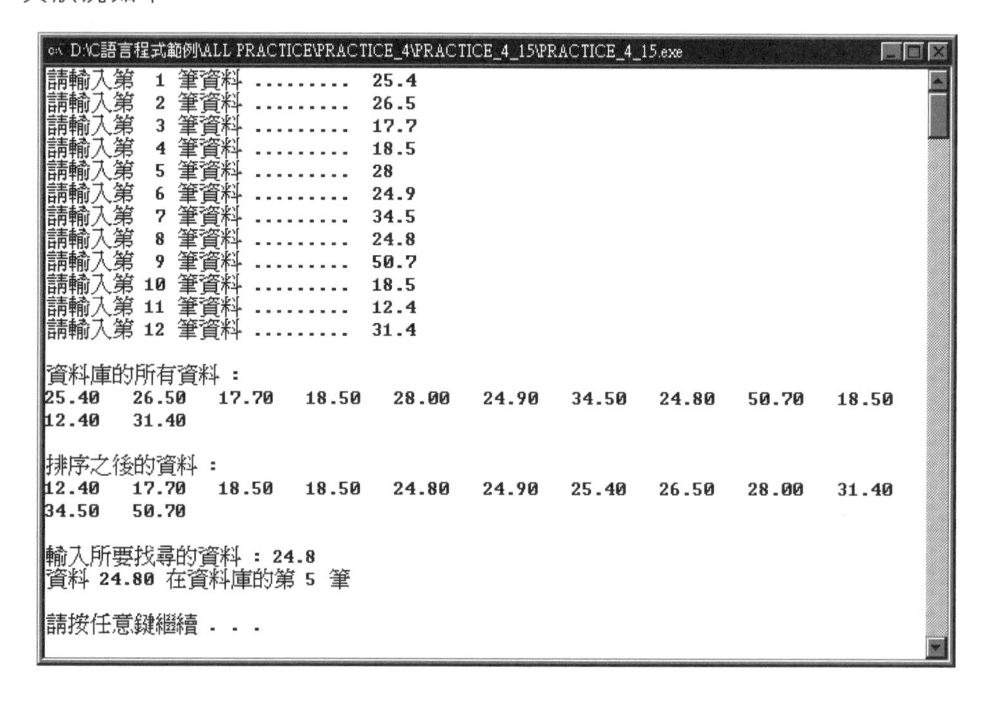

4-16 設計一程式，其功能與上一個練習相同，而其處理方式則以指標方式來實現，其狀況如下：

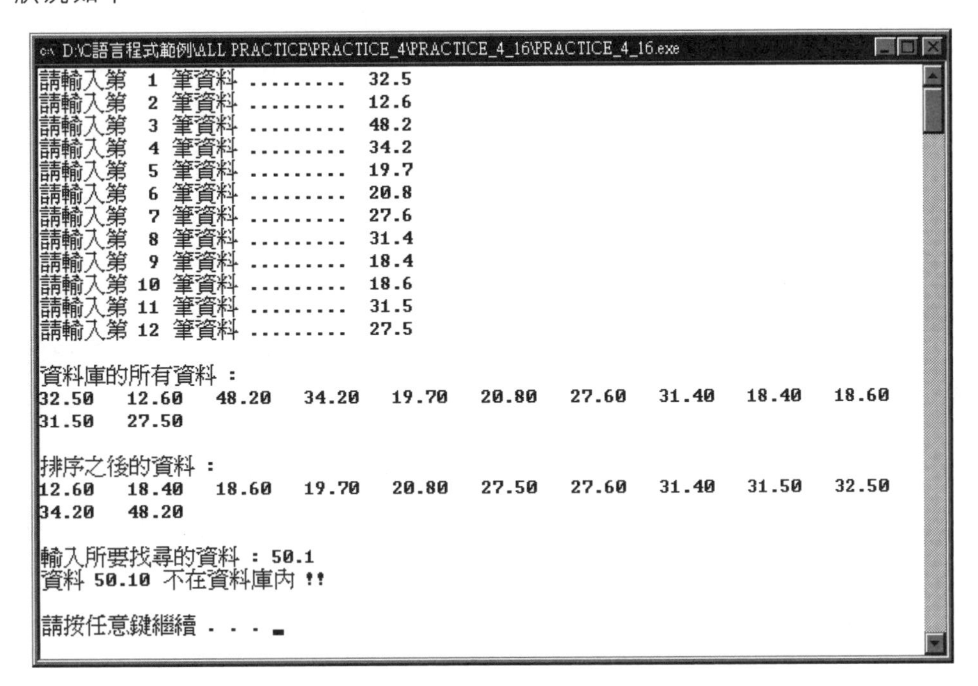

```
D:\C語言程式範例\ALL PRACTICE\PRACTICE_4\PRACTICE_4_16\PRACTICE_4_16.exe
請輸入第  1 筆資料 .........  32.5
請輸入第  2 筆資料 .........  12.6
請輸入第  3 筆資料 .........  48.2
請輸入第  4 筆資料 .........  34.2
請輸入第  5 筆資料 .........  19.7
請輸入第  6 筆資料 .........  20.8
請輸入第  7 筆資料 .........  27.6
請輸入第  8 筆資料 .........  31.4
請輸入第  9 筆資料 .........  18.4
請輸入第 10 筆資料 .........  18.6
請輸入第 11 筆資料 .........  31.5
請輸入第 12 筆資料 .........  27.5

資料庫的所有資料 :
32.50   12.60   48.20   34.20   19.70   20.80   27.60   31.40   18.40   18.60
31.50   27.50

排序之後的資料 :
12.60   18.40   18.60   19.70   20.80   27.50   27.60   31.40   31.50   32.50
34.20   48.20

輸入所要找尋的資料 : 50.1
資料 50.10 不在資料庫內 !!

請按任意鍵繼續 . . .
```

Chapter 5

前端處理、函數與資料儲存類別

5-1 前端處理器 Preprocessor

與一般的語言相同，程式要執行之前必須經過編譯器 Compiler 將它們翻譯成機器語言，於 C 語言中為了程式的容易閱讀 Readable、容易發展、容易維護以及將來可以適用於不同硬體平台及系統環境，在編譯器進行程式的編譯之前，會先去處理某些由"#"所帶領的指令，之後再將處理結果與程式一起進行編譯，這就是所謂的前端處理，由於這些由"#"所帶領的指令並不屬於 C 語言的敘述，它們又在程式編譯之前就被處理，因此我們稱之為前端處理指令，負責處理這些指令的部門就被稱為前端處理器 (Preprocessor)，一般而言前端處理指令我們可以將它們分成下面三大類：

1. 巨集定義 Macro Definition，如 #define、#undef…等。
2. 條件編譯 Conditional Compilation，如 #if、#else、#elif、#endif、#ifdef、#ifndef。
3. 引入標頭檔 Include Header File，如 #include…等。

5-1-1 巨集定義 Macro definition

巨集定義 Macro definition 的目的是為了提高程式的閱讀性 Readable，以及提升系統的執行速度 (與一般的函數呼叫相比)，設計師可以用一個具有某種意義的識別字 (即巨集名稱) 去代替某一數值、簡單函數 (如運算式…等) 或擁長的字串，一旦我們定義完畢後，當編譯器進行程式的編譯時，會以巨集名稱後面的敘述取代被呼叫的巨集名稱 (即巨集代換或巨集展開)，此處要特別強調，如果於程式內進行 20 次的巨集呼叫時，其巨集展開的工作就會進行 20 次，這種做法的好處是，將來程式在執行時並不需要像函數呼叫一樣，必須浪費額外的時間去儲存及讀取儲存在堆疊內部的返回位址；缺點是它會佔用較大的記憶空間，於 C 語言中巨集定義的指令為 #define 與 #undef，依其特性我們可以將它分成有參數傳送與沒有參數傳送兩大類，不管是那一類，於巨集定義中它是用巨集名稱來取代後面的定義內容 (字串、常數或簡單的函數…等)，於巨集展開時又以後面的定義內容來取代巨集名稱，整個過程只是字串代換，因此並不需要宣告資料型態，同時在它的最後面不需以分號 “;” 做為結束 (它不是宣告，也不是敘述)，否則連同 “;” 也會被巨集展開。

沒有參數傳送的巨集定義

當巨集名稱後面不帶任何參數時，我們稱之為沒有參數傳送的巨集定義，此類指令的基本語法為：

```
#define   巨集名稱   定義內容
```

於上面的基本語法中：

1. **#**：代表後面為前端處理指令。
2. define：巨集定義的指令。
3. **巨集名稱**：所定義的巨集名稱，它必須符合 C 語言識別字的規範，為了要與函數及變數作區別，最好以大寫來命名 (小寫也可以)。
4. **定義內容**：巨集名稱所定義的內容，它可以是一個常數、運算式、字串或簡單的函數…等。
5. 巨集名稱與定義內容中間必須以空白隔開。

下面為沒有參數傳送巨集定義的簡單例子：

```
#define   PI 3. 1416
```

定義巨集名稱 PI 的內容為 3.1416，當程式進行編譯時，程式內所有的 PI 皆會被 3.1416 所取代。

```
#define   PI 3. 1416
#define   AREA   PI＊r＊r
```

當程式進行編譯時，程式內所有的 PI 會被 3.1416 所取代，同時所有的 AREA 會被 3.1416 * r * r 所取代。

底下我們就舉幾個範例來說明沒有參數傳送巨集定義的特性。

範例一	檔名：MACRO_DEFINE_1
以巨集定義函數名稱、符號、數值常數。	

執行結果：

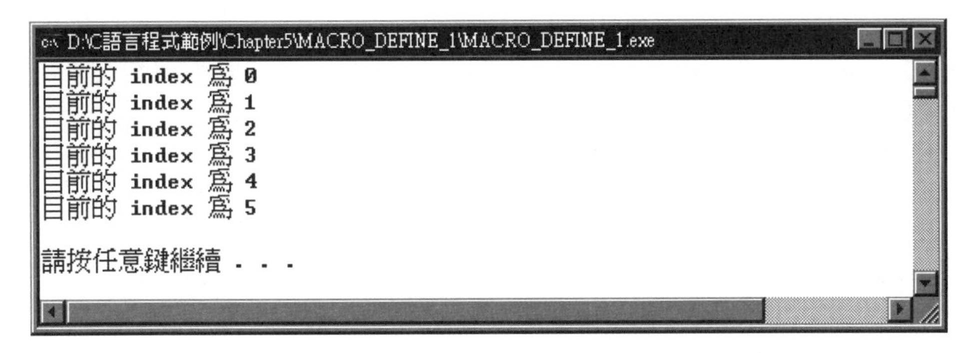

原始程式：

```
1.   /*****************************
2.    *    macro define test      *
3.    * 檔名 : MACRO_DEFINE_1.CPP  *
4.    *****************************/
5.
6.   #include <stdio.h>
7.   #include <stdlib.h>
8.
9.   #define  LENGTH      6
10.  #define  BEGIN       {
11.  #define  END_BEGIN   }
12.  #define  P           printf
13.
14.  int main(void)
15.  BEGIN
16.    short index;
17.
```

```
18.   for(index = 0; index < LENGTH; index++)
19.     P("目前的 index 爲 %hd\n", index);
20.   putchar('\n');
21.   system("PAUSE");
22.   return 0;
23. END_BEGIN
```

重點說明：

1. 行號 9～12 為巨集定義的內容。
2. 行號 14～23 的程式在進行編譯時，只要遇到行號 9～12 內巨集定義的巨集名稱就以後面定義的內容來取代，其狀況即如下面程式所示：

```
1.  /************************************
2.   *       macro define test          *
3.   * 檔名 : MACRO_DEFINE_1_EXTEND.CPP *
4.   ************************************/
5.
6.  #include <stdio.h>
7.  #include <stdlib.h>
8.
9.  #define LENGTH    6
10. #define BEGIN     {
11. #define END_BEGIN }
12. #define P         printf
13.
14. int main(void)
15. {
16.   short index;
17.
18.   for(index = 0; index < 6; index++)
19.     printf("目前的 index 爲 %hd\n", index);
20.   putchar('\n');
21.   system("PAUSE");
22.   return 0;
23. }
```

3. 於上面的敘述即可看出巨集定義的特性 (以巨集定義的內容取代巨集名稱)。

範例二	檔名：MACRO_DEFINE_2
以巨集定義數值常數、運算式、函數名稱。	

執行結果：

```
D:\C語言程式範例\Chapter5\MACRO_DEFINE_2\MACRO_DEFINE_2.exe
輸入圓的半徑 (0 代表結束) :  5
圓的面積為 78.54

輸入圓的半徑 (0 代表結束) :  10
圓的面積為 314.16

輸入圓的半徑 (0 代表結束) :  0

請按任意鍵繼續 . . .
```

原始程式：

```
1.   /****************************
2.    *   macro define test       *
3.    * 檔名 : MACRO_DEFINE_2.CPP *
4.    ****************************/
5.
6.   #include <stdio.h>
7.   #include <stdlib.h>
8.
9.   #define  PI 3.1416
10.  #define  AREA PI * r * r
11.  #define  INFINITE_LOOP while(1)
12.
13.  int main(void)
14.  {
15.    float r;
16.
17.    INFINITE_LOOP
18.    {
```

```
19.     printf("輸入圓的半徑 (0 代表結束) : ");
20.     fflush(stdin);
21.     scanf("%f", &r);
22.     if(r)
23.       printf("圓的面積爲 %.2f\n\n", AREA);
24.     else
25.       break;
26.   }
27.   putchar('\n');
28.   system("PAUSE");
29.   return 0;
30. }
```

重點說明：

1. 行號 9～11 為巨集定義的內容。
2. 行號 17 於編譯時會被 while(1) 取代。
3. 行號 23 於編譯時會被下面的敘述所取代 (如果 r 為 5 時)：

   printf("圓的面積為%.2f\n\n", 3.1416 × 5 × 5)；

4. 其詳細狀況請參閱前面的執行結果。

當我們在設定巨集名稱後面的定義內容時要特別留意，由於編譯器只是以定義內容來取代巨集名稱，因此必須注意其執行時的優先順序以及括號的使用，否則會造成錯誤的結果，其狀況即如下面的範例所示。

範例	檔名：MACRO_DEFINE_3
巨集定義兩個相同的運算式，其中一個有括號，一個沒有括號，並顯示其運算結果。	

執行結果：

```
D:\C語言程式範例\Chapter5\MACRO_DEFINE_3\MACRO_DEFINE_3.exe
輸入一筆整數資料 (0 代表結束) :  5
2 * RESULT1 運算的結果爲 32
2 * RESULT2 運算的結果爲 54

輸入一筆整數資料 (0 代表結束) :  10
2 * RESULT1 運算的結果爲 67
2 * RESULT2 運算的結果爲 114

輸入一筆整數資料 (0 代表結束) :  0
2 * RESULT1 運算的結果爲 -3
2 * RESULT2 運算的結果爲 -6

請按任意鍵繼續 . . .
```

原始程式：

```
1.  /*****************************
2.   *     macro define test     *
3.   * 檔名 : MACRO_DEFINE_3.CPP *
4.   *****************************/
5.
6.  #include <stdio.h>
7.  #include <stdlib.h>
8.
9.  #define RESULT1  data - 3 + 5 * data
10. #define RESULT2  (data - 3 + 5 * data)
11.
12. int main(void)
13. {
14.   short data = 1;
15.
16.   while(data)
17.   {
18.     printf("輸入一筆整數資料 (0 代表結束) :  ");
19.     fflush(stdin);
20.     scanf("%hd", &data);
21.     printf("2 * RESULT1 運算的結果爲 %hd\n", 2 * RESULT1);
22.     printf("2 * RESULT2 運算的結果爲 %hd\n\n", 2 * RESULT2);
23.   }
24.   system("PAUSE");
25.   return 0;
26. }
```

重點說明：

1. 行號 9～10 為巨集定義的內容。
2. 行號 21 於編譯時會被下面的敘述所取代 (如果 data 為 5 時)：

   printf("2 ＊ RESULT1 運算的結果為 %hd\n", 2 × data − 3 + 5 × data)；

   2 × data − 3 + 5 × data

   = 2 × 5 − 3 + 5 × 5

   = 10 − 3 + 25

   = 7 + 25

   = 32

3. 行號 22 於編譯時會被下面的敘述所取代：

   printf("2 ＊ RESULT2 運算的結果為 %hd\n", 2 × (data − 3 + 5 × data))；

   2 × (data − 3 + 5 × data)

   = 2 × (5 − 3 + 5 × 5)

   = 2 × (2 + 25)

   = 2 × 27

   = 54

4. 其詳細狀況請參閱前面的執行結果。
5. 從第 2、3 點的敘述可以知道，當我們在定義巨集名稱的內容時，必須要注意那些時候必須加括號。

有參數傳送的巨集定義

當巨集名稱後面帶有參數時，我們稱之為有參數傳送的巨集定義，此類指令的基本語法為：

```
#define 巨集名稱(形式參數) 定義內容
```

於上面的基本語法中：

1. **#**：代表後面為前端處理指令。
2. **define**：巨集定義的指令。

3. **巨集名稱**：所定義的巨集名稱，它必須符合 C 語言識別字的規範，為了要與函數及變數作區別，我們最好以大寫來命名 (也可以小寫)。

4. **形式參數**：將來被傳遞到定義內容的參數，於巨集定義中此參數稱之為形式參數，而其實際的值是由巨集呼叫時的參數 (稱為實際參數) 傳遞過來，其狀況如下：

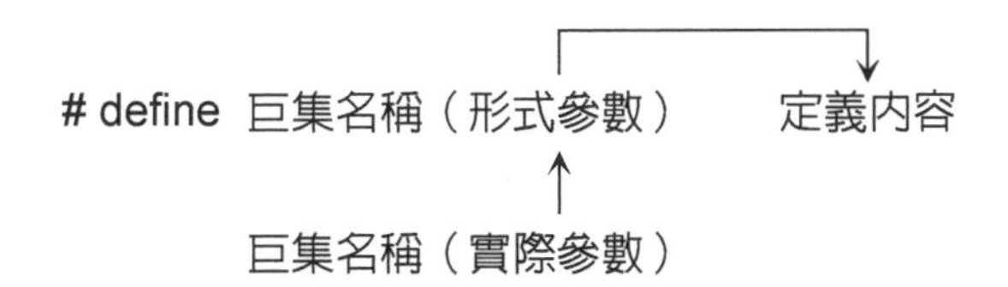

5. **定義內容**：運算式或簡單的函數。

底下我們就舉幾個範例來說明有參數傳送巨集定義的特性。

範例	檔名：MACRO_DEFINE_4
以巨集定義一個有參數傳送的簡單函數，以便在螢幕上顯示從鍵盤輸入資料的絕對值。	

執行結果：

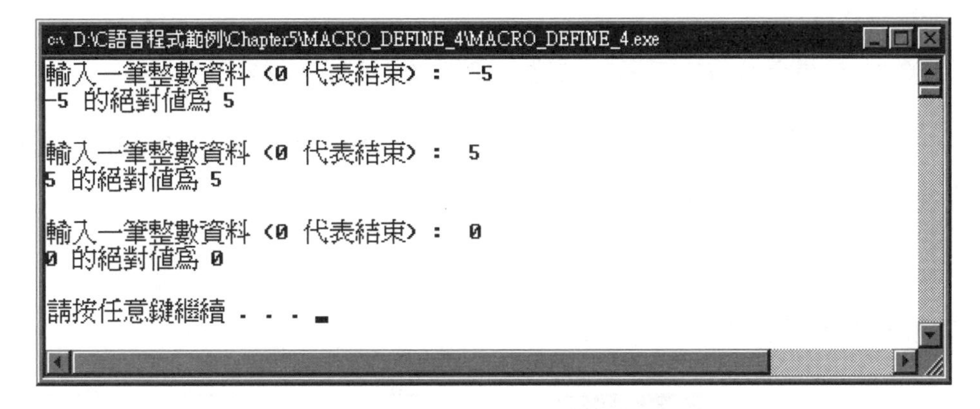

原始程式：

```
1.   /*****************************
2.    *     macro define test     *
3.    * 檔名 : MACRO_DEFINE_4.CPP  *
4.    *****************************/
```

```
5.
6.   #include <stdio.h>
7.   #include <stdlib.h>
8.
9.   #define ABS(x) ((x) < 0 ? -(x) : (x))
10.
11. int main(void)
12. {
13.   short data = 1;
14.
15.   while(data)
16.   {
17.    printf("輸入一筆整數資料 (0 代表結束) : ");
18.    fflush(stdin);
19.    scanf("%hd", &data);
20.    printf("%hd 的絕對值爲 %hd\n\n", data, ABS(data));
21.   }
22.   system("PAUSE");
23.   return 0;
24. }
```

重點說明：

1. 行號 9 為巨集定義的內容，其目的在取 x 的絕對值，並傳回巨集呼叫處 (參閱前面的敘述)。

2. 行號 20 於編譯時會被下面的敘述所取代 (如果 data 為 -5 時)：

   printf("%hd 的絕對值為 %hd\n\n", data, ((data) < 0 ? -(data):data))；

   ((-5) < 0 ? -(-5) : (-5))

   = 5

3. 其詳細狀況請參閱前面的執行結果。

範例	檔名：MACRO_DEFINE_5
以巨集定義一個有參數傳送的簡單函數，以便在螢幕上顯示從鍵盤輸入兩筆帶符號短整數資料的較小者。	

執行結果：

```
c:\ D:\C語言程式範例\Chapter5\MACRO_DEFINE_5\MACRO_DEFINE_5.exe
輸入兩筆資料進行比較 (0,0 代表結束) :  123,456
資料 123 456 之較小值為   123

輸入兩筆資料進行比較 (0,0 代表結束) :  456,789
資料 456 789 之較小值為   456

輸入兩筆資料進行比較 (0,0 代表結束) :  0,0

請按任意鍵繼續 . . .
```

原始程式：

```
1.   /*****************************
2.    *    macro define test     *
3.    * 檔名 : MACRO_DEFINE_5.CPP *
4.    *****************************/
5.
6.   #include <stdio.h>
7.   #include <stdlib.h>
8.
9.   #define MIN(x, y) x < y ? x : y
10.
11.  int main(void)
12.  {
13.   short data1, data2;
14.
15.   while(1)
16.   {
17.    printf("輸入兩筆資料進行比較 (0,0 代表結束) : ");
18.    fflush(stdin);
19.    scanf("%hd,%hd", &data1, &data2);
20.    if((data1 == 0) && (data2 == 0))
21.     break;
22.    else
23.    {
24.     printf("資料 %hd %hd 之較小值為   ", data1, data2);
25.     printf("%hd\n\n", MIN(data1, data2));
26.    }
27.   }
```

```
28.    putchar('\n');
29.    system("PAUSE");
30.    return 0;
31. }
```

重點說明：

1. 行號 9 為巨集定義的內容，其目的在找尋 x, y 兩數中的較小值，並傳回巨集呼叫處。
2. 行號 25 於編譯時會被下面的敘述所取代 (如果 data1 為 123，data2 為 456 時)：

    printf("%hd\n\n", data1 < data2 ? data1 : data2)

    123 < 456 ? 123 : 456

    = 123

3. 其詳細狀況請參閱前面的執行結果。

如果巨集定義的定義內容太長時，我們可以用反斜線 "\" 將它們隔開，其狀況如下面的範例所示：

範例	檔名：MACRO_DEFINE_6
以巨集定義一個有參數傳送的簡單函數，以便在螢幕上顯示從鍵盤所輸入的西元年數到底爲潤年或平年(巨集定義內容太長時以反斜線隔開)。	

執行結果：

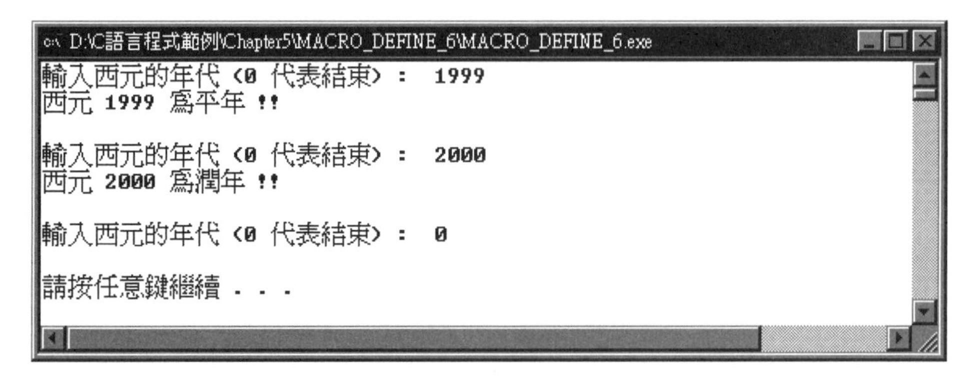

原始程式

```
1.  /******************************
2.   *    macro define test       *
3.   * 檔名 : MACRO_DEFINE_6.CPP   *
4.   ******************************/
5.
6.  #include <stdio.h>
7.  #include <stdlib.h>
8.
9.  #define LEAP_YEAR(x)  x % 400  == 0 || \
10.                       x % 4    == 0 && \
11.                       x % 100  != 0
12.
13. int main(void)
14. {
15.   short year = 1;
16.
17.   while(year)
18.   {
19.    printf("輸入西年的年代 (0 代表結束) : ");
20.    fflush(stdin);
21.    scanf("%hd", &year);
22.    if(year)
23.     if(LEAP_YEAR(year))
24.       printf("西元 %hd 爲潤年 !!\n\n", year);
25.    else
26.       printf("西元 %hd 爲平年 !!\n\n", year);
27.    else
28.     break;
29.   }
30.   putchar('\n');
31.   system("PAUSE");
32.   return 0;
33. }
```

重點說明：

1. 行號 9～11 為巨集定義的內容，其目的在判斷參數 x 的內容到底為潤年或平年(參閱前面的敘述)，由於敘述太長，因此我們用反斜線將它們分行撰寫。

2. 行號 23 於編譯時會被下面的敘述所取代：

```
if(year % 400 == 0 || year % 4 == 0 && year % 100 != 0)
```

3. 其詳細狀況請參閱前面的執行結果。

當編譯器在做巨集展開時，它只是將巨集名稱以後面所定義的內容來替換，但是當程式中出現與巨集名稱相同的字串，而這個字串是被雙引號“”括起來時，編譯器就不會進行替換的工作，其詳細狀況即如下面範例所示：

範例	檔名：MACRO_DEFINE_7
於程式中出現與巨集定義名稱相同的字串，但是被雙引號“”括起來時，編譯器會將它們當成普通的字串來處理，不會進行巨集展開。	

執行結果：

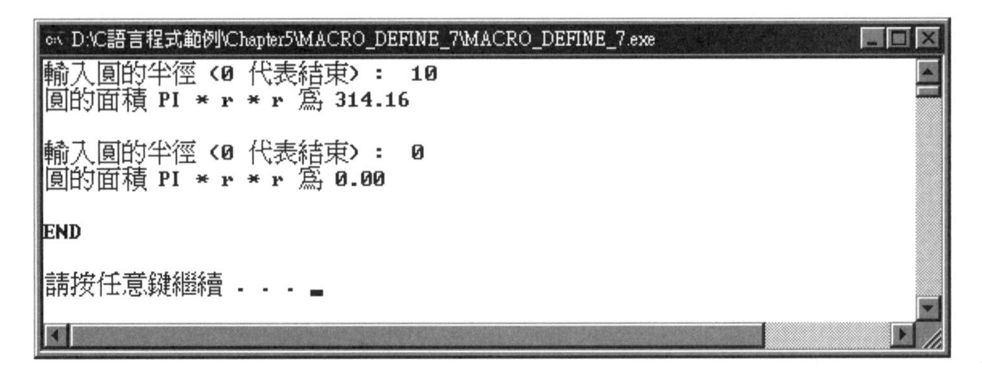

原始程式：

```
1.  /*****************************
2.   *    macro define test      *
3.   * 檔名 : MACRO_DEFINE_7.CPP  *
4.   *****************************/
5.
6.  #include <stdio.h>
7.  #include <stdlib.h>
8.
9.  #define  END  TERMINATE PROGRAM .......
10. #define  PI   3.1416
11.
```

```
12. int main(void)
13. {
14.   float r = 1.0;
15.
16.   while(r)
17.   {
18.     printf("輸入圓的半徑 (0 代表結束) : ");
19.     fflush(stdin);
20.     scanf("%f", &r);
21.     printf("圓的面積 PI * r * r 爲 %.2f\n\n", PI * r * r);
22.   }
23.   printf("END\n\n");
24.   system("PAUSE");
25.   return 0;
26. }
```

重點說明：

1. 行號 9～10 為巨集定義的內容。
2. 行號 21"圓的面積 PI ＊ r ＊ r…"的敘述中出現巨集名稱 PI，但它被雙引號""括起來，因此沒有被替換。
3. 行號 23"END\n\n"的敘述中出現巨集名稱 END，但它也被雙引號""括起來，因此沒有被替換。
4. 其詳細狀況請參閱執行結果。

巨集定義通常都會出現在程式的最上面，但並不一定要在最上面，它的理想位置則由其生命週期來決定，程式中一旦出現了巨集定義，其作用就會立刻有效，直到程式結束或遇到"#undef"指令後它的作用才會消失，底下我們就舉個範例來說明。

範例	檔名：MACRO_SCOPE
巨集定義的位置與生命週期。	

執行結果：

```
D:\C語言程式範例\Chapter5\MACRO_SCOPE\MACRO_SCOPE.exe
#define LENGTH 5 .............
data[0] = 0     data[1] = 1     data[2] = 2     data[3] = 3     data[4] = 4

#undef LENGTH,  #define LENGTH 10 ....
data[0] = 0     data[1] = 1     data[2] = 2     data[3] = 3     data[4] = 4
data[5] = 5     data[6] = 6     data[7] = 7     data[8] = 8     data[9] = 9

請按任意鍵繼續 . . .
```

原始程式：

```
1.  /*************************
2.   *   macro scope test    *
3.   * 檔名 : MACRO_SCOPE.CPP *
4.   *************************/
5.
6.  #include <stdio.h>
7.  #include <stdlib.h>
8.
9.  #define  LENGTH 5
10.
11. int main(void)
12. {
13.  short data[LENGTH], index;
14.
15.  printf("#define LENGTH 5 .............\n");
16.  for(index = 0; index < LENGTH; index++)
17.  {
18.   data[index] = index;
19.   printf("data[%hd] = %hd\t", index, data[index]);
20.  }
21.  printf("\n");
22.
23.  #undef  LENGTH
24.  #define LENGTH 10
25.
26.  printf("#undef LENGTH,  #define LENGTH 10 ....\n");
27.  for(index = 0; index < LENGTH; index++)
28.  {
29.   data[index] = index;
```

```
30.     printf("data[%hd] = %hd\t", index, data[index]);
31.   }
32.   printf("\n\n");
33.   system("PAUSE");
34.   return 0;
35. }
```

重點說明：

1. 行號 9 為巨集定義的內容，定義後 LENGTH 就是 5。
2. 行號 23 內取消前面 LENGTH 為 5 的定義，因此行號 9 的巨集定義失效。
3. 行號 24 為巨集定義，重新定義 LENGTH 為 10。
4. 其詳細狀況請參閱前面的執行結果。

於上面的範例中可以發現到，一旦經過巨集定義之後，除非遇到 #undef 敘述，否則它的內容是不可以改變的(強行以 "#define" 重新定義，於程式編譯時會出現警語)，於特性上與常數相似，其狀況如下面範例所示：

範例	檔名：DEFINE_CONST
巨集定義與常數定義。	

執行結果：

```
D:\C語言程式範例\Chapter5\DEFINE_CONST\DEFINE_CONST.exe
#define SIZE 5
data1[0] = 0    data1[1] = 1    data1[2] = 2    data1[3] = 3    data1[4] = 4

const short LENGTH = 10;
data2[0] = 0    data2[1] = 1    data2[2] = 2    data2[3] = 3    data2[4] = 4
data2[5] = 5    data2[6] = 6    data2[7] = 7    data2[8] = 8    data2[9] = 9

請按任意鍵繼續 . . .
```

原始程式：

```
1.  /**************************
2.   *  define and constant   *
3.   * 檔名 : DEFINE_CONST.CPP *
4.   **************************/
5.
```

```
6.  #include <stdio.h>
7.  #include <stdlib.h>
8.
9.  #define  SIZE 5
10.
11. const short LENGTH = 10;
12.
13. int main(void)
14. {
15.   short data1[SIZE], data2[LENGTH], index;
16.
17.   printf("#define SIZE 5\n");
18.   for(index = 0; index < SIZE; index++)
19.   {
20.     data1[index] = index;
21.     printf("data1[%hd] = %hd\t", index, data1[index]);
22.   }
23.   putchar('\n');
24.   printf("const short LENGTH = 10;\n");
25.   for(index = 0; index < LENGTH; index++)
26.   {
27.     data2[index] = index;
28.     printf("data2[%hd] = %hd\t", index, data2[index]);
29.   }
30.   printf("\n");
31.   system("PAUSE");
32.   return 0;
33. }
```

重點說明：

1. 行號 9 為巨集定義的內容。
2. 行號 11 為常數定義。
3. 兩者經過定義後其內容就不可以更改 (如 LENGTH = LENGTH + 1 或 SIZE = SIZE + 1，但可以重新定義內容)。
4. 其詳細狀況請參閱前面執行的結果。

5-1-2 條件編譯 Conditional compilation

於正常的情況下，當編譯器在進行程式的編譯時，它會將整個程式編譯完畢，但在某些情況之下，為了要節省記憶空間，我們希望它依某些指定的條件去進行編譯的工作 (譬如依硬體配備的不同進行不同程式的編譯) 時，就必須在程式內部加入條件編譯的指令，這些指令包括 #ifdef、#else、#endif、#ifndef…等，而其基本的語法為：

```
#ifdef 識別字
    敘述區 A;
#else
    敘述區 B;
#endif
```

條件編譯的基本語法與前面所敘述選擇性指令 if…else…相似，當 #ifdef 之後的判斷式為真 (非 0 的值) 時，則編譯敘述區 A 的程式 (由 #ifdef 到 #else 中間的敘述)，為假 (0) 時，則編譯敘述區 B 的程式 (由 #else 到 #endif 中間的敘述)，如同 if…else 一般，else 指令未必要存在，其狀況如下：

```
#ifdef 識別字
    敘述區 A;
#endif
```

當 #ifdef 之後的判斷式為真 (非 0 的值) 時，則編譯敘述區 A 的程式，不成立則往下執行，而其詳細狀況請參閱下面的範例。

範例	檔名：CONDITION_COMPLING_1
有條件的程式編譯#ifdef，#else，#endif 敘述。	

執行結果：

```
D:\C語言程式範例\Chapter5\CONDITION_COMPILING_1\CONDITION_COMPILING_1.exe
輸入數值以便計算面積 (0 代表結束) :  10
圓的面積為 314.16

輸入數值以便計算面積 (0 代表結束) :  0
圓的面積為 0.00

請按任意鍵繼續 . . .
```

原始程式：

```
1.   /************************************
2.    *     conditional compiling        *
3.    * 檔名 : CONDITION_COMPILING_1.CPP *
4.    ************************************/
5.
6.   #include <stdio.h>
7.   #include <stdlib.h>
8.
9.   #define  PI 3.1416
10.  #define  CIRCLE
11.  #define  SQUARE
12.
13.  int main(void)
14.  {
15.    float value = 1.0;
16.
17.    while(value)
18.    {
19.      printf("輸入數值以便計算面積 (0 代表結束) :  ");
20.      fflush(stdin);
21.      scanf("%f", &value);
22.      #ifdef CIRCLE
23.        printf("圓的面積為 %.2f\n\n", PI * value * value);
24.      #else
25.        printf("正方形面積為 %.2f\n\n", value * value);
26.      #endif
27.    }
28.    system("PAUSE");
29.    return 0;
30.  }
```

重點說明：

1. 行號 9～11 為巨集定義的內容。
2. 行號 22～26 中，由於在行號 10 內我們已經定義了巨集名稱 CIRCLE，因此行號 22 (如果定義了 CIRCLE) 的結果為真，編譯器會編譯 23 行的敘述，當然行號 25 的內容就不會被編譯 (不會產生機器碼，因此不會佔用記憶空間)。

如果我們將上面範例的第 10 行刪除時，於行號 22 的判斷結果就會變成假，因此編譯器就會編譯行號 25 的敘述，其狀況即如下面範例所示。

範例	檔名：CONDITION_COMPILING_2
有條件的程式編譯 #ifdef，#else，#endif 敘述。	

執行結果：

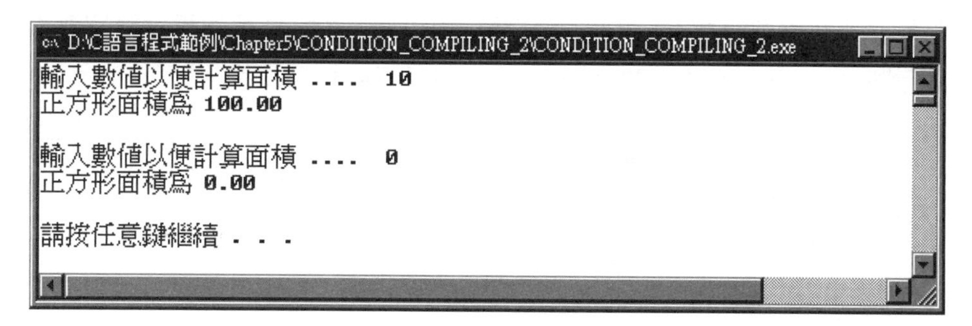

原始程式：

```
1.   /***********************************
2.    *     conditional compiling       *
3.    * 檔名 : CONDITION_COMPILING_2.CPP *
4.    ***********************************/
5.
6.   #include <stdio.h>
7.   #include <stdlib.h>
8.
9.   #define PI 3.1416
10.  #define SQUARE
11.
12.  int main(void)
```

```
13. {
14.   float value = 1.0;
15.
16.   while(value)
17.   {
18.     printf("輸入數值以便計算面積 ....  ");
19.     fflush(stdin);
20.     scanf("%f", &value);
21.     #ifdef CIRCLE
22.       printf("圓的面積爲 %.2f\n\n", PI * value * value);
23.     #else
24.       printf("正方形面積分 %.2f\n\n", value * value);
25.     #endif
26.   }
27.   system("PAUSE");
28.   return 0;
29. }
```

如果我們將上述範例的行號 21 改成 #ifndef CIRCLE，此即表示如果沒有定義 CIRCLE 時會編譯行號 22，否則編譯行號 24，其狀況即如下面範例所示。

範例	檔名：CONDITION_COMPILING_3
有條件的程式編譯 #ifndef，#else，#endif 敘述。	

執行結果：

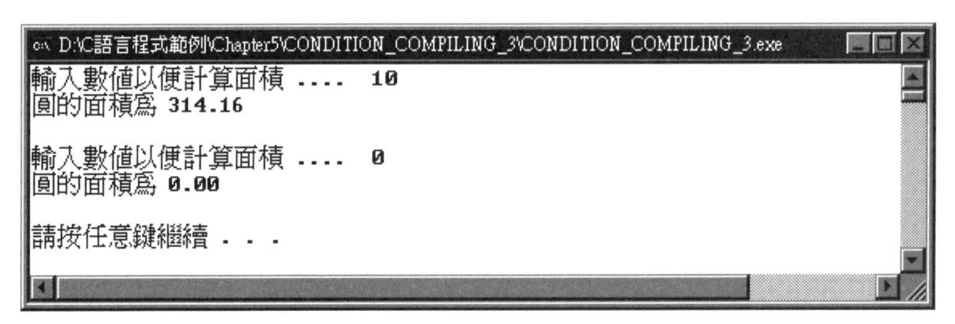

原始程式：

```
1.  /**********************************
2.   *     conditional compiling       *
3.   * 檔名 : CONDITION_COMPILING_3.CPP *
4.   **********************************/
5.
6.  #include <stdio.h>
7.  #include <stdlib.h>
8.
9.  #define PI 3.1416
10. #define SQUARE
11.
12. int main(void)
13. {
14.   float value = 1.0;
15.
16.   while(value)
17.   {
18.     printf("輸入數值以便計算面積 .... ");
19.     fflush(stdin);
20.     scanf("%f", &value);
21.     #ifndef CIRCLE
22.       printf("圓的面積爲 %.2f\n\n", PI * value * value);
23.     #else
24.       printf("正方形面積爲 %.2f\n\n", value * value);
25.     #endif
26.   }
27.   system("PAUSE");
28.   return 0;
29. }
```

5-1-3 引入標頭檔 Include header

正如前面所敘述的，C 語言為一種函數庫導向的語言，系統提供無數的函數呼叫，並將它們依性質分類成兩百多種類型 (如 stdio.h、stdlib.h、conio.h、math.h、time.h…等)，同時在它們內部儲存相關的巨集定義、常數、變數以及函數標頭檔定義…等，如果將來設計師要使用某些函數時，只要將它的相關標頭檔以“#include”引入到自己的程式即可，這種情況於前面的範例中到處可見，譬如當我們在程式中要使用 printf 的函數時，就必須將其標頭檔 stdio.h 引入 (即 #include <stdio.h>)。同樣的觀念也可以用在軟體設計師所規劃的大型程式，為了節省軟體開發時間，設計師會將一個大型開發軟體細分為或多或少的模組程式，並由多位程式師分別撰寫，這些小模組程式之間通常都會有公用的常數、變數、巨集定義、函數…等，為了避免重複撰寫，我們也可以將它們建立成一個標頭檔 .h 後儲存在硬碟內，程式師只要引入此標頭檔後即可使用上述的資源，引入標頭檔的基本語法為：

```
#include <檔案名稱>
#include“檔案名稱”
#include“完整路徑\檔案名稱”
```

上面三種語法中：

1. **#include**：引入標頭檔的前端處理指令。
2. **檔案名稱**：所要引入的標頭檔名稱，一次只能一個，如果有兩個標頭檔時，就必須用兩個 #include 指令。

其實際例子如：

```
#include <stdio.h>
#include“my_header.h”
#include“D:\function.h”
```

當所引入的標頭檔以 < > 括起來時，表示目前所要引入的標頭檔是存放在系統標準頭檔的目錄內 (使用者在設定環境時所設定，於 Dev C++ 系統中其路徑與目錄為 D:\Dev-Cpp\include)；當所引入的標頭檔以“”括起來時，表示目前所要引入的標頭檔是存放在與原始檔案同一個目錄內，因此系統會先到目前原始檔案所在的目錄去搜尋，如果找不到，它會自動到系統指定存放標準頭檔的目錄去找。當設計師在標頭檔前面加上完整的路徑時，系統就只會依指定的路徑去找尋。底下我們就舉兩個範例來說明引入標頭檔 #include 的用法。

範例	檔名：HEADER.h
以引入指定路徑的標頭檔方式，從輸入兩筆帶符號短整數資料內找尋較大與較小值。	

步驟一：建立一個 HEADER.h 的標頭檔，並將它儲存在硬碟 D 內，路徑為 D:\C 語言程式範例\FILE_DATA\HEADER.h，其內容如下：

```
1.  /*************************************************
2.   *      include header (in fix directory)       *
3.   * Store path :D:\C 語言程式範例\FILE_DATA\HEADER.h *
4.   *************************************************/
5.
6.  #define MAX(X,Y)  (X) > (Y) ? (X) : (Y)
7.  #define MIN(X,Y)  (X) < (Y) ? (X) : (Y)
```

步驟二：建立下面的 C 語言檔案 (檔名為 INCLUDE_HEADER_1)：

```
1.  /***************************************
2.   * include header (in fix directory)   *
3.   *    檔名 : INCLUDE_HEADER_1.CPP       *
4.   ***************************************/
5.
6.  #include <stdio.h>
7.  #include <stdlib.h>
8.  #include "D:\C 語言程式範例\FILE_DATA\HEADER.h"
9.
10. int main(void)
11. {
12.  short data1, data2;
13.
14.  while(1)
15.  {
16.   printf("輸入兩筆整數資料 (0,0 代表結束) : ");
17.   fflush(stdin);
18.   scanf("%hd,%hd", &data1, &data2);
19.   if ((data1 != 0) || (data2 != 0))
20.   {
21.    printf("\n較大者爲 %hd\n", MAX(data1, data2));
22.    printf("較小者爲 %hd\n\n", MIN(data1, data2));
23.   }
24.   else
25.    break;
26.  }
27.  putchar('\n');
28.  system("PAUSE");
29.  return 0;
30. }
```

執行結果：

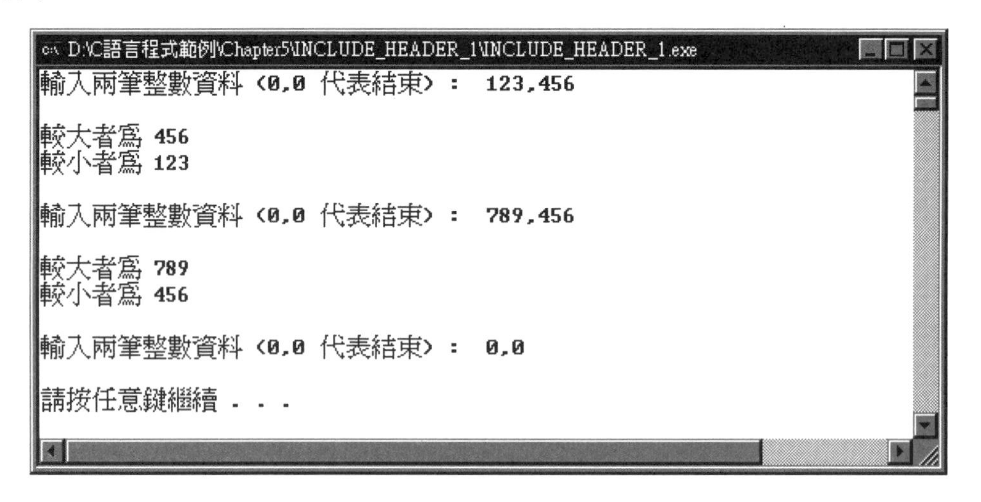

重點說明：

1. 行號 6～7 宣告引入儲存在系統標準頭檔目錄的標頭檔 stdio.h 與 stdlib.h。
2. 行號 8 宣告引入儲存在硬碟 D 路徑為 D:\C 語言程式範例\FILE_DATA \HEADER.h 的標頭檔，其內容即如步驟一所示。
3. 行號 21、22 的 MAX(data1, data2) 與 MIN(data1, data2) 兩個函數會被展開成標頭檔內的定義，並經編譯後即可執行。

範例	檔名：INCLUDE_HEADER_2
以引入同一個 project 目錄內的標頭檔方式，從輸入兩筆帶符號短整數資料內找尋較大與較小值。	

步驟一：建立一個 project，並在其內部建立下面的原始程式後存檔 (檔名為 INCLUDE_HEADER_2)，其內容如下：

```
1.  /******************************************
2.   * include header (in source directory)   *
3.   *      檔名 : INCLUDE_HEADER_2.CPP        *
4.   ******************************************/
5.
6.  #include <stdio.h>
7.  #include <stdlib.h>
```

```
8.  #include "HEADER.h"
9.
10. int main(void)
11. {
12.   short data1, data2;
13.
14.   while(1)
15.   {
16.     printf("輸入兩筆整數資料 (0,0 代表結束) : ");
17.     fflush(stdin);
18.     scanf("%hd,%hd", &data1, &data2);
19.     if((data1 != 0) || (data2 != 0))
20.     {
21.       printf("\n 較大者爲 %hd\n", MAX(data1, data2));
22.       printf("較小者爲 %hd\n\n", MIN(data1, data2));
23.     }
24.     else
25.       break;
26.   }
27.   putchar('\n');
28.   system("PAUSE");
29.   return 0;
30. }
```

步驟二：在同樣的 project 內建立下面的檔案後存檔 (檔名為 HEADER.h)，注意！它與步驟一的原始檔案必須儲存在同一個目錄，其內容如下：

```
1.  /******************************************
2.   *  include header (in source directory)   *
3.   * Store path : source directory HEADER.h  *
4.   ******************************************/
5.
6.  #define MAX(X, Y) (X) > (Y) ? (X) : (Y)
7.  #define MIN(X, Y) (X) < (Y) ? (X) : (Y)
```

執行結果：

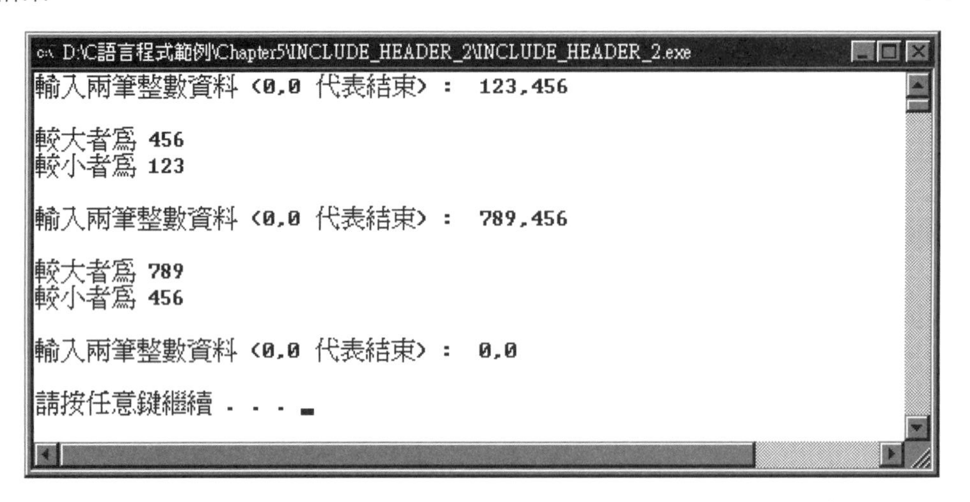

重點說明 (步驟一的程式)：

1. 行號 6、7 宣告引入儲存在系統標準頭檔目錄的標頭檔 stdio.h 與 stdlib.h。
2. 行號 8 宣告引入儲存在同一個 project 目錄下的標頭檔 HEADER.h (與原始程式 Source program 同一個目錄)。
3. 行號 21、22 的 MAX(data1, data2) 與 MIN(data1, data2) 兩個函數會被展開成標頭檔內的定義，並經編譯後即可執行。

5-2 函數概述

在第一章的開頭我們曾經提到，C 語言為一種函數導向的語言，由 C 語言所撰寫的程式，不管是大還是小，它們皆由數量不等的函數所組成，每個函數都有自己獨一無二的名稱與功能完整的特性 (如排大小、算平均值、找最大值、找最小值、計算三角函數 sin、cos…等)，它們於程式中放置的位置不拘，其中負責主要工作任務的函數名稱為 main (第一個被執行的程式)，於特性上每一個函數皆為一個獨立的模組，在任何一個函數中所使用的變數都不會相互影響，函數與函數之間藉由參數的傳遞與回傳進行溝通，以便達到整個程式所要實現的目標，因此 C 語言為一種容易閱讀、容易修改、容易維護、容易發展的結構化語言。一個完整函數的內部結構與每個部門的特性，於第二章內我們都有詳細的討論，請讀者自行參閱，在此不再重複敘述。

5-2-1 函數的種類

以程式設計師的觀點，在 C 語言系統中可以將函數分成下面兩類：

1. 函數庫函數
2. 使用者定義函數

函數庫函數

為了方便設計師開發程式，由 C 語言系統所提供的函數我們稱之為函數庫函數，前面第一章曾經討論過，為了要節省系統所佔用的記憶體空間，提高程式的可攜性，擴充系統所提供的函數…等，於 C 語言內部並沒有內儲式函數 (Build In Function)，它是將系統所提供功能完整的函數加以分類，並將它們的函數原型 (Prototype)、巨集定義、常數…等儲存在相關的標頭檔內 (Header)，軟體工程師只要將所要使用函數的相關標頭檔引入 (#include) 即可，譬如當我們要使用 printf、scanf…等函數時就必須引入標頭檔 stdio.h，即 #include <stdio.h> (參閱前面的敘述)。

使用者定義函數

由使用者所撰寫的函數我們稱之為使用者定義函數，這種函數又分為兩類，第一類與函數庫函數相似，也就是軟體工程師依程式設計的需要自行定義的巨集、常數、變數…等相關的標頭檔，並將它們儲存在固定路徑的硬碟或原始程式的工作目錄內，以方便需要者將標頭檔引入後使用 (參閱前面的敘述)。第二類為設計師在目前所設計的程式內自行設計函數供自己呼叫使用，與一般的變數相同，當主函數要呼叫另一函數時，首先必須在其內部宣告被呼叫函數的原型，其狀況即如下面的範例所示。

範例	檔名：FUNCTION_DECLARATION_1
以呼叫函數的方式撰寫一個由 1 累加到 5 的程式，並將被呼叫的函數放在 main 函數的後面。	

執行結果：

原始程式：

```
1.  /************************************
2.   *    function declaration test      *
3.   * 檔名 : FUNCTION_DECLARATION_1.CPP *
4.   ************************************/
5.
6.  #include <stdio.h>
7.  #include <stdlib.h>
8.
9.  int main(void)
10. {
11.   void sum(void);  // 宣告被呼叫函數的原型
12.
13.   printf("1 + 2 + 3 + 4 + 5 = ");
14.   sum();
15.   printf("\n\n");
16.   system("PAUSE");
17.   return 0;
18. }
19.
20. //被呼叫函數主體
21.
22. void sum(void)
23. {
24.   short count, total = 0;
25.
26.   for(count = 1; count <= 5; count++)
27.   total += count;
28.   printf ("%hd", total);
29. }
```

重點說明：

1. 行號 11 宣告被呼叫函數的原型。
2. 行號 14 呼叫函數 sum，以便計算並顯示從 1 累加到 5 的結果。
3. 行號 22～29 為被呼叫函數的主體程式。
4. 由於被呼叫的函數是放在呼叫函數 main 的後面，因此行號 11 的原型宣告必須要存在，否則程式在編譯過程會發生錯誤。

如果我們將上面範例的呼叫函數 main( ) 與被呼叫函數 sum( ) 的位置對調時，於呼叫函數 main( ) 內的 sum 函數原型宣告就可以省略，那是因為編譯器在編譯程式時，是從程式的最前面 (第一行) 開始逐一編譯，當它發現目前所編譯的程式要呼叫另外一個函數時，它會往前找尋是否在前面出現該函數的原型宣告或者該函數的主體程式，如果有則 ok (因為函數已經產生了可參考的位址)，其狀況即如下面範例所示。

範例	檔名：FUNCTION_DECLARATION_2
以呼叫函數的方式撰寫一個由 1 累加到 5 的程式，並將被呼叫的函數放在 main 函數的前面。	

執行結果：

```
D:\C語言程式範例\Chapter5\FUNCTION_DECLARATION_2\FUNCTION_DECLARATION_2.exe
1 + 2 + 3 + 4 + 5 = 15
請按任意鍵繼續 . . .
```

原始程式：

```
1.  /*************************************
2.   *    function declaration test      *
3.   * 檔名 : FUNCTION_DECLARATION_2.CPP *
4.   *************************************/
5.
6.  #include <stdio.h>
7.  #include <stdlib.h>
8.
9.  //被呼叫函數主體
10. void sum(void)
11. {
12.   short count, total = 0;
13.
14.   for(count = 1; count <= 5; count++)
15.     total += count;
16.   printf("%hd", total);
17. }
18.
```

```
19. int main(void)
20. {
21.
22.   printf("1 + 2 + 3 + 4 + 5 = ");
23.   sum();
24.   printf("\n\n");
25.   system("PAUSE");
26.   return 0;
27. }
```

重點說明：

與前一個範例相似，唯一不同之處在於被呼叫函數的主體是放在 main 函數之前，因此於 main 函數內並不需要宣告被呼叫函數的原型。

在 C 語言系統中，函數與函數之間是平等的，它們的執行順序不會因函數存放的位置而改變，函數與函數之間可以相互呼叫，也可以一個函數呼叫另一個函數，被呼叫的函數也可以再呼叫另外一個函數⋯，甚至函數也可以呼叫自己本身 (這叫做遞回 Recursive，後面會有敘述)，此處要強調的是，絕對不允許在一個函數內再定義另外一個函數的主體，否則於編譯過程會產生錯誤，其狀況即如下面範例所示。

範例	檔名：FUNCTION_CALL_ERROR
函數呼叫的錯誤範例，一個函數內不可以再定義另外一個函數的主體。	

原始程式：

```
1.   /**********************************
2.    * function call error structure  *
3.    * 檔名 : FUNCTION_CALL_ERROR.CPP  *
4.    **********************************/
5.
6.   #include <stdio.h>
7.   #include <stdlib.h>
8.
9.   int main(void)
10.  {
11.    void sum(void);   // 宣告被呼叫函數的原型
```

```
12.
13.   printf("1 + 2 + 3 + 4 + 5 = ");
14.   sum();
15.   printf("\n\n");
16.   system("PAUSE");
17.   return 0;
18.
19.   void sum(void)   //被呼叫函數主體
20.   {
21.     short count, total = 0;
22.
23.     for(count = 1; count <= 5; count++)
24.       total += count;
25.     printf ("%hd", total);
26.   }
27. }
```

重點說明：

1. 行號 9～26 為一個 main 函數主體。
2. 行號 19～26 為另外一個函數主體。
3. 函數 main 內不允許另外一個函數主體 sum，因此當程式進行編譯時會發生錯誤。

5-3 參數的傳遞與傳回值型態

於前面的範例中可以發現到，當主程式呼叫函數時，如果沒有傳遞任何參數時，每次呼叫都會做同樣的動作並且得到同樣的結果，幾乎沒有什麼彈性可言，在函數相互呼叫的同時，適時的傳遞一些參數或傳回一些資料即可大大提升函數呼叫的功能，譬如於上面的範例中，如果在呼叫函數的同時能夠從呼叫函數傳遞一個數值到被呼叫的函數，進而要求被呼叫的函數從 1 開始累加或相乘到傳遞值結束，並將其運算結果傳回呼叫函數時，則此函數的使用價值即可提高。當呼叫函數把資料傳遞到被呼叫的函數後，設計師可能會有兩種期許：

1. 資料由呼叫函數送到被呼叫的函數內處理，當資料處理完畢後返回呼叫函數時，原來的資料不要被改變、譬如將 50 筆資料傳到被呼叫的函數去計算平均值，當返回呼叫函數時，只要傳回計算的結果即可，並不希望改變 50 筆資料的內容 (傳值呼叫 Call by Value)。

2. 資料由呼叫函數送到被呼叫的函數內處理，當資料處理完畢後返回呼叫函數時，原來的資料必須改變，譬如將 50 筆資料傳送到被呼叫的函數去排大小，當返回呼叫函數時，這 50 筆資料已經改變成由小排到大的資料 (傳址呼叫 Call by address)。

居於上面兩種需求，於 C 語言系統中，函數呼叫的參數傳遞方式可以區分為下面兩種：

1. 傳值呼叫 Call by value (內容不會被改變)。
2. 傳址呼叫 Call by address (內容會被改變)。

5-3-1 形式參數與實體參數

當一個函數在呼叫另外一個函數並進行參數的傳遞時，於呼叫端的參數我們稱之為實體參數，被呼叫端的參數我們稱之為形式參數，參數的內容是由呼叫函數 (實體參數) 傳送到被呼叫的函數 (形式參數)，注意！形式參數只有函數被呼叫時才會佔用記憶空間，一旦被呼叫的函數執行完畢，此記憶空間就會被釋放，也就是形式參數會隨著函數的呼叫而產生，隨著函數的結束而消失。實體參數則負責將它的內容傳遞給形式參數，兩者中間只是指定與被指定的關係，它們可以是一個常數、變數或運算式，不管如何，它們的數量以及所得到的值之資料型態都必須與形式參數一致。底下我們就舉個範例來說明。

範例	檔名：FUNCTION_CALL_DEMO
以呼叫函數並傳遞參數以及傳回資料方式，撰寫一個找尋兩筆資料之較大者程式。	

執行結果：

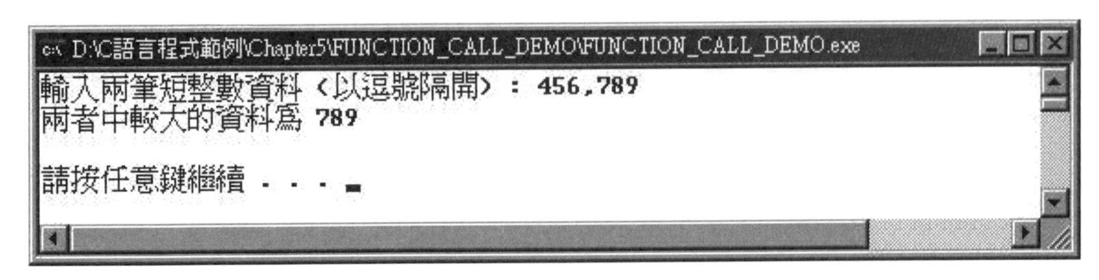

原始程式：

```
1.   /********************************
2.    * function call demo program   *
3.    * 檔名 : FUNCTION_CALL_DEMO.CPP *
4.    ********************************/
5.
6.   #include <stdio.h>
7.   #include <stdlib.h>
8.
9.   int main(void)
10.  {
11.    short max(short x, short y);  // 宣告函數原型
12.    short data1, data2;
13.
14.    printf("輸入兩筆短整數資料 (以逗號隔開) : ");
15.    fflush (stdin);
16.    scanf("%hd,%hd", &data1, &data2);
17.    printf("兩者中較大的資料爲 %hd", max(data1, data2));
18.    printf("\n\n");
19.    system("PAUSE");
20.    return 0;
21.  }
22.
23.  short max(short x, short y)  //被呼叫函數主體
24.  {
25.    if(x > y)
26.      return x;
27.    else
28.      return y;
29.  }
```

重點說明：

1. 行號 11 為被呼叫函數的原型宣告，正如前面所討論的，因為被呼叫函數的主體放在後面，因此必須事先宣告被呼叫函數的原型，而其代表意義為：

   short max(short x, short y);

   (1) short：代表執行此函數結束後會傳回一個資料型態為帶符號短整數的數值 (如果沒有傳回任何資料時，則加入 void 敘述)。

(2) max：代表此函數的名稱。

(3) (short x, short y)：代表執行此函數時會從呼叫函數接受兩個帶符號短整數的參數，由於它只是函數原型的宣告，因此我們可以用下面的格式宣告：

```
short max(short, short);
```

也就是只宣告參數的資料型態，不需要宣告變數名稱 (如果沒有接受呼叫函數的傳遞參數時，則在括號內加入 void 敘述)。

(4) 由於它是一個函數原型宣告，因此必須以分號 "；" 結束。

2. 行號 9～21 為主函數 main 的主體，行號 9 為其抬頭：

```
int main(void)
```

(1) int：代表函數執行結束時會回傳一個資料型態為帶符號長整數的數值給作業系統 (是否要回傳，則由作業系統決定，於 DOS 系統下通常是回傳一個 0)。

(2) main：代表函數名稱，一個 C 語言程式內可以擁有或多或少的函數，每一個函數地位皆相等，且存在的位置可以隨意，但第一個被執行的就是名稱為 main 的函數。

(3) (void)：代表執行本函數時不會從作業系統接受任何資料。

3. 行號 23～29 為被呼叫函數的主體，行號 23 為被呼叫函數的抬頭：

```
short max(short x, short y)
```

其代表意義與第一點相似，而其唯一不同之處為後面的參數宣告必須要有變數名稱，以便接受由呼叫函數所傳遞過來的參數內容供被呼叫函數處理，此兩個參數我們稱之為形式參數。函數執行結束會將兩個參數內容的較大者傳回。

4. 行號 17 的後面呼叫 max 函數，並將括號後面的參數內容 (實體參數) 傳遞給被呼叫的函數，其狀況如下：

```
max(data1, data2)      ⇒ 實體參數
        ↓      ↓
max(short x, short y)  ⇒ 形式參數
```

5. 行號 14～16 從鍵盤輸入兩筆帶符號短整數資料，並將它儲存在 data1，data2 的變數中。

6. 行號 17 呼叫 max 函數，並將兩個變數內容傳遞給 max 函數，其對應關係即如上面所述，max 函數執行完後會傳回兩個參數中之較大者，之後再將它顯示在螢幕上。

5-3-2 傳值呼叫 Call by value

當函數呼叫另一個函數並進行參數的傳遞時，如果希望所傳遞參數的內容不要被改變時，即可使用傳值呼叫的方式來進行 (以變數名稱傳送)，所謂傳值呼叫就是當函數在進行呼叫時，呼叫函數是將所要傳送參數的內容以拷貝方式進行傳送，由於呼叫與被呼叫函數的參數所使用的記憶空間不是同一塊，因此當參數內容於被呼叫函數內改變時，並不會影響呼叫函數的參數內容，其狀況即如下面所示 (假設傳送參數為變數名稱 X, Y)：

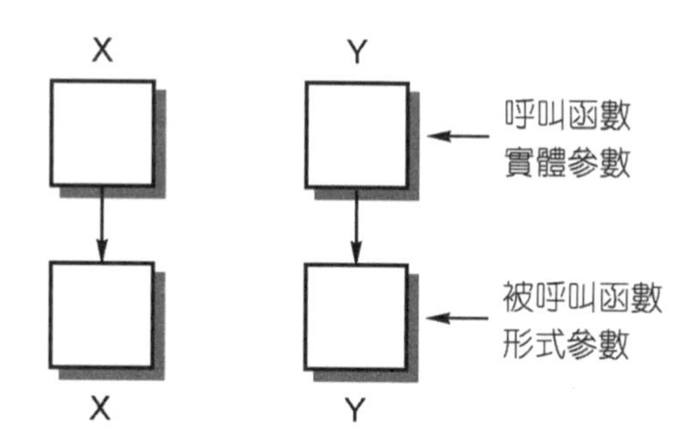

底下我們就舉一個範例來說明與驗證。

範例	檔名：FUNCTION_CALL_VALUE
以傳值呼叫的方式進行變數資料的互換，並將主函數與被呼叫函數的參數內容顯示在螢幕上。	

執行結果：

```
D:\C語言程式範例\Chapter5\FUNCTION_CALL_VALUE\FUNCTION_CALL_VALUE.exe
主函數呼叫前      x = 11 y = 22

-----------------------------------
剛進入被呼叫函數 x = 11 y = 22
執行完被呼叫函數 x = 22 y = 11
-----------------------------------

返回主函數後      x = 11 y = 22

請按任意鍵繼續 . . .
```

原始程式：

```
1.  /**********************************
2.   *  function call by value test   *
3.   * 檔名 : FUNCTION_CALL_VALUE.CPP *
4.   **********************************/
5.
6.  #include <stdio.h>
7.  #include <stdlib.h>
8.
9.  int main(void)
10. {
11.   void swap(short, short);
12.
13.   short x = 11, y = 22 ;
14.
15.   printf("主函數呼叫前\t x = %hd y = %hd\n\n", x, y);
16.   printf("-----------------------------------\n");
17.   swap(x, y);
18.   printf("-----------------------------------\n\n");
19.   printf("返回主函數後\t x = %hd y = %hd\n\n", x, y);
20.   system("PAUSE");
21.   return 0;
22. }
23.
24. void swap(short x, short y)
25. {
26.   short temp;
27.
```

```
28.    printf("剛進入被呼叫函數 x = %hd y = %hd\n", x, y);
29.    temp = x;
30.    x    = y;
31.    y    = temp;
32.    printf("執行完被呼叫函數 x = %hd y = %hd\n", x, y);
33. }
```

重點說明：

1. 行號 11 宣告被呼叫函數的原型 (兩個參數的資料型態皆為短整數)。
2. 行號 15～16 顯示主函數呼叫前的變數內容：

   X = 11　Y = 22

3. 行號 17 呼叫 swap 函數進行資料的互換，而其參數的傳遞狀況如下：

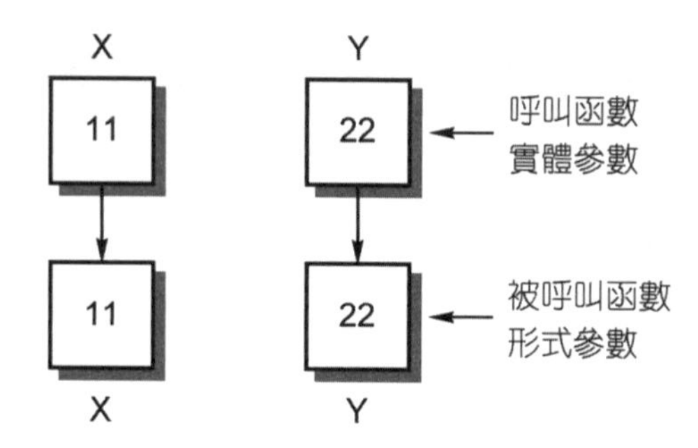

4. 行號 24～33 為被呼叫函數的主體，其目的是將變數 X, Y 的內容互換。
5. 行號 28 顯示互換前的變數內容：

   X = 11　Y = 22

6. 行號 29～31 進行資料互換的工作。
7. 行號 32 顯示互換後的變數內容：

   X = 22　Y = 11

8. 行號 33 返回呼叫函數的第 18 行。
9. 行號 18～19 顯示主函數的變數內容，由於參數 X, Y 所使用的記憶體空間不同，因此變數 X, Y 的內容不會改變：

X = 11　Y = 22

10. 注意！上述實體參數與形式參數的名稱不一定要一樣。

範例	檔名：FUNCTION_CALL_FIBONACCI

從鍵盤輸入一筆整數資料，以函數呼叫傳值的方式顯示它的費波南希 (Fibonacci 費氏) 數列，其狀況如下：

輸入值	0	1	2	3	4	5	6	7	8	9	10	11	…
費氏數列	0	1	1	2	3	5	8	13	21	34	55	89	…

執行結果：

```
D:\C語言程式範例\Chapter5\FUNCTION_CALL_FIBONACCI\FUNCTION_CALL_FIBONACCI.exe
輸入一個正值的整數 ... 12

fibonacci(0) = 0
fibonacci(1) = 1
fibonacci(2) = 1
fibonacci(3) = 2
fibonacci(4) = 3
fibonacci(5) = 5
fibonacci(6) = 8
fibonacci(7) = 13
fibonacci(8) = 21
fibonacci(9) = 34
fibonacci(10) = 55
fibonacci(11) = 89
fibonacci(12) = 144

請按任意鍵繼續 . . .
```

原始程式：

```
1.  /**************************************
2.   * function call by value Fibonacci   *
3.   * 檔名 : FUNCTION_CALL_FIBONACCI.CPP *
4.   **************************************/
5.
6.  #include <stdio.h>
7.  #include <stdlib.h>
8.
```

```
9.  int main(void)
10. {
11.   int   fibonacci(short);
12.
13.   short fib, i;
14.
15.   printf("輸入一個正值的整數 ... ");
16.   fflush(stdin);
17.   scanf("%hd", &fib);
18.   printf("\n");
19.   for(i = 0; i <= fib; i++)
20.     printf("fibonacci(%hd) = %d\n", i, fibonacci(i));
21.   printf("\n");
22.   system("PAUSE");
23.   return 0;
24. }
25.
26. int fibonacci(short x)
27. {
28.   short first = 0, second = 1, third, counter = 2;
29.
30.   if(x == 0)
31.     return 0;
32.   else if(x == 1)
33.     return 1;
34.   else
35.     while(counter <= x)
36.     {
37.       third = first + second;
38.       first = second;
39.       second = third;
40.       counter++;
41.     }
42.   return third;
43. }
```

重點說明：

1. 由上面的表格中可以看出，費氏數列內任何兩個前面數字的和會等於緊接在它們後面的數值，它們與輸入數值之間的關係如下：

輸入數值	第 X－2 項		第 X－1 項		第 X 項
0					0
1			0		1
2	0	+	1	=	1
3	1	+	1	=	2
4	1	+	2	=	3
5	2	+	3	=	5
6	3	+	5	=	8
⋮			⋮		
11	34	+	55	=	89
12	55	+	89	=	144

從上表的數據我們可以整理出輸入值 (費波南希數列第 x 項的值)：

$$fib(x)\begin{cases}0 & x=0\\1 & x=1\\fib(x-2)+fib(x-1) & x>1\end{cases}$$

2. 行號 15～18 從鍵盤輸入一個正整數代表費氏第 x 項。
3. 行號 19～21 以函數呼叫傳值的方式，計算並顯示從第 0 項開始到我們所輸入費氏第 x 項的結果。
4. 行號 26～43 為一個計算由主函數所傳來費氏第 x 項的值，而其計算流程為：
   (1) 第 0 項則回傳數值 0。
   (2) 第 1 項則回傳數值 1。
   (3) 第 2 項開始則以迴圈方式執行：

```
fib(x) = fib(x - 2) + fib(x - 1)
```

5-3-3 傳址呼叫 Call by address

當函數呼叫另一個函數並進行參數的傳遞時，如果希望所傳遞參數的內容能被改變時，即可使用傳址呼叫的方式來進行，所謂傳址呼叫就是當進行函數呼叫時，呼叫函數是將所要傳送參數的儲存記憶體位址 (如變數位址或陣列名稱)，傳送給被呼叫的函數，由於呼叫與被呼叫函數的參數皆使用同一塊記憶體，因此當參數內容在被呼叫函數內改變時，於呼叫函數內的參數內容也會跟著改變，其狀況即如下面所示 (假設傳送參數為 &X，&Y)：

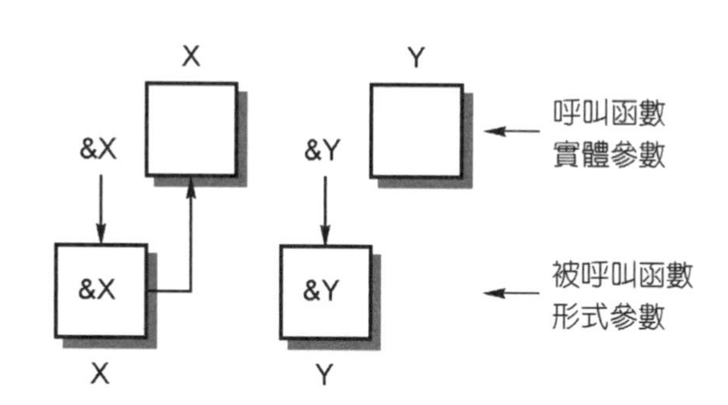

底下我們就舉一個範例來說明與驗證。

範例　檔名：FUNCTION_CALL_ADDRESS

以傳址的方式進行變數資料的互換，並將主函數與被呼叫函數的參數內容顯示在螢幕上。

執行結果：

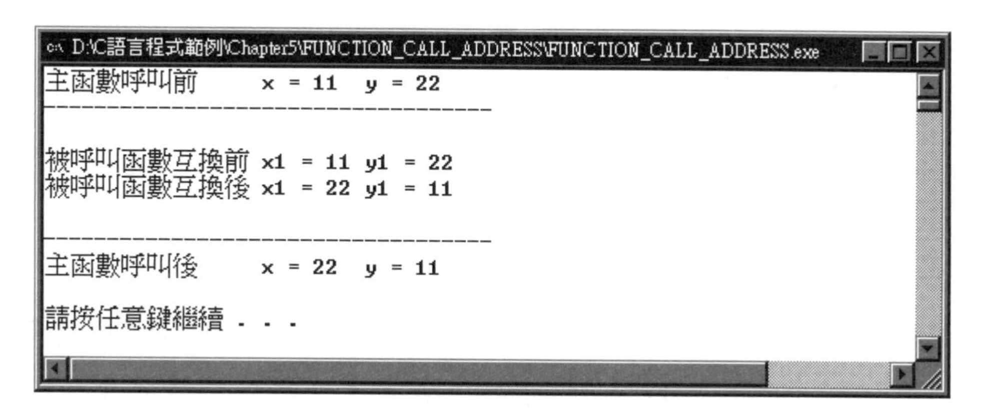

原始程式：

```
1.  /*************************************
2.   * function call by address test   *
3.   * 檔名 : FUNCTION_CALL_ADDRESS.CPP  *
4.   *************************************/
```

```
5.
6.  #include <stdio.h>
7.  #include <stdlib.h>
8.
9.  int main(void)
10. {
11.   void swap(short*, short*);
12.
13.   short x = 11, y = 22 ;
14.
15.   printf("主函數呼叫前\t x = %hd  y = %hd\n", x, y);
16.   printf("------------------------------------\n\n");
17.   swap(&x, &y);
18.   printf("------------------------------------\n");
19.   printf("主函數呼叫後\t x = %hd  y = %hd\n\n", x, y);
20.   system("PAUSE");
21.   return 0;
22. }
23.
24. void swap(short *x1, short *y1)
25. {
26.   short temp;
27.
28.   printf("被呼叫函數互換前 x1 = %hd y1 = %hd\n", *x1, *y1);
29.   temp = *x1;
30.   *x1  = *y1;
31.   *y1  = temp;
32.   printf("被呼叫函數互換後 x1 = %hd y1 = %hd\n\n", *x1, *y1);
33. }
```

重點說明：

1. 行號 11 宣告被呼叫函數的原型 (兩個參數皆為指向帶符號短整數的指標)。
2. 行號 15～16 顯示主函數呼叫前的變數內容：

   X = 11　Y = 22

3. 行號 17 呼叫 swap 函數進行資料的互換，而其參數的傳遞狀況如下：

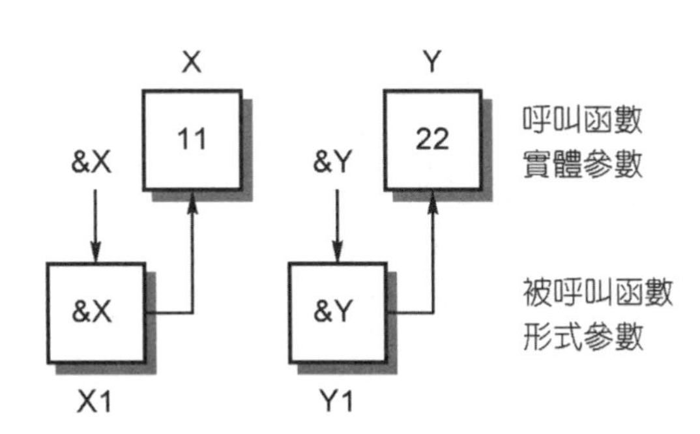

4. 行號 24～33 為被呼叫函數的主體，其目的是將變數的內容互換，其動作狀況與上個範例相同。
5. 行號 33 返回呼叫函數的第 18 行。
6. 行號 19～20 顯示主函數的變數內容，由於兩個函數的參數皆使用同一個記憶空間，因此變數 X, Y 的內容已經被改變。

前面我們曾經討論過，一個陣列的名稱代表儲存此陣列第一個元素的位址，因此於函數呼叫中，當它所傳遞的參數為陣列名稱時，此種呼叫為傳址呼叫 Call by address，其狀況即如下面的範例所示。

範例	檔名：FUNCTION_CALL_ARRAY_1
以傳送陣列名稱的方式進行函數呼叫，並將函數呼叫前後的陣列內容顯示在螢幕上（皆以陣列方式處理）。	

執行結果：

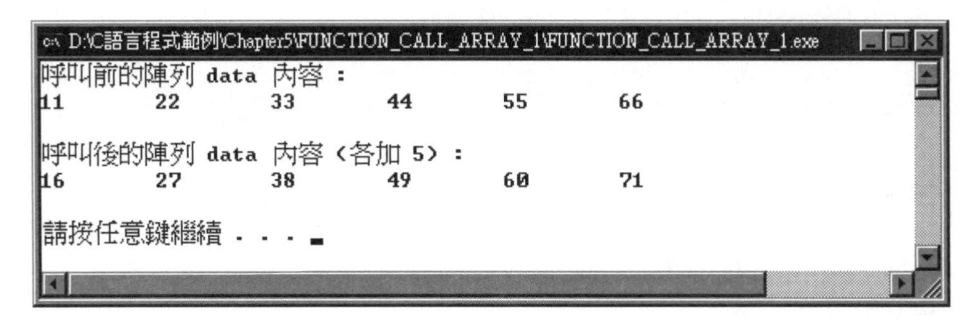

原始程式：

```
1.  /***********************************
2.   *    function call array test      *
3.   * 檔名 : FUNCTION_CALL_ARRAY_1.CPP *
4.   ***********************************/
5.
6.  #include <stdio.h>
7.  #include <stdlib.h>
8.
9.  #define LENGTH 6
10.
11. int main(void)
12. {
13.   void test(short*);
14.
15.   short i, data[] = {11, 22, 33, 44, 55, 66};
16.
17.   printf("呼叫前的陣列 data 內容 :\n");
18.   for(i = 0; i < LENGTH; i++)
19.     printf("%hd      ", data[i]);
20.   printf("\n\n");
21.   test(data);
22.   printf("呼叫後的陣列 data 內容 (各加 5) :\n");;
23.   for(i = 0; i < LENGTH; i++)
24.     printf("%hd      ", data[i]);
25.   printf("\n\n");
26.   system("PAUSE");
27.   return 0;
28. }
29.
30. void test(short* data1)
31. {
32.   short i;
33.
34.   for(i = 0; i < LENGTH; i++)
35.     data1[i] += 5;
36. }
```

重點說明：

1. 行號 13 為被呼叫函數 test 的原型宣告 (參數為指標以便接收呼叫函數所傳送的陣列位址)。
2. 行號 17～20 顯示呼叫前的陣列內容。
3. 行號 21 呼叫函數並傳送陣列 data 的開始位址，其狀況即如下面所示：

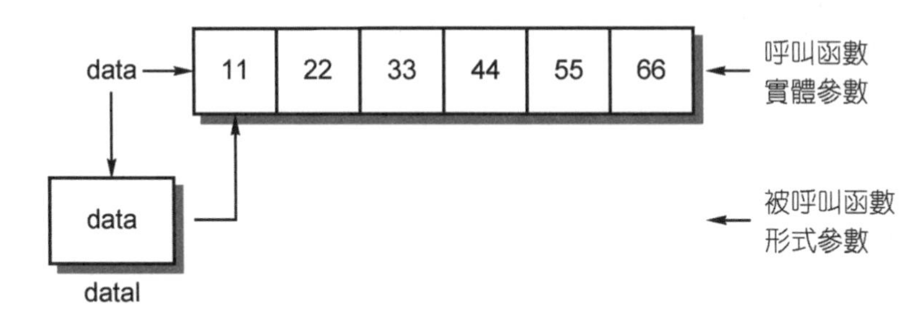

4. 行號 30～36 為被呼叫函數 test，它的目的是以呼叫函數所傳送過來陣列的開始位址，將其內部的每個元素內容加 5。
5. 行號 22～25 將陣列 data 的內容顯示在螢幕上，由於兩個函數使用同一個陣列，因此其內容也就跟著改變。

於前面的範例中，用陣列名稱傳送時代表傳址呼叫 Call by address，因此於被呼叫的函數中我們可以用指標的方式來存取陣列內容，其狀況即如下面範例所示。

範例	檔名：FUNCTION_CALL_ARRAY_2
以傳送陣列名稱的方式進行函數呼叫，並將函數呼叫前後的陣列內容顯示在螢幕上 (被呼叫函數內以指標方式處理)。	

執行結果：

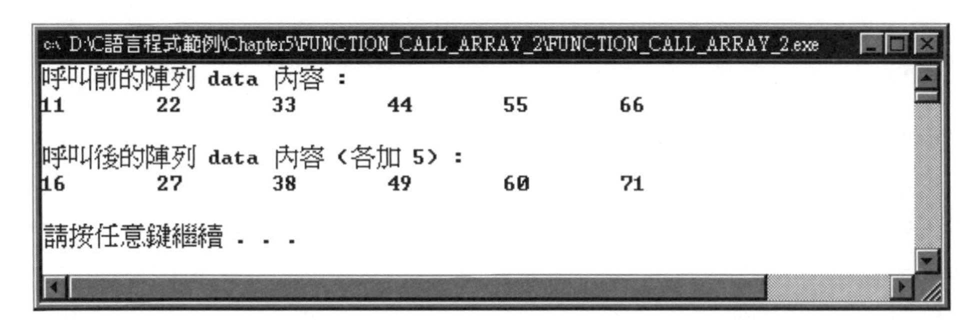

原始程式：

```
1.  /*************************************
2.   *   function call pointer test     *
3.   * 檔名 : FUNCTION_CALL_ARRAY_2.CPP *
4.   *************************************/
5.
6.  #include <stdio.h>
7.  #include <stdlib.h>
8.
9.  #define LENGTH 6
10.
11. int main(void)
12. {
13.   void  test(short*);
14.
15.   short i, data[] = {11, 22, 33, 44, 55, 66};
16.
17.   printf("呼叫前的陣列 data 內容 :\n");
18.   for(i = 0; i < LENGTH; i++)
19.     printf("%hd      ", data[i]);
20.   printf("\n\n");
21.   test(data);
22.   printf("呼叫後的陣列 data 內容 (各加 5) :\n");;
23.   for(i = 0; i < LENGTH; i++)
24.     printf("%hd      ", data[i]);
25.   printf("\n\n");
26.   system("PAUSE");
27.   return 0;
28. }
29.
30. void test(short* ptr)
31. {
32.   short i;
33.
34.   for(i = 0; i < LENGTH; i++)
35.     *(ptr + i) += 5;
36. }
```

重點說明：

與上個範例相似，而其唯一不同之處為本範例於行號 35 內是用指標 pointer 的方式來存取陣列的內容，詳細說明請參閱上面的範例。

善用函數模組化的特性可以使得程式容易閱讀、容易發展、容易維護…等，底下我們就舉兩個範例來說明：

範例一	檔名：FUNCTION_CALL_SORT
以函數呼叫的方式進行資料的排序與顯示，藉以凸顯程式容易閱讀與容易發展的特性。	

執行結果：

```
D:\C語言程式範例\Chapter5\FUNCTION_CALL_SORT\FUNCTION_CALL_SORT.exe
排序之前的資料.............
11      22      33      44      55      66      77      88      99
排序之後的資料.............
99      88      77      66      55      44      33      22      11
請按任意鍵繼續 . . .
```

原始程式：

```
1.  /**********************************
2.   *    function call sorting       *
3.   * 檔名 : FUNCTION_CALL_SORT.CPP  *
4.   **********************************/
5.
6.  #include <stdio.h>
7.  #include <stdlib.h>
8.
9.  #define number 9
10.
11. int main(void)
12. {
13.   void bubble_sort(short*);
14.   void print_array(short*);
15.
```

```
16.   short data[] = {11, 22, 33, 44, 55, 66, 77, 88, 99};
17.
18.   printf("排序之前的資料.............\n\n");
19.   print_array(data);
20.   bubble_sort(data);
21.   printf("排序之後的資料.............\n\n");
22.   print_array(data);
23.   system("PAUSE");
24.   return 0;
25. }
26.
27. void bubble_sort(short* data)
28. {
29.   short i, j, temp;
30.   for(i = number - 2; i >= 0; i--)
31.   {
32.    for(j = 0; j <= i; j++)
33.    if(data[j] < data[j+1])
34.    {
35.     temp      = data[j];
36.     data[j]    = data[j+1];
37.     data[j+1] = temp;
38.    }
39.   }
40. }
41.
42. void print_array(short* data)
43. {
44.   short index;
45.
46.   for(index = 0; index < number; index++)
47.    printf("%hd\t", data[index]);
48.   printf("\n\n");
49. }
```

重點說明：

1. 行號 13 為被呼叫函數 bubble_sort 的原型宣告，參數為指標以便儲存呼叫函數所傳送的陣列位址。
2. 行號 14 為被呼叫函數 print_array 的原型宣告，參數為指標以便儲存呼叫函數所傳送的陣列位址。

3. 行號 27～40 為被呼叫函數 bubble_sort 的主體，其目的為將陣列的內容進行排序 (參閱前面有關排序的敘述)。
4. 行號 42～49 為被呼叫函數 print_array 的主體，其目的為顯示陣列的內容。
5. 行號 11～25 為主要控制函數。

於上面的範例可以發現到，主要控制函數 main( ) 的內容極為精簡，容易閱讀與維護，而且每個函數皆為獨立的模組，彼此之間沒有關連性 (只靠著傳遞參數來溝通)，很容易可以達到分工的境界，它們的特性從底下的範例也可以看得一清二楚。

範例二	檔名：FUNCTION_CALL_OPERATION
以函數呼叫方式進行兩筆從鍵盤輸入帶符號長整數資料的加、減、乘、除等算術運算，並將其結果顯示在螢幕上。	

執行結果：

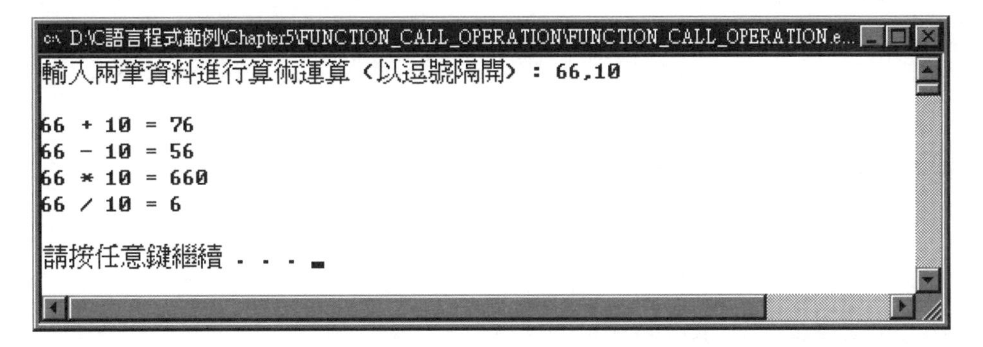

原始程式：

```
1.   /*****************************************
2.    * function call arithmetic operation *
3.    * 檔名 : FUNCTION_CALL_OPERATION.CPP  *
4.    *****************************************/
5.
6.   #include <stdio.h>
7.   #include <stdlib.h>
8.
9.   int main(void)
10.  {
```

```
11.   int add(int, int);
12.   int sub(int, int);
13.   int mul(int, int);
14.   int div1(int, int);
15.
16.   int x, y;
17.
18.   printf("輸入兩筆資料進行算術運算 (以逗號隔開) : ");
19.   fflush(stdin);
20.   scanf("%d,%d", &x, &y);
21.   putchar('\n');
22.   printf("%d + %d = %d\n", x, y, add(x, y));
23.   printf("%d - %d = %d\n", x, y, sub(x, y));
24.   printf("%d * %d = %d\n", x, y, mul(x, y));
25.   printf("%d / %d = %d\n", x, y, div1(x, y));
26.   putchar('\n');
27.   system("PAUSE");
28.   return 0;
29. }
30.
31. int add(int data1, int data2)
32. {
33.   int result ;
34.
35.   result = data1 + data2;
36.   return(result);
37. }
38.
39. int sub(int data1, int data2)
40. {
41.   int result ;
42.
43.   result = data1 - data2;
44.   return(result);
45. }
46.
47. int mul(int data1, int data2)
```

```
48. {
49.   int result ;
50.
51.   result = data1 * data2;
52.   return(result);
53. }
54.
55. int div1(int data1, int data2)
56. {
57.   int result;
58.
59.   result = data1 / data2;
60.   return(result);
61. }
```

重點說明：

與前一個範例相似，只是在凸顯使用函數的優點。

5-4 遞回函數 Recursive function

前面提過於 C 語言系統中，函數與函數之間是相互獨立且平等的，彼此之間可以相互呼叫與傳遞參數，甚至可以呼叫自己本身，當一個函數內含有呼叫自己本身的函數時，即稱之為遞回函數，此種呼叫方式我們稱之為遞回呼叫 Recursive，依照系統對函數呼叫的處理方式，理論上函數是不可以自己呼叫自己，因為當一個函數呼叫另一個函數時，系統會在堆疊 stack 內依次儲存：

1. 呼叫函數目前的執行狀況。
2. 將來返回時的位址。
3. 參數與變數的內容。

一旦 CPU 執行到 return 指令時，系統就會到堆疊區內，依順序將上述資料取回並繼續執行，其狀況即如下圖所示 (假設主函數 main 呼叫函數 function A，函數 A 再呼叫函數 function B)：

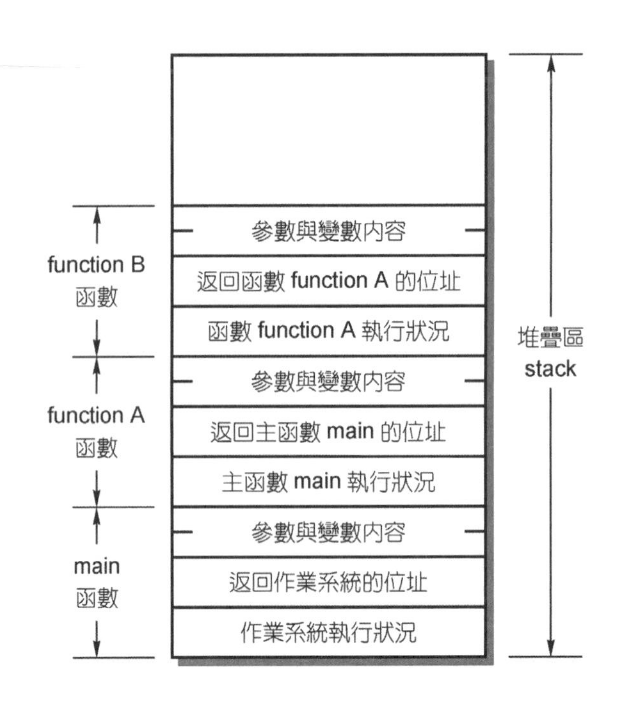

如果函數不斷自己呼叫自己，到最後堆疊區一定無法負荷而產生錯誤，為了避免上述狀況，但又希望函數可以執行遞回呼叫，其唯一方式就是有條件的遞回呼叫，也就是說於函數中每一次要呼叫自己之前先做判斷，看看條件是否成立，如果條件：

1. 不成立：則繼續執行呼叫動作。
2. 成立：則停止呼叫，並執行返回動作。

如此就不會因耗盡堆疊而產生錯誤，至於說到底可以執行幾次遞回的呼叫，原則上是不受限制，端視堆疊區的大小而定，由於遞回呼叫是函數在有條件的情況下自己呼叫自己，因此它比較適合解決必須重複執行工作特性相同的問題，例如求最大公因數 gcd、階層、排列、組合、費氏數列 Fibonacci、河內塔 Hanoi tower、二元樹搜尋法…等。正如上面所討論的，執行遞回呼叫時必須不斷對堆疊 stack 做工作狀態、返回位址、參數與變數內容…等存取的工作，因此其執行效率未必會比較高，但它可以簡化程式的設計，使得程式更加容易閱讀，底下我們就舉幾個範例來說明：

範例一	檔名：FUNCTION_CALL_RECURSIVE_1
以遞回呼叫進行從 1 累加到 6 的工作，並將其呼叫過程顯示在螢幕上。	

執行結果：

```
D:\C語言程式範例\Chapter5\FUNCTION_CALL_RECURSIVE_1\FUNCTION_CALL_RECURSIV...
呼叫過程        Current number = 6      Current total = 0
呼叫過程        Current number = 5      Current total = 0
呼叫過程        Current number = 4      Current total = 0
呼叫過程        Current number = 3      Current total = 0
呼叫過程        Current number = 2      Current total = 0
呼叫過程        Current number = 1      Current total = 0
返回過程        Current number = 1      Current total = 1
返回過程        Current number = 2      Current total = 3
返回過程        Current number = 3      Current total = 6
返回過程        Current number = 4      Current total = 10
返回過程        Current number = 5      Current total = 15
返回過程        Current number = 6      Current total = 21

1 + 2 + .. + 6 =  21

請按任意鍵繼續 . . .
```

原始程式：

```
1.   /****************************************
2.    *    function call recursive test      *
3.    * 檔名 : FUNCTION_CALL_RECURSIVE_1.CPP *
4.    ****************************************/
5.
6.   #include <stdio.h>
7.   #include <stdlib.h>
8.
9.   int main(void)
10.  {
11.    int sum(short);
12.
13.    printf("\n1 + 2 + .. + 6 = %d\n\n", sum(6));
14.    system("PAUSE");
15.    return 0;
16.  }
17.
18.  int sum(short number)
19.  {
20.    int total = 0;
21.
22.    if(number > 0)
23.    {
```

```
24.     printf("呼叫過程\t");
25.     printf("Current number = %hd\t", number);
26.     printf("Current total = %d\n", total);
27.     total = sum(number - 1) + number;
28.     printf("返回過程\t");
29.     printf("Current number = %hd\t", number);
30.     printf("Current total = %d\n", total);
31.   }
32.   return(total);
33. }
```

重點說明：

1. 行號 13 內呼叫函數 sum，並傳遞常數參數 6。
2. 行號 18～33 為被呼叫的函數，此時變數 number 的內容為 6 (由行號 13 傳遞過來)。
3. 行號 22 中 number 第一次的內容為 6，因此程式往下執行，並於行號 24～26 內顯示 number 與 total 的內容。
4. 行號 27 為一個遞回呼叫，而其呼叫及返回過程如下：

number ＝ 6　　sum (5) ＋ 6　　15 ＋ 6 ＝ 21

number ＝ 5　　sum (4) ＋ 5　　10 ＋ 5 ＝ 15

number ＝ 4　　sum (3) ＋ 4　　6 ＋ 4 ＝ 10

number ＝ 3　　sum (2) ＋ 3　　3 ＋ 3 ＝ 6

number ＝ 2　　sum (1) ＋ 2　　1 ＋ 2 ＝ 3

number ＝ 1　　sum (0) ＋ 1　　1

返回

5. 而其執行狀況即如執行結果所示。

當我們於數學運算中在計算階層時，由於：

$$
\begin{aligned}
1! &= 1 \\
2! &= 2 \times 1 = 2 \times 1! \\
3! &= 3 \times 2 \times 1 = 3 \times 2! \\
4! &= 4 \times 3 \times 2 \times 1 = 4 \times 3! \\
5! &= 5 \times 4 \times 3 \times 2 \times 1 = 5 \times 4! \\
&\vdots \\
&\vdots \\
n! &= n \times (n-1) \times \cdots \times 1 = n \times (n-1)!
\end{aligned}
$$

因此我們可以利用遞回呼叫的方式來實現上述的運算方式，其狀況即如底下的範例所示。

範例	檔名：FUNCTION_CALL_RECURSIVE_2
從鍵盤輸入一個帶符號短整數資料，以遞回呼叫方式計算它的階乘值，並將其結果顯示在螢幕上。	

執行結果：

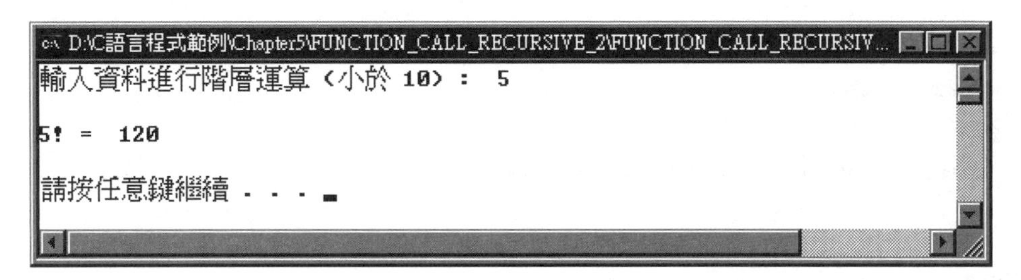

原始程式：

```
1.   /*****************************************
2.    * function call recursive factorial   *
3.    * 檔名 : FUNCTION_CALL_RECURSIVE_2.CPP *
4.    *****************************************/
5.
6.   #include <stdio.h>
7.   #include <stdlib.h>
8.
```

```
9.  int main(void)
10. {
11.   int factorial(short);
12.
13.   int final;
14.   short last;
15.
16.   printf("輸入資料進行階層運算 (小於 10) : ");
17.   fflush(stdin);
18.   scanf("%hd", &last);
19.   if(last)
20.   {
21.     final = factorial(last);
22.     printf("\n%hd! = %d\n\n", last, final);
23.   }
24.   else
25.     printf("\n\n");
26.   system("PAUSE");
27.   return 0;
28. }
29.
30. int factorial(short number)
31. {
32.   if(number == 1)
33.     return(1);
34.   else
35.     return(number * factorial(number - 1));
36. }
```

重點說明：

1. 行號 11 宣告被呼叫函數的原型。
2. 行號 16～18 輸入所要計算的階層數。
3. 行號 19 判斷，如果輸入資料：
   (1) 為 0 時，則經由行號 24～28 結束程式的執行。
   (2) 不為 0 時，則呼叫函數 factorial 並把輸入值傳遞出去。
4. 行號 30～36 為被呼叫的函數主體，其中行號 35 為一個遞回呼叫，其執行狀況如下 (假設輸入的階層數為 5)：

number = 5	5 × factorial (4)	5 × 24 = 120
number = 4	4 × factorial (3)	4 × 6 = 24
number = 3	3 × factorial (2)	3 × 2 = 6
number = 2	2 × factorial (1)	2 × 1 = 2
number = 1	1	返回

範例 檔名：FUNCTION_CALL_RECURSIVE_3

從鍵盤輸入一筆整數資料，以函數遞回呼叫的方式顯示它的費波南希 (Fibonacci 費氏) 數列，其狀況如下：

輸入值	0	1	2	3	4	5	6	7	8	9	10	11	…
費氏數列	0	1	1	2	3	5	8	13	21	34	55	89	…

執行結果：

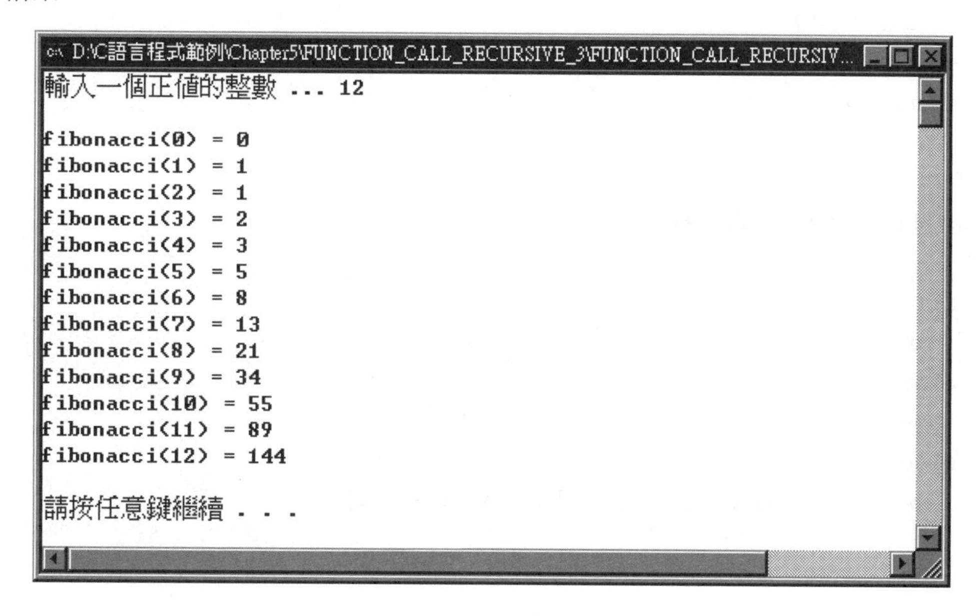

```
D:\C語言程式範例\Chapter5\FUNCTION_CALL_RECURSIVE_3\FUNCTION_CALL_RECURSIV...
輸入一個正值的整數 ... 12

fibonacci(0) = 0
fibonacci(1) = 1
fibonacci(2) = 1
fibonacci(3) = 2
fibonacci(4) = 3
fibonacci(5) = 5
fibonacci(6) = 8
fibonacci(7) = 13
fibonacci(8) = 21
fibonacci(9) = 34
fibonacci(10) = 55
fibonacci(11) = 89
fibonacci(12) = 144

請按任意鍵繼續 . . .
```

原始結果：

```
1.  /****************************************
2.   * function call recursive fibonacci    *
3.   * 檔名 : FUNCTION_CALL_RECURSIVE_3.CPP *
4.   ****************************************/
5.
6.  #include <stdio.h>
7.  #include <stdlib.h>
8.
9.  int main(void)
10. {
11.   int  fibonacci(short);
12.
13.   short data, i;
14.
15.   printf("輸入一個正值的整數 ... ");
16.   fflush(stdin);
17.   scanf("%hd", &data);
18.   for(i = 0; i <= data; i++)
19.     printf("fibonacci(%hd) = %d\n", i, fibonacci(i));
20.   printf("\n");
21.   system("PAUSE");
22.   return 0;
23. }
24.
25. int fibonacci(short x)
26. {
27.   if(x == 0)
28.     return 0;
29.   else if(x == 1)
30.     return 1;
31.   else
32.     return(fibonacci(x - 2) + fibonacci(x - 1));
33. }
```

重點說明：

程式設計的演算法與前面檔名為 FUNCTION_CALL_FIBONACCI 的程式相似，唯一不同點為本程式是以函數遞回呼叫來實現，請自行參閱前面的敘述。

5-5 資料的儲存類別

當軟體工程師在撰寫程式時，往往會使用或多或少的資料，這些資料依照它的生命週期以及使用範圍，可以區分為全區資料 global data 與區域資料 local data 兩大類，所謂全區資料就是資料一經宣告後在程式的任何地方都可以看得到，它的好處是設計師可以在任何函數內使用或修改它的內容，缺點是稍有不慎很容易發生錯誤 (不小心修改到不應該修改的資料內容)；所謂區域資料就是資料在某一個函數內宣告後，只有在那一個函數內才看得到 (可以修改它的內容)，一旦離開那一個函數後資料就會消失，它的特點剛好與全區資料相反。

在 C 語言系統中，通常它會將作業系統分配給它的記憶體空間區分成四大區塊，其狀況即如下圖所示：

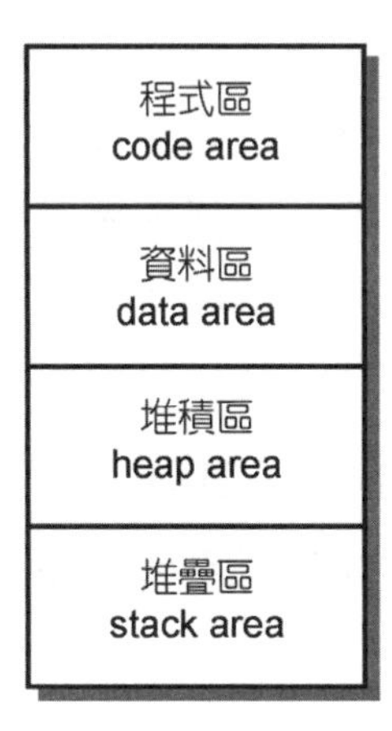

1. **程式區**：用來儲存程式，也就是程式中所有函數的機器語言。
2. **資料區**：用來儲存程式內的全區資料 global data 與靜態資料 static data (參閱後面的敘述)。
3. **堆積區**：用來儲存程式內的動態資料。
4. **堆疊區**：用來儲存程式內的區域資料 local data，譬如函數內所宣告的資料 (參閱後面的敘述)。

於程式中資料存放在那一個記憶區塊，會影響到該筆資料的生命週期以及使用範圍，於 C 語言中，我們可以將資料依它們所存放的記憶區塊 (即儲存類別) 分成下面四大類別：

1. 自動 auto 類別。
2. 暫存器 register 類別。
3. 靜態 static 類別。
4. 外部 extern 類別。

適當的選擇資料儲存類別不但可以提高記憶體的使用效率、提升程式的執行速度、更可以減少錯誤的發生，底下我們就來討論這些不同儲存類別的資料特性。

自動類別 auto

當我們在函數內部宣告一筆資料，如果沒有在資料前面加入任何儲存類別時，系統都會預設成自動類別 auto (機定值 default)，自動類別資料的特性為當函數被執行時系統才會在堆疊區 (stack) 配置一塊記憶空間給它儲存，一旦函數執行完畢或回到呼叫函數後，此記憶空間就會被收回，當然資料內容也會隨之消失，因此它又稱為區域資料 local data，從上面的敘述可以知道，自動類別資料的有效範圍只有在宣告它的函數或程式區塊內，一旦離開函數或程式區塊則失效，除非下一次再進入函數或程式區塊內它才會再次產生 (注意！上次所執行的內容已經不存在了)，合法自動類別資料的宣告方式如下：

```
auto float average;    //宣告 auto 變數
     int    total;      //機定值宣告 auto 變數
```

底下我們舉個範例來說明自動類別的特性。

範例	檔名：VARIABLE_AUTO_1
以函數呼叫的方式測試自動類別資料的基本特性。	

執行結果：

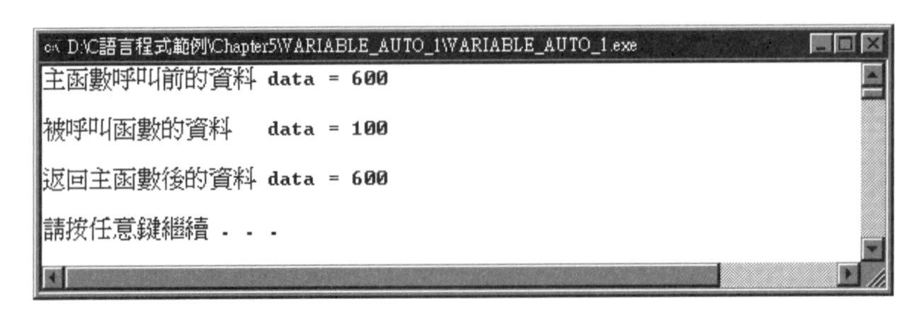

原始程式：

```
1.  /******************************
2.   *    auto variable  test      *
3.   * 檔名 : VARIABLE_AUTO_1.CPP *
4.   ******************************/
5.
6.  #include <stdio.h>
7.  #include <stdlib.h>
8.
9.  int main(void)
10. {
11.   void function(void);
12.
13.   int  data = 600;
14.
15.   printf("主函數呼叫前的資料 data = %d\n\n", data);
16.   function();
17.   printf("返回主函數後的資料 data = %d\n\n", data);
18.   system("PAUSE");
19.   return 0;
20. }
21.
22. void function(void)
23. {
24.   int data = 100;
25.
26.   printf("被呼叫函數的資料   data = %d\n\n", data);
27. }
```

重點說明：

1. 行號 11 宣告呼叫函數的原型。
2. 行號 13 宣告自動儲存類別的帶符號長整數資料 data，並設定其內容為 600。
3. 行號 15 顯示呼叫函數前的資料 data 內容 (600)。
4. 行號 16 呼叫函數 function。
5. 行號 22～27 為被呼叫函數的主體，其中：
   (1) 行號 24 內宣告自動儲存類別的帶符號長整數資料 data，並設定其內容為 100。

(2) 行號 26 顯示資料 data 的內容 (100)。

由於本函數所宣告的資料 data 為自動類別，進入到本函數時它才會產生，離開本函數時它就會自動消失，雖然名稱與呼叫函數行號 13 的資料相同，但兩者毫無關係 (它是屬於區域變數)。

6. 當程式返回呼叫函數執行時，於行號 17 內顯示資料 data 的內容 600 (行號 13 所設定的內容)，並結束程式的執行。

由於自動類別的資料是屬於區域性資料，它的生命週期以及使用範圍只有在宣告的函數或程式區塊 (由大括號所函蓋) 才有效，因此我們可以在不同程式區塊內使用名稱相同的自動類別資料，其狀況即如下面的範例所示。

範例	檔名：VARIABLE_AUTO_2
以程式區塊的方式宣告並測試自動類別資料的特性。	

執行結果：

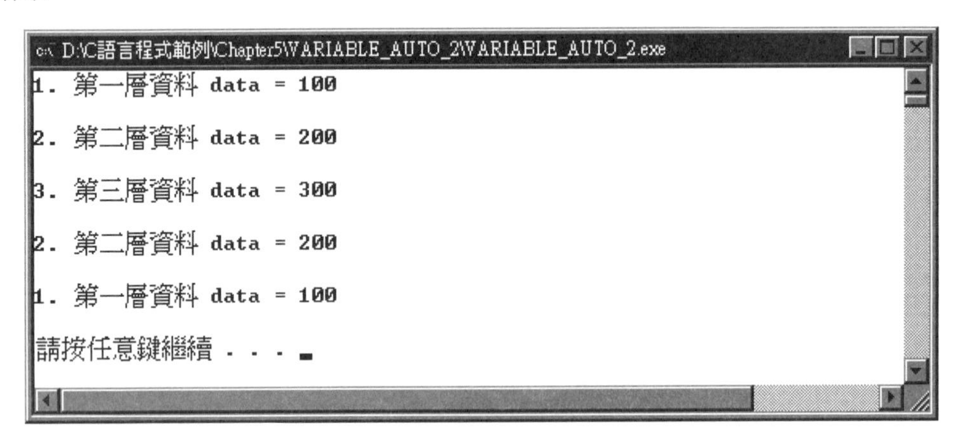

原始程式：

```
1.  /*******************************
2.   *    auto variable  test      *
3.   * 檔名 : VARIABLE_AUTO_2.CPP  *
4.   *******************************/
5.
6.  #include <stdio.h>
7.  #include <stdlib.h>
```

```
8.
9.  int main(void)
10. {
11.   int data = 100;
12.
13.   printf("1. 第一層資料 data = %d\n\n", data);
14.   {
15.     int data = 200;
16.
17.     printf("2. 第二層資料 data = %d\n\n", data);
18.     {
19.       int data = 300;
20.
21.       printf("3. 第三層資料 data = %d\n\n", data);
22.     }
23.     printf("2. 第二層資料 data = %d\n\n", data);
24.   }
25.   printf("1. 第一層資料 data = %d\n\n", data);
26.   system("PAUSE");
27.   return 0;
28. }
```

重點說明：

1. 行號 11 宣告第一層資料 data，並設定其內容為 100，而其程式區塊為行號 10～28。
2. 行號 15 宣告第二層資料 data，並設定其內容為 200，而其程式區塊為行號 14～24。
3. 行號 19 宣告第三層資料 data，並設定其內容為 300，而其程式區塊為 18～22。
4. 上面三個自動類別資料的名稱雖然都一樣，但它們分屬不同的程式區塊，因此各自擁有不同的記憶空間與生命週期，其特性請參閱執行結果。

暫存器類別 register

暫存器類別的特性與自動類別相似，它的生命週期也是進入到宣告它的函數或程式區塊內它就產生，離開函數或程式區塊它就會消失，它們同屬於區域資料 local data，而其不同點是自動類別的資料是存放在堆疊的記憶體內，暫存器類別的資料是存放在 CPU 內部的暫存器內，由於電腦內部的執行元件為中央處理單元 CPU，如果我們將資料儲存在記憶體內，CPU 必須花費額外的時間從記憶體讀回暫存器處理，如果我們將使用很頻繁的資料存放在暫存器內，就可以省去沒有必要的記憶體存取時間，因此執行效率會比較高，這就是暫存器類別的好處，由於 CPU 內部的暫存器數量不多，因此使用暫存器類別時必須稍加斟酌。合法暫存器類別資料的宣告方式如下：

```
register   short   data;
register   int     total;
```

底下我們就舉個範例來說明暫存器類別的特性。

範例	檔名：VARIABLE_REGISTER
以暫存器資料類別方式執行攝氏溫度與華氏溫度的互換。	

執行結果：

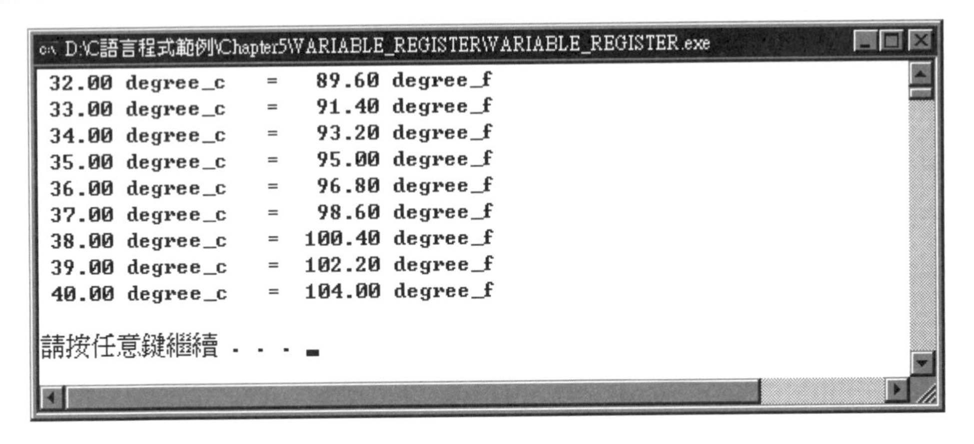

原始程式：

```
1.  /********************************
2.   *   register variable test     *
3.   * 檔名 : VARIABLE_REGISTER.CPP *
4.   ********************************/
5.
6.  #include <stdio.h>
7.  #include <stdlib.h>
8.
9.  int main(void)
```

```
10. {
11.   float degree_convert(float);
12.
13.   register float degree_c;
14.
15.   for(degree_c = 32; degree_c < 41; degree_c++)
16.     printf("%6.2f degree_c  = %6.2f degree_f\n",
17.                   degree_c, degree_convert(degree_c));
18.   putchar('\n');
19.   system("PAUSE");
20.   return 0;
21. }
22.
23. float degree_convert(float degree_c)
24. {
25.   float degree_f;
26.
27.   degree_f = ((degree_c * 9) / 5) + 32;
28.   return(degree_f);
29. }
```

重點說明：

1. 行號 9～21 為主函數主體。
2. 行號 23～29 為被呼叫函數的主體。
3. 由於浮點變數 degree_c 於函數中時常被用到，因此於行號 13 內我們指定它儲存在 CPU 內部的暫存器內，以便提升其執行速度。
4. 程式的目的為將主函數的攝氏溫度儲存在暫存器內，其範圍為 32～40 度，並依次以傳值的方式呼叫 degree_convert 函數進行華氏溫度的轉換，並將其結果傳回主函數內顯示，由於使用的是暫存器類別，因此其執行速度較快。

靜態類別 static

前面我們討論過，當一筆資料被宣告成自動類別時，它會隨著函數的執行而產生，函數的結束而消失，但是當我們在設計程式時往往因為需要，希望在函數結束時能夠保持目前執行的結果，等到下一次再進入該函數時能夠繼續使用，此時我們就必須將資料的儲存類別宣告成靜態 static，合法靜態類別的宣告方式如下：

```
static  int    data;
static  float  grade;
```

靜態類別資料是在程式進行編譯時，就在我們前面所談過的資料區內配置了記憶空間(與全區資料同一塊)，因此其內容不會隨著函數的結束而消失，每次該函數被呼叫時，也不會重新分配空間，它的資料始終都被保存在資料區內，直到程式結束後才會消失。如果宣告後的資料沒有被初始化時，系統會將它們清除為 0，注意！靜態類別資料雖然與全區資料儲存在同一塊記憶空間內，但只有定義它的函數才看得到，並不像全區資料，所有函數都可以使用，底下我們就舉一個範例來說明靜態類別的資料特性。

範例　檔名：VARIABLE_STATIC

以靜態類別資料的方式進行累加函數與兩數相乘函數的呼叫，並將其執行結果與執行狀況顯示在螢幕上，以便凸顯靜態類別資料的特性。

執行結果：

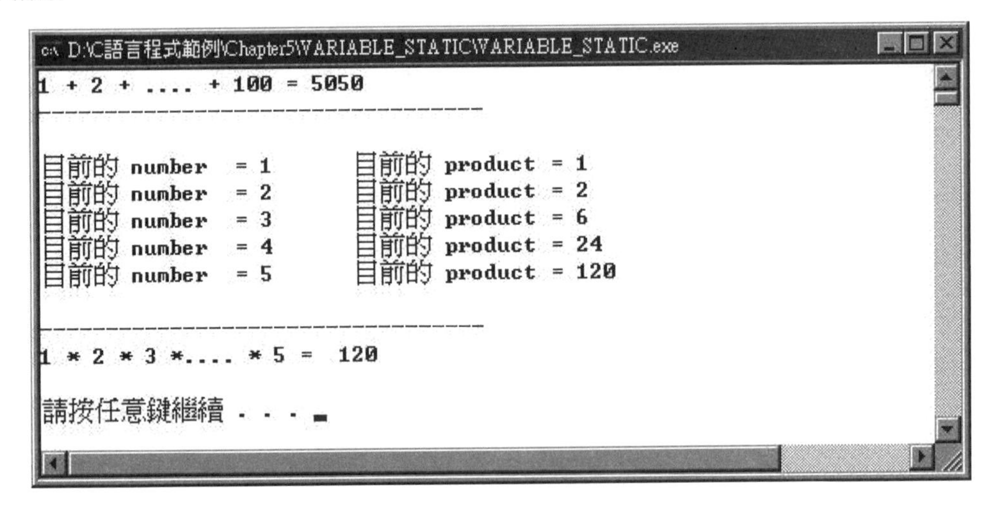

原始程式：

```
1.   /*******************************
2.    *   static variable test      *
3.    * 檔名 : VARIABLE_STATIC.CPP  *
4.    *******************************/
5.
6.   #include <stdio.h>
```

```
7.  #include <stdlib.h>
8.
9.  int main(void)
10. {
11.   int add(int);
12.   int mul(int);
13.
14.   int i, total;
15.
16.   printf("1 + 2 + .... + 100 = %d\n", add(100));
17.   printf("-----------------------------------\n\n");
18.   for(i = 1; i <= 5; i++)
19.     total = mul(i);
20.   printf("\n-----------------------------------\n");
21.   printf("1 * 2 * 3 *.... * 5 = %d\n\n", total);
22.   system("PAUSE");
23.   return 0;
24. }
25.
26. int add(int last_number)
27. {
28.   int         i;
29.   static int sum;
30.
31.   for(i = 1; i <= last_number; i++)
32.     sum += i;
33.   return(sum);
34. }
35.
36. int mul(int number)
37. {
38.   static int product = 1;
39.
40.   product *= number;
41.   printf("目前的 number  = %d\t", number);
42.   printf("目前的 product = %d\n", product);
43.   return(product);
44. }
```

重點說明：

1. 行號 11、12 分別宣告被呼叫函數的原型。
2. 行號 26～34 為被呼叫函數 add 的主體，行號 29 中宣告長整數變數 sum 的儲存類別為靜態，因此變數 sum 的內容會被清除為 0，整個函數的目的在做累加的動作，而其所要累加的最後值 last_number 則由呼叫函數 add 以傳值 Call by value 的方式傳遞過來。
3. 行號 36～44 為被呼叫函數 mul 的主體，行號 38 中宣告長整數變數 product 的儲存類別為靜態，並設定其內容為 1，整個函數的目的只是在做兩個變數 product 與 number 的內容相乘，並將其結果存回變數 product 內，變數 number 的值則由呼叫函數 mul 以傳值 call by value 的方式傳遞過來，此處要特別留意，由於變數 product 的儲存類別為靜態，因此當離開函數 mul 後，它的內容還是會被保留起來，當下一次再呼叫函數 mul 時再繼續使用。
4. 靜態類別資料的特性請參閱前面的敘述與執行結果。

全區資料 global data

當設計師將資料宣告在程式區塊的外面時 (函數名稱的外面)，此筆資料就是全區資料 global data，全區資料由編譯器建立，並儲存在資料區內部，如果沒有設定內容時，它會被清除為 0，全區資料一旦宣告完畢，在它底下的所有函數都可以使用它 (在它宣告之前的函數則看不到它)，如果在所有函數的前面宣告時，則所有函數都可以使用及改變它的內容，使用上極為方便，這是它的優點；缺點是很容易發生錯誤，且一旦發生錯誤時偵錯比較麻煩，全區資料的基本特性即如下面範例所示。

範例	檔名：VARIABLE_GLOBAL_1
以全區資料的方式呼叫函數，並顯示呼叫前後主函數與被呼叫函數的全區資料內容，藉以凸顯它的特性。	

執行結果：

```
D:\C語言程式範例\Chapter5\VARIABLE_GLOBAL_1\VARIABLE_GLOBAL_1.exe
主函數呼叫前       x = 55 y = 66

----------------------------------
剛進入被呼叫函數  x = 55 y = 66
執行完被呼叫函數  x = 57 y = 69
----------------------------------

返回主函數後       x = 57 y = 69

請按任意鍵繼續 . . .
```

原始程式：

```
1.   /*********************************
2.    *    global variable test      *
3.    * 檔名 : VARIABLE_GLOBAL_1.CPP  *
4.    *********************************/
5.
6.   #include <stdio.h>
7.   #include <stdlib.h>
8.
9.   short x = 55, y = 66; // 全區變數
10.
11.  int main(void)
12.  {
13.    void func(void);
14.
15.    printf("主函數呼叫前\t x = %hd y = %hd\n\n", x, y);
16.    printf("----------------------------------\n");
17.    func();
18.    printf("----------------------------------\n\n");
19.    printf("返回主函數後\t x = %hd y = %hd\n\n", x, y);
20.    system("PAUSE");
21.    return 0;
22.  }
23.
24.  void func(void)
25.  {
26.
27.    printf("剛進入被呼叫函數  x = %hd y = %hd\n", x, y);
28.    x += 2;
```

```
29.    y += 3;
30.    printf("執行完被呼叫函數  x = %hd y = %hd\n", x, y);
31.  }
```

重點說明：

1. 行號 9 宣告全區變數，並設定其內容 x = 55，y = 66。
2. 行號 13 宣告被呼叫函數的原型。
3. 行號 15～16 顯示呼叫函數之前的 x 與 y 內容。
4. 行號 17 呼叫函數 func( )。
5. 行號 24～31 為被呼叫函數 func( ) 的主體，由於變數 x、y 為全區變數，也就是在呼叫或被呼叫函數內皆使用同一個記憶空間，因此行號 27 內顯示 x、y 的內容與呼叫函數行號 15 皆相同。
6. 行號 28～29 將 x、y 的內容各別加 2 與 3 後，於行號 30 內顯示其內容，並於行號 31 回到呼叫函數的行號 18 執行，行號 19 內所顯示 x、y 的內容當然與行號 30 所顯示的內容相同。

全區資料的使用範圍跟它所宣告的位置有很密切的關係，畢竟編譯器的編譯方式是由上而下，因此全區資料的有效範圍是從它宣告完畢以後的函數開始，反過來說，在它沒有宣告之前的函數是無效的，而其詳細特性即如下面範例所示。

範例	檔名：VARIABLE_GLOBAL_2
以全區資料的方式呼叫函數，並顯示每個函數內部資料變數的內容與運算結果，借以凸顯所宣告全區資料的位置和它的生命週期與有效範圍的關係。	

執行結果：

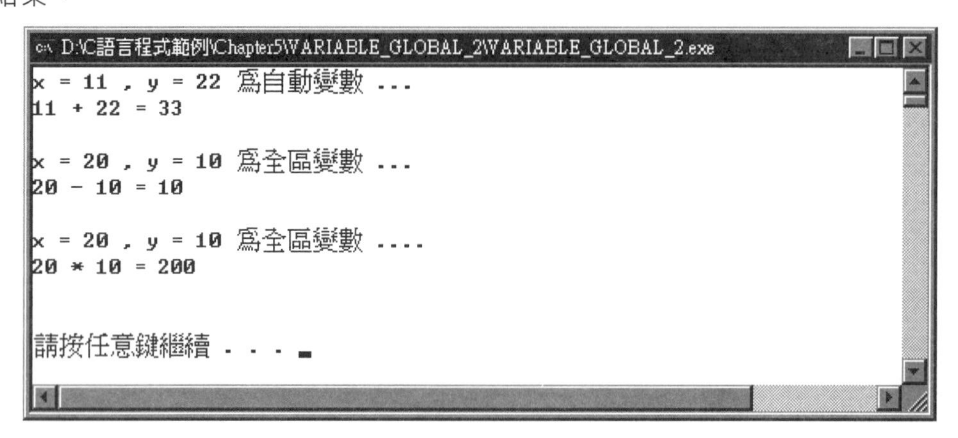

原始程式：

```
1.  /********************************
2.   *   global variable test      *
3.   * 檔名 : VARIABLE_GLOBAL_2.CPP *
4.   ********************************/
5.
6.  #include <stdio.h>
7.  #include <stdlib.h>
8.
9.  int main(void)
10. {
11.   void sub(void);
12.   void mul(void);
13.
14.   int x = 11, y = 22; // 自動變數
15.
16.   printf("x = 11 , y = 22 爲自動變數 ...\n");
17.   printf("%d + %d = %d\n\n", x, y, x + y);
18.   sub();
19.   mul();
20.   putchar('\n');
21.   system("PAUSE");
22.   return 0;
23. }
24.
25. int x = 20, y = 10; // 全區變數
26.
27. void sub(void)
28. {
29.   printf("x = 20 , y = 10 爲全區變數 ...\n");
30.   printf("%d - %d = %d\n\n", x, y, x - y);
31. }
32.
33. void mul(void)
34. {
35.   printf("x = 20 , y = 10 爲全區變數 ....\n");
36.   printf("%d * %d = %d\n\n", x, y, x * y);
37. }
```

重點說明：

1. 行號 9～23 為主函數 main，行號 14 內宣告自動類別的變數 x、y，並設定其內容為 11、22，其有效範圍只限於行號 16～23，因此行號 17 分別顯示 11、22、33。
2. 行號 25 宣告全區變數 x、y，並設定其內容為 20、10，所以其有效範圍只限於行號 27～37，因此行號 30 分別顯示 20、10、10，行號 36 分別顯示 20、10、200。

外部類別 extern

綜合前面的敘述我們可以知道，自動類別的資料是宣告在某個函數內，其有效範圍也只限於宣告資料的函數內部，一旦離開函數，資料就會立刻消失，特性上它是屬於區域資料 local data，全區資料 global data 是宣告在函數的外面，由於程式的編譯順序是由上而下，因此資料一經宣告後，在它底下的函數皆可以使用 (在宣告之前的函數則無法取用)。如果設計師想要在一個函數內使用在它之後所宣告的資料時，就必須將這些資料宣告成外部類別 extern，注意！這些資料與使用函數可以同屬於一個程式 (檔案)，也可以分屬於兩個不同的程式 (檔案)，外部類別資料的宣告語法為：

```
extern   short   number;
extern   float   grade;
```

底下我們就列舉資料與使用函數同屬於一個檔案，與分屬於不同檔案 (必須引入標頭檔)，兩個範例來說明外部類別資料的特性：

範例一	檔名：VARIABLE_EXTERNAL_1
以外部類別的資料方式，在呼叫函數內使用在它後面宣告的資料，以便計算及顯示攝氏溫度與華氏溫度的轉換結果。	

執行結果：

```
D:\C語言程式範例\Chapter5\VARIABLE_EXTERNAL_1\VARIABLE_EXTERNAL_1.exe
32.00 degree_c   =   89.60 degree_f
33.00 degree_c   =   91.40 degree_f
34.00 degree_c   =   93.20 degree_f
35.00 degree_c   =   95.00 degree_f
36.00 degree_c   =   96.80 degree_f
37.00 degree_c   =   98.60 degree_f
38.00 degree_c   =  100.40 degree_f
39.00 degree_c   =  102.20 degree_f
40.00 degree_c   =  104.00 degree_f

請按任意鍵繼續 . . .
```

原始程式：

```
1.  /**********************************
2.   *    external variable test      *
3.   * 檔名 : VARIABLE_EXTERNAL_1.CPP  *
4.   **********************************/
5.
6.  #include <stdio.h>
7.  #include <stdlib.h>
8.
9.  int main(void)
10. {
11.   float degree_convert(void);
12.
13.   extern float degree_c;
14.
15.   for(degree_c = 32; degree_c < 41; degree_c++)
16.     printf("%6.2f degree_c  = %6.2f degree_f\n",
17.                       degree_c, degree_convert());
18.   putchar('\n');
19.   system("PAUSE");
20.   return 0;
21. }
22.
23. float degree_c;
24.
25. float degree_convert(void)
26. {
```

```
27.   float degree_f;
28.
29.   degree_f = ((degree_c * 9) / 5) + 32;
30.   return (degree_f);
31. }
```

重點說明：

1. 行號 9～21 為主要函數 main 的主體，其目的是將攝氏溫度轉換成華氏溫度。
   (1) 行號 11 為被呼叫函數的原型宣告。
   (2) 行號 13 為外部變數的宣告，因為函數之前並沒有宣告變數 degree_c，而其宣告位置在行號 23 (函數的後面)。
   (3) 行號 15～20 為函數的主要內容，其目的為溫度的換算。
2. 行號 23 為全區變數 degree_c 的宣告，其有效範圍為行號 25～31，因此前面函數要使用它時必須以外部 extern 來宣告 (行號 13)。
3. 程式特性請參閱前面的執行結果。

如果函數內所使用的資料是在另外一個檔案內宣告時 (譬如在標頭檔內宣告)，其狀況如下：

範例二	檔名：VARIABLE_EXTERNAL_2
以外部類別的資料方式，將被呼叫函數以“引入標頭檔”加入主函數，並使用主函數所宣告的資料進行攝氏溫度與華氏溫度的轉換。	

一、主程式內容　檔名：VARIABLE_EXTERNAL_2：

```
1.  /************************************
2.   * external variable with header   *
3.   * 檔名 : VARIABLE_EXTERNAL_2.CPP   *
4.   ***********************************/
5.
6.  #include <stdio.h>
7.  #include <stdlib.h>
8.  #include "degree_convert_header.h"
9.
10. float   degree_c;
```

```
11.
12. int main(void)
13. {
14.
15.   for(degree_c = 32; degree_c < 41; degree_c++)
16.     printf("%.2f degree_c  =  %.2f degree_f\n",
17.                    degree_c, degree_convert());
18.   printf("\n\n");
19.   system("PAUSE");
20.   return 0;
21. }
```

二、標頭檔內容　檔名：degree_convert_header.h

```
1.   /**********************************
2.    *    degree_convert's header       *
3.    * 檔名 : degree_convert_header.h   *
4.    **********************************/
5.
6.   float degree_convert(void)
7.   {
8.     extern float degree_c;
9.     float  degree_f;
10.
11.    degree_f = ((degree_c * 9) / 5) + 32;
12.    return (degree_f);
13.  }
```

執行結果：

```
D:\C語言程式範例\Chapter5\VARIABLE_EXTERNAL_2\VARIABLE_EXTERNAL_2.exe
32.00 degree_c  =  89.60 degree_f
33.00 degree_c  =  91.40 degree_f
34.00 degree_c  =  93.20 degree_f
35.00 degree_c  =  95.00 degree_f
36.00 degree_c  =  96.80 degree_f
37.00 degree_c  =  98.60 degree_f
38.00 degree_c  =  100.40 degree_f
39.00 degree_c  =  102.20 degree_f
40.00 degree_c  =  104.00 degree_f


請按任意鍵繼續 . . .
```

重點說明：

1. 行號 12～21 為主函數 main 的主體。
2. 行號 8 宣告引入標頭檔"degree_convert_header.h"。
3. 行號 10 宣告全區變數 degree_c。
4. 行號 12～21 為主函數內容，其目的在做攝氏溫度與華氏溫度的轉換。
5. 於標頭檔內容 (檔名為 degree_convert_header.h) 中，行號 8 宣告外部變數 degree_c，此筆資料的宣告位置在前面函數(檔名為 VARIABLE_EXTERNAL_2) 的行號 10，因此必須以 extern 來宣告。
6. 程式特性請參閱前面的執行結果。

自我練習與評量

5-1 執行下面程式的結果為何？

```
1.  // PRACTICE_5_1
2.
3.  #include <stdio.h>
4.  #include <stdlib.h>
5.
6.  #define VISUAL_C
7.
8.  int main(void)
9.  {
10.   #ifdef VISUAL_C
11.     printf("這是 VISUAL C 系統 !!\n\n");
12.   #else
13.     printf("這不是 VISUAL C 系統\n\n");
14.   #endif;
15.   system("PAUSE");
16.   return 0;
17. }
```

5-2 執行下面程式的結果為何？

```
1.  // PRACTICE_5_2
2.
3.  #include <stdio.h>
4.  #include <stdlib.h>
5.
6.  #define PASCAL
7.  #ifdef  PASCAL
8.  #define BEGIN {
9.  #define END   }
10. #define print printf
11. #endif
12.
13. int main(void)
14.
15. BEGIN
```

```
16.   print("這是 PASCAL 系統 !!\n\n");
17.   print("以 BEGIN 取代 { !!\n");
18.   print("以 END 取代   } !!\n");
19.   print("以 print 取代 printf !!\n\n");
20.   system("PAUSE");
21.   return 0;
22. END
```

5-3 執行下面程式的結果為何？

```
1.  // PRACTICE_5_3
2.
3.  #include <stdio.h>
4.  #include <stdlib.h>
5.
6.  #define SUB1(X,Y)  (X - Y)
7.  #define SUB2(x,y)  ((x) - (y))
8.  #define MUL1(X,Y)  (X * Y)
9.  #define MUL2(x,y)  ((x) * (y))
10.
11. int main(void)
12. {
13.   printf("結果爲 %hd 注意其執行結果！！\n\n", SUB1(5+2,3+1));
14.   printf("結果爲 %hd 注意其執行結果！！\n\n", SUB2(5+2,3+1));
15.   printf("結果爲 %hd 注意其執行結果！！\n\n", MUL1(5+2,3+1));
16.   printf("結果爲 %hd 注意其執行結果！！\n\n", MUL2(5+2,3+1));
17.   system("PAUSE");
18.   return 0;
19. }
```

5-4 設計一個程式，利用巨集定義有參數傳送的簡單函數，當我們從鍵盤上輸入兩筆整數資料 (以空白隔開) 時，則依次計算這兩個數值 (x 與 y)：

相加的和 ADD (x, y)
相減的差 SUB (x, y)
相乘的積 MUL (x, y)
相除的商 DIV (x, y)
相除後的餘數 MOD (x, y)

其狀況如下：

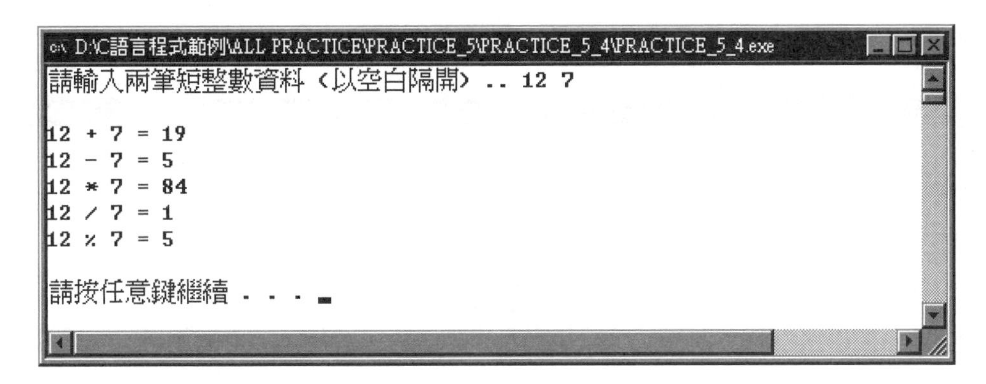

5-5　設計一個程式，利用巨集定義有參數傳送的簡單函數，當我們從鍵盤上依次輸入資料與所要執行的選項 (以空白隔開) 後，則執行該選項的功能，其中：

1. 代表選擇計算平方值。
2. 代表選擇計算立方值。
3. 代表選擇計算絕對值。
4. 代表選擇判斷奇數或偶數。

其狀況如下：

```
D:\C語言程式範例\ALL PRACTICE\PRACTICE_5\PRACTICE_5_5\...
1 : 計算平方值！！
2 : 計算立方值！！
3 : 計算絕對值！！
4 : 判斷奇偶數值！！

請輸入資料與選項 <以空白隔開> .. -5 1
-5 的平方值 = 25

請按任意鍵繼續 . . .
```

```
D:\C語言程式範例\ALL PRACTICE\PRACTICE_5\PRACTICE_5_5\...
1 : 計算平方值！！
2 : 計算立方值！！
3 : 計算絕對值！！
4 : 判斷奇偶數值！！

請輸入資料與選項 <以空白隔開> .. -5 2
-5 的立方值 = -125

請按任意鍵繼續 . . .
```

```
D:\C語言程式範例\ALL PRACTICE\PRACTICE_5\PRACTICE_5_5\...
1 : 計算平方值！！
2 : 計算立方值！！
3 : 計算絕對值！！
4 : 判斷奇偶數值！！

請輸入資料與選項 <以空白隔開> .. -5 3
-5 的絕對值 =  5

請按任意鍵繼續 . . .
```

```
D:\C語言程式範例\ALL PRACTICE\PRACTICE_5\PRACTICE_5_5\...
1 : 計算平方值！！
2 : 計算立方值！！
3 : 計算絕對值！！
4 : 判斷奇偶數值！！

請輸入資料與選項 <以空白隔開> .. -5 4
-5 的值為奇數 !!

請按任意鍵繼續 . . .
```

5-6　設計一個程式，以函數呼叫且不傳送任何參數 (將資料類別宣告成全區變數 global variable) 的方式來實現上一個練習的功能，其狀況如下：

```
D:\C語言程式範例\ALL PRACTICE\PRACTICE_5\PRACTICE_5_6\...
1 : 計算平方值！！
2 : 計算立方值！！
3 : 計算絕對值！！
4 : 判斷奇偶數值！！

請輸入資料與選項 (以空白隔開) .. 5 1
5 的平方值 = 25

請按任意鍵繼續 . . .
```

```
D:\C語言程式範例\ALL PRACTICE\PRACTICE_5\PRACTICE_5_6\...
1 : 計算平方值！！
2 : 計算立方值！！
3 : 計算絕對值！！
4 : 判斷奇偶數值！！

請輸入資料與選項 (以空白隔開) .. 5 2
5 的立方值 = 125

請按任意鍵繼續 . . .
```

```
D:\C語言程式範例\ALL PRACTICE\PRACTICE_5\PRACTICE_5_6\...
1 : 計算平方值！！
2 : 計算立方值！！
3 : 計算絕對值！！
4 : 判斷奇偶數值！！

請輸入資料與選項 (以空白隔開) .. 5 3
5 的絕對值 = 5

請按任意鍵繼續 . . .
```

```
D:\C語言程式範例\ALL PRACTICE\PRACTICE_5\PRACTICE_5_6\...
1 : 計算平方值！！
2 : 計算立方值！！
3 : 計算絕對值！！
4 : 判斷奇偶數值！！

請輸入資料與選項 (以空白隔開) .. 5 4
5 的值為奇數 !!

請按任意鍵繼續 . . .
```

5-7　設計一個程式，以函數呼叫傳值 (將資料類別宣告成自動 auto) 的方式來實現上一個練習的功能，其狀況如下：

```
D:\C語言程式範例\ALL PRACTICE\PRACTICE_5\PRACTICE_5_7\...
1 : 計算平方值！！
2 : 計算立方值！！
3 : 計算絕對值！！
4 : 判斷奇偶數值！！

請輸入資料與選項 (以空白隔開) .. 12 1
12 的平方值 = 144

請按任意鍵繼續 . . .
```

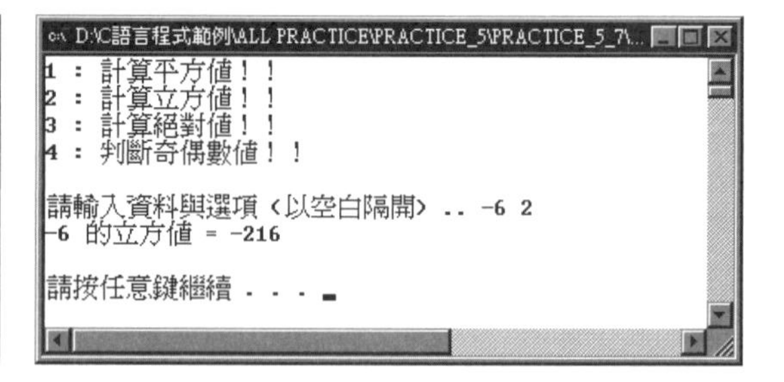


```
D:\C語言程式範例\ALL PRACTICE\PRACTICE_5\PRACTICE_5_7\...
1 : 計算平方值！！
2 : 計算立方值！！
3 : 計算絕對值！！
4 : 判斷奇偶數值！！

請輸入資料與選項 (以空白隔開) .. -318 3
-318 的絕對值 = 318

請按任意鍵繼續 . . .
```

```
D:\C語言程式範例\ALL PRACTICE\PRACTICE_5\PRACTICE_5_7\...
1 : 計算平方值！！
2 : 計算立方值！！
3 : 計算絕對值！！
4 : 判斷奇偶數值！！

請輸入資料與選項 (以空白隔開) .. -519 4
-519 的值為奇數 !!

請按任意鍵繼續 . . .
```

5-8 設計一個程式，以函數呼叫傳址 (將資料類別宣告成自動 auto) 的方式來實現上一個練習的功能，其狀況如下：

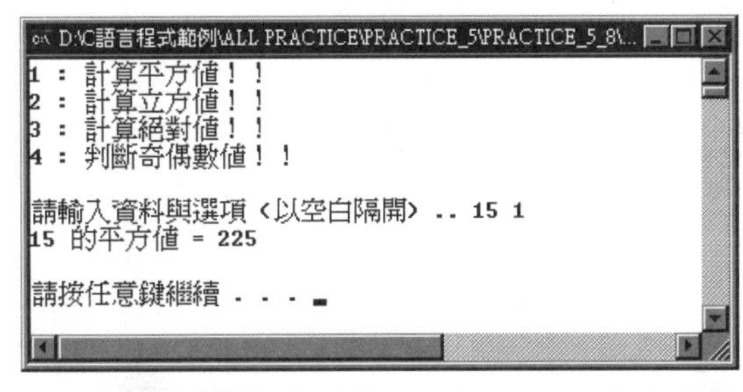

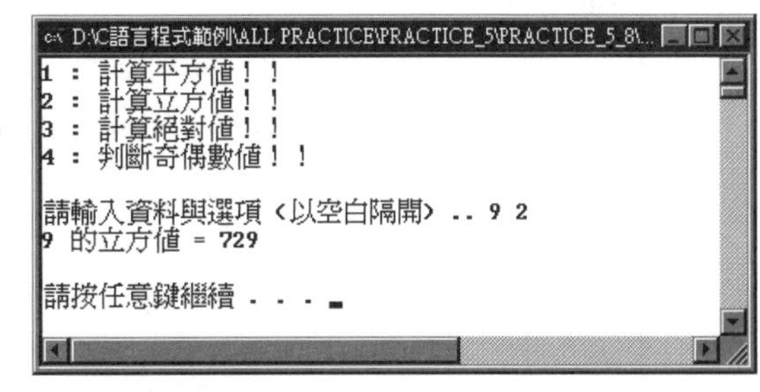

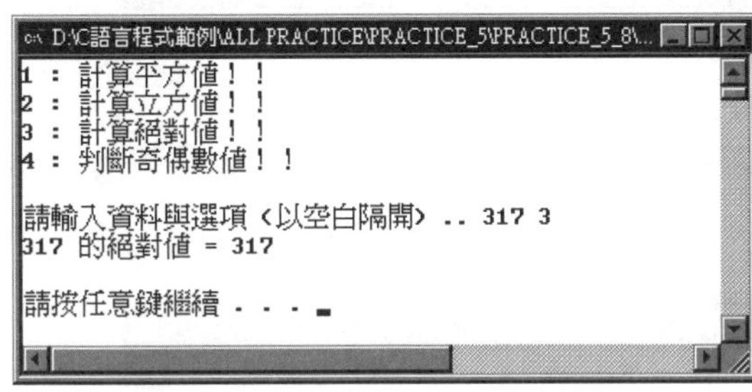

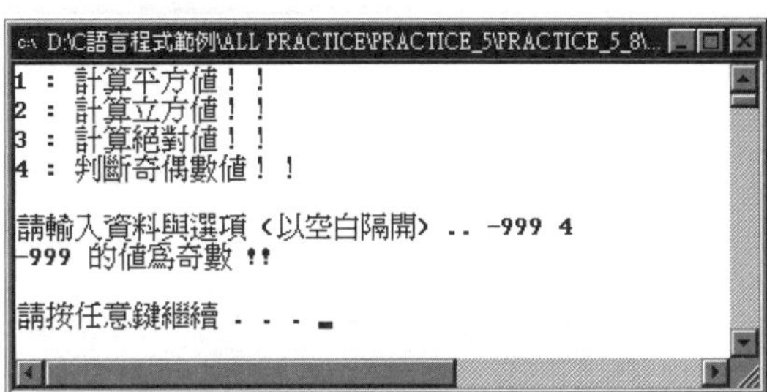

5-9 設計一個程式，以函數呼叫傳值與傳址混合方式依次實現：

1. 產生 30 筆亂數。
2. 顯示亂數的資料。
3. 資料排序 (氣泡排序，順序為由小排到大)。
4. 顯示排序後的資料。
5. 由鍵盤鍵入資料進行搜尋 (二分搜尋)。
6. 顯示搜尋後的結果。

其狀況如下：

```
D:\C語言程式範例\ALL PRACTICE\PRACTICE_5\PRACTICE_5_9\PRACTICE_5_9.exe
資料庫的所有資料 :
20657   10629   28160   25752   25062   32561   32349   30624   29623   9024
22246   11299   30483   9400    25883   10738   25497   3980    27822   12103
8875    31589   27449   13737   12484   30625   25645   24079   26891   30876

排序之後的資料 :
3980    8875    9024    9400    10629   10738   11299   12103   12484   13737
20657   22246   24079   25062   25497   25645   25752   25883   26891   27449
27822   28160   29623   30483   30624   30625   30876   31589   32349   32561

輸入所要找尋的資料 : 32349
資料 32349 在資料庫的第 29 筆

請按任意鍵繼續 . . .
```

```
D:\C語言程式範例\ALL PRACTICE\PRACTICE_5\PRACTICE_5_9\PRACTICE_5_9.exe
資料庫的所有資料 :
20830   23239   24690   23155   14678   11302   701     6550    20001   10857
14407   13633   24196   1619    22419   12153   5059    30245   26546   13727
24073   110     4035    25062   9       26917   8118    12555   32230   29941

排序之後的資料 :
9       110     701     1619    4035    5059    6550    8118    10857   11302
12153   12555   13633   13727   14407   14678   20001   20830   22419   23155
23239   24073   24196   24690   25062   26546   26917   29941   30245   32230

輸入所要找尋的資料 : 2
資料 2 不在資料庫內 !!

請按任意鍵繼續 . . .
```

5-10 設計一個程式，由鍵盤輸入兩筆資料，以遞回方式找尋它們的最大公約數 gcd 與最小公倍數 lcm，其狀況如下：

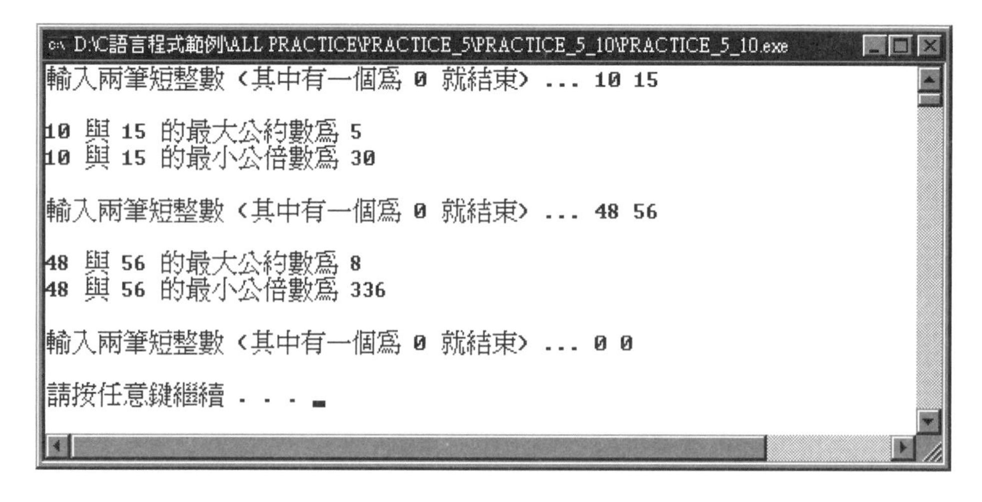

5-11 張三飼養一對小兔子，假設 (兔子都不會死亡)：

1. 小兔子一個月後就會長大為成兔。
2. 成兔再一個月後就會生出一對小兔。
3. 再一個月後，滿月的一對小兔子又會長大為成兔，原來的成兔又會生出一對小兔子，如此週而復始。

請設計一個程式，幫助張三計算，數個月後它到底擁有幾對兔子，也就是當我們從鍵盤上輸入月數後，螢幕上就會顯示目前有多少對兔子，直到輸入 0 才結束，其狀況如下：

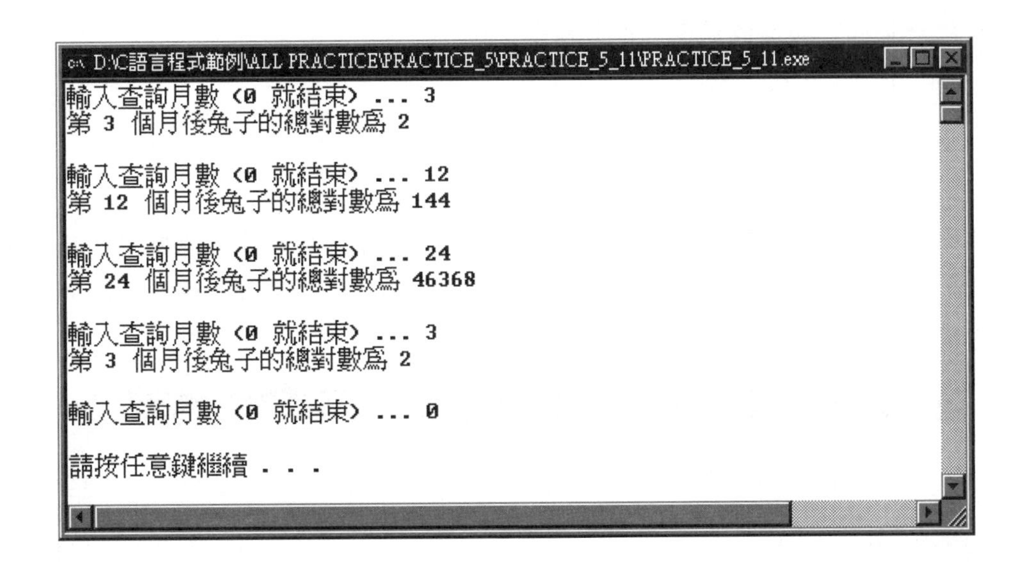

```
D:\C語言程式範例\ALL PRACTICE\PRACTICE_5\PRACTICE_5_11\PRACTICE_5_11.exe
輸入查詢月數 (0 就結束) ... 3
第 3 個月後兔子的總對數為 2

輸入查詢月數 (0 就結束) ... 12
第 12 個月後兔子的總對數為 144

輸入查詢月數 (0 就結束) ... 24
第 24 個月後兔子的總對數為 46368

輸入查詢月數 (0 就結束) ... 3
第 3 個月後兔子的總對數為 2

輸入查詢月數 (0 就結束) ... 0

請按任意鍵繼續 . . .
```

註：兔子的繁殖過程如下：

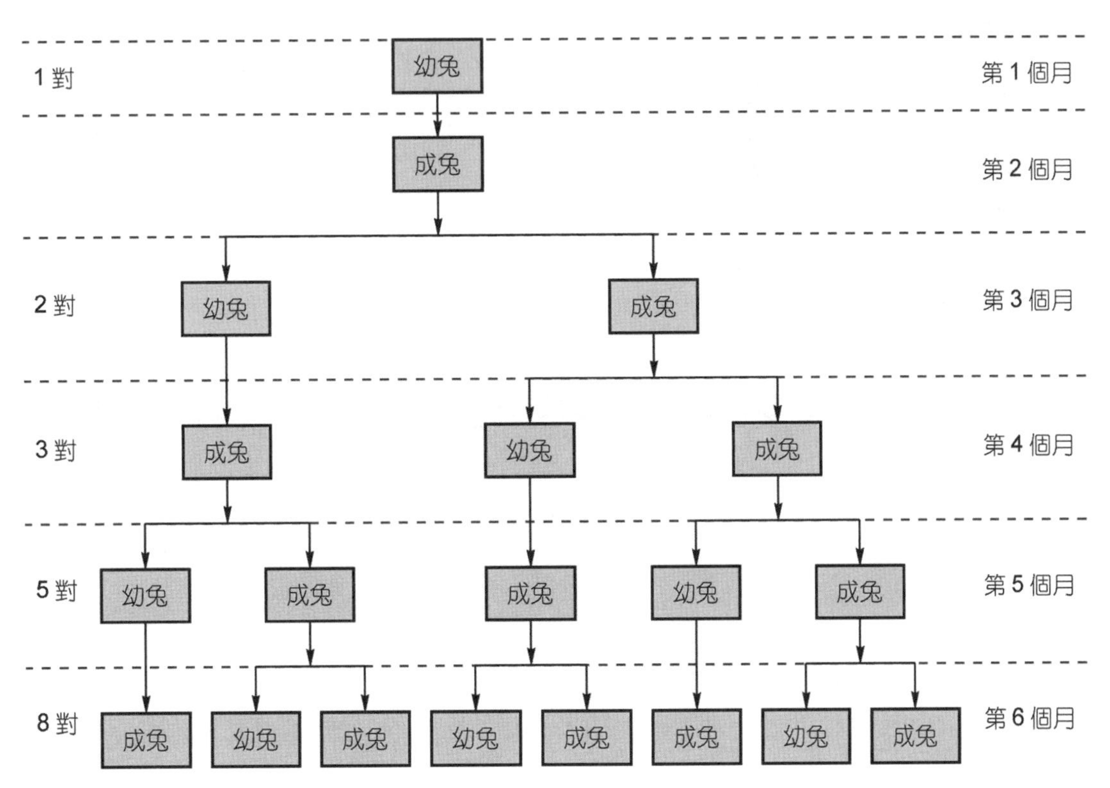

5-12 設計一個程式與電腦猜拳，首先螢幕上顯示：

1　　：代表剪刀！！

2　　：代表石頭！！

3 以上：代表布！！

再由使用者從鍵盤輸入 1 (剪刀)、2 (石頭)、3 (布)，經由電腦判斷顯示輸、贏狀況，來回七次後顯示最後的輸贏結果，注意！每一次重新執行時，電腦的出拳順序不可以一樣，其狀況如下：

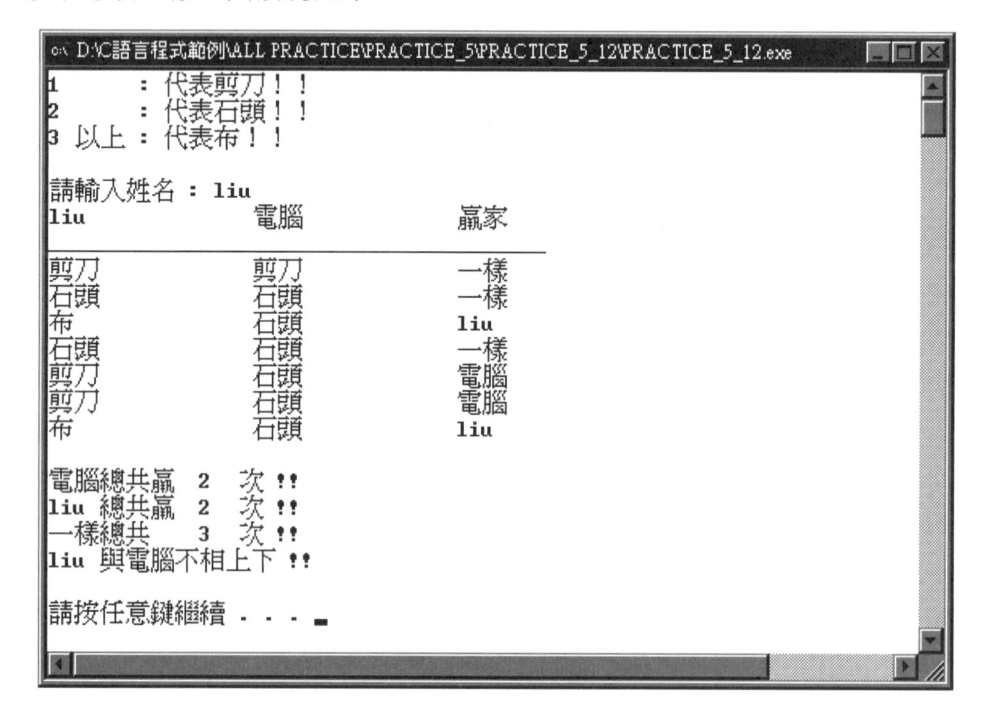

Chapter 6

結構、聯合、列舉與自行定義資料

於前幾章內我們討論過 C 語言所提供的各種資料型態，諸如基本資料型態的帶符號與不帶符號之長整數、短整數；單精值浮點數、倍精值浮點數；字元、字串等，以及非基本資料型態的陣列、指標…等，於本章內我們再來討論剩下的結構 struct、聯合 union、自訂型態 Typedef 與列舉 enum 等非基本資料型態的資料型別。

6-1　結構資料型別 struct

在程式中如果我們需要儲存一筆資料時，就會宣告一個變數 (variable)，並在它的前面加上此筆資料所屬的資料型態 (如 int sum，float grade…等)；如果我們需要儲存一群資料型態相同的資料時，就會宣告一個陣列 (array)，並在此陣列的前面加上它們所屬的資料型態 (如 int data[15]，char name[6][15]…等)；如果我們需要儲存一群資料型態不相同的資料時，就必須宣告一個結構 (structure) 的資料型別，舉個例子來說，當我們要寫一個程式來處理班上 50 位同學的成績時，就必須要有一個結構的資料型別，並在其內部儲存所要處理同學的名字 (資料型態為字元陣列)、學號 (資料型態為字元陣列)、國文成績 (資料型態為單精值浮點數)、英文成績 (資料型態為單精值浮點數)……等，於資料處理上我們也可以將這種用來儲存某位同學資料的結構資料型別稱之為記錄 (record) (如張啓東同學的記錄)。綜合上面有關資料的儲存方式，我們可以整理出，一筆單獨的資料叫做變數；一群相關且型態相同的資料集合叫做陣列；一群相關但型態不盡相同的資料集合叫做結構 (或記錄)。

結構資料型別的宣告

由上面的敘述可以知道，結構或記錄資料型別是設計師在做資料處理時，依實際的需求將一些具有關聯性但資料型態不盡相同的資料集合在一起，由自已所訂定出來的資料型別，在它內部的每一筆資料我們稱之為資料欄位 (field)，結構資料型別的名稱可以有，也可以沒有，但其內部每個欄位都必須要有屬於自己的名稱，由於結構資料型別是由設計師自行訂定的，因此在使用它之前一定要宣告，於 C 語言中宣告一個結構資料型別的語法有很多種，而其基本語法如下：

```
struct 結構型別名稱
{
   資料型態    欄位名稱 1;
   資料型態    欄位名稱 2;
   資料型態    欄位名稱 3;
               ⋮
};
```

於上面的語法中：

1. **struct**：宣告結構資料型別的關鍵字。
2. **結構型別名稱**：所宣告結構型別架構的名稱，其命名方式必須遵守識別字的規定。
3. **資料型態**：所有 C 語言所提供的資料型態，如 int、char、float、double…等，甚致是結構資料型別、自行定訂的資料型別…等。
4. **欄位名稱**：每個欄位的名稱，其命名方式必須遵守識別字的規定。
5. 必須用大括號“{ }”括起來。
6. 必須以“;”結束 (因為結構宣告是一種敘述)。

而其狀況如下：

```
struct record
{
   char name[20];
   char id[8];
   float chinese;
```

```
    float english;
    float mathematic;
};
```

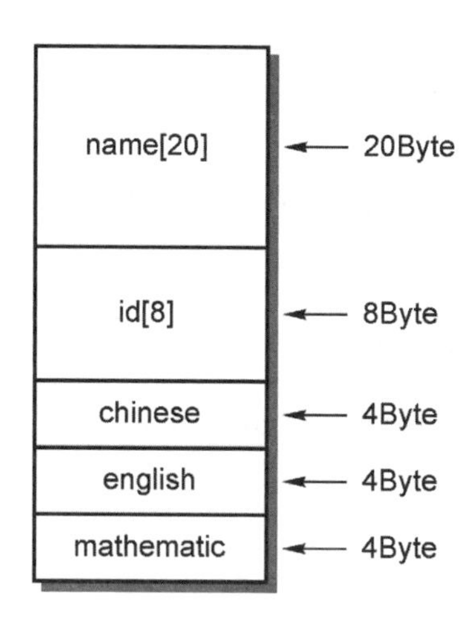

上面的敘述是宣告一個名稱為 record 的結構資料型別，它的內部共有 5 個欄位：

1. 欄位 1：儲存字串佔 20Byte。
2. 欄位 2：儲存字串佔 8Byte。
3. 欄位 3：儲存單精值浮點數佔 4Byte。
4. 欄位 4：儲存單精值浮點數佔 4Byte。
5. 欄位 5：儲存單精值浮點數佔 4Byte。

結構資料型別的變數宣告

一旦定義完畢一個結構資料型別後，我們就可以宣告屬於這種結構資料型別 (以結構型別名稱為主) 的變數，一旦宣告完畢後，所指定變數的資料架構就與所定義的結構資料型別相同。結構資料型別變數的宣告方式可以由下面幾種方式來實現 (以上面所舉的例子為主)：

第一種：先宣告結構資料型別後再宣告變數。

```
struct record
{
    char name[20];
    char id[8];
```

```
    float chinese;
    float english;
    float mathematic;
};
struct record student, person…;
```

1. 宣告名稱為 record 的結構資料型別之內部成員。
2. 宣告變數 student、person、…等的資料型態與結構資料型別 record 相同。
3. 結構資料型別與變數宣告分開。

第二種：有名稱的結構資料型別與變數一起宣告。

```
struct record
{
    char name[20], id[8];
    float chinese, english, mathematic;
}student, person, …;
```

1. 意義與第一種相同，它只是將資料型態相同的欄位合併宣告，中間以逗號“,”隔開 (較不容易閱讀)。
2. 如果所宣告的變數不夠使用，可以在底下以第一種方式繼續宣告。
3. 結構資料型別 (有名稱) 與變數宣告在一起。

第三種：沒有名稱的結構資料型別與變數一起宣告。

```
struct
{
    char name[20];
    char id[8];
    float chinese;
    float english;
    float mathematic;
}record, student, …;
```

1. 宣告變數 record，student…等的資料型態為一個前面所宣告結構資料型別 (沒有名稱) 的架構。
2. 後面無法再宣告額外的變數 (因為結構資料型別沒有名稱)。
3. 結構資料型別 (沒有名稱) 與變數宣告在一起。

第四種：以巨集方式宣告

```
#define person struct record
struct record
{
   char name[20];
   char id[8];
   float chinese;
   float english;
   float mathematic;
};
person student, product, …;
```

1. 以巨集宣告變數 person 的資料型態與結構資料型別 record 相同。
2. 宣告名稱為 record 結構資料型別的內部成員。
3. 宣告資料型態與 person 相同的變數 student，product…等。

結構資料型別內部欄位的初值設定

介紹完結構資料型別的主體與具有相同資料型態的變數宣告之後，底下我們就來談談如何對結構資料型別內部每一個欄位做資料存取，於 C 語言中系統是在結構資料型別名稱與欄位名稱中間加入句號 “.” 來指定目前所要存取的欄位內容，其狀況如下：

當結構資料型別的架構如下：

```
struct record
{
   char name[20];
   char id[8];
   float chinese;
   float english;
```

```
    float mathematic;
};
struct record student;
```

則指定 student 資料型態各欄位的語法為：

```
student.name
student.id
student.chinese
student.english
student.mathematic
```

如果我們要去設定上面所宣告結構資料型別的內容時，可以由下面兩種方式來實現。

第一種：宣告結構資料型別的同時"直接一次全部"設定，其狀況如下：

```
struct record
{
    char name[20];
    char id[8];
    float chinese;
    float english;
    float mathematic;
};
struct record student = {"簡文章", "A123456", 88, 96, 86};
```

第二種：宣告結構資料型別後再以"個別欄位"設定，其狀況如下：

```
struct record
{
    char name[20];
    char id[8];
    float chinese;
    float english;
    float mathematic;
```

```
};
struct record student;

strcpy (student.name, “簡文章”);
strcpy (student.id, “A123456”);
student.chinese = 88;
student.english = 96;
student.mathematic = 86;
```

上面兩種敘述的代表意義完全相同，於第一種敘述中可以看出，所要設定結構資料型別內部各欄位的內容必須用大括號“{ }”括起來，資料的設定與各欄位之間的關係是依順序逐一設定；第二種敘述是以指定欄位的方式設定，其中 student.name，student.id 皆為字元陣列，因此必須藉由 strcpy 函數來完成設定工作，剩下的欄位皆為單精值浮點數，因此只要使用指定運算子“=”來設定即可，當然我們也可以利用前面所討論過的有關鍵盤輸入函數來完成每個欄位的設定工作。

底下我們就舉個範例來說明如何直接設定，並顯示結構資料型別變數內部每個欄位的內容。

範例	檔名：STRUCTURE_SET_DISPLAY
以直接一次設定的方式，設定並顯示結構資料型別內部每個欄位的內容。	

執行結果：

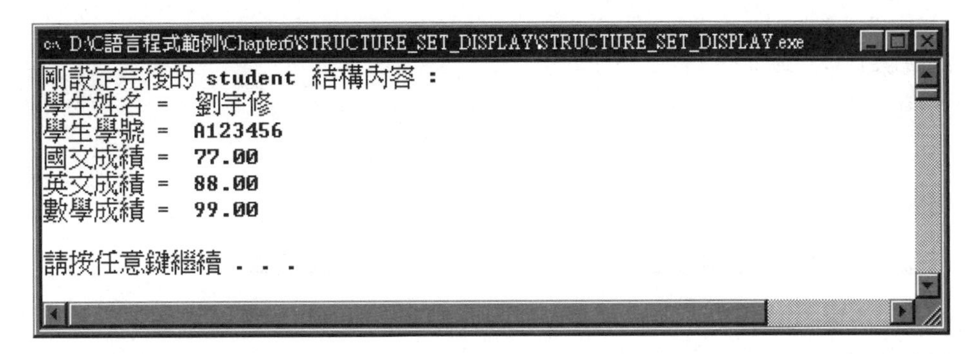

原始程式：

```
1.  /**************************************
2.   * structure's field set and display  *
3.   *   檔名: STRUCTURE_SET_DISPLAY.CPP   *
4.   **************************************/
5.
6.   #include <stdio.h>
7.   #include <stdlib.h>
8.
9.   #define SIZE   20
10.  #define LENGTH 8
11.
12.  int main(void)
13.   {
14.   struct record
15.   {
16.     char  name[SIZE];
17.     char  id[LENGTH];
18.     float chinese;
19.     float english;
20.     float mathematic;
21.   };
22.
23.   struct record student = {"劉宇修", "A123456", 77, 88, 99};
24.   printf("剛設定完後的 student 結構內容 :\n");
25.   printf("學生姓名 = %s\n", student.name);
26.   printf("學生學號 = %s\n", student.id);
27.   printf("國文成績 = %4.2f\n", student.chinese);
28.   printf("英文成績 = %4.2f\n", student.english);
29.   printf("數學成績 = %4.2f\n\n", student.mathematic);
30.   system("PAUSE");
31.   return 0;
32. }
```

重點說明：

1. 行號 14～21 宣告結構資料型別 record 的內部成員架構。
2. 行號 23 宣告資料型態與 record 相同的變數 student，並直接設定其內部每個欄位的內容。
3. 行號 24~29 顯示結構資料型別 student 內部每個欄位的內容。

當我們設定完結構資料型別變數的內容後，也可以對它的內部某些欄位內容進行修改，其狀況即如下面的範例所示。

範例	檔名：STRUCTURE_MODIFY_DISPLAY
以直接一次設定的方式設定結構資料型別的內容後進行欄位內容的修改，並以函數呼叫的方式將其修改前後的內容顯示在螢幕上。	

執行結果：

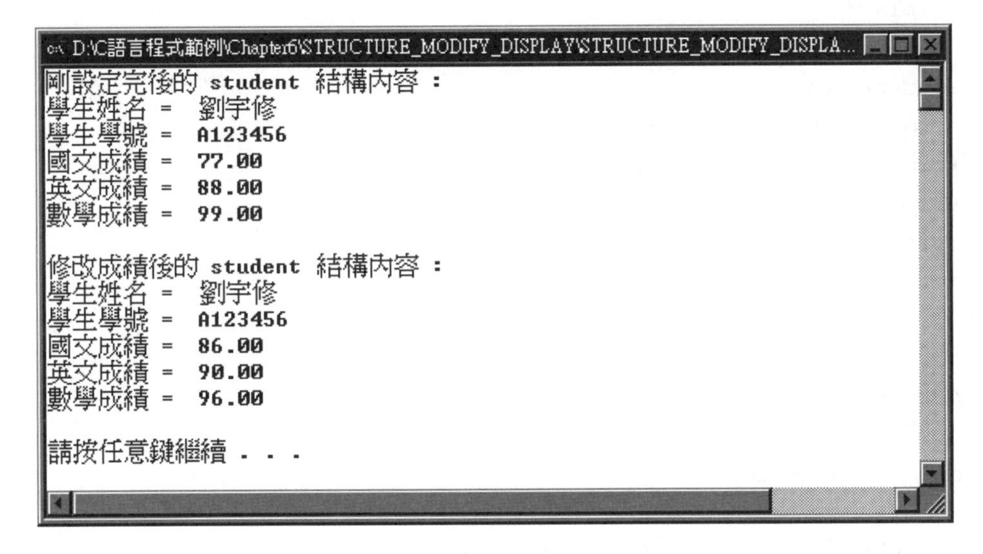

原始程式：

```
1.  *******************************************
2.   * structure's field modify and display *
3.   * 檔名 : STRUCTURE_MODIFY_DISPLAY.CPP   *
4.   ******************************************/
5.
6.  #include <stdio.h>
7.  #include <stdlib.h>
8.
9.  #define SIZE    20
10. #define LENGTH 8
11.
12. struct record
13. {
14.   char name[SIZE];
```

```
15.   char  id[LENGTH];
16.   float chinese;
17.   float english;
18.   float mathematic;
19. }student = {"劉宇修", "A123456", 77, 88, 99};
20.
21. int main(void)
22. {
23.   void display(void);
24.
25.   printf("剛設定完後的 student 結構內容 :\n");
26.   display();
27.   student.chinese    = 86;
28.   student.english    = 90;
29.   student.mathematic = 96;
30.   printf("修改成績後的 student 結構內容 :\n");
31.   display();
32.   system("PAUSE");
33.   return 0;
34. }
35.
36. // Display structure function
37.
38. void display(void)
39. {
40.   printf("學生姓名 = %s\n", student.name);
41.   printf("學生學號 = %s\n", student.id);
42.   printf("國文成績 = %4.2f\n", student.chinese);
43.   printf("英文成績 = %4.2f\n", student.english);
44.   printf("數學成績 = %4.2f\n\n", student.mathematic);
45. }
```

重點說明：

1. 行號 12～19 的功能與前面的範例相似，其不同點為它的宣告地點在主函數 main 的上面，因此它是屬於在程式內每一個函數都可以取用的結構資料型別資料(全區性)。
2. 行號 23 宣告用來顯示結構資料型別變數 student 內容的函數 display。
3. 行號 25～26 顯示行號 19 內所設定的變數 student 內部資料。
4. 行號 27～29 修改變數 student 內部的局部資料。

5. 行號 30～31 顯示修改內容之後 student 變數的內部資料。
6. 行號 38～45 為顯示結構資料型別變數 student 內容的函數內容。

結構資料型別的長度與拷貝

既然結構資料型別是由各種相關聯但資料型態不相同的資料組合而成，因此它所佔用的記憶空間應該是其內部各個資料欄位長度的總和，譬如：

```
struct record
{
   char name[20];        //佔 20Byte
   char id[8];           //佔 8Byte
   float chinese;        //佔 4Byte
   float english;        //佔 4Byte
   float mathematic;     //佔 4Byte
}student;
```

於上面所宣告的結構資料型別變數 student 中，其內部每一個資料欄位所佔用的記憶空間即如右邊所示，因此它所佔用的記憶空間為 20 + 8 + 4 + 4 + 4 = 40Byte，注意！由於編譯器在進行程式的編譯時，會將變數儲存在記憶體的偶數位址，因此它所佔用的記憶體空間有可能會比我們計算的大一些，於程式中我們可以用函數 sizeof( ) 來取得已經宣告結構資料型別變數的長度。另外由於系統將此種自已訂定的結構資料型別當成是一種資料型態 (雖然它是由數個不同資料型態的資料集合而成)，因此我們可以利用指定運算子“=”來進行兩個相同結構資料型別變數內容的拷貝，其實際狀況請參閱下面的範例。

範例	檔名：STRUCTURE_COPY_LENGTH
拷貝並顯示結構資料型別的內容及長度。	

執行結果：

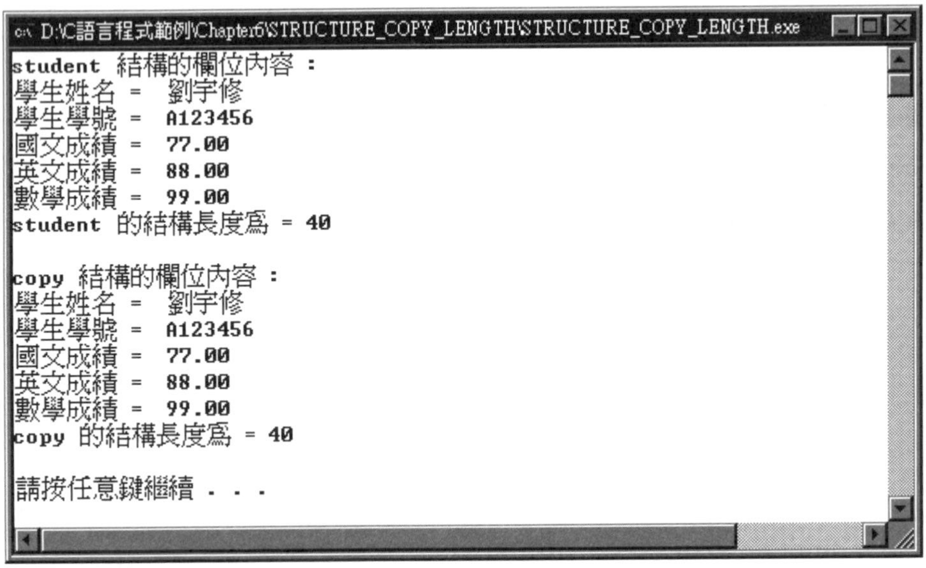

```
D:\C語言程式範例\Chapter6\STRUCTURE_COPY_LENGTH\STRUCTURE_COPY_LENGTH.exe
student 結構的欄位內容 :
學生姓名 =  劉宇修
學生學號 =  A123456
國文成績 =  77.00
英文成績 =  88.00
數學成績 =  99.00
student 的結構長度爲 = 40

copy 結構的欄位內容 :
學生姓名 =  劉宇修
學生學號 =  A123456
國文成績 =  77.00
英文成績 =  88.00
數學成績 =  99.00
copy 的結構長度爲 = 40

請按任意鍵繼續 . . .
```

原始程式：

```
1.  /**************************************
2.   * structure's field copy and length  *
3.   * 檔名 : STRUCTURE_COPY_LENGTH.CPP    *
4.   **************************************/
5.
6.  #include <stdio.h>
7.  #include <stdlib.h>
8.
9.  #define SIZE   20
10. #define LENGTH 8
11.
12. int main(void)
13. {
14.   struct record
15.   {
16.     char  name[SIZE];
17.     char  id[LENGTH];
18.     float chinese;
19.     float english;
20.     float mathematic;
21.   }copy, student = {"劉宇修", "A123456", 77, 88, 99};
22.
```

```
23.    printf("student 結構的欄位內容 :\n");
24.    printf("學生姓名 = %s\n", student.name);
25.    printf("學生學號 = %s\n", student.id);
26.    printf("國文成績 = %4.2f\n", student.chinese);
27.    printf("英文成績 = %4.2f\n", student.english);
28.    printf("數學成績 = %4.2f\n", student.mathematic);
29.    printf("student 的結構長度為 = %hd\n\n", sizeof(student));
30.    copy = student;
31.    printf("copy 結構的欄位內容 :\n");
32.    printf("學生姓名 = %s\n", copy.name);
33.    printf("學生學號 = %s\n", copy.id);
34.    printf("國文成績 = %4.2f\n", copy.chinese);
35.    printf("英文成績 = %4.2f\n", copy.english);
36.    printf("數學成績 = %4.2f\n", copy.mathematic);
37.    printf("copy 的結構長度為 = %hd\n\n", sizeof(copy));
38.    system("PAUSE");
39.    return 0;
40. }
```

重點說明：

1. 行號 14～21 宣告結構資料型別 record 內部欄位的架構，以及資料型態與它相同的兩個變數 copy 與 student，並直接設定變數 student 的內容。
2. 行號 23～29 顯示變數 student 的內容以及佔用記憶體的長度。
3. 行號 30 將變數 student 的內容設定給另一變數 copy。
4. 行號 31～37 顯示變數 copy 的內容以及佔用記憶體的長度。

結構資料型別陣列

前面所談論的結構資料型別，其內部都只有一筆資料 (內部有數個資料型態不同的欄位)，如果我們用它來儲存學生資料時，它也只能儲存一個學生的資料，當設計師同時要儲存 50 個學生資料時，就必須要有 50 個同樣規格的結構資料型別空間供程式使用，此時我們就可以使用結構資料型別陣列來實現。結構資料型別陣列的宣告與存取方式與前面所談論結構資料型別相似，其唯一的不同點就是宣告時必須使用中括號[ ]，並在其內部宣告陣列大小；資料存取時也必須使用中括號[ ]，並在其內部指定目前所要存取的是那一筆結構資料型別的資料，其使用規則與前面陣列的敘述完全相同(將結構資料型別的變數當成普通的變數即可)，而其宣告以及內容設定的語法有很多種方式，但都與前面有關結構資料型別的敘述相似，請讀者自行參閱，底下我們只列舉其中的一種來說明：

```
struct 結構資料型別名稱
{
   資料型態欄位名稱 1;
   資料型態欄位名稱 2;
   資料型態欄位名稱 3;
            ⋮
}變數[陣列大小] =
   {{欄位 1 內容, 欄位 2 內容, 欄位 3 內容, …},
    {欄位 1 內容, 欄位 2 內容, 欄位 3 內容, …},
                  ⋮
    {欄位 1 內容, 欄位 2 內容, 欄位 3 內容, …}};
```

其狀況如下：

```
struct record
{
   char name[20];
   char id[8];
   float chinese;
   float english;
   float mathematic;
}student[2] = {{“陳清江”, A257687, 58, 78, 65},
               {“劉景興”, A257688, 62, 81, 46}};
```

上面的敘述分成三個部分：

1. 宣告一個名稱為 record 的結構資料型別及其內部成員架構。
2. 宣告一個資料型態與 record 相同的結構資料型別陣列 student，其內部可以儲存兩筆與 record 相同的結構資料型別資料，名稱分別為 student[0] 與 student[1]。
3. 直接設定結構資料型別陣列 student[0] 與 student[1] 的資料欄位內容。
4. 由於資料欄位內容是直接設定，因此中括號 [ ] 內的陣列大小 2 可以省略。

當然我們也可以針對某一個結構資料型別陣列內容做欄位資料的修改與存取，譬如要修改結構資料型別 student[0] 的部分內容時，其基本語法為：

```
student[0].chinese = 85;
student[0].english = 96;
student[0].mathmetic = 98;
```

而其詳細的設定狀況請參閱下面的範例。

範例	檔名：STRUCTURE_ARRAY
以一次設定的方式設定並顯示結構資料型別陣列的內容	

執行結果：

```
D:\C語言程式範例\Chapter6\STRUCTURE_ARRAY\STRUCTURE_ARRAY.exe
姓名          學號        國文        英文        數學
劉宇修        A123456     89.00       90.00       98.00
張啓東        A123457     66.00       87.00       79.00
朱元璋        A123458     88.00       65.00       80.00
黃富國        A123459     70.00       91.00       80.00
陳明峰        A123460     77.00       79.00       82.00
吳景星        A123461     76.00       78.00       85.00

請按任意鍵繼續 . . .
```

原始程式：

```
1.  /*******************************
2.   *   structure array test     *
3.   * 檔名 : STRUCTURE_ARRAY.CPP  *
4.   *******************************/
5.
6.  #include <stdio.h>
7.  #include <stdlib.h>
8.
9.  #define NUMBER 6
10. #define SIZE   20
11. #define LENGTH 8
12.
13. int main(void)
```

```
14. {
15.   short  index;
16.   struct record
17.   {
18.     char  name[SIZE];
19.     char  id[LENGTH];
20.     float chinese;
21.     float english;
22.     float mathematic;
23.   };
24.
25.   struct record student[] =
26.     {{"劉宇修", "A123456", 89, 90, 98},
27.      {"張啓東", "A123457", 66, 87, 79},
28.      {"朱元障", "A123458", 88, 65, 80},
29.      {"黃富國", "A123459", 70, 91, 80},
30.      {"陳明峰", "A123460", 77, 79, 82},
31.      {"吳景星", "A123461", 76, 78, 85}};
32.   printf("姓名\t\t 學號\t\t 國文\t\t 英文\t\t 數學\n");
33.   for(index = 0; index < NUMBER; index++)
34.   {
35.     printf("%s\t\t", student[index].name);
36.     printf("%s\t\t", student[index].id);
37.     printf("%4.2f\t\t", student[index].chinese);
38.     printf("%4.2f\t\t", student[index].english);
39.     printf("%4.2f\n", student[index].mathematic);
40.   }
41.   putchar('\n');
42.   system("PAUSE");
43.   return 0;
44. }
```

重點說明：

1. 行號 16～23 宣告結構資料型別 record 的結構。
2. 行號 25～31 宣告資料型態與 record 相同的結構資料型別陣列 student (內部可以儲存 6 筆結構資料型別的資料)，並直接設定每個結構資料型別內部資料欄位的內容。

3. 行號 33～40 以迴圈方式顯示 6 筆結構資料型別陣列的內容，其狀況即如執行結果所示。

結構資料型別指標

前面討論過我們可以宣告一個指標變數，並將它們指向任何已經存在的位址，如變數、陣列，甚至是目前正在討論的結構資料型別，如此即可透過指標變數來存取儲存在結構資料型別內部的資料，當我們於程式中宣告一個指向結構資料型別的指標變數，再將它指向特定結構資料型別的變數時，指標變數的內容就會指向此特定結構資料型別內部第一個欄位的位址，宣告一個結構資料型別指標變數的基本語法如下：

```
struct 結構資料型別名稱
{
   資料型態   欄位名稱 1;
   資料型態   欄位名稱 2;
              :
}結構資料型別變數;
struct  結構資料型別名稱  * 結構資料型別指標 = &結構資料型別變數;
```

其狀況如下：

```
struct record
{
   char name[20];
   char id[8];
   float chinese;
   float english;
}student;
struct record  * ptr = &student;
```

記憶體配置狀況：

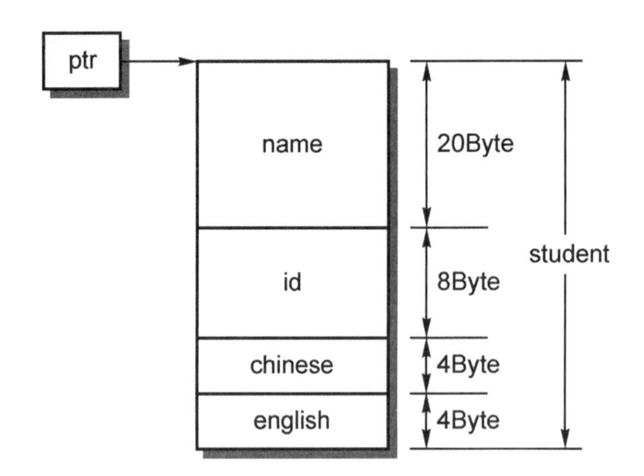

結構資料型別指標 ptr 經過上面的宣告之後，它的內容就會指向結構資料型別變數 student 的開始位址，也就是第一個欄位的位址，之後我們可以經過下面兩種方式對這些欄位做資料的存取：

1. 以符號“->”存取，而其基本語法為：

   結構資料型別指標 -> 欄位名稱

   譬如 (以上面為例)：

   ```
   ptr -> chinese = 68;
   ptr -> english = 92;
   ```

2. 以符號“.”存取，而其基本語法為：

   (＊結構資料型別指標).欄位名稱

   譬如 (以上面為例)：

   ```
   (*ptr).chinese = 68;
   (*ptr).english = 92;
   ```

而其詳細狀況請參閱底下的範例。

範例	檔名：STRUCTURE_POINTER_DISPLAY
以一次設定的方式設定結構資料型別的內容後，將其位址指定給結構資料型別指標，並以上述兩種方式顯示其內容。	

執行結果：

```
D:\C語言程式範例\Chapter6\STRUCTURE_POINTER_DISPLAY\STRUCTURE_POINTER_DISPLAY.exe
以 ptr->field 方式顯示 ..............

姓名          學號        國文      英文      數學
劉宇修        A123456     89.00     90.00     98.00

以 (*ptr).field 方式顯示 ............

姓名          學號        國文      英文      數學
劉宇修        A123456     89.00     90.00     98.00

請按任意鍵繼續 . . .
```

原始程式：

```
1.  /****************************************
2.   *    structure of pointer display      *
3.   * 檔名: STRUCTURE_POINTER_DISPLAY.CPP  *
4.   ****************************************/
5.
6.  #include <stdio.h>
7.  #include <stdlib.h>
8.
9.  #define SIZE    20
10. #define LENGTH  8
11.
12. int main(void)
13. {
14.   struct record
15.   {
16.     char  name[SIZE];
17.     char  id[LENGTH];
18.     float chinese;
19.     float english;
20.     float mathematic;
21.   }student = {"劉宇修", "A123456", 89, 90, 98};
```

```
22.
23.   struct record *ptr = &student;
24.   printf("以 ptr->field 方式顯示 ............. \n\n");
25.   printf("姓名\t\t 學號\t\t 國文\t\t 英文\t\t 數學\n");
26.   printf("%s\t\t",     ptr->name);
27.   printf("%s\t\t",     ptr->id);
28.   printf("%4.2f\t\t", ptr->chinese);
29.   printf("%4.2f\t\t", ptr->english);
30.   printf("%4.2f\n\n", ptr->mathematic);
31.   printf("以 (*ptr).field 方式顯示 ............\n\n");
32.   printf("姓名\t\t 學號\t\t 國文\t\t 英文\t\t 數學\n");
33.   printf("%s\t\t",     (*ptr).name);
34.   printf("%s\t\t",     (*ptr).id);
35.   printf("%4.2f\t\t", (*ptr).chinese);
36.   printf("%4.2f\t\t", (*ptr).english);
37.   printf("%4.2f\n\n", (*ptr).mathematic);
38.   system("PAUSE");
39.   return 0;
40. }
```

重點說明：

1. 行號 14～21 宣告結構資料型別的架構與變數 student，並直接設定它的內容。
2. 行號 23 宣告結構資料型別指標 ptr，並將它指向結構資料型別變數 student 的第一個欄位位址。
3. 行號 24～30 以“->”符號顯示結構資料型別指標 ptr 所指向結構資料型別 student 的內容。
4. 行號 31～37 以“.”符號顯示結構資料型別指標 ptr 所指向結構資料型別 student 的內容。

巢狀結構資料型別

所謂巢狀結構資料型別，就是在一個自行定訂結構資料型別的內部資料欄位內存在著另外一個結構資料型別的宣告，這種巢狀結構資料型別的基本語法如下：

```
struct 結構資料型別名稱 1
{
   資料型態   欄位名稱 1;
```

```
   資料型態   欄位名稱 2;
              ⋮
};

struct  結構資料型別名稱 2
{
   資料型態   欄位名稱 1;
              ⋮
   struct  結構資料型別名稱 1  欄位名稱;
              ⋮
}變數名稱, ……;
```

當我們於程式中要去記錄每個員工的詳細資料，包括員工的姓名、身份證號碼、姓別、血型、出生年、月、日…等，為了避免管理上的困擾，我們可以把出生年、月、日單獨以一個結構資料型別來記錄，其餘部分則歸納到另外一個結構資料型別內，其狀況如下：

```
struct date
{
   short unsigned year, month, day;
};

struct record
{
   char name[20], id[12], sex[4], blood[3];
   struct date birthday;
}person;
```

於上面結構資料型別的變數 person 中，它的內部資料欄位除了字元陣列 name[20]、id[12]、sex[4]、blood[3] 之外，還包含另一個名稱為 birthday 的結構資料型別 (其內部又包含 3 個不帶符號短整數的資料欄位 year、month、day)，如果在結構資料型別變數 person 中要去指定它們的內部欄位資料時，其基本語言 (以上面的例子為主)：

```
person.name
person.id
person.sex
person.blood
person.birthday.year
person.birthday.month
person.birthday.day
```

而其實際狀況請參閱下面的範例。

範例	檔名：STRUCTURE_NEST
以一次設定的方式設定並顯示巢狀結構資料型別的內容。	

執行結果：

```
D:\C語言程式範例\Chapter6\STRUCTURE_NEST\STRUCTURE_NEST.exe
姓名          學號          國文          英文          數學
劉宇修        A123456       89.00         90.00         98.00

請按任意鍵繼續 . . .
```

原始程式：

```
1.   /*****************************
2.    *   nest structure test     *
3.    * 檔名 : STRUCTURE_NEST.CPP  *
4.    *****************************/
5.
6.   #include <stdio.h>
7.   #include <stdlib.h>
8.
9.   #define SIZE   20
10.  #define LENGTH 8
11.
12.  int main(void)
13.  {
14.    struct grade
```

```
15.   {
16.     float chinese;
17.     float english;
18.     float mathematic;
19.   };
20.
21.   struct record
22.   {
23.     char   name[SIZE];
24.     char   id[LENGTH];
25.     struct grade score;
26.   };
27.
28.   struct record student={"劉宇修", "A123456", {89, 90, 98}};
29.   printf("姓名\t\t 學號\t\t 國文\t\t 英文\t\t 數學\n");
30.   printf("%s\t\t", student.name);
31.   printf("%s\t\t", student.id);
32.   printf("%4.2f\t\t", student.score.chinese);
33.   printf("%4.2f\t\t", student.score.english);
34.   printf("%4.2f\n\n", student.score.mathematic);
35.   system("PAUSE");
36.   return 0;
37. }
```

重點說明：

1. 行號 14～19 宣告結構資料型別 grade 的內部架構。
2. 行號 21～26 宣告結構資料型別 record 的內部架構，於其內部資料欄位中擁有一個資料型態與 grade 相同的欄位 score。
3. 行號 28 宣告一個資料型態與 record 相同的變數 student，並直接設定它的內容。
4. 行號 29～34 顯示巢狀結構資料型別變數 student 的內容，其執行狀況請參閱執行結果。

結構資料型別的位元欄位

於 C 語言的資料型態中，字元佔用 8bits、短整數佔用 16bits、長整數佔用 32bits、單精值浮點數佔用 32bits…等，以記憶空間來衡量，一筆資料最少也會佔用 8bits，當我們在程式中儲存結構資料型別的內部資料欄位時，未必都需要用到這麼大的記憶空間，譬如用來儲存姓別的欄位只需要 1bit (0 代表男、1 代表女)，用來儲存血型的欄位；用來儲存身高的欄位…等，都只需要數個 bit 就夠了，居於節省記憶空間的理念，於 C

語言的結構資料型別內允許我們以位元的方式去設定其內部的資料欄位，而其基本語法如下：

```
struct 結構資料型別名稱
{
   資料型態   欄位名稱 1：位元數 n
   資料型態   欄位名稱 2：位元數 n
              ⋮
};
```

而其狀況如下：

```
struct record
{
   unsigned age：8;
   unsigned height：9;
   unsigned weight：9;
};
```

經過上面的宣告後，結構資料型別 record 於記憶體內部所佔用的空間如下：

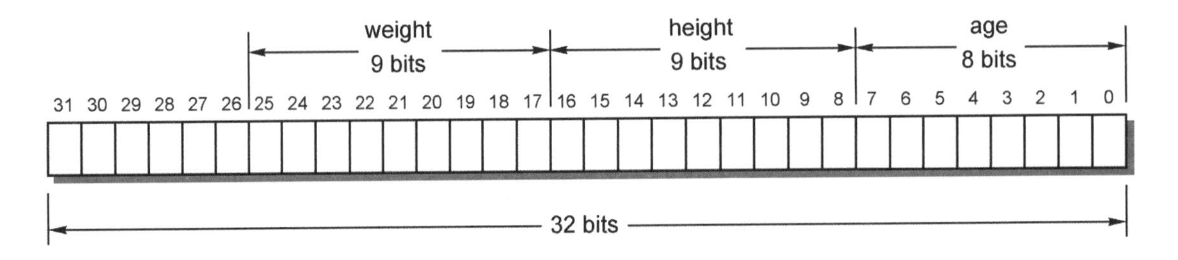

由於 age 欄位佔用 8bits，height 欄位佔用 9bits，weight 欄位佔用 9bits，它們總共佔用 8 + 9 + 9 = 26bits 的記憶空間，但系統是以 32bits 為一個單位，沒有使用完畢的位元數就會形成浪費，即使浪費了幾個位元，它還是比正常的宣告節省很多記憶空間 (參閱後面範例的敘述)。

當設計師為了要節省記憶空間而採用位元欄位的宣告時，必須注意下面幾個事項：

1. 資料型態只限於整數，不可以為浮點數，且通常以 32bits 為一個單位，譬如長度為 13bits 則佔用 4Byte，長度為 38bits 則佔用 8Byte。

2. 不可以為負數如 age = -8 為不合法。
3. 不可以為陣列 array、指標或函數的返回值。
4. 不可以使用位址運算子“&”。

而其實際狀況即如下面範例所示。

範例	檔名：STRUCTURE_BIT_FIELD
設定結構資料型別的欄位位元，並顯示它們所佔用的記憶體空間。	

執行結果：

```
No1 的結構長度為 = 8
No2 的結構長度為 = 4
No3 的結構長度為 = 4

請按任意鍵繼續 . . .
```

原始程式：

```
1.  /**********************************
2.   *  structure bit field length   *
3.   * 檔名 : STRUCTURE_BIT_FIELD.CPP *
4.   **********************************/
5.
6.  #include <stdio.h>
7.  #include <stdlib.h>
8.
9.  int main(void)
10. {
11.  struct No1
12.  {
13.   unsigned short age;
14.   unsigned short height;
15.   unsigned       weight;
16.  };
17.
```

```
18.   struct No2
19.   {
20.     unsigned age    : 8;
21.     unsigned height : 9;
22.     unsigned weight : 9;
23.   };
24.
25.   struct No3
26.   {
27.     unsigned age    : 1;
28.     unsigned height : 1;
29.     unsigned weight : 1;
30.   };
31.
32.   printf("No1 的結構長度爲 = %hd\n", sizeof(struct No1));
33.   printf("No2 的結構長度爲 = %hd\n", sizeof(struct No2));
34.   printf("No3 的結構長度爲 = %hd\n\n", sizeof(struct No3));
35.   system("PAUSE");
36.   return 0;
37. }
```

重點說明：

1. 行號 11～16 宣告沒有使用位元欄位的結構資料型別 No1 之內部架構，由於前面兩個欄位資料皆屬於不帶符號短整數 (佔 2Byte)，後面一個欄位屬於不帶符號長整數 (佔 4Byte)，因此整個 No1 結構資料型別共佔用：

   記憶空間 = 2 + 2 + 4
   = 8Byte

   因此總共佔用 8Byte。

2. 行號 18～23 宣告使用位元欄位結構資料型別 No2 的內部架構，所有資料欄位總共佔用：

   記憶空間 = 8bit + 9bit + 9bit
   = 26bit

   因此整個 No2 結構資料型別共佔用 4Byte (以 32bit 為一個單位)

3. 行號 25～30 宣告使用位元欄位結構資料型別 No3 的內部架構，所有資料欄位總共佔用：

   記憶空間 = 1bit + 1bit + 1bit
   = 3bit

   因此整個 No3 結構資料型別共佔用 4Byte (以 32bit 為一個單位)。

由於結構資料型別內部資料欄位已經被設限，如果我們對這些欄位所設定的內容超過它們所能儲存的範圍時，超過設限欄位寬度的部分就會被截掉，其詳細狀況即如底下範列所示。

範例	檔名：STRUCTURE_BIT_FILED_VALUE
宣告結構資料型別的欄位位元，設定並顯示其內容以便觀察所設定的值與實際值中間的關係。	

執行結果：

```
D:\C語言程式範例\Chapter6\STRUCTURE_BIT_FIELD_VALUE\STRUCTURE_BIT_FILED_VAL...
person.age     的內容為 = 0
person.height  的內容為 = 7
person.weight  的內容為 = -1

請按任意鍵繼續 . . .
```

原始程式：

```
1.   /*******************************************
2.    * structure bit field length and value    *
3.    * 檔名 : STRUCTURE_BIT_FILED_VALUE.CPP    *
4.    *******************************************/
5.
6.   #include <stdio.h>
7.   #include <stdlib.h>
8.
9.   int main(void)
10.  {
11.    struct record
```

```
12.    {
13.      unsigned age     : 7;
14.      unsigned price   : 3;
15.      int       level   : 5;
16.    } person = {0x80, 0x17, 0x1F};
17.
18.    printf("person.age    的內容爲 = %hd\n", person.age);
19.    printf("person.height 的內容爲 = %hd\n", person.price);
20.    printf("person.weight 的內容爲 = %hd\n\n", person.level);
21.    system("PAUSE");
22.    return 0;
23.  }
```

重點說明：

1. 行號 11～16 宣告結構資料型態 record 的內部架構 (包括每個欄位的位元長度)，和資料型態與 record 相同的變數 person，並直接設定其內容。
2. 於其內部資料欄位中：

   (1) 欄位 age 只佔 7bit 且資料型態為不帶符號的整數，於行號 16 中我們設定它的內容為

   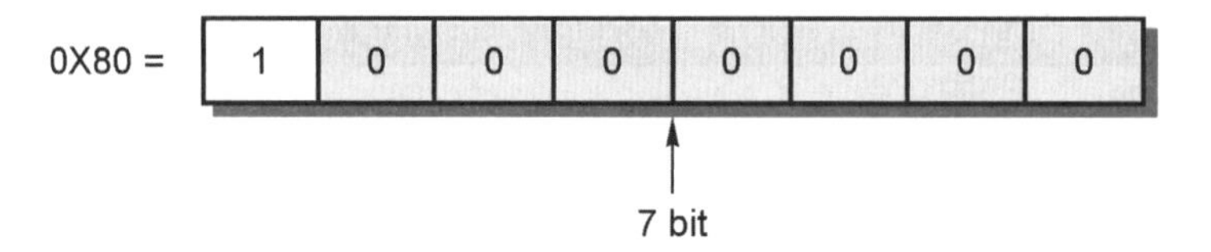

   因此 person.age 的內容為 0。

   (2) 欄位 price 只佔 3bit 且資料型態為不帶符號的整數，於行號 16 中我們設定它的內容為：

   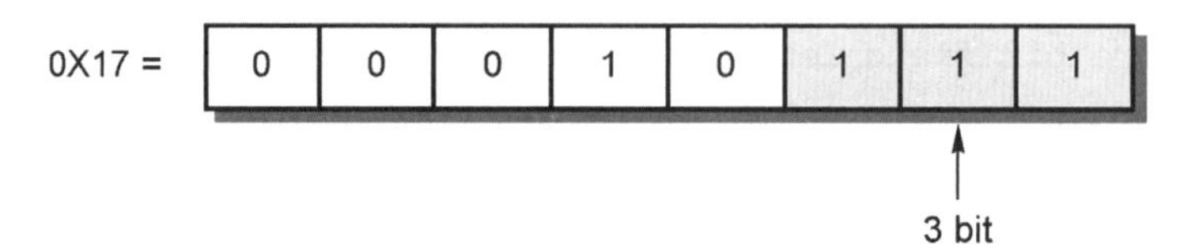

   因此 person.price 的內容為 7。

   (3) 欄位 level 只佔 5bit 且資料型態為帶符號的整數，於行號 16 內我們設定它的內容為：

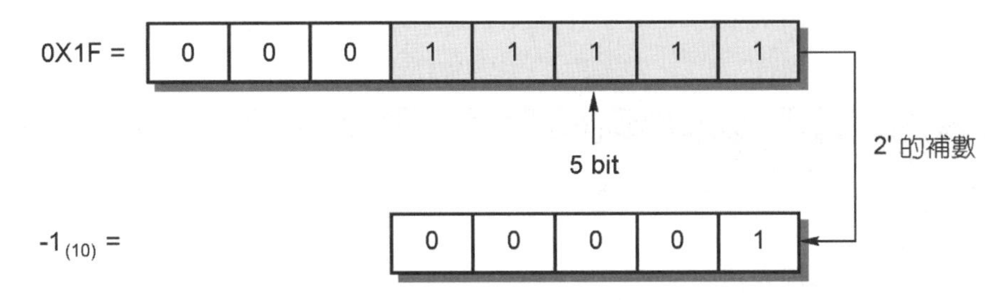

因此 person.level 的內容為 $-1_{(10)}$。

6-2　結構資料型別與函數

前面討論過，於 C 語言系統中，一個大程式可以由無數個功能完整的函數所組成，這些函數中間彼此可以利用參數的傳遞相互溝通，而其傳遞方式可以使用傳值方式 (Call by value) 或傳址方式 (Call by address) 來實現，結構資料型別也是屬於資料的一種，因此於函數間的呼叫，設計師也可以將它們當成參數來傳遞，底下我們就來討論有關這方面的議題。

結構資料型別傳值呼叫

正如前面所討論的，所謂的傳值呼叫就是當函數在進行呼叫時，呼叫函數是將所要傳送的參數內容以拷貝方式進行傳送，由於呼叫與被呼叫函數的參數所使用的記憶空間不是同一塊，因此當參數內容於被呼叫函數內改變時，並不會影響呼叫函數的參數內容，唯一不同的地方為此處我們所討論的參數換成結構資料型別的資料而已，當我們將結構資料型別的資料當成參數來傳遞時，一次可以傳送整個結構資料，也可以只傳送某幾個欄位的資料，底下我們就舉一個範例，以函數呼叫的傳值方式將兩組結構資料型別的內容傳遞到被呼叫函數內部進行互換，以便說明與驗證傳值呼叫的特性。

範例	檔名：STRUCTURE_SWAP_VALUE
以函數呼叫傳值的方式進行結構資料型別內容的傳遞，並將其傳遞前後的內容顯示在螢幕上，借此凸顯傳值呼叫的特性。	

執行結果：

```
c:\ D:\C語言程式範例\Chapter6\STRUCTURE_SWAP_VALUE\STRUCTURE_SWAP_VALUE.exe
主程式呼叫函數前內容 :
mary.id A123456 mary.grade 88
john.id A123457 john.grade 77

被呼叫函數互換前內容 :
mary.id A123456 mary.grade 88
john.id A123457 john.grade 77

被呼叫函數互換後內容 :
mary.id A123457 mary.grade 77
john.id A123456 john.grade 88

主程式呼叫函數後內容 :
mary.id A123456 mary.grade 88
john.id A123457 john.grade 77

請按任意鍵繼續 . . .
```

原始程式：

```
1.  /***********************************
2.   * structure call by value (swap) *
3.   * 檔名: STRUCTURE_SWAP_VALUE.CPP   *
4.   ***********************************/
5.
6.  #include <stdio.h>
7.  #include <stdlib.h>
8.
9.  #define SIZE 8
10.
11. struct record
12. {
13.   char id[SIZE];
14.   short grade;
15. };
16.
17. int main(void)
18. {
19.   void swap(struct record, struct record );
20.   struct record mary = {"A123456", 88}, john= {"A123457", 77};
21.
22.   printf("主程式呼叫函數前內容 :\n");
```

```
23.   printf("mary.id %s mary.grade %hd\n", mary.id, mary.grade);
24.   printf("john.id %s john.grade %hd\n", john.id, john.grade);
25.   swap(mary, john);
26.   printf("\n主程式呼叫函數後內容 :\n");
27.   printf("mary.id %s mary.grade %hd\n", mary.id, mary.grade);
28.   printf("john.id %s john.grade %hd\n", john.id, john.grade);
29.   putchar('\n');
30.   system("PAUSE");
31.   return 0;
32. }
33.
34. void swap(struct record mary, struct record john)
35. {
36.   struct record temp;
37.
38.   printf("\n被呼叫函數互換前內容 :\n");
39.   printf("mary.id %s mary.grade %hd\n", mary.id, mary.grade);
40.   printf("john.id %s john.grade %hd\n", john.id, john.grade);
41.   temp = mary;
42.   mary = john;
43.   john = temp;
44.   printf("\n被呼叫函數互換後內容 :\n");
45.   printf("mary.id %s mary.grade %hd\n", mary.id, mary.grade);
46.   printf("john.id %s john.grade %hd\n", john.id, john.grade);
47. }
```

重點說明：

1. 行號 11～15 宣告結構資料型別 record 的架構，由於它是一個全區資料 (global)，因此所有函數都可以使用。
2. 行號 19 宣告被呼叫函數的原型。
3. 行號 20 宣告兩組資料型態與 record 相同的變數 mary 與 john，並直接設定它們的內容。
4. 行號 22～24 分別顯示互換前 mary 與 john 的內容。
5. 行號 25 以傳值 Call by value 的方式呼叫 swap( ) 函數，以便進行 mary 與 john 兩組結構資料型別的內容互換，因此程式跳到行號 34 去執行，而其參數間的對應方式如下：

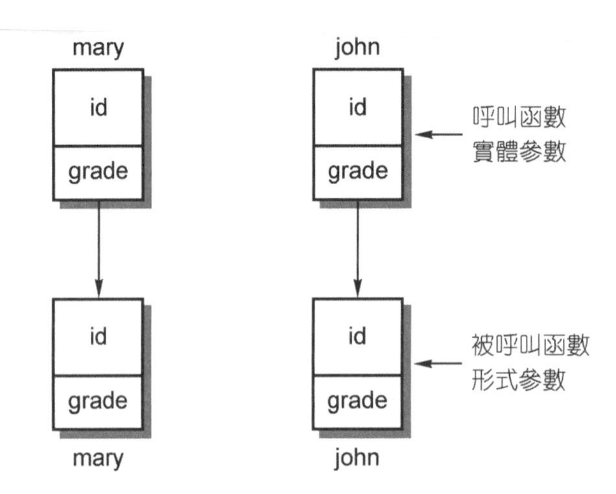

6. 行號 38～40 分別顯示互換前 mary 與 john 的內容。
7. 行號 41～43 進行 mary 與 john 的內容互換。
8. 行號 44～47 分別顯示互換後 mary 與 john 的內容，並回到行號 26 去執行。
9. 行號 26～28 分別顯示互換後 mary 與 john 的內容。
10. 由於它們使用不同塊記憶空間，因此結構資料型別的內容不會被改變，此乃傳值呼叫的特性。
11. 其詳細特性請參閱執行結果。

結構資料型別傳址呼叫

正如前面所討論的，所謂的傳址呼叫就是當函數在進行呼叫時，呼叫函數是將所要傳送參數的儲存記憶體位址傳送給被呼叫的函數，由於呼叫與被呼叫函數的參數皆使用同一塊記憶空間，因此當參數內容於被呼叫函數內改變時，於呼叫函數的參數內容也會跟著改變，唯一不同的地方為此處我們所討論的參數換成結構資料型別的資料而已，當我們將結構資料型別的資料當成參數來傳遞時，一次可以傳送整個結構資料，也可以只傳送某幾個欄位的資料，底下我們就舉一個範例，以函數呼叫的傳址方式將兩組結構資料型別的內容傳遞到被呼叫函數內部進行互換，以便說明與驗證傳址呼叫的特性。

範例	檔名：STRUCTURE_SWAP_ADDRESS
以函數呼叫傳址的方式進行結構資料型別內容的傳遞，並將其傳遞前後的內容顯示在螢幕上，借此凸顯傳址呼叫的特性。	

執行結果：

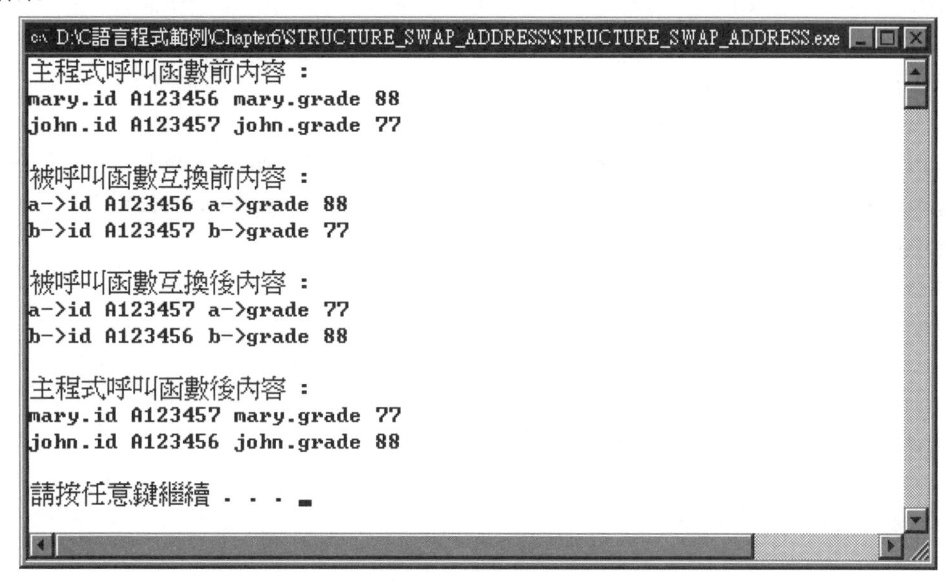

原始程式：

```
1.  /*************************************
2.   * structure call by address (swap)  *
3.   * 檔名: STRUCTURE_SWAP_ADDRESS.CPP   *
4.   *************************************/
5.
6.  #include <stdio.h>
7.  #include <stdlib.h>
8.
9.  #define SIZE 8
10.
11. struct record
12. {
13.   char id[SIZE];
14.   short grade;
15. };
```

```
16.
17.  int main(void)
18.  {
19.    void swap(struct record *, struct record *);
20.    struct record mary = {"A123456", 88}, john= {"A123457", 77};
21.
22.    printf("主程式呼叫函數前內容 :\n");
23.    printf("mary.id %s mary.grade %hd\n", mary.id, mary.grade);
24.    printf("john.id %s john.grade %hd\n", john.id, john.grade);
25.    swap(&mary, &john);
26.    printf("\n主程式呼叫函數後內容 :\n");
27.    printf("mary.id %s mary.grade %hd\n", mary.id, mary.grade);
28.    printf("john.id %s john.grade %hd\n", john.id, john.grade);
29.    putchar('\n');
30.    system("PAUSE");
31.    return 0;
32.  }
33.
34.  void swap(struct record *a, struct record *b)
35.  {
36.    struct record temp;
37.
38.    printf("\n被呼叫函數互換前內容 :\n");
39.    printf("a->id %s a->grade %hd\n", a->id, a->grade);
40.    printf("b->id %s b->grade %hd\n", b->id, b->grade);
41.    temp = *a;
42.    *a   = *b;
43.    *b   = temp;
44.    printf("\n被呼叫函數互換後內容 :\n");
45.    printf("a->id %s a->grade %hd\n", a->id, a->grade);
46.    printf("b->id %s b->grade %hd\n", b->id, b->grade);
47.  }
```

重點說明：

1. 程式的架構與前面範例相似，請自行參閱前面的說明。
2. 行號 19 宣告被呼叫函數的原型。
3. 行號 25 以傳址 Call by address 的方式呼叫 swap( )函數，以便進行 mary 與 john 兩組結構資料型別的內容互換，因此程式跳到行號 34 執行，而其參數間的對應關係如下：

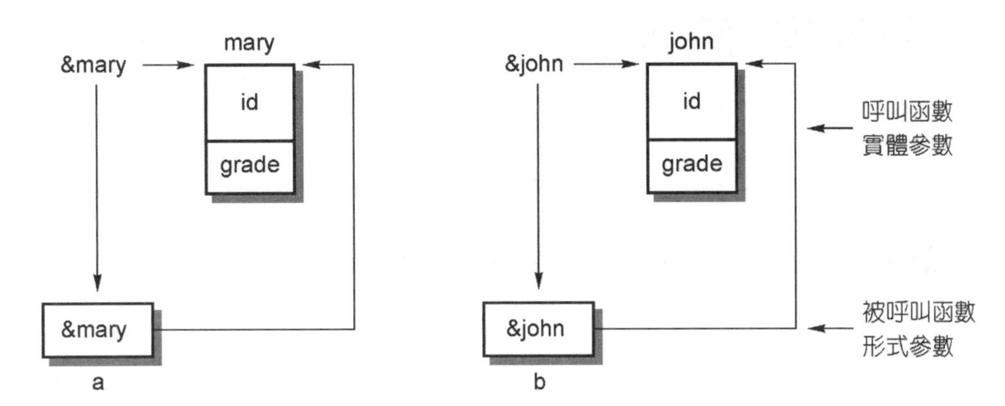

由於它們使用同一塊記憶空間，因此結構資料型別的內容會被改變，此乃傳址呼叫的特性。

4. 其詳細特性請參閱執行結果。

結構資料型別陣列傳值、傳址呼叫

上面兩個範例分別是以傳值呼叫 Call by value，傳址呼叫 Call by address 的方式來實現兩組結構資料型別內部資料的互換，居於實際上的需要，設計師也可以將兩種方式混合使用，底下我們就舉個範例，利用傳值與傳址呼叫的方式來進行已經儲存在結構資料型別陣列內的學生資料查詢。

範例	檔名：STRUCTURE_ARRAY_VALUE_ADDRESS
以傳值與傳址的呼叫方式進行結構資料型別陣列內部學生資料的查詢。	

執行結果：

```
D:\C語言程式範例\Chapter6\STRUCTURE_ARRAY_VALUE_ADDRESS\STRUCTURE_ARRAY_VALUE_ADDRESS...
請輸入所要查尋學生的學號 : A123456
姓名        學號         國文        英文        數學
劉宇修      A123456      89.00       90.00       98.00

請按任意鍵繼續 . . .
```

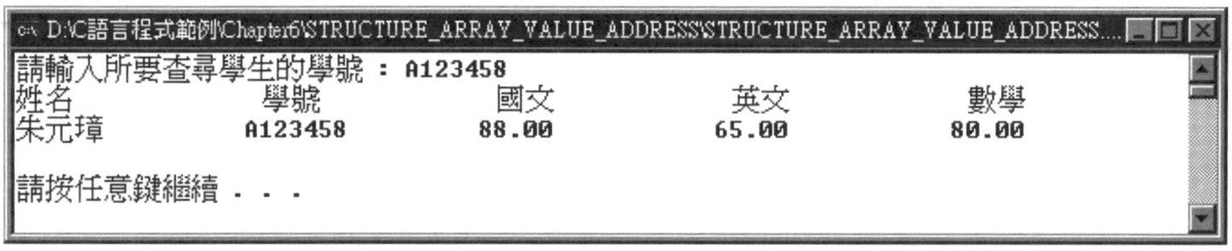

```
D:\C語言程式範例\Chapter6\STRUCTURE_ARRAY_VALUE_ADDRESS\STRUCTURE_ARRAY_VALUE_ADDRESS....
請輸入所要查尋學生的學號 : A123458
姓名          學號          國文          英文          數學
朱元璋        A123458       88.00         65.00         80.00

請按任意鍵繼續 . . .
```

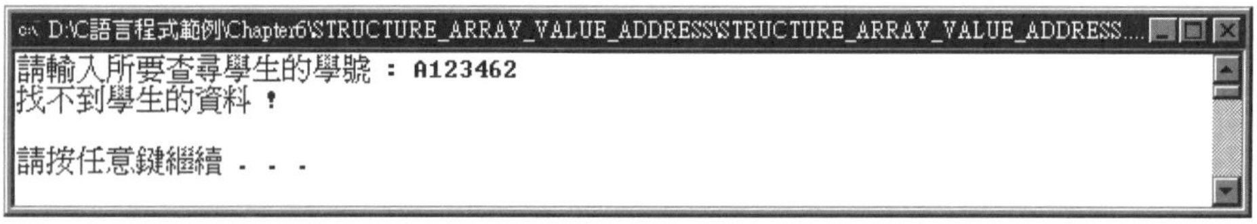

```
D:\C語言程式範例\Chapter6\STRUCTURE_ARRAY_VALUE_ADDRESS\STRUCTURE_ARRAY_VALUE_ADDRESS....
請輸入所要查尋學生的學號 : A123462
找不到學生的資料 !

請按任意鍵繼續 . . .
```

原始程式：

```
1.   /*******************************************
2.    * structure array call by value address   *
3.    * 檔名 : STRUCTURE_ARRAY_VALUE_ADDRESS.CPP  *
4.    *******************************************/
5.
6.   #include <stdio.h>
7.   #include <stdlib.h>
8.   #include <string.h>
9.
10.  #define SIZE    10
11.  #define LENGTH  8
12.
13.  struct record
14.  {
15.    char  name[SIZE];
16.    char  id[LENGTH];
17.    float chinese;
18.    float english;
19.    float mathematic;
20.  };
21.
22.  int main(void)
23.  {
24.    void display(char *, short , struct record *);
25.    char ID[SIZE];
26.    struct record student[] =
27.      {{"劉宇修", "A123456", 89, 90, 98},
28.       {"張啓東", "A123457", 66, 87, 79},
```

```
29.       {"朱元璋", "A123458", 88, 65, 80},
30.       {"黃富國", "A123459", 70, 91, 80},
31.       {"陳明峰", "A123460", 77, 79, 82},
32.       {"吳景星", "A123461", 76, 78, 85}};
33.
34.   printf("請輸入所要查尋學生的學號 : ");
35.   gets(ID);
36.   display(ID, sizeof(student)/sizeof(student record), student);
37.   putchar('\n');
38.   system("PAUSE");
39.   return 0;
40. }
41.
42. void display(char *ID, short number, struct record *a)
43. {
44.   short index;
45.
46.   for(index = 0; index < number; index++)
47.   {
48.     if(strcmp((a+index)->id, ID) == 0)
49.     {
50.       printf("姓名\t\t 學號\t\t 國文\t\t 英文\t\t 數學\n");
51.       printf("%s\t\t",    (a+index)->name);
52.       printf("%s\t\t",    (a+index)->id);
53.       printf("%4.2f\t\t", (a+index)->chinese);
54.       printf("%4.2f\t\t", (a+index)->english);
55.       printf("%4.2f\n",   (a+index)->mathematic);
56.       break;
57.     }
58.   }
59.   if(index == number)
60.   printf("\7\7 找不到學生的資料 !\n");
61. }
```

重點說明：

1. 行號 13～20 宣告結構資料型別 record 的架構。
2. 行號 24 宣告所要呼叫函數 display( ) 的原型。
3. 行號 25 宣告字元陣列 ID 以便儲存所要查詢學生的學號。

4. 行號 26～32 宣告資料型態與 record 相同的結構陣列 student，並直接設定 6 個學生的資料。
5. 行號 34～35 輸入所要查詢學生的學號。
6. 行號 36 呼叫 display 函數，它所傳遞參數的代表意義為：
   (1) ID：所要查詢學生的學號位址 (傳址呼叫)。
   (2) sizeof(student) / sizeof(student record)：所要查詢學生的筆數，此處計算結果為 6，即第 0 筆～第 5 筆 (傳值呼叫)。
   (3) student：結構陣列開始的位址，即儲存所有學生資料的第一個位址 (傳址呼叫)。

   因此程式跳到行號 42 去執行，而其參數的對應關係如下：

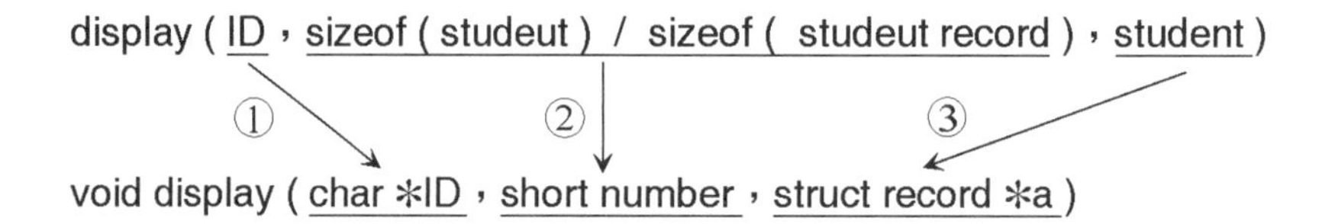

   其中①，③為傳址呼叫 Call by address，②為傳值呼叫 Call by value，
7. 行號 46～58 則進行所要查詢學生的學號比對 (行號 48)，如果比對正確則於行號 50～55 內顯示查詢到的學生資料，並於行號 56 跳離迴圈。
8. 行號 59～60 發現所要查詢學生的學號不在裡面時，則發出兩聲嗶嗶聲響，同時顯示找不到的訊息。

結構資料型別回傳資料

前面我們提過，函數與函數間彼此呼叫時，有關結構資料型別的傳遞，一次可以整個傳送，也可以傳送某幾個指定的欄位資料，甚至被呼叫函數執行完後也可以回傳資料到呼叫函數內，底下我們就舉個範例來說明被呼叫函數的回傳狀況。

範例	檔名：STRUCTURE_FUNCTION_RETURN
以傳值與傳址並傳回呼叫資料的方式，進行結構資料型別陣列內部，學生成績平均值的計算和顯示。	

執行結果：

```
D:\C語言程式範例\Chapter6\STRUCTURE_FUNCTION_RETURN\STRUCTURE_FUNCTION_RETURN.exe
計算平均成績前 :
姓名        學號       國文      英文      平均
劉宇修      A123456    89.00     90.00     0.00
張啓東      A123457    66.00     87.00     0.00
朱元璋      A123458    88.00     65.00     0.00
黃富國      A123459    70.00     91.00     0.00
陳明峰      A123460    77.00     79.00     0.00
吳景星      A123461    76.00     78.00     0.00

計算平均成績後 :
姓名        學號       國文      英文      平均
劉宇修      A123456    89.00     90.00     89.50
張啓東      A123457    66.00     87.00     76.50
朱元璋      A123458    88.00     65.00     76.50
黃富國      A123459    70.00     91.00     80.50
陳明峰      A123460    77.00     79.00     78.00
吳景星      A123461    76.00     78.00     77.00

請按任意鍵繼續 . . .
```

原始程式：

```
1.   /****************************************
2.    * structure function call with return  *
3.    * 檔名 : STRUCTURE_FUNCTION_RETURN.CPP  *
4.    ****************************************/
5.
6.   #include <stdio.h>
7.   #include <stdlib.h>
8.
9.   #define  SIZE      10
10.  #define  LENGTH    8
11.
12.  struct record
13.  {
14.    char   name[SIZE];
15.    char   id[LENGTH];
16.    float  chin;
17.    float  eng;
18.    float  ave;
19.  };
20.
21.  int main(void)
22.  {
23.    void display(short , struct record *);
24.    float average(float , float);
```

```
25.   short number, i;
26.   struct record student[] =
27.     {{"劉宇修", "A123456", 89, 90, 0},
28.      {"張啓東", "A123457", 66, 87, 0},
29.      {"朱元璋", "A123458", 88, 65, 0},
30.      {"黃富國", "A123459", 70, 91, 0},
31.      {"陳明峰", "A123460", 77, 79, 0},
32.      {"吳景星", "A123461", 76, 78, 0}};
33.
34.   number = sizeof(student)/sizeof(student record);
35.   printf("計算平均成績前  :\n");
36.   display(number, student);
37.   for(i = 0; i < number; i++)
38.     student[i].ave = average(student[i].chin, student[i].eng);
39.   printf("計算平均成績後  :\n");
40.   display(number, student);
41.   system("PAUSE");
42.   return 0;
43. }
44.
45. void display(short number, struct record *a)
46. {
47.   short i;
48.
49.   printf("姓名\t\t 學號\t\t 國文\t\t 英文\t\t 平均\n");
50.   for(i = 0; i < number; i++)
51.   {
52.     printf("%s\t\t",     (a+i)->name);
53.     printf("%s\t\t",     (a+i)->id);
54.     printf("%4.2f\t\t", (a+i)->chin);
55.     printf("%4.2f\t\t", (a+i)->eng);
56.     printf("%4.2f\n",    (a+i)->ave);
57.   }
58.   putchar('\n');
59. }
60.
61. float average(float a, float b)
62. {
63.   return((a+b)/2);
64. }
```

重點說明：

1. 行號 12～19 宣告結構資料型別 record 的架構。
2. 行號 23 宣告被呼叫函數 display( ) 的原型，以便顯示結構資料型別的內容。
3. 行號 24 宣告被呼叫函數 average( ) 的原型，以便計算結構資料型別內 chin 與 eng 兩個欄位的平均成績。
4. 行號 26～32 宣告資料型態與 record 相同的 student 變數陣列，並直接設定 6 筆資料內容。
5. 行號 34 計算 student 變數陣列的結構資料筆數 (結果為 6 筆)。
6. 行號 35～36 以呼叫函數的方式顯示 student 變數陣列內容，而其傳遞參數的對應關係如下：

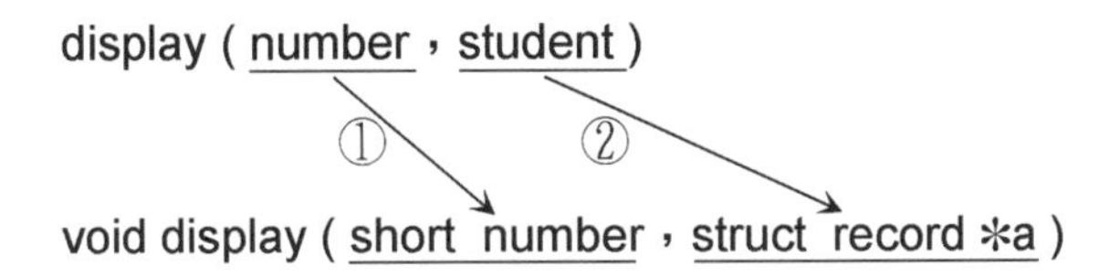

其中：

① 傳值呼叫，它負責傳送 student 變數陣列的筆數 6。

② 傳址呼叫，它負責傳送 student 變數陣列內第一筆結構資料型別的第一個資料欄位之位址，這也等於傳送整個結構資料型別陣列。

7. 行號 37～38 以迴圈與函數呼叫方式去計算儲存在 student 變數陣列內，每個學生結構資料型別內的第 3 及第 4 欄位兩科成績的平均值，並將其計算後的成績 (由被呼叫函數回傳) 儲存在第 5 個資料欄位內，而其傳遞參數的對應關係如下：

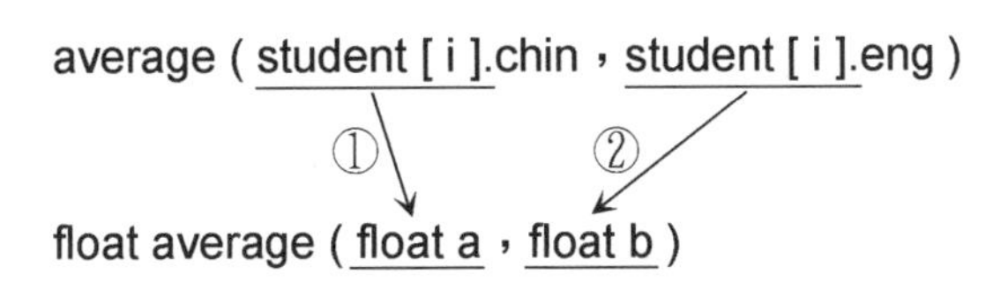

上面 ①，② 皆為傳值呼叫，其中 ① 代表每個學生結構資料型別內的第 3 個欄位 (國文成績)，② 代表第 4 個欄位 (英文成績) 的資料。

8. 行號 39～40 將前面處理完畢後的所有學生資料顯示在螢幕上。

6-3 C 語言的動態記憶體配置

在前面有關 C 語言資料的儲存類別中我們討論過，儲存在資料區的全區資料與靜態資料都是在程式進行編譯時就已經分配記憶空間，這些現象會導致程式內資料所需使用的記憶空間必須在編譯時就要確定下來，而且無法再改變，最常見到的情形就是陣列的使用必須事先宣告它的大小，一旦宣告完畢之後，於程式的執行過程中就不可以再改變，當然我們也不可以在程式中如此宣告：

```
short size;
scanf("%hd", &size);
char string[size];
```

否則編譯時會因為無法確定字元陣列 string 要佔用多少記憶空間而發生錯誤。為了解決這種問題，於 C 語言內系統提供一種動態記憶體配置函數，透過這些函數，設計師可以在程式的執行過程隨時向系統要求當下所需要的記憶空間來使用，一旦使用完畢也可以立刻交還給系統，以方便下一次重新要求記憶空間時重新使用，有關動態記憶體配置函數都定義在 stdlib.h 的頭檔內，只要在程式的開頭將此頭檔引入 (#include) 後即可使用它們，底下我們就來討論較常用到的動態記憶體配置函數，注意！這些動態的記憶空間，系統是由我們前面所談過的堆積記憶區塊中所提撥出來的。

動態記憶體配置函數

於 C 語言程式中，較常看到有關動態記憶體配置的函數有：

1. malloc( )函數。
2. calloc( )函數。
3. realloc( )函數。
4. free( )函數。

上面 1～3 的函數都是當程式在執行時，要求系統由堆積區配置一塊記憶空間來處理資料，此時系統會依據設計師的要求，到堆積記憶區塊內劃分一塊大小符合我們所要求的記憶空間供程式使用，一旦程式使用完畢後即可利用第 4 個函數，將剛剛所要求的記憶空間繳回給系統，這 4 種函數的原型與特性如下面所述 (它們的原型都定義在 stdlib.h 的頭檔內，因此必須將它引入 (“#include”) 程式內)。

```
void  * malloc(unsigned int size)
```

當程式執行到此函數時，系統會到堆積記憶區內劃分一塊大小與小括號內部所宣告的記憶空間相同，並將所劃分記憶空間第一個 Byte 的位址 (指標) 回傳到呼叫程式，如果系統發現堆積區所剩下的記憶空間比您要求的還小時，則回傳一個 NULL 的值，當記憶體配置成功後，由於系統無法知道將來你所要儲存資料的型態，因此它們所回傳的值為指向 void 資料型態的指標，將來設計師可以將它轉換成任何型態的資料指標，注意！本函數後面所指定的記憶體空間不可以超過 64kBytes，而且所配置的記憶體空間並沒有做初始值的設定(內容為亂數)，於上面的函數原型中。

1. **void**：代表所回傳的記憶空間可以強迫轉換成儲存任何資料型態的資料。
2. *****：代表回傳的資料為指標 (位址)。
3. **malloc**：代表函數本身。
4. **unsigned int size**：代表所指定的記憶空間為一個不帶符號的整數值。

簡化函數的原型，於使用上我們可以將它寫成：

```
指標變數= (資料型態 * ) malloc(記憶空間大小);
```

其狀況如下：

```
double  * ptr;
ptr = (double * ) malloc (6 * sizeof(double));
```

1. 宣告一個指向倍精值浮點數的指標 ptr。
2. 要求一塊 6 × 8 = 48bytes 的記憶空間，以便將來儲存倍精值浮點數，並將此記憶空間第一個 Byte 的位址回傳給指向倍精值浮點數的指標 ptr，其狀況如下：

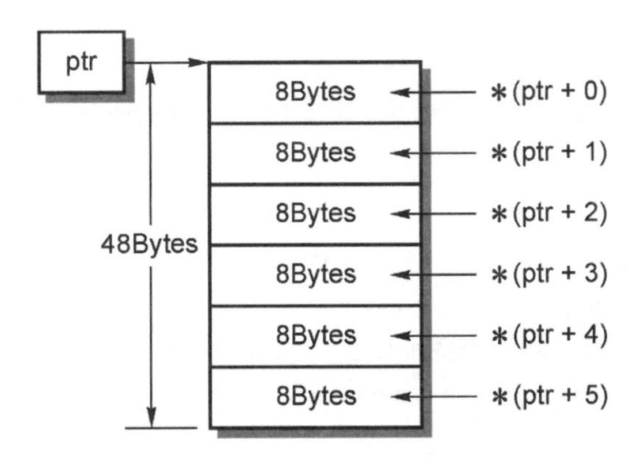

```
void free(void  * mem_address)
```

當前面所要求的動態記憶體不需要再使用時，即可透過本函數繳還給系統，以便將來需要記憶空間時重新再向系統要求。

簡化函數的原型，於使用上我們可以將它寫成：

```
free(指標變數)
```

其狀況如下：

```
short  * ptr
ptr= (short * ) malloc (sizeof (short) );
        ⋮
free(ptr);
```

底下我們就舉一個範例來說明上面兩個動態記憶體配置函數的特性。

範例一	檔名：DYNAMIC_MALLOC_DOUBLE
以動態記憶體配置函數，於堆積區內配置一塊記憶空間，以便儲存一筆倍精值資料，使用完畢後全數繳回給系統。	

執行結果：

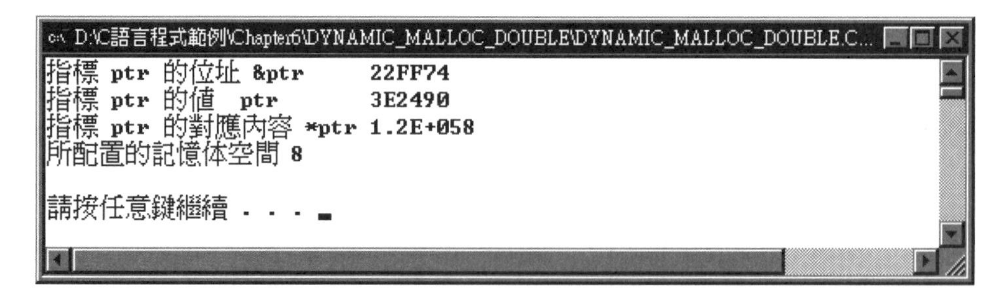

原始程式：

```
1.   /***********************************
2.    *   malloc and free with double    *
3.    * 檔名 : DYNAMIC_MALLOC_DOUBLE.CPP  *
4.    ***********************************/
5.
```

```
6.  #include <stdio.h>
7.  #include <stdlib.h>
8.
9.  int main(void)
10. {
11.   double *ptr;
12.
13.   ptr = (double*) malloc (sizeof(double));
14.   if(ptr != NULL)
15.   {
16.     *ptr = 123.45678E+56;
17.     printf("指標 ptr 的位址 &ptr    %0X\n", &ptr);
18.     printf("指標ptr 的值 ptr      %0X\n", ptr);
19.     printf("指標ptr 的對應內容 *ptr %8.21G\n", *ptr);
20.     printf("所配置的記憶體空間 %hd\n\n", sizeof(double));
21.     free(ptr);
22.   }
23.   else
24.     printf("\7\7 記憶體配置失敗\n\n");
25.   system("PAUSE");
26.   return 0;
27. }
```

重點說明：

1. 行號 11 宣告一個指向倍精值浮點數的指標 ptr。
2. 行號 13 以 malloc( ) 函數要求 8Byte 的記憶空間，以便將來儲存一個倍精值浮點數，並將第一個 Byte 的位址回傳給指標 ptr。
3. 行號 14 判斷，如果取得記憶體空間則執行行號 16～21，如果無法取得記憶空間 (譬如記憶空間不夠) 則跳到行號 24 去執行。
4. 行號 17～20 顯示記憶體的配置情形，其狀況如下：

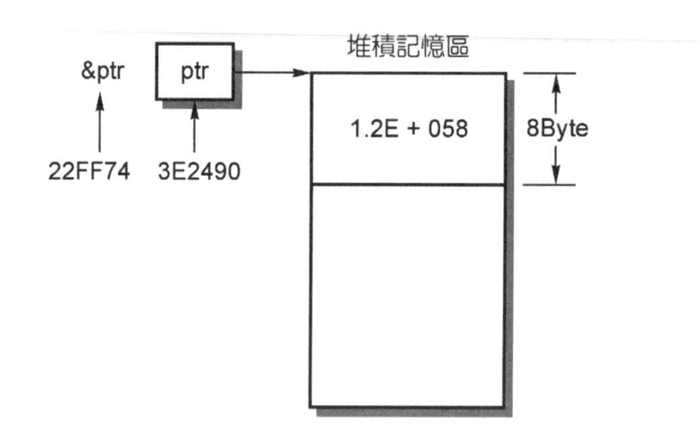

5. 行號 21 繳回記憶空間。

上面範例只是要求一個儲存倍精值浮點數的記憶空間，底下範例我們要求一塊記憶空間來儲存使用者由鍵盤輸入的單精值浮點數 (數量由鍵盤鍵入)，請將此程式的架構與前面所討論的陣列做比較。

範例	檔名：DYNAMIC_MALLOC_ARRAY
以動態記憶體配置函數，於堆積區內配置一塊記憶空間，以便儲存數筆單精值資料 (數量由鍵盤輸入值決定)，一旦資料處理完畢後，則將空間全數繳回給系統。	

執行結果：

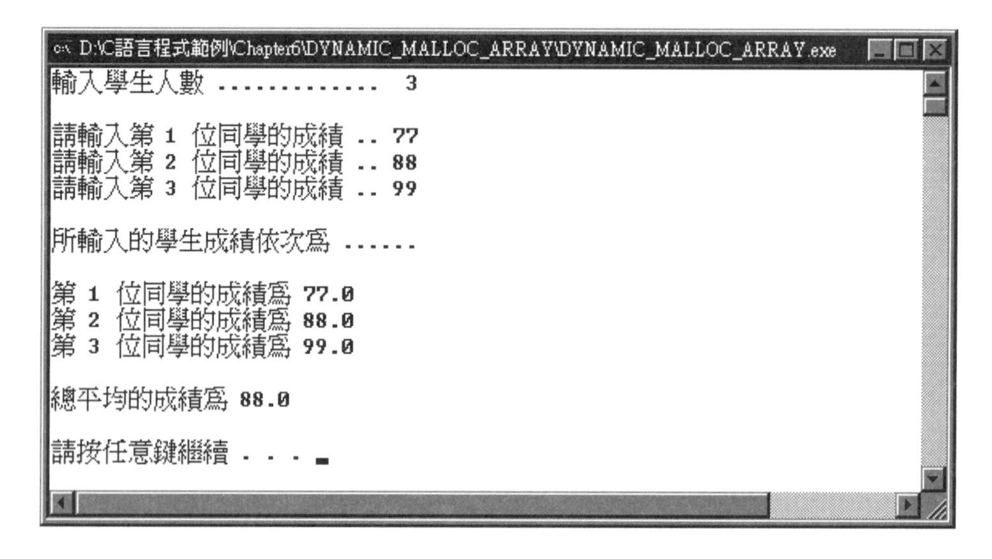

原始程式：

```
1.   /**********************************
2.    *  malloc and free with array    *
3.    * 檔名 : DYNAMIC_MALLOC_ARRAY.CPP  *
4.    **********************************/
5.
6.   #include <stdio.h>
7.   #include <stdlib.h>
8.
9.   int main(void)
10.  {
11.    float sum = 0, *ptr;
12.    short number, index;
13.
14.    printf("輸入學生人數 ............  ");
15.    fflush(stdin);
16.    scanf("%hd", &number);
17.    ptr = (float*) malloc (number * sizeof(float));
18.    if(ptr != NULL)
19.    {
20.      putchar('\n');
21.      for(index = 0; index < number; index++)
22.      {
23.        printf("請輸入第 %hd 位同學的成績 .. ", index + 1);
24.        scanf("%f", (ptr + index));
25.        sum += *(ptr + index);
26.        printf("\7");
27.      }
28.      printf("\n所輸入的學生成績依次爲 ......\n\n");
29.      for(index = 0; index < number; index++)
30.        printf("第 %hd 位同學的成績爲 %4.1f\n", index+1, *(ptr+index));
31.      printf("\n總平均的成績爲 %4.1f\n\n", sum/index );
32.      free(ptr);
33.    }
34.    else
35.      printf("\7\7記憶體配置失敗\n\n");
36.    system("PAUSE");
37.    return 0;
38.  }
```

重點說明：

1. 行號 14～16 由鍵盤輸入學生資料的個數。
2. 行號 17 依學生資料的個數，要求一塊記憶空間來儲存學生的成績，並將記憶區塊的第一個 Byte 位址回傳給指標 ptr。
3. 行號 18 判斷如果順利取得記憶空間則執行行號 20～32，無法取得記憶體空間則跳到行號 34 去執行。
4. 行號 21～27 依次輸入、儲存、累加所有輸入的學生成績。
5. 行號 28～31 依次顯示剛才所輸入的學生成績以及總平均成績。
6. 行號 32 繳回剛剛所取得的記憶空間。
7. 程式執行時的記憶體分佈狀況如下：

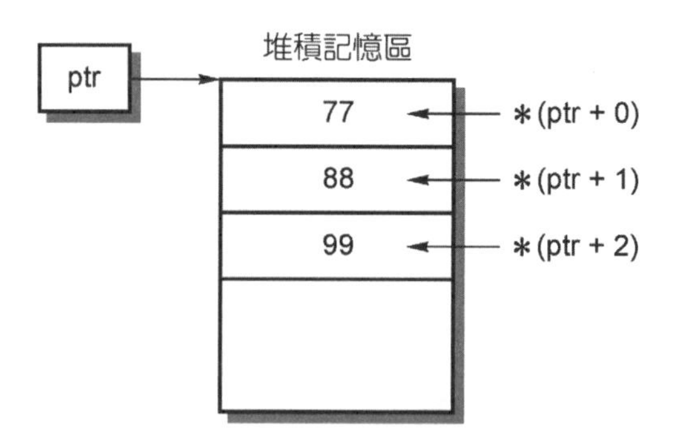

當我們以結構資料型別進行資料處理時，也可以要求系統配置以結構資料型別的大小為單位的記憶空間，其狀況即如下面範例所示。

範例　檔名：DYNAMIC_MALLOC_STRUCTURE

以動態記憶體配置函數，於堆積區內配置一塊記憶空間，以便儲存結構資料型別的資料，一旦資料處理完畢後，則將空間全數繳回給系統。

執行結果：

```
D:\C語言程式範例\Chapter6\DYNAMIC_MALLOC_STRUCTURE\DYNAMIC_MALLOC_STRUCTUREP.exe
姓名          學號          國文          英文          數學
劉宇修        A123456       88.00         89.00         95.00

請按任意鍵繼續 . . .
```

原始程式：

```
1.   /**************************************
2.    *  malloc and free with structure    *
3.    * 檔名 : DYNAMIC_MALLOC_STRUCTURE.CPP *
4.    **************************************/
5.
6.   #include <stdio.h>
7.   #include <stdlib.h>
8.   #include <string.h>
9.
10.  #define  LENGTH 10
11.
12.  typedef struct
13.  {
14.   char  name[LENGTH];
15.   char  id[LENGTH];
16.   float chinese;
17.   float english;
18.   float mathematic;
19.  }record;
20.
21.  int main(void)
22.  {
23.   record *student;
24.
25.   student = (record*) malloc (sizeof(record));
26.   if(student != NULL)
27.   {
28.    strcpy(student->name, "劉宇修");
29.    strcpy(student->id, "A123456");
30.    student->chinese   = 88;
31.    student->english   = 89;
32.    student->mathematic = 95;
33.    printf("姓名\t\t 學號\t\t 國文\t\t 英文\t\t 數學\n");
34.    printf("%s\t\t", student->name);
35.    printf("%s\t\t", student->id);
36.    printf("%4.2f\t\t", student->chinese);
37.    printf("%4.2f\t\t", student->english);
38.    printf("%4.2f\n\n", student->mathematic);
39.    free(student);
40.   }
41.   else
```

```
42.      printf("\7\7 記憶體配置失敗\n\n");
43.    system("PAUSE");
44.    return 0;
45. }
```

重點說明：

1. 行號 12～19 自行定義一個結構資料型別，名稱為 record。
2. 行號 23 宣告一個資料型態與 record 一樣的指標 student。
3. 行號 25 要求記憶空間與結構資料型別 record 一樣大的記憶區塊，並將其第一個 Byte 的位址回傳給指標 student。
4. 行號 28～32 設定結構資料內部每個欄位的內容。
5. 行號 33～38 顯示結構資料每個欄位的內容。
6. 行號 39 繳回結構資料型別 student 所使用的記憶空間。
7. 程式執行時的記憶體分佈狀況如下：

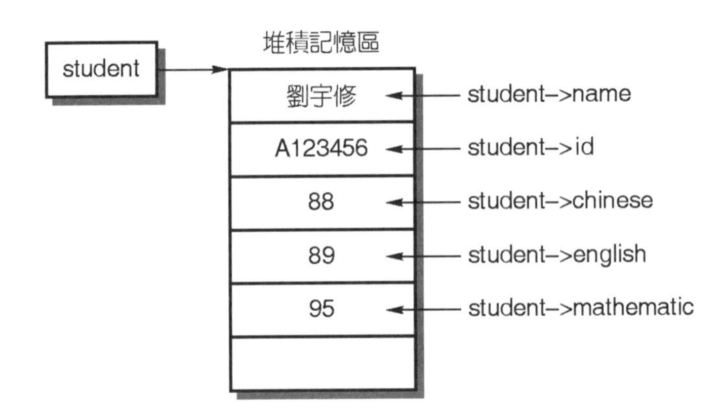

void ＊calloc(size_t n, size_t x)

本函數的功能與前面 malloc( )函數相似，它也是要求系統從堆積區釋放一塊記憶空間供程式使用，如果釋放成功則回傳所釋放記憶空間第一個 Byte 的位址 (指標)，如果釋放失敗則回傳 NULL 的值，而其唯一不同點在於所要求記憶空間大小的表達方式不同，於上面的函數原型中：

1. **void**：代表所回傳的記憶體空間可以強迫轉換成儲存任何資料型態的資料。
2. **＊**：代表回傳的資料為指標 (位址)。
3. **calloc**：代表函數本身。

4. **(size_t n, size_t x)**：代表所指定的記憶體空間為：

    size_t n：n 個單位。

    size_t x：每個單位擁有 x Byte 的空間。

也就是指定的空間總共 n * x Byte，譬如所要求的記憶空間儲存 n 個學生的記錄資料，每筆記錄資料的長度佔用 x Byte 的記憶空間。

簡化函數的原型，於使用上我們可以將它寫成：

```
指標變數 = (資料型態 * ) calloc(n 個記錄, 每個記錄的長度 x)
```

其狀況如下：

```
float  * ptr;
ptr = (float * ) calloc (5, sizeof(float));
              ⋮
free(ptr);
```

1. 宣告一個指向單精值浮點數的指標 ptr。
2. 要求一塊記憶空間，其大小為 5 個單位，每個單位佔 4Byte，以便將來儲存單精值浮點數，並將此記憶空間第一個 Byte 的位址回傳給 ptr，其狀況如下：

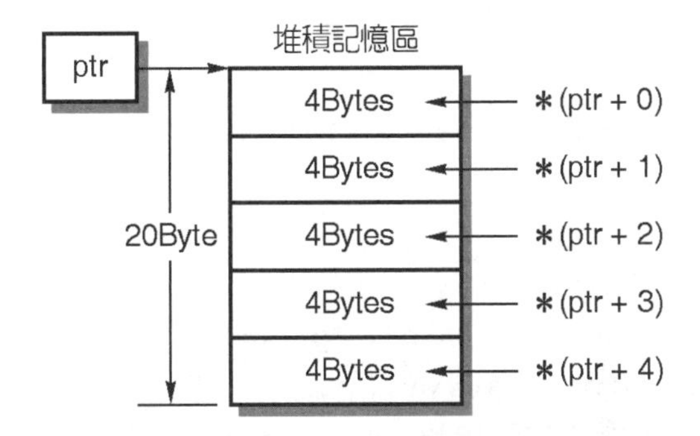

3. 記憶空間使用完畢則經由 free(ptr) 函數繳回給系統。

底下我們就舉個與前面相同的範例來說明。

範例	檔名：DYNAMIC_CALLOC_FLOAT

以動態記憶體配置函數，於堆積區內配置一塊記憶空間，以便儲存一筆單精值浮點數資料，使用完畢後全數繳回給系統。

執行結果：

```
c:\ D:\C語言程式範例\Chapter6\DYNAMIC_CALLOC_FLOAT\DYNAMIC_CALLOC_FLOAT.exe
指標 ptr 的位址      22FF74
指標 ptr 的值        3E2490
指標 ptr 的對應內容 6.7E+018
所配置的記憶体空間  4

請按任意鍵繼續 . . .
```

原始程式：

```
1.   /**********************************
2.    *   calloc and free with float    *
3.    * 檔名 : DYNAMIC_CALLOC_FLOAT.CPP *
4.    **********************************/
5.
6.   #include <stdio.h>
7.   #include <stdlib.h>
8.
9.   int main(void)
10.  {
11.    float *ptr;
12.
13.    ptr = (float*) calloc (1, sizeof(float));
14.    if(ptr != NULL)
15.    {
16.      *ptr = 6666.6666E+15;
17.      printf("指標 ptr 的位址    %0X\n", &ptr);
18.      printf("指標ptr 的值      %0X\n", ptr);
19.      printf("指標ptr 的對應內容 %8.2G\n", *ptr);
20.      printf("所配置的記憶體空間 %hd\n\n", sizeof(*ptr));
21.      free(ptr);
22.    }
23.    else
24.      printf("\7\7 記憶體配置失敗\n\n");
25.    system("PAUSE");
26.    return 0;
27.  }
```

重點說明：

與前面範例相似，其唯一不同點為行號 13，我們只是以 calloc( ) 函數來取代 malloc( ) 函數，詳細說明請參閱前面的敘述。

```
void  * realloc(void  * mem_address, size_t newsize)
```

當我們於程式前面使用 calloc 函數要求一塊記憶空間來處理資料時，由於所要處理的資料愈來愈大，導致前面所要求的記憶空間不夠用，此時即可使用本函數要求系統在不影響前面所處理的資料內容之下加大所釋放的記憶空間，於上面的函數原型中：

1. **void**：代表所回傳的記憶體空間可以強迫轉換成儲存任何資料型態的資料。
2. *****：代表回傳的資料為指標。
3. **realloc**：代表函數本身。
4. **(void * mem_address, size_t newsize)**：重新指定先前已經指定記憶空間的大小，其中：

    void * mem_address：已經指定記憶空間的指標。

    size_t newsize：重新指定的記憶體空間大小。

簡化函數的原型，於使用上我們可以將它寫成：

指標變數 = (資料型態 *) realloc(已經指定的指標變數, 新空間大小)

底下我們就舉個範例來說明上面的敘述。

範例	檔名：DYNAMIC_REALLOC_SHORT
以動態記憶體配置函數，於堆積區內配置一塊記憶空間，儲存並顯示資料後再重新指定較大的記憶空間，並儲存、顯示資料，藉以凸顯原來的內容沒有被改變。	

執行結果：

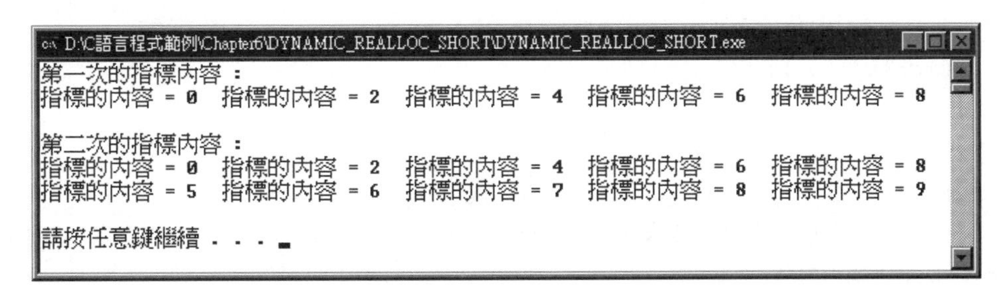

原始程式：

```
1.  /***********************************
2.   *   realloc and free with short    *
3.   * 檔名 : DYNAMIC_REALLOC_SHORT.CPP *
4.   ***********************************/
5.
6.  #include <stdio.h>
7.  #include <stdlib.h>
8.
9.  #define START  0
10. #define FIRST  5
11. #define SECOND 10
12.
13. int main(void)
14. {
15.   short *ptr;
16.   short index;
17.
18.   ptr = (short*) calloc (FIRST, sizeof(short));
19.   if(ptr != NULL)
20.   {
21.     printf("第一次的指標內容 :\n");
22.     for(index = START; index < FIRST; index++)
23.     {
24.       *(ptr + index) = index * 2;
25.       printf("第一次的指標內容 = %hd\t", *(ptr + index));
26.     }
27.     ptr = (short*) realloc (ptr, SECOND * sizeof(short));
28.     for(index = FIRST; index < SECOND; index++)
29.       *(ptr + index) = index;
30.     printf("\n 第二次的指標內容 :\n");
31.     for(index = START; index < SECOND; index++)
32.       printf("指標的內容 = %hd\t", *(ptr + index));
33.     putchar('\n');
34.     free(ptr);
35.   }
36.   else
37.     printf("\7\7 記憶體配置失敗\n\n");
38.   system("PAUSE");
```

```
39.    return 0;
40. }
```

重點說明：

1. 行號 18 要求一塊大小為 5 × 2 = 10Byte 的記憶空間，取回記憶體開始的位址，並存放在指標 ptr 內。
2. 行號 21～26 依次設定取回的記憶體內容為 0, 2, 4, 6, 8，並將它們顯示在螢幕上。
3. 行號 27 要求將行號 18 所取回的記憶空間加大一倍，即 10 × 2 = 20Byte。
4. 行號 28～29 將取回的記憶空間由第 5 個空間 (從 0 開始算) 開始，依次設定其內容為 5, 6, 7, 8, 9，連同前面的設定，此時記憶體的分佈狀況為：

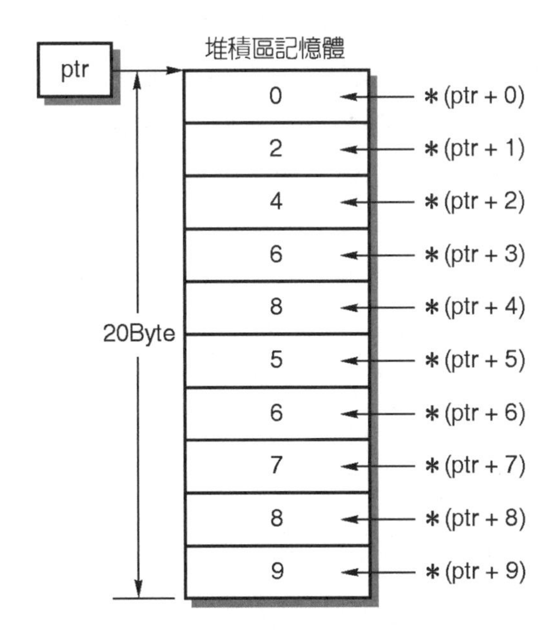

5. 行號 30～32 依次顯示記憶體的內容，由其顯示狀況可以發現到，於行號 24 內所設定的記憶體內容依舊存在，不會因為行號 27 重新要求記憶空間而遭到破壞。
6. 注意！也許行號 18 與行號 27 的指標值不相同，那是因為如果系統發現原先所釋放出來的記憶空間不夠大時，它會另外再找一塊夠大的記憶空間來使用。

 6-4 聯合資料型別 union

於 C 語言資料型態中曾經討論過，當我們在程式中將某一個變數宣告成整數時，將來儲存在它所對應記憶空間的資料就必須為整數，如果將變數宣告成單精值浮點數時，將來儲存在它所對應記憶空間的資料也必須為單精值浮點數…等；如果我們希望在某一塊記憶空間內可以儲存各種資料型態不相同的資料時，就必須利用聯合資料型別 union 來實現，聯合資料型別 union 是由前面所討論結構資料型別 struct 所衍生出來的資料型別，正如結構資料型別的敘述，它是集合各種相關但不同資料型態的變數，並且各別配置"各自獨立"的記憶空間來儲存它們各自所屬的資料；聯合資料型別也是集合各種相關但不同資料型態的變數，但不同之處在於它所配置的記憶空間並非"各自獨立"，而是"共同擁有"，當我們於程式中宣告一個聯合資料型別的變數時，編譯器會自動找出佔用最大記憶空間的資料欄位，並以此空間 (最大者) 配置記憶體供所有資料使用，注意！由於此塊記憶空間是所有資料欄位共同使用的，因此在相同的時間內只能供某個資料欄位使用，講的更明白一點，就是每個資料欄位必須在不同的時間輪流使用這一塊共有的記憶空間，當程式存入目前所要處理的欄位資料時，上一筆欄位資料內容就會被破壞。由於聯合資料型別 union 與結構資料型別的特性除了上面所敘述的記憶體"各自獨立"與"共同擁有"之外，它們幾乎完全相同，宣告方式也是如此 (只要把 struct 改成 union 即可)，請讀者自行參閱前面有關結構資料型別的敘述，底下我們只舉一個例子供大家參考：

```
union 聯合資料型別名稱
{
   資料型態   欄位名稱 1;
   資料型態   欄位名稱 2;
                 ⋮
};
union 聯合資料型別變數名稱 1, 變數名稱 2, …;
```

結構資料型別與聯合資料型別兩者的異同點如下：

宣告方式	記憶體配置狀況
struct { char name[10]; int price; float weight; double total; }product;	name 10 price 4 weight 4 total 8 product
union { char name[10]; int price; float weight; double total; }product;	name total price weight 4 8 10 product

底下我們就舉個範例來說明上面的敘述。

範例	檔名：UNION_STRUCTURE
設定並顯示結構、聯合資料型別的欄位內容，藉以凸顯兩種資料結構的不同之處。	

執行結果：

```
D:\C語言程式範例\Chapter6\UNION_STRUCTURE\UNION_STRUCTURE.exe
結構 No1 的長度 =  12
No1.data        =  77665541
No1.c           =  A
No1.height      =  1234
No1.weight      =  5678

聯合 No2 的長度 =  4
No2.data        =  77665541
No2.c           =  A
No2.height      =  5541
No2.weight      =  5541

請按任意鍵繼續 . . .
```

原始程式：

```
1.  /******************************
2.   * union and structure test   *
3.   * 檔名 : UNION_STRUCTURE.CPP *
4.   ******************************/
5.
6.  #include <stdio.h>
7.  #include <stdlib.h>
8.
9.  int main(void)
10. {
11.   struct
12.   {
13.     int  data;
14.     char  c;
15.     short height;
16.     short weight;
17.   }No1 = {0x77665541, 'A', 0x1234, 0x5678};
18.
19.   union
20.   {
21.     int  data;
22.     char  c;
23.     short height;
24.     short weight;
25.   }No2;
26.
```

```
27.    No2.data = 0x77665541;
28.    printf("結構 No1 的長度 = %hd\n", sizeof(No1));
29.    printf("No1.data       = %X\n", No1.data);
30.    printf("No1.c          = %c\n", No1.c);
31.    printf("No1.height     = %X\n", No1.height);
32.    printf("No1.weight     = %X\n\n", No1.weight);
33.    printf("聯合 No2 的長度 = %hd\n", sizeof(No2));
34.    printf("No2.data       = %X\n", No2.data);
35.    printf("No2.c          = %c\n", No2.c);
36.    printf("No2.height     = %X\n", No2.height);
37.    printf("No2.weight     = %X\n\n", No2.weight);
38.    system("PAUSE");
39.    return 0;
40. }
```

重點說明：

1. 行號 11～17 宣告結構資料型別的內部架構以及變數 No1，並直接設定它的內容。
2. 行號 19～25 宣告聯合資料型別的內部架構 (每個資料欄位都和前面所宣告的結構資料型別相同) 以及變數 No2。
3. 行號 27 設定聯合資料型別第一個資料欄位的內容。
4. 行號 28～32 依次顯示結構資料型別 No1 的長度 (注意變數存放的位址皆為偶數，且長度以 4Byte 為單位) 以及其內部每個資料欄位的內容。
5. 行號 33～37 依次顯示聯合資料型別 No2 的長度 (注意變數存放的位址皆為偶數，且長度以 4Byte 為單位) 以及其內部每個資料欄位的內容。
6. 上述兩種資料型別於記憶體內部的配置狀況如下：

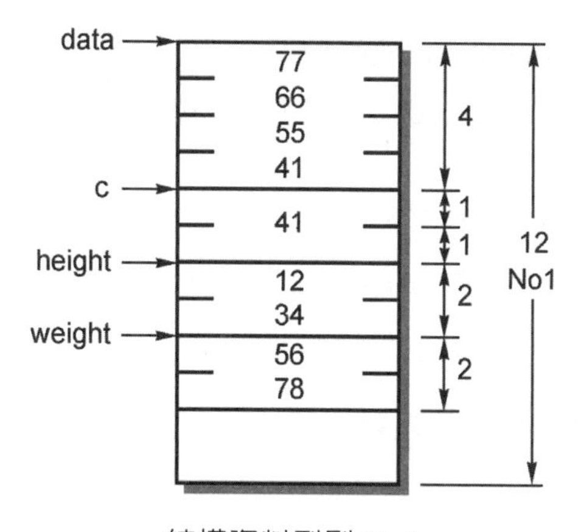

結構資料型別 No1

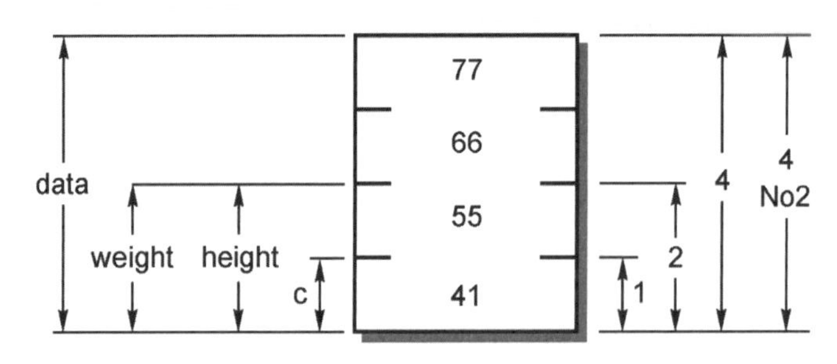

聯合資料型別 No2

綜合上面的敘述可以知道，聯合資料型別 union 比較適合使用在記憶體空間較少的設備上，譬如硬體驅動程式以及晶片控制程式…等 SOC 領域上面。

6-5 自行定義資料型別 typedef

於 C 語言中，系統提供了各式各樣的資料型態，如帶符號或不帶符號的整數 int、unsigned int、 short、 unsigned short； 帶符號或不帶符號的字元 char、unsigned char；單精值浮點數 float；倍精值浮點數 double…等，除此之外它還可以允許使用者自行定義資料型態，如前面剛剛提過的結構資料型別 struct；聯合資料型別 union…等，這些煩雜的關鍵字未必符合設計師的期望，因而造成閱讀上的困難，譬如浮點數就是數學上的實數 Real；不帶符號的短整數關鍵字 unsigned short 於外觀上太長而且看不出它佔用多少記憶空間；結構資料型別 struct；聯合資料型別 union 的宣告又嫌擁長…等，為了避免上述的麻煩，系統提供我們關鍵字“typedef”，它可以針對系統提供給我們有關資料型態 data type 的關鍵字或自行定義的資料型別重新命名，借以提高程式的可讀性，而其基本語法如下：

```
typedef 資料型態 1  資料型態 2;
資料型態 2 變數 1, 變數 2, 變數 3, …;
```

1. **typedef**：重新定義的關鍵字。
2. **資料型態 1**：系統所提供或自行已經定義過的資料型態名稱。
3. **資料型態 2**：使用者所定義的資料型態名稱。

譬如於浮點數部分我們可以將它們重新定義成：

```
typedef float     REAL32;
typedef double REAL64;
REAL32          average;
REAL64          total;
```

如此一來我們即可立刻看出變數 average 的資料型態為 32 位元的實數，變數 total 的資料型態為 64 位元的實數。

底下範例為晶片大廠 Xilinx 公司以 C 語言從事 SOC 晶片設計時，在它的系統內部對於資料型態自已以 typedef 重新定訂的關鍵字，其狀況如下：

範例	檔名：TYPEDEF_XILINX
Xilinx 晶片公司自行定義各種資料型態的關鍵字。	

執行結果：

```
D:\C語言程式範例\Chapter6\TYPEDEF_XILINX\TYPEDEF_XILINX.exe
Xfloat64   =  1.235e+204
Xfloat32   =  1.235e+037
Xuint32    =  65555666
Xint32     =  -65536536
Xuint16    =  65535
Xint16     =  -1
Xuint8     =  A
Xint8      =  A

請按任意鍵繼續 . . .
```

原始程式：

```
1.   /*****************************
2.    *    typedef for xilinx     *
3.    * 檔名: TYPEDEF_XILINX.CPP   *
4.    *****************************/
5.
6.   #include <stdio.h>
7.   #include <stdlib.h>
8.
```

```
9.  int main(void)
10. {
11.   typedef double            Xfloat64;
12.   typedef float             Xfloat32;
13.   typedef int               Xint32;
14.   typedef short             Xint16;
15.   typedef char              Xint8;
16.   typedef unsigned int      Xuint32;
17.   typedef unsigned short    Xuint16;
18.   typedef unsigned char     Xuint8;
19.
20.   Xfloat64 data_lf     = 12345.678E+200;
21.   Xfloat32 data_f      = 12345.678E+33;
22.   Xuint32  data_uint32 = 65555666;
23.   Xint32   data_int32  = -65536536;
24.   Xuint16  data_uint16 = 65535;
25.   Xint16   data_int16  = 65535;
26.   Xuint8   data_uint8  = 'A';
27.   Xint8    data_int8   = 0x41;
28.
29.   printf("Xfloat64 = %10.4lg\n", data_lf);
30.   printf("Xfloat32 = %10.4g\n", data_f);
31.   printf("Xuint32  = %u\n", data_uint32);
32.   printf("Xint32   = %d\n", data_int32);
33.   printf("Xuint16  = %u\n", data_uint16);
34.   printf("Xint16   = %hd\n", data_int16);
35.   printf("Xuint8   = %c\n", data_uint8);
36.   printf("Xint8    = %c\n\n", data_int8);
37.   system("PAUSE");
38.   return 0;
39. }
```

重點說明：

1. 行號 11～18 為以關鍵字 typedef 自行重新定義的各種資料型態，其中：
   (1) X：代表 Xilinx 公司。
   (2) float：代表浮點數。
   (3) int：代表整數。
   (4) 64、16、8 等數字：代表資料於記憶體所佔用的位元空間。
   (5) u：代表不帶符號。

2. 行號 20～27 依資料型態設定變數內容。
3. 行號 29～36 顯示所設定的變數內容。

typedef 定義結構資料型別

在同屬於一個大程式但不相同的原始程式檔案中，時常會共用同一型態的資料 (如陣列 array、指標 pointer、結構資料型別 struct、聯合資料型別 union …等)，有經驗的軟體設計師會利用 typedef 函數將它們重新定義後集中儲存在一個檔案中，往後如果需要用到這些資料，只要使用 #include 將頭檔引入即可，此種現象於下一章有關檔案處理的敘述中就可以看到，以 typedef 關鍵字來定義結構資料型別的基本語法如下：

```
typedef struct
{
   資料型態  欄位名稱 1;
   資料型態  欄位名稱 2;
              ⋮
}結構資料型別名稱;
結構資料型別名稱  變數 1, 變數 2, …;
```

底下我們就舉個範例來說明上面的敘述。

範例	檔名：TYPEDEF_STRUCTURE
以 typedef 定義結構資料型別，並於函數中設定並顯示每個欄位的內容。	

執行結果：

```
D:\C語言程式範例\Chapter6\TYPEDEF_STRUCTURE\TYPEDEF_STRUCTURE.exe
姓名          學號          國文          英文          數學
劉宇修        A123456       89.00         90.00         98.00

請按任意鍵繼續 . . .
```

原始程式：

```
1.  /*******************************
2.   *     typedef structure       *
3.   * 檔名: TYPEDEF_STRUCTURE.CPP  *
4.   *******************************/
5.
6.  #include <stdio.h>
7.  #include <stdlib.h>
8.
9.  #define SIZE   10
10. #define LENGTH 8
11.
12. typedef struct
13. {
14.   char  name[SIZE];
15.   char  id[LENGTH];
16.   float chinese;
17.   float english;
18.   float mathematic;
19. }record;
20.
21. int main(void)
22. {
23.   record student = {"劉宇修", "A123456", 89, 90, 98};
24.
25.   printf("姓名\t\t 學號\t\t 國文\t\t 英文\t\t 數學\n");
26.   printf("%s\t\t", student.name);
27.   printf("%s\t\t", student.id);
28.   printf("%4.2f\t\t", student.chinese);
29.   printf("%4.2f\t\t", student.english);
30.   printf("%4.2f\n\n", student.mathematic);
31.   system("PAUSE");
32.   return 0;
33. }
```

重點說明：

1. 行號 12～19 自行定義一個結構資料型別 record 的內部架構。
2. 行號 23 宣告資料型態與 record 相同的變數 student，並直接設定它的內容。
3. 行號 25～30 顯示結構資料型別 student 的內容。

 6-6 列舉資料型別 enum

於前面章節曾經討論過，為了提高程式的可讀性 (readable)，我們會將一個常數值 (可以帶有小數) 以巨集定義的指令 #define 將它定義成有意義的符號名稱，而其限制是一次只能定義一個，如果我們希望能夠依照程式的需求，以集合的方式一次可以將一組整數常數定義成一組有意義的符號名稱時，就必須以關鍵字列舉 enum 來實現。講清楚一些就是使用 #define 指令一次只能將一個常數值定義成一個有意義的符號名稱，但它的常數值可以帶有小數，而關鍵字列舉 enum 一次可以將一組 (數量自定) 常數值定義成一組有意義的符號名稱，但它的常數值只能是整數。

所謂的列舉 enum 是在一組使用者所訂定的符號名稱上面，依次或個別設定它們所對應的整數常數值，以供編譯器判斷使用 (利用 if、while、for…等敘述配合關係運算式) 進而提升程式的可讀性、維護性與發展性，它也是屬於使用者自行定義的資料型別，因此與結構 struct、聯合 union 資料型別相同，在使用之前必須事先宣告，而其基本語法如下 (與 struct、union 相似)：

```
enum 列舉名稱
{
   成員名稱,
   成員名稱 = 整數常數,
   成員名稱,
        ⋮
};
```

於上面的語法中：

1. **enum**：宣告列舉資料型別的關鍵字。
2. **列舉名稱**：所宣告列舉資料型別的名稱，其命名規則與識別字相同。
3. **成員名稱**：所列舉的符號名稱，當後面沒有設定整數的常數值時：
   (1) 如果為第一個時，則從 0 開始。
   (2) 如果不為第一個時，則為上一個成員的整數值加 1。
4. **成員名稱 = 整數常數**：將所列舉的符號名稱設定成後面的常數值，注意！如果底下再有成員名稱時，它的整數值為目前的整數值再加 1。

其狀況如下：

```
enum color
{
   black,             //black = 0
   white,             //white = 1
   blue = 5,          //blue = 5
   red,               //red = 6
   yellow = red       //yellow = 6
};
```

於上面的敘述中：

1. 宣告名稱為 color 的列舉資料型別。
2. black 成員沒有設定，因此整數值從 0 開始。
3. white 成員沒有設定，因此整數值為 black 加 1，即 1。
4. blue 成員被設定成 5，因此整數值為 5。
5. red 成員沒有設定，因此整數值為 blue 加 1，即 6。
6. yellow 成員被設定成 red，因此整數值為 6。

由上面的例子可以知道，列舉資料型別通常是用在一群同一類型的族群上，譬如描述季節的族群成員為春、夏、秋、冬；描述星期的族群成員為星期日、星期一、…星期六，其目的是為了增加程式的可讀性、發展性。

宣告完列舉資料型別的成員之後，我們就可以在程式內使用它，而其基本語法如下：

```
enum 列舉名稱  變數名稱 1, 變數名稱 2, …;
```

底下我們就舉兩個範例來說明上面有關列舉資料型別的特性。

範例	檔名：ENUM_VALUE_DISPLAY
顯示列舉資料型別內部成員的整數常數值，藉此凸顯其特性。	

執行結果：

```
D:\C語言程式範例\Chapter6\ENUM_VALUE_DISPLAY\ENUM_VALUE_DISPLAY.exe
所有列舉 enum 成員的值為 :

spring  的值為  0
summer  的值為  1
autumn  的值為  2
winter  的值為  3

當 season = spring  時  season  的值為 0
當 season = autumn  時  season  的值為 2

請按任意鍵繼續 . . .
```

原始程式：

```
1.  /*********************************
2.   *     enum value display        *
3.   * 檔名 : ENUM_VALUE_DISPLAY.CPP *
4.   *********************************/
5.
6.  #include <stdio.h>
7.  #include <stdlib.h>
8.
9.  enum quarter
10. {
11.   spring,
12.   summer,
13.   autumn,
14.   winter
15. };
16.
17. int main(void)
18. {
19.   enum quarter season;
20.
21.   printf("所有列舉 enum 成員的值為 :\n\n");
22.   printf("spring  的值為  %d\n", spring);
23.   printf("summer  的值為  %d\n", summer);
24.   printf("autumn  的值為  %d\n", autumn);
25.   printf("winter  的值為  %d\n\n", winter);
26.   printf("當 season = spring  時  ");
```

```
27.    season = spring;
28.    printf("season  的值爲 %d\n", season);
29.    printf("當 season = autumn  時  ");
30.    season = autumn;
31.    printf("season  的值爲 %d\n\n", season);
32.    system("PAUSE");
33.    return 0;
34.  }
```

重點說明：

1. 行號 9～15 宣告名稱為 quarter 的列舉資料型別之內部成員。
2. 行號 19 宣告資料型態與 quarter 相同的變數 season。
3. 行號 21～25 顯示列舉資料型別內部成員的整數值，由於它們都沒有設定，因此它們的整數值依次為 0, 1, 2, 3。
4. 行號 26～31 依次設定變數 season 的內容，並顯示它的整數值。
5. 詳細特性請參閱執行結果。

於上面的範例中我們並沒有強制設定列舉資料成員的整數常數值，因此其成員數值依順序為 0, 1, 2…等，我們也可以在宣告列舉資料成員的同時強制設定它們所代表的整數常數，其狀況即如下面範例所示。

範例	檔名：ENUM_VALUE_SET
設定並顯示列舉資料型別內部成員的整數常數值，藉此凸顯其特性。	

執行結果：

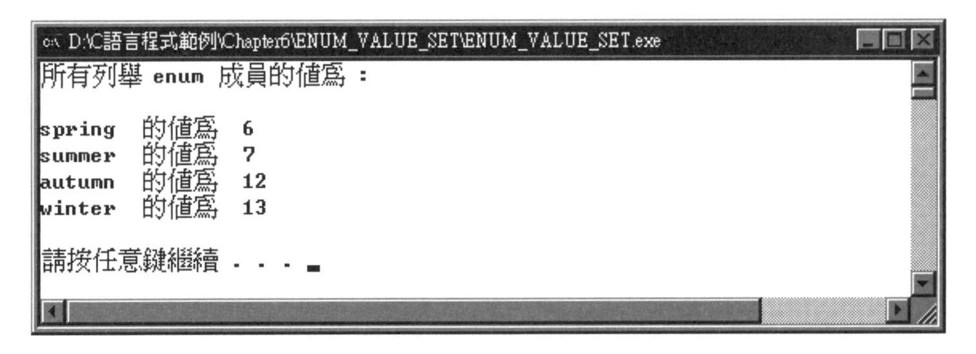

原始程式：

```
1.   /****************************
2.    *      enum value set      *
3.    * 檔名 : ENUM_VALUE_SET.CPP *
4.    ****************************/
5.
6.   #include <stdio.h>
7.   #include <stdlib.h>
8.
9.   int main(void)
10.  {
11.    enum quarter
12.    {
13.      spring = 6,
14.      summer,
15.      autumn = 12,
16.      winter
17.    };
18.
19.    printf("所有列舉 enum 成員的值爲 :\n\n");
20.    printf("spring  的值爲  %d\n", spring);
21.    printf("summer  的值爲  %d\n", summer);
22.    printf("autumn  的值爲  %d\n", autumn);
23.    printf("winter  的值爲  %d\n\n", winter);
24.    system("PAUSE");
25.    return 0;
26.  }
```

重點說明：

1. 與上一個範例幾乎相同。
2. 列舉資料型別的成員 spring 於行號 13 內被設定成 6，因此行號 14 內 summer 的值為 7；autumn 於行號 15 內被設定成 12，因此行號 16 內 winter 的值為 13。
3. 詳細特性請參閱執行結果。

介紹完列舉資料型別的特性之後，底下我們再舉一個實際應用的範例，讀者可以從範例中發現到，使用列舉資料型別時，整個程式的可讀性的確提昇很多。

範例	檔名：ENUM_SELECT_FUNCTION
以列舉資料型別的方式來選擇功能表單上面的項目，藉此凸顯程式的可讀性。	

執行結果：

```
D:\C語言程式範例\Chapter6\ENUM_SELECT_FUNCTION\ENUM_S...
<0> Append.  新增資料
<1> Copy.    拷貝檔案
<2> Delete.  刪除檔案
<3> New.     建立新的檔案
<4> Open.    開啓舊的檔案
<5> Quit.    離開系統

請依代碼 0 - 5 選擇...  3

你選擇了 New 建立新的檔案 !!

請按任意鍵繼續 . . .
```

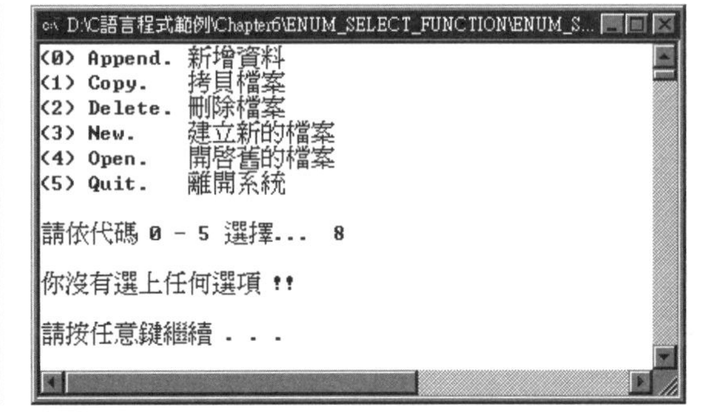

原始程式：

```
1.  /***********************************
2.   *      enum select function        *
3.   * 檔名 : ENUM_SELECT_FUNCTION.CPP *
4.   ***********************************/
5.
6.  #include <stdio.h>
7.  #include <stdlib.h>
8.
9.  int main(void)
10. {
11.   enum function{Append, Copy, Delete, New,
12.                 Open, Quit} select;
13.
14.   printf("(0) Append. 新增資料\n");
15.   printf("(1) Copy.   拷貝檔案\n");
16.   printf("(2) Delete. 刪除檔案\n");
17.   printf("(3) New.    建立新的檔案\n");
18.   printf("(4) Open.   開啓舊的檔案\n");
19.   printf("(5) Quit.   離開系統\n\n");
20.   printf("請依代碼 0 - 5 選擇...  ");
```

```
21.    fflush(stdin);
22.    scanf("%hd", &select);
23.    switch(select)
24.    {
25.      case Append:
26.        printf("\n你選擇了 Append 新增資料 !!\n\n");
27.        break;
28.      case Copy:
29.        printf("\n你選擇了 Copy 拷貝檔案 !!\n\n");
30.        break;
31.      case Delete:
32.        printf("\n你選擇了 Delete 刪除檔案 !!\n\n");
33.        break;
34.      case New:
35.        printf("\n你選擇了 New 開啓新的檔案 !!\n\n");
36.        break;
37.      case Open :
38.        printf("\n你選擇了 Open 開啓舊的檔案 !!\n\n");
39.        break;
40.      case Quit :
41.        printf("\n你選擇了 Quit 離開系統 !!\n\n");
42.        break;
43.      default :
44.        printf("\n\7\7你沒有選上任何選項 !!\n\n");
45.    }
46.    system("PAUSE");
47.    return 0;
48. }
```

重點說明：

1. 行號 11 宣告列舉資料型別的內容與變數 select，由於內部成員都沒有設定，因此它們所對應的整數內容依次為 0、1、2、3、4、5。
2. 行號 14～19 顯示英文單字所代表的意義，以及它們所對應的輸入整數值。
3. 行號 20～22 由鍵盤輸入 0～5 中間的代碼。
4. 行號 23～45 依使用者所鍵入的整數值去顯示它所代表的意義 (於實用的程式上則去執行英文單字所代表的工作)。

6-7 堆疊 stack

於資料結構內我們時常會討論到堆疊 stack，當電腦在處理某些問題時所使用的演算法內也時常會用到此種資料結構的特性 (譬如於電腦內部用來儲存函數呼叫時的返回位址)，以硬體結構來講，堆疊就是一塊特定的記憶空間，在計算機內部我們通常用來儲存資料，由於它只有使用一個指標來記錄記憶體的使用狀況，因此堆疊具有後進先出 (Last In First Out) LIFO 的特性，其狀況如下：

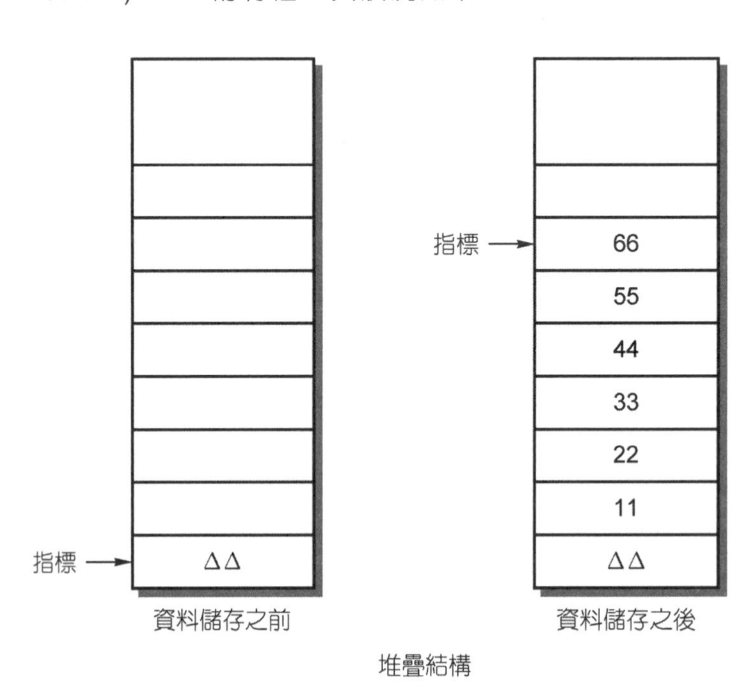

堆疊結構

於上面堆疊結構左邊的圖可以看出，在資料儲存 (以 push 指令完成) 之前，記憶體內容為△△，由於它只有一個指標 (指標所指向的記憶體空間可以是已經儲存資料，也可以是還沒有儲存資料，此處我們採用目前已經儲存了資料△△)，當我們依指標所指的位址依順序儲存 (push) 11, 22, 33, 44, 55, 66 的資料後，用來記錄記憶體使用狀況的指標會逐漸往上移動，最後停留在資料 66 的上面，其狀況即如上面右圖所示，當我們依順序從堆疊將資料讀回 (以 pop 指令來完成) 時，它所讀到的資料依順序為 66, 55, 44, 33, 22, 11，最後指標回復到原來的位置，事實上電腦內部有很多的動作是模擬人類日常的行為而來，堆疊的特性就好像我們平常在穿衣服、襪子、鞋子一樣，最後穿上去的一定是最早脫掉的，如果我們再詳細的思考一下，堆疊結構之所以會有這種特性，完全是因為它對於記憶體的存取只有一個指標，利用這個指標將資料存到那裏就從那裡讀回來，當然就會產生最後存進去的會最早被讀出來 (即 LIFO)。一般而言，在電腦內部建立一個堆疊結構，我們可以採用靜態陣列 (static array) 或動態的連結串列來實現，採用陣列的好處是資料在記憶體的位址是連續的，它們只存在著前後關係，設計方面較為方便，缺點是陣列一經過宣告之後它的大小就是固定的，宣告太多則形成記憶體的浪費，宣告太小則不夠使用而造成堆疊溢位；採用動態連結串列因為所使用的記憶體可以利用動態方式要求取得與釋放，因此不會發生上述的狀況，底下我們就舉一個範例，採用動態連結串列方式來實現一個堆疊結構 (以靜態陣列來實現堆疊結構的程式請參閱後面的練習解答)。

範例	檔名：STACK_PUSH_POP_STRUCTURE

以動態連結串列的方式實現一個堆疊結構，它的功能必須具備：

1. 以 push 指令儲存資料。
2. 以 pop 指令讀回資料。
3. 顯示目前堆疊內所剩下的資料。
4. 離開堆疊系統。

執行結果：

```
D:\C語言程式範例\Chapter6\STACK_PUSH_POP_STRUCTURE\STA...
1 : 儲存資料 push ！！
2 : 取回資料 pop！！
3 : 顯示堆疊內容！！
4 : 離開系統！！

請輸入選項 .. 1
輸入所要儲存的資料 .... 55

請輸入選項 .. 1
輸入所要儲存的資料 .... 66

請輸入選項 .. 2
所取回的資料為  66

請輸入選項 .. 2
所取回的資料為  55

請輸入選項 .. 4
已經離開系統！！

請按任意鍵繼續 . . .
```

```
D:\C語言程式範例\Chapter6\STACK_PUSH_POP_STRUCTURE\STA...
1 : 儲存資料 push ！！
2 : 取回資料 pop！！
3 : 顯示堆疊內容！！
4 : 離開系統！！

請輸入選項 .. 1
輸入所要儲存的資料 .... 11

請輸入選項 .. 2
所取回的資料為  11

請輸入選項 .. 2
堆疊內部沒有資料 !!

請輸入選項 .. 4
已經離開系統！！

請按任意鍵繼續 . . .
```

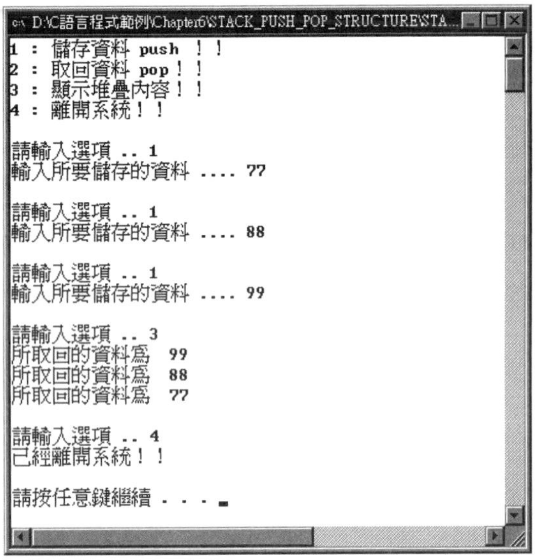

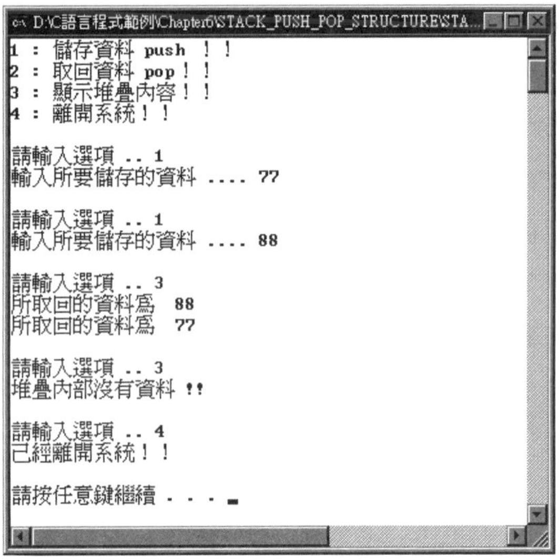

```
D:\C語言程式範例\Chapter6\STACK_PUSH_POP_STRUCTURE\STA...
1 : 儲存資料 push ! !
2 : 取回資料 pop ! !
3 : 顯示堆疊內容 ! !
4 : 離開系統 ! !

請輸入選項 .. 1
輸入所要儲存的資料 .... 77

請輸入選項 .. 1
輸入所要儲存的資料 .... 88

請輸入選項 .. 1
輸入所要儲存的資料 .... 99

請輸入選項 .. 3
所取回的資料爲  99
所取回的資料爲  88
所取回的資料爲  77

請輸入選項 .. 4
已經離開系統 ! !

請按任意鍵繼續 . . .
```

```
D:\C語言程式範例\Chapter6\STACK_PUSH_POP_STRUCTURE\STA...
1 : 儲存資料 push ! !
2 : 取回資料 pop ! !
3 : 顯示堆疊內容 ! !
4 : 離開系統 ! !

請輸入選項 .. 1
輸入所要儲存的資料 .... 77

請輸入選項 .. 1
輸入所要儲存的資料 .... 88

請輸入選項 .. 3
所取回的資料爲  88
所取回的資料爲  77

請輸入選項 .. 3
堆疊內部沒有資料 !!

請輸入選項 .. 4
已經離開系統 ! !

請按任意鍵繼續 . . .
```

原始程式：

```
1.  /****************************************
2.   * stack push, pop, display structure *
3.   * 檔名 : STACK_PUSH_POP_STRUCTURE.CPP  *
4.   ****************************************/
5.
6.  #include <stdio.h>
7.  #include <stdlib.h>
8.  #include <conio.h>
9.
10. struct list
11. {
12.   int          content;
13.   struct list *next;
14. };
15.
16. typedef struct list node;
17. typedef node    *pointer;
18. pointer stack;
19.
20. int main(void)
21. {
22.   void push(int);
23.   void pop(void);
24.   void display(void);
```

```
25.
26.    char select;
27.    int data;
28.
29.    printf("1 : 儲存資料 push ！！\n");
30.    printf("2 : 取回資料 pop！！\n");
31.    printf("3 : 顯示堆疊內容！！\n");
32.    printf("4 : 離開系統！！\n");
33.    stack = (pointer) malloc (sizeof(node));
34.    stack->next = NULL;
35.    do{
36.      printf("\n 請輸入選項 .. ");
37.      select = getche();
38.      switch(select)
39.      {
40.        case '1':
41.          printf("\n 輸入所要儲存的資料 .... ");
42.          fflush(stdin);
43.          scanf("%d", &data);
44.          push(data);
45.          break;
46.        case '2':
47.          pop();
48.          printf("\n");
49.          break;
50.        case '3':
51.          display();
52.          printf("\n");
53.          break;
54.        case '4':
55.          printf("\n\7 己經離開系統！！");
56.          break;
57.        default:
58.          printf("\n\7\7\7 選項錯誤！！\n");
59.      }
60.    }while(select != '4');
61.    printf("\n\n");
62.    system("PAUSE");
63.    return 0;
64. }
```

```
65.
66. void push(int data)
67. {
68.   pointer newnode;
69.
70.   newnode = (pointer) malloc(sizeof(node));
71.   newnode->content = data;
72.   newnode->next    = stack;
73.   stack   = newnode;
74. }
75.
76. int pop(void)
77. {
78.   pointer  top;
79.   int      data;
80.
81.   if(stack->next == NULL)
82.     printf("\n 堆疊內部沒有資料 !!\7\7");
83.   else
84.   {
85.     top   = stack;
86.     stack = top->next;
87.     data  = top->content;
88.     free(top);
89.     printf("\n 所取回的資料為  %d", data);
90.   }
91. }
92.
93. void display(void)
94. {
95.   int data;
96.
97.   if(stack->next == NULL)
98.     printf("\n 堆疊內部沒有資料 !!\7\7");
99.   else
100.  {
101.    while(stack->next != NULL)
102.      pop();
103.  }
104. }
```

重點說明：

1. 行號 10～14 宣告一個全區性的結構資料 list。
2. 行號 16～17 自行定義一個指向與結構資料 list 相同的指標 pointer。
3. 行號 18 宣告一個指向與結構資料 list 相同的指標 stack，其狀況如下：

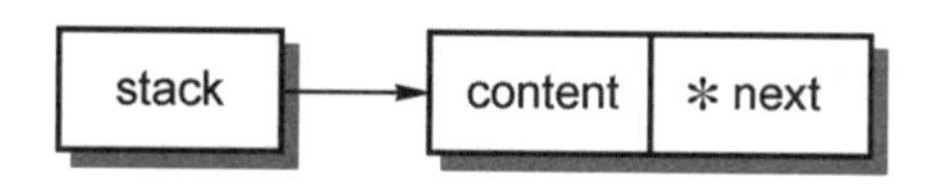

4. 行號 22～24 宣告本函數所要呼叫的 3 個函數。
5. 行號 29～32 在螢幕上顯示操作堆疊系統的說明。
6. 行號 33～34 以動態方式要求一塊與結構資料 list 大小、結構相同的記憶空間，並將它的開始位址存入 stack 內，同時設定內部第二個成員為 NULL，其狀況如下：

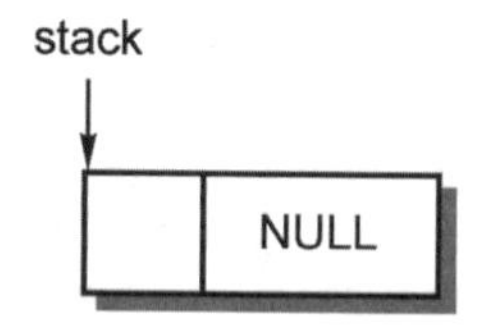

7. 行號 35～60 進行堆疊系統的操作，而其選項則由使用者由鍵盤輸入。
8. 當鍵盤輸入‘1’時，於行號 40～45 內執行 push 動作，將使用者所輸入的資料存入堆疊內，真正執行資料儲存的程式在行號 66～74。
9. 行號 68～73 的動作依序為：
   (1) 要求一塊記憶空間，並且把開始的位址存入 newnode 內 (行號 70)，其狀況如下 (連同前面的敘述)：

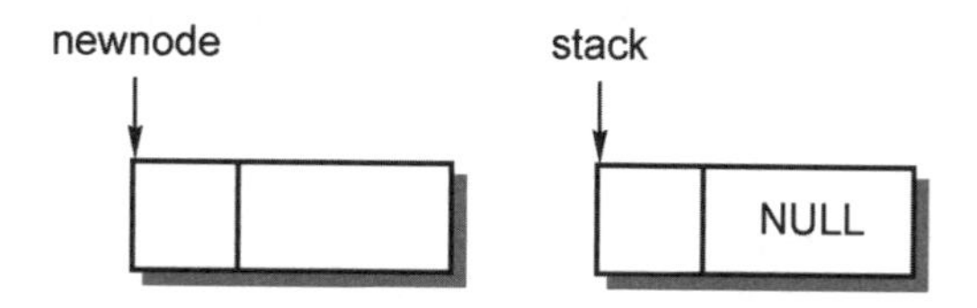

   (2) 將資料存入結構 newnode 內 (行號 71～72)，其狀況如下 (假設輸入資料為 11)：

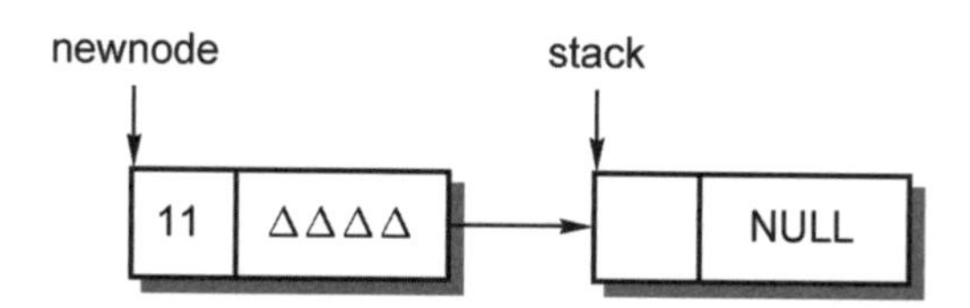

而其目的：

(a) 儲存資料到堆疊內部。

(b) 進行資料串的連結。

(3) 調整堆疊指標 (行號 73)，其狀況如下：

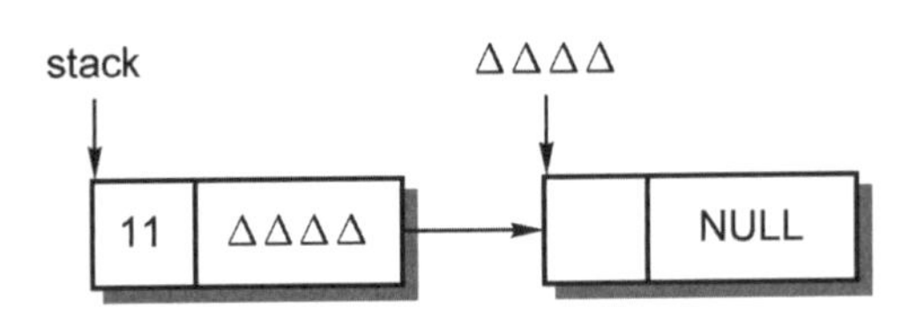

如果我們再連續選擇上述 push 動作 2 次，並依順序存入 22，33 時，堆疊的儲存狀況如下：

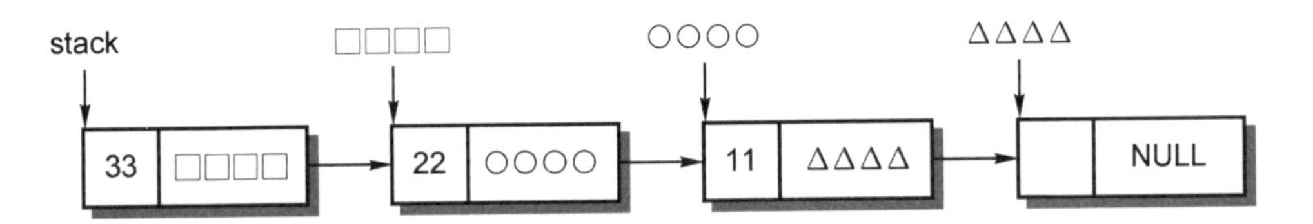

10. 當鍵盤輸入‘2’時，於行號 46～49 內執行 pop 動作，將最後儲存在堆疊的資料讀出，真正執行資料讀取的程式在行號 76～91。

11. 行號 76～91 的動作依序為。

(1) 判斷堆疊內部的資料是否已經讀完了 (行號 81)，如果已經讀完則顯示堆疊內部沒有資料，並發出兩聲嗶嗶聲響，否則往下執行資料讀取的動作 (行號 85～89)。

(2) 行號 85～87 執行堆疊資料的讀取工作，其狀況如下 (延續上面堆疊目前的儲存內容)：

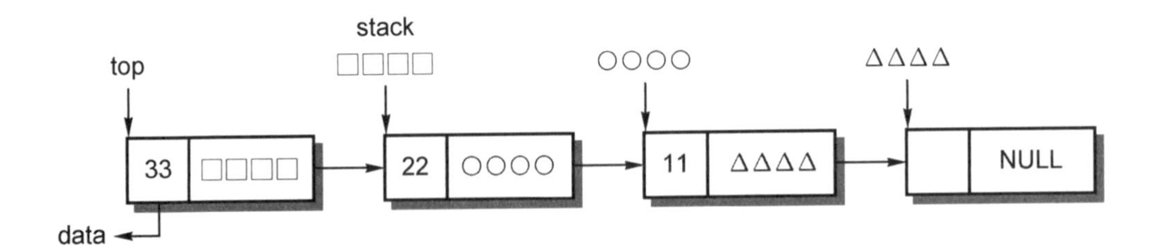

(3) 行號 88 則釋放堆疊空間，其狀況如下：

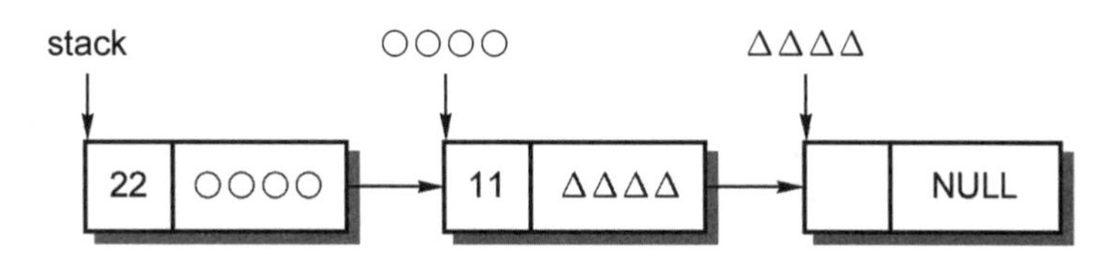

(4) 行號 89 則顯示被讀回的資料 33。

12. 當鍵盤輸入‘3’時，於行號 50～53 內執行顯示目前堆疊內部所剩下的儲存資料，真正執行顯示剩下資料的程式在行號 93～104。
13. 行號 93～104 的動作依序為：
    (1) 判斷堆疊內部資料是否已經讀完 (行號 97)，如果已經讀完則執行行號 98，否則往下執行行號 101～102。
    (2) 行號 101～102 內，只要堆疊內部的資料尚未讀取完畢則繼續呼叫 pop 函數，直到堆疊內部的資料全部讀取並顯示完畢為止。
14. 檢視上面執行結果可以發現到，堆疊結構的確具有後進先出 LIFO 的特性。

6-8 佇列 queue

於資料結構內我們時常討論的資料結構，除了具有後進先出 LIFO 的堆疊之外，還有一種具有先進先出 (First In First Out) FIFO 的佇列 (Queue)，當我們在電腦內部實現某些任務時也時常會使用到這種特性 (譬如系統在記錄多個使用者在使用列表機時就會用到)，佇列的特性就好像我們平常排隊買票一般，先到的先買。

前面我們強調過，堆疊系統之所以具有 LIFO 的特性是因為在結構上它只有一個用來做資料存取的指標，以單一指標在一塊線性記憶區塊上做資料的存取，自然就會存在著 LIFO 的特性，佇列 (Queue) 系統它也是在一塊線性記憶區塊上做資料的存取，只是在資料存取順序上它具有先進先出 FIFO 的特性，於結構上它必須具備兩個指標，一個專門用來做資料儲存的指標，另外一個則專門用來做資料讀取的指標，其狀況如下：

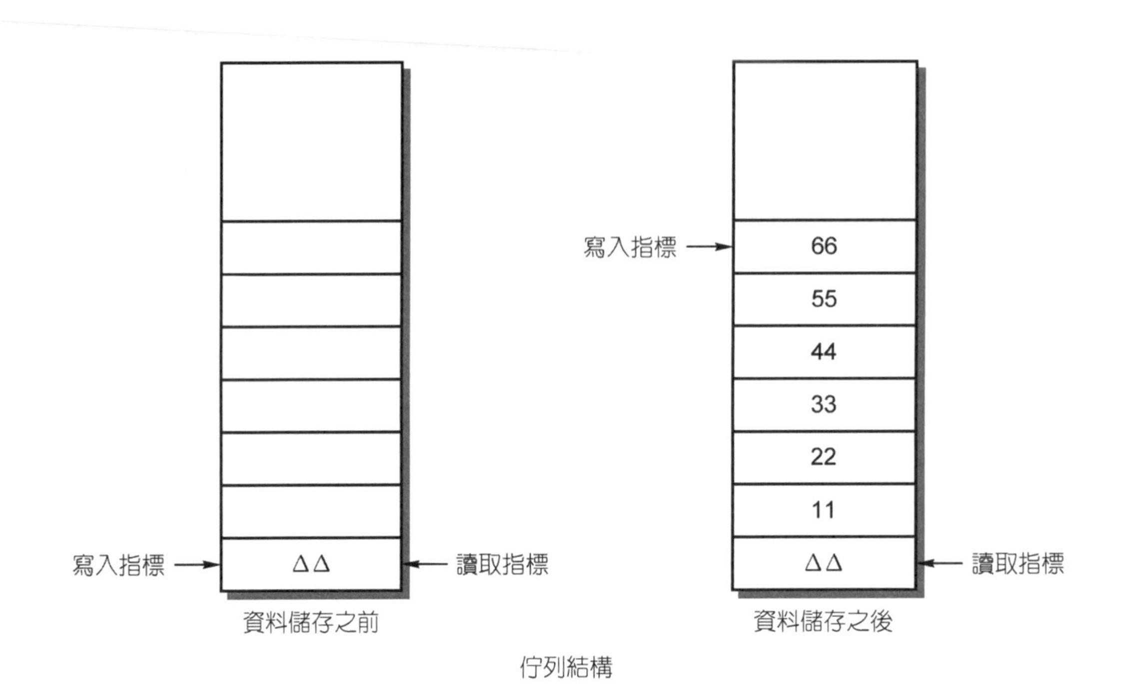

佇列結構

於上面佇列結構左邊的圖可以看出，在資料儲存之前記憶體內容為△△，當我們將資料寫入佇列時是以“寫入指標”為依據，每當我們寫入一筆資料時，“寫入指標”先往上移一個單位後再將資料存入記憶體內，如果我們連續將資料依順序寫入 11, 22, 33, 44, 55, 66 後，“寫入指標”則停留在 66 的位址，但是“讀取指標”則在原地不動，其狀況即如上面右圖所示；如果我們對佇列結構進行資料讀取時，則以“讀取指標”為依據，先將“讀取指標”往上移一個單位後再將儲存在記憶體內部的資料讀回，當我們依順序從佇列將資料讀回時，它所讀到的資料依順序為 11, 22, 33, 44, 55, 66，最後“讀取指標”會停留在與“寫入指標”相同的位址上，這就告訴我們如果“寫入指標”與“讀取指標”相同時，則表示目前佇列內部沒有儲存任何資料，與堆疊相同，佇列結構可以藉由靜態的陣列 array 或動態的連結串列來實現，它們的優缺點和前面所討論的皆相同，底下我們就舉一個範例，採用動態連結串列方式來實現一個佇列結構 (以靜態陣列來實現佇列結構的程式請參閱後面的練習解答)。

範例	檔名：QUEUE_READ_WRITE_STRUCTURE

以動態連結串列的方式實現一個佇列結構，它的功能必須具備：

1. 以 write 指令將資料寫入佇列。
2. 以 read 指令將資料讀出佇列。
3. 顯示目前佇列內所剩下的資料。
4. 離開佇列系統。

執行結果：

```
D:\C語言程式範例\Chapter6\QUEUE_READ_WRITE_STRUCTURE\...
1 : 儲存資料 write ！！
2 : 取回資料 read！！
3 : 顯示佇列內容！！
4 : 離開系統！！

請輸入選項 .. 1
輸入所要儲存的資料 .... 55

請輸入選項 .. 1
輸入所要儲存的資料 .... 66

請輸入選項 .. 2
所取回的資料為  55

請輸入選項 .. 2
所取回的資料為  66

請輸入選項 .. 4
已經離開系統！！

請按任意鍵繼續 . . .
```

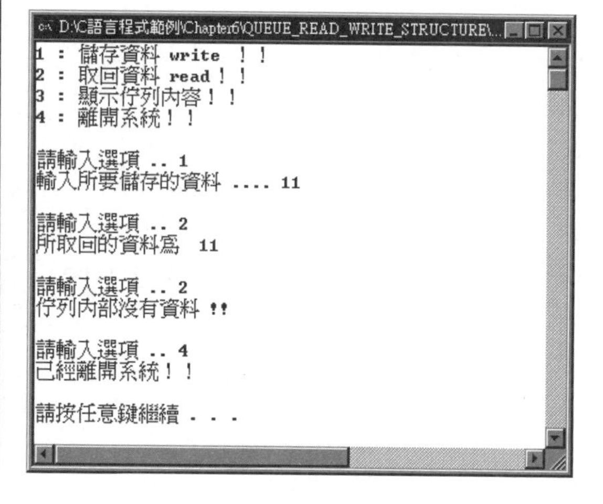


```
D:\C語言程式範例\Chapter6\QUEUE_READ_WRITE_STRUCTURE\...
1 : 儲存資料 write ！！
2 : 取回資料 read！！
3 : 顯示佇列內容！！
4 : 離開系統！！

請輸入選項 .. 1
輸入所要儲存的資料 .... 77

請輸入選項 .. 1
輸入所要儲存的資料 .... 88

請輸入選項 .. 1
輸入所要儲存的資料 .... 99

請輸入選項 .. 3
所取回的資料為  77
所取回的資料為  88
所取回的資料為  99

請輸入選項 .. 4
已經離開系統！！

請按任意鍵繼續 . . .
```

```
D:\C語言程式範例\Chapter6\QUEUE_READ_WRITE_STRUCTURE\...
1 : 儲存資料 write ！！
2 : 取回資料 read！！
3 : 顯示佇列內容！！
4 : 離開系統！！

請輸入選項 .. 1
輸入所要儲存的資料 .... 77

請輸入選項 .. 1
輸入所要儲存的資料 .... 88

請輸入選項 .. 3
所取回的資料為  77
所取回的資料為  88

請輸入選項 .. 3
佇列內部沒有資料 !!

請輸入選項 .. 4
已經離開系統！！

請按任意鍵繼續 . . .
```

原始程式：

```
1.  /****************************************
2.   * queue read, write, display structure  *
3.   * 檔名 : QUEUE_READ_WRITE_STRUCTURE.CPP   *
4.   ****************************************/
5.
6.  #include <stdio.h>
7.  #include <stdlib.h>
8.  #include <conio.h>
9.
10. struct list
11. {
12.   int          content;
13.   struct list *next;
14. };
15.
16. typedef struct list node;
17. typedef        node *pointer;
18. pointer queue_read, queue_write;
19.
20. int main(void)
21. {
22.   void write(int);
23.   void read(void);
24.   void display(void);
25.
26.   char select;
27.   int  data;
28.
29.   printf("1 : 儲存資料 write ！！\n");
30.   printf("2 : 取回資料 read！！\n");
31.   printf("3 : 顯示佇列內容！！\n");
32.   printf("4 : 離開系統！！\n");
33.   queue_write = (pointer) malloc(sizeof(node));
34.   queue_read  = queue_write;
35.   queue_write->next = NULL;
36.   do{
37.     printf("\n 請輸入選項 .. ");
38.     select = getche();
39.     switch(select)
```

```
40.     {
41.       case '1':
42.         printf("\n輸入所要儲存的資料 .... ");
43.         fflush(stdin);
44.         scanf("%d", &data);
45.         write(data);
46.         break;
47.       case '2':
48.         read();
49.         printf("\n");
50.         break;
51.       case '3':
52.         display();
53.         printf("\n");
54.         break;
55.       case '4':
56.         printf("\n\7已經離開系統!!");
57.         break;
58.       default:
59.         printf("\n\7\7\7選項錯誤!!\n");
60.     }
61.   }while(select != '4');
62.   printf("\n\n");
63.   system("PAUSE");
64.   return 0;
65. }
66.
67. void write(int data)
68. {
69.   pointer newnode;
70.
71.   newnode = (pointer) malloc(sizeof(node));
72.   newnode->content   = data;
73.   newnode->next      = NULL;
74.   queue_write->next = newnode;
75.   queue_write       = newnode;
76. }
77.
78. int read(void)
79. {
80.   pointer  top;
```

```
81.   int      data;
82.
83.   if(queue_read == queue_write)
84.     printf("\n佇列內部沒有資料 !!\7\7");
85.   else
86.   {
87.     top  = queue_read->next;
88.     data = top->content;
89.     free(queue_read);
90.     queue_read = top;
91.     printf("\n所取回的資料爲  %d", data);
92.   }
93. }
94.
95. void display(void)
96. {
97.   int data;
98.
99.   if(queue_read == queue_write)
100.    printf("\n佇列內部沒有資料 !!\7\7");
101.  else
102.  {
103.    while(queue_read != queue_write)
104.      read();
105.  }
106. }
```

重點說明：

1. 行號 10～32 的功能與前面堆疊的程式相同，請自行參閱前面的說明。
2. 行號 33～35 以動態方式要求一塊與結構資料 list 大小結構相同的記憶體空間，並將它的開始位址分別存入寫入指標 queue_write 與讀取指標 queue_read 內，同時設定內部第二個成員為 NULL，其狀況如下。

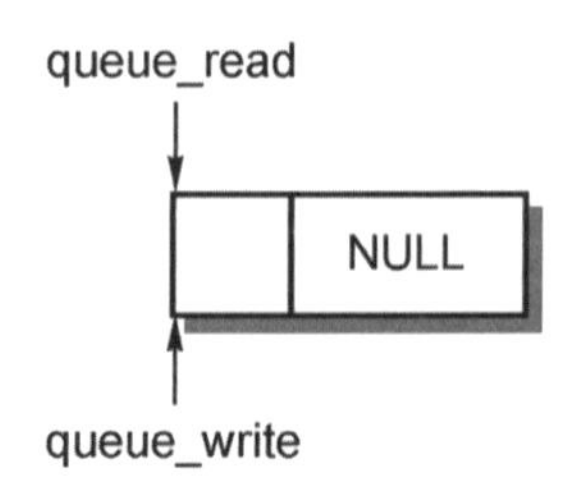

3. 行號 36～61 進行佇列系統的操作，而其選項則由使用者由鍵盤輸入。
4. 當鍵盤輸入 '1' 時，於行號 41～46 內執行將使用者所輸入的資料存入佇列內，真正執行資料儲存的程式在行號 67～76。
5. 行號 67～76 的動作依序為：

   (1) 要求一塊記憶空間，並且把開始的位址存入 newnode 內 (行號 71)，其狀況如下 (連同前面的敘述)：

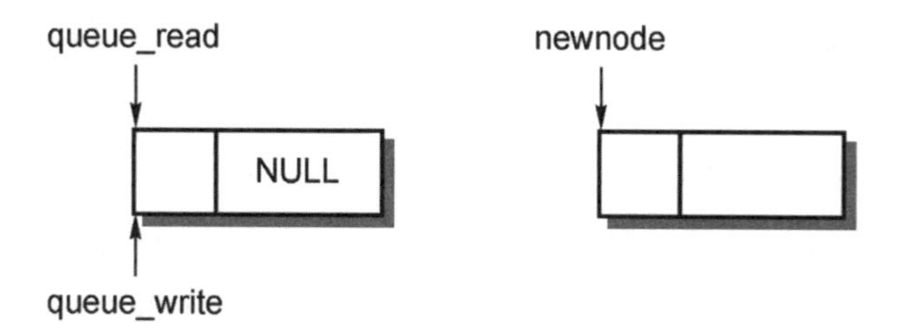

   (2) 將資料存入結構 newnode 內 (行號 72～73)，其狀況如下 (假設輸入資料為 11)：

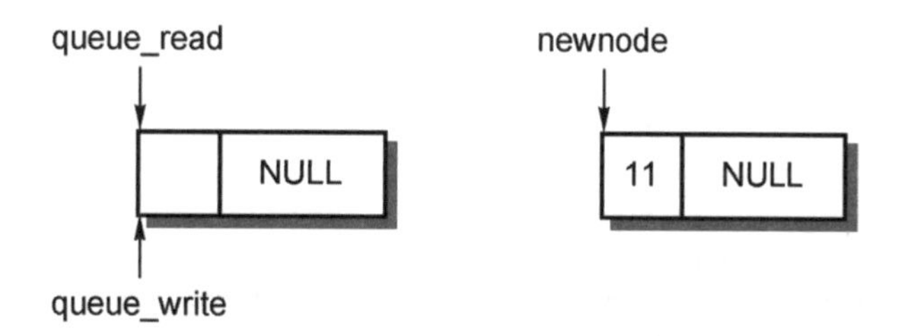

   (3) 進行資料串的連結 (行號 74) 與寫入指標 queue_write 的調整 (行號 75)，其狀況如下：

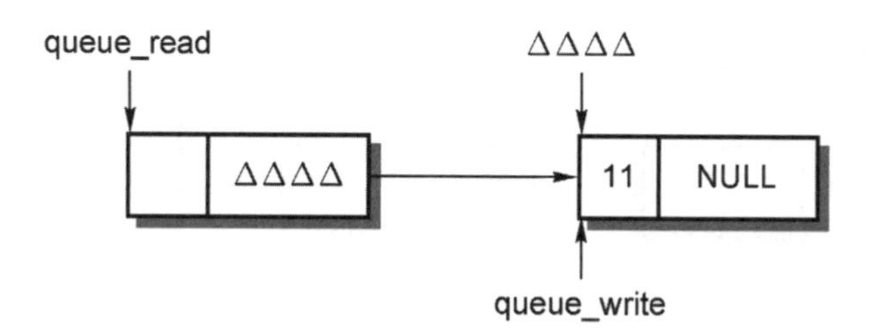

如果我們再連續選擇上述寫入動作 2 次，並依順序寫入 22，33 時，佇列的儲存狀況如下：

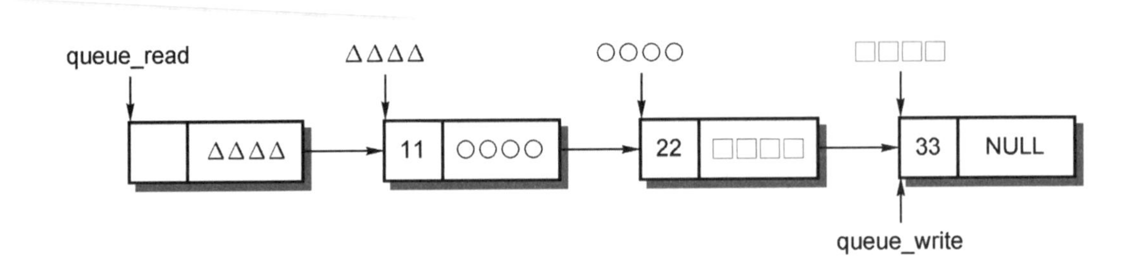

6. 當鍵盤輸入‘2’時，於行號 47～50 內執行讀取一筆資料的動作，真正執行資料讀取的程式在行號 78～93。
7. 行號 78～93 的動作依序為：
   (1) 判斷目前佇列內部的資料是否讀完了 (行號 83)，如果已經讀完則顯示佇列內部沒有資料，並發出兩聲嗶嗶聲響，否則往下執行資料讀取的動作 (行號 87～91)。
   (2) 行號 87～88 執行佇列資料的讀取工作，其狀況如下 (延續上面佇列目前的儲存內容)：

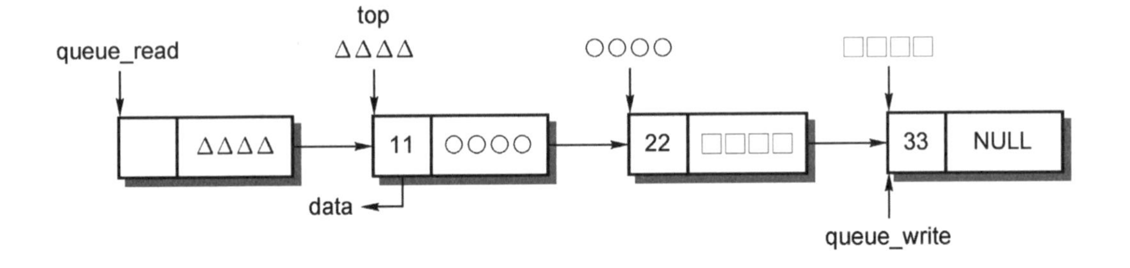

   (3) 行號 89 則釋放佇列空間，其狀況如下：

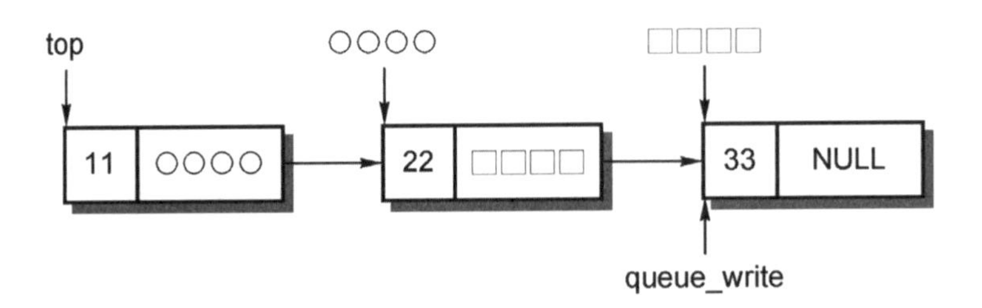

(4) 行號 90 調整讀取指標 queue_read，其狀況如下：

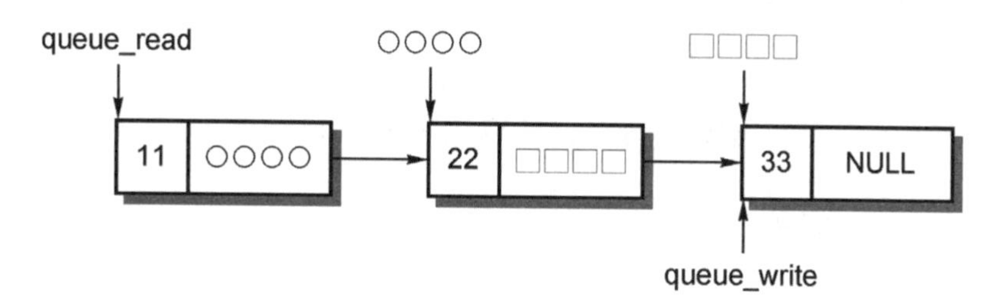

(5) 行號 91 則顯示被讀回的資料 11。

8. 當鍵盤輸入‘3’時，於行號 51～54 內執行顯示目前佇列內部所剩下的儲存資料，真正執行顯示剩下資料的程式在行號 95～106。

9. 行號 95～106 的動作依序為：

(1) 判斷佇列內部資料是否已經讀完 (行號 99)，如果已經讀完則執行行號 100，否則往下執行行號 103～104。

(2) 行號 103～104 內只要佇列內部的資料尚未讀取完畢則繼續呼叫讀取函數 read( )，直到佇列內部的資料全部讀取並顯示完畢為止。

10. 檢視上面執行結果可以發現到，佇列結構的確具有先進先出 FIFO 的特性。

自我練習與評量

6-1 設計一程式以資料連結串列的方式建立如下的資料結構。

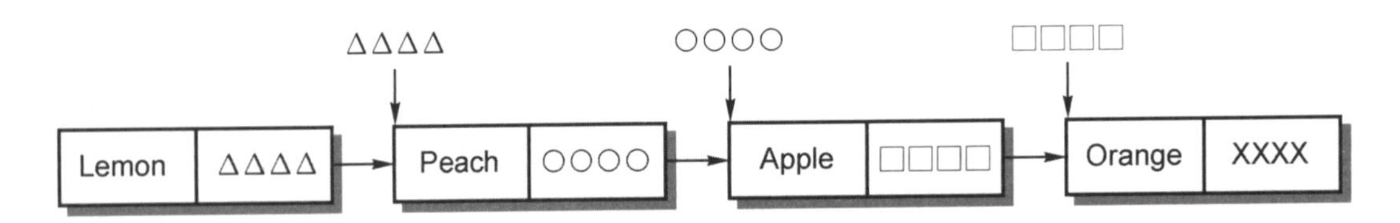

並將它們的開始位址、內容、以及下一個連結位址顯示在螢幕上，其狀況如下：

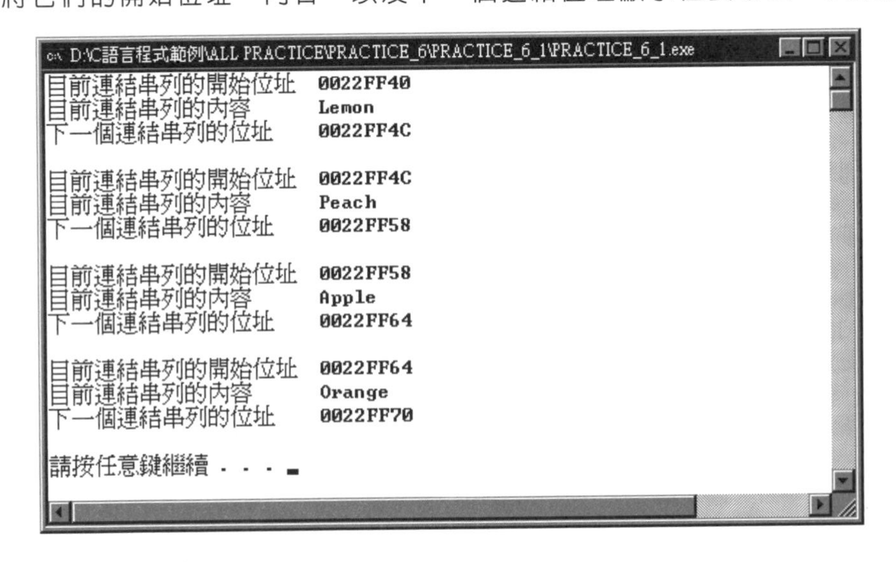

6-2 執行下面程式的結果為何？請繪出它的資料連結串列圖。

```
1.   // PRACTICE_6_2
2.
3.   #include <stdio.h>
4.   #include <stdlib.h>
5.
6.   #define NUMBER 4
7.
8.   int main(void)
9.   {
10.    struct record
11.    {
12.      char          *name;
13.      struct record *next;
```

```
14.   };
15.   struct record fruit[NUMBER];
16.   struct record *ptr;
17.
18.   ptr = fruit;
19.   (fruit + 0)->name = "Lemon";
20.   (fruit + 0)->next = fruit + 1;
21.   (fruit + 1)->name = "Peach";
22.   (fruit + 1)->next = fruit + 2;
23.   (fruit + 2)->name = "Apple";
24.   (fruit + 2)->next = fruit + 3;
25.   (fruit + 3)->name = "Orange";
26.   (fruit + 3)->next = NULL;
27.   while(ptr)
28.   {
29.     printf("目前連結串列的開始位址   %p\n", ptr);
30.     printf("目前連結串列的內容      %s\n", ptr->name);
31.     printf("下一個連結串列的位址    %p\n\n", ptr->next);
32.     ptr = ptr->next;
33.   }
34.   system("PAUSE");
35.   return 0;
36. }
```

6-3　設計一個程式，以結構資料型別的方式儲存 6 位學生的姓名、學號、國文與英文成績，再計算每位學生的平均成績後將它存入結構資料的最後一個欄位，同時以每位學生的平均成績為排序對象由大排到小，並在螢幕上分別顯示以學號與平均成績高低為順序的學生資料，其狀況如下：

```
D:\C語言程式範例\ALL PRACTICE\PRACTICE_6\PRACTICE_6_3\PRACTICE_6_3.exe
以學號的順序顯示:
姓名        學號        國文        英文        平均
劉宇修      A123456     80.00       98.00       89.00
張啓東      A123457     66.00       87.00       76.50
朱元璋      A123458     89.00       90.00       89.50
黃富國      A123459     92.00       78.00       85.00
陳明峰      A123460     77.00       79.00       78.00
吳景星      A123461     76.00       78.00       77.00

以平均成績的高低依順序顯示:
姓名        學號        國文        英文        平均
朱元璋      A123458     89.00       90.00       89.50
劉宇修      A123456     80.00       98.00       89.00
黃富國      A123459     92.00       78.00       85.00
陳明峰      A123460     77.00       79.00       78.00
吳景星      A123461     76.00       78.00       77.00
張啓東      A123457     66.00       87.00       76.50

請按任意鍵繼續 . . .
```

6-4 修改上題的程式，當程式進行排序時，可以經由我們用鍵盤來選擇以國文 (輸入 1 時)、英文 (輸入 2 時)、平均 (輸入 3 時) 為對象進行排序與顯示，其狀況如下：

```
D:\C語言程式範例\ALL PRACTICE\PRACTICE_6\PRACTICE_6_4\PRACTICE_6_4.exe
以學號的順序顯示:
姓名        學號        國文        英文        平均
劉宇修      A123456     80.00       98.00       89.00
張啓東      A123457     66.00       87.00       76.50
朱元璋      A123458     89.00       90.00       89.50
黃富國      A123459     92.00       78.00       85.00
陳明峰      A123460     77.00       79.00       78.00
吳景星      A123461     76.00       78.00       77.00

1. 以國文成績排序 !!
2. 以英文成績排序 !!
3. 以平均成績排序 !!

選擇排序項目 (打錯則結束 !!)... 1

以國文成績的高低依順序顯示:
姓名        學號        國文        英文        平均
黃富國      A123459     92.00       78.00       85.00
朱元璋      A123458     89.00       90.00       89.50
劉宇修      A123456     80.00       98.00       89.00
陳明峰      A123460     77.00       79.00       78.00
吳景星      A123461     76.00       78.00       77.00
張啓東      A123457     66.00       87.00       76.50

請按任意鍵繼續 . . .
```

```
D:\C語言程式範例\ALL PRACTICE\PRACTICE_6\PRACTICE_6_4\PRACTICE_6_4.exe
以學號的順序顯示:
姓名        學號        國文        英文        平均
劉宇修      A123456     80.00       98.00       89.00
張啓東      A123457     66.00       87.00       76.50
朱元璋      A123458     89.00       90.00       89.50
黃富國      A123459     92.00       78.00       85.00
陳明峰      A123460     77.00       79.00       78.00
吳景星      A123461     76.00       78.00       77.00

1. 以國文成績排序 !!
2. 以英文成績排序 !!
3. 以平均成績排序 !!

選擇排序項目 (打錯則結束 !!)... 2

以英文成績的高低依順序顯示:
姓名        學號        國文        英文        平均
劉宇修      A123456     80.00       98.00       89.00
朱元璋      A123458     89.00       90.00       89.50
張啓東      A123457     66.00       87.00       76.50
陳明峰      A123460     77.00       79.00       78.00
黃富國      A123459     92.00       78.00       85.00
吳景星      A123461     76.00       78.00       77.00

請按任意鍵繼續 . . .
```

6-5 設計一個程式，以陣列方式實現具有後進先出 LIFO 特性的堆疊 (Stack) 結構，它的功能必須具備：

1. 儲存資料 push！！
2. 取回資料 pop！！
3. 顯示堆疊內容！！
4. 離開系統！！

其狀況如下：

```
D:\C語言程式範例\ALL PRACTICE\PRACTICE_6\PRACTICE_6_5\...
1 : 儲存資料 push ！！
2 : 取回資料 pop！！
3 : 顯示堆疊內容！！
4 : 離開系統！！

請輸入選項 .. 1
輸入所要儲存的資料 .... 55

請輸入選項 .. 1
輸入所要儲存的資料 .... 66

請輸入選項 .. 2
所取回的資料為 66

請輸入選項 .. 2
所取回的資料為 55

請輸入選項 .. 4
已經離開系統！！

請按任意鍵繼續 . . .
```

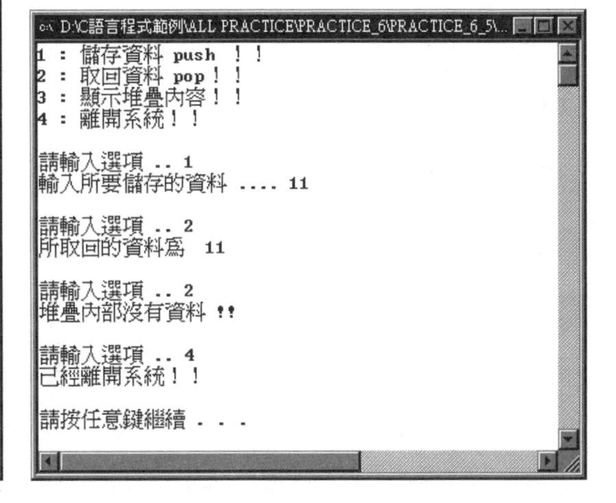


```
D:\C語言程式範例\ALL PRACTICE\PRACTICE_6\PRACTICE_6_5\...
1 : 儲存資料 push ！！
2 : 取回資料 pop！！
3 : 顯示堆疊內容！！
4 : 離開系統！！

請輸入選項 .. 1
輸入所要儲存的資料 .... 77

請輸入選項 .. 1
輸入所要儲存的資料 .... 88

請輸入選項 .. 1
輸入所要儲存的資料 .... 99

請輸入選項 .. 3
所取回的資料為 99
所取回的資料為 88
所取回的資料為 77

請輸入選項 .. 4
已經離開系統！！

請按任意鍵繼續 . . .
```

```
D:\C語言程式範例\ALL PRACTICE\PRACTICE_6\PRACTICE_6_5\...
1 : 儲存資料 push ！！
2 : 取回資料 pop！！
3 : 顯示堆疊內容！！
4 : 離開系統！！

請輸入選項 .. 1
輸入所要儲存的資料 .... 77

請輸入選項 .. 1
輸入所要儲存的資料 .... 88

請輸入選項 .. 3
所取回的資料為 88
所取回的資料為 77

請輸入選項 .. 3
堆疊內部沒有資料 !!

請輸入選項 .. 4
已經離開系統！！

請按任意鍵繼續 . . .
```

6-6 設計一個程式，以陣列方式實現具有先進先出 FIFO 特性的佇列 (Queue) 結構，它的功能必須具備：

1. 儲存資料 write！！
2. 取回資料 read！！
3. 顯示佇列內容！！
4. 離開系統！！

其狀況如下：

```
D:\C語言程式範例\ALL PRACTICE\PRACTICE_6\PRACTICE_6_6\...
1 : 儲存資料 write ！！
2 : 取回資料 read！！
3 : 顯示佇列內容！！
4 : 離開系統！！

請輸入選項 .. 1
輸入所要儲存的資料 .... 55

請輸入選項 .. 1
輸入所要儲存的資料 .... 66

請輸入選項 .. 2
所取回的資料為 55

請輸入選項 .. 2
所取回的資料為 66

請輸入選項 .. 4
已經離開系統！！

請按任意鍵繼續 . . .
```

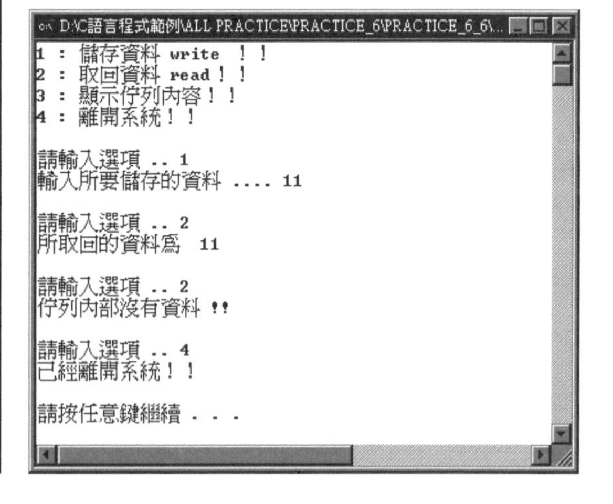

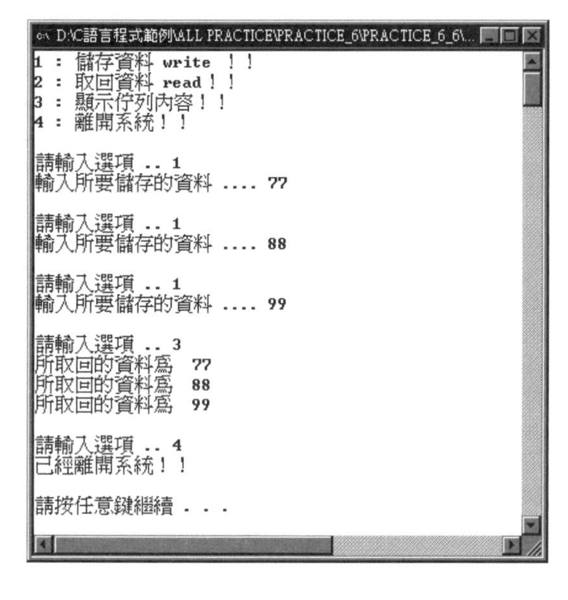

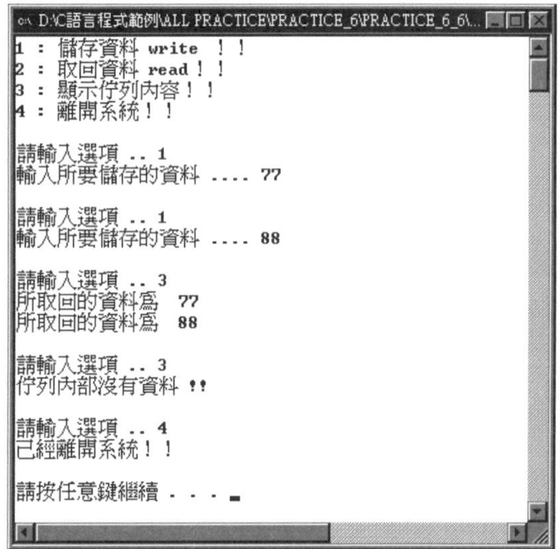

Chapter 7

檔案處理

7-1 資料檔案

當程式在執行時往往需要大量的資料，這些資料通常是透過各種輸入設備 (如鍵盤、讀卡機、磁帶機、磁碟機…等) 來提供，一旦資料處理完畢之後就會產生大量我們所需要的資訊，並經由各式各樣的輸出設備 (如螢幕、列表機、磁帶機、磁碟機…等) 輸出，試想看看如果這些輸入資料與輸出的資訊沒有被儲存起來，一旦將來要使用到這些資料與資訊時，豈不是又要重新輸入大量的資料，如此不但費時、費事，並且很容易發生錯誤，而其解決辦法就是將這些大量資料和資訊以不同的名稱儲存起來，將來可以重新將它們開啓，並進行資料的修改或添加，以期得到新的重要資訊，這就是所謂的資料檔案。

7-1-1 文字檔與二進制檔

資料檔依其儲存的格式我們可以將它區分為下面兩種檔案：

1. 文字檔 Text File。
2. 二進制檔 Binary File。

所謂的文字檔 (Text File) 顧名思義它是將資料以 ASCII 的方式來儲存，每一個字元佔用 1 個 Byte，譬如我們想要儲存 "A380 plane\n" 時，它的儲存格式如下：

A	3	8	0	Δ	p	l	a	n	e			
41	33	38	30	20	70	6C	61	6e	65	0d	0a	← ASCII

由於它是用標準的 ASCII 來儲存，因此文字檔案的內容我們可以在任何編輯器 (如 window 的 word、記事本…等) 內觀看或編輯它的內容。此處要特別強調，由於在 C 語言系統中，每一列可以擁有 0～數個字元，最後都以跳行字元‘\n’(控制碼的 ASCII 為 0x0d) 結束，而在 window 系統中，文字檔每一列是以 CR (Carriage Return 控制碼的 ASCII 為 0x0d) + LF (Line Feed 控制碼的 ASCII 為 0x0a) 來結束，因此當 C 語言系統在做文字檔案的存取時，它會自動進行控制碼的轉換，即寫入文字檔案資料時會將‘\n’(0x0d) 轉換成 0x0d、0x0a；讀取文字檔案資料時會將 0x0d、0x0a 轉換成‘\n’(0x0d)。

所謂二進制檔 (Binary File)，它是將資料以原來的二進制方式儲存 (沒有經過處理，因此每一列最後的跳行‘\n’只儲存 0x0a)，譬如聲音檔案 .wav，影像檔案 .avi，圖形檔案 .pcx，可執行檔 .com .exe…等都是，由於此種檔案並非以 ASCII 方式儲存，因此當我們在編輯器 (如 word、記事本…等) 內開啟它們時會看到一堆亂碼。當設計師將一筆短整數 16 以文字檔與二進制檔方式儲存時，其狀況如下：

文字檔：$16_{(10)} = 31_{(16)}, 36_{(16)}$

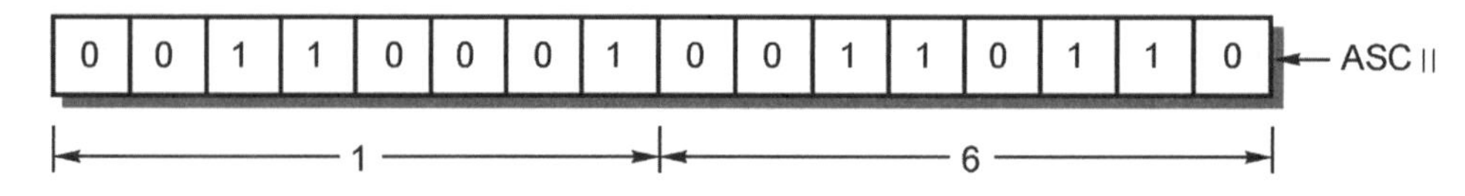

二進制檔：$16_{(10)} = 0000000000010000_{(2)}$

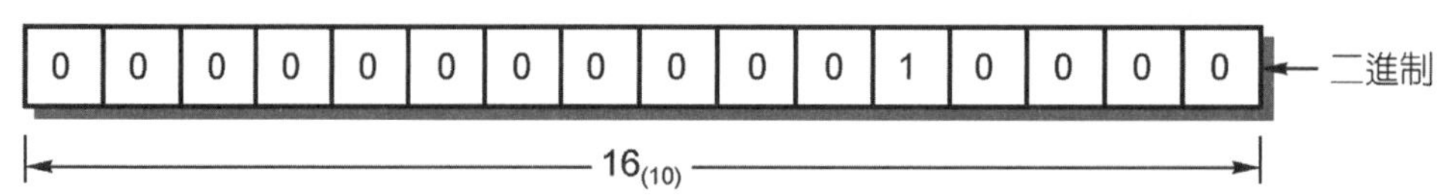

7-1-2 順序檔與隨機檔

檔案依照它的存取方式我們可以將它們區分成下面兩大類：

1. 順序檔 Sequential File。
2. 隨機檔 Random File。

所謂的順序檔 Sequential File 顧名思義，當我們在對它作資料存取時，都是從檔案的開頭開始逐一處理，此種檔案內部的每一筆資料長度未必等長，因此比較節省儲存空間，但就是因為資料長度不等長，所以存取工作必須從頭開始逐一處理，速度當然比較慢，其儲存格式即如下面所示：

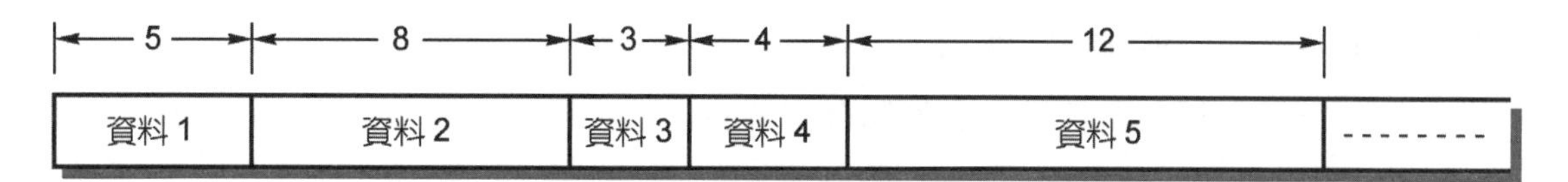

於上面順序檔的儲存格式可以發現到，由於儲存在內部的資料每一筆未必等長 (如資料 1 佔 5Byte，資料 2 佔 8Byte，資料 3 佔 3Byte…等)，資料有多長就儲存多長，因此它比較節省儲存空間，但是如果我們要去存取資料 5 時，由於無法算出它的儲存位置在那裡，因此只能從頭開始逐一找尋，當然它的處理速度就會比較慢。

居於上面的敘述可以整理出順序檔的特性：

1. 每一筆資料未必等長 (節省儲存空間)。
2. 必須從頭開始逐一找尋 (速度慢)。
3. 資料只能添加在最後面。

因此順序檔通常使用在：

1. 資料不需要時常修改時。
2. 每筆資料長度差距很大時。
3. 資料處理經常是連續處理時。

所謂的隨機檔 Random File 顧名思義，當我們在對它作資料的存取時，可以直接將磁頭移到所要存取資料的位置去處理，此種檔案內部的每一筆資料長度皆等長，因此比較浪費儲存空間 (每筆資料的長度都必須以最長的資料長度為主)，但就是因為資料長度皆相等，所以可以輕易的計算出資料所要存取的位置並加以處理，速度當然比較快，其儲存格式即如下面所示：

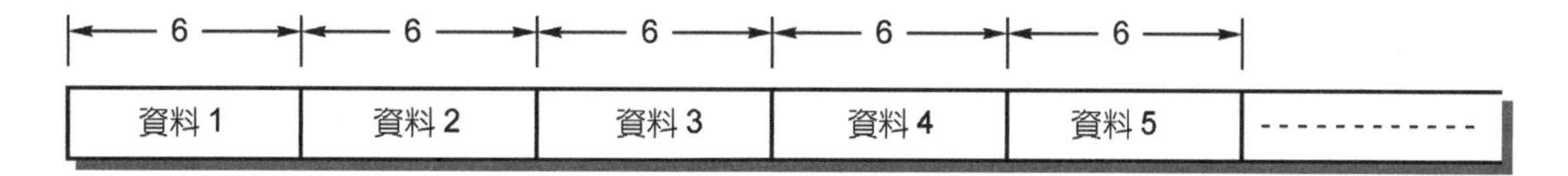

於上面隨機檔的儲存格式可以發現到，由於儲存在內部的資料，每一筆的長度皆等長 (資料皆佔 6Byte)，因此它很浪費儲存空間 (資料長度必須選擇所有資料中長度最長的為主)，但是如果我們要去存取資料 5 時，系統可以輕易的計算出它所儲存的位置(5 − 1) × 6 = 24，並將磁頭移到此處即可進行資料存取的工作，當然它的處理速度就會比較快。

居於上面的敘述可以整理出隨機檔的特性：

1. 每筆資料必須等長 (浪費儲存空間)。
2. 資料可以隨機存取 (速度快)。
3. 資料可以隨時修改或添加。

因此隨機檔通常使用在：

1. 資料時常需要修改時。
2. 每筆資料長度差距不大時。
3. 資料隨機處理時。

7-1-3 檔案資料緩衝區

當程式設計師在做檔案的資料存取時，程式從磁碟讀回資料，或將資料寫入磁碟時可以經由下面兩種方式完成：

1. 經由檔案資料緩衝區。
2. 不經由檔案資料緩衝區。

底下我們就來談談這兩種處理方式的特性。

有檔案資料緩衝區

當程式在作檔案的資料存取時，首先必須將磁頭移到資料所在的位置，之後再作資料的存取工作，如果系統花費很長的時間才找到資料存取的位置後，一次只寫入或讀取一個位元組 (Byte) 資料，其資料處理的效率一定大打折扣，為了避免此種現象發生，當我們在作檔案處理時，一旦檔案開啓後系統就會配置一塊記憶空間做為存取檔案內容的緩衝區 Buffer，當程式在做檔案內容的存取時，皆會透過此緩衝區，其狀況如下：

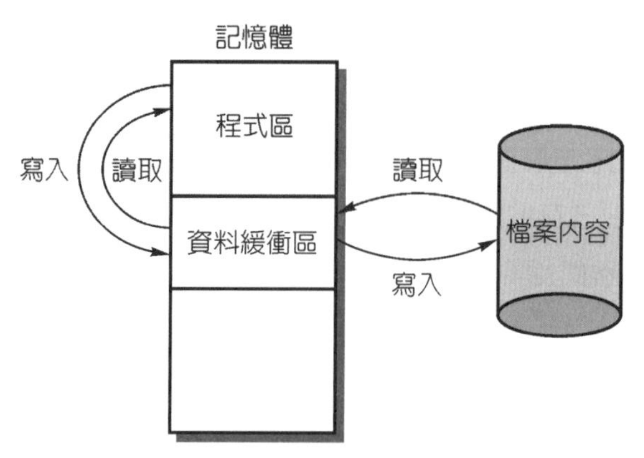

於上圖中我們發現到，程式將資料寫入檔案時，它是將資料寫入緩衝區內，一旦寫滿了整個緩衝區後，系統才將整個緩衝區的內容寫入檔案的適當位置內，注意！只有緩衝區滿了後才會寫入檔案內，但程式將最後一筆資料寫入緩衝區時未必會填滿緩衝區，此時就必須靠著關檔 close 的命令強迫系統將最後一批資料寫入檔案內，並且交還緩衝區給系統，因此只是開檔而不執行關檔時，不緊會流失最後一批資料，系統配置的緩衝區也無法收回。設計師可以一次開啓很多的檔案 (同時對很多檔案做處理)，但每開啓一個檔案，系統就會配置一塊緩衝區，千萬不要不斷的開檔而沒有關檔，否則會造成記憶體的過度使用而產生“memory overflow”。當程式讀取檔案的內容時，其動作狀況與上述相似。

沒有檔案資料緩衝區

不同於上面的處理方式，當系統在做檔案的存取，如果沒有檔案緩衝區的設置時，當我們每一次做檔案的資料讀寫，系統就直接對磁碟做 I/O 存取的動作，其狀況即如下圖所示：

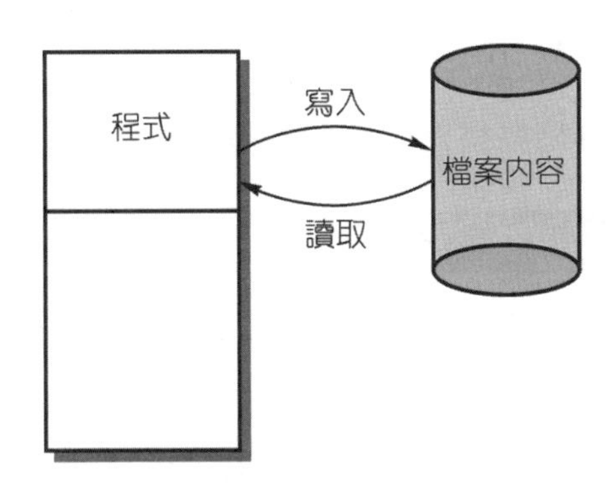

這種存取方式由於磁碟 I/O 的工作次數相當頻繁，因此資料的處理效率較差，為了提升效率，我們可以在程式內部設定一個陣列充當緩衝區，將較大的一筆資料存入陣列內部處理，並將其結果一次寫回檔案內，以便減少磁碟 I/O 的工作次數，進而提升資料處理的效率。沒有檔案緩衝區的檔案處理方式大都使用在較低階的輸入輸出系統。

7-2 資料流 Data stream

正如前面所討論的，當程式在執行時，所需要的資料以及執行後所產生的資訊都必須透過各種週邊設備來完成，不同的週邊設備對資料的處理方式亦不盡相同，為了避免撰寫不同輸入、輸出程式的困擾，以及產生不相容的問題，於 C 語言系統中提供一種資料流 Data stream 的概念，它是藉由函數庫所提供的檔案處理函數來協助處理，將檔案的內容當成是一連串位元組資料，所有資料的存取都針對該資料流來處理 (它也可以透過各式各樣的驅動函數將鍵盤、螢幕、列表機…等輸入、輸出週邊設備的處理過程當成檔案來處理)，如此一來設計師在撰寫程式時，根本不需要理會這些週邊設備的特性，很容易就可以設計出可攜性很高的跨平台程式。

7-3 C 語言的檔案處理

前面我們強調過，C 語言為一種函數庫導向的語言，為了節省記憶空間，系統將所有用來輔助設計師的指令，以函數方式分門別類的建立出功能強大的函數庫，我們只要引入所要使用函數的相關標頭檔即可使用這些函數，對於檔案處理方面也不例外，C 語言針對檔案處理時有緩衝區與沒有緩衝區兩種處理模式，分別提供下面兩種函數供我們使用。

1. 標準輸入輸出函數 (Standard I/O)。
2. 系統輸入輸出函數 (System I/O)。

底下我們就配合前面的敘述來談談這兩種輸入輸出的特性。

標準輸入輸出 Standard I/O

為了提高程式的相容性與跨平台特性，C 語言是以資料流 data stream 的方式來處理檔案的存取工作，有關檔案處理資料流的函數原型都定義在 stdio.h 的標頭檔內，設計師只要將此頭檔引入即可使用相關資料流的處理函數，這些函數我們稱之為標準輸入輸出 (standard I/O) 函數或資料流輸入輸出 (stream I/O) 函數，此類函數會提供一塊記憶空間充當檔案緩衝區，將來對於檔案資料的存取皆以此緩衝區為主，不需要考慮資料與磁碟中間的關係，也就是我們只要將存取資料當成是一連串的資料流來處理，至於資料緩衝區與磁碟機中間的關係皆交由函數來處理 (參閱前面有關緩衝區的敘述)，當我們使用此類函數建立一個資料檔案，只要開檔成功，函數會傳回一個自行定義的 _iobuf 資料結構型別，名稱為 FILE，其內容如下：

```
typedef struct _iobuf
{
    char*   _ptr;
    int     _cnt;
```

```
        char*    _base;
        int      _flag;
        int      _file;
        int      _charbuf;
        int      _bufsiz;
        char*    _tmpfname;
    } FILE;
```

上述結構型別會記錄所開啓檔案的處理資訊 (如檔案緩衝區的記憶體位址，下次所要存取資料的位置，目前緩衝區剩下幾個 Byte…等，詳細狀況請參閱後面的範例)，由於我們對於檔案的資料存取是以資料流的理念來處理，因此有關 FILE 結構的內容我們根本不需要去理會它，設計師只要在使用這些標準輸入輸出函數之前以 FILE 結構宣告一個指標 (即 FILE ＊fptr)，並將指標的內容指向該檔案於檔案緩衝區第一筆資料的位址即可 (它的內容(＊fptr) 會與 FILE 結構內第一個項目 (fptr ->_pfr) 相同)，之後它的內容會隨著函數對資料的存取而改變。此處要強調的是，當我們使用標準輸入輸出函數進行資料的存取時，它們具有資料格式轉換的能力，可以將設計師寫入檔案的二進制資料轉換成 ASCII 格式的文字資料 (即文字檔)。

系統輸入輸出 system I/O

系統輸入輸出 system I/O 函數又稱為低階輸入輸出函數，這類函數並不提供檔案緩衝區 (參閱前面沒有檔案緩衝區的敘述)，它是以較原始的方式來處理檔案資料的存取，因此它除了不具備資料格式轉換的能力之外，它也只能以檔案編號的方式來存取所指定檔案的內容 (當我們使用系統輸入輸出函數進行開檔成功後，系統會回傳一個檔案編號來替代該檔案，往後於程式中進行資料存取時也都以檔案編號為主，直到關閉該檔案後才結束)。此類函數的原型皆定義在 fcntl.h (file control) 與 io.h (input/output) 的標頭檔內，另外用來設定檔案屬性的常數定義是存放在 sys/stat.h 的頭檔中，因此要使用系統輸入輸出 I/O 的函數時，必須將這些頭檔引入才行。

綜合上面的討論可以知道，對於檔案資料存取方面，C 語言提供了較高階的標準輸入輸出函數 (standard I/O) 與較低階的系統輸入輸出函數 (system I/O) 兩種，當它們各自對資料作存取時，可以採用何種方式、使用那些函數來處理，我們先將它們表列如下，往後再詳細的加以分類與討論。

存取資料	標準 I/O 函數	系統 I/O 函數	說明
字元資料	fputc ( ) fgetc ( )	無	一次寫入 1Byte 資料。 一次讀取 1Byte 資料。
字串資料	fputs ( ) fgets ( )	無	一次寫入一組字串資料。 一次讀取 n 個字元資料。
格式化資料	fprintf ( ) fscanf ( )	無	依指定格式寫入資料。 依指定格式讀取資料。
結構區塊	fwrite ( ) fread ( )	write ( ) read ( )	寫入結構區塊資料。 讀取結構區塊資料。

由上面的表格中可以發現到，由於標準 I/O 函數較為高階，因此系統提供較多的檔案處理函數，系統 I/O 函數較為低階原始，因此系統提供較少的函數供設計師使用，這些函數的特性與使用方法我們後面會有詳細的討論。

7-4 標準輸入輸出函數

當我們將 stdio.h 的頭檔引入程式時，即可使用標準輸入輸出函數進行有檔案緩衝區的檔案處理工作，這些標準輸入輸出函數經我們整理後表列如下：

函數名稱	語法與功能說明
開啓檔案 fopen	語法：FILE ＊fopen(“檔案名稱”, “檔案類型與存取模式”) 功能：以指定的檔案類型與存取模式開啓特定的檔案，如果開啓成功則回傳一個名稱為 FILE 的檔案結構型別，如果開啓失敗則回傳 NULL。
關閉檔案 fclose	語法：int fclose(FILE ＊fptr) 功能：將檔案指標 fptr 所指的檔案關閉，並寫入最後一批資料後釋放檔案緩衝區，檔案關閉成功則回傳整數 0。
寫入字元 fputc	語法：int fputc(字元 ch, FILE ＊fptr) 功能：將所指定的字元 ch 寫入檔案指標 fptr 所指向的檔案位置。
讀取字元 fgetc	語法：int fgetc(FILE ＊fptr) 功能：從目前檔案指標 fptr 所指的檔案內讀取一個字元後，再將檔案指標 fptr 往下移一個字元，以指向下一個所要讀取的檔案內容，如果讀取成功則回傳讀取字元所對應的 ASCII；如果讀取失敗或已經讀到檔案結束則回傳 EOF (-1)。

(續前表)

函數名稱	語法與功能說明
寫入字串 fputs	語法：int fputs(字串 string, FILE ＊fptr) 功能：將指定的字串 string 寫入檔案指標 fptr 所指向的檔案位置。
讀取字串 fgets	語法：char ＊fgets(字串 string, n 個字元, FILE ＊fptr) 功能：從檔案指標 fptr 所指向的檔案位置讀取 n 個字元，並將它存放在字串陣列 string 內，如果讀取失敗或已經讀到檔案結束則回傳 NULL。
寫入格式化資料串 fprintf	語法：int fprintf(FILE ＊fptr, 格式控制資料串) 功能：將資料串以指定的格式寫入檔案指標 fptr 所指向的檔案位置。
讀取格式化資料串 fscanf	語法：int fscanf (FILE ＊fptr，格式控制資料串) 功能：從檔案指標 fptr 所指向的檔案位置，以指定的資料格式讀回資料串，並儲存在變數內。
寫入結構區塊資料 fwrite	語法：size_t fwrite(結構資料區塊 ＊ptr, 資料大小 size, n 筆, FILE ＊fptr) 功能：由 ptr 為指標所指向的結構資料區塊內讀取 n 筆資料 (每筆資料的大小為 size Byte)，並將它們寫入 fptr 檔案指標所指向的檔案位置內。如果寫入成功 fptr 檔案指標會往後移動 n＊size Byte，並回傳所寫入結構資料的筆數 n; 失敗則回傳值會小於結構資料筆數 n 的值。
讀取結構區塊資料 fread	語法：size_t fread(結構資料區塊＊ptr, 資料大小 size, n 筆, FILE ＊fptr) 功能：從檔案指標 fptr 所指向的檔案位置讀取 n 筆資料 (每筆資料的大小為 size) 到 ptr 指標所指向的結構區塊內。如果讀取成功 fptr 檔案指標會往後移動 n ＊size Byte，並回傳所讀取結構資料的筆數 n；讀取失敗則回傳值會小於結構資料筆數 n 的值。
移動檔案指標到檔案的最前面 rewind	語法：void rewind(FILE ＊fptr) 功能：將檔案指標 fptr 移到檔案的最前面。
移動檔案指標 fseek	語法：int fseek(FILE ＊fptr，位移量 n，指定位置) 功能：將檔案指標 fptr 由指定的位置移動 n 個 Byte。
檔案是否結束 feof	語法：int feof(FILE ＊fptr) 功能：判別檔案指標 fptr 是否已經指向檔案結束的位置，如果是則回傳非 0 值表示真的，如果不是則回傳 0 (NULL) 表示假的。

設計師不論使用何種函數做檔案資料處理 (如資料的讀取、資料的寫入、資料的刪除、資料的更新…等)，其主要步驟如下：

1. 開啓檔案 Open File。
2. 資料存取 Data Process。
3. 關閉檔案 Close File。

底下我們就針對這三個步驟所使用的函數及其特性做詳細的介紹。

7-4-1 開啓檔案 fopen

要去讀寫存放在磁碟內的資料檔案，第一件事情就是針對所要處理的資料檔案進行開啓的動作，而其基本語法如下：

```
FILE  * fopen(“檔案名稱”, “檔案類型與存取模式”);
```

說明：

1. **FILE * fopen**：前面我們討論過，當設計師以標準輸入輸出函數開啓一個檔案時，系統會以具有緩衝區的資料流方式來處理，首先它會在記憶體內劃分一塊記憶區來充當檔案緩衝區，並回傳一個自行定義的 _iobuf 資料結構型別，名稱為 FILE，其內容如下：

```
typedef struct _iobuf
{
      char*    _ptr;
      int      _cnt;
      char*    _base;
      int      _flag;
      int      _file;
      int      _charbuf;
      int      _bufsiz;
      char*    _tmpfname;
} FILE;
```

以方便將來記錄相關檔案的處理資訊 (如檔案緩衝區的記憶體位址，下一次所要存取檔案資料的位置，目前緩衝區剩下幾個位元組…等)，因此當我們以函數 fopen 開檔成功後，系統會回傳一個屬於該檔的 FILE 資料結構，如果開檔失敗 (可能所開啓的檔案根本不存在或磁碟空間不夠…等) 則回傳 NULL (0)。

2. **檔案名稱**：指定所要開啓檔案的名稱，它可以是一個字串常數或字元陣列，當所要開啓的資料檔案與執行檔案儲存在同一個目錄 (即目前的工作目錄) 時，則直接以雙引號 “” 將檔案名稱括起來即可，其狀況如下：

```
FILE  *inptr;
inptr = fopen ("data.txt", "r");
```

如果資料檔案與執行檔案儲存在不同目錄時，就必須在雙引號內加入詳細的路徑，其狀況如下：

```
FILE  *outptr;
outptr = fopen ("D:\\CH5\\data.txt", "w")    ; … (方式 1)
outptr = fopen ("D:/CH5/data.txt", "w")      ; … (方式 2)
```

於上面的敘述中，由於路徑的敘述是以反斜線 “\” 來隔開目錄名稱，但是反斜線 “\” 於 C 語言內為一個逃脫字元 (Escape)，因此必須再加入一個反斜線而變成雙斜線 “\\” (方式 1)，為了避免此種現象發生，系統也允許我們以單斜線 “/” 取代 (方式 2)。

3. **檔案類型與存取模式**：指定目前所開啓資料檔的檔案類型與存取模式，它可以是一個字串常數或字元陣列，因此必須以雙引號 “” 括起來。

“檔案的類型” 前面我們討論過，它可以分成以 ASCII 格式儲存的文字檔 text file (以 “t” 代表) 和與資料原形格式 (未經處理) 儲存的二進制檔 binary file (以 “b” 代表)，於 C 語言系統中機定值為文字檔 (可以不用加 “t”)，其宣告狀況如下：

```
FILE  *output;
output = fopen("data.txt", "wt");  … 方式 (1)
output = fopen("data.txt", "w");   … 方式 (2)
output = fopen("data.bin", "wb");  … 方式 (3)
```

於上面的敘述中，方式 (1) 與方式 (2) 所代表的意義相同，它們都是開啓一個文字檔，方式 (3) 為開啓一個二進制檔。

“存取模式” 為當我們開啓檔案之後，到底要將資料寫入或者讀出；如果是寫入，到底是寫入一個新的檔案或者是已經存在的檔案；從檔案的那個地方開始寫入…等，這些存取模式經我們整理後將它表列如下：

存取模式	功能說明
“w”	開啓一個寫入 (write) 資料的檔案以便將來把資料寫入，如果檔案存在則將該檔內部資料全部刪除，成為一個空的檔案；如果檔案不存在則建立一個新的檔案。
“a”	開啓一個寫入 (write) 資料的檔案以便將來把資料寫入，如果檔案存在則將寫入資料附加 (append) 在該檔案的最後面，如果檔案不存在則建立一個新的檔案。
“r”	開啓一個已經存在的檔案以便將來讀取內部資料，如果檔案不存在則回傳 NULL (0)。

於上面表格的敘述可以看出，這三種存取方式的使用方式為：

1. “r”：開啓一個已經存在的檔案，以便讀取 (read) 它的內容。
2. “w”：開啓一個新的檔案，以便從頭開始寫入 (write) 資料。
3. “a”：開啓一個已經存在的檔案，以便資料從檔案的最後面開始附加 (append)。

如果再將前面所討論的檔案類型加在存取模式的後面時，就可以決定目前所開啓的檔案到底為文字檔 text (以“t”代表，由於它是機定值，因此可以省略)，或二進制檔 binary (以“b”代表)，於上面表格內部，由於三種存取方式內並沒有加入文字檔“t”或二進制檔“b”，因此系統將它們當成開啓文字檔 (機定值)，如果要開啓二進制檔案時，其狀況即如下表所示：

檔案類型與存取模式	說明
“wb”	開啓一個寫入 (write) 資料的二進制檔案 (binary file) 以便將來把資料寫入，如果檔案存在則將該檔內部資料全部刪除，成為一個空的檔案；如果檔案不存在則建立一個新的檔案。
“ab”	開啓一個寫入 (write) 資料的二進制檔案 (binary file) 以便將來把資料寫入，如果檔案存在則將寫入資料附加 (append) 在該檔案的最後面；如果檔案不存在則建立一個新的檔案。
“rb”	開啓一個已經存在的二進制檔案 (binary file) 以便將來讀取 read 資料，如果檔案不存在則回傳 NULL (0)。

於上面表格的敘述可以看出，當我們在存取模式後面加入二進制檔案“b”之後，它們所開啓的檔案就會變成二進制檔，除此之外，其功能皆與文字檔相似。

為了使用方便，C 語言函數允許設計師在存取模式後面加上字元“+”，如此一來可讓我們所開啓的檔案同時可以處理資料的讀取與寫入工作，這就是所謂的修改模式，這些模式經我們整理後表列如下：

修改模式	功能說明
“w+”	開啓一個可以將資料讀回與寫入的文字檔，如果檔案存在則將該檔內部資料全部刪除，成為一個空的檔案；如果檔案不存在則建立一個新的檔案。
“ab+”	開啓一個可以將資料讀回與寫入的二進制檔，如果檔案存在則將寫入資料附加 (append) 在該檔案的最後面；如果檔案不存在則建立一個新的檔案。
“rb+”	開啓一個可以將資料讀回與寫入已經存在的二進制檔，如果檔案不存在則回傳 NULL (0)。

綜合上面的敘述，我們可以整理出使用標準輸入輸出函數開啓一個檔案的步驟為：

步驟一：宣告一個具有 FILE 結構的指標 fptr，以便指向系統所回傳檔案結構的位址，此位址也是檔案內第一筆資料儲存在檔案緩衝區的位址，其基本語法為 (參閱前面)：

```
FILE  * fptr;
```

步驟二：使用開檔函數 fopen( ) 指定所要開啓檔案的名稱、檔案類型與存取模式，其基本語法為 (參閱前面)：

```
fptr = fopen(“d:\\data.txt”, “w”);
```

上面敘述為在 d 磁碟根目錄底下開啓一個新的文字檔，檔名為 data.txt，以便將來將資料寫入。如果開檔成功系統會配置一塊檔案緩衝區，並回傳一個 FILE 結構，以便記錄所開啓檔案的資訊 (參閱後面範例說明)，同時 fptr 指標會指到開啓檔案所對應緩衝區的第一個位址。

步驟三：如果步驟二開檔失敗 (譬如磁碟空間不夠大…等) 時會回傳 NULL (0)，設計師可以利用此訊息來處理後續的工作，其狀況如下 (詳細狀況請參閱後面的範例)：

```
if (fptr != NULL)
{
   檔案的資料處理;
```

```
      ⋮
   關檔;
}
else
{
   顯示警告訊息;
}
```

7-4-2 關閉檔案 fclose

當設計師成功開啓檔案並處理資料完畢後，如果不需要再使用所開啓的檔案時一定要將它關閉，否則會造成記憶體資源的浪費與最後一批資料的流失，因為關閉檔案的目的有二：

1. 將開檔時系統所回傳的 FILE 結構相關的資源，以及系統所劃分的檔案緩衝區繳回給系統。
2. 強迫將檔案緩衝區内的資料寫入檔案内 (平常是寫滿了緩衝區後才會自動寫入檔案内，在關閉檔案之前未必會寫滿，這些沒有寫入檔案的資料會隨著關機而流失掉)。

關閉檔案的基本語法如下：

```
int fclose(FILE  * fptr);
```

它是將檔案指標 fptr 所指的檔案關閉，如果檔案關閉成功則回傳一個整數 0；如果檔案關閉失敗則回傳 EOF (-1)。

討論完檔案處理時開檔與關檔的函數特性與系統的處理方式之後，底下我們就開始來介紹如何將資料寫入檔案，以及如何將檔案内部資料讀回的函數。

7-4-3 將字元寫入檔案 fputc

當我們要將一連串的字元寫入所指定的檔案時，可以利用 fputc 函數來實現，而其基本語法為：

```
int fputc(字元 ch, FILE  * fptr);
```

本函數是將指定字元 ch 以 ASCII 方式寫入檔案指標 fptr 所指向的檔案位置，如果寫入成功則回傳寫入字元 ch 的 ASCII；如果寫入失敗則回傳 EOF (-1)。

底下我們就舉一個範例來說明 fputc 函數的特性與用法。

範例	檔名：TEXT_FILE_FPUTC
開啓一個檔案名稱爲 DATA_FPUTC.txt 的文字檔，以 fputc 函數將資料寫入檔案內。	

執行結果：

原始程式：

```
1.   /***********************************
2.    * write character into text file  *
3.    *  檔名 : TEXT_FILE_FPUTC.CPP      *
4.    ***********************************/
5.
6.   #include <stdio.h>
7.   #include <stdlib.h>
8.   #include <string.h>
9.
10.  #define ROW    6
11.  #define COLUMN 25
12.
13.  int main(void)
14.  {
15.    FILE *outptr;
16.    short row, column;
17.    char data[][COLUMN] = {"1. fputc 函數測試 !!\n",
18.                           "2. Welcome to C word !!\n",
19.                           "3. Have a nice day.\n",
20.                           "4. Happy new year.\n",
```

```
21.                         "5. 記得要關閉檔案 !!\n",
22.                         "6. 寫入檔案結束.\n"};
23.
24.     outptr = fopen("D:/C語言程式範例/FILE_DATA/DATA_FPUTC.txt", "w");
25.     if(outptr != NULL)
26.     {
27.       for(row = 0; row < ROW; row++)
28.         for(column = 0; column < strlen(data[row]); column++)
29.           fputc(data[row][column], outptr);
30.       fclose(outptr);
31.       printf("以 fputc 將字元資料寫入完畢 !!\n\n");
32.       printf("檔案的路徑與名稱 D:\\C語言程式範例");
33.       printf("\\FILE_DATA\\DATA_FPUTC.txt\n\n");
34.     }
35.     else
36.       printf("\7\7 開檔失敗 !!\n\n");
37.     system("PAUSE");
38.     return 0;
39. }
```

重點說明：

1. 行號 15 宣告 FILE 結構的指標 outptr。
2. 行號 17～22 宣告所要寫入資料檔的字元陣列 data[ ][25]，並設定這 6 個字元陣列的字串內容。
3. 行號 24 在路徑為 D:\C語言程式範例\FILE_DATA 的磁碟內開啓一個檔名為 DATA_FPUTC.txt 的寫入文字檔，以便將來把資料寫入檔案內，並將檔案指標 outptr 指向第一筆資料的緩衝區位址。
4. 行號 25 判斷，如果開檔失敗則跳到行號 36 顯示開檔失敗，並發出兩次嗶嗶聲響後往下執行；如果開檔成功則執行行號 27～33 的工作。
5. 行號 27～29 利用雙重迴圈將行號 17～22 的 6 筆字元陣列資料寫入所開啓的檔案 DATA_FPUTC.txt 內。
6. 行號 30 將檔案 DATA_FPUTC.txt 關閉。
7. 行號 31～33 顯示訊息通知使用者。
8. 程式執行完畢後，於路徑 D:\C語言程式範例\FILE_DATA 的目錄內可以看到程式所建立的檔案 DATA_FPUTC.txt，其狀況如下：

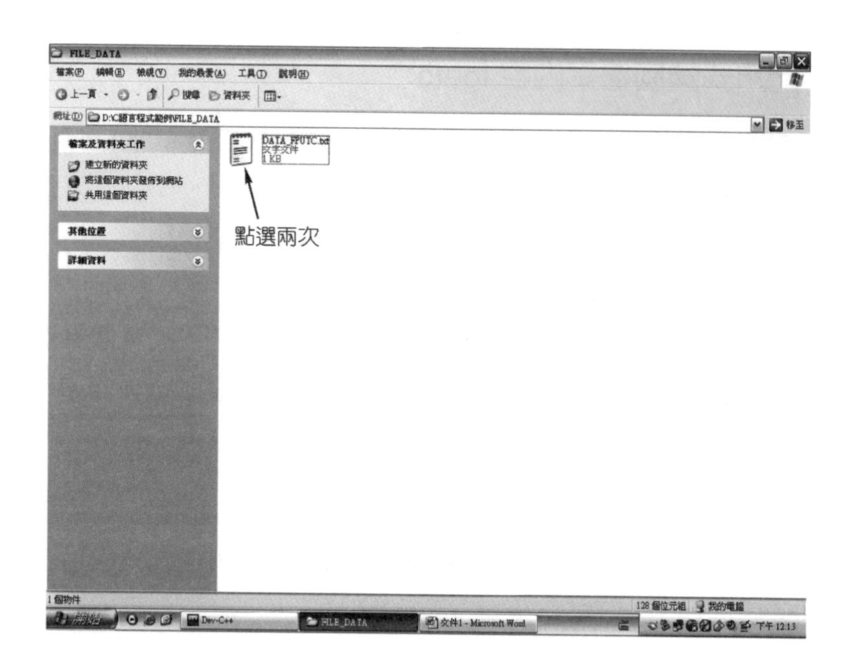

將滑鼠游標移到它的上面連按兩次將它打開時，即可在螢幕上看到程式所寫入的 6 筆字元陣列的內容，其狀況如下：

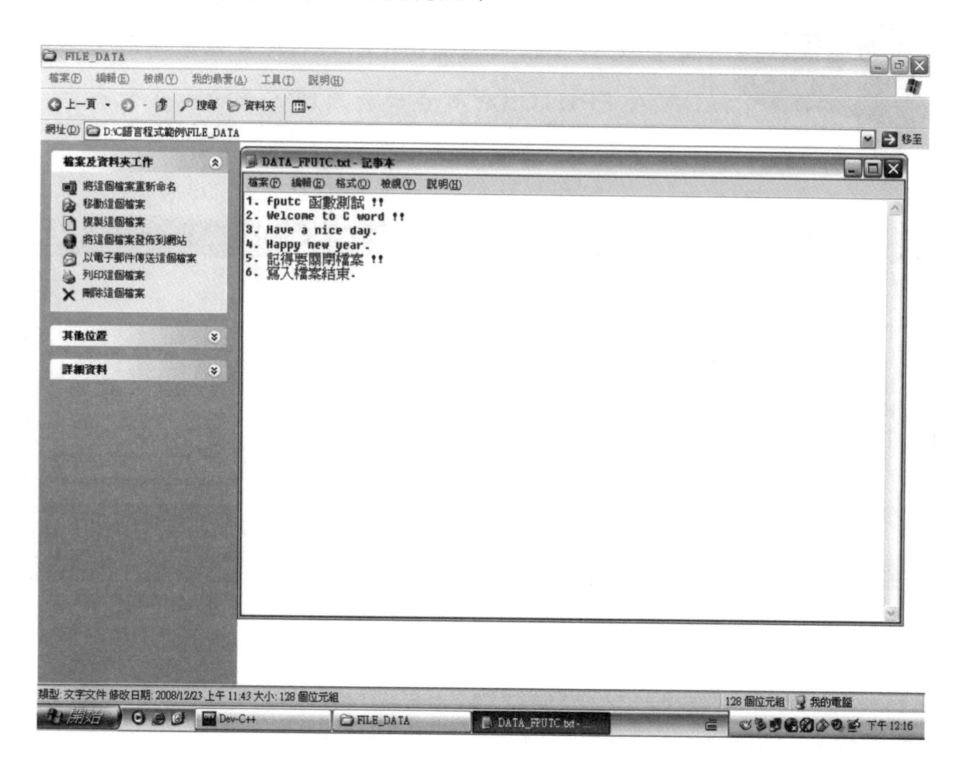

7-4-4 以字元方式讀回檔案內容 fgetc

當我們要將文字檔內的資料以字元方式逐一將它們讀回時，可以利用 fgetc 函數來實現，而其基本語法為：

```
int fgetc(FILE  * fptr);
```

本函數是從目前檔案指標 fptr 所指的檔案內讀取一個字元後，再將檔案指標 fptr 往下移一個字元，以指向下一個所要讀取的檔案內容，如果讀取成功則回傳所讀取字元所對應的 ASCII；如果讀取失敗或已經讀到檔案結束則回傳 EOF (-1)。

底下我們就舉一個範例，將前面範例中以 fputc 函數所建立儲存在路徑為 D:\C語言程式範例\FILE_DATA 目錄底下的文字檔 DATA_FPUTC.txt 內容以 fgetc 函數將它們讀出來並顯示在螢幕上。

範例	檔名：TEXT_FILE_FGETC
以字元讀回函數 fgetc，將前面範例所建立儲存在路徑為 D:\C語言程式範例\FILE_DATA 目錄底下的文字檔 DATA_FPUTC.txt 內容一一讀回，並顯示在螢幕上。	

執行結果：

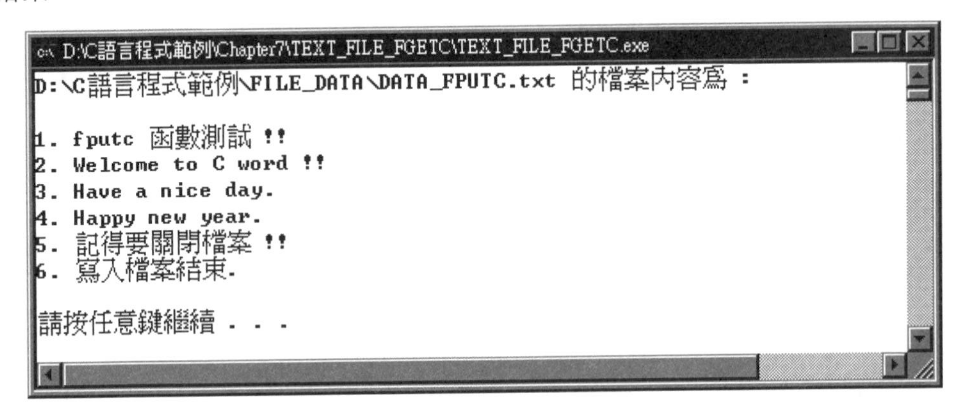

原始程式：

```
1.  /***********************************
2.   * read character from text file  *
3.   *  檔名 : TEXT_FILE_FGETC.CPP      *
4.   ***********************************/
5.
```

```
6.  #include <stdio.h>
7.  #include <stdlib.h>
8.
9.  int main(void)
10. {
11.   FILE *inptr;
12.   char data;
13.
14.   inptr = fopen("D:/C語言程式範例/FILE_DATA/DATA_FPUTC.txt", "r");
15.   if(inptr != NULL)
16.   {
17.     printf("D:\\C語言程式範例\\FILE_DATA\\");
18.     printf("DATA_FPUTC.txt 的檔案內容爲 :\n\n");
19.     while((data = fgetc(inptr)) != EOF)
20.       printf("%c", data);
21.     fclose(inptr);
22.   }
23.   else
24.     printf("\7\7開檔失敗, 檔案可能不存在 !!\n");
25.   putchar('\n');
26.   system("PAUSE");
27.   return 0;
28. }
```

重點說明：

1. 行號 11 宣告 FILE 結構的指標 inptr。
2. 行號 14 在路徑為 D:\C語言程式範例\FILE_DATA 目錄下開啓一個檔名為 DATA_FPUTC.txt 的讀取文字檔，以便將來將它的內容讀回，並將檔案指標 inptr 指向第一筆資料的緩衝區位址。
3. 行號 15 判斷開檔是否成功，如果：
   (1) 成功則執行檔案資料的讀取工作。
   (2) 不成功則跳到行號 23 往下執行。
4. 行號 19～20 為檔案內容的讀取工作，它是不斷從檔案 DATA_FPUTC.txt 內讀取資料，並將它顯示在螢幕上，直到讀取檔案結束 (EOF) 為止。
5. 比較螢幕所顯示的資料與前面範例程式行號 17～22 字元陣列的內容應該完全相同。

所謂的檔案複製就是將指定的檔案內容逐一的讀出，並逐一的寫入另外一個指定的檔案內，底下我們就以上述的字元讀取函數 fgetc 與字元寫入函數 fputc 來實現文字檔案的複製工作。

範例	檔名：FILE_COPY
以字元讀取 fgetc 與字元寫入 fputc 函數，將本 C 語言的原始檔案 FILE_COPY.CPP 內容複製一份，並將它的檔案命名為 FILE_COPY_BACKUP.CPP (同一目錄內)。	

執行結果：

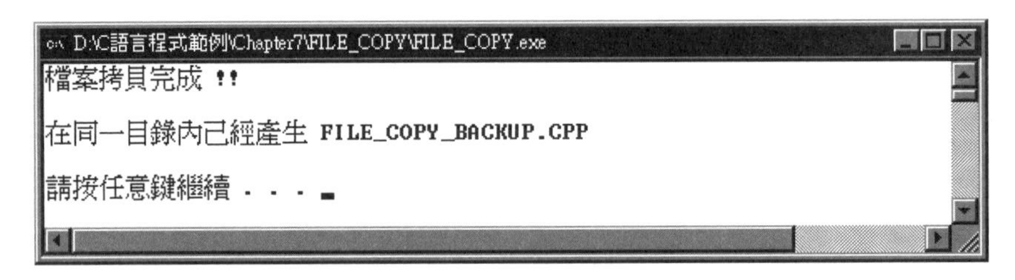

原始程式：

```
1.  /************************
2.   *      file copy       *
3.   * 檔名 : FILE_COPY.CPP  *
4.   ************************/
5.
6.  #include <stdio.h>
7.  #include <stdlib.h>
8.
9.  int main(void)
10. {
11.   FILE *inptr, *outptr;
12.   char data;
13.
14.   inptr  = fopen("FILE_COPY.CPP", "r");
15.   outptr = fopen("FILE_COPY_BACKUP.CPP", "w");
16.   if((inptr != NULL) && (outptr != NULL))
17.   {
18.     while((data = getc(inptr)) != EOF)
19.       fputc(data, outptr);
20.     fclose(inptr);
21.     fclose(outptr);
```

```
22.     printf("檔案拷貝完成 !!\n\n");
23.     printf("在同一目錄內已經產生 FILE_COPY_BACKUP.CPP\n\n");
24.   }
25.   else
26.     printf("\t\t 檔案拷貝失敗 !!\n\n");
27.   system("PAUSE");
28.   return 0;
29.}
```

重點說明：

1. 行號 14 開啟目前工作目錄底下的一個檔案，檔名為 FILE_COPY.CPP，以便將來讀取它的內容。
2. 行號 15 開啟目前工作目錄底下的一個檔案，檔名為 FILE_COPY_BACKUP.CPP，以便將來將資料寫入。
3. 行號 16 判斷，如果兩個檔案都開啟成功則執行行號 17～24；只要有一個失敗則跳到行號 25 去執行。
4. 行號 18 讀取檔案內容，並判斷是否已經結束，如果沒有結束則於行號 19 內將讀回的資料寫入另外一個檔案內，重複上述資料拷貝動作直到檔案結束。
5. 行號 20～21 關閉前面兩個已經開啟的檔案。
6. 行號 22～23 於螢幕上顯示訊息通知使用者。
7. 當程式執行完成，於目前工作目錄內會多了一個檔案名稱為 FILE_COPY_BACKUP.CPP 的檔案，其狀況如下：

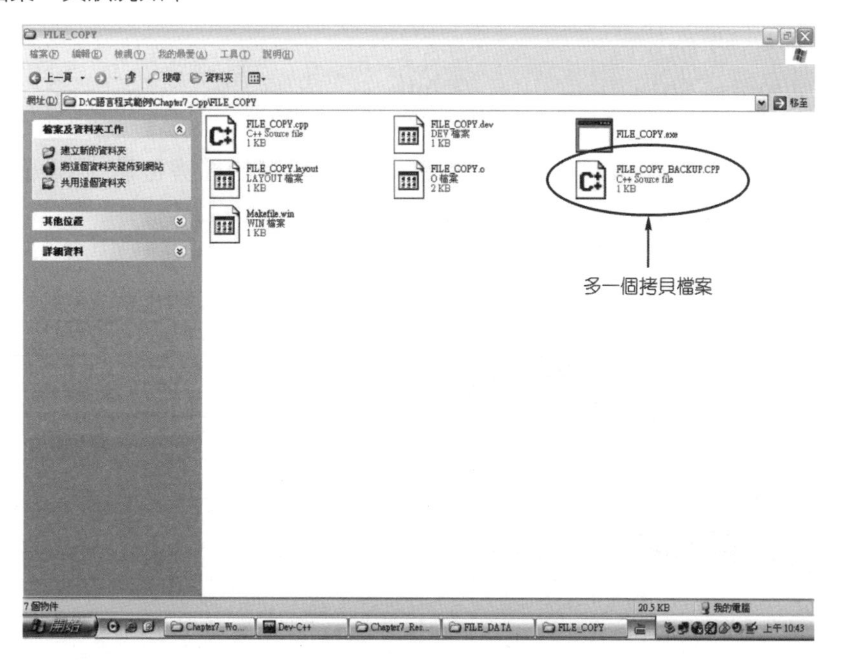

8. 如果我們開啟該檔案時會發現，它的內容與本程式一模一樣，其狀況如下：

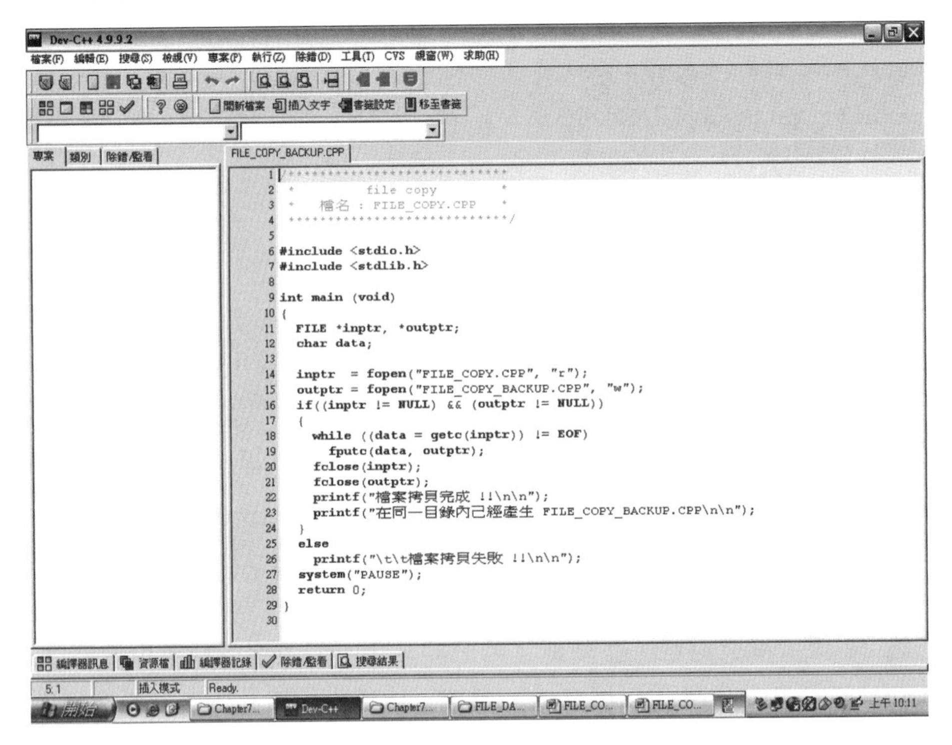

7-4-5 將字串寫入檔案 fputs

當我們要將一連串的字串寫入所指定的檔案時，可以利用 fputs 函數來實現，而其基本語法為：

```
int fputs(字串 string, FILE  * fptr);
```

本函數是將指定的字串 string 寫入檔案指標 fptr 所指向的檔案位置，如果寫入成功時通常回傳最後輸出的字元；如果寫入失敗則回傳 EOF (-1)。

底下我們就舉一個範例來說明 fputs 函數的特性與用法。

範例	檔名：TEXT_FILE_FPUTS
開啟一個檔案路徑與名稱為 D:\C語言程式範例\FILE_DATA\DATA_FPUTS.txt 的文字檔，並以 fputs 函數將資料寫入檔案內。	

執行結果：

```
D:\C語言程式範例\Chapter7\TEXT_FILE_FPUTS\TEXT_FILE_FPUTS.exe
以 fputs 將字串資料寫入完畢 !!

檔案路徑及名稱 : D:\C語言程式範例\FILE_DATA\DATA_FPUTS.txt

請按任意鍵繼續 . . .
```

原始程式：

```
1.  /********************************
2.   * write string into text file  *
3.   * 檔名 : TEXT_FILE_FPUTS.CPP    *
4.   ********************************/
5.
6.  #include <stdio.h>
7.  #include <stdlib.h>
8.
9.  #define ROW 6
10. #define SIZE 25
11.
12. int main(void)
13. {
14.  FILE *outptr;
15.  short row;
16.  char data[][SIZE] = {"1. fputs 函數測試 !!\n",
17.                       "2. Welcome to C word !!\n",
18.                       "3. Have a nice day.\n",
19.                       "4. Happy new year.\n",
20.                       "5. 記得要關閉檔案 !!\n",
21.                       "6. 寫入檔案結束.\n"};
22.
23.  outptr = fopen("D:/C語言程式範例/FILE_DATA/DATA_FPUTS.txt", "w");
24.  if(outptr != NULL)
25.  {
26.   for(row = 0; row < ROW; row++)
27.    fputs(data[row], outptr);
28.   fclose(outptr);
29.   printf("以 fputs 將字串資料寫入完畢 !!\n\n");
30.   printf("檔案路徑及名稱 : D:\\C語言程式範例");
31.   printf("\\FILE_DATA\\DATA_FPUTS.txt\n");
32.  }
```

```
33.    else
34.      printf("\7\7 開檔失敗 !!\n");
35.    putchar('\n');
36.    system("PAUSE");
37.    return 0;
38. }
```

重點說明：

1. 行號 14 宣告 FILE 結構的指標 outptr。
2. 行號 16～21 宣告所要寫入資料檔的字元陣列 data[ ][25]，並設定這 6 個字元陣列的字串內容。
3. 行號 23 在路徑為 D:\C語言程式範例\FILE_DATA 的目錄下開啓一個檔名為 DATA_FPUTS.txt 的寫入文字檔，以便將來把資料寫入檔案內，並將檔案指標 outptr 指向第一筆資料的緩衝區位址。
4. 行號 24 判斷，如果開檔成功則執行行號 25～32，如果開檔失敗則跳到行號 34 執行。
5. 行號 26～27 利用單一迴圈將 6 筆字串資料依順序寫入前面所開啓的檔案 DATA_FPUTS.txt 內。
6. 程式執行完畢後，於路徑為 D:\C語言程式範例\FILE_DATA 的目錄內可以看到程式所建立的檔案 DATA_FPUTS.txt，其狀況如下：

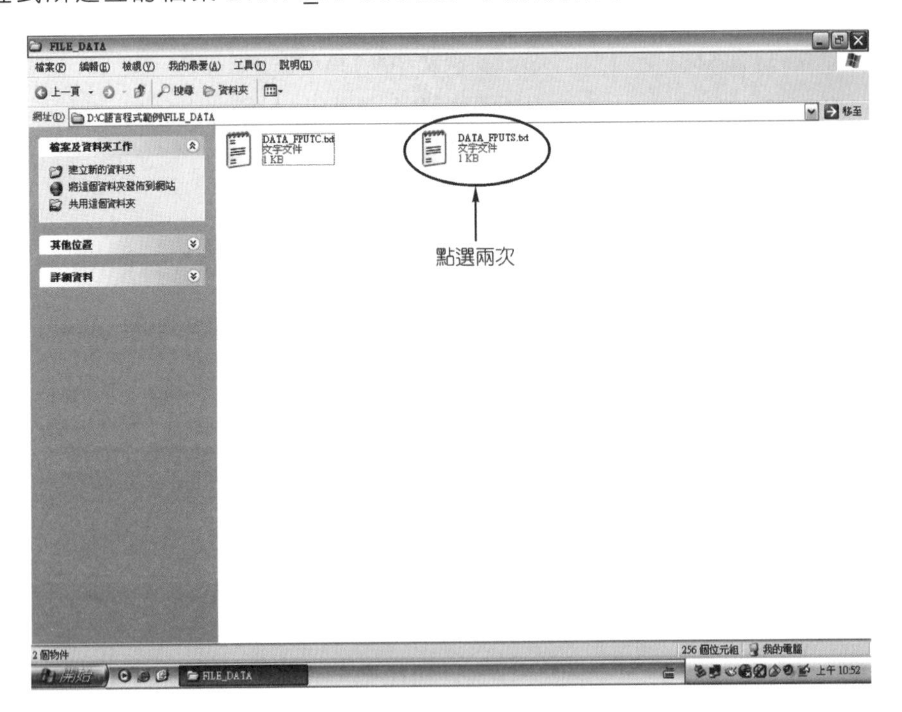

將滑鼠游標移到它的上面連續點選兩次將它打開時，即可在螢幕上看到程式所寫入的 6 筆字串內容，其顯示狀況如下：

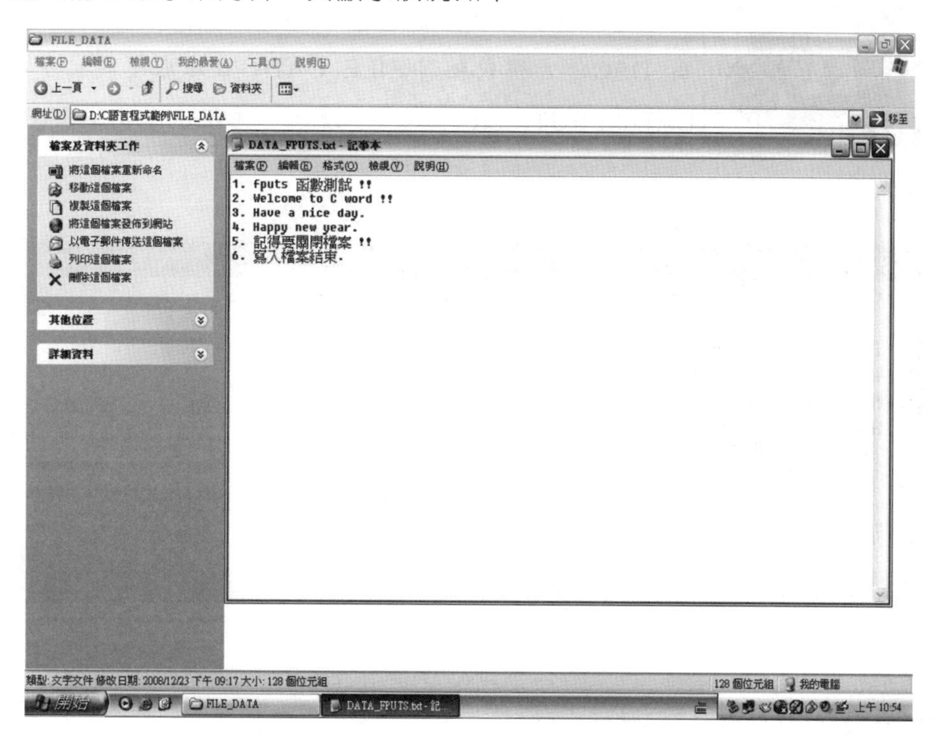

7-4-6 以字串方式讀回檔案內容 fgets

當我們要將文字檔內的資料以字串方式逐一將它們讀回時，可以利用 fgets 函數來實現，而其基本語法為：

```
char  *fgets(字串 string, n 個字元, FILE  *fptr);
```

本函數是從檔案指標 fptr 所指向的檔案位置讀取 n 個字元，並將它存放在字串陣列 string 內，如果讀取成功則回傳字串 string 內容；讀取失敗或讀到檔案結束則回傳 NULL。

底下我們就舉一個範例，將前面範例中以 fputs 函數所儲存在路徑為 D:\C語言程式範例\FILE_DATA 目錄底下的文字檔 DATA_FPUTS.txt 內容，以 fgets 函數將它們讀出來並顯示在螢幕上。

範例	檔名：TEXT_FILE_FGETS

以字串讀回函數 fgets，將前面範例所建立儲存在路徑爲 D:\C語言程式範例\FILE_DATA 目錄底下的文字檔 DATA_FPUTS.txt 內容一一讀回，並顯示在螢幕上。

執行結果：

```
D:\C語言程式範例\Chapter7\TEXT_FILE_FGETS\TEXT_FILE_FGETS.exe
D:\C語言程式範例\FILE_DATA\DATA_FPUTS.txt 的檔案內容爲 :

1. fputs 函數測試 !!
2. Welcome to C word !!
3. Have a nice day.
4. Happy new year.
5. 記得要關閉檔案 !!
6. 寫入檔案結束.

請按任意鍵繼續 . . .
```

原始程式：

```
1.   /*********************************
2.    * read string from text file    *
3.    * 檔名 : TEXT_FILE_FGETS.CPP    *
4.    *********************************/
5.
6.   #include <stdio.h>
7.   #include <stdlib.h>
8.
9.   #define      SIZE 25
10.
11.  int main(void)
12.  {
13.    FILE *inptr;
14.    char data[SIZE];
15.
16.    inptr = fopen("D:/C 語言程式範例/FILE_DATA/DATA_FPUTS.txt", "r");
17.    if(inptr != NULL)
18.    {
19.      printf("D:\\C 語言程式範例\\FILE_DATA\\");
20.      printf("DATA_FPUTS.txt 的檔案內容爲 :\n\n");
```

```
21.      while(fgets(data, SIZE, inptr) != NULL)
22.        printf ("%s", data);
23.      fclose(inptr);
24.    }
25.    else
26.          printf("\7\7 開檔失敗, 檔案可能不存在 !!\n");
27.    putchar('\n');
28.    system("PAUSE");
29.    return 0;
30.  }
```

重點說明：

1. 程式內容與前面相似，請自行參閱前面的說明。
2. 行號 21 將所開啓的檔案內容讀回，行號 22 則將它顯示在螢幕上，重複上述動作直到檔案被讀完為止。

前面所討論的都是開啓一個新的檔案後，將資料從檔案的最前面開始逐一寫入，如果我們想在已經存在檔案的最後面添加新的資料時應該如何處理？譬如於前面的範例中，我們以 fputs 函數在路徑為 D:\C語言程式範例\FILE_DATA 的目錄內建立一個內部擁有 6 個字串的檔案 DATA_FPUTS.txt，現在我們打算在此檔案的最後面加入第 7 筆資料時，其處理方式即如下面範例所示。

範例	檔名：TEXT_FILE_APPEND
撰寫一程式，在前面範例所建立路徑爲 D:\C語言程式範例\FILE_DATA 的目錄下，檔名爲 DATA_FPUTS.txt 的檔案後面加入第 7 筆字串資料。	

執行結果：

原始程式：

```
1.  /******************************
2.   * add string into text file  *
3.   * 檔名 : TEXT_FILE_APPEND.CPP *
4.   ******************************/
5.
6.  #include <stdio.h>
7.  #include <stdlib.h>
8.
9.  #define  SIZE 25
10.
11. int main(void)
12. {
13.   FILE *outptr;
14.
15.   outptr = fopen("D:/C語言程式範例/FILE_DATA/DATA_FPUTS.txt", "a");
16.   if(outptr != NULL)
17.   {
18.     fputs("7. 在最後面加入一字串 !!\n", outptr);
19.     fclose(outptr);
20.     printf("字串已經加在最後面 !!\n\n");
21.     printf("檔案路徑及名稱  D:\\C語言程式範例\\");
22.     printf("FILE_DATA\\DATA_FPUTS.txt\n\n");
23.   }
24.   else
25.     printf("\7\7 開檔失敗 !!\n");
26.   putchar('\n');
27.   system("PAUSE");
28.   return 0;
29. }
```

重點說明：

1. 程式架構與前面相似，請自己參閱。
2. 行號 15 宣告在路徑為 D:\C語言程式範例\FILE_DATA 的目錄內開啓一個檔案名稱為 DATA_FPUTS.txt 的檔案，並將檔案指標 Outptr 指向檔案資料的最後面，以便將來將資料寫入。
3. 行號 18 則寫入第 7 筆資料在檔案的最後面。
4. 當程式執行完畢之後，檔案 DATA_FPUTS.txt 的最後面已經增加了第 7 筆資料。

5. 執行前面範例內檔名為 TEXT_FILE_FGETS 的檔案，重新去讀取 DATA_FPUTS.txt 的檔案，此時螢幕上會出現：

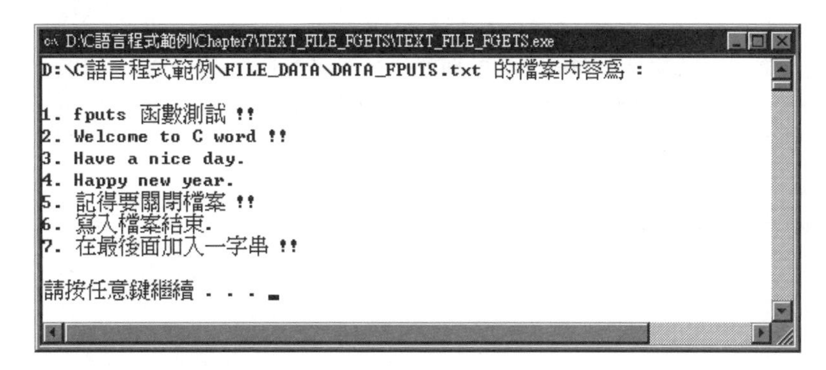

很清楚第 7 筆資料已經加入到檔案的最後面了。

上面三個範例告訴我們，如何以 fputs, fgets 兩個函數去存取文字檔案的內容；如何利用“a” append 的方式將資料寫入檔案的最後面 (只能將資料寫在檔案的最後面，無法讀取檔案內部資料)，如果我們希望開啟一個檔案之後，可以將資料寫在檔案的最後面，同時又可以讀取檔案的內容時，可以利用前面我們所討論的修改模式“a+”來實現，其狀況就如同下面範例所示。

範例	檔名：TEXT_FILE_APPEND_READ
利用檔案類型與存取模式之修改模式“a+”，開啟前面範例所建立儲存在 D:\C語言程式範例\FILE_DATA 目錄底下的文字檔案 FPUTS_DATA.txt，將資料寫入檔案的最後面之後，將它的全部內容讀回，並顯示在螢幕上。	

執行結果：

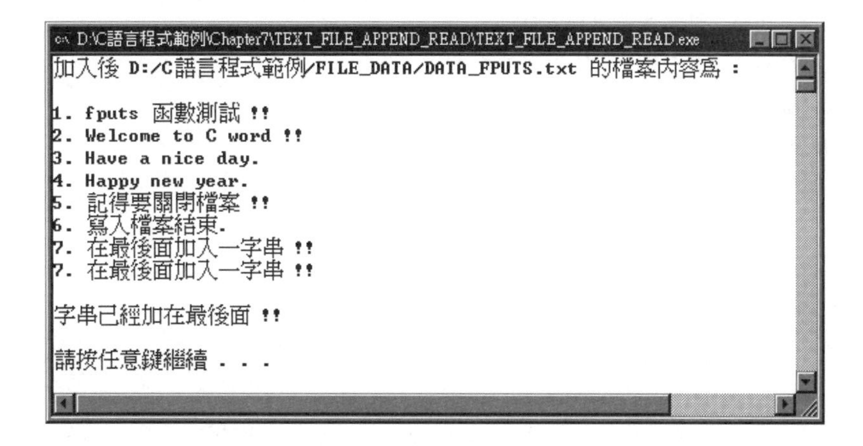

原始程式：

```
1.  /************************************
2.   * add and read string in text file   *
3.   * 檔名 : TEXT_FILE_APPEND_READ.CPP    *
4.   ************************************/
5.
6.  #include <stdio.h>
7.  #include <stdlib.h>
8.
9.  #define  SIZE 25
10.
11. int main(void)
12. {
13.   FILE *inoutptr;
14.   char data[SIZE];
15.
16.   inoutptr = fopen("D:/C 語言程式範例/FILE_DATA/DATA_FPUTS.txt", "a+");
17.   if(inoutptr != NULL)
18.   {
19.     fputs("7. 在最後面加入一字串 !!\n", inoutptr);
20.     printf("加入後 D:/C 語言程式範例/FILE_DATA/");
21.     printf("DATA_FPUTS.txt 的檔案內容為 :\n\n");
22.     rewind(inoutptr);
23.     while(fgets(data, SIZE, inoutptr) != NULL)
24.       printf ("%s", data);
25.     fclose(inoutptr);
26.     printf("\n\7\7 字串已經加在最後面 !!\n");
27.   }
28.   else
29.     printf("\7\7 開檔失敗 !!\n");
30.   putchar('\n');
31.   system("PAUSE");
32.   return 0;
33. }
```

重點說明：

1. 程式架構與前面相似，請自行參閱。
2. 行號 16 開啓前面範例所建立儲存在路徑為 D:\C語言程式範例\FILE_DATA 目錄內的文字檔 DATA_FPUTS.txt，並將檔案指標 inoutptr 指向檔案資料的最後面，同時允許對檔案做資料存取。
3. 行號 19 將第 7 筆資料寫入檔案的最後面。
4. 行號 22 利用 rewind 函數將指標移到檔案的最前面，有關移動檔案指標的函數在後面我們會有詳細的介紹。
5. 行號 23～24 則將全部的檔案內容讀回，並顯示在螢幕上，而其顯示狀況請參閱執行結果。

7-4-7 將格式化資料寫入檔案 fprintf

當我們要將一連串的資料以指定的格式寫入檔案時，可以利用 fprintf 函數來實現，而其基本語法為：

```
int fprintf(FILE  * fpt, 格式控制資料串);
```

本函數是將資料串以指定的格式寫入檔案指標 fptr 所指向的檔案位置，如果寫入成功則回傳寫入資料的 Byte 數量；如果寫入失敗則回傳一個負數。其特性與前面所討論的 printf 函數相似，只是輸出裝置不同而已 (fprintf 為磁碟，printf 為螢幕)。

底下我們就舉一個範例來說明 fprintf 函數的特性與用法。

範例	檔名：TEXT_FILE_FPRINT
以格式化資料寫入函數 fprintf，在路徑爲 D:\C語言程式範例\FILE_DATA 的目錄下建立由鍵盤輸入的學生成績檔案 GRADE.txt。	

執行結果：

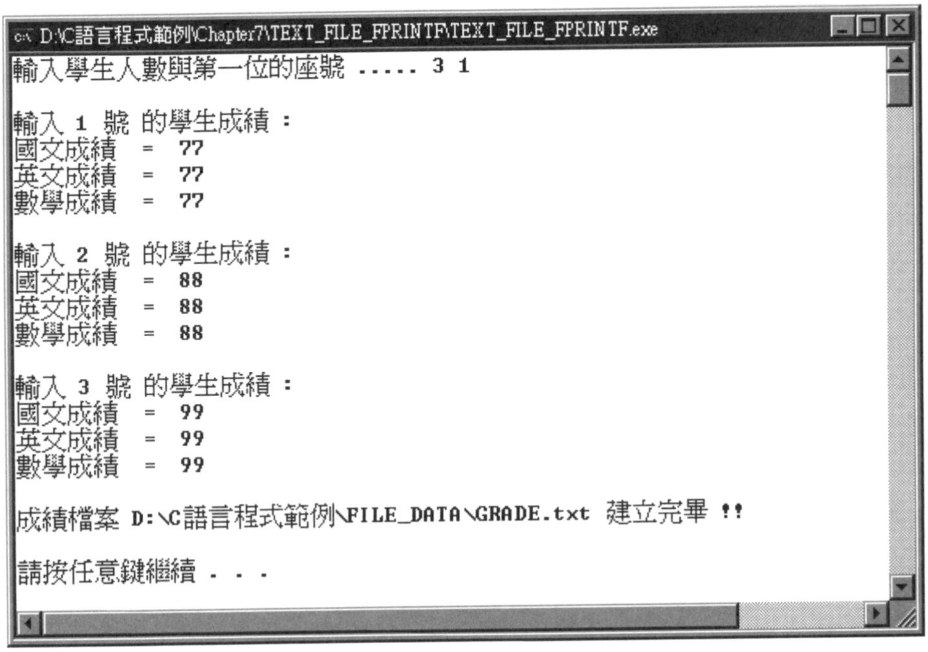

```
D:\C語言程式範例\Chapter7\TEXT_FILE_FPRINTF\TEXT_FILE_FPRINTF.exe
輸入學生人數與第一位的座號 ..... 3 1

輸入 1 號 的學生成績 :
國文成績  =  77
英文成績  =  77
數學成績  =  77

輸入 2 號 的學生成績 :
國文成績  =  88
英文成績  =  88
數學成績  =  88

輸入 3 號 的學生成績 :
國文成績  =  99
英文成績  =  99
數學成績  =  99

成績檔案 D:\C語言程式範例\FILE_DATA\GRADE.txt 建立完畢 !!

請按任意鍵繼續 . . .
```

原始程式：

```
1.   /*********************************
2.    *   fprintf write text data     *
3.    * 檔名 : TEXT_FILE_FPRINTF.CPP    *
4.    *********************************/
5.
6.   #include <stdio.h>
7.   #include <stdlib.h>
8.
9.   int main(void)
10.  {
11.    FILE   *outptr;
12.    short i, number;
13.    int    id;
14.    float chinese, english, math, average;
15.
16.    outptr = fopen ("D:/C語言程式範例/FILE_DATA/GRADE.txt" , "w");
17.    printf("輸入學生人數與第一位的座號 ..... ");
18.    scanf("%hd %d", &number, &id);
19.    for(i = 0; i < number; i++)
20.    {
```

```
21.     printf("\n輸入 %d 號 的學生成績 :\n\n", id);
22.     printf("國文成績 = ");
23.     scanf("%f", &chinese);
24.     printf("英文成績 = ");
25.     scanf("%f", &english);
26.     printf("數學成績 = ");
27.     scanf("%f", &math);
28.     average = (chinese + english + math ) / 3;
29.     fprintf(outptr, "%d %4.1f %4.1f %4.1f %4.1f \n",
30.             id++, chinese, english, math, average);
31.     printf("\7");
32.   }
33.   fclose(outptr);
34.   printf("\n成績檔案 D:\\C語言程式範例\\");
35.   printf("FILE_DATA\\GRADE.txt 建立完畢 !!\n\n");
36.   system("PAUSE");
37.   return 0;
38. }
```

重點說明：

1. 行號 11 宣告 FILE 結構的指標 outptr。
2. 行號 16 開啓一個可以將資料寫入的文字檔。
3. 行號 17～18 輸入學生的人數與第一位學生的座號。
4. 行號 19～27 輸入每位學生的各科成績。
5. 行號 28 計算每一位學生的平均成績。
6. 行號 29～30 將每一位學生的座號、各科成績、平均成績以指定的格式存入檔案內。
7. 行號 31 每輸入完一個學生的成績資料則嗶一聲通知輸入成績的人，並接著輸入下一位學生的成績資料，直到所有學生都輸入完畢。
8. 行號 33 關閉檔案。
9. 程式執行完畢後，於路徑為 D:\C語言程式範例\FILE_DATA 的目錄內可以看到程式所建立的檔案 GRADE.txt，其狀況如下：

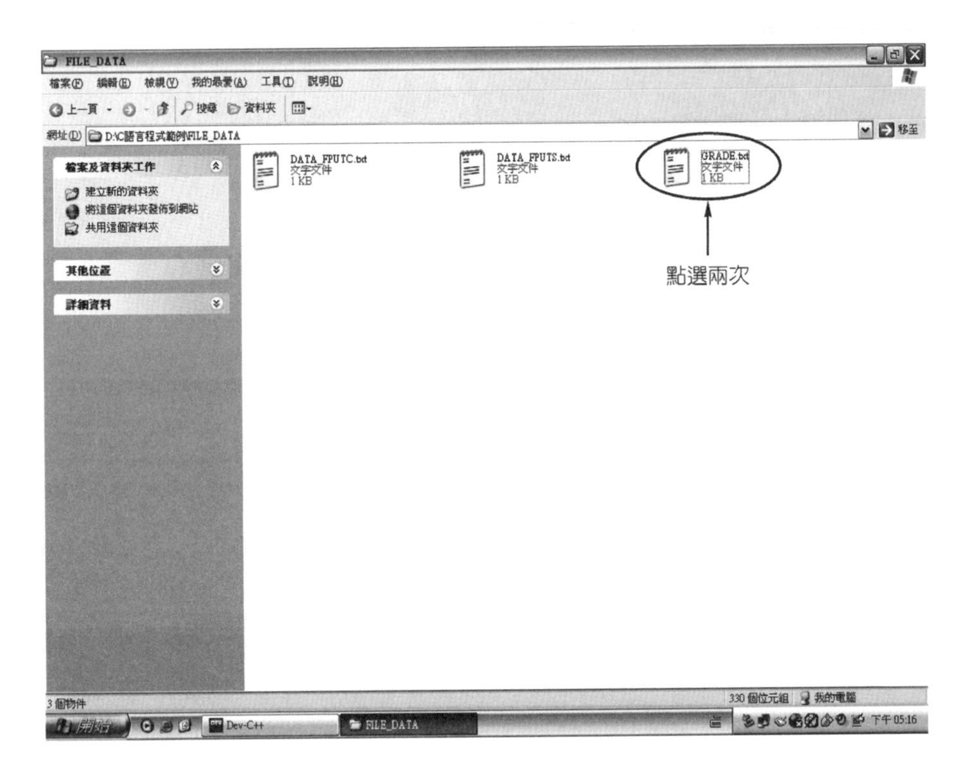

將滑鼠游標移到檔案上面，連續點選兩次將它打開時，即可在螢幕上看到剛才我們所輸入的資料，其顯示狀況如下：

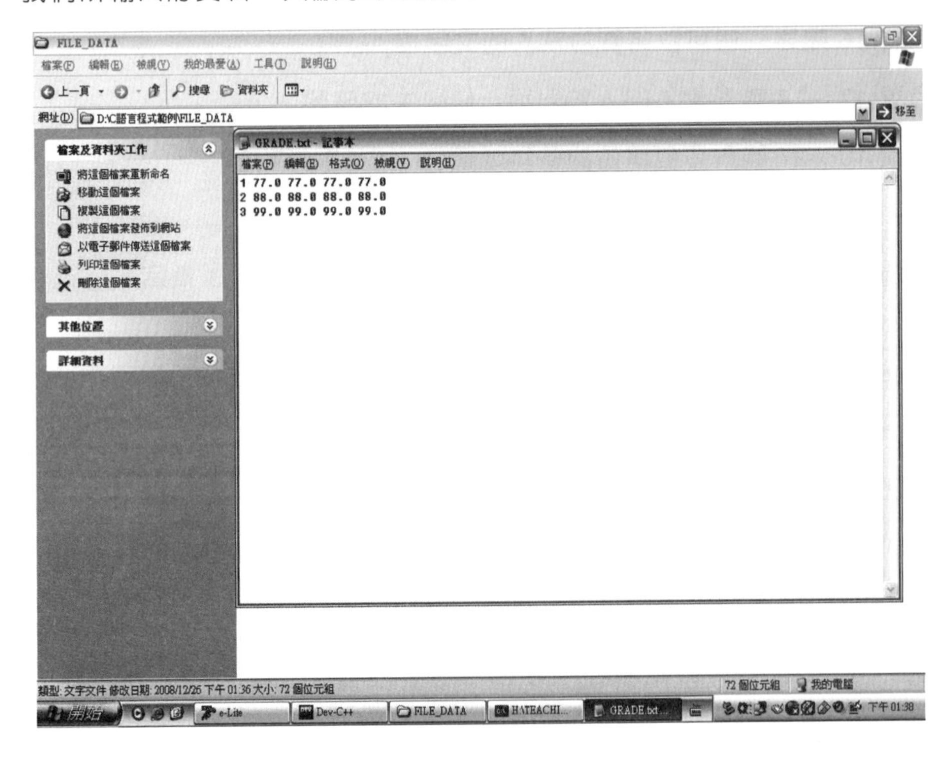

7-4-8　將檔案資料以格式化方式讀回 fscanf

當我們要將文字檔內的資料以指定的格式將它們讀回時，可以利用 fscanf 函數來實現，而其基本語法為：

```
int fscanf(FILE  * fptr, 格式控制資料串);
```

本函數是從檔案指標 fptr 所指向的檔案位置，以指定的資料格式將資料讀回，並儲存在變數內，如果讀取成功則回傳讀取資料的欄位數量，失敗則回傳 EOF。其特性與前面所討論的 scanf 函數相似，只是輸入裝置不同而已 (fscanf 為磁碟，scanf 為螢幕)。

底下我們就舉一個範例，將前面範例中以 fprintf 函數所儲存在路徑為 D:\C語言程式範例\FILE_DATA 目錄底下的文字檔 GRADE.txt 內容，以 fscanf 函數將它們全部讀出來，並顯示在螢幕上。

範例	檔名：TEXT_FILE_FSCANF
以格式化讀回函數 fscanf，將前面範例所建立儲存在路徑為 D:\C語言程式範例\FILE_DATA 目錄底下的文字檔 GRADE.txt 內容一一讀回，並顯示在螢幕上。	

執行結果：

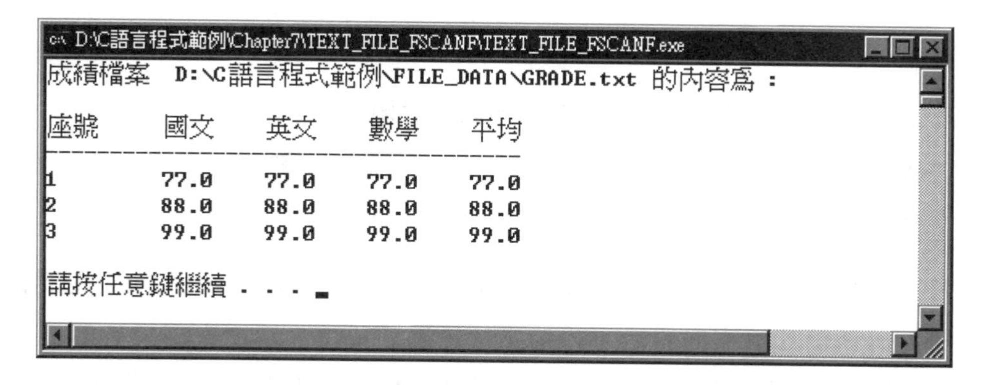

原始程式：

```
1.  /*********************************
2.   * file fscanf read text data    *
3.   * 檔名：TEXT_FILE_FSCANF.CPP     *
4.   *********************************/
5.
```

```
6.  #include <stdio.h>
7.  #include <stdlib.h>
8.
9.  int main(void)
10. {
11.   FILE  *inptr;
12.   int   id;
13.   float chinese, english, math, average;
14.
15.   inptr = fopen ("D:/C語言程式範例/FILE_DATA/GRADE.txt", "r");
16.   printf("成績檔案 D:\\C語言程式範例\\");
17.   printf("FILE_DATA\\GRADE.txt 的內容為 :\n\n");
18.   printf("座號\t 國文\t 英文\t 數學\t 平均\t\n");
19.   printf("-------------------------------------\n");
20.   while((fscanf(inptr, "%d %f %f %f %f", &id, &chinese,
21.                 &english, &math, &average)) != EOF)
22.     printf("%d\t %4.1f\t %4.1f\t %4.1f\t %4.1f\n",
23.            id, chinese, english, math, average);
24.   fclose(inptr);
25.   printf("\n");
26.   system("PAUSE");
27.   return 0;
28. }
```

重點說明：

1. 程式內容與前面相似，請自行參閱前面的說明。
2. 行號 20～21 將開啓的檔案內容依指定的格式讀回，行號 22～23 則將它們顯示在螢幕上，重複上述動作直到檔案被讀完為止。

前面我們一再強調，當設計師成功開啓一個檔案後，系統會回傳一個 FILE 的結構，以方便將來記錄所開啓檔案的資訊，如檔案緩衝區的位址，緩衝區内資料的位元組數(Byte)，目前檔案的存取位址 (第一次為檔案第一筆資料的位址，之後再隨著資料的存取而調整)…等，底下我們就舉一個範例來說明，並象徵性選擇幾個結構欄位的內容來顯示。

範例	檔名：FILE_STRUCTURE
開啓一個文字檔，存取其內部資料，並顯示 FILE 結構內部欄位內容的變化狀況。	

執行結果：

```
開檔回傳值：
inptr = 0        ptr   = 0        cnt   = 0        base  = 0        file  = 3

第 1 筆資料爲 B
inptr = 3e48e9   ptr   = 3e48e9   cnt   = 3        base  = 3e48e8   file  = 3

第 2 筆資料爲 o
inptr = 3e48ea   ptr   = 3e48ea   cnt   = 2        base  = 3e48e8   file  = 3

第 3 筆資料爲 y
inptr = 3e48eb   ptr   = 3e48eb   cnt   = 1        base  = 3e48e8   file  = 3

第 4 筆資料爲 s
inptr = 3e48ec   ptr   = 3e48ec   cnt   = 0        base  = 3e48e8   file  = 3

請按任意鍵繼續 . . .
```

原始程式：

```
1.   /*********************************
2.    * the content of file structure *
3.    *  檔名 : FILE_STRUCTURE.CPP     *
4.    *********************************/
5.
6.   #include <stdio.h>
7.   #include <stdlib.h>
8.
9.   FILE *outptr, *inptr;
10.
11.  int main(void)
12.  {
13.    void  display(void);
14.    char  data;
15.    short count = 1;
16.
17.    // open text file DATA_STRUCTURE.txt to write
18.
```

```
19.   outptr = fopen("D:/C語言程式範例/FILE_DATA/DATA_STRUCTURE.txt", "w");
20.   if(outptr != NULL)
21.   {
22.    fputs("Boys", outptr);
23.    fclose(outptr);
24.   }
25.   else
26.    printf("\7\7 開檔失敗 !!\n");
27.
28.   // open text file DATA_STRUCTURE.txt to read
29.
30.   inptr  = fopen("D:/C語言程式範例/FILE_DATA/DATA_STRUCTURE.txt", "r");
31.   if(inptr != NULL)
32.   {
33.    printf("開檔回傳值 :\n");
34.    display();
35.    while((data = fgetc(inptr)) != EOF)
36.    {
37.     printf("第 %hd 筆資料爲 %c\n", count++, data);
38.     display();
39.    }
40.    fclose(inptr);
41.   }
42.   else
43.    printf("\7\7 開檔失敗, 檔案可能不存在 !!\n\n");
44.   system("PAUSE");
45.   return 0;
46. }
47.
48. void display(void)
49. {
50.   printf("inptr = %x\t", *inptr);
51.   printf("ptr   = %x\t", inptr -> _ptr);
52.   printf("cnt   = %d\t", inptr -> _cnt);
53.   printf("base  = %x\t", inptr -> _base);
54.   printf("file  = %d\n\n", inptr -> _file);
55. }
```

重點說明：

1. 行號 9 宣告兩個 FILE 結構的指標 inptr 與 outptr。
2. 行號 17～26 在 D:\C語言程式範例\FILE_DATA 的目錄內開啓一個可以將資料寫入的文字檔 DATA_STRUCTURE.txt，並寫入一組字串資料 Boys 後關閉檔案。
3. 行號 30 重新開啓 DATA_STRUCTURE.txt 檔案，以便將來將其內部資料讀回。
4. 行號 33～34 則顯示開檔成功後所傳回 FILE 結構的部分內容。
5. 行號 35～39 則依次讀回 DATA_STRUCTURE.txt 的檔案內容，並將每一次所讀回的內容以及當時 FILE 結構欄位內容的變化狀況顯示出來，讀者從這些顯示數據應該可以看出這些欄位所代表的意義，在此不作說明。

如果只是要知道 DATA_STRUCTURE.txt 所儲存的內容，以及它所對應的十六進制數值時，程式內容即如下面範例所示。

範例	檔名：TEXT_FILE_HEX
以字元讀取函數 fgetc，將前面範例所建立儲存在路徑 D:\C語言程式範例\FILE_DATA 目錄內的 DATA_STRUCTURE.txt 檔案內容讀回，並以十六進制方式顯示。	

執行結果：

```
D:\C語言程式範例\Chapter7\TEXT_FILE_HEX\TEXT_FILE_HEX.exe
D:\C語言程式範例\FILE_DATA\DATA_STRUCTURE.txt 的檔案內容為 :

B =   0x42
o =   0x6f
y =   0x79
s =   0x73

請按任意鍵繼續 . . .
```

原始程式：

```
1.   /****************************
2.    * read data display in hex *
3.    * 檔名 : TEXT_FILE_HEX.CPP  *
4.    ****************************/
5.
```

```
6.  #include <stdio.h>
7.  #include <stdlib.h>
8.
9.  int main(void)
10. {
11.   FILE *inptr;
12.   char data;
13.
14.   inptr = fopen("D:/C語言程式範例FILE_DATA/DATA_STRUCTURE.txt", "r");
15.   if(inptr != NULL)
16.   {
17.     printf("D:\\C語言程式範例\\");
18.     printf("FILE_DATA\\DATA_STRUCTURE.txt 的檔案內容 :\n\n");
19.     while((data = fgetc(inptr)) != EOF)
20.       printf("%c = %#5x\n", data, data);
21.     fclose(inptr);
22.   }
23.   else
24.     printf("\7\7 開檔失敗, 檔案可能不存在 !!\n");
25.   putchar('\n');
26.   system("PAUSE");
27.   return 0;
28. }
```

7-5 隨機檔案

前面討論過，當儲存在檔案內部每一筆資料的長度都一樣長時，系統就可以精準的算出目前所要存取資料的位置，並將磁頭移到正確位置進行資料的寫入或讀取的工作，這種檔案就是所謂的隨機檔。正如前面的敘述，結構資料型態是將數個彼此相關，但資料型態不同的資料集合在一起，並給予一個名稱，只要結構資料型態固定，它的長度也就固定，如果設計師開啓一個新的檔案後，所寫入的資料皆以結構資料型態為單位時，將來就可以對檔案內的資料做隨機存取。

7-5-1 將結構資料寫入檔案 fwrite

當我們要將結構資料型態的資料寫入所指定的隨機檔案時，可以利用 fwrite 函數來實現，而其基本語法為：

```
size_t fwrite(結構資料區塊 *ptr, 資料大小 size, n 筆, FILE *fptr);
```

本函數是從 ptr 為指標所指向的結構資料區塊內讀取 n 筆資料 (每筆資料的大小為 size Byte)，並將它們寫入檔案指標 fptr 所指向的檔案位置內，如果寫入成功會回傳所寫入結構資料的筆數 n，並將檔案指標 fptr 往後移動 n＊size Byte；失敗則回傳值會小於結構資料筆數 n 的值。

底下我們就舉一個範例來說明 fwrite 函數的特性與用法。

範例	檔名：BINARY_FILE_FWRITE
開啟一個檔案路徑與名稱爲 D:\C語言程式範例\FILE_DATA\DATA_FWRITE.bin 的二進制檔案，並以 fwrite 函數將結構陣列的學生資料寫入檔案內。	

執行結果：

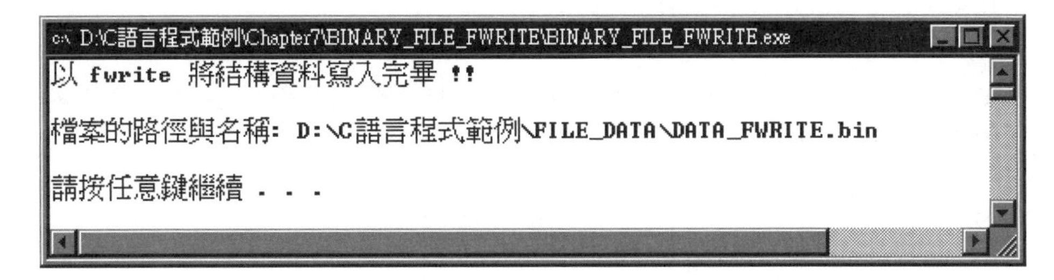

原始程式：

```
1.  /*********************************
2.   * write data into binary file  *
3.   * 檔案 : BINARY_FILE_FWRITE.CPP *
4.   *********************************/
5.
6.  #include <stdio.h>
7.  #include <stdlib.h>
8.
9.  #define NUMBER 6
10. #define SIZE   8
11. #define COUNT  1
12.
13. int main(void)
```

```
14. {
15.   FILE   *outptr;
16.   short  index;
17.   struct record
18.   {
19.     char  name[SIZE];
20.     char  id[SIZE];
21.     float chinese;
22.     float english;
23.     float mathmetic;
24.   };
25.
26.   struct record student[NUMBER] =
27.     {{"劉宇修", "A123456", 89, 90, 98},
28.      {"張啓東", "A123457", 66, 87, 79},
29.      {"朱元璋", "A123458", 88, 65, 80},
30.      {"黃富國", "A123459", 70, 91, 80},
31.      {"陳明峰", "A123460", 77, 79, 82},
32.      {"吳景星", "A123461", 76, 78, 85}};
33.
34.   outptr = fopen("D:/C 語言程式範例/FILE_DATA/DATA_FWRITE.bin", "wb");
35.   if(outptr != NULL)
36.   {
37.     for(index = 0; index < NUMBER; index++)
38.     fwrite(&student[index], sizeof(student[index]),
39.                                           COUNT, outptr);
40.     fclose(outptr);
41.     printf("以 fwrite 將結構資料寫入完畢 !!\n\n");
42.     printf("檔案的路徑與名稱: D:\\C 語言程式範例");
43.     printf("\\FILE_DATA\\DATA_FWRITE.bin\n\n");
44.   }
45.   else
46.     printf("\7\7 開檔失敗 !!\n\n");
47.   system("PAUSE");
48.   return 0;
49. }
```

重點說明：

1. 行號 15 宣告 FILE 結構的指標 outptr。
2. 行號 17～24 宣告名稱為 record 結構資料型態的架構。

3. 行號 26～32 宣告架構與 record 結構資料型態一樣的結構陣列 student，並設定它們的內容 (共 6 筆)。
4. 行號 34 在路徑為 D:\ C語言程式範例\FILE_DATA 的目錄下開啓一個檔名為 DATA_FWRITE.bin 的寫入二進制檔，以便將來把資料寫入檔案內，並將檔案指標 outptr 指向第一筆資料的緩衝區位址。
5. 行號 37～39 則以迴圈方式依順序將行號 26～32 的結構陣列內容寫入檔案內。
6. 行號 40 執行關檔的工作。

7-5-2 將檔案資料以結構方式讀回 fread

當我們要將隨機檔內的資料以指定的結構資料型態將它們讀回時，可以利用 fread 函數來實現，而其基本語法為：

```
size_t fread(結構資料區塊 * ptr, 資料大小 size, n 筆, FILE * fptr);
```

本函數是從檔案指標 fptr 所指向的檔案位置讀取 n 筆資料 (每筆資料的大小為 size)，到指標 ptr 所指向的結構區塊內，如果讀取成功則回傳所讀取結構資料的筆數 n，並將檔案指標 fptr 往後移動 n＊size Byte；失敗則回傳值會小於結構資料筆數 n 的值。

底下我們就舉一個範例，將前面範例中以 fwrite 函數所儲存在路徑為 D:\C語言程式範例\FILE_DATA 目錄底下的隨機檔 DATA_FWRITE.bin 內容，以 fread 函數將它們全部讀出來，並顯示在螢幕上。

範例	檔名：BINARY_FILE_FREAD

開啓上面範例所產生儲存在 D:\ C語言程式範例\FILE_DATA\DATA_FWRITE.bin 的二進制檔案，並以 fread 函數將其內容讀回，並顯示在螢幕上。

執行結果：

```
D:\C語言程式範例\Chapter7\BINARY_FILE_FREAD\BINARY_FILE_FREAD.exe
姓名      學號        國文       英文       數學
劉宇修    A123456     89.00      90.00      98.00
張啓東    A123457     66.00      87.00      79.00
朱元璋    A123458     88.00      65.00      80.00
黃富國    A123459     70.00      91.00      80.00
陳明峰    A123460     77.00      79.00      82.00
吳景星    A123461     76.00      78.00      85.00

請按任意鍵繼續 . . .
```

原始程式：

```
1.  /*******************************
2.   * read data from binary file   *
3.   * 檔名 : BINARY_FILE_FREAD.CPP  *
4.   *******************************/
5.
6.  #include <stdio.h>
7.  #include <stdlib.h>
8.
9.  #define NUMBER 6
10. #define SIZE   8
11. #define COUNT  1
12.
13. int main(void)
14. {
15.   FILE  *inptr;
16.   short  index = 0;
17.   struct record
18.   {
19.     char  name[SIZE];
20.     char  id[SIZE];
21.     float chinese;
22.     float english;
23.     float mathmetic;
24.   }student[NUMBER];
25.
26.   inptr = fopen("D:/C語言程式範例/FILE_DATA/DATA_FWRITE.bin", "rb");
27.   if(inptr != NULL)
28.   {
29.     while(fread(&student[index++], sizeof(student[index]),
30.                                     COUNT, inptr) == COUNT);
31.     fclose(inptr);
32.     printf("姓名\t\t 學號\t\t 國文\t\t 英文\t\t 數學\n");
33.     for(index = 0; index < NUMBER; index++)
34.     {
35.       printf("%s\t\t", student[index].name);
36.       printf("%s\t\t", student[index].id);
37.       printf("%4.2f\t\t", student[index].chinese);
38.       printf("%4.2f\t\t", student[index].english);
```

```
39.       printf("%4.2f\n", student[index].mathmetic);
40.     }
41.   }
42.   else
43.     printf("\7\7 開檔失敗 !!\n\n");
44.   putchar('\n');
45.   system("PAUSE");
46.   return 0;
47. }
```

重點說明：

1. 行號 15 宣告 FILE 結構的指標 inptr。
2. 行號 17～24 宣告名稱為 record 結構資料型態的架構，並宣告架構與 record 相同的結構陣列 student (內部可以儲存 6 筆結構資料)。
3. 行號 26 宣告開啓一個儲存在路徑為 D:\C語言程式範例\FILE_DATA 的目錄底下，檔名為 DATA_FWRITE.bin 的二進制檔案，並將檔案指標 inptr 指向第一筆結構資料的緩衝區位址，以便將來將它們讀回。
4. 行號 29～30 依次將儲存在隨機檔案內的結構資料讀回，並儲存在結構陣列 student 內。
5. 行號 33～40 則將讀回並儲存在結構陣列 student 的資料逐一顯示在螢幕上。

7-5-3 將檔案指標定位在檔案的最前面 rewind

前面討論過，隨機檔的好處就是我們可以隨時對指定資料做存取的工作，要達到這種功能，首先系統必須提供我們移動檔案指標 fptr 到指定檔案位置的函數。

當我們要將目前的檔案指標 fptr 指向指定檔案的最前面時，可以利用 rewind 函數來實現，而其基本語法為：

```
void rewind(FILE  * fptr);
```

本函數是將目前檔案指標 fptr 的內容 (不管目前指向檔案的那一個位置) 移到檔案的最前面，也就是第一筆資料的位置。

底下我們就舉一個範例，並以前面範例所建立隨機二進制檔 DATA_FWRITE.bin 的內容為主體來說明 rewind 函數的特性與用法。

範例	檔名：BINARY_FILE_REWIND

開啓前面範例所建立路徑爲 D:\C語言程式範例\FILE_DATA 目錄底下的二進制檔 DATA_FWRITE.bin，讀取兩筆資料後以 rewind 函數移動檔案指標 fptr 的內容到檔案的最前面，重新讀取並顯示檔案的第一筆資料內容。

執行結果：

```
D:\C語言程式範例\Chapter7\BINARY_FILE_REWIND\BINARY_FILE_REWIND.exe
姓名          學號          國文          英文          數學
劉宇修        A123456       89.00         90.00         98.00

姓名          學號          國文          英文          數學
張啓東        A123457       66.00         87.00         79.00

姓名          學號          國文          英文          數學
劉宇修        A123456       89.00         90.00         98.00

請按任意鍵繼續 . . .
```

原始程式：

```
1.  /**********************************
2.   *   binary file rewind test      *
3.   * 檔名 : BINARY_FILE_REWIND.CPP *
4.   **********************************/
5.
6.  #include <stdio.h>
7.  #include <stdlib.h>
8.
9.  #define SIZE  8
10. #define COUNT 1
11.
12. struct record
13. {
14.   char  name[SIZE];
15.   char  id[SIZE];
16.   float chinese;
17.   float english;
18.   float mathmetic;
19. }student;
20.
```

```
21. int main(void)
22. {
23.   void display(void);
24.   FILE *inptr;
25.
26.   inptr = fopen("D:/C語言程式範例/FILE_DATA/DATA_FWRITE.bin", "rb");
27.   if(inptr != NULL)
28.   {
29.     fread(&student, sizeof(student), COUNT, inptr);
30.     display();
31.     fread(&student, sizeof(student), COUNT, inptr);
32.     display();
33.     rewind(inptr);
34.     fread(&student, sizeof(student), COUNT, inptr);
35.     display();
36.     fclose(inptr);
37.   }
38.   else
39.     printf("\7\7開檔失敗!!\n\n");
40.   system("PAUSE");
41.   return 0;
42. }
43.
44. void display(void)
45. {
46.   printf("姓名\t\t學號\t\t國文\t\t英文\t\t數學\n");
47.   printf("%s\t\t", student.name);
48.   printf("%s\t\t", student.id);
49.   printf("%4.2f\t\t", student.chinese);
50.   printf("%4.2f\t\t", student.english);
51.   printf("%4.2f\n\n", student.mathmetic);
52. }
```

重點說明：

1. 行號 12～19 宣告名稱為 record 結構資料型態的架構，並宣告名稱為 student 的架構與 rccord 相同。
2. 行號 26 開啓儲存在路徑為 D:\C語言程式範例\FILE_DATA 目錄底下的隨機二進制資料檔案 DATA_FWRITE.bin，以便將來讀取它的內容。

3. 行號 29～30 讀取並顯示第一筆結構資料後，檔案指標 fptr 會自動調整，並指向第二筆結構資料的位置。
4. 行號 31～32 讀取並顯示第二筆結構資料後，檔案指標 fptr 會自動調整，並指向第三筆結構資料的位置。
5. 行號 33 把檔案指標 fptr 指向檔案的最前面，即第一筆結構資料的位置。
6. 行號 34～35 讀取並顯示的資料為第一筆結構資料。

7-5-4 將檔案指標定位在指定的位置 fseek

當我們要將目前的檔案指標 fptr 移動到指定檔案資料的位置時，可以利用 fseek 函數來實現，而其基本語法為：

```
int fseek(FILE  *fptr, 位移量 n, 指定位置);
```

本函數是將檔案指標 fptr 由指定位置開始移動 n Byte。當位移量 n 為正值時，表示將檔案指標 fptr 由指定位置往後面移動，當位移量 n 為負值時，表示將檔案指標 fptr 由指定位置往前面移動。指定位置可以用英文代號或數值來表示，其狀況如下：

英文代號	數值表示	代表意義
SEEK_SET	0	檔案最前面
SEEK_CUR	1	目前的位置
SEEK_END	2	檔案最後面

底下我們就舉一個範例，利用前面範例所建立隨機二進制檔 DATA_FWRITE.bin 的內容進行檔案內容的查詢，並藉此說明 fseek 函數的特性與用法。

範例	檔名：BINARY_FILE_FSEEK_QUERY

開啟前面範例所建立路徑爲 D:\ C 語言程式範例\FILE_DATA 目錄底下的二進制檔 DATA_FWRITE.bin，並以檔案指標定位的函數 fseek 進行檔案內部資料的查詢。

執行結果：

```
D:\C語言程式範例\Chapter7\BINARY_FILE_FSEEK_QUERY\BINARY_FILE_FSEEK_QUERY.exe
檔案全部的內容爲 :

姓名            學號          國文          英文          數學
劉宇修          A123456       89.00         90.00         98.00
張啓東          A123457       66.00         87.00         79.00
朱元璋          A123458       88.00         65.00         80.00
黃富國          A123459       70.00         91.00         80.00
陳明峰          A123460       77.00         79.00         82.00
吳景星          A123461       76.00         78.00         85.00


輸入查詢資料的筆數 1 - 6 否則結束...... 1
姓名            學號          國文          英文          數學
劉宇修          A123456       89.00         90.00         98.00

輸入查詢資料的筆數 1 - 6 否則結束...... 6
姓名            學號          國文          英文          數學
吳景星          A123461       76.00         78.00         85.00

輸入查詢資料的筆數 1 - 6 否則結束...... 8

超過範圍程式結束 !!

請按任意鍵繼續 . . .
```

原始程式：

```
1.  /*************************************
2.   *   binary file contents query      *
3.   * 檔名 : BINARY_FILE_FSEEK_QUERY.CPP *
4.   *************************************/
5.
6.  #include <stdio.h>
7.  #include <stdlib.h>
8.
9.  #define  SIZE  8
10. #define  COUNT 1
11.
12. struct record
13. {
14.   char  name[SIZE];
15.   char  id[SIZE];
16.   float chinese;
17.   float english;
18.   float mathmetic;
19. }student;
20.
21. int main(void)
```

```
22. {
23.   void display(void);
24.
25.   FILE *inptr;
26.   short index;
27.
28.   inptr = fopen("D:/C語言程式範例/FILE_DATA/DATA_FWRITE.bin", "rb");
29.   if(inptr != NULL)
30.   {
31.     printf("檔案全部的內容爲 :\n\n");
32.     printf("姓名\t\t 學號\t\t 國文\t\t 英文\t\t 數學\n");
33.     while(fread(&student, sizeof(student), COUNT, inptr) == COUNT)
34.     display();
35.     printf("\n\n");
36.     while(1)
37.     {
38.       printf("輸入查詢資料的筆數 1 - 6 否則結束...... ");
39.       fflush(stdin);
40.       scanf("%hd", &index);
41.       if(index < 7 && index > 0)
42.       {
43.         fseek(inptr, sizeof(student)*(index - 1), SEEK_SET);
44.         if(fread(&student, sizeof(student), COUNT, inptr) == COUNT)
45.         {
46.           printf("姓名\t\t 學號\t\t 國文\t\t 英文\t\t 數學\n");
47.           display();
48.           putchar('\n');
49.         }
50.       }
51.       else
52.       {
53.         printf("\n\7\7 超過範圍程式結束 !!\n\n");
54.         break;
55.       }
56.     }
57.     fclose(inptr);
58.   }
59.   else
60.     printf("\7\7 開檔失敗 !!\n\n");
61.   system("PAUSE");
```

```
62.    return 0;
63. }
64.
65. void display(void)
66. {
67.    printf("%s\t\t", student.name);
68.    printf("%s\t\t", student.id);
69.    printf("%4.2f\t\t", student.chinese);
70.    printf("%4.2f\t\t", student.english);
71.    printf("%4.2f\n", student.mathmetic);
72. }
```

重點說明：

1. 程式架構與前面範例相同，請自行參閱。
2. 行號 28～35 開啓儲存在路徑為 D:\ C語言程式範例\FILE_DATA 目錄底下的隨機二進制檔案 DATA_FWRITE.bin，並將其內部資料讀回同時顯示在螢幕上。
3. 行號 36～56 為檔案內容的查詢程式。
4. 行號 40 由鍵盤輸入所要查詢的結構資料筆數。
5. 行號 41 判斷資料筆數為 1～6 時，則執行行號 43～48，否則跳到行號 51 往下執行。
6. 行號 43 計算出所要查詢資料的位置。
7. 行號 44～49 將所要查詢的結構資料讀回，並將它們依欄位分佈顯示在螢幕上。

7-5-5 檢測檔案結束 feof

當我們要知道目前所讀取的檔案是否已經結束，即檔案指標 fptr 是否已經指向檔案結束的位置 EOF 時，可以利用 feof 函數來實現，而其基本語法為：

```
int feof(FILE  * fptr);
```

本函數是用來判讀檔案指標 fptr 是否已經指向檔案結束的位置 (EOF)，如果是則回傳一個非 0 值表示真的，如果不是則回傳一個 0 值表示假的。

底下我們就舉一個範例，並以前面範例所建立隨機二進制檔 DATA_FWRITE.bin 的內容，說明 feof 函數的特性與用法。

範例	檔名：BINARY_FILE_FEOF
開啓前面範例所建立路徑爲 D:\C語言程式範例\FILE_DATA 目錄底下的二進制檔 DATA_FWRITE.bin，並以檢測檔案結束 feof 函數讀取檔案內部所有的資料，並將它們顯示在螢幕上。	

執行結果：

```
D:\C語言程式範例\Chapter7\BINARY_FILE_FEOF\BINARY_FILE_FEOF.exe
姓名      學號       國文     英文     數學
劉宇修    A123456    89.00    90.00    98.00
張啓東    A123457    66.00    87.00    79.00
朱元璋    A123458    88.00    65.00    80.00
黃富國    A123459    70.00    91.00    80.00
陳明峰    A123460    77.00    79.00    82.00
吳景星    A123461    76.00    78.00    85.00

請按任意鍵繼續 . . .
```

原始程式：

```
1.  /********************************
2.   *   binary file  feof  test     *
3.   * 檔名 : BINARY_FILE_FEOF.CPP   *
4.   ********************************/
5.
6.  #include <stdio.h>
7.  #include <stdlib.h>
8.
9.  #define  SIZE   8
10. #define  COUNT  1
11.
12. int main(void)
13. {
14.   FILE   *inptr;
15.   struct record
16.   {
17.     char  name[SIZE];
18.     char  id[SIZE];
19.     float chinese;
20.     float english;
21.     float mathmetic;
22.   }student;
```

```
23.
24.   inptr = fopen("D:/C語言程式範例/FILE_DATA/DATA_FWRITE.bin", "rb");
25.   if(inptr != NULL)
26.   {
27.     printf("姓名\t\t 學號\t\t 國文\t\t 英文\t\t 數學\n");
28.     while(1)
29.     {
30.       fread(&student, sizeof(student), COUNT, inptr);
31.       if(!feof(inptr))
32.       {
33.         printf("%s\t\t", student.name);
34.         printf("%s\t\t", student.id);
35.         printf("%4.2f\t\t", student.chinese);
36.         printf("%4.2f\t\t", student.english);
37.         printf("%4.2f\n", student.mathmetic);
38.       }
39.       else
40.         break;
41.     }
42.     fclose(inptr);
43.   }
44.   else
45.     printf("\7\7 開檔失敗 !!\n\n");
46.   putchar('\n');
47.   system("PAUSE");
48.   return 0;
49. }
```

7-6 系統輸入輸出函數

正如前面所討論的，系統輸入輸出 system I/O 函數又稱為低階輸入輸出函數，這類函數並不提供檔案緩衝區 (參閱前面沒有檔案緩衝區的敘述)，它是以較原始的方式來處理檔案資料的存取，因此它除了不具備資料格式轉換的能力之外 (直接做資料的存取，不做任何轉換，較適合二進制檔案的資料處理)，它也只能以檔案編號的方式來存取所指定檔案的內容，也就是當我們使用系統輸入輸出函數開啓檔案成功後，系統會回傳一個檔案編號來替代該檔案，往後於程式中進行檔案的資料存取時也都以檔案編號為主，直到該檔案關閉後才結束。有關系統函數的原型皆定義在 fcntl.h (file control) 與 io.h (input/output) 的頭檔內，另外用來設定檔案屬性的常數定義是存放在

sys/stat.h 的頭檔內，因此要使用系統輸入輸出 I/O 的相關函數時，必須將這些頭檔引入程式才行。

當我們將 fcntl.h、io.h 與 sys/stat.h 三個頭檔引入程式時，即可使用系統輸入輸出函數進行沒有檔案緩衝區的檔案處理工作，這些系統輸入輸出函數中，較常用的部分經我們整理後將它們表列如下：

函數名稱	語法與功能說明
開啓檔案 open	語法：int open(“檔案名稱”, 檔案類型與存取模式, 檔案屬性) 功能：以指定的檔案類型與存取模式開啓特定的檔案，如果開啓成功則回傳該檔案的整數代碼，失敗則回傳整數 -1。
關閉檔案 close	語法：int close (int_handle) 功能：關閉由檔案代碼所對應的檔案，如果關閉成功則回傳整數 0，失敗則回傳整數 -1。
建立新檔 creat	語法：int creat(“檔案名稱”, 檔案屬性) 功能：以指定的檔案屬性建立一個新的檔案，如果建立成功則回傳該檔案的整數代碼，失敗則回傳整數 -1。
讀取資料 read	語法：int read(檔案代碼, 資料緩衝區, count Byte 數量) 功能：從檔案代碼所對應的檔案中讀取 count Byte 數量的資料到資料緩衝區內，如果讀取成功則回傳實際讀取資料的 Byte 數量，失敗則回傳整數 -1。
寫入資料 write	語法：int write(檔案代碼, 資料緩衝區, count Byte 數量) 功能：將資料緩衝區的資料寫入 count Byte 數量到檔案代碼所對應的檔案內，並將檔案指標往下移動 count Byte，如果寫入成功則回傳實際寫入檔案的 Byte 數量，失敗則回傳整數值 -1。
檔案存取位置的定位 lseek	語法：long lseek(檔案代碼, offset 位移 Byte 數量, 指定位置) 功能：將檔案代碼所對應檔案的檔案指標由指定位置移動 offset Byte 的數量，以指向下一次要存取的地方，如果定位成功則回傳距離檔案開始位置的偏移量(以 Byte 為單位)，失敗則回傳整數 -1。
目前檔案的存取位置 tell	語法：long tell (檔案代碼) 功能：查詢檔案代碼所對應檔案的檔案指標目前距離檔案開頭的偏移量 (以 Byte 為單位)，如果成功則回傳目前檔案指標距離檔案開頭的距離，失敗則回傳整數 -1。
檔案是否結束 eof	語法：int eof(檔案代碼) 功能：查詢檔案代碼所對應檔案的檔案指標是否指向檔案結束符號 EOF，如果是則回傳整數值 1 (代表真)，不是則回傳整數 0 (代表假)；如果失敗則回傳整數 -1。

無檔案緩衝區的檔案處理步驟與有檔案緩衝區的處理相似，只是它們所使用的函數不同而已，它們的主要步驟依序為：

1. 開啓檔案 Open File。
2. 資料存取 Data Process。
3. 關閉檔案 Close File。

底下我們就針對這三個步驟所使用的函數及其特性做詳細的介紹。

7-6-1 開啓檔案 open

正如前面所討論的，要去處理存放在磁碟內的資料時，第一個步驟就是開啓檔案，使用系統輸入輸出函數 (沒有檔案緩衝區) 時，開啓檔案的基本語法如下：

```
int open(“檔案名稱”, 檔案類型與存取模式, 檔案屬性);
```

檔案名稱：本欄位指定所要開啓的檔案名稱，與前面標準輸入輸出 (有檔案緩衝區) 相同，它可以是一個字串常數或字元陣列，所開啓的檔案可以與執行檔案儲存在同一個目錄 (即目前的工作目錄)；也可以藉由一個完整路徑 path 的描述來指定所要開啓的位置，檔案名稱與路徑必須以雙引號括起來，其狀況如下：

```
open(“DATA_SYSTEM.bin”, O_BINARY);
open(“D:\DATA_SYSTEM.bin”, O_BINARY);
```

檔案類型與存取模式：本欄位指定目前所開啓資料檔的檔案類型與存取模式，而其存取模式可以包含：

存取模式	說明
O_RDONLY	開啓一個只能讀取不能寫入的資料檔案
O_WRONLY	開啓一個只能寫入不能讀取的資料檔案
O_RDRW	開啓一個可以讀取與寫入的資料檔案

檔案類型可以包括：

檔案類型	說明
O_BINARY	開啓一個二進制檔案
O_TEXT	開啓一個文字檔案
O_APPEND	開啓檔案後可以將資料寫入檔案的最後面
O_CREAT	所開啓的檔案不存在時會自動建立一個新的檔案，檔案存在時則開啓所指定的檔案

於上面的列表中，當我們使用 open 函數開檔時：

1. 存取模式一次只能選取一個。
2. 檔案類型可以依所開啓檔案的用途來決定，一次可以選用數個，也可以一個都不選。
3. 所選取的項目與項目中間必須以符號“|”隔開。

其狀況即如下面範例所示：

open(“DATA_FILE”, O_RDONLY | O_BINARY);

表示在目前的工作目錄內開啓一個只能將資料讀出的二進制檔，檔案名稱為 DATA_FILE。

open(“D:\DATA_FILE”, O_WRONLY | O_BINARY | O_APPEND);

表示在 D 磁碟機根目錄底下開啓一個只能將資料寫入檔案最後面的二進制檔，檔案名稱為 DATA_FILE。

檔案屬性：本欄位指定新建立檔案的存取屬性，當設計師於上述檔案類型與存取模式內選用“O_CREAT”項目時，此即表示當前面所指定要開啓的檔案不存在時，則重新建立一個檔名相同的新檔案，而此檔案的存取屬性則由本欄位來決定，換句話說本欄位只有在前面使用“O_CREAT”項目時才需要設定，而其設定項目 (新建立檔案的存取屬性) 即如下表所示：

檔案存取屬性	說明
S_IREAD	新建立的檔案只能將資料讀回
S_IWRITE	新建立的檔案只能將資料寫入
S_IREAD | S_IWRITE	新建立的檔案可以將資料讀回或寫入

其狀況即如下面範例所示：

```
open("DATA_FILE", O_RDRW | O_BINARY | O_CREAT, S_IREAD);
```

表示在目前的工作目錄內開啓一個可以將資料寫入與讀出的二進制檔，檔案名稱為 DATA_FILE，如果找不到 DATA_FILE 的檔案，則重新開啓一個只能將資料讀出的檔案，而其檔案名稱與前面相同。

當我們使用 open 開啓檔案時，如果檔案開啓成功則回傳一個代表所指定檔案的檔案代碼，如果檔案開啓失敗則回傳一個整數值 -1，因此我們可以利用此回傳訊息來處理後續工作，其狀況如下 (詳細狀況請參閱後面的範例)：

```
file_no = open("DATA_FILE", O_RDWR | O_BINARY);
if(file_no != -1)
{
   檔案的資料處理;
          ⋮
   關檔;
}
else
   printf("\7\7 開檔失敗!!\n\n");
```

7-6-2 關閉檔案 close

當設計師成功開啓檔案，並進行資料處理完畢後，如果不需要再使用所開啓的檔案時一定要將它關閉，而其基本語法如下：

```
int close(檔案代碼);
```

7-6-3 將資料寫入檔案 write

當我們要將資料寫入已經開啓成功的檔案內時，可以使用 write 函數來實現，而其基本語法為：

```
int write(檔案代碼, 資料緩衝區, count Byte 數量);
```

檔案代碼：成功開啓檔案後所回傳代表檔案的檔案代碼。

資料緩衝區：所要寫入檔案目前所在位置的資料內容。

count Byte 數量：一次寫入檔案 count Byte。

本函數為將資料緩衝區的內容，一次寫入 count Byte 到檔案代碼所指定檔案目前所在的位置內，一旦寫入完畢則將檔案指標的位置往下移動 count Byte，如果寫入成功則回傳實際寫入檔案的 Byte 數量，失敗則回傳整數值 -1。底下我們就舉一個範例來說明上述函數的特性。

範例	檔名：BINARY_FILE_WRITE
在指定路徑的磁碟機內開啓一個可以將資料寫入與讀出的二進制檔，檔案名稱爲 DATA_WRITE.bin，如果檔案不存在則重新開啓同樣名稱且可以讀、寫的二進制檔。	

執行結果：

原始程式：

```
1.   /**********************************
2.    * write data into binary file    *
3.    * 檔名 : BINARY_FILE_WRITE.CPP    *
4.    **********************************/
5.
```

```
6.  #include <stdio.h>
7.  #include <stdlib.h>
8.  #include <fcntl.h>
9.  #include <io.h>
10. #include <sys/stat.h>
11.
12. #define NUMBER 6
13. #define SIZE   8
14.
15. int main(void)
16. {
17.   int   file_no;
18.   short  index;
19.   struct record
20.   {
21.     char   name[SIZE];
22.     char   id[SIZE];
23.     float  chinese;
24.     float  english;
25.     float  mathmetic;
26.   };
27.
28.   struct record student[NUMBER] =
29.     {{"劉宇修", "A123456", 89, 90, 98},
30.      {"張啓東", "A123457", 66, 87, 79},
31.      {"朱元璋", "A123458", 88, 65, 80},
32.      {"黃富國", "A123459", 70, 91, 80},
33.      {"陳明峰", "A123460", 77, 79, 82},
34.      {"吳景星", "A123461", 76, 78, 85}};
35.
36.   file_no = open("D:/C 語言程式範例/FILE_DATA/DATA_WRITE.bin"
37.                 , O_CREAT|O_RDWR|O_BINARY, S_IWRITE|S_IREAD);
38.   if(file_no != -1)
39.   {
40.     for(index = 0; index < NUMBER; index++)
41.       write(file_no, &student[index], sizeof(student[index]));
42.     close(file_no);
43.     printf("以 write 將結構資料寫入完畢 !!\n\n");
44.     printf("檔案的路徑與名稱: D:\\C 語言程式範例");
45.     printf("\\FILE_DATA\\DATA_WRITE.bin\n\n");
```

```
46.   }
47.   else
48.     printf("\7\7 開檔失敗 !!\n\n");
49.   system("PAUSE");
50.   return 0;
51. }
```

重點說明：

1. 行號 6～10 宣告程式所需要的頭檔。
2. 行號 19～34 宣告結構資料型別 record 的內部欄位，並宣告結構與 record 相同的結構陣列，同時設定它們的內容。
3. 行號 36 在指定的路徑內建立一個可以將資料寫入與讀取的二進制檔，檔案名稱為 DATA_WRITE.bin，並回傳代表此檔案的檔案代碼給變數 file_no，如果檔案不存在，則重新建立一個檔名相同的可以將資料寫入與讀出的檔案。
4. 行號 38 測試，如果檔案開啓失敗則跳到行號 47 執行，如果開啓成功則執行行號 40～45。
5. 行號 40～41 將行號 28～34 所設定的結構陣列內容依順序寫入行號 36 所指定的檔案內。
6. 行號 42 關閉檔案代號所代表的檔案。
7. 行號 43～45 顯示資料已經寫入完畢，以及所產生檔案的路徑與名稱。

7-6-4 將檔案資料讀回 read

當我們要從已經開啓成功的檔案內讀回資料時，可以使用 read 函數來實現，而其基本語法為：

```
int read(檔案代碼, 資料緩衝區, count Byte 數量);
```

檔案代碼：成功開啓檔案後所回傳代表檔案的檔案代碼。

資料緩衝區：儲存目前從檔案讀回的資料。

count Byte 數量：一次所能讀回資料的 Byte 數量。

本函數為從檔案代碼所指定的檔案中，一次讀回 count Byte 的資料，並將它們儲存在資料緩衝區內，一旦讀取成功則回傳實際讀取資料的 Byte 數量，失敗則回傳整數值 -1。

7-6-5 偵測檔案結束 eof

當我們在進行檔案資料的讀取時，如果想要偵測是否已經讀到檔案的最後面時，可以使用 eof 函數來實現，而其基本語法為：

```
int eof(檔案代碼);
```

如果已經讀到檔案的最後面 (檔案指標已經指向檔案結束 EOF) 時，則回傳整數值 1 (代表真)，沒有讀到檔案的最後面時則回傳整數值 0 (代表假)。

底下我們就舉一個範例來說明檔案資料的讀取函數 read 與偵測檔案結束 eof 函數的特性與使用方式。

範例	檔名：BINARY_FILE_READ
開啓前面範例所建立的二進制檔，並將檔案內容全數讀回後顯示在螢幕上。	

執行結果：

```
D:\C語言程式範例\Chapter7\BINARY_FILE_READ\BINARY_FILE_READ.exe
姓名      學號        國文       英文       數學
劉宇修    A123456     89.00      90.00      98.00
張啓東    A123457     66.00      87.00      79.00
朱元璋    A123458     88.00      65.00      80.00
黃富國    A123459     70.00      91.00      80.00
陳明峰    A123460     77.00      79.00      82.00
吳景星    A123461     76.00      78.00      85.00

請按任意鍵繼續 . . .
```

原始程式：

```
1.   /******************************
2.    * read data from binary file *
3.    * 檔名 : BINARY_FILE_READ.CPP *
4.    ******************************/
5.
6.   #include <stdio.h>
7.   #include <stdlib.h>
8.   #include <fcntl.h>
```

```
9.  #include <io.h>
10. #include <sys/stat.h>
11.
12. #define SIZE 8
13.
14. int main(void)
15. {
16.   int    file_no;
17.   struct record
18.   {
19.     char name[SIZE];
20.     char id[SIZE];
21.     float chinese;
22.     float english;
23.     float mathmetic;
24.   }student;
25.
26.   file_no = open("D:/C語言程式範例/FILE_DATA/DATA_WRITE.bin"
27.                   , O_BINARY);
28.   printf("姓名\t\t 學號\t\t 國文\t\t 英文\t\t 數學\n");
29.   if(file_no != -1)
30.   {
31.     while(!eof(file_no))
32.     {
33.       read(file_no, &student, sizeof(student));
34.       printf("%s\t\t", student.name);
35.       printf("%s\t\t", student.id);
36.       printf("%4.2f\t\t", student.chinese);
37.       printf("%4.2f\t\t", student.english);
38.       printf("%4.2f\n", student.mathmetic);
39.     }
40.     close(file_no);
41.   }
42.   else
43.     printf("\7\7 開檔失敗 !!\n\n");
44.   putchar('\n');
45.   system("PAUSE");
46.   return 0;
47. }
```

重點說明：

1. 行號 26 開啓儲存在 D:\ C語言程式範例\FILE_DATA 目錄底下的二進制檔，檔案名稱為 DATA_WRITE.bin (前面範例所建立的檔案)。
2. 行號 29 判斷，如果開檔成功則執行行號 31～39 的程式，開檔失敗則跳到行號 42 去執行。
3. 行號 31 判斷所要讀取的檔案是否還沒有讀完，如果沒有讀完則執行行號 33～38，繼續讀取並顯示所讀取結構資料的每一個欄位內容，否則於行號 40 內關閉檔案。

7-6-6 檔案存取位置的定位 lseek

當我們要將目前的檔案指標移動到指定檔案資料的位置時，可以使用 lseek 函數來實現，而其基本語法為：

```
long lseek(檔案代碼, offset 位移 Byte 數量, 指定位置);
```

檔案代碼：所指定檔案的代碼。

offset 位移 Byte 數量：檔案指標由指定位置開始所要移動的 Byte 數量。

指定位置：所要移動的指定位置 (基準位置)，其內容可以為：

英文代號	數值表示	代表意義
SEEK_SET	0	檔案最前面
SEEK_CUR	1	目前的位置
SEEK_END	2	檔案最後面

本函數為將檔案指標由指定的位置位移 offset Byte 數量，以指向下一次所要存取的新位置，如果定位成功則回傳距離檔案開始位置的偏移量 (以 Byte 為單位)，失敗則回傳整數值 -1。

底下我們就舉一個範例，利用前面範例所建立隨機二進制檔 DATA_FILE_WRITE.bin 的內容進行檔案內容的查詢，並藉此說明 lseek 函數的特性與用法。

範例	檔名：BINARY_FILE_LSEEK_QUERY
開啟前面範例所建立路徑為 D:\C語言程式範例\FILE_DATA 目錄底下的二進制檔 DATA_WRITE.bin，並以檔案指標定位的函數 lseek 進行檔案內部資料的查詢。	

執行結果：

```
D:\C語言程式範例\Chapter7\BINARY_FILE_LSEEK_QUERY\BINARY_FILE_LSEEK_QUERY.exe
劉宇修          A123456         89.00           90.00           98.00
張啓東          A123457         66.00           87.00           79.00
朱元璋          A123458         88.00           65.00           80.00
黃富國          A123459         70.00           91.00           80.00
陳明峰          A123460         77.00           79.00           82.00
吳景星          A123461         76.00           78.00           85.00


輸入查詢資料的筆數 1 - 6 否則結束...... 1

姓名            學號            國文            英文            數學
劉宇修          A123456         89.00           90.00           98.00

輸入查詢資料的筆數 1 - 6 否則結束...... 6

姓名            學號            國文            英文            數學
吳景星          A123461         76.00           78.00           85.00

輸入查詢資料的筆數 1 - 6 否則結束...... 7

超過範圍程式結束 !!

請按任意鍵繼續 . . .
```

原始程式：

```
1.   /*************************************
2.    *   binary file contents query      *
3.    * 檔名 : BINARY_FILE_LSEEK_QUERY.CPP *
4.    *************************************/
5.
6.   #include <stdio.h>
7.   #include <stdlib.h>
8.   #include <fcntl.h>
9.   #include <io.h>
10.  #include <sys/stat.h>
11.
12.  #define SIZE 8
13.
```

```
14. struct record
15. {
16.   char  name[SIZE];
17.   char  id[SIZE];
18.   float chinese;
19.   float english;
20.   float mathmetic;
21. }student;
22.
23. int main(void)
24. {
25.   void   display(void);
26.
27.   int    file_no;
28.   short index;
29.
30.   file_no = open("D:/C語言程式範例/FILE_DATA/DATA_WRITE.bin"
31.                        , O_BINARY);
32.   if(file_no != -1)
33.   {
34.     while(!eof(file_no))
35.     {
36.       read(file_no, &student, sizeof(student));
37.       display();
38.     }
39.     printf("\n\n");
40.     while(1)
41.     {
42.       printf("輸入查詢資料的筆數 1 - 6 否則結束...... ");
43.       fflush(stdin);
44.       scanf("%hd", &index);
45.       if(index < 7 && index > 0)
46.       {
47.         lseek(file_no, sizeof(student)*(index - 1), SEEK_SET);
48.         read(file_no, &student, sizeof(student));
49.         printf("\7\n姓名\t\t 學號\t\t 國文\t\t 英文\t\t 數學\n");
50.         display();
51.         putchar('\n');
52.       }
53.       else
```

```
54.         {
55.           printf("\n\7\7 超過範圍程式結束 !!\n\n");
56.           break;
57.         }
58.       }
59.     close(file_no);
60.     }
61.     else
62.       printf("\7\7 開檔失敗 !!\n\n");
63.     system("PAUSE");
64.     return 0;
65.  }
66.
67.  // structure field display function
68.
69.  void display(void)
70.  {
71.    printf("%s\t\t", student.name);
72.    printf("%s\t\t", student.id);
73.    printf("%4.2f\t\t", student.chinese);
74.    printf("%4.2f\t\t", student.english);
75.    printf("%4.2f\n", student.mathmetic);
76.  }
```

重點說明：

1. 行號 30 開啓儲存在 D:\C語言程式範例\FILE_DATA 目錄底下的二進制檔案 DATA_WRITE.bin，並於行號 36～37 將其內部資料讀回，同時顯示在螢幕上。
2. 行號 40～58 為檔案內容的查詢程式。
3. 行號 44 由鍵盤輸入所要查詢的結構資料筆數。
4. 行號 45 判斷資料筆數為 1～6 時則執行行號 47～51，否則跳到行號 53 往下執行。
5. 行號 47 計算出所要查詢資料的位置。
6. 行號 48～51 將所要查詢的結構資料讀回，並將它們依欄位順序顯示在螢幕上。

7-6-7 告知檔案指標的位置 tell

當我們在進行檔案處理時，如果想要知道目前正在存取資料的檔案指標到底距離檔案開頭 (由 0 開始，單位為 Byte) 有多遠時，可以使用 tell 函數來實現，而其基本語法為：

```
long tell(檔案代碼);
```

本函數用來查詢目前檔案指標所存取資料的位置距離檔案開頭 (由 0 開始，單位為 Byte) 的距離，如果查詢成功則回傳目前檔案指標距離檔案開頭的距離，失敗則回傳整數值 -1。

底下我們就舉一個範例來說明 tell 函數的特性與使用方式。

範例	檔名：BINARY_FILE_READ_TELL
將前面範例所建立儲存在 D:\C語言程式範例\FILE_DATA 目錄底下的 DATA_WRITE.bin 二進制檔內容全部讀回，並在螢幕上顯示每一筆結構資料儲存在檔案內的筆數以及每個欄位的內容。	

執行結果：

```
D:\C語言程式範例\Chapter7\BINARY_FILE_READ_TELL\BINARY_FILE_READ_TELL.exe
這是檔案內容的第 1 筆資料
劉宇修          A123456         89.00           90.00           98.00

這是檔案內容的第 2 筆資料
張啓東          A123457         66.00           87.00           79.00

這是檔案內容的第 3 筆資料
朱元璋          A123458         88.00           65.00           80.00

這是檔案內容的第 4 筆資料
黃富國          A123459         70.00           91.00           80.00

這是檔案內容的第 5 筆資料
陳明峰          A123460         77.00           79.00           82.00

這是檔案內容的第 6 筆資料
吳景星          A123461         76.00           78.00           85.00

請按任意鍵繼續 . . .
```

原始程式：

```
1.  /***********************************
2.   *   read data from binary file     *
3.   * 檔名 : BINARY_FILE_READ_TELL.CPP *
4.   ***********************************/
5.
6.  #include <stdio.h>
7.  #include <stdlib.h>
8.  #include <fcntl.h>
9.  #include <io.h>
10. #include <sys/stat.h>
11.
12. #define SIZE 8
13.
14. int main(void)
15. {
16.   int    file_no;
17.   struct record
18.   {
19.     char  name[SIZE];
20.     char  id[SIZE];
21.     float chinese;
22.     float english;
23.     float mathmetic;
24.   }student;
25.
26.   file_no = open("D:/C 語言程式範例/FILE_DATA/DATA_WRITE.bin"
27.                  , O_BINARY);
28.   if(file_no != -1)
29.   {
30.     while(!eof(file_no))
31.     {
32.       printf("這是檔案內容的第 %d 筆資料\n", tell(file_no)/sizeof(student) + 1);
33.       read(file_no, &student, sizeof(student));
34.       printf("%s\t\t", student.name);
35.       printf("%s\t\t", student.id);
36.       printf("%4.2f\t\t", student.chinese);
37.       printf("%4.2f\t\t", student.english);
38.       printf("%4.2f\n\n", student.mathmetic);
```

```
39.     }
40.     close(file_no);
41.   }
42.   else
43.     printf("\7\7 開檔失敗 !!\n\n");
44.   putchar('\n');
45.   system("PAUSE");
46.   return 0;
47. }
```

重點說明：

程式結構與前面檔案名稱為 BINARY_FILE_READ 十分相似，而其唯一不同點為本程式於行號 32～33 內加入計算目前所讀取結構資料的位置：

tell(file_no) / sizeof(student) + 1

由於檔案最前面的數值為 0，我們所記錄的筆數從 1 開始，因此在最後面加 1。

7-6-8 建立新的檔案 creat

當我們想要在指定的目錄內建立一個新的檔案時 (如果檔案已經存在時會被破壞，並重新建立新的檔案)，可以使用 creat 函數來實現，而其基本語法為：

```
int creat("檔案名稱", 檔案屬性);
```

檔案名稱：所要建立的檔案名稱，特性與 open 函數的檔案名稱完全相同，請自行參閱前面的敘述。

檔案屬性：所要建立檔案的存取方式，特性與 open 函數的檔案屬性完全相同，請自行參閱前面的敘述。

底下我們就舉一個範例來說明 creat 函數的特性與使用方式。

範例	檔名：BINARY_FILE_WRITE_CRAET
在指定路徑的磁碟機內以 creat 函數建立一個可以將資料寫入與讀出的二進制檔，檔案名稱爲 DATA_WRITE.bin，如果檔案已經存在則檔案內容會被破壞。	

執行結果：

```
D:\C語言程式範例\Chapter7\BINARY_FILE_WRITE_CRAET\BINARY_FILE_WRITE_CRAET.exe
以 write 將結構資料寫入完畢 !!

檔案的路徑與名稱: D:\C語言程式範例\FILE_DATA\DATA_WRITE.bin

請按任意鍵繼續 . . .
```

原始程式：

```
1.  /****************************************
2.   * write data into new binary file   *
3.   * 檔名 : BINARY_FILE_WRITE_CRAET.CPP  *
4.   ****************************************/
5.
6.  #include <stdio.h>
7.  #include <stdlib.h>
8.  #include <fcntl.h>
9.  #include <io.h>
10. #include <sys/stat.h>
11. #include <sys/types.h>
12.
13. #define NUMBER 8
14. #define SIZE   8
15.
16. int main(void)
17. {
18.   int   file_no;
19.   short index;
20.   char  name[]={"D:/C語言程式範例/FILE_DATA/DATA_WRITE.bin"};
21.   struct record
22.   {
23.     char name[SIZE];
24.     char id[SIZE];
25.     float chinese;
26.     float english;
27.     float mathmetic;
28.   };
29.
30.   struct record student[NUMBER] =
```

```
31.    {{"劉宇修", "A123456", 99, 99, 99},
32.     {"張啓東", "A123457", 66, 87, 79},
33.     {"朱元璋", "A123458", 88, 65, 80},
34.     {"黃富國", "A123459", 70, 91, 80},
35.     {"陳明峰", "A123460", 77, 79, 82},
36.     {"吳景星", "A123461", 76, 78, 85},
37.     {"陳東進", "A123462", 66, 66, 66},
38.     {"孔尚銘", "A123463", 88, 88, 88}};
39.
40.   file_no = creat(name, S_IREAD|S_IWRITE);
41.   if(file_no != -1)
42.   {
43.    for(index = 0; index < NUMBER; index++)
44.     write(file_no, &student[index], sizeof(student[index]));
45.    close(file_no);
46.    printf("以 write 將結構資料寫入完畢 !!\n\n");
47.    printf("檔案的路徑與名稱: D:\\C 語言程式範例");
48.    printf("\\FILE_DATA\\DATA_WRITE.bin\n\n");
49.   }
50.   else
51.    printf("\7\7 開檔失敗 !!\n\n");
52.   system("PAUSE");
53.   return 0;
54. }
```

重點說明：

1. 本程式的結構與前面檔名為 BINARY_FILE_WRITE 的範例相似，而其唯一不同點為本程式執行時，在指定路徑的磁碟內如果存在有相同的檔案名稱時，檔案的內容會被破壞 (行號 40)，而前面範例執行時則不會，另外本程式是將所要建立的檔案路徑與名稱儲存在字元陣列內 (行號 20)。
2. 由於上述兩個範例所建立的二進制檔，檔案名稱皆相同，因此前面範例所建立 DATA_WRITE.bin 的檔案內容會被破壞。
3. 重新執行前面檔案名稱為 BINARY_FILE_READ 的程式，將本程式所建立的二進制檔 DATA_WRITE.bin 讀出來顯示在螢幕上時，其狀況如下：

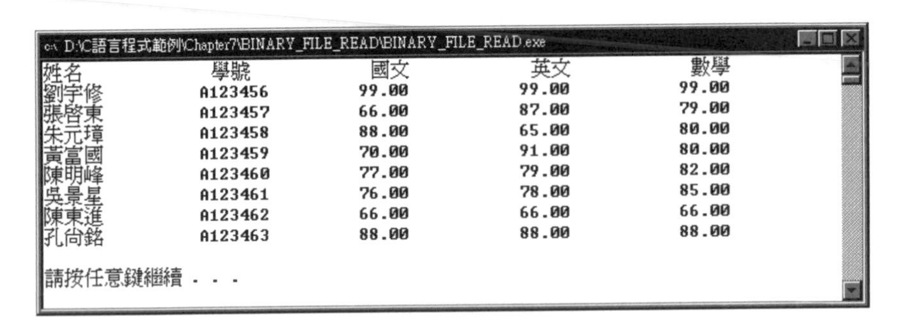

於上面的顯示狀況可以知道，前面範例所建立 DATA_WRITE.bin 的檔案內容已經被本程式所建立的內容所覆蓋 (overwrite)。

自我練習與評量

7-1 設計一程式，從鍵盤輸入 6 筆字串資料，將它們儲存在陣列之後，在路徑為 D:\C 語言程式範例\FILE_DATA 的目錄內開啟名稱為 PRACTICE_7_1.txt 的文字檔，並依順序將儲存在陣列的字串資料寫入檔案內，6 筆字串資料的內容如下：

1. Good morning.
2. Mr.Wang.
3. How are you !!
4. Welcome to C word !!
5. Have a nice day !!
6. Bye bye !!

程式執行完後螢幕的顯示狀況如下：

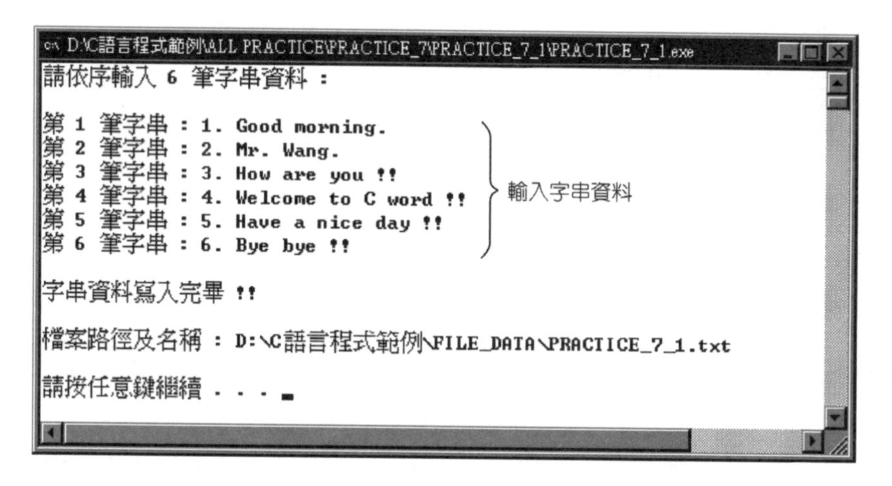

7-2 設計一程式將上面練習 7-1 所建立 PRACTICE_7_1.txt 的檔案內容讀回，並將它們依順序顯示在螢幕上，其狀況如下：

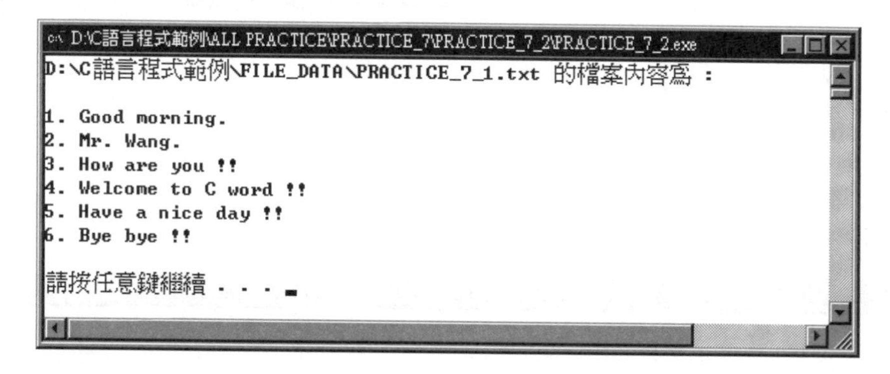

7-3　設計一程式，從鍵盤輸入 6 筆字串資料，以動態記憶體取得方式，將它們依順序一筆一筆儲存在路徑 D:\C語言程式範例\FILE_DATA 的目錄內，檔名為 PRACTICE_7_3.txt (文字檔)，6 筆字串資料的內容如下：

1. Nice to see you.
2. Have a nice trip.
3. Happy new year !!
4. Glade to meet you.
5. War and Peace !!
6. See you next time !!

程式執行完後螢幕的顯示狀況如下：

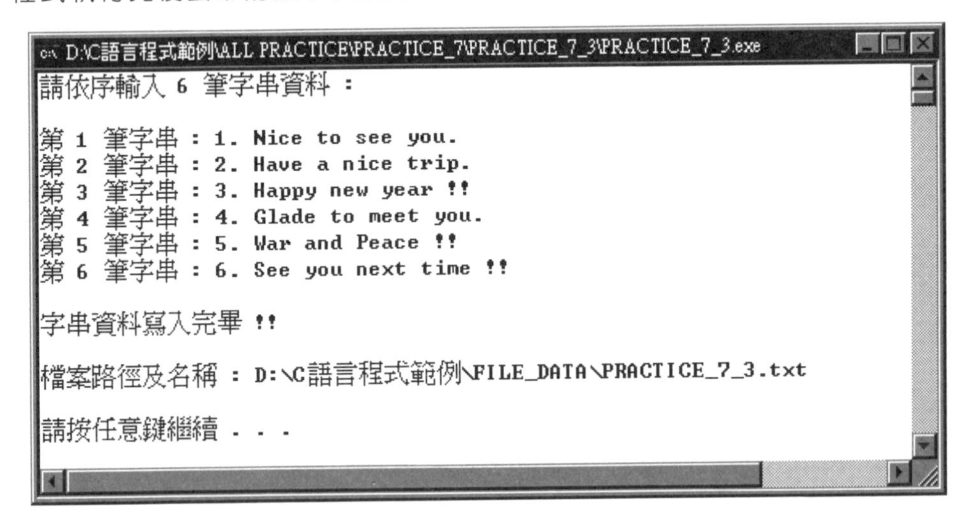

7-4　設計一程式，將上面練習 7-3 所建立 PRACTICE_7_3.txt 的檔案內容讀回，並將它們依順序顯示在螢幕上，其狀況如下：

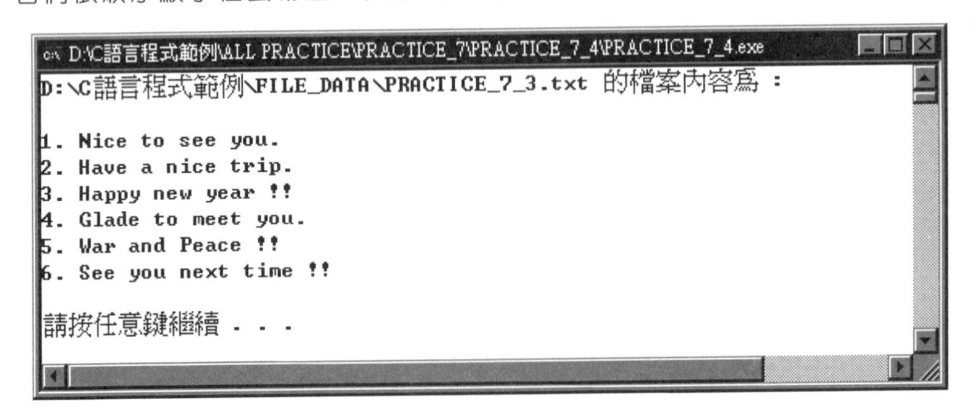

7-5 設計一程式，使用者只要從鍵盤上輸入儲存在磁碟內任何位置的文字檔 (路徑與檔名) 名稱，程式就會將它們的內容讀回，並顯示在螢幕上，其狀況如下：

```
D:\C語言程式範例\ALL PRACTICE\PRACTICE_7\PRACTICE_7_5\PRACTICE_7_5.exe
輸入所指定文字檔的路徑與檔名 : d:\C語言程式範例\FILE_DATA\PRACTICE_7_1.txt

d:\C語言程式範例\FILE_DATA\PRACTICE_7_1.txt 的檔案內容爲 :

1. Good morning.
2. Mr. Wang.
3. How are you !!
4. Welcome to C word !!
5. Have a nice day !!
6. Bye bye !!


請按任意鍵繼續 . . .
```

輸入路徑與檔名

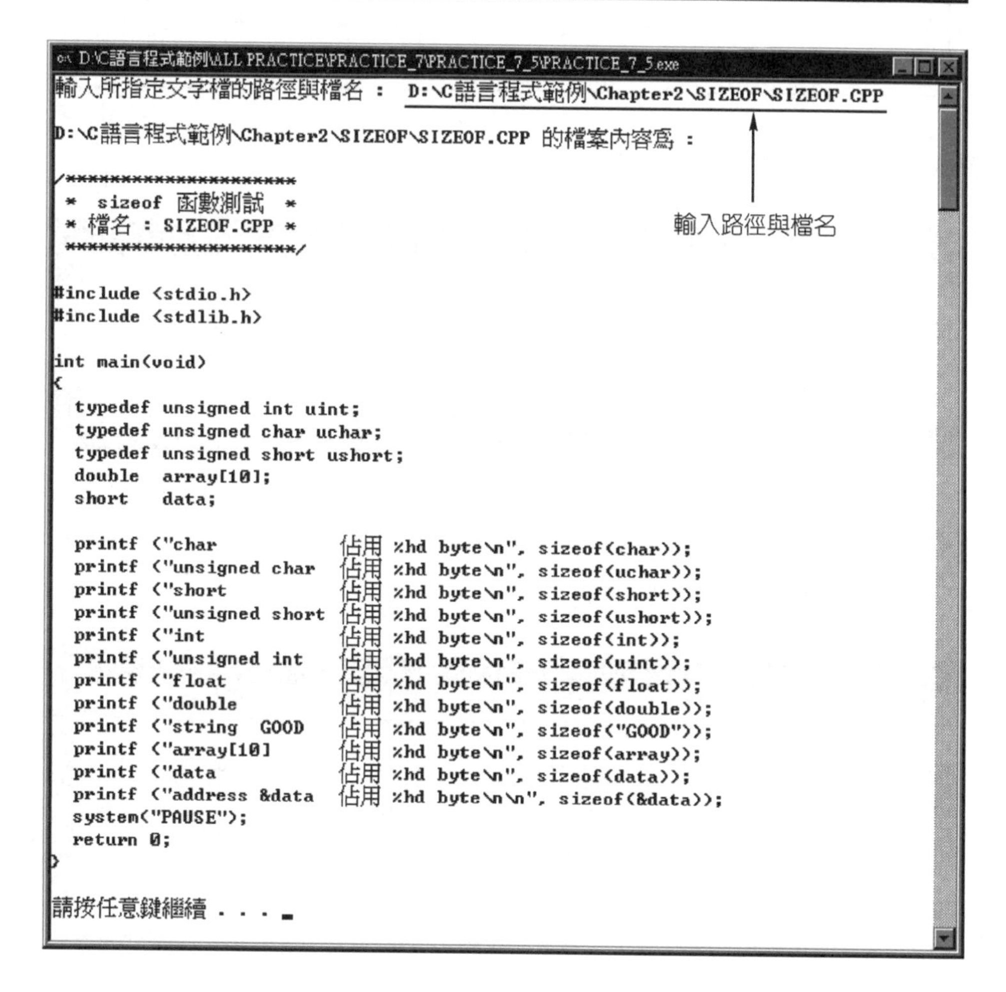

```
D:\C語言程式範例\ALL PRACTICE\PRACTICE_7\PRACTICE_7_5\PRACTICE_7_5.exe
輸入所指定文字檔的路徑與檔名 : D:\C語言程式範例\Chapter2\SIZEOF\SIZEOF.CPP

D:\C語言程式範例\Chapter2\SIZEOF\SIZEOF.CPP 的檔案內容爲 :

/**********************
 *  sizeof 函數測試  *
 * 檔名 : SIZEOF.CPP *
 **********************/

#include <stdio.h>
#include <stdlib.h>

int main(void)
{
  typedef unsigned int uint;
  typedef unsigned char uchar;
  typedef unsigned short ushort;
  double  array[10];
  short   data;

  printf ("char           佔用 %hd byte\n", sizeof(char));
  printf ("unsigned char  佔用 %hd byte\n", sizeof(uchar));
  printf ("short          佔用 %hd byte\n", sizeof(short));
  printf ("unsigned short 佔用 %hd byte\n", sizeof(ushort));
  printf ("int            佔用 %hd byte\n", sizeof(int));
  printf ("unsigned int   佔用 %hd byte\n", sizeof(uint));
  printf ("float          佔用 %hd byte\n", sizeof(float));
  printf ("double         佔用 %hd byte\n", sizeof(double));
  printf ("string  GOOD   佔用 %hd byte\n", sizeof("GOOD"));
  printf ("array[10]      佔用 %hd byte\n", sizeof(array));
  printf ("data           佔用 %hd byte\n", sizeof(data));
  printf ("address &data  佔用 %hd byte\n\n", sizeof(&data));
  system("PAUSE");
  return 0;
}

請按任意鍵繼續 . . .
```

7-6　設計一程式，在硬碟內建立一個檔名為 DATA_FRUIT.bin 的二進制檔，同時在內部儲存 5 種水果的名稱、庫存量、安全量、每公斤的價錢，並計算每種水果目前的總市值後，分別將它們儲存在最後一個欄位內，5 種水果的資料即如下面所示：

水果名稱	總庫存	安全量	每公斤價錢	總市值
蘋果	98	10	50	0
桃子	80	10	30	0
芭樂	86	10	15	0
檸檬	90	10	10	0
荔枝	96	10	45	0

程式執行完後螢幕的顯示狀況如下：

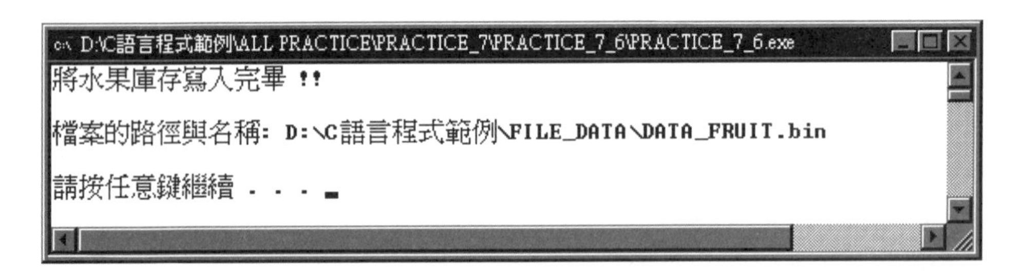

7-7　設計一程式，將上面練習 7-6 所建立檔名為 DATA_FRUIT.bin 的二進制檔內容讀回，並顯示在螢幕上，其狀況如下：

```
D:\C語言程式範例\ALL PRACTICE\PRACTICE_7\PRACTICE_7_7\PRACTICE_7_7.exe
水果名稱        總庫存          安全量          每公斤價錢      總市值
==========================================================================

蘋果            98.00           10.00           50.00           4900.00
桃子            80.00           10.00           30.00           2400.00
芭樂            86.00           10.00           15.00           1290.00
檸檬            90.00           10.00           10.00           900.00
荔枝            96.00           10.00           45.00           4320.00

請按任意鍵繼續 . . .
```

7-8 設計一程式，開啟上面練習 7-6 所建立的二進制檔 DATA_FRUIT.bin，並在後面加入下面三種水果資料後將它們存入檔案內：

水果名稱	總庫存	安全量	每公斤價錢	總市值
香蕉	65	10	25	0
鳳梨	99	10	23	0
楊桃	78	10	68	0

程式執行完後，螢幕的顯示狀況如下：

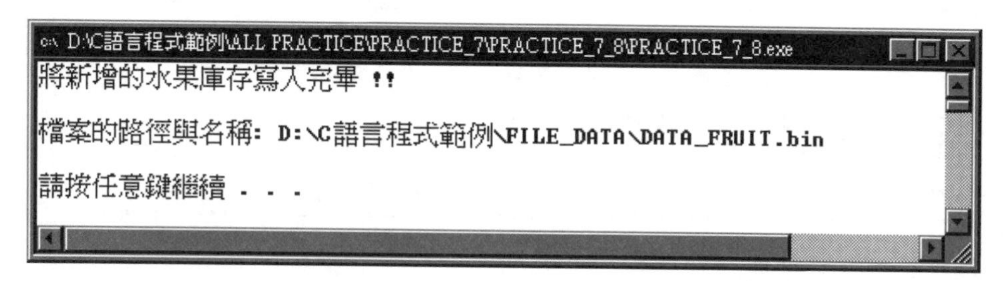

7-9 設計一程式，開啟並讀回上面練習 7-8 所修改的二進制檔案 DATA_FRUIT.bin，在螢幕上顯示完所有檔案內容後，允許我們輸入水果代號進行資料的查詢，其狀況如下：

```
D:\C語言程式範例\ALL PRACTICE\PRACTICE_7\PRACTICE_7_9\PRACTICE_7_9.exe
水果名稱        總庫存          安全量          每公斤價錢      總市值
===========================================================================

蘋果            98.00           10.00           50.00           4900.00
桃子            80.00           10.00           30.00           2400.00
芭樂            86.00           10.00           15.00           1290.00
檸檬            90.00           10.00           10.00           900.00
荔枝            96.00           10.00           45.00           4320.00
香蕉            65.00           10.00           25.00           1625.00
鳳梨            99.00           10.00           23.00           2277.00
楊桃            78.00           10.00           68.00           5304.00

 1.  蘋果        2.  桃子        3.  芭樂        4.  檸檬
 5.  荔枝        6.  香蕉        7.  鳳梨        8.  楊桃

輸入查詢資料的筆數 1 - 8 否則結束...... 1
水果名稱        總庫存          安全量          每公斤價錢      總市值
蘋果            98.00           10.00           50.00           4900.00

輸入查詢資料的筆數 1 - 8 否則結束...... 3
水果名稱        總庫存          安全量          每公斤價錢      總市值
芭樂            86.00           10.00           15.00           1290.00

輸入查詢資料的筆數 1 - 8 否則結束...... 8
水果名稱        總庫存          安全量          每公斤價錢      總市值
楊桃            78.00           10.00           68.00           5304.00

輸入查詢資料的筆數 1 - 8 否則結束...... 0

超過範圍程式結束 !!

請按任意鍵繼續 . . .
```

7-10 設計一程式，開啟上面練習 7-8 所修改的二進制檔 DATA_FRUIT.bin，並允許我們以水果代號修改總庫存量 (當水果賣出或進貨時)，如果水果庫存低於安全量時則發出補貨訊息，其狀況如下：

```
D:\C語言程式範例\ALL PRACTICE\PRACTICE_7\PRACTICE_7_10\PRACTICE_7_10.exe
水果名稱        總庫存          安全量          每公斤價錢      總市值
==========================================================================
蘋果            98.00           10.00           50.00           4900.00
桃子            80.00           10.00           30.00           2400.00
芭樂            86.00           10.00           15.00           1290.00
檸檬            90.00           10.00           10.00           900.00
荔枝            96.00           10.00           45.00           4320.00
香蕉            65.00           10.00           25.00           1625.00
鳳梨            99.00           10.00           23.00           2277.00
楊桃            78.00           10.00           68.00           5304.00

 1.  蘋果        2.  桃子        3.  芭樂        4.  檸檬
 5.  荔枝        6.  香蕉        7.  鳳梨        8.  楊桃

修改進出水果的筆數 1 - 8 否則結束...... 1
蘋果進出公斤數量 :  102

水果名稱        總庫存          安全量          每公斤價錢      總市值
==========================================================================
蘋果            200.00          10.00           50.00           10000.00
進貨總金額 : 5100.00

修改進出水果的筆數 1 - 8 否則結束...... 1
蘋果進出公斤數量 :  -192
庫存已經低於安全量必須立刻補貨 !!

水果名稱        總庫存          安全量          每公斤價錢      總市值
==========================================================================
蘋果            8.00            10.00           50.00           400.00
出貨總金額 : 9600.00

修改進出水果的筆數 1 - 8 否則結束...... 1
蘋果進出公斤數量 :  -10
蘋果庫存不夠,只剩下 8.00 公斤, 全部出貨 !!

水果名稱        總庫存          安全量          每公斤價錢      總市值
==========================================================================
蘋果            0.00            10.00           50.00           0.00
進貨總金額 : 400.00

修改進出水果的筆數 1 - 8 否則結束...... 9

超過範圍程式結束 !!

請按任意鍵繼續 . . .
```

附錄

附錄 A　IBM 個人電腦使用的數碼

數碼		代表字元	數碼		代表字元	數碼		代表字元
十進制	十六進制		十進制	十六進制		十進制	十六進制	
0	00	(null)	25	19	↓	50	32	2
1	01	☺	26	1A	→	51	33	3
2	02	☻	27	1B	←	52	34	4
3	03	♥	28	1C	∟ (cusor right)	53	35	5
4	04	♦	29	1D	↔ (cusor left)	54	36	6
5	05	♠	30	1E	▲(cusor up)	55	37	7
6	06	♣	31	1F	▼(cusor down)	56	38	8
7	07	● (beep)	32	20	(space)	57	39	9
8	08	◘	33	21	!	58	3A	:
9	09	O (tab)	34	22	"	59	3B	;
10	0A	◙ (line feed)	35	23	#	60	3C	<
11	0B	♂ (none)	36	24	$	61	3D	=
12	0C	♀ (Form feed)	37	25	%	62	3E	>
13	0D	♪(carriage retrun)	38	26	&	63	3F	?
14	0E	♫	39	27	`	64	40	@
15	0F	☼	40	28	(	65	41	A
16	10	►	41	29	)	66	42	B
17	11	◄	42	2A	*	67	43	C
18	12	↕	43	2B	+	68	44	D
19	13	!!	44	2C	,	69	45	E
20	14	¶	45	2D	-	70	46	F
21	15	§	46	2E	.	71	47	G
22	16	▬	47	2F	/	72	48	H
23	17	↨	48	30	0	73	49	I
24	18	↑	49	31	1	74	4A	J

(續)

數碼		代表字元	數碼		代表字元	數碼		代表字元
十進制	十六進制		十進制	十六進制		十進制	十六進制	
75	4B	K	110	6E	n	145	91	æ
76	4C	L	111	6F	o	146	92	Æ
77	4D	M	112	70	p	147	93	ô
78	4E	N	113	71	q	148	94	ö
79	4F	O	114	72	r	149	95	ò
80	50	P	115	73	s	150	96	û
81	51	Q	116	74	t	151	97	ù
82	52	R	117	75	u	152	98	ÿ
83	53	S	118	76	v	153	99	ö
84	54	T	119	77	w	154	9A	Ü
85	55	U	120	78	x	155	9B	¢
86	56	V	121	79	y	156	9C	£
87	57	W	122	7A	z	157	9D	
88	58	X	123	7B	{	158	9E	Pt
89	59	Y	124	7C	|	159	9F	f
90	5A	Z	125	7D	}	160	A0	á
91	5B	[	126	7E	~	161	A1	í
92	5C	\	127	7F	Δ	162	A2	ó
93	5D	]	128	80	ç	163	A3	ú
94	5E	^	129	81	ç	164	A4	ñ
95	5F	_	130	82	ė	165	A5	N̲
96	60	'	131	83	â	166	A6	ā
97	61	a	132	84	ä	167	A7	ō
98	62	b	133	85	à	168	A8	¿
99	63	c	134	86	å	169	A9	⌐
100	64	d	135	87	ę	170	AA	¬
101	65	e	136	88	ê	171	AB	½
102	66	f	137	89	ë	172	AC	¼
103	67	g	138	8A	è	173	AD	i
104	68	h	139	8B	ï	174	AE	«
105	69	i	140	8C	î	175	AF	»
106	6A	j	141	8D	ì	176	B0	░
107	6B	k	142	8E	Å	177	B1	▒
108	6C	l	143	8F	Ä	178	B2	▓
109	6D	m	144	90	É	179	B3	│

(續)

數碼		代表字元	數碼		代表字元	數碼		代表字元
十進制	十六進制		十進制	十六進制		十進制	十六進制	
180	B4	┤	215	D7	┼	250	FA	·
181	B5	┤	216	D8	┼	251	FB	∨
182	B6	┤	217	D9	┘	252	FC	n
183	B7	┐	218	DA	┌	253	FD	2
184	B8	┐	219	DB	■	254	FE	
185	B9	┤	220	DC	■	255	FF	(blank"FF")
186	BA	│	221	DD	■			
187	BB	┐	222	DE	5.			
188	BC	┘	223	DF	■			
189	BD	┘	224	E0	α			
190	BE	┘	225	E1	β			
191	BF	┐	226	E2	γ			
192	C0	└	227	E3	π			
193	C1	┴	228	E4	Σ			
194	C2	┬	229	E5	σ			
195	C3	├	230	E6	μ			
196	C4	─	231	E7	τ			
197	C5	┼	232	E8	ϕ			
198	C6	├	233	E9	θ			
199	C7	├	234	EA	Ω			
200	C8	└	235	EB	δ			
201	C9	┌	236	EC	∞			
202	CA	┴	237	ED	ϕ			
203	CB	┬	238	EE	ε			
204	CC	├	239	EF	$\cup$			
205	CD	─	240	F0	$\equiv$			
206	CE	┼	241	F1	$\pm$			
207	CF	┴	242	F2	≧			
208	D0	┴	243	F3	≦			
209	D1	┬	244	F4				
210	D2	┬	245	F5				
211	D3	└	246	F6	$\div$			
212	D4	└	247	F7	$\approx$			
213	D5	┌	248	F8	°			
214	D6	┌	249	F9	•			

附錄 B　自我練習與評量解答

第一章

1-1　C 語言的特色包括：

1. 中階語言。
2. 函數導向的結構化語言。
3. 函數庫 (Library) 導向語言。
4. 可攜性 (Portable) 高的語言。

1-3　C 語言的資料型態可以分成基本與非基本資料型態兩大類，其狀況如下：

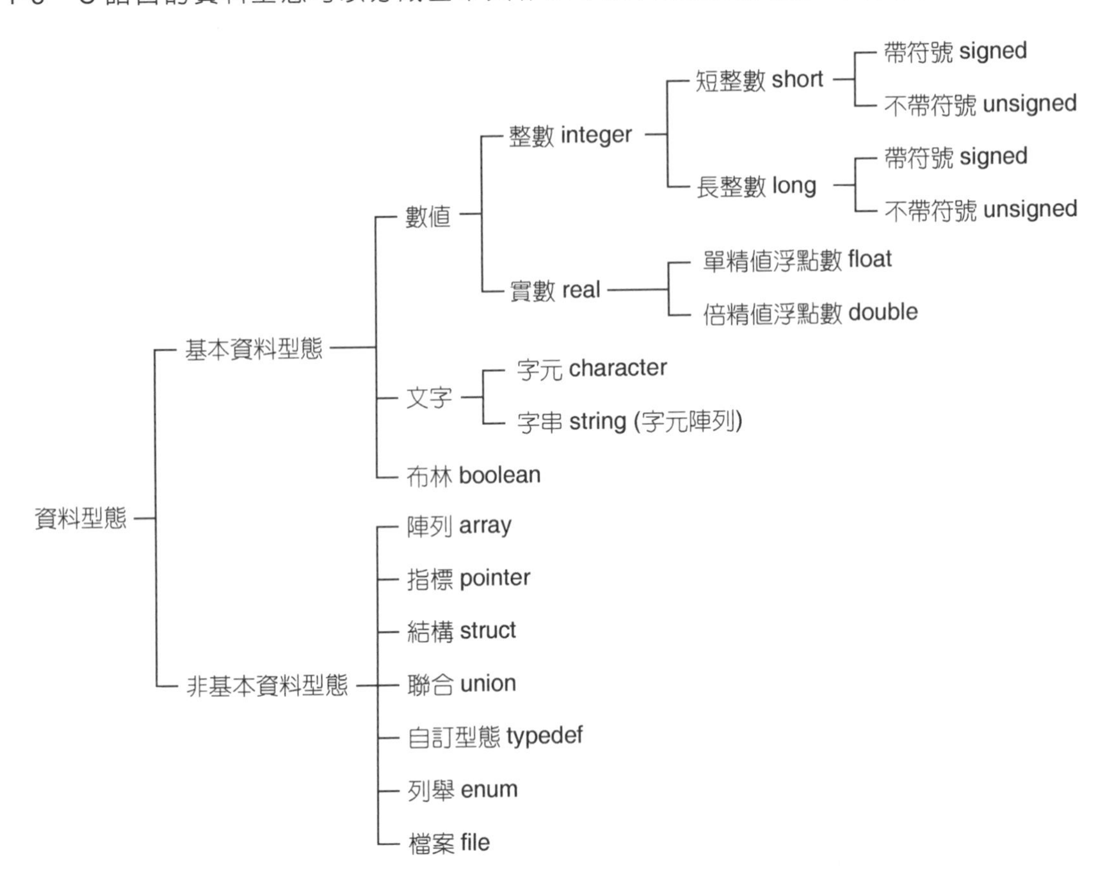

1-5 C 語言的實數宣告語法、佔用記憶空間與表達範圍分別為：

實數資料型態	C 語言宣告語法	佔用記憶空間	表達範圍
單精值	float	4Bytes	$-3.4 \times 10^{38} \sim +3.4 \times 10^{38}$
倍精值	double	8Bytes	$-1.797693 \times 10^{308} \sim +1.797693 \times 10^{308}$

1-7 其結果為 32756，因為：

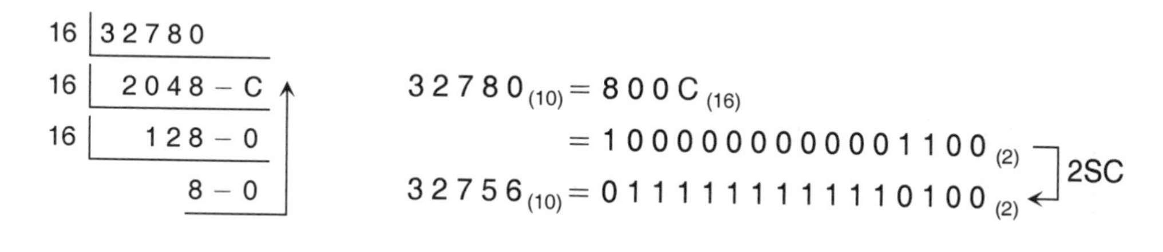

由於 -32780 小於 -32768，因此產生下溢位 (符號位元被資料佔用) 而造成資料表達的錯誤。

1-9 單精值浮點數 10.25 的儲存格式如下：

```
2 | 10              0.25
2 | 5 − 0         ×    2
2 | 2 − 1         -------
    1 − 0           [0].5
                  ×    2
                  -------
                    [1].0
```

$10.25_{(10)} = 1010.01_{(2)} = 1.01001 \times 2^3$

S = 0 (正值)

$E = 3 + 127 = 130_{(10)} = 10000010_{(2)}$

$M = 01001000000000000000000_{(2)}$

儲存格式：

S	E	M
0	100,0001,0	010,0100,0000,0000,0000,0000

4 1 2 4 0 0 0 0

$= 41240000_{(16)}$

1-11 常數：程式中資料內容一旦經過宣告後，它的內容不會因為程式的執行而改變者稱之為常數，其目的是為了提升程式的可讀性與維護性。

變數：程式中資料的內容會隨著程式執行而改變者稱之為變數，以硬體的觀念來看，變數就是一塊特定的記憶體空間。

1-13 C 語言的保留字包括：

auto	break	case	char	const
continue	default	do	double	else
enum	extern	float	for	goto
if	int	long	register	return
short	signed	sizeof	static	struct
switch	typedef	union	unsigned	void
volatile	while			

第二章

2-1 程式執行結果如下：

```
D:\C語言程式範例\ALL PRACTICE\PRACTICE_2\PRACTICE_2_1\PRACTICE_2_1.exe
H         a         p         p         y         !         !

請按任意鍵繼續 . . .
```

2-3 程式執行結果如下：

2-5 原始程式的內容如下：

```
1.  // PRACTICE_2_5
2.
3.  #include <stdio.h>
4.  #include <stdlib.h>
5.
6.  int main(void)
7.  {
8.   char data;
9.
10.  printf("輸入小寫英文字元 (a to z) .. ");
11.  fflush(stdin);
12.  data = getchar();
13.  data -= 0x20;
14.  printf("轉換後的大寫英文字元 ....... %c\n\n", data);
15.  system("PAUSE");
16.  return 0;
17. }
```

小寫英文字元 a～z 的 ASCII 為 $61_{(16)}$～$7A_{(16)}$。

大寫英文字元 A～Z 的 ASCII 為 $41_{(16)}$～$5A_{(16)}$。

2-7 原始程式的內容如下：

```
1.  // PRACTICE_2_7
2.
3.  #include <stdio.h>
4.  #include <stdlib.h>
5.  #include <math.h>
6.
7.  int main(void)
8.  {
9.   float x = 6.0, y = 1.0, result;
10.
11.  result = y*y + 5*y + 8;
12.  printf("result = %.2f\n", result);
13.  result = x*x + 5*x*y + y;
14.  printf("result = %.2f\n", result);
15.  result = 5*x + (2.0/3.0) * (y-7);
16.  printf("result = %.2f\n", result);
```

```
17.    result = x*x*y + 5*y - 4 / (x+y+1);
18.    printf("result = %.2f\n", result);
19.    result = (x*x - 4*x*y) / (x+y);
20.    printf("result = %.2f\n", result);
21.    result = (-x + sqrt(x*x - 11)) / (2*y);
22.    printf("result = %.2f\n\n", result);
23.    system("PAUSE");
24.    return 0;
25.}
```

1. 行號 11～12 的內容：

   result = y × y + 5 × y + 8
   = 1.0 × 1.0 + 5 × 1.0 + 8
   = 1.0 + 5.0 + 8.0
   = 14.00

2. 行號 13～14 的內容：

   result = x × x + 5 × x × y + y
   = 6.0 × 6.0 + 5 × 6.0 × 1.0 + 1.0
   = 36.0 + 30.0 + 1.0
   = 67.00

3. 行號 15～16 的內容：

   result = 5 × x + (2.0 / 3.0) × (y − 7)
   = 5 × 6.0 + 2.0 / 3.0 × (1.0 − 7)
   = 30.0 + 2.0 / 3.0 × (-6.0)
   = 30.0 − 4.0
   = 26.00

4. 行號 17～18 的內容：

   result = x × x × y + 5 × y − 4 / (x + y + 1)
   = 6.0 × 6.0 × 1.0 + 5 × 1.0 − 4 / (6.0 + 1.0 + 1)
   = 36.0 + 5.0 − 4.0 / 8.0
   = 36.0 + 5.0 − 0.5
   = 40.5

5. 行號 19～20 的內容：

result = (x × x – 4 × x × y) / (x + y)

= (6.0 × 6.0 + 4 × 6.0 × 1.0) / (6.0 + 1.0)

= (36.0 – 24.0) / 7.0

= 12.0 / 7.0

= 1.71

6. 行號 21～22 的內容：

result = (-x + sqrt (x × x – 11)) / (2 × y)

= $(-6.0 + \sqrt{6.0 \times 6.0 - 11.0}\,) / (2 \times 1.0)$

= $(-6.0 + \sqrt{25.0}\,) / 2.0$

= (-6.0 + 5.0) / 2.0

= -1.0 / 2.0

= -0.50

2-9　原始程式的內容如下：

```
1.  // PRACTICE_2_9
2.
3.  #include <stdio.h>
4.  #include <stdlib.h>
5.
6.  int main(void)
7.  {
8.    float degree;
9.
10.   printf("輸入所要轉換的攝氏溫度 .. ");
11.   fflush(stdin);
12.   scanf("%f", &degree);
13.   degree = (9.0/5.0) * degree + 32.0;
14.   printf("轉換後的華氏溫度為 ...... %.2f\n\n", degree);
15.   system("PAUSE");
16.   return 0;
17. }
```

2-11 原始程式的內容如下：

```
1.  // PRACTICE_2_11
2.
3.  #include <stdio.h>
4.  #include <stdlib.h>
5.
6.  int main(void)
7.  {
8.
9.    printf("8 + 5 * 4 %% 2 + 5 / 3 = ");
10.   printf("%hd\n", 8 + 5 * 4 % 2 + 5 / 3);
11.   printf("38 %% 6 / 8 + (12 + 6) * 5 %% 6 / 3 = ");
12.   printf("%hd\n", 38 % 6 / 8 + (12 + 6) * 5 % 6 / 3);
13.   printf("54 %% 7 / 2 * 3 + 25.0 / 8 * 5 = ");
14.   printf("%.2f\n", 54 % 7 / 2 * 3 + 25.0 / 8 * 5);
15.   printf("33 %% 2 + 55.0 / 4 * 2 - 21 / 5 = ");
16.   printf("%.2f\n", 33 % 2 + 55.0 / 4 * 2 - 21 / 5);
17.   printf("28 - 5 * 9 %% 4 - 5 * 65.0 / 8 - 20 %% 8 = ");
18.   printf("%f\n\n", 28 - 5 * 9 % 4 - 5 * 65.0 / 8 - 20 % 8);
19.   system("PAUSE");
20.   return 0;
21. }
```

1. 行號 9～10 的內容：

   8 + 5 × 4 % 2 + 5 / 3

   = 8 + 20 % 2 + 1

   = 8 + 0 + 1

   = 9

2. 行號 11～12 的內容：

   38 % 6 / 8 + (12 + 6) × 5 % 6 / 3

   = 2 / 8 + 18 × 5 % 6 / 3

   = 0 + 90 % 6 / 3

   = 0 + 0 / 3

   = 0 + 0

   = 0

3. 行號 13～14 的內容：

54 % 7 / 2 × 3 + 25.0 / 8 × 5

= 5 / 2 × 3 + 3.125 × 5

= 2 × 3 + 15.625

= 6 + 15.625

= 21.63

4. 行號 15～16 的內容：

33 % 2 + 55.0 / 4 × 2 – 21 / 5

= 1 + 13.75 × 2 – 4

= 1 + 27.5 – 4

= 24.5

5. 行號 17～18 的內容：

28 – 5 × 9 % 4 – 5 × 65.0 / 8 – 20 % 8

= 28 – 45 % 4 – 325.0 / 8 – 4

= 28 – 1 – 40.625 – 4

= -17.625000

2-13 程式的執行結果如下：

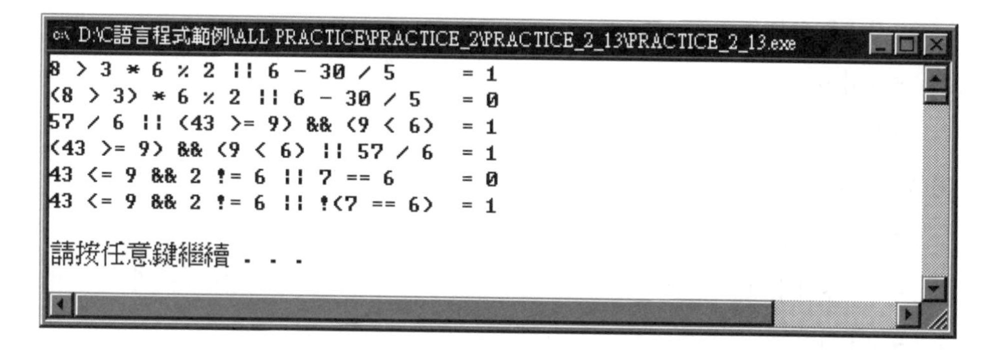

1. 行號 9～10 的內容：

8 > 3 × 6 % 2 || 6 – 30 / 5

= 8 > 18 % 2 || 6 – 6

= 8 > 0 || 0

= 1 || 0

= 1

2. 行號 11～12 的內容：

(8 > 3) × 6 % 2 || 6 – 30 / 5

= 1 × 6 % 2 || 6 – 6

= 6 % 2 || 0

= 0 || 0

= 0

3. 行號 13～14 的內容：

57 / 6 || (43 >= 9) && (9 < 6)

= 9 || 1 && 0

= 9 || 0

= 1

4. 行號 15～16 的內容：

(43 >= 9) && (9 < 6) || 57 / 6

= 1 && 0 || 9

= 0 || 9

= 1

5. 行號 17～18 的內容：

43 <= 9 && 2 != 6 || 7 == 6

= 0 && 1 || 0

= 0 || 0

= 0

6. 行號 19～20 的內容：

43 <= 9 && 2 != 6 || !(7 == 6)

= 0 && 1 || 1

= 0 || 1

= 1

2-15 程式的執行結果如下：

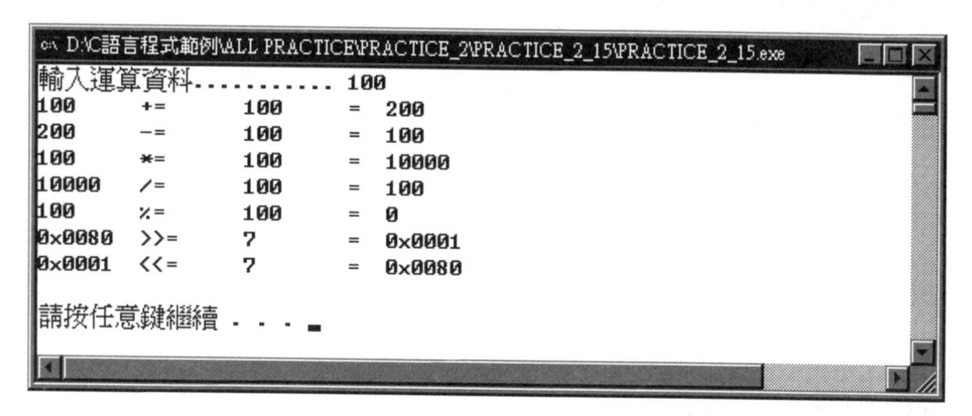

1. 行號 10～12 輸入資料 data1 的內容為 100。
2. 行號 13 的內容：

   100 += 100 =

3. 行號 14 的內容：

   result = 100 + 100

   = 200

4. 行號 15 的內容 (連同行號 13 的顯示)：

   100 += 100 = 200

   200 –= 100 =

5. 行號 16 的內容：

   result = 200 – 100

   = 100

6. 行號 17 的內容 (連同前面的顯示)：

   100 += 100 = 200

   200 –= 100 = 100

   100 *= 100 =

7. 行號 18 的內容：

   result = 100 × 100

   = 10000

8. 行號 20 的內容：

result = 10000 / 100

= 100

9. 行號 22 的內容：

result = 100 % 100

= 0

10. 行號 24 的內容：

result = 0X0080

11. 行號號 26 result 的內容：

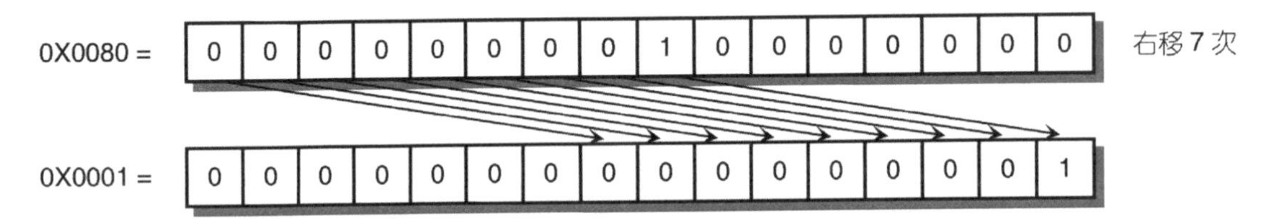

12. 行號 28 result 的內容：

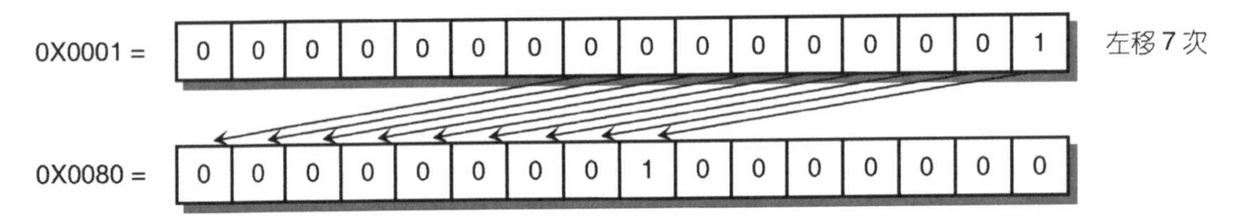

2-17 原始程式的內容如下：

```
1.   // PRACTICE_2_17
2.
3.   #include <stdio.h>
4.   #include <stdlib.h>
5.
6.   int main(void)
7.   {
8.     double data;
9.
10.    printf("輸入資料以便判別 ....... ");
11.    fflush(stdin);
12.    scanf("%lf", &data);
```

```
13.   data < 100.0  ? printf("輸入資料 %lf 小於 100\n\n", data):
14.   data == 100.0 ? printf("輸入資料 %lf 等於 100\n\n", data):
15.                   printf("輸入資料 %lf 大於 100\n\n", data);
16.   system("PAUSE");
17.   return 0;
18. }
```

第三章

3-1　原始程式的內容如下：

```
1.  // PRACTICE_3_1
2.
3.  #include <stdio.h>
4.  #include <stdlib.h>
5.
6.  int main(void)
7.  {
8.    short year;
9.
10.   printf("請輸入西元年代 ....... ");
11.   fflush(stdin);
12.   scanf("%hd", &year);
13.   if((year % 400 == 0) || (year % 4 == 0) && (year % 100 != 0))
14.     printf("你所輸入西元 %hd 爲閏年 !!\n\n", year);
15.   else
16.     printf("你所輸入西元 %hd 爲平年 !!\n\n", year);
17.   system("PAUSE");
18.   return 0;
19. }
```

3-3　原始程式的內容如下：

```
1.  // PRACTICE_3_3
2.
3.  #include <stdio.h>
4.  #include <stdlib.h>
5.
6.  int main(void)
```

```
7.  {
8.    short index, data, flag = 1;
9.
10.   printf("請輸入資料 ........ ");
11.   fflush(stdin);
12.   scanf("%hd", &data);
13.   for(index = 2; index <= data / 2; index ++)
14.     if(data % index == 0)
15.       flag = 0;
16.   if(flag)
17.     printf("%hd 爲質數!!\n\n", data);
18.   else
19.     printf("%hd 不是質數!!\n\n", data);
20.   system("PAUSE");
21.   return 0;
22. }
```

3-5　原始程式的內容如下：

```
1.  // PRACTICE_3_5
2.
3.  #include <stdio.h>
4.  #include <stdlib.h>
5.
6.  int main(void)
7.  {
8.    short data1, data2, remainder,
9.          data3, gcd, lcm;
10.   for(;;)
11.   {
12.     printf("輸入兩筆短整數 (其中有一個爲 0 就結束) ... ");
13.     fflush(stdin);
14.     scanf("%hd %hd", &data1, &data2);
15.     if((data1 == 0) || (data2 == 0))
16.       break;
17.     else
18.     {
19.       gcd   = data1;
20.       data3 = data2;
21.       while(data3 != 0)
22.       {
```

```
23.        remainder = gcd % data3;
24.        gcd   = data3;
25.        data3 = remainder;
26.      }
27.      lcm = data1 * data2 / gcd;
28.      printf("\n%hd 與 %hd 的最大公約數為 %hd\n", data1, data2, gcd);
29.      printf("%hd 與 %hd 的最小公倍數為 %hd\n\n", data1, data2, lcm);
30.    }
31.  }
32.  printf("\n");
33.  system("PAUSE");
34.  return 0;
35. }
```

3-7 原始程式的內容如下：

```
1.   // PRACTICE_3_7
2.
3.   #include <stdio.h>
4.   #include <stdlib.h>
5.
6.   int main(void)
7.   {
8.    char row, column, end;
9.
10.   printf("請輸入阿拉伯字元 (0 到 9) ... ");
11.   fflush(stdin);
12.   scanf("%c", &end);
13.   putchar('\n');
14.   for(row = '0'; row <= end; row ++)
15.   {
16.    for(column = row; column <= end; column++)
17.     printf("%2c", column);
18.    printf("\n");
19.   }
20.   putchar('\n');
21.   system("PAUSE");
22.   return 0;
23. }
```

3-9　原始程式的內容如下：

```
1.   // PRACTICE_3_9
2.
3.   #include <stdio.h>
4.   #include <stdlib.h>
5.
6.   in  t main(void)
7.   {
8.    short level, i, j;
9.    char  symbol;
10.
11.   printf("輸入顯示的符號與層數 ... ");
12.   fflush(stdin);
13.   scanf("%c %hd", &symbol, &level);
14.   printf("\n");
15.   level --;
16.   for(i = 0; i <= level; i++)
17.   {
18.    printf("%2hd.\t", i + 1);
19.    for(j = 0; j <= level; j++)
20.    if(i == j)
21.     printf("%c ", symbol);
22.    else if(i == (level - j))
23.     printf("%c ", symbol);
24.    else
25.     printf("  ");
26.    printf("\n");
27.   }
28.   printf("\n");
29.   system("PAUSE");
30.   return 0;
31. }
```

3-11 原始程式的內容如下：

```
1.   // PRACTICE_3_11
2.
3.   #include <stdio.h>
4.   #include <stdlib.h>
```

```
5.  #include <time.h>
6.
7.  int main(void)
8.  {
9.   long  seed;
10.  short data1, data2, answer, sum;
11.
12.  srand(time(&seed) % 100000);
13.  data1  = rand() % 100;
14.  data2  = rand() % 100;
15.  answer = data1 + data2;
16.  do
17.  {
18.   printf("\n 請輸入答案 %hd + %hd = ", data1, data2);
19.   fflush(stdin);
20.   scanf("%hd", &sum);
21.   if(sum == answer)
22.    printf("恭喜你答對了 ^_^ !!\n\n");
23.   else if(sum > answer)
24.    printf("答錯了 @_@ !! 答案 比 %hd 小\7\7\n", sum);
25.   else
26.    printf("答錯了 @_@ !! 答案 比 %hd 大\7\7\n", sum);
27.  }while(sum != answer);
28.  system("PAUSE");
29.  return 0;
30. }
```

3-13 原始程式的內容如下：

```
1.  // PRACTICE_3_13
2.
3.  #include <stdio.h>
4.  #include <stdlib.h>
5.
6.  int main(void)
7.  {
8.   short total, feet, rabbit;
9.
10.  printf("請輸入雞兔數量與總腳數...... ");
11.  fflush(stdin);
```

```
12.   scanf("%hd %hd", &total, &feet);
13.   for(rabbit = 0; rabbit <= total; rabbit++)
14.     if(rabbit * 4 + (total - rabbit) * 2 == feet)
15.       break;
16.   if(rabbit <= total)
17.   {
18.     printf("\n雞的數量  = % hd 隻\n", total - rabbit);
19.     printf("兔子的數量 = % hd 隻\n\n", rabbit);
20.   }
21.   else
22.     printf("\7\7\n輸入的數據錯誤，無從計算！！\n\n");
23.   system("PAUSE");
24.   return 0;
25. }
```

3-15 原始程式的內容如下：

```
1.  // PRACTICE_3_15
2.
3.  #include <stdio.h>
4.  #include <stdlib.h>
5.
6.  #include <time.h>
7.
8.  #define COUNTER 100
9.  #define NUMBER   6
10.
11. int main(void)
12. {
13.   short count, number, TIMES[NUMBER]={0};
14.
15.   srand(time(NULL));
16.   printf("所產生的亂數如下 ( 1 - 6) :\n");
17.   for(count = 0; count < COUNTER; count++)
18.   {
19.     number = rand() % 6 + 1;
20.     printf("%-4hd", number);
21.     TIMES[number - 1]++;
22.   }
23.   printf("\n各種點數出現的次數 :\n");
24.   for(count = 0; count < NUMBER; count++)
```

```
25.     printf("%hd 點數出現的次數 %hd\n", count + 1, TIMES[count]);
26.   printf("\n");
27.   system("PAUSE");
28.   return 0;
29. }
```

第四章

4-1 原始程式的內容如下：

```
1.   // PRACTICE_4_1
2.
3.   #include <stdio.h>
4.   #include <stdlib.h>
5.
6.   #define     MAX 9
7.
8.   int main(void)
9.   {
10.    short i, j, answer[MAX][MAX];
11.
12.    for(i = 0; i < MAX; i++)
13.      for(j = 0; j < MAX; j++)
14.        answer[i][j] = (i + 1) * (j + 1);
15.    for(;;)
16.    {
17.      printf("請輸入兩個 1 - 9 數字, 有一個爲 0 就結束.. ");
18.      fflush(stdin);
19.      scanf("%hd %hd", &i, &j);
20.      if((i == 0) || (j == 0))
21.        break;
22.      else
23.      {
24.        printf("%hd * %hd  = ", i, j);
25.        printf("%hd\n\n", answer[i - 1][j - 1]);
26.      }
27.    }
28.   printf("\n");
29.   system("PAUSE");
30.   return 0;
31. }
```

4-3 原始程式的內容如下：

```
1.  // PRACTICE_4_3
2.
3.  #include <stdio.h>
4.  #include <stdlib.h>
5.
6.  #define      SIZE  6
7.
8.  int main(void)
9.  {
10.   short index, below = 0;
11.   float average, sum = 0, score[SIZE];
12.
13.   for(index = 0; index < SIZE; index++)
14.   {
15.     printf("請輸入第 %hd 個成績 ...... ", index + 1);
16.     fflush(stdin);
17.     scanf("%f", &score[index]);
18.     sum += score[index];
19.   }
20.   average = sum / index;
21.   printf("\n你所輸入的成績爲 :\n");
22.   for(index = 0; index < SIZE; index++)
23.   {
24.     printf("第 %hd 個成績 = %.2f\n", index + 1, score[index]);
25.     if(score[index] < average)
26.       below++;
27.   }
28.   printf("\n平均成績 = %.2f\n", average);
29.   printf("%hd 個成績低於平均值 !!\n\n", below);
30.   system("PAUSE");
31.   return 0;
32. }
```

4-5 原始程式的內容如下：

```
1.  // PRACTICE_4_5
2.
3.  #include <stdio.h>
```

```
4.  #include <stdlib.h>
5.
6.  #define      NUMBER 6
7.  #define      LENGTH 7
8.
9.  int main(void)
10. {
11.   short i;
12.   float chinese[NUMBER], english[NUMBER], mathematics[NUMBER],
13.         sum[NUMBER], average[NUMBER];
14.   char  name[][LENGTH] = {"劉宇修", "張啓東", "朱元璋",
15.                           "黃富國", "陳明峰", "吳景星"};
16.
17.   printf("輸入各科成績 , 以 TAB 隔開並以 ENTER 結束!!\n\n");
18.   printf("姓名\t\t座號\t國文\t英文\t數學\n");
19.   for(i = 0; i < NUMBER; i++)
20.   {
21.    printf("%s\t\t", name[i]);
22.    fflush(stdin);
23.    printf("%2hd\t", i + 1);
24.    scanf("%f %f %f", &chinese[i], &english[i], &mathematics[i]);
25.    sum[i] = chinese[i] + english[i] + mathematics[i];
26.    average[i] = sum[i] / 3;
27.    printf("\7");
28.   }
29.   while(1)
30.   {
31.    printf("\n輸入所要查詢學生的座號 (1 - 6 否則結束) .. ");
32.    fflush(stdin);
33.    scanf("%hd", &i);
34.    if((i == 0) || (i > NUMBER))
35.    {
36.     printf("\7查詢結束 !!\n\n");
37.     break;
38.    }
39.    else
40.    {
41.     printf("\n姓名\t\t座號\t國文\t英文\t數學\t總分\t平均\n");
42.     printf("----------------------------------");
43.     printf("----------------------------\n");
```

```
44.      printf("%s\t\t%2hd\t%.2f\t", name[i - 1], i, chinese[i - 1]);
45.      printf("%.2f\t%.2f\t", english[i - 1], mathematics[i - 1]);
46.      printf("%.2f\t%.2f\n", sum[i - 1], average[i - 1]);
47.    }
48.   }
49.   system("PAUSE");
50.   return 0;
51. }
```

4-7　原始程式的內容如下：

```
1.  // PRACTICE_4_7
2.
3.  #include <stdio.h>
4.  #include <stdlib.h>
5.
6.  #define     NUMBER 12
7.
8.  int main(void)
9.  {
10.   short i, j;
11.   float data[NUMBER], temp;
12.
13.   for(i = 0; i < NUMBER; i++)
14.   {
15.     printf("請輸入第 %2hd 筆資料 .........  ", i + 1);
16.     fflush(stdin);
17.     scanf("%f", &data[i]);
18.   }
19.   printf("\n排序之前的資料.............\n");
20.   for(i = 0; i < NUMBER; i++)
21.      printf("%.2f\t", data[i]);
22.
23. // bubble sorting from large to small
24.
25.   for(i = NUMBER - 2; i >= 0; i--)
26.   {
27.     for(j = 0; j <= i; j++)
28.     if(data[j] < data[j+1])
29.     {
```

```
30.      temp       = data[j];
31.      data[j]    = data[j+1];
32.      data[j+1]  = temp;
33.    }
34.  }
35.  printf("\n\n排序之後的資料............\n");
36.  for(i = 0; i < NUMBER; i++)
37.   printf("%.2f\t", data[i]);
38.  printf("\n\n");
39.  system("PAUSE");
40.  return 0;
41. }
```

4-9　原始程式的內容如下：

```
1.  //PRACTICE_4_9
2.
3.  #include <stdio.h>
4.  #include <stdlib.h>
5.
6.  #define     NUMBER 12
7.
8.  int main(void)
9.  {
10.  short i, j;
11.  float data[NUMBER], temp;
12.
13.  for(i = 0; i < NUMBER; i++)
14.  {
15.   printf("請輸入第 %2hd 筆資料 .........  ", i + 1);
16.   fflush(stdin);
17.   scanf("%f", &data[i]);
18.  }
19.  printf("\n排序之前的資料 :\n");
20.  for(i = 0; i < NUMBER; i++)
21.   printf("%.2f\t", data[i]);
22.
23. // select sorting from small to large
24.
25.  for(i = 0; i < NUMBER - 1; i++)
```

```
26.   {
27.     for(j = i + 1; j < NUMBER; j++)
28.       if(data[i] > data[j])
29.       {
30.         temp    = data[i];
31.         data[i] = data[j];
32.         data[j] = temp;
33.       }
34.   }
35.   printf("\n\n 排序之後的資料 :\n");
36.   for(i = 0; i < NUMBER; i++)
37.     printf("%.2f\t", data[i]);
38.   printf("\n\n");
39.   system("PAUSE");
40.   return 0;
41. }
```

4-11 原始程式的內容如下：

```
1.  // PRACTICE_4_11
2.
3.  #include <stdio.h>
4.  #include <stdlib.h>
5.
6.  #define  SIZE  12
7.
8.  int main(void)
9.  {
10.   short i, flag, interval = SIZE;
11.   float data[SIZE], temp;
12.
13.   for(i = 0; i < SIZE; i++)
14.   {
15.     printf("請輸入第 %2hd 筆資料 .........  ", i + 1);
16.     fflush(stdin);
17.     scanf("%f", &data[i]);
18.   }
19.   printf("\n 排序之前的資料............\n");
20.   for(i = 0; i < SIZE; i++)
21.     printf("%.2f\t", data[i]);
```

```
22.
23. // shell sorting from large to small
24.
25.  while(interval != 0)
26.  {
27.   interval = interval / 2;
28.   do
29.   {
30.    flag = 0;
31.    for(i = 0; i <= SIZE - interval - 1; i++)
32.    {
33.     if(data[i] < data[interval + i])
34.     {
35.      temp = data[i];
36.      data[i] = data[interval + i];
37.      data[interval + i] = temp;
38.      flag = 1;
39.     }
40.    }
41.   }while(flag == 1);
42.  }
43.  printf("\n\n排序之後的資料 :\n");
44.  for(i = 0; i < SIZE; i++)
45.   printf("%.2f\t", data[i]);
46.  printf("\n\n");
47.  system("PAUSE");
48.  return 0;
49. }
```

4-13 原始程式的內容如下：

```
1.  // PRACTICE_4_13
2.
3.  #include <stdio.h>
4.  #include <stdlib.h>
5.
6.  #define     NUMBER 12
7.
8.  int main(void)
9.  {
```

```
10.   short i;
11.   float data[NUMBER], find;
12.
13.   for(i = 0; i < NUMBER; i++)
14.   {
15.     printf("請輸入第 %2hd 筆資料 .........  ", i + 1);
16.     fflush(stdin);
17.     scanf("%f", &data[i]);
18.   }
19.   printf("\n 資料庫的所有資料 :\n");
20.   for(i = 0; i < NUMBER; i++)
21.     printf("%.2f\t", data[i]);
22.   printf("\n\n 輸入所要找尋的資料 : ");
23.   scanf("%f", &find);
24.
25. // sequential searching
26.
27.   i = 0;
28.   while((data[i] != find) && (i++ < NUMBER));
29.   if(i > NUMBER)
30.     printf("\n 資料 %.2f 不在資料庫內 !!\7\7\n\n", find);
31.   else
32.     printf("\n 資料 %.2f 在資料庫的第 %hd 筆\n\n", find, ++i);
33.   system("PAUSE");
34.   return 0;
35. }
```

4-15 原始程式的內容如下：

```
1.  // PRACTICE_4_15
2.
3.  #include <stdio.h>
4.  #include <stdlib.h>
5.
6.  #define  NUMBER 12
7.
8.  int main(void)
9.  {
10.   short i, j, middle, low = 0,
11.         high = NUMBER - 1, flag = 1;
```

```
12.   float data[NUMBER], temp, find;
13.
14.   for(i = 0; i < NUMBER; i++)
15.   {
16.    printf("請輸入第 %2hd 筆資料 ........  ", i + 1);
17.    fflush(stdin);
18.    scanf("%f", &data[i]);
19.   }
20.   printf("\n 資料庫的所有資料 :\n");
21.   for(i = 0; i < NUMBER; i++)
22.    printf("%.2f\t", data[i]);
23.
24. // select sorting
25.
26.   for(i = 0; i < NUMBER - 1; i++)
27.   {
28.    for(j = i + 1; j < NUMBER; j++)
29.     if(data[i] > data[j])
30.     {
31.      temp    = data[i];
32.      data[i] = data[j];
33.      data[j] = temp;
34.     }
35.   }
36.   printf("\n\n 排序之後的資料 :\n");
37.   for(i = 0; i < NUMBER; i++)
38.    printf("%.2f\t", data[i]);
39.   printf("\n\n 輸入所要找尋的資料 : ");
40.   scanf("%f", &find);
41.
42. // binary searching
43.
44.   do
45.   {
46.    middle = (low + high) / 2;
47.    if(data[middle] > find)
48.     high = middle - 1;
49.    else if(data[middle] < find)
50.     low = middle + 1;
51.    else
```

```
52.       flag = 0;
53.    }while((low <= high) && (flag));
54.    if(!flag)
55.      printf("資料 %.2f 在資料庫的第 %hd 筆\n\n", find, middle+1);
56.    else
57.      printf("資料 %.2f 不在資料庫內 !!\7\7\n\n", find);
58.    system("PAUSE");
59.    return 0;
60. }
```

第五章

5-1　程式執行的結果如下：

5-3　程式執行的結果如下：

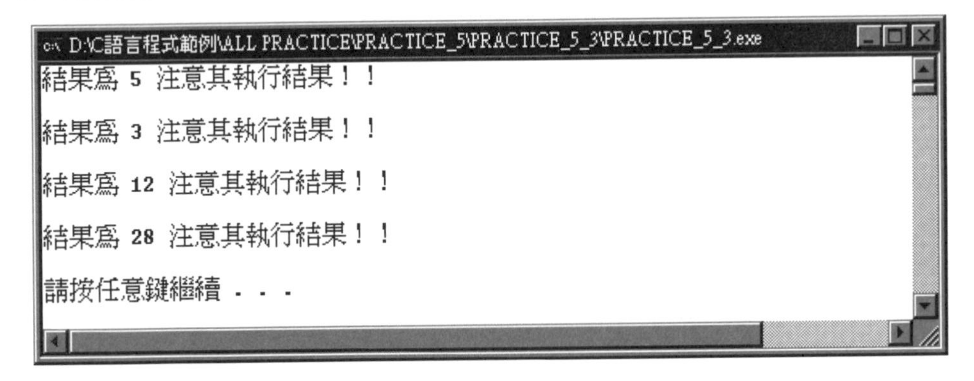

1. 行號 13 中：

   $5 + 2 - 3 + 1 = 5$

2. 行號 14 中：

   $(5 + 2) - (3 + 1)$

   $= 7 - 4$

   $= 13$

3. 行號 15 中：

5 + 2 × 3 + 1

= 5 + 6 + 1

= 12

4. 行號 16 中：

(5 + 2) × (3 + 1)

= 7 × 4

= 28

5-5　原始程式的內容如下：

```
1.  // PRACTICE_5_5
2.
3.  #include <stdio.h>
4.  #include <stdlib.h>
5.
6.  #define SQR(X)        (X)*(X)
7.  #define CUBIC(X)      SQR(X)*(X)
8.  #define ABS(X)        ((X)>0) ? X : -(X)
9.  #define ODD_EVEN(X)  ((X)%2==0)\
10.                      ? printf("偶數 !!")\
11.                      : printf("奇數 !!")
12.
13. int main(void)
14. {
15.   short select, data;
16.
17.   printf("1 : 計算平方值!!\n");
18.   printf("2 : 計算立方值!!\n");
19.   printf("3 : 判斷絕對值!!\n");
20.   printf("4 : 判斷奇偶數值!!\n\n");
21.   printf("請輸入資料與選項 (以空白隔開) .. ");
22.   fflush(stdin);
23.   scanf("%hd %c", &data, &select);
24.   switch(select)
25.   {
26.     case '1':
27.       printf("%hd 的平方值 = %d", data, SQR(data));
28.       break;
```

```
29.     case '2':
30.       printf("%hd 的立方值 = %d", data, CUBIC(data));
31.       break;
32.     case '3':
33.       printf("%hd 的絕對值 =  %d", data, ABS(data));
34.       break;
35.     case '4':
36.       printf("%hd 的值爲", data);
37.       ODD_EVEN(data);
38.       break;
39.     default:
40.       printf("\7\7\7 選項錯誤！！");
41.   }
42.   printf("\n\n");
43.   system("PAUSE");
44.   return 0;
45. }
```

5-7　原始程式的內容如下：

```
1.  // PRACTICE_5_7
2.
3.  #include <stdio.h>
4.  #include <stdlib.h>
5.
6.  int main(void)
7.  {
8.    void SQR(int);
9.    void CUBIC(int);
10.   void ABS(int);
11.   void ODD_EVEN(int);
12.
13.   char select;
14.   int  data;
15.
16.   printf("1 : 計算平方值！！\n");
17.   printf("2 : 計算立方值！！\n");
18.   printf("3 : 計算絕數值！！\n");
19.   printf("4 : 判斷奇偶數值！！\n\n");
20.   printf("請輸入資料與選項 (以空白隔開) .. ");
21.   fflush(stdin);
```

```
22.   scanf("%d %c", &data, &select);
23.   switch(select)
24.   {
25.    case '1':
26.     SQR(data);
27.     break;
28.    case '2':
29.     CUBIC(data);
30.     break;
31.    case '3':
32.     ABS(data);
33.     break;
34.    case '4':
35.     ODD_EVEN(data);
36.     break;
37.    default:
38.     printf("\7\7\7 選項錯誤！！");
39.   }
40.   printf("\n\n");
41.   system("PAUSE");
42.   return 0;
43. }
44.
45. void SQR(int x)
46. {
47.   printf("%d 的平方值 = %d", x, x * x);
48.   return;
49. }
50.
51. void CUBIC(int x)
52. {
53.   printf("%d 的立方值 = %d", x, x * x * x);
54.   return;
55. }
56.
57. void ABS(int x)
58. {
59.   printf("%d 的絕對值 = %d", x, x > 0 ? x : -x);
60.   return;
61. }
```

```
62.
63. void ODD_EVEN(int x)
64. {
65.   printf("%d 的值爲", x);
66.   x % 2 == 0 ? printf("偶數 !!")
67.              : printf("奇數 !!");
68.   return;
69. }
```

5-9 原始程式的內容如下：

```
1.  // PRACTICE_5_9
2.
3.  #include <stdio.h>
4.  #include <stdlib.h>
5.  #include <time.h>
6.
7.  #define SIZE 30
8.
9.  int main(void)
10. {
11.   void display(short *);
12.   void sort(short *);
13.   void search(short*, short);
14.
15.   short data[SIZE], index, find;
16.   long  seed;
17.
18. // main function
19.
20.   srand(time(&seed) % 100000);
21.   for(index = 0; index < SIZE; index++)
22.     data[index] = rand();
23.   printf("資料庫的所有資料 :\n");
24.   display(data);
25.   sort(data);
26.   printf("排序之後的資料 :\n");
27.   display(data);
28.   printf("輸入所要找尋的資料 : ");
29.   scanf("%hd", &find);
30.   search(data, find);
```

```
31.   system("PAUSE");
32.   return 0;
33. }
34.
35. void display(short *data)
36. {
37.   short index;
38.
39.   for(index = 0; index < SIZE; index++)
40.     printf("%hd\t", *(data + index));
41.   printf("\n");
42.   return;
43. }
44.
45. void sort(short *data)
46. {
47.   short i, j, temp;
48.
49.   for(i = 0; i <SIZE - 1; i++)
50.   {
51.     for(j = i + 1; j < SIZE; j++)
52.       if(*(data + i) > *(data + j))
53.       {
54.         temp = *(data + i);
55.         *(data + i) = *(data + j);
56.         *(data + j) = temp;
57.       }
58.   }
59. }
60.
61. void search(short *data, short find)
62. {
63.   short middle, low = 0,
64.         high = SIZE - 1, flag = 1;
65.   do
66.   {
67.     middle = (low + high) / 2;
68.     if(*(data + middle) > find)
69.       high = middle - 1;
70.     else if(*(data + middle) < find)
71.       low = middle + 1;
```

```
72.     else
73.       flag = 0;
74.   }while((low <= high) && (flag));
75.   if(!flag)
76.     printf("資料 %hd 在資料庫的第 %hd 筆\n\n", find, middle+1);
77.   else
78.     printf("資料 %hd 不在資料庫內 !!\7\7\n\n", find);
79. }
```

5-11 原始程式的內容如下：

```
1.  // PRACTICE_5_11
2.
3.  #include <stdio.h>
4.  #include <stdlib.h>
5.
6.  int main(void)
7.  {
8.    int   fibonacci(short);
9.
10.   short month;
11.
12.   for(;;)
13.   {
14.     printf("輸入查詢月數 (0 就結束) ... ");
15.     fflush(stdin);
16.     scanf("%hd", &month);
17.     if(month)
18.     {
19.       printf("第 %hd 個月後兔子的總對數爲", month);
20.       printf(" %d\n", fibonacci(month));
21.     }
22.     else
23.       break;
24.     printf("\n");
25.   }
26.   printf("\n");
27.   system("PAUSE");
28.   return 0;
29. }
30.
```

```
31. int fibonacci(short x)
32. {
33.   if(x < 3)
34.     return(1);
35.   else
36.     return(fibonacci(x - 1) + fibonacci(x - 2));
37. }
```

第六章

6-1　原始程式的內容如下：

```
1.  // PRACTICE_6_1
2.
3.  #include <stdio.h>
4.  #include <stdlib.h>
5.  #include <string.h>
6.
7.  #define LENGTH 8
8.  #define NUMBER 4
9.
10. int main(void)
11. {
12.   struct record
13.   {
14.     char          name[LENGTH];
15.     struct record *next;
16.   };
17.   struct record fruit[NUMBER];
18.
19.   short i;
20.
21.   strcpy(fruit[0].name, "Lemon");
22.   fruit[0].next = &fruit[1];
23.   strcpy(fruit[1].name, "Peach");
24.   fruit[1].next = &fruit[2];
25.   strcpy(fruit[2].name, "Apple");
26.   fruit[2].next = &fruit[3];
27.   strcpy(fruit[3].name, "Orange");
28.   fruit[3].next = &fruit[4];
29.   for(i = 0; i < NUMBER; i++)
```

```
30.   {
31.     printf("目前連結串列的開始位址 %p\n", &fruit[i]);
32.     printf("目前連結串列的內容     %s\n", fruit[i].name);
33.     printf("下一個連結串列的位址   %p\n\n", fruit[i].next);
34.   }
35.   system("PAUSE");
36.   return 0;
37. }
```

6-3 原始程式的內容如下：

```
1.  // PRACTICE_6_3
2.
3.  #include <stdio.h>
4.  #include <stdlib.h>
5.  #include <string.h>
6.
7.  #define  SIZE      10
8.  #define  LENGTH    8
9.  #define  NUMBER    6
10.
11. struct record
12. {
13.   char  name[SIZE];
14.   char  id[LENGTH];
15.   float chin;
16.   float eng;
17.   float ave;
18. };
19. struct record student[] =
20.   {{"劉宇修", "A123456", 80, 98, 0},
21.    {"張啓東", "A123457", 66, 87, 0},
22.    {"朱元璋", "A123458", 89, 90, 0},
23.    {"黃富國", "A123459", 92, 78, 0},
24.    {"陳明峰", "A123460", 77, 79, 0},
25.    {"吳景星", "A123461", 76, 78, 0}};
26.
27. int main(void)
28. {
29.   void display(void);
30.   void sort(void);
```

```
31.
32.    short index;
33.
34.    for(index = 0; index < NUMBER; index++)
35.      student[index].ave = (student[index].chin +
36.                             student[index].eng)/ 2;
37.    printf("以學號的順序顯示:\n");
38.    display();
39.    sort();
40.    printf("以平均成績的高低依順序顯示:\n");
41.    display();
42.    system("PAUSE");
43.    return 0;
44.  }
45.
46.  void display(void)
47.  {
48.    short index;
49.
50.    printf("姓名\t\t 學號\t\t 國文\t\t 英文\t\t 平均\n");
51.    for(index = 0; index < NUMBER; index++)
52.    {
53.      printf("%s\t\t",   student[index].name);
54.      printf("%s\t\t",   student[index].id);
55.      printf("%4.2f\t\t", student[index].chin);
56.      printf("%4.2f\t\t", student[index].eng);
57.      printf("%4.2f\n",   student[index].ave);
58.    }
59.    putchar('\n');
60.  }
61.
62.  void sort(void)
63.  {
64.    short i, j;
65.    struct record temp;
66.
67.    for(i = NUMBER - 2; i >= 0; i--)
68.    {
69.      for(j = 0; j <= i; j++)
70.      {
```

```
71.      if(student[j].ave < student[j+1].ave)
72.      {
73.        strcpy(temp.name, student[j].name);
74.        strcpy(temp.id, student[j].id);
75.        temp.chin = student[j].chin;
76.        temp.eng  = student[j].eng;
77.        temp.ave  = student[j].ave;
78.
79.        strcpy(student[j].name, student[j+1].name);
80.        strcpy(student[j].id, student[j+1].id);
81.        student[j].chin = student[j+1].chin;
82.        student[j].eng  = student[j+1].eng;
83.        student[j].ave  = student[j+1].ave;
84.
85.        strcpy(student[j+1].name, temp.name);
86.        strcpy(student[j+1].id, temp.id);
87.        student[j+1].chin = temp.chin;
88.        student[j+1].eng  = temp.eng ;
89.        student[j+1].ave  = temp.ave;
90.      }
91.    }
92.  }
93. }
```

6-5　原始程式的內容如下：

```
1.  // PRACTICE_6_5
2.
3.  #include <stdio.h>
4.  #include <stdlib.h>
5.  #include <conio.h>
6.
7.  #define     SIZE  100
8.  #define     EMPTY -1
9.
10. short   stack[SIZE], index = EMPTY;
11.
12. int main(void)
13. {
14.   void push(int);
```

```
15.   void pop(void);
16.   void display(void);
17.
18.   char select;
19.   int  data;
20.
21.   printf("1 : 儲存資料 push !!\n");
22.   printf("2 : 取回資料 pop!!\n");
23.   printf("3 : 顯示堆疊內容!!\n");
24.   printf("4 : 離開系統!!\n");
25.   do{
26.     printf("\n請輸入選項 .. ");
27.     select = getche();
28.     switch(select)
29.     {
30.       case '1':
31.         printf("\n輸入所要儲存的資料 .... ");
32.         fflush(stdin);
33.         scanf("%d", &data);
34.         push(data);
35.         break;
36.       case '2':
37.         pop();
38.         printf("\n");
39.         break;
40.       case '3':
41.         display();
42.         printf("\n");
43.         break;
44.       case '4':
45.         printf("\n\7已經離開系統!!");
46.         break;
47.       default:
48.         printf("\n\7\7\7選項錯誤!!\n");
49.     }
50.   }while(select != '4');
51.   printf("\n\n");
52.   system("PAUSE");
53.   return 0;
54. }
```

```
55.
56. void push(int data)
57. {
58.   if(index == SIZE - 1)
59.     printf("\n堆疊已滿 !!\7\7");
60.   else
61.     stack[++index] = data;
62. }
63.
64. int pop(void)
65. {
66.   int data;
67.
68.   if(index == EMPTY)
69.     printf("\n堆疊內部沒有資料 !!\7\7");
70.   else
71.   {
72.     data = stack[index--];
73.     printf("\n所取回的資料爲  %d", data);
74.   }
75. }
76.
77. void display(void)
78. {
79.   int data;
80.
81.   if(index == EMPTY)
82.     printf("\n堆疊內部沒有資料 !!\7\7");
83.   else
84.   {
85.     while(index != EMPTY)
86.       pop();
87.   }
88. }
```

第七章

7-1　原始程式的內容如下：

```
1.  // PRACTICE_7_1
2.
3.  #include <stdio.h>
4.  #include <stdlib.h>
5.
6.  #define ROW    6
7.  #define LENGTH 25
8.
9.  int main(void)
10. {
11.  FILE  *outptr;
12.  short row;
13.  char  data[ROW][LENGTH];
14.
15.  printf("請依序輸入 6 筆字串資料 :\n\n");
16.  for(row = 0; row < ROW; row++)
17.  {
18.   printf("第 %hd 筆字串 : ", row + 1);
19.   gets(data[row]);
20.  }
21.  outptr = fopen("D:/C 語言程式範例/FILE_DATA/PRACTICE_7_1.txt", "w");
22.  if(outptr != NULL)
23.  {
24.   for(row = 0; row < ROW; row++)
25.   {
26.    fputs(data[row], outptr);
27.    fputc('\n', outptr);
28.   }
29.   fclose(outptr);
30.   printf("\n 字串資料寫入完畢 !!\n\n");
31.   printf("檔案路徑及名稱 : D:\\C 語言程式範例");
32.   printf("\\FILE_DATA\\PRACTICE_7_1.txt\n");
33.  }
34.  else
35.   printf("\7\7 開檔失敗 !!\n");
36.  putchar('\n');
```

```
37.   system("PAUSE");
38.   return 0;
39. }
```

7-3　原始程式的內容如下：

```
1.  // PRACTICE_7_3
2.
3.  #include <stdio.h>
4.  #include <stdlib.h>
5.
6.  #define ROW    6
7.  #define LENGTH 25
8.
9.  int main(void)
10. {
11.   FILE *outptr;
12.   short row;
13.   char *data;
14.
15.   printf("請依序輸入 6 筆字串資料 :\n\n");
16.   outptr = fopen("D:/C 語言程式範例/FILE_DATA/PRACTICE_7_3.txt", "w");
17.   if(outptr != NULL)
18.   {
19.     for(row = 0; row < ROW; row++)
20.     {
21.       data = (char*) malloc (LENGTH);
22.       printf("第 %hd 筆字串 : ", row + 1);
23.       gets(data);
24.       fputs(data, outptr);
25.       fputc('\n', outptr);
26.       free(data);
27.     }
28.     fclose(outptr);
29.     printf("\n 字串資料寫入完畢 !!\n\n");
30.     printf("檔案路徑及名稱 : D:\\C 語言程式範例");
31.     printf("\\FILE_DATA\\PRACTICE_7_3.txt\n");
32.   }
33.   else
34.     printf("\7\7 開檔失敗 !!\n");
```

```
35.   putchar('\n');
36.   system("PAUSE");
37.   return 0;
38. }
```

7-5 原始程式的內容如下：

```
1.  // PRACTICE_7_5
2.
3.  #include <stdio.h>
4.  #include <stdlib.h>
5.
6.  int main(void)
7.  {
8.    FILE *inptr;
9.    char data;
10.   char name[30];
11.
12.   printf("輸入所指定文字檔的路徑與檔名 : ");
13.   scanf("%s" ,name);
14.   inptr = fopen(name, "r");
15.   if(inptr != NULL)
16.   {
17.     printf("\n%s 的檔案內容爲 :\n\n", name);
18.     while((data = fgetc(inptr)) != EOF)
19.       printf("%c", data);
20.     fclose(inptr);
21.   }
22.   else
23.     printf("\7\7 開檔失敗, 檔案可能不存在 !!\n");
24.   printf("\n\n");
25.   system("PAUSE");
26.   return 0;
27. }
```

7-7 原始程式的內容如下：

```
1.  // PRACTICE_7_7
2.
3.  #include <stdio.h>
```

```
4.  #include <stdlib.h>
5.
6.  #define NUMBER 5
7.  #define SIZE   8
8.  #define COUNT  1
9.
10. int main(void)
11. {
12.   FILE  *inptr;
13.   short  index = 0;
14.   struct record
15.   {
16.     char  name[SIZE];
17.     float total;
18.     float safty;
19.     float price;
20.     float value;
21.   };
22.   struct record fruit[NUMBER];
23.   inptr = fopen("D:/C 語言程式範例/FILE_DATA/DATA_FRUIT.bin", "rb");
24.   if(inptr != NULL)
25.   {
26.     while(fread(&fruit[index++], sizeof(fruit[index]),
27.                                  COUNT, inptr) == COUNT);
28.     fclose(inptr);
29.     printf("水果名稱\t 總庫存\t\t 安全量\t\t 每公斤價錢\t 總市值\n");
30.     printf("==========================================================");
31.     printf("==================================================\n\n");
32.     for(index = 0; index < NUMBER; index++)
33.     {
34.       printf("%s\t\t", fruit[index].name);
35.       printf("%4.2f\t\t", fruit[index].total);
36.       printf("%4.2f\t\t", fruit[index].safty);
37.       printf("%4.2f\t\t", fruit[index].price);
38.       printf("%4.2f\n", fruit[index].value);
39.     }
40.   }
41.   else
42.     printf("\7\7 開檔失敗 !!\n\n");
43.   putchar('\n');
```

```
44.   system("PAUSE");
45.   return 0;
46.}
```

7-9　原始程式的內容如下：

```
1.  // PRACTICE_7_9
2.
3.  #include <stdio.h>
4.  #include <stdlib.h>
5.
6.  #define SIZE   8
7.  #define COUNT  1
8.
9.  struct record
10. {
11.   char name[SIZE];
12.   float total;
13.   float safty;
14.   float price;
15.   float value;
16. }fruit;
17.
18. int main(void)
19. {
20.   void display(void);
21.
22.   FILE *inptr;
23.   short index;
24.
25.   inptr = fopen("D:/C語言程式範例/FILE_DATA/DATA_FRUIT.bin", "rb");
26.   if(inptr != NULL)
27.   {
28.     printf("水果名稱\t總庫存\t\t安全量\t\t每公斤價錢\t總市值\n");
29.     printf("===================================");
30.     printf("===================================\n\n");
31.     while(fread(&fruit, sizeof(fruit), COUNT, inptr) == COUNT)
32.       display();
33.     printf("\n 1. 蘋果\t 2. 桃子\t 3. 芭樂\t 4. 檸檬");
34.     printf("\n 5. 荔枝\t 6. 香蕉\t 7. 鳳梨\t 8. 楊桃\n\n");
```

```
35.     while(1)
36.     {
37.       printf("輸入查詢資料的筆數 1 - 8 否則結束...... ");
38.       fflush(stdin);
39.       scanf("%hd", &index);
40.       if(index < 9 && index > 0)
41.       {
42.         fseek(inptr, sizeof(fruit)*(index - 1), SEEK_SET);
43.         if(fread(&fruit, sizeof(fruit), COUNT, inptr) == COUNT)
44.         {
45.           printf("水果名稱\t總庫存\t\t安全量\t\t每公斤價錢\t總市值\n");
46.           display();
47.           putchar('\n');
48.         }
49.       }
50.       else
51.       {
52.         printf("\n\7\7超過範圍程式結束 !!\n\n");
53.         break;
54.       }
55.     }
56.     fclose(inptr);
57.   }
58.   else
59.     printf("\7\7開檔失敗 !!\n\n");
60.   system("PAUSE");
61.   return 0;
62. }
63.
64. void display(void)
65. {
66.   printf("%s\t\t", fruit.name);
67.   printf("%4.2f\t\t", fruit.total);
68.   printf("%4.2f\t\t", fruit.safty);
69.   printf("%4.2f\t\t", fruit.price);
70.   printf("%4.2f\n", fruit.value);
71. }
```

國家圖書館出版品預行編目資料

C 語言程式設計 / 劉紹漢編著. -- 四版. -- 新北市：全華圖書, 2016.04

面； 公分

ISBN 978-986-463-201-5(平裝附光碟片)

1.C(電腦程式語言)

312.32C 105005429

C 語言程式設計

作者 / 劉紹漢

發行人 / 陳本源

執行編輯 / 李文菁

出版者 / 全華圖書股份有限公司

郵政帳號 / 0100836-1 號

印刷者 / 宏懋打字印刷股份有限公司

圖書編號 / 06107037

四版一刷 / 2016 年 04 月

定價 / 新台幣 620 元

ISBN / 978-986-463-201-5 (平裝附光碟)

全華圖書 / www.chwa.com.tw

全華網路書店 Open Tech / www.opentech.com.tw

若您對書籍內容、排版印刷有任何問題，歡迎來信指導 book@chwa.com.tw

臺北總公司(北區營業處)

地址：23671 新北市土城區忠義路 21 號

電話：(02) 2262-5666

傳真：(02) 6637-3695、6637-3696

中區營業處

地址：40256 臺中市南區樹義一巷 26 號

電話：(04) 2261-8485

傳真：(04) 3600-9806

南區營業處

地址：80769 高雄市三民區應安街 12 號

電話：(07) 381-1377

傳真：(07) 862-5562

讀者回函卡

填寫日期：　／　／

姓名：＿＿＿＿　生日：西元＿＿年＿＿月＿＿日　性別：□男 □女

電話：（　）＿＿＿＿　傳真：（　）＿＿＿＿　手機：＿＿＿＿

e-mail：（必填）＿＿＿＿

註：數字零，請用 Φ 表示，數字 1 與英文 L 請另註明並書寫端正，謝謝。

通訊處：□□□□□＿＿＿＿

學歷：□博士 □碩士 □大學 □專科 □高中・職

職業：□工程師 □教師 □學生 □軍・公 □其他

學校／公司：＿＿＿＿　科系／部門：＿＿＿＿

・需求書類：

□ A. 電子 □ B. 電機 □ C. 計算機工程 □ D. 資訊 □ E. 機械 □ F. 汽車 □ I. 工管 □ J. 土木

□ K. 化工 □ L. 設計 □ M. 商管 □ N. 日文 □ O. 美容 □ P. 休閒 □ Q. 餐飲 □ B. 其他

・本次購買圖書為：＿＿＿＿　書號：＿＿＿＿

・您對本書的評價：

封面設計：□非常滿意 □滿意 □尚可 □需改善，請說明＿＿＿＿

內容表達：□非常滿意 □滿意 □尚可 □需改善，請說明＿＿＿＿

版面編排：□非常滿意 □滿意 □尚可 □需改善，請說明＿＿＿＿

印刷品質：□非常滿意 □滿意 □尚可 □需改善，請說明＿＿＿＿

書籍定價：□非常滿意 □滿意 □尚可 □需改善，請說明＿＿＿＿

整體評價：請說明＿＿＿＿

・您在何處購買本書？

□書局 □網路書店 □書展 □團購 □其他＿＿＿＿

・您購買本書的原因？（可複選）

□個人需要 □幫公司採購 □親友推薦 □老師指定之課本 □其他＿＿＿＿

・您希望全華以何種方式提供出版訊息及特惠活動？

□電子報 □ DM □廣告（媒體名稱＿＿＿＿）

・您是否上過全華網路書店？（www.opentech.com.tw）

□是 □否　您的建議＿＿＿＿

・您希望全華出版那方面書籍？＿＿＿＿

・您希望全華加強那些服務？＿＿＿＿

～感謝您提供寶貴意見，全華將秉持服務的熱忱，出版更多好書，以饗讀者。

全華網路書店 http://www.opentech.com.tw　　客服信箱 service@chwa.com.tw

2011.03 修訂

親愛的讀者：

感謝您對全華圖書的支持與愛護，雖然我們很慎重的處理每一本書，但恐仍有疏漏之處，若您發現本書有任何錯誤，請填寫於勘誤表內寄回，我們將於再版時修正，您的批評與指教是我們進步的原動力，謝謝！

全華圖書　敬上

勘誤表

書號		書名		作者	
頁數	行數	錯誤或不當之詞句		建議修改之詞句	

我有話要說：（其它之批評與建議，如封面、編排、內容、印刷品質等・・・）